电磁场理论基础
（第3版）

陈 重 崔正勤 胡 冰 编著

北京理工大学出版社
BEIJING INSTITUTE OF TECHNOLOGY PRESS

内 容 简 介

　　本教材由浅入深，以电磁学的基本概念为起点，完成于电磁场理论的严格数学模型。全书共分 10 章，主要内容包括：矢量分析；静电场、恒定电场、恒定磁场和电磁感应，涵盖了普物电磁学的全部内容；静态场的边值问题；时变电磁场；平面电磁波，较详细地论述了平面电磁波的传播性质及其在边界面上的反射、折射，并对损耗媒质中的传播做了简要介绍；导行电磁波；电磁波辐射，讨论电磁能量的辐射原理，简介了基本辐射天线。

　　本教材可作为高等院校电子信息类专业及其他相关专业的本科生或研究生教材。

图书在版编目（CIP）数据

电磁场理论基础／陈重，崔正勤，胡冰编著 . -- 3
版 . -- 北京：北京理工大学出版社，2023.7
ISBN 978 - 7 - 5763 - 2630 - 7

Ⅰ. ①电… Ⅱ. ①陈… ②崔… ③胡… Ⅲ. ①电磁场
-理论-高等学校-教材 Ⅳ. ①O441.4

中国国家版本馆 CIP 数据核字（2023）第 134883 号

责任编辑／陈莉华	**文案编辑**／陈莉华	
责任校对／刘亚男	**责任印制**／李志强	

出版发行／北京理工大学出版社有限责任公司

社　　址／北京市丰台区四合庄路 6 号

邮　　编／100070

电　　话／（010）68914026（教材售后服务热线）
　　　　　　（010）68944437（课件资源服务热线）

网　　址／http：//www.bitpress.com.cn

版 印 次／2023 年 7 月第 3 版第 1 次印刷

印　　刷／涿州市新华印刷有限公司

开　　本／787 mm×1092 mm　1/16

印　　张／23.75

字　　数／555 千字

定　　价／120.00 元

前　言

电磁场理论是现代电子技术的基础课程，其应用遍及整个国家经济，上至天文，下至地质，涵盖了工业、农业、军事、医学和环境保护等各个领域，即使饮食、家电等生活方面也得到广泛应用。没有电磁波的发射、传输和接收，就不会有电视、通信、雷达、遥感、测控和电子对抗等。电磁场理论也是许多交叉学科的孕育点，学习电磁场理论可对培养学生严谨的科学作风、抽象思维能力及科学的创新精神起到非常重要的作用。深厚的电磁场理论是欲在电子技术领域有所作为者不可少缺的功底。

电磁场理论的讲述无非是"从一般到特殊"和"从特殊到一般"两种途径，对不同读者两者各有其优点。根据作者二十余年讲授本课程的体会，在课程系统的总体安排上，按照"从特殊到一般"的循序渐进方式，有利于初学者对本课程的理解；而讲授具体问题时，采用"从一般到特殊"的方法，则可以节省学时且理论上较为严谨。

本教材共分 10 章，第 1 章矢量分析作为学习电磁场理论的必要数学工具，强调了各种坐标系描述物理关系的一致性及三种主要坐标系的相互关系和场论基础。第 2、3、4、6 章为静电场、恒定电场和电流、恒定磁场和电磁感应，涵盖了大学物理电磁学的全部内容，统一了大学物理电磁学和电磁场两种描述方法，并重点强调几种场的特征、场与源的关系，以及边界条件。第 5 章静态场的边值问题侧重于分离变量法和镜像法，以有限差分法为例说明数值法在解决复杂边值问题时的重要性。第 7 章时变电磁场总结了宏观电磁场理论，引出麦克斯韦方程组，讨论能流密度概念，为电磁波的论述奠定基础。第 8 章较详细地论述了平面电磁波的传播性质及其在边界面上的反射、折射，并对损耗媒质中的传播做了简要介绍。第 9 章导行电磁波讨论了导行波的基本原理和处理导行波的基本方法。第 10 章电磁波辐射讨论了电磁能量的辐射原理，简介了基本辐射天线。

本教材是作者在讲授"矢量分析与场论基础""电磁学"及"电磁场与边值问题"的讲议基础上合编而成的，以电磁学的基本物理概念为起点，完成于电磁场理论的严格数学模型，达到应有的深度。由浅入深、深浅结合的讲述使自学者感到较为轻松，免去学习电磁场理论经常查询普通物理概念的麻烦，扩大了适用范围。本教材可以在只有中学物理和数学分析的基础上讲授，可以省去讲授电磁学的重复，可节省许多授课时间，以适应当前课时普通减少的实际需要。本教材经过了电子专业本科生多年使用，取得良好效果，受到学生普遍欢迎。本次改版调整了部分章节的讲述顺序和方式，引入和修改了部分例题和习题，期待能够使学生和教师在教学中受益。

根据学生的物理基础，本教材可适用 48～96 学时。

诚挚希望读者对本教材提出批评指正。

编　者

2023. 03

符号表

符号	名称	符号	名称
$\vec{A}$	磁矢位	$\vec{k}$	波矢量
A	功	k	波数、传播常数
$\vec{a}$	加速度	$\vec{L}$	动量密度
a	半径、常数	L	电感
$\vec{B}$	磁通量密度（磁感应强度）	L_i	内自感
C	电容	L_e	外自感
c	真空中光速（2.998×10^8 m/s）	l	长度
$\vec{D}$	电通量密度（电位移矢量）	$\vec{M}$	磁化强度
D	距离、常数	M	互感、调制度
d	距离、直径	$\vec{m}$	磁矩
$\vec{E}$	电场强度	m	质量
e	电子电量（1.602×10^{-19} C）	$\hat{n}$	法向单位矢量
$\mathscr{E}$	电动势	n	折射率
$\mathscr{E}_m$	磁动势	$\vec{P}$	电极化强度
$\vec{F}$	力、电矢位	P	功率
f	频率、函数	p	功率密度
f_{mn}	截止频率	$\vec{p}$	电矩
f_{mnp}	谐振频率	p_a	辐射功率
G	电导、天线增益、格林函数	p_{ij}	电位系数
$\vec{H}$	磁场强度	Q	电荷量、品质因数
h	拉梅系数、高度	q	电荷量
I	电流强度	q_m	磁荷
I_d	位移电流	$\vec{R}$	距离矢量
i	时变电流	R_S	表面电阻

续表

符号	名称	符号	名称
$\vec{J}$	电流密度	R_a	辐射电阻
$\vec{J}_S$	面电流密度	R_p	功率反射系数
$\vec{J}_l$	线电流密度	$R_\perp , R_\parallel$	反射系数
$\vec{J}_d$	位移电流密度	R	电阻、反射系数、相对距离
$\vec{J}_m$	磁化电流密度	R_m	磁阻
$\vec{J}_v$	运流电流密度	$\vec{r}$	位置矢
$\vec{S}$	波印廷矢量	r	半径
$<\vec{S}>$	平均能流密度	η	特征阻抗
S	面积	η_0	真空特征阻抗（$120\pi\ \Omega$）
$\vec{T}$	力矩	θ	角度
T_p	功率折射系数	θ_B	布如斯特角
$T_\perp , T_\parallel$	折射系数	θ_0	临界角
U	电位	λ	波长
U_m	磁标位	λ_{mn}	截止波
V	电位差	λ_0	真空中波长
$\vec{v}$	速度矢量	μ	磁导率
v_g	群速度	μ_r	相对磁导率
v_p	相速度	μ_0	真空磁导率（$4\pi\times10^{-7}\ \mathrm{H/m}$）
v_e	能速度	ρ	电荷密度，驻波系数
W	功、能量	ρ_l	电荷线密度
W_e	电场能量	ρ_S	电荷面密度
W_m	磁场能量	ρ_P	极化电荷体密度
w	电磁能量密度	ρ_{PS}	极化电荷面密度
X_S	表面电抗	ρ_m	磁荷密度
Z	阻抗	ρ_{mS}	磁荷面密度
Z_S	表面阻抗	σ	电导率
α	衰减常数、角度	τ	体积
β	相位常数	Φ	电通量
β_{ij}	电容系数	Φ_m	磁通量
γ	传播常数、角度	ϕ	角度、相位
γ_0	旋磁比	χ_e	电极化率
Δ	增量	χ_m	磁化率

续表

符号	名称	符号	名称
δ	趋肤深度、损耗角	ω	角频率
ε	电容率（介电常数）	ψ	磁链
ε_r	相对电容率	Γ	环量密度
ε_e	等效电容率	Π_e	电赫兹矢量
ε_0	真空电容率（8.8538×10^{-12} F/m）	Π_m	磁赫兹矢量
Ω	立体角		

目　录

矢量分析

矢量分析是电磁场理论的重要数学基础，本章在给出矢性函数概念、基本运算法则及正交曲线坐标系的基础上，引入标量场、矢量场的概念和反映场分布空间变化规律的几种重要运算——梯度、散度和旋度，讨论有势场、管形场、调和场等几种常用矢量场基本性质，最后简单介绍电磁理论中经常用到的几个函数和数学定理。

§1.1 矢性函数及基本运算

一、矢性函数的概念

可以用一个数的大小来表示的量，称为数量或**标量**。不仅有大小而且有方向的量称为**矢量**。若矢量的大小（也称作**模**）和方向都保持不变，我们称这类矢量为常矢量，简称**常矢**；如果矢量的模或方向是变化的，则称之为变矢量，简称**变矢**。例如质点 M 沿曲线 l 作变速运动时，如图 1-1 所示，它的速度矢量 $\vec{v}$ 的模值和方向将随着时间变化，$\vec{v}$ 就是一个变矢。

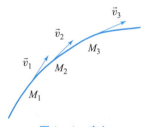

图 1-1　变矢

为了描述变矢，引入矢性函数的概念，一元矢性函数的定义如下。

定义：设有数性变量 t 和变矢 $\vec{F}$，如果对于 t 在某个区域 (t_1, t_2) 内的每一个数值，$\vec{F}$ 都有一个确定的矢量和它对应，则称 $\vec{F}$ 为数性变量 t 的**矢性函数**，记作

$$\vec{F} = \vec{F}(t) \tag{1-1}$$

区域 $(t_1,\ t_2)$ 称为函数 $\vec{F}(t)$ 的定义域。

矢性函数 $\vec{F}(t)$ 在直角坐标系 $Oxyz$ 中的三个坐标（即 $\vec{F}(t)$ 在三个坐标轴上的投影）都是 t 的数性函数，用 $F_x(t)$、$F_y(t)$、$F_z(t)$ 表示，于是，矢性函数 $\vec{F}(t)$ 可以写成

$$\vec{F}(t) = \hat{x}F_x(t) + \hat{y}F_y(t) + \hat{z}F_z(t) \tag{1-2}$$

其中，$\hat{x}$、$\hat{y}$、$\hat{z}$ 为直角坐标系的三个坐标单位矢量，模值均是 1，方向分别与三个坐标轴的正方向相同，它们也可以写成：

$$\vec{a}_x, \vec{a}_y, \vec{a}_z \quad \text{或} \quad \hat{e}_x, \hat{e}_y, \hat{e}_z$$

为了用图形直观地表示一个变矢的变化状态，我们将其矢性函数 $\vec{F}(t)$ 所对应矢量的起点取在坐标系的原点，当 t 变化时，矢量 $\vec{F}(t)$ 的终点 M 就描绘出一条曲线 l，如图 1-2 所示。这条曲线

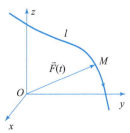

图 1-2　矢端曲线

叫作矢性函数 $\vec{F}(t)$ 的**矢端曲线**，一般我们规定沿 t 增加的方向为曲线的正方向，矢端曲线亦叫作矢性函数 $\vec{F}(t)$ 的图形，同时称式（1−2）为此曲线的**矢量方程**。

当我们把 $\vec{F}(t)$ 的起点取在坐标系原点时，$\vec{F}(t)$ 实际上就是其终点 M 的矢径，矢径通常记作 $\vec{r}(t)$ 或 $\vec{r}(M)$，它的三个分量就是其终点 M 的三个坐标 x、y、z，记作

$$x = x(t), y = y(t), z = z(t) \tag{1−3}$$

上式称为矢端曲线 l 的参数方程，所对应的矢量方程一般写成

$$\vec{r}(t) = x(t)\hat{x} + y(t)\hat{y} + z(t)\hat{z} \tag{1−4}$$

容易看出，曲线 l 的参数方程（1−3）和矢量方程（1−4）之间有着明显的一一对应关系，只要知道其中的一个，就可以立即写出其另一个。例如，图 1−3 所示的圆柱螺旋线的参数方程为

$$x = a\cos\varphi, y = a\sin\varphi, z = b\varphi$$

则其矢量方程为

$$\vec{r}(\varphi) = \hat{x}a\cos\varphi + \hat{y}a\sin\varphi + \hat{z}b\varphi$$

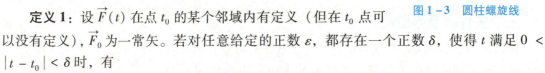

图 1−3　圆柱螺旋线

二、矢性函数的极限与连续

定义 1：设 $\vec{F}(t)$ 在点 t_0 的某个邻域内有定义（但在 t_0 点可以没有定义），$\vec{F}_0$ 为一常矢。若对任意给定的正数 ε，都存在一个正数 δ，使得 t 满足 $0 < |t - t_0| < \delta$ 时，有

$$|\vec{F}(t) - \vec{F}_0| < \varepsilon \tag{1−5}$$

成立，则称当 $t \to t_0$ 时矢性函数 $\vec{F}(t)$ 有**极限** $\vec{F}_0$，记作

$$\lim_{t \to t_0}\vec{F}(t) = \vec{F}_0 \tag{1−6}$$

这个定义与数性函数的极限定义完全类似，因此，矢性函数也就有类似于数性函数的一些极限运算法则，如

$$\lim_{t \to t_0}[f(t)\vec{F}(t)] = \lim_{t \to t_0}f(t) \lim_{t \to t_0}\vec{F}(t) \tag{1−7a}$$

$$\lim_{t \to t_0}[\vec{F}(t) \pm \vec{E}(t)] = \lim_{t \to t_0}\vec{F}(t) \pm \lim_{t \to t_0}\vec{E}(t) \tag{1−7b}$$

$$\lim_{t \to t_0}[\vec{F}(t) \cdot \vec{E}(t)] = \lim_{t \to t_0}\vec{F}(t) \cdot \lim_{t \to t_0}\vec{E}(t) \tag{1−7c}$$

$$\lim_{t \to t_0}[\vec{F}(t) \times \vec{E}(t)] = \lim_{t \to t_0}\vec{F}(t) \times \lim_{t \to t_0}\vec{E}(t) \tag{1−7d}$$

其中 $f(t)$ 为数性函数，$\vec{F}(t)$、$\vec{E}(t)$ 为矢性函数，且当 $t \to t_0$ 时，$f(t)$、$\vec{F}(t)$、$\vec{E}(t)$ 均有极限存在。

根据上面公式，设 $\vec{F}(t) = \hat{x}F_x(t) + \hat{y}F_y(t) + \hat{z}F_z(t)$，则有

$$\lim_{t \to t_0}\vec{F}(t) = \lim_{t \to t_0}\hat{x}F_x(t) + \lim_{t \to t_0}\hat{y}F_y(t) + \lim_{t \to t_0}\hat{z}F_z(t)$$

因为直角坐标系的三个坐标单位矢量 $\hat{x}$、$\hat{y}$、$\hat{z}$ 都是常矢，故上式可为

$$\lim_{t \to t_0}\vec{F}(t) = \hat{x}\lim_{t \to t_0}F_x(t) + \hat{y}\lim_{t \to t_0}F_y(t) + \hat{z}\lim_{t \to t_0}F_z(t) \tag{1−8}$$

可见，在直角坐标系内，求矢性函数的极限，可归结为求其三个分量的数性函数的极限。

定义 2：若矢性函数 $\vec{F}(t)$ 在 t_0 点的某个邻域内有定义，而且有

$$\lim_{t \to t_0}\vec{F}(t) = \vec{F}(t_0) \tag{1−9}$$

则称 $\vec{F}(t)$ 在 $t = t_0$ 处**连续**。若 $\vec{F}(t)$ 在（t_1，t_2）区间的每一点上都连续，则称 $\vec{F}(t)$ 在此区间连续。不难看出，矢性函数在某点或某区间内连续的充要条件是它的每个分量在此区间都连续。

三、矢性函数的导数与微分

定义1：设矢性函数 $\vec{F}(t)$ 在（t_1，t_2）上连续，且 t 和 $t + \Delta t$ 都在此区间内，如果极限

$$\lim_{\Delta t \to 0} \frac{\Delta \vec{F}}{\Delta t} = \lim_{\Delta t \to 0} \frac{\vec{F}(t + \Delta t) - \vec{F}(t)}{\Delta t} \tag{1-10}$$

存在，则称 $\vec{F}(t)$ 在 t 处是可导的。这个极限值称为 $\vec{F}(t)$ 在 t 处的导数，简称**导矢**，记作 $\mathrm{d}\vec{F}/\mathrm{d}t$ 或 $\vec{F}'(t)$，即

$$\frac{\mathrm{d}\vec{F}(t)}{\mathrm{d}t} = \vec{F}'(t) = \lim_{\Delta t \to 0} \frac{\vec{F}(t + \Delta t) - \vec{F}(t)}{\Delta t} \tag{1-11}$$

若 $\vec{F}(t)$ 以直角坐标式给出

$$\vec{F}(t) = \hat{x} F_x(t) + \hat{y} F_y(t) + \hat{z} F_z(t)$$

代入式（1-11），得

$$\frac{\mathrm{d}\vec{F}(t)}{\mathrm{d}t} = \lim_{\Delta t \to t_0} \left[\frac{F_x(t + \Delta t) - F_x(t)}{\Delta t} \hat{x} + \frac{F_y(t + \Delta t) - F_y(t)}{\Delta t} \hat{y} + \frac{F_z(t + \Delta t) - F_z(t)}{\Delta t} \hat{z} \right]$$

$$= \lim_{\Delta t \to t_0} \left[\frac{\Delta F_x(t)}{\Delta t} \right] \hat{x} + \lim_{\Delta t \to t_0} \left[\frac{\Delta F_y(t)}{\Delta t} \right] \hat{y} + \lim_{\Delta t \to t_0} \left[\frac{\Delta F_z(t)}{\Delta t} \right] \hat{z}$$

上式的每一分量均符合数性函数的导数定义，于是可写成

$$\frac{\mathrm{d}\vec{F}(t)}{\mathrm{d}t} = \frac{\mathrm{d}F_x(t)}{\mathrm{d}t} \hat{x} + \frac{\mathrm{d}F_y(t)}{\mathrm{d}t} \hat{y} + \frac{\mathrm{d}F_z(t)}{\mathrm{d}t} \hat{z} \tag{1-12}$$

可见，对矢性函数求导数，在直角坐标系下可以归结为求其三个分量的数性函数导数的矢量和，结果仍为矢量。例如图 1-3 所示的圆柱螺旋线的矢量方程为

$$\vec{r}(\varphi) = \hat{x} a\cos\varphi + \hat{y} a\sin\varphi + \hat{z} b\varphi$$

则其导矢为

$$\vec{r}'(\varphi) = \frac{\mathrm{d}\vec{r}(\varphi)}{\mathrm{d}\varphi} = -\hat{x} a\sin\varphi + \hat{y} a\cos\varphi + \hat{z} b$$

设矢性函数 $\vec{F} = \vec{F}(t)$，$\vec{E} = \vec{E}(t)$ 及数性函数 $f = f(t)$ 在 t 的某个范围内可导，则下列公式在该范围内成立：

（1）
$$\frac{\mathrm{d}}{\mathrm{d}t}\vec{C} = 0 \quad （\vec{C} \text{ 为常矢}） \tag{1-13a}$$

（2）
$$\frac{\mathrm{d}}{\mathrm{d}t}(\vec{F} \pm \vec{E}) = \frac{\mathrm{d}\vec{F}}{\mathrm{d}t} \pm \frac{\mathrm{d}\vec{E}}{\mathrm{d}t} \tag{1-13b}$$

（3）
$$\frac{\mathrm{d}}{\mathrm{d}t}(c\vec{F}) = c\frac{\mathrm{d}\vec{F}}{\mathrm{d}t} \quad （c \text{ 为常数}） \tag{1-13c}$$

（4）
$$\frac{\mathrm{d}}{\mathrm{d}t}(f\vec{F}) = \vec{F}\frac{\mathrm{d}f}{\mathrm{d}t} + f\frac{\mathrm{d}\vec{F}}{\mathrm{d}t} \tag{1-13d}$$

（5）
$$\frac{\mathrm{d}}{\mathrm{d}t}(\vec{F} \cdot \vec{E}) = \vec{F} \cdot \frac{\mathrm{d}\vec{E}}{\mathrm{d}t} + \frac{\mathrm{d}\vec{F}}{\mathrm{d}t} \cdot \vec{E} \tag{1-13e}$$

（6）
$$\frac{\mathrm{d}}{\mathrm{d}t}(\vec{F} \times \vec{E}) = \vec{F} \times \frac{\mathrm{d}\vec{E}}{\mathrm{d}t} + \frac{\mathrm{d}\vec{F}}{\mathrm{d}t} \times \vec{E} \tag{1-13f}$$

（7）若 $\vec{F} = \vec{F}(u)$，而 $u = u(t)$，则有

$$\frac{\mathrm{d}\vec{F}}{\mathrm{d}t} = \frac{\mathrm{d}\vec{F}}{\mathrm{d}u}\frac{\mathrm{d}u}{\mathrm{d}t} \tag{1-13g}$$

导矢的几何意义如下：设 $\vec{F}(t)$ 为一起点固定的变矢，M 和 N 是矢端曲线 l 上的两点，如图 1-4 所示，则 $\overrightarrow{MN} = \Delta\vec{F} = \vec{F}(t+\Delta t) - \vec{F}(t)$ 为割线 MN 上的一个矢量，用 Δt 除上式所得的矢量

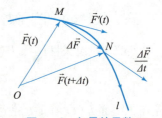

$$\frac{\overrightarrow{MN}}{\Delta t} = \frac{\Delta\vec{F}}{\Delta t} = \frac{\vec{F}(t+\Delta t) - \vec{F}(t)}{\Delta t} \tag{1-14}$$

图 1-4　矢量的导数

仍位于割线 MN 上。当 $\Delta t > 0$ 时，该矢量的方向与 $\Delta\vec{F}$ 一致，指向 l 的正方向（即 t 值增大的方向）；当 $\Delta t < 0$ 时，其方向与 $\Delta\vec{F}$ 相反，但因此时 $\Delta\vec{F}$ 指向 l 的负方向，从而上式所表示的矢量仍是指向 l 的正方向。当 $\Delta t \to 0$ 时，由于割线 MN 绕点 M 转动，且以点 M 处的切线为其极限位置。此时，在割线上的矢量 $\Delta\vec{F}/\Delta t$ 的极限位置自然也就在此切线上。此时式（1-14）就变成了导矢的定义式（1-11）。由此可知，导矢 $\mathrm{d}\vec{F}/\mathrm{d}t$ 在几何意义上表示 $\vec{F}(t)$ 的矢端曲线上 M 点处的切线上的一个矢量，其方向指向 t 增大的一方。

定义 2：设有矢性函数 $\vec{F} = \vec{F}(t)$，我们把

$$\mathrm{d}\vec{F} = \vec{F}'(t)\mathrm{d}t \tag{1-15}$$

称为矢性函数 $\vec{F}(t)$ 在 t 处的**微分**。

由于微分 $\mathrm{d}\vec{F}$ 是导矢 $\vec{F}'(t)$ 与增量 $\mathrm{d}t$ 的乘积，所以它是一个矢量。它和导矢一样，在点 M 处与曲线 l 相切，但其指向：当 $\mathrm{d}t > 0$ 时，与 $\vec{F}'(t)$ 的方向一致；而当 $\mathrm{d}t < 0$ 时，则与 $\vec{F}'(t)$ 的方向相反，如图 1-5 所示。$\mathrm{d}\vec{F}$ 的直角坐标表示式可由式（1-15）求得

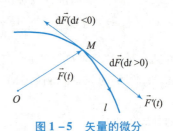

$$\mathrm{d}\vec{F} = \vec{F}'(t)\mathrm{d}t = \hat{x}F'_x(t)\mathrm{d}t + \hat{y}F'_y(t)\mathrm{d}t + \hat{z}F'_z(t)\mathrm{d}t$$
$$= \hat{x}\mathrm{d}F_x + \hat{y}\mathrm{d}F_y + \hat{z}\mathrm{d}F_z$$

图 1-5　矢量的微分

模值为

$$|\mathrm{d}\vec{F}| = \sqrt{(\mathrm{d}F_x)^2 + (\mathrm{d}F_y)^2 + (\mathrm{d}F_z)^2}$$

特别指出，矢径函数 $\vec{r}(t) = x(t)\hat{x} + y(t)\hat{y} + z(t)\hat{z}$ 的微分为

$$\mathrm{d}\vec{r} = \hat{x}\mathrm{d}x + \hat{y}\mathrm{d}y + \hat{z}\mathrm{d}z$$

其模值为

$$|\mathrm{d}\vec{r}| = \sqrt{(\mathrm{d}x)^2 + (\mathrm{d}y)^2 + (\mathrm{d}z)^2}$$

另外，由数学分析的曲线微分知识可知，对于曲线 l 的弧长微分 $\mathrm{d}l$ 有

$$\mathrm{d}l = \pm\sqrt{(\mathrm{d}x)^2 + (\mathrm{d}y)^2 + (\mathrm{d}z)^2}$$

比较上面两式，有

$$|\mathrm{d}\vec{r}| = |\mathrm{d}l|$$

和

$$\frac{\mathrm{d}\vec{r}}{\mathrm{d}l} = \frac{|\mathrm{d}\vec{r}|}{|\mathrm{d}l|}\hat{e}_l = \hat{e}_l \tag{1-16}$$

其中 $\hat{e}_l$ 是曲线 l 上指向正方向的单位矢量。上式说明，矢径函数对其矢端曲线弧长的导数为曲线上的单位矢量。

四、矢性函数的积分

矢性函数的积分与数性函数的积分类似，也分为不定积分和定积分两种。

定义 1：若 $\vec{A}'(t) = \vec{F}(t)$，则称 $\vec{A}(t)$ 为 $\vec{F}(t)$ 的一个原函数，$\vec{F}(t)$ 的原函数的集合叫作 $\vec{F}(t)$ 的**不定积分**，记作

$$\int \vec{F}(t)\,\mathrm{d}t \tag{1-17}$$

和数性函数一样，若已知 $\vec{A}(t)$ 是 $\vec{F}(t)$ 的一个原函数，则有

$$\int \vec{F}(t)\,\mathrm{d}t = \vec{A}(t) + \vec{C} \quad (\vec{C} \text{ 为任意常矢}) \tag{1-18}$$

由于矢性函数的不定积分和数性函数的不定积分在定义上完全类似，由此，数性函数不定积分的基本性质和运算法则对矢性函数仍然成立，如

（1）
$$\int c\vec{F}(t)\,\mathrm{d}t = c\int \vec{F}(t)\,\mathrm{d}t \quad (c \text{ 为常数}) \tag{1-19a}$$

（2）
$$\int \vec{C} \cdot \vec{F}(t)\,\mathrm{d}t = \vec{C} \cdot \int \vec{F}(t)\,\mathrm{d}t \quad (\vec{C} \text{ 为常矢}) \tag{1-19b}$$

（3）
$$\int \vec{C} \times \vec{F}(t)\,\mathrm{d}t = \vec{C} \times \int \vec{F}(t)\,\mathrm{d}t \quad (\vec{C} \text{ 为常矢}) \tag{1-19c}$$

（4）
$$\int [\vec{F}(t) \pm \vec{E}(t)]\,\mathrm{d}t = \int \vec{F}(t)\,\mathrm{d}t \pm \int \vec{E}(t)\,\mathrm{d}t \tag{1-19d}$$

（5）若 $\vec{F}(t) = \hat{x}F_x(t) + \hat{y}F_y(t) + \hat{z}F_z(t)$ 则有

$$\int \vec{F}(t)\,\mathrm{d}t = \hat{x}\int F_x(t)\,\mathrm{d}t + \hat{y}\int F_y(t)\,\mathrm{d}t + \hat{z}\int F_z(t)\,\mathrm{d}t \tag{1-19e}$$

定义 2：设矢性函数 $\vec{F}(t)$ 在区间 $[T_1, T_2]$ 上连续，则 $\vec{F}(t)$ 在 $[T_1, T_2]$ 上的**定积分**是下面形式的极限

$$\int_{T_1}^{T_2} \vec{F}(t)\,\mathrm{d}t = \lim_{\substack{n\to\infty \\ \lambda\to 0}} \sum_{i=1}^{n} \vec{F}(\xi_i)\Delta t_i \tag{1-20}$$

其中，$T_1 = t_0 < t_1 < t_2 < \cdots < t_n = T_2$，$\xi_i$ 为区间 $[t_{i-1}, t_i]$ 内的一点，
$$\Delta t_i = t_i - t_{i-1}; \lambda = \max|\Delta t_i| \ (i = 1, 2, \cdots, n)$$

可以看出，矢性函数定积分的定义也和数性函数的完全类似。由此，也相应地具有数性函数定积分的基本性质和运算法则。

例如，若 $\vec{A}(t)$ 是连续函数 $\vec{F}(t)$ 在区间 $[T_1, T_2]$ 上的一个原函数，则

$$\int_{T_1}^{T_2} \vec{F}(t)\,\mathrm{d}t = \vec{A}(T_2) - \vec{A}(T_1) \tag{1-21}$$

此外，将矢性函数不定积分性质（1-19）各式中的不定积分符号改为定积分符号，就可以用于定积分运算。

在本节中，我们仅讨论了一元矢性函数（即单自变量函数）的概念和运算方法。对于多元矢性函数的情况，读者可根据上述方法自行推证，其结果与多元数性函数是完全对应的。

例如，在直角坐标系内，若 x、y、z 是三个相互独立的坐标变量，对于三元矢性函数

$$\vec{F} = \vec{F}(x, y, z), \ 有$$

偏导：

$$\frac{\partial \vec{F}}{\partial x} = \lim_{\Delta x \to 0} \frac{\vec{F}(x + \Delta x, y, z) - \vec{F}(x, y, z)}{\Delta x} = \lim_{\Delta x \to 0} \frac{F_x(x + \Delta x, y, z) - F_x(x, y, z)}{\Delta x} \hat{x} +$$

$$\lim_{\Delta x \to 0} \frac{F_y(x + \Delta x, y, z) - F_y(x, y, z)}{\Delta x} \hat{y} + \lim_{\Delta x \to 0} \frac{F_z(x + \Delta x, y, z) - F_z(x, y, z)}{\Delta x} \hat{z}$$

$$= \frac{\partial F_x}{\partial x} \hat{x} + \frac{\partial F_y}{\partial x} \hat{y} + \frac{\partial F_z}{\partial x} \hat{z}$$

全微分：

$$\mathrm{d}\vec{F} = \frac{\partial \vec{F}}{\partial x} \mathrm{d}x + \frac{\partial \vec{F}}{\partial y} \mathrm{d}y + \frac{\partial \vec{F}}{\partial z} \mathrm{d}z$$

$$= \left[\frac{\partial F_x}{\partial x} \hat{x} + \frac{\partial F_y}{\partial x} \hat{y} + \frac{\partial F_z}{\partial x} \hat{z} \right] \mathrm{d}x + \left[\frac{\partial F_x}{\partial y} \hat{x} + \frac{\partial F_y}{\partial y} \hat{y} + \frac{\partial F_z}{\partial y} \hat{z} \right] \mathrm{d}y + \left[\frac{\partial F_x}{\partial z} \hat{x} + \frac{\partial F_y}{\partial z} \hat{y} + \frac{\partial F_z}{\partial z} \hat{z} \right] \mathrm{d}z$$

§1.2 正交曲线坐标系

一、正交曲线坐标系的概念

在直角坐标系中，空间任意一点 M 可以用一组有序坐标数 (x, y, z) 唯一确定，并记作

$$M(x, y, z)$$

如果我们将点 M 的位置用另外三个有序数 u_1、u_2、u_3 来表示，记作

$$M(u_1, u_2, u_3)$$

若这三个有序数与 M 点在直角坐标系中的坐标 x、y、z 有单值函数关系：

$$\begin{aligned} u_1 &= u_1(x, y, z) \\ u_2 &= u_2(x, y, z) \\ u_3 &= u_3(x, y, z) \end{aligned} \qquad (1-22)$$

反过来，x、y、z 与 u_1、u_2、u_3 也是单值函数关系：

$$\begin{aligned} x &= x(u_1, u_2, u_3) \\ y &= y(u_1, u_2, u_3) \\ z &= z(u_1, u_2, u_3) \end{aligned} \qquad (1-23)$$

则称 u_1、u_2、u_3 为广义坐标系下 M 点的**曲线坐标**。

容易看出，当 c_1、c_2、c_3 为任意常数时，下面三个方程

$$\begin{aligned} u_1(x, y, z) &= c_1 \\ u_2(x, y, z) &= c_2 \\ u_3(x, y, z) &= c_3 \end{aligned} \qquad (1-24)$$

表示三族等值曲面，称为**广义坐标曲面**。由于 $u_1(x, y, z)$、$u_2(x, y, z)$、$u_3(x, y, z)$ 均为单值函数，所以对空间的每一点，每族等值面中都只能各有一个等值面经过。可见，空间任意一点都对应三个等值曲面，该点是三曲面的交点。

两坐标曲面相交所成的曲线称为**坐标曲线**。如曲面 $u_2 = c_2$ 和 $u_3 = c_3$ 相交的交线方程为

$$\begin{cases} u_2(x,y,z) = c_2 \\ u_3(x,y,z) = c_3 \end{cases}$$

在此交线上，u_2 和 u_3 值固定不变，而 u_1 的值是沿曲线单值变化的，因此，称它为 u_1 坐标曲线，或简称 u_1 线。同理

$$\begin{cases} u_1(x,y,z) = c_1 \\ u_3(x,y,z) = c_3 \end{cases}$$

和

$$\begin{cases} u_1(x,y,z) = c_1 \\ u_2(x,y,z) = c_2 \end{cases}$$

分别为 u_2 坐标曲线和 u_3 坐标曲线，如图 1-6 所示。

若过任意点 M 的三条坐标曲线都相互正交（即三条坐标曲线在该点的切线两两相互垂直），此时，相应的各坐标曲面也相互正交（即各坐标曲面在相交点处的法线相互垂直）。在选定原点后，就组成了一个广义的正交曲线坐标系。当给定式（1-22）和式（1-23）的具体关系后，坐标面的形式被确定，广义坐标系变成一种具体的坐标系。其中，直角坐标系是三个坐标曲面都是平面的最简单情况。其他具体的坐标系，如圆柱坐标系、球面坐标系等，一般是按其某一个坐标面的形状来命名的。

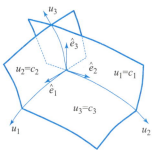

图 1-6 广义坐标系

二、单位矢量

为了在广义正交曲线坐标系中表示矢量，定义 $\hat{e}_1$、$\hat{e}_2$、$\hat{e}_3$ 为点 M 处的切线单位矢量，也称为 M 点处的**坐标单位矢量**。这三个单位矢量的模值均为 1，在 M 点分别与 u_1、u_2、u_3 线相切，正方向指向 u_1、u_2、u_3 增加的方向。由坐标线正交的定义可知，这三个单位坐标矢量是相互垂直的，有

$$\hat{e}_1 \cdot \hat{e}_2 = \hat{e}_1 \cdot \hat{e}_3 = \hat{e}_2 \cdot \hat{e}_3 = 0 \tag{1-25}$$

和

$$\hat{e}_1 \times \hat{e}_2 = \hat{e}_3, \hat{e}_2 \times \hat{e}_3 = \hat{e}_1, \hat{e}_3 \times \hat{e}_1 = \hat{e}_2 \tag{1-26}$$

一般说来，坐标单位矢量 $\hat{e}_1$、$\hat{e}_2$、$\hat{e}_3$ 的方向随 M 点的位置而变化，因此，它们是 M 点坐标 u_1、u_2、u_3 的函数。但在直角坐标系中，三个坐标单位矢量 $\hat{x}$、$\hat{y}$、$\hat{z}$ 却是模值和方向都不变的常矢。

坐标单位矢量也可以由点的矢径函数定义。设空间任意点 $M(u_1, u_2, u_3)$ 的矢径函数为

$$\vec{r} = \vec{r}(u_1, u_2, u_3)$$

在过 M 点的 u_1 坐标线上，u_2、u_3 都是常数，而 u_1 是变量，所以 u_1 坐标线是 $\vec{r}(u_1, u_2 = c_2, u_3 = c_3)$ 的一条矢端曲线。若取偏导数 $\partial\vec{r}/\partial u_1$，由前面所讨论的矢量导数几何意义可知，这表示一个与 M 点 u_1 坐标线相切的矢量，且指向 u_1 增加的方向。将 $\partial\vec{r}/\partial u_1$ 除以它的模 $|\partial\vec{r}/\partial u_1|$，得到一个单位矢量，这恰恰是前面所定义的 $\hat{e}_1$，即

$$\hat{e}_1 = \frac{\partial \vec{r} / \partial u_1}{|\partial \vec{r} / \partial u_1|} \qquad (1-27)$$

记

$$h_1 = |\partial \vec{r} / \partial u_1| \qquad (1-28)$$

则有

$$\hat{e}_1 = \frac{\partial \vec{r} / \partial u_1}{h_1} \quad (\text{或记}\partial \vec{r} / \partial u_1 = h_1 \hat{e}_1) \qquad (1-29)$$

同理，$\vec{e}_2$、$\vec{e}_3$ 分别是与 u_2、u_3 线相切的坐标单位矢量，有

$$h_2 = |\partial \vec{r} / \partial u_2|, \ h_3 = |\partial \vec{r} / \partial u_3| \qquad (1-30)$$

$$\hat{e}_2 = \frac{\partial \vec{r} / \partial u_2}{h_2}, \ \hat{e}_3 = \frac{\partial \vec{r} / \partial u_3}{h_3} \qquad (1-31)$$

上式中，h_1、h_2、h_3 称为**拉梅系数**（Lame'）或**度量因子**，一般情况下，它们是 M 点坐标（u_1，u_2，u_3）的函数。上面的 6 个式子也可以统一记作

$$h_i = |\partial \vec{r} / \partial u_i|, \quad \hat{e}_i = \frac{\partial \vec{r} / \partial u_i}{h_i} \quad (i = 1,2,3) \qquad (1-32)$$

在直角坐标系中，矢径函数记作：

$$\vec{r} = x\hat{x} + y\hat{y} + z\hat{z} \qquad (1-33)$$

在正交曲线坐标系中，此矢径函数的 x、y、z 均是曲线坐标 u_1、u_2、u_3 的函数，即

$$x = x(u_1, u_2, u_3)$$
$$y = y(u_1, u_2, u_3) \qquad (1-34)$$
$$z = z(u_1, u_2, u_3)$$

将式（1-33）和式（1-34）代入式（1-32），并注意在 u_i 坐标线上，u_i 是变量而另外两个坐标量是常数，$\hat{x}$、$\hat{y}$、$\hat{z}$ 是常矢，则有

$$h_i = \left| \frac{\partial \vec{r}}{\partial u_i} \right| = \left| \frac{\partial x}{\partial u_i}\hat{x} + \frac{\partial y}{\partial u_i}\hat{y} + \frac{\partial z}{\partial u_i}\hat{z} \right|$$

$$= \sqrt{\left(\frac{\partial x}{\partial u_i}\right)^2 + \left(\frac{\partial y}{\partial u_i}\right)^2 + \left(\frac{\partial z}{\partial u_i}\right)^2} \quad (i = 1,2,3) \qquad (1-35)$$

上式表明，拉梅系数可以通过矢径函数计算。

我们知道，空间曲线的弧微分有如下公式

$$dl = \pm\sqrt{(dx)^2 + (dy)^2 + (dz)^2} \qquad (1-36)$$

如果我们讨论 u_i 坐标线上的弧微分，因另外两个坐标保持不变，则有

$$dx = \frac{\partial x}{\partial u_i}du_i, dy = \frac{\partial y}{\partial u_i}du_i, dz = \frac{\partial z}{\partial u_i}du_i$$

代入式（1-36），可得到 u_i 坐标线上的弧微分 dl_i 为

$$dl_i = \pm\sqrt{\left(\frac{\partial x}{\partial u_i}du_i\right)^2 + \left(\frac{\partial y}{\partial u_i}du_i\right)^2 + \left(\frac{\partial z}{\partial u_i}du_i\right)^2}$$

$$= \sqrt{\left(\frac{\partial x}{\partial u_i}\right)^2 + \left(\frac{\partial y}{\partial u_i}\right)^2 + \left(\frac{\partial z}{\partial u_i}\right)^2}du_i \qquad (1-37)$$

与式（1-35）比较，有

$$h_i = \frac{dl_i}{du_i} \qquad (1-38)$$

式（1 – 38）表明了拉梅系数的几何意义：拉梅系数 h_i 是 M 点处曲线坐标 u_i 的微分 $\mathrm{d}u_i$ 与该坐标线 u_i 上弧微分 $\mathrm{d}l_i$ 的比例系数。

三、线元、面元和体元

在数性函数的微积分中，我们经常用到线元 $\mathrm{d}l$、面元 $\mathrm{d}S$ 和体元 $\mathrm{d}\tau$ 这几个微分量，下面介绍正交曲线坐标系下上述微分量的定义。

1. 矢量线元

设 $M(u_1, u_2, u_3)$ 和 $M'(u_1 + \mathrm{d}u_1, u_2 + \mathrm{d}u_2,$ $u_3 + \mathrm{d}u_3)$ 是正交曲线系空间的邻近两点，从 M 点向 M' 点作一小矢量 $\mathrm{d}\vec{l}$，如图 1 – 7 所示。当 $\mathrm{d}u_1$、$\mathrm{d}u_2$、$\mathrm{d}u_3$ 为无穷小量时，$\mathrm{d}\vec{l}$ 称为 M 点处的**矢量线元**。因 M 点和 M' 点的矢径为 $\vec{r}(u_1, u_2,$ $u_3)$ 和 $\vec{r}(u_1 + \mathrm{d}u_1, u_2 + \mathrm{d}u_2, u_3 + \mathrm{d}u_3)$，所以 $\mathrm{d}\vec{l}$ 就是矢径函数 $\vec{r}$ 的全微分增量 $\mathrm{d}\vec{r}$，按全微分计算法则，有

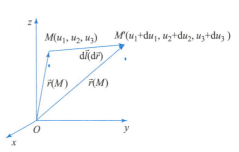

图 1 – 7　矢量线元

$$\mathrm{d}\vec{l} = \mathrm{d}\vec{r} = \frac{\partial \vec{r}}{\partial u_1}\mathrm{d}u_1 + \frac{\partial \vec{r}}{\partial u_2}\mathrm{d}u_2 + \frac{\partial \vec{r}}{\partial u_3}\mathrm{d}u_3 \tag{1 – 39}$$

将 $\partial \vec{r} / \partial u_i = h_i \hat{e}_i$ 代入上式，得

$$\mathrm{d}\vec{l} = h_1 \mathrm{d}u_1 \hat{e}_1 + h_2 \mathrm{d}u_2 \hat{e}_2 + h_3 \mathrm{d}u_3 \hat{e}_3 \tag{1 – 40}$$

$\mathrm{d}\vec{l}$ 的模值为

$$\mathrm{d}l = |\mathrm{d}\vec{l}| = \sqrt{(h_1 \mathrm{d}u_1)^2 + (h_2 \mathrm{d}u_2)^2 + (h_3 \mathrm{d}u_3)^2} \tag{1 – 41}$$

式中，$\mathrm{d}l_i = h_i \mathrm{d}u_i = \hat{e}_i \cdot \mathrm{d}\vec{l}$ 是矢量线元 $\mathrm{d}\vec{l}$ 在 M 点 u_i 坐标线上的投影。

2. 矢量面元

设 $\hat{n}$ 是有向曲面 S 上点 M 处的法向单位矢量，$\mathrm{d}S$ 是该点处的一个小面积元，如图 1 – 8 所示，则

$$\mathrm{d}\vec{S} = \hat{n}\mathrm{d}S \tag{1 – 42}$$

称为 M 点的**矢量面元**。

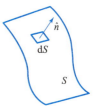

图 1 – 8　矢量面元

面元的法矢 $\hat{n}$ 可以由其方向余弦和坐标单位矢量表示为

$$\hat{n} = \hat{e}_1 \cos\alpha + \hat{e}_2 \cos\beta + \hat{e}_3 \cos\gamma$$

式中，α、β、γ 是 $\hat{n}$ 与 $\hat{e}_1$、$\hat{e}_2$、$\hat{e}_3$ 正方向的夹角。式（1 – 42）可以写成

$$\begin{aligned} \mathrm{d}\vec{S} &= \hat{e}_1 \cos\alpha \mathrm{d}S + \hat{e}_2 \cos\beta \mathrm{d}S + \hat{e}_3 \cos\gamma \mathrm{d}S \\ &= \hat{e}_1 \mathrm{d}S_1 + \hat{e}_2 \mathrm{d}S_2 + \hat{e}_3 \mathrm{d}S_3 \end{aligned} \tag{1 – 43}$$

$\mathrm{d}S_i$ 是矢量面元 $\mathrm{d}\vec{S}$ 在以 $\hat{e}_i$ 为法线的坐标面上的投影，我们可以将 $\mathrm{d}S_i$ 取成该坐标曲面上的两对坐标线元所成的矩形面元，即

$$\mathrm{d}S_1 = \mathrm{d}l_2 \mathrm{d}l_3 = h_2 \mathrm{d}u_2 h_3 \mathrm{d}u_3$$
$$\mathrm{d}S_2 = \mathrm{d}l_3 \mathrm{d}l_1 = h_3 \mathrm{d}u_3 h_1 \mathrm{d}u_1$$
$$\mathrm{d}S_3 = \mathrm{d}l_1 \mathrm{d}l_2 = h_1 \mathrm{d}u_1 h_2 \mathrm{d}u_2$$

代入式（1 – 43），有

$$d\vec{S} = (h_2 h_3 du_2 du_3)\hat{e}_1 + (h_1 h_3 du_1 du_3)\hat{e}_2 + (h_1 h_2 du_1 du_2)\hat{e}_3 \qquad (1-44)$$

3. 体元

在正交曲线坐标系中，以 M 点处三条坐标线上的线元 dl_1、dl_2、dl_3 为棱作一个六面体，称为 M 点处的**体积元** $d\tau$，如图 1-9 所示。$d\tau$ 的体积为

$$d\tau = dl_1 dl_2 dl_3 = h_1 du_1 h_2 du_2 h_3 du_3 \qquad (1-45)$$

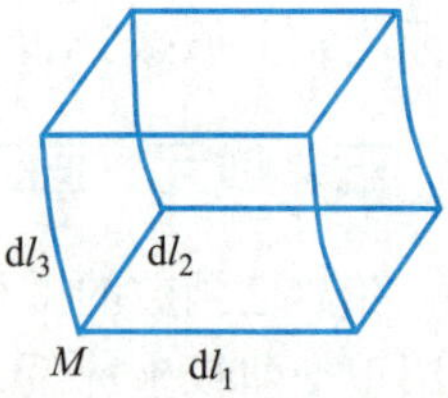

图 1-9 体元

四、三种常用坐标系

直角坐标系、圆柱坐标系和球坐标系是三种最基本和最常用的正交坐标系，下面结合广义正交曲线坐标系的概念，对上述三种坐标系做简单的介绍。

1. 直角坐标系

直角坐标系是一种最基本的正交曲线坐标系，并经常被作为其他坐标系的基础或参照。直角坐标系的三个坐标面都是平面，三条坐标线都是直线，空间任意点的三个坐标单位矢量的方向也都保持恒定。直角坐标系与广义正交曲线系的参量关系归纳如下：

$$u_1 = x, u_2 = y, u_3 = z \qquad (1-45a)$$

$$\hat{e}_1 = \hat{x}, \hat{e}_2 = \hat{y}, \hat{e}_3 = \hat{z} \qquad (1-45b)$$

$$h_1 = 1, h_2 = 1, h_3 = 1 \qquad (1-45c)$$

$$dl_1 = dx, dl_2 = dy, dl_3 = dz \qquad (1-45d)$$

$$dS_1 = dydz, dS_2 = dxdz, dS_3 = dxdy \qquad (1-45e)$$

$$d\tau = dxdydz \qquad (1-45f)$$

2. 圆柱坐标系

圆柱坐标系中，空间点 M 由三个有序数 (ρ, φ, z) 决定[①]，它们与广义坐标的对应关系为

$$u_1 = \rho, \quad u_2 = \varphi, \quad u_3 = z \qquad (1-46)$$

如图 1-10 所示：ρ 是 M 点到 Oz 轴的距离；φ 是过 M 点且以 Oz 轴为界的半平面与 xOz 正半平面的夹角；z 是点 M 到 xOy 平面的距离，与直角坐标系中的 z 坐标相同。坐标量 ρ、φ、z 的定义域分别为：

$$\begin{aligned} & 0 \leqslant \rho < +\infty \\ & 0 \leqslant \varphi \leqslant 2\pi \\ & -\infty < z < +\infty \end{aligned} \qquad (1-47)$$

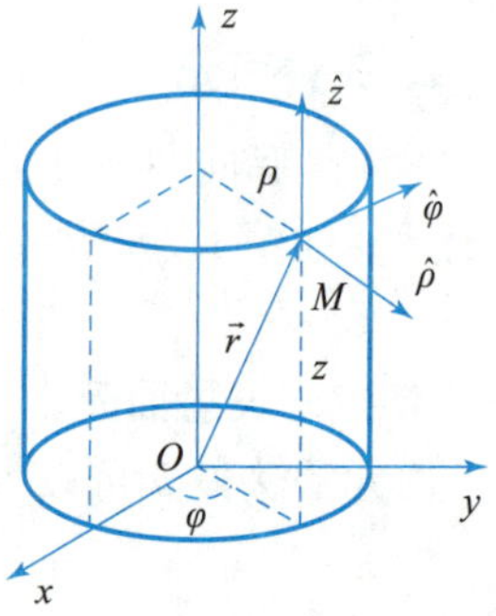

图 1-10 圆柱坐标系

过点 $M(\rho_0, \varphi_0, z_0)$ 的三个圆柱坐标曲面分别为：

$\rho = \rho_0$ ——以 Oz 为轴，ρ_0 为半径的圆柱面；

$\varphi = \varphi_0$ ——过 M 点且以 Oz 为界的半平面；

$z = z_0$ ——过 M 点且平行于 xOy 的平面。

三条坐标曲线分别为：

---

① 电磁场理论中符号 ρ 常用于表示电荷体密度，为避免混淆，本书中涉及电磁问题时，圆柱坐标系径向坐标符号 ρ 一般用 r 表示。

ρ 线：方程是 $\begin{cases} \varphi = \varphi_0 \\ z = z_0 \end{cases}$ 垂直 Oz 轴且过 M 点的径向射线；

φ 线：方程是 $\begin{cases} \rho = \rho_0 \\ z = z_0 \end{cases}$ 过 M 点且半径为 ρ_0 的圆；

z 线：方程是 $\begin{cases} \rho = \rho_0 \\ \varphi = \varphi_0 \end{cases}$ 过 M 点且与 Oz 轴平行的直线。

若空间一点同时用直角坐标和圆柱坐标来表示，即

$$M(x,y,z) = M(\rho,\varphi,z)$$

则两种坐标的变换关系为

$$x = \rho\cos\varphi, \quad y = \rho\sin\varphi, \quad z = z \tag{1-48a}$$

$$\rho = \sqrt{x^2 + y^2}, \quad \tan\varphi = \frac{y}{x}, \quad z = z \tag{1-48b}$$

点 M 的矢径 $\vec{r}$ 为

$$\begin{aligned} \vec{r} &= \hat{x}x + \hat{y}y + \hat{z}z \\ &= \hat{x}\rho\cos\varphi + \hat{y}\rho\sin\varphi + \hat{z}z \end{aligned} \tag{1-49}$$

由式（1-49）和式（1-35），可以计算出圆柱坐标系的拉梅系数为

$$h_1 = \left| \frac{\partial \vec{r}}{\partial \rho} \right| = |\hat{x}\cos\varphi + \hat{y}\sin\varphi| = 1 \tag{1-50a}$$

$$h_2 = \left| \frac{\partial \vec{r}}{\partial \varphi} \right| = |-\hat{x}\rho\sin\varphi + \hat{y}\rho\cos\varphi| = \rho \tag{1-50b}$$

$$h_3 = \left| \frac{\partial \vec{r}}{\partial z} \right| = |\hat{z}| = 1 \tag{1-50c}$$

圆柱坐标系的坐标单位矢量可以简记成 $\hat{\rho}$、$\hat{\varphi}$、$\hat{z}$，它们的始点在 M 点，分别在三条坐标线的切线方向上，指向 ρ、φ、z 增加的方向。具体地讲，$\hat{\rho}$ 为径向向外方向，$\hat{\varphi}$ 为俯视逆时针方向，$\hat{z}$ 指向 z 轴正方向。

$\hat{\rho}$、$\hat{\varphi}$、$\hat{z}$ 与直角坐标系单位矢量 $\hat{x}$、$\hat{y}$、$\hat{z}$ 的变换式为

$$\hat{e}_1 = \hat{\rho} = \frac{\partial \vec{r} / \partial \rho}{h_1} = \hat{x}\cos\varphi + \hat{y}\sin\varphi \tag{1-51a}$$

$$\hat{e}_2 = \hat{\varphi} = \frac{\partial \vec{r} / \partial \rho}{h_2} = -\hat{x}\sin\varphi + \hat{y}\cos\varphi \tag{1-51b}$$

$$\hat{e}_3 = \hat{z} = \frac{\partial \vec{r} / \partial \rho}{h_3} = \hat{z} \tag{1-51c}$$

对上式反演，得到

$$\hat{x} = \hat{\rho}\cos\varphi - \hat{\varphi}\sin\varphi \tag{1-52a}$$

$$\hat{y} = \hat{\rho}\sin\varphi + \hat{\varphi}\cos\varphi \tag{1-52b}$$

$$\hat{z} = \hat{z} \tag{1-52c}$$

圆柱坐标系的坐标单位矢量之间彼此正交且成右旋关系，即

$$\hat{\rho} \cdot \hat{\varphi} = \hat{\varphi} \cdot \hat{z} = \hat{\rho} \cdot \hat{z} = 0 \tag{1-53a}$$

$$\hat{\rho} \times \hat{\varphi} = \hat{z}, \quad \hat{\varphi} \times \hat{z} = \hat{\rho}, \quad \hat{z} \times \hat{\rho} = \hat{\varphi} \tag{1-53b}$$

式（1-49）是用直角坐标系的坐标单位矢量来表示 M 点的位置矢量（即矢径）$\vec{r}$，如

果用圆柱坐标系中的坐标单位矢量表示，不难看出

$$\vec{r} = \hat{\rho}\rho + \hat{z}z \qquad (1-54)$$

圆柱坐标系中的线元 $\mathrm{d}\vec{l}$、弧微分 $\mathrm{d}l_i$、面元 $\mathrm{d}\vec{S}$ 和体元 $\mathrm{d}\tau$ 分别为

$$\mathrm{d}l_1 = \mathrm{d}\rho, \quad \mathrm{d}l_2 = \rho\mathrm{d}\varphi, \quad \mathrm{d}l_3 = \mathrm{d}z \qquad (1-55\mathrm{a})$$

$$\mathrm{d}\vec{l} = \hat{\rho}\mathrm{d}\rho + \hat{\varphi}\rho\mathrm{d}\varphi + \hat{z}\mathrm{d}z \qquad (1-55\mathrm{b})$$

$$\mathrm{d}\vec{S} = \hat{\rho}\mathrm{d}S_1 + \hat{\varphi}\mathrm{d}S_2 + \hat{z}\mathrm{d}s_3$$

$$= \hat{\rho}\rho\mathrm{d}\varphi\mathrm{d}z + \hat{\varphi}\mathrm{d}\rho\mathrm{d}z + \hat{z}\rho\mathrm{d}\rho\mathrm{d}\varphi \qquad (1-55\mathrm{c})$$

$$\mathrm{d}\tau = \rho\mathrm{d}\rho\mathrm{d}\varphi\mathrm{d}z \qquad (1-55\mathrm{d})$$

注：圆柱坐标系中，坐标 ρ 和坐标单位矢量 $\hat{\rho}$ 有时也用 r 和 $\hat{r}$ 表示。

3. 球坐标系

球坐标系中空间点 M 由三个有序数 (r, θ, φ) 决定，它们与广义坐标的对应关系为

$$u_1 = r, \quad u_2 = \theta, \quad u_3 = \varphi \qquad (1-56)$$

如图 1-11 所示，r 是坐标原点到 M 点的距离，θ 是矢径 $\vec{r}$ 与 z 轴正方向的夹角，φ 是过 M 点且以 Oz 轴为界的半平面与 xoz 正半平面的夹角，与圆柱坐标系中的 φ 坐标相同。坐标量 r、θ、φ 的定义域分别为：

$$0 \leqslant r < +\infty$$
$$0 \leqslant \theta \leqslant \pi \qquad (1-57)$$
$$0 \leqslant \varphi \leqslant 2\pi$$

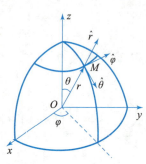

图 1-11　球坐标系

过点 $M(r_0, \theta_0, \varphi_0)$ 的三个坐标曲面分别为：

$r = r_0$ ——以 OM（即 r_0）为半径的球面；

$\theta = \theta_0$ ——母线与 Oz 轴夹角为 θ_0 的锥面；

$\varphi = \varphi_0$ ——过 M 点且与 Oz 轴为界的半平面。

三条坐标曲线分别为

r 线：方程是 $\begin{cases} \theta = \theta_0 \\ \varphi = \varphi_0 \end{cases}$　由坐标原点指向 M 点的径向射线；

θ 线：方程是 $\begin{cases} r = r_0 \\ \varphi = \varphi_0 \end{cases}$　$r = r_0$ 球面上过 M 点的经线弧；

φ 线：方程是 $\begin{cases} r = r_0 \\ \theta = \theta_0 \end{cases}$　$r = r_0$ 球面上过 M 点的纬线圆。

若空间一点同时用直角坐标和球坐标来表示，即

$$M(x, y, z) = M(r, \theta, \varphi)$$

则两种坐标的变换关系为

$$x = r\sin\theta\cos\varphi, \quad y = r\sin\theta\sin\varphi, \quad z = r\cos\theta \qquad (1-58\mathrm{a})$$

$$r = \sqrt{x^2 + y^2 + z^2}, \quad \cos\theta = \frac{z}{\sqrt{x^2 + y^2 + z^2}}, \quad \tan\varphi = \frac{y}{x} \qquad (1-58\mathrm{b})$$

点 M 的矢径 $\vec{r}$ 为

$$\vec{r} = \hat{x}x + \hat{y}y + \hat{z}z$$
$$= \hat{x}r\sin\theta\cos\varphi + \hat{y}r\sin\theta\sin\varphi + \hat{z}r\cos\theta \tag{1-59}$$

由式（1-59）和式（1-35）可以计算出球坐标系的拉梅系数为

$$h_1 = \left|\frac{\partial \vec{r}}{\partial r}\right| = |\hat{x}\sin\theta\cos\varphi + \hat{y}\sin\theta\sin\varphi + \hat{z}\cos\theta| = 1 \tag{1-60a}$$

$$h_2 = \left|\frac{\partial \vec{r}}{\partial \theta}\right| = |\hat{x}r\cos\theta\cos\varphi + \hat{y}r\cos\theta\sin\varphi - \hat{z}r\sin\theta| = r \tag{1-60b}$$

$$h_3 = \left|\frac{\partial \vec{r}}{\partial \varphi}\right| = |-\hat{x}r\sin\theta\sin\varphi + \hat{y}r\sin\theta\cos\varphi| = r\sin\theta \tag{1-60c}$$

球坐标系的坐标单位矢量可以简记成 $\hat{r}$、$\hat{\theta}$、$\hat{\varphi}$，它们的始点在 M 点，分别在三条坐标线的切线方向上，指向 r、θ、φ 增加的方向。具体地讲，$\hat{r}$ 为径向向外方向，$\hat{\theta}$ 为过 M 点经线的切线向下方向，$\hat{\varphi}$ 为俯视逆时针方向。

$\hat{r}$、$\hat{\theta}$、$\hat{\varphi}$ 与直角坐标系单位矢量 $\hat{x}$、$\hat{y}$、$\hat{z}$ 的变换式为

$$\hat{e}_1 = \hat{r} = \frac{\partial \hat{r}/\partial r}{h_1} = \hat{x}\sin\theta\cos\varphi + \hat{y}\sin\theta\sin\varphi + \hat{z}\cos\theta \tag{1-61a}$$

$$\hat{e}_2 = \hat{\theta} = \frac{\partial \vec{r}/\partial \theta}{h_2} = \hat{x}\cos\theta\cos\varphi + \hat{y}\cos\theta\sin\varphi - \hat{z}\sin\theta \tag{1-61b}$$

$$\hat{e}_3 = \hat{\varphi} = \frac{\partial \vec{r}/\partial \varphi}{h_3} = -\hat{x}\sin\varphi + \hat{y}\cos\varphi \tag{1-61c}$$

对上式反演，得到

$$\hat{x} = \hat{r}\sin\theta\cos\varphi + \hat{\theta}\cos\theta\cos\varphi - \hat{\varphi}\sin\varphi \tag{1-62a}$$
$$\hat{y} = \hat{r}\sin\theta\sin\varphi + \hat{\theta}\cos\theta\sin\varphi + \hat{\varphi}\cos\varphi \tag{1-62b}$$
$$\hat{z} = \hat{r}\cos\theta - \hat{\theta}\sin\theta \tag{1-62c}$$

结合式（1-51）、式（1-52），还可以得到球坐标系与圆柱坐标系的坐标单位矢量互换关系

$$\hat{r} = \hat{\rho}\sin\theta + \hat{z}\cos\theta \tag{1-63a}$$
$$\hat{\theta} = \hat{\rho}\cos\theta - \hat{z}\sin\theta \tag{1-63b}$$
$$\hat{\varphi} = \hat{\varphi} \tag{1-63c}$$

和

$$\hat{\rho} = \hat{r}\sin\theta + \hat{\theta}\cos\theta \tag{1-64a}$$
$$\hat{\varphi} = \hat{\varphi} \tag{1-64b}$$
$$\hat{z} = \hat{r}\cos\theta - \hat{\theta}\sin\theta \tag{1-64c}$$

球坐标系的坐标单位矢量之间彼此正交且成右旋关系，即

$$\hat{r} \cdot \hat{\theta} = \hat{\theta} \cdot \hat{\varphi} = \hat{r} \cdot \hat{\varphi} = 0 \tag{1-65a}$$
$$\hat{r} \times \hat{\theta} = \hat{\varphi}, \quad \hat{\theta} \times \hat{\varphi} = \hat{r}, \quad \hat{\varphi} \times \hat{r} = \hat{\theta} \tag{1-65b}$$

式（1-59）是用直角坐标系的坐标单位矢量来表示 M 点的位置矢量（即矢径）$\vec{r}$，如果用球坐标系中的坐标单位矢量表示，不难看出

$$\vec{r} = \hat{r}r \tag{1-66}$$

球坐标系中的线元 $\mathrm{d}\vec{l}$、弧微分 $\mathrm{d}l_i$、面元 $\mathrm{d}\vec{S}$ 和体元 $\mathrm{d}\tau$ 分别为

$$\mathrm{d}l_1 = \mathrm{d}r, \quad \mathrm{d}l_2 = r\mathrm{d}\theta, \quad \mathrm{d}l_3 = r\sin\theta\mathrm{d}\varphi \tag{1-67a}$$
$$\mathrm{d}\vec{l} = \hat{r}\mathrm{d}r + \hat{\theta}r\mathrm{d}\theta + \hat{\varphi}r\sin\theta\mathrm{d}\varphi \tag{1-67b}$$

$$\mathrm{d}\vec{S} = \hat{r}\mathrm{d}S_1 + \hat{\theta}\mathrm{d}S_2 + \hat{\varphi}\mathrm{d}S_3$$

$$= \hat{r}r^2\sin\theta\mathrm{d}\theta\mathrm{d}\varphi + \hat{\theta}r\sin\theta\mathrm{d}r\mathrm{d}\varphi + \hat{\varphi}r\mathrm{d}r\mathrm{d}\theta \tag{1-67c}$$

$$\mathrm{d}\tau = r^2\sin\theta\mathrm{d}r\mathrm{d}\theta\mathrm{d}\varphi \tag{1-67d}$$

五、矢量的变换

在描述一个物理过程时，常常需要将物理量从一种坐标系转换到另一种坐标系中，或者同时用两种坐标系来表述。因此，必须清楚矢量在不同坐标系间的相互转换。

假设空间某点有一矢量 $\vec{F}$，它在直角坐标系中表示为

$$\vec{F} = \hat{x}F_x + \hat{y}F_y + \hat{z}F_z \tag{1-68}$$

该矢量在另外一个正交曲线坐标系中表示为

$$\vec{F} = \hat{e}_1F_1 + \hat{e}_2F_2 + \hat{e}_3F_3 \tag{1-69}$$

用 $\hat{e}_1$、$\hat{e}_2$、$\hat{e}_3$ 分别与 $\vec{F}$ 的表达式（1-68）进行点积运算，即将 $\vec{F}$ 向 M 点处的三个坐标单位矢量 $\hat{e}_1$、$\hat{e}_2$、$\hat{e}_3$ 上投影，就得到该曲线坐标系中矢量 $\vec{F}$ 的各分量

$$\begin{aligned} F_1 &= \hat{e}_1 \cdot \vec{F} = \hat{e}_1 \cdot \hat{x}F_x + \hat{e}_1 \cdot \hat{y}F_y + \hat{e}_1 \cdot \hat{z}F_z \\ F_2 &= \hat{e}_2 \cdot \vec{F} = \hat{e}_2 \cdot \hat{x}F_x + \hat{e}_2 \cdot \hat{y}F_y + \hat{e}_2 \cdot \hat{z}F_z \\ F_3 &= \hat{e}_3 \cdot \vec{F} = \hat{e}_3 \cdot \hat{x}F_x + \hat{e}_3 \cdot \hat{y}F_y + \hat{e}_3 \cdot \hat{z}F_z \end{aligned} \tag{1-70}$$

反之，如果已知矢量 $\vec{F}$ 在某曲线坐标中的表达式，用 $\hat{x}$、$\hat{y}$、$\hat{z}$ 分别与 $\vec{F}$ 的表达式（1-69）进行点积运算，即将 $\vec{F}$ 向 M 点处的三个坐标单位矢量 $\hat{x}$、$\hat{y}$、$\hat{z}$ 上投影，就得到矢量 $\vec{F}$ 在直角坐标系中的各分量

$$\begin{aligned} F_x &= \hat{x} \cdot \vec{F} = \hat{x} \cdot \hat{e}_1F_1 + \hat{x} \cdot \hat{e}_2F_2 + \hat{x} \cdot \hat{e}_3F_3 \\ F_y &= \hat{y} \cdot \vec{F} = \hat{y} \cdot \hat{e}_1F_1 + \hat{y} \cdot \hat{e}_2F_2 + \hat{y} \cdot \hat{e}_3F_3 \\ F_z &= \hat{z} \cdot \vec{F} = \hat{z} \cdot \hat{e}_1F_1 + \hat{z} \cdot \hat{e}_2F_2 + \hat{z} \cdot \hat{e}_3F_3 \end{aligned} \tag{1-71}$$

以圆柱坐标系为例，有

$$F_\rho = \hat{\rho} \cdot \vec{F} = (\hat{x}\cos\varphi + \hat{y}\sin\varphi) \cdot (\hat{x}F_x + \hat{y}F_y + \hat{z}F_z) = F_x\cos\varphi + F_y\sin\varphi$$

$$F_\varphi = \hat{\varphi} \cdot \vec{F} = (-\hat{x}\sin\varphi + \hat{y}\cos\varphi) \cdot (\hat{x}F_x + \hat{y}F_y + \hat{z}F_z) = -F_x\sin\varphi + F_y\cos\varphi$$

$$F_z = \hat{z} \cdot \vec{F} = \hat{z} \cdot (\hat{x}F_x + \hat{y}F_y + \hat{z}F_z) = F_z \tag{1-72}$$

所以，$\vec{F}$ 在圆柱坐标系内的矢量表达式为

$$\begin{aligned} \vec{F} &= \hat{\rho}F_\rho + \hat{\varphi}F_\varphi + \hat{z}F_z \\ &= \hat{\rho}(F_x\cos\varphi + F_y\sin\varphi) + \hat{\varphi}(-F_x\sin\varphi + F_y\cos\varphi) + \hat{z}F_z \end{aligned} \tag{1-73}$$

如果 $\vec{F}$ 是常矢，矢量转换到此已完成；但若 $\vec{F}$ 为变矢，F_x、F_y、F_z 是坐标变量 x、y、z 的函数，往往需要用两个坐标系的坐标变量关系式（1-58）将上式的 F_x、F_y、F_z 中的 x、y、z 变换成 ρ、φ、z。

用相同的方法可以得到从圆柱坐标系向直角坐标系变换的表达式：

$$\begin{aligned} \vec{F} &= \hat{x}F_x + \hat{y}F_y + \hat{z}F_z \\ &= \hat{x}(F_\rho\cos\varphi - F_\varphi\sin\varphi) + \hat{y}(F_\rho\sin\varphi + F_\varphi\cos\varphi) + \hat{z}F_z \end{aligned} \tag{1-74}$$

以及直角坐标系和球坐标系间的变换表达式：

$$\begin{aligned} \vec{F} &= \hat{r}F_r + \hat{\theta}F_\theta + \hat{\varphi}F_\varphi \\ &= \hat{r}(F_x\sin\theta\cos\varphi + F_y\sin\theta\sin\varphi + F_z\cos\theta) + \\ &\quad \hat{\theta}(F_x\cos\theta\cos\varphi + F_y\cos\theta\sin\varphi - F_z\sin\theta) + \end{aligned}$$

$$\hat{\varphi}(-F_x\sin\varphi + F_y\cos\varphi) \tag{1-75}$$

$$\begin{aligned}
\vec{F} &= \hat{x}F_x + \hat{y}F_y + \hat{z}F_z \\
&= \hat{x}(F_r\sin\theta\cos\varphi + F_\theta\cos\theta\cos\varphi - F_\varphi\sin\varphi) + \\
&\quad \hat{y}(F_r\sin\theta\sin\varphi + F_\theta\cos\theta\sin\varphi + F_\varphi\cos\varphi) + \\
&\quad \hat{z}(F_r\cos\theta - F_\theta\sin\theta) \tag{1-76}
\end{aligned}$$

将式（1-73）~式（1-76）与式（1-51）、式（1-52）、式（1-61）、式（1-62）比较可以发现，矢量的分量变换关系式与相应坐标系的坐标单位矢量变换式是完全相似的，只需将其中单位矢量变换式中的坐标单位矢量换成对应的分量，就得到对应的分量变换式。

例1.1 一矢量 $\vec{A}$ 在直角坐标系中的表达式为

$$\vec{A}(x,y,z) = -y\hat{x} + x\hat{y} - z\hat{z}$$

求：（1）$\vec{A}$ 在球坐标系的表达式 $\vec{A}(r,\theta,\varphi)$；

（2）在直角坐标为（3，4，12）的点 M 处的 $\vec{A}(r,\theta,\varphi)_M$ 的值。

解：（1）将 $A_x = -y = -r\sin\theta\sin\varphi$，$A_y = x = r\sin\theta\cos\varphi$，$A_z = -z = -r\cos\theta$ 代入式（1-75）并整理，得

$$\vec{A}(r,\theta,\varphi) = -\hat{r}r\cos^2\theta + \hat{\theta}r\cos\theta\sin\theta + \hat{\varphi}r\sin\theta$$

（2）利用球坐标与直角坐标的变换公式，由 M 点的直角坐标值计算其球坐标值

$$r = \sqrt{x^2 + y^2 + z^2} = \sqrt{3^2 + 4^2 + 12^2} = 13$$

$$\cos\theta = \frac{z}{r} = \frac{12}{13}, \quad \sin\theta = \frac{\sqrt{x^2 + y^2}}{r} = \frac{5}{13}$$

代入上式，得矢量 $\vec{A}$ 在 M 点的球坐标表达式值。

§1.3 标量场的梯度

如果在全部空间或部分空间的每一点，都对应着某个物理量的一个确定值，则称在这个空间里确定了该物理量的**场**。如果该物理量是数量，就称这个场为**标量场**（或**数量场**），例如温度场、密度场、电位场等。

一、标量场与等值面

由标量场的定义可知，分布在标量场中各点上的标量 f 与场点的位置有关。在给定的坐标系内，若场点记作 $M(u_1, u_2, u_3)$，则 f 就成为 M 点坐标 u_1、u_2、u_3 的函数。因此，一个标量场可以用一个标量函数（或称数性函数）表示，记作

$$f = f(u_1, u_2, u_3) \quad \text{或} \quad f = f(M) \quad \text{或} \quad f = f(\vec{r}) \tag{1-77}$$

式中，$\vec{r}$ 为点 M 的位置矢量。

在标量场中，为了直观地研究物理量 f 在场中的分布状况，常常需要考察场中物理量相同的点，也就是使 $f(u_1, u_2, u_3)$ 取相同数值的各点。

$$f(u_1, u_2, u_3) = c \quad (c \text{ 为常数}) \tag{1-78}$$

这个方程在几何上一般表示一曲面，也就是物理量的值相等的所有点构成的一个空间曲面，称为这个标量场的**等值面**，式（1-78）称为标量场 f 的等值面方程，式中 c 为该物理

量的任意确定值，每一个 c 值对应一个曲面，不同的 c 值给出一组等值面，空间每一点只能在一个等值面上，这族等值面充满了整个标量场所在的空间，而且各等值面互不相交。利用等值面的形状及疏密程度，可以对其标量场的空间分布和变化有比较直观的了解。

二、标量场的方向导数和梯度

1. 方向导数

标量场中，场函数 f 的分布情况可以借助等值面或等值线描述，但这只是场的整体分布情况，为了表示场在每一空间点上的变化情况，需要引入方向导数和梯度的概念。

设 M 是标量场 f 中的一点，从点 M 出发引一条射线 $\vec{l}$，在 $\vec{l}$ 上取一邻近点 M'，记点 M 和点 M' 间的距离为 Δl，如图 $1-12$ 所示。当 $M \to M'$ 时，若比式

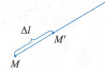

$$\frac{f(M') - f(M)}{\Delta l}$$

图 1-12　方向导数

的极限存在，则称它为函数 f 在点 M 处沿 $\vec{l}$ 方向的**方向导数**，记作

$$\left. \frac{\partial f}{\partial l} \right|_M = \lim_{\Delta l \to 0} \frac{f(M') - f(M)}{\Delta l} \tag{1-79}$$

可见，方向导数是标量函数 f 在给定点处沿某个方向对距离的变化率。当 $\partial f / \partial l > 0$ 时，函数 f 的值是沿 $\vec{l}$ 方向增加的；$\partial f / \partial l < 0$ 时，函数 f 的值是沿 $\vec{l}$ 方向减小的；否则是不变的。

在正交曲线坐标系中，设上述的点 M 和点 M' 的坐标分别为 $M(u_1, u_2, u_3)$ 与 $M'(u_1 + \Delta u_1, u_2 + \Delta u_2, u_3 + \Delta u_3)$，由多元函数全增量的公式有

$$f(M') - f(M) = \Delta f = \frac{\partial f}{\partial u_1} \Delta u_1 + \frac{\partial f}{\partial u_2} \Delta u_2 + \frac{\partial f}{\partial u_3} \Delta u_3 + \omega \Delta l$$

式中，ω 为无穷小量，当 $\Delta l \to 0$ 时，$\omega \to 0$。将上式代入式（$1-79$），得

$$\left. \frac{\partial f}{\partial l} \right|_M = \lim_{\Delta l \to 0} \left(\frac{1}{h_1} \frac{\partial f}{\partial u_1} \frac{h_1 \Delta u_1}{\Delta l} + \frac{1}{h_2} \frac{\partial f}{\partial u_2} \frac{h_2 \Delta u_2}{\Delta l} + \frac{1}{h_3} \frac{\partial f}{\partial u_3} \frac{h_3 \Delta u_3}{\Delta l} + \omega \right) \tag{1-80}$$

式中，$h_i \Delta u_i$ 为 Δl 在坐标曲线 u_1 上的投影，故 $h_i \Delta u_i / \Delta l$ 等于 $\vec{l}$ 对坐标单位矢量 $\hat{e}_i$ 的方向余弦，若用 α、β、γ 分别表示 M 点处 $\vec{l}$ 与 $\hat{e}_1$、$\hat{e}_2$、$\hat{e}_3$ 的夹角，则

$$\frac{h_1 \Delta u_1}{\Delta l} = \cos\alpha; \qquad \frac{h_2 \Delta u_2}{\Delta l} = \cos\beta; \qquad \frac{h_3 \Delta u_3}{\Delta l} = \cos\gamma$$

代入式（$1-80$），考虑当 $\Delta l \to 0$ 时，$\omega \to 0$，并略去下标 M，即可得到曲线坐标系中任意点上标量场 f 沿 $\vec{l}$ 方向的方向导数表达式

$$\frac{\partial f}{\partial l} = \frac{1}{h_1} \frac{\partial f}{\partial u_1} \cos\alpha + \frac{1}{h_2} \frac{\partial f}{\partial u_2} \cos\beta + \frac{1}{h_3} \frac{\partial f}{\partial u_3} \cos\gamma \tag{1-81}$$

2. 梯度

方向导数是标量函数在给定点沿某特定方向的变化率。从标量场中任一点出发，都有无穷多个方向，因此也就相应地存在着无穷多个方向导数，如果利用点积运算法则将方向导数表达式（$1-81$）写成

$$\frac{\partial f}{\partial l} = \left(\hat{e}_1 \frac{1}{h_1} \frac{\partial f}{\partial u_1} + \hat{e}_2 \frac{1}{h_2} \frac{\partial f}{\partial u_2} + \hat{e}_3 \frac{1}{h_3} \frac{\partial f}{\partial u_3} \right) \cdot (\hat{e}_1 \cos\alpha + \hat{e}_2 \cos\beta + \hat{e}_3 \cos\gamma)$$

$$= \vec{G} \cdot \hat{e}_l \tag{1-82}$$

其中，

$$\vec{G} = \hat{e}_1 \frac{1}{h_1} \frac{\partial f}{\partial u_1} + \hat{e}_2 \frac{1}{h_2} \frac{\partial f}{\partial u_2} + \hat{e}_3 \frac{1}{h_3} \frac{\partial f}{\partial u_3} \tag{1-83}$$

$$\hat{e}_l = \hat{e}_1 \cos\alpha + \hat{e}_2 \cos\beta + \hat{e}_3 \cos\gamma \tag{1-84}$$

式中，$\hat{e}_l$ 是 $\vec{l}$ 方向上的单位矢量，$\vec{G}$ 在给定点上是一个方向固定的矢量。式（1-82）表明，矢量 $\vec{G}$ 在 $\vec{l}$ 方向的投影正好等于函数 f 在该方向上的方向导数。因此，$\vec{l}$ 和 $\vec{G}$ 方向一致时，即 $\cos(\vec{G}, \vec{l}) = 1$ 时，方向导数取得最大值，也就是

$$\left. \frac{\partial f}{\partial l} \right|_{max} = |\vec{G}|$$

由此可见，在场空间一点上，矢量 $\vec{G}$ 的方向就是函数 f 在该点变化率最大的方向，模值 $|\vec{G}|$ 正是此最大变化率的值。我们把 $\vec{G}$ 称作函数 f 在给定点的**梯度**，其定义可叙述如下：

若在标量场 f 中一点 M 处，存在这样的矢量 $\vec{G}$，其方向为函数 f 在 M 点处变化率最大的方向，其模值也正好是这个最大变化率的数值，则称矢量 $\vec{G}$ 为函数 f 在点 M 处的梯度，记作 $\mathrm{grad}f$，即

$$\mathrm{grad}f = \vec{G} = \hat{e}_1 \frac{1}{h_1} \frac{\partial f}{\partial u_1} + \hat{e}_2 \frac{1}{h_2} \frac{\partial f}{\partial u_2} + \hat{e}_3 \frac{1}{h_3} \frac{\partial f}{\partial u_3} \tag{1-85}$$

由上面的定义可以得到梯度的几个主要性质：

（1）方向导数等于梯度矢量在该方向上的投影

$$\frac{\partial f}{\partial l} = (\mathrm{grad}f) \cdot \hat{e}_l \tag{1-86}$$

（2）场中每一点 M 处的梯度，垂直于过该点等值面，且总指向函数 $f(\vec{r})$ 增大的方向。

这是因为在等值面 $f(u_1, u_2, u_3) = c$ 上，函数 f 的值不变，故在其上面任意点 M 处的切平面内，任意方向 $\vec{l}_t$ 上的方向导数必为零，即

$$\frac{\partial f}{\partial l_t} = (\mathrm{grad}f) \cdot \hat{e}_{l_t} = 0$$

由上式点积为零可知，$\mathrm{grad}f$ 与该点切平面内的所有射线相垂直，$\mathrm{grad}f$ 与等值面 $f(u_1, u_2, u_3) = c$ 垂直。又因函数 f 沿梯度方向的方向导数为

$$\frac{\partial f}{\partial l_G} = (\mathrm{grad}f) \cdot \hat{e}_{l_G} = |\mathrm{grad}f| > 0$$

这说明 f 沿梯度方向是增大的，即梯度指向函数增大的方向。

如果我们把标量场中每一点的梯度与场中之点一一对应起来，就得到一个由梯度矢量所构成的矢量场，称为此标量场 f 的梯度场。

（3）哈密顿（Hamilton）算子。

根据梯度定义，我们将式（1-85）写成

$$\mathrm{grad}f = \left(\hat{e}_1 \frac{1}{h_1} \frac{\partial}{\partial u_1} + \hat{e}_2 \frac{1}{h_2} \frac{\partial}{\partial u_2} + \hat{e}_3 \frac{1}{h_3} \frac{\partial}{\partial u_3} \right) f \tag{1-87}$$

我们定义一个矢量微分算符 ∇

$$\nabla = \hat{e}_1 \frac{1}{h_1} \frac{\partial}{\partial u_1} + \hat{e}_2 \frac{1}{h_2} \frac{\partial}{\partial u_2} + \hat{e}_3 \frac{1}{h_3} \frac{\partial}{\partial u_3} \tag{1-88}$$

称为**哈密顿算子**，读作"del"或"nabla"。则式（1-87）可写成

$$\mathrm{grad}f = \nabla f \tag{1-89}$$

上式表示，标量的梯度等于哈密顿算子对此标量函数的作用。哈密顿算子既是一个矢量，又是一个微分算符。∇ 作为矢量时，它和函数的运算遵循矢量运算法则；而作为一个微分算符时，它只对其后边的函数作用，实质是 ∇ 的各分量对其后边的函数求偏导，对其前边的函数不作用。因此，$\nabla f \neq f \nabla$。并且，∇ 后边不得随意加写"·"或"×"，以免与 ∇ 算子的另外两种运算混淆。

梯度运算的实质是进行求导运算，所以有与求导十分类似的运算公式，如：

(1) $\qquad\qquad \nabla c = 0 \quad (c \text{ 为常数})$ $\qquad\qquad$ (1-90a)

(2) $\qquad\qquad \nabla(cf) = c\,\nabla f$ $\qquad\qquad$ (1-90b)

(3) $\qquad\qquad \nabla(f \pm g) = \nabla f \pm \nabla g$ $\qquad\qquad$ (1-90c)

(4) $\qquad\qquad \nabla(fg) = g\,\nabla f + f\,\nabla g$ $\qquad\qquad$ (1-90d)

(5) $\qquad\qquad \nabla\left(\dfrac{f}{g}\right) = \dfrac{1}{g^2}(g\,\nabla f - f\,\nabla g)$ $\qquad\qquad$ (1-90e)

(6) $\qquad\qquad \nabla f(g) = f'(g)\,\nabla g$ $\qquad\qquad$ (1-90f)

例 1.2　已知 $\vec{R}$ 是点 $M'(x', y', z')$ 指向点 $M(x, y, z)$ 的相对位置矢量，即

$$\vec{R} = (x - x')\hat{x} + (y - y')\hat{y} + (z - z')\hat{z}$$

其模值为

$$R = |\vec{R}| = \sqrt{(x - x')^2 + (y - y')^2 + (z - z')^2}$$

试证明

$$\nabla \frac{1}{R} = -\frac{\vec{R}}{R^3} = -\nabla' \frac{1}{R}$$

证明：$\nabla \dfrac{1}{R}$ 表示将 R 中的 x、y、z 作为变量，而 x'、y'、z' 作为常量进行梯度运算，按照式 (1-90f)，有

$$\nabla \frac{1}{R} = -\frac{1}{R^2}\nabla R = -\frac{1}{R^2}\left[\frac{x - x'}{R}\hat{x} + \frac{y - y'}{R}\hat{y} + \frac{z - z'}{R}\hat{z}\right]$$

$$= -\frac{1}{R^3}\left[(x - x')\hat{x} + (y - y')\hat{y} + (z - z')\hat{z}\right] = -\frac{\vec{R}}{R^3}$$

而 $\nabla' \dfrac{1}{R}$ 表示将 R 中的 x'、y'、z' 作为变量，x、y、z 作为常量进行梯度运算，因此有

$$\nabla' \frac{1}{R} = -\frac{1}{R^2}\nabla' R = -\frac{1}{R^2}\left(-\frac{x - x'}{R}\hat{x} - \frac{y - y'}{R}\hat{y} - \frac{z - z'}{R}\hat{z}\right)$$

$$= \frac{1}{R^3}\left[(x - x')\hat{x} + (y - y')\hat{y} + (z - z')\hat{z}\right] = \frac{\vec{R}}{R^3} = -\nabla \frac{1}{R}$$

本例的结论在场分析问题中经常用到。同时，从以上证明过程还可以得到位置矢量模值 R 的梯度，即 $\nabla R = \vec{R}/R = \hat{R}$，其中 $\hat{R}$ 表示 $\vec{R}$ 方向的单位矢量。这也是一个常用的结论。

§1.4　矢量场的散度和旋度

如果空间中每一点的物理量，都唯一对应着某个确定矢量，我们就在空间中定义了一个

矢量场。例如力场、速度场、电场、磁场等。

一、矢量场与矢量线

在矢量场中，分布在各点处的矢量 $\vec{F}$ 是场中点 M 的函数，即

$$\vec{F} = \vec{F}(M) \tag{1-91}$$

若在给定的坐标系中，场点 M 的空间坐标为 (u_1, u_2, u_3)，或用位置矢量 $\vec{r}$ 表示，则此矢量场可以用矢性函数表示为

$$\vec{F} = \vec{F}(u_1, u_2, u_3) = \vec{F}(\vec{r})$$
$$= \hat{e}_1 F_1(u_1, u_2, u_3) + \hat{e}_2 F_2(u_1, u_2, u_3) + \hat{e}_3 F_3(u_1, u_2, u_3) \tag{1-92}$$

在标量场中，我们引入了等值面来形象和直观地描述标量场。对于矢量场，则可以用它的**矢量线**对其进行形象描述。一个矢量场的矢量线是这样的曲线，在它上面每一点 M 处的切线方向与该点矢量 $\vec{F}$ 的方向相重合。

由场的单值性可知，矢量场中的每一点均只能有一条矢量线通过，即矢量线不会交叉。所有的矢量线构成一个矢量线族，充满了整个矢量场所在的空间，如图 1-13 所示。如电场中的电力线、磁场中的磁力线、流速场中的流线等，都是矢量线的例子。

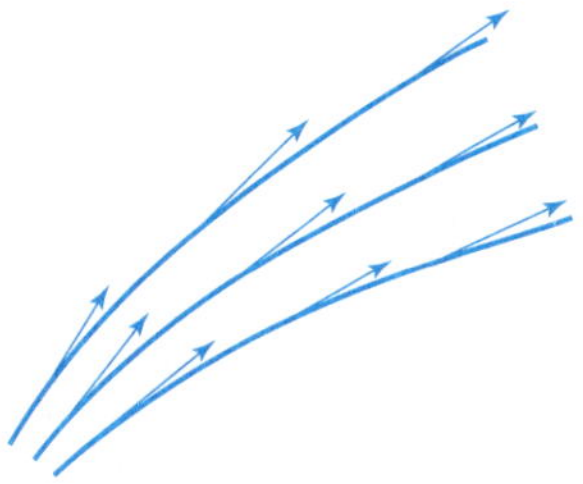

下面我们来讨论已知矢量场 $\vec{F}$ 的表达式，怎样求出其矢量线的方程。

若矢量场 $\vec{F}$ 是一个已知场，其表达式为

$$\vec{F} = \hat{e}_1 F_1(u_1, u_2, u_3) + \hat{e}_2 F_2(u_1, u_2, u_3) + \hat{e}_3 F_3(u_1, u_2, u_3) \tag{1-93}$$

设 $\vec{r}$ 是场点 $M(u_1, u_2, u_3)$ 的矢径函数，曲线 l 是 $\vec{r}$ 的矢端曲线。由矢性函数微分的几何意义可知，矢径函数 $\vec{r}$ 在 M 点的全微分

$$\mathrm{d}\vec{r} = \frac{\partial \vec{r}}{\partial u_1}\mathrm{d}u_1 + \frac{\partial \vec{r}}{\partial u_2}\mathrm{d}u_2 + \frac{\partial \vec{r}}{\partial u_3}\mathrm{d}u_3$$
$$= \hat{e}_1 h_1 \mathrm{d}u_1 + \hat{e}_2 h_2 \mathrm{d}u_2 + \hat{e}_3 h_3 \mathrm{d}u_3 \tag{1-94}$$

是一个与该点的矢端曲线 l 相切的矢量。如果设此矢端曲线 l 就是场 $\vec{F}$ 过 M 点的矢量线，则按矢量线的定义，l 的切线方向上的矢量 $\mathrm{d}\vec{r}$ 应与该点的 $\vec{F}$ 共线。两矢量共线（即平行）时，应有式（1-93）与式（1-94）的对应分量成比例的关系，由此有

$$\frac{h_1 \mathrm{d}u_1}{F_1} = \frac{h_2 \mathrm{d}u_2}{F_2} = \frac{h_3 \mathrm{d}u_3}{F_2} \tag{1-95}$$

上式就是矢量线所满足的微分方程组，解之，可得到矢量线方程的通解。通解代表场 $\vec{F}$ 的矢量线族，如再利用过 M 点这个条件，即可求出过 M 点的矢量线。

二、矢量场的通量和散度

1. 通量

定义：设 S 是矢量场 $\vec{F}$ 空间的一个有向曲面，在 S 上取一矢量面元 $\mathrm{d}\vec{S} = \hat{n}\mathrm{d}S$，如图 1-14 所示。令

$$\mathrm{d}\Phi = \vec{F} \cdot \mathrm{d}\vec{S} = |\vec{F}|\cos\theta\mathrm{d}S \tag{1-96}$$

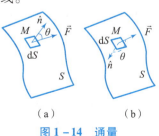

图 1-13　矢量线

（a）　　　（b）

图 1-14　通量

$\mathrm{d}\Phi$ 称作矢量 $\vec{F}$ 在面元 $\mathrm{d}\vec{S}$（或 $\vec{F}$ 穿过面元 $\mathrm{d}\vec{S}$）的**通量**。其中 θ 为面元所在点的 $\vec{F}$ 与面元法矢 $\hat{n}$ 的夹角。由上面的定义式可知，矢量 $\vec{F}$ 在一个面元上的通量是一个标量值，当 $\vec{F}$ 与 $\hat{n}$ 的夹角 $\theta < \pi/2$ 时（即 $\vec{F}$ 和 $\hat{n}$ 指向曲面同一侧时），通量 $\mathrm{d}\Phi > 0$ 为正值，如图 $1-14$（a）所示；当 $\vec{F}$ 与 $\hat{n}$ 的夹角 $\theta > \pi/2$ 时（即 $\vec{F}$ 和 $\hat{n}$ 指向曲面的两侧时），通量 $\mathrm{d}\Phi < 0$ 为负值，如图 $1-14$（b）所示。

对有向曲面 S，矢量场 $\vec{F}$ 穿过 S 的通量 Φ 是 S 上所有面元通量的代数和，即

$$\Phi = \int_S \vec{F} \cdot \mathrm{d}\vec{S} \tag{1-97}$$

Φ 仍为标量，其值的正负取决于所有面元通量的叠加结果。在广义正交坐标系内，上式可写成

$$\Phi = \int_S \vec{F} \cdot \mathrm{d}\vec{S} = \int_S (F_1 \mathrm{d}S_1 + F_2 \mathrm{d}S_2 + F_3 \mathrm{d}S_3)$$

$$= \int_S (F_1 h_2 h_3 \mathrm{d}u_2 \mathrm{d}u_3 + F_2 h_1 h_3 \mathrm{d}u_1 \mathrm{d}u_3 + F_3 h_1 h_2 \mathrm{d}u_1 \mathrm{d}u_2)$$

如果 S 是一个闭合曲面，通量 Φ 记作

$$\Phi = \oint_S \vec{F} \cdot \mathrm{d}\vec{S} \tag{1-98}$$

由于闭合曲面的法线一般规定指向外方向，所以，$\Phi > 0$ 表明从 S 上通量的流出部分大于流入部分，称之为 S 内有正通量源；反之，$\Phi < 0$ 表明从 S 上通量的流出部分小于流入部分，称之为 S 内有负通量源。

2. 散度

闭合面上的通量是一个积分量，可以用来反映闭合面内源与面上场的一种整体对应关系。但仅由通量值，还无法确定源在场空间内的具体分布情况，以及场点与源点的对应关系。为了研究这些问题，我们引入散度的概念。

定义：设有一矢量场 $\vec{F}$，在场中一点 M 处作一包含 M 点在内的任意闭合面 S，设其所围的空间区域为 Ω，以 $\Delta\tau$ 表示其体积，以 $\Delta\Phi$ 表示穿出闭合面 S 的通量，当 Ω 以任意方式缩向 M 点时，比式

$$\frac{\Delta\Phi}{\Delta\tau} = \frac{\oint_S \vec{F} \cdot \mathrm{d}\vec{S}}{\Delta\tau}$$

之极限存在，则称此极限为矢量场 $\vec{F}$ 在点 M 处的**散度**，记作 $\mathrm{div}\vec{F}$，即

$$\mathrm{div}\vec{F} = \lim_{\Omega \to M} \frac{\Delta\Phi}{\Delta\tau} = \lim_{\Delta\tau \to 0} \frac{\oint_S \vec{F} \cdot \mathrm{d}\vec{S}}{\Delta\tau} \tag{1-99}$$

由此定义可知，矢量 $\vec{F}$ 的散度 $\mathrm{div}\vec{F}$ 为一标量，表示 $\vec{F}$ 场中一点处的通量对体积的变化率，也就是在该点处单位体积所穿出之通量，因此，散度也被称为该点处的**散源强度**。当 $\mathrm{div}\vec{F} > 0$ 时，表示该点有发出通量的正散源；$\mathrm{div}\vec{F} < 0$ 时，表示该点有吸收通量的负散源；而 $\mathrm{div}\vec{F} = 0$ 则表示该点无散源。

$\vec{F}$ 场中所有点的 $\mathrm{div}\vec{F}$ 构成了一个标量场，称为 $\vec{F}$ 的散度场。如果在 $\vec{F}$ 的空间恒有 $\mathrm{div}\vec{F} = 0$，则称 $\vec{F}$ 为**无散源场**，简称**无散场**，否则称为**有散场**。

利用散度的定义式（$1-99$），可以推导出散度运算的微分表达式。

设正交曲线坐标系中，点 $M(u_1,u_2,u_3)$ 处的场矢量 $\vec{F}$ 表示为

$$\vec{F} = \hat{e}_1F_1 + \hat{e}_2F_2 + \hat{e}_3F_3$$

以 M 点为中心，作一个表面与坐标曲面分别平行的六面体体元，其 6 个侧面记为 $\Delta S_1,\Delta S_2,\cdots,\Delta S_6$，如图 1－15 所示。

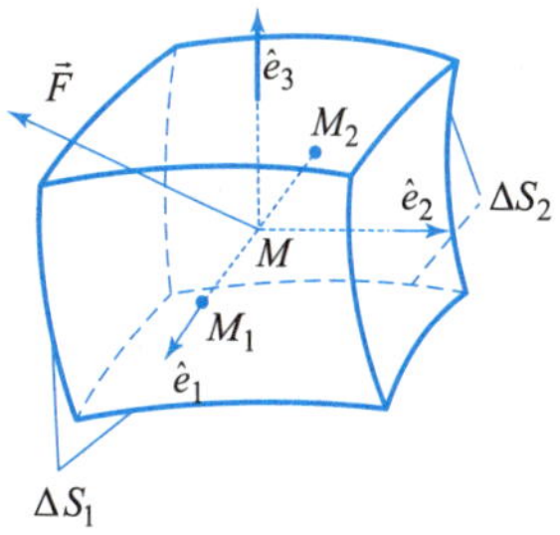

图 1－15　散度

首先计算 $\vec{F}$ 在此六面体表面上的通量。在侧面 ΔS_1 上，矢量面元的方向是坐标单位矢量 $\hat{e}_1$ 的方向，因此有 $d\vec{S}_1 = \hat{e}_1 dS_1$。取面 ΔS_1 的中心点 M_1，因 ΔS_1 很小，故其上面的通量近似等于点 M_1处的 $\vec{F}$ 与 $\hat{e}_1\Delta S_1$ 的点积，即

$$\begin{aligned}\Phi_1 &= \int_{\Delta S_1}\vec{F}\cdot d\vec{S}_1 = (\hat{e}_1F_1 + \hat{e}_2F_2 + \hat{e}_3F_3)\cdot\hat{e}_1\Delta S_1\big|_{M_1} = F_1\Delta S_1\big|_{M_1} \\ &= F_1 dl_2 dl_3\big|_{M_1} = F_1h_2\Delta u_2h_3\Delta u_3\big|_{M_1} = F_1h_2h_3\big|_{M_1}\Delta u_2\Delta u_3\end{aligned} \tag{1-100}$$

上式中的 $F_1h_2h_3\big|_{M_1}$ 是 M_1点的 F_1 值和度量系数。为了用 M 点的值来表示上式，我们应用泰勒展开式将其展开。由于点 $M_1(u_1+\Delta u_1/2,u_2,u_3)$ 与点 $M(u_1,u_2,u_3)$ 只是第一个坐标相差 $\Delta u_1/2$，故取泰勒展开式

$$f\left(u_1 + \frac{\Delta u_1}{2}\right) = \sum_{n=0}^{\infty}\frac{1}{n!}\frac{\partial^n f}{\partial u_1^n}\bigg|_{u_1}\left(\frac{\Delta u_1}{2}\right)^n$$

的前两项近似为

$$F_1h_2h_3\big|_{M_1} \approx F_1h_2h_3 + \frac{\partial(F_1h_2h_3)}{\partial u_1}\frac{\Delta u_1}{2}$$

将上式代入式（1－100），得

$$\Phi_1 \approx \left(F_1h_2h_3 + \frac{\partial(F_1h_2h_3)}{\partial u_1}\frac{\Delta u_1}{2}\right)\Delta u_2\Delta u_3$$

同理，对于以 $-\hat{e}_1$ 为法矢的 ΔS_2 面，考虑到其面上中心点 $M_2(u_1-\Delta u_1/2,u_2,u_3)$ 与点 $M(u_1,u_2,u_3)$ 的第一坐标相差 $-\Delta u_1/2$，且法矢与 $\hat{e}_1$ 相反，因此其通量为

$$\Phi_2 \approx -\left(F_1h_2h_3 - \frac{\partial(F_1h_2h_3)}{\partial u_1}\frac{\Delta u_1}{2}\right)\Delta u_2\Delta u_3$$

ΔS_1 和 ΔS_2 上的通量之和为

$$\Phi_{12} = \Phi_1 + \Phi_2 \approx \frac{\partial}{\partial u_1}(F_1h_2h_3)\Delta u_1\Delta u_2\Delta u_3$$

用同样的方法可求得其余两对面的通量为

$$\Phi_{34} \approx \frac{\partial}{\partial u_2}(F_2h_1h_3)\Delta u_1\Delta u_2\Delta u_3$$

和

$$\Phi_{56} \approx \frac{\partial}{\partial u_3}(F_3h_1h_2)\Delta u_1\Delta u_2\Delta u_3$$

因此，通过闭合面 S 的总通量为以上三式之和，即

$$\begin{aligned}\oint_S\vec{F}\cdot d\vec{S} &= \Phi = \Phi_{12} + \Phi_{34} + \Phi_{56} \\ &\approx \frac{1}{h_1h_2h_3}\left[\frac{\partial}{\partial u_1}(F_1h_2h_3) + \frac{\partial}{\partial u_2}(F_2h_1h_3) + \frac{\partial}{\partial u_3}(F_3h_1h_2)\right]h_1h_2h_3\Delta u_1\Delta u_2\Delta u_3 \\ &\approx \frac{1}{h_1h_2h_3}\left[\frac{\partial}{\partial u_1}(F_1h_2h_3) + \frac{\partial}{\partial u_2}(F_2h_1h_3) + \frac{\partial}{\partial u_3}(F_3h_1h_2)\right]\Delta\tau\end{aligned}$$

将上式代入散度的定义式（1 - 99），得

$$\text{div}\vec{F} = \frac{1}{h_1 h_2 h_3}\Big[\frac{\partial}{\partial u_1}(F_1 h_2 h_3) + \frac{\partial}{\partial u_2}(F_2 h_1 h_3) + \frac{\partial}{\partial u_3}(F_3 h_1 h_2)\Big] \qquad (1 - 101)$$

上式就是广义正交曲线坐标系中的散度表达式。

利用哈密顿算子的运算法则容易推证（证明过程从略），散度可以写成哈密顿算子与矢量场函数点积的形式，即

$$\text{div}\vec{F} = \nabla \cdot \vec{F}$$

$$= \Big(\hat{e}_1 \frac{1}{h_1}\frac{\partial}{\partial u_1} + \hat{e}_2 \frac{1}{h_2}\frac{\partial}{\partial u_2} + \hat{e}_3 \frac{1}{h_3}\frac{\partial}{\partial u_3}\Big) \cdot (\hat{e}_1 F_1 + \hat{e}_2 F_2 + \hat{e}_3 F_3)$$

在除了直角坐标系以外的其他具体坐标系中，按上面的哈密顿算子展开计算都是十分繁杂的，故我们一般并不用此方法来计算散度，而是直接使用式（1 - 101），但以 $\nabla \cdot \vec{F}$ 的书写形式来表示散度却是经常使用的。

若 $\vec{F}$、$\vec{E}$ 为矢量函数，f 为标量函数，$\vec{C}$ 为常矢，c 为常数，则下列恒等式成立：

(1) $\qquad\qquad\qquad\qquad \nabla \cdot \vec{C} = 0 \qquad\qquad\qquad\qquad\qquad (1 - 102a)$

(2) $\qquad\qquad\qquad\qquad \nabla \cdot (c\vec{F}) = c\,\nabla \cdot \vec{F} \qquad\qquad\qquad\qquad (1 - 102b)$

(3) $\qquad\qquad\qquad \nabla \cdot (\vec{F} \pm \vec{E}) = \nabla \cdot \vec{F} \pm \nabla \cdot \vec{E} \qquad\qquad (1 - 102c)$

(4) $\qquad\qquad\qquad \nabla \cdot (f\vec{F}) = f\,\nabla \cdot \vec{F} + \vec{F} \cdot \nabla f \qquad\qquad (1 - 102d)$

(5) $\qquad\qquad\qquad\qquad \nabla \cdot (f\vec{C}) = \vec{C} \cdot \nabla f \qquad\qquad\qquad\qquad (1 - 102e)$

例 1.3 球心在坐标原点，半径为 a 的球形域内均匀分布有密度为 ρ 的电荷，则空间任意点 $M(\vec{r})$ 的电通量密度矢量可用下式表达

$$\vec{D} = \begin{cases} \hat{r}\dfrac{a^3\rho}{3r^2} & (r > a) \\[3mm] \hat{r}\dfrac{\rho}{3}r & (r < a) \end{cases}$$

求 $\nabla \cdot \vec{D}$。

解：球坐标系中 $h_1 = 1$，$h_2 = r$，$h_3 = r\sin\theta$，将其代入散度表达式（1 - 101），得

① $r > a$ 时，$\nabla \cdot \vec{D} = \dfrac{1}{rr\sin\theta}\Big[\dfrac{\partial}{\partial r}\Big(\dfrac{a^3\rho}{3r^2}rr\sin\theta\Big)\Big] = \dfrac{1}{r^2}\dfrac{\partial}{\partial r}\Big(r^2\dfrac{a^3\rho}{3r^2}\Big) = 0$

② $r < a$ 时，$\nabla \cdot \vec{D} = \dfrac{1}{rr\sin\theta}\Big[\dfrac{\partial}{\partial r}\Big(\dfrac{\rho r}{3}rr\sin\theta\Big)\Big] = \dfrac{1}{r^2}\dfrac{\partial}{\partial r}\Big(r^2\dfrac{\rho}{3}r\Big) = \rho$

从本例题可以看出，电场空间任意一点处的电通量密度矢量的散度，恰好等于该点的电荷密度，反映了电场空间场与源的对应关系。

3. 散度定理

设 S 是矢量场 $\vec{F}$ 空间内的一个闭合面，τ 是 S 所包围的体积，若 τ 内所有点都存在 $\nabla \cdot \vec{F}$，则有

$$\int_\tau \nabla \cdot \vec{F}\,d\tau = \oint_S \vec{F} \cdot d\vec{S} \qquad (1 - 103)$$

成立，上式称为**散度定理**。

证明：如图 1 - 16 所示，把体积 τ 分为 N 个小体积，$\Delta\tau_1, \Delta\tau_2, \cdots, \Delta\tau_N$，小体积的表面积分别为 $S_1, S_2, \cdots, S_N$。对

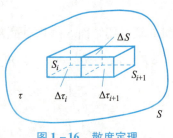

图 1 - 16 散度定理

其中任一小体积 $\Delta\tau_i$，根据散度定义式（1-99），有

$$(\nabla \cdot \vec{F})\Delta\tau_i \approx \oint_{S_i} \vec{F} \cdot \mathrm{d}\vec{S}_i$$

同理，与 $\Delta\tau_i$ 相邻的体积 $\Delta\tau_{i+1}$（外表面 S_{i+1}）上有

$$(\nabla \cdot \vec{F})\Delta\tau_{i+1} \approx \oint_{S_{i+1}} \vec{F} \cdot \mathrm{d}\vec{S}_{i+1}$$

上面两式相加，得到

$$\sum_{j=i}^{i+1} (\nabla \cdot \vec{F})\Delta\tau_j \approx \sum_{j=i}^{i+1} \oint_{S_j} \vec{F} \cdot \mathrm{d}\vec{S}_j$$

在这两个相邻小体积的公共面 ΔS 上，由于 $\vec{F}$ 是同一矢量，但公共面对两体积的外表面来说，法线方向相反，使得公共面部分的积分相互抵消，故上式右边的两个面积分的和应等于 $\vec{F}$ 在包围两体积（$\Delta\tau_i + \Delta\tau_{i+1}$）的外表面 S_+ 上的积分，即

$$\sum_{j=i}^{i+1} (\nabla \cdot \vec{F})\Delta\tau_j \approx \sum_{j=i}^{i+1} \oint_{S_j} \vec{F} \cdot \mathrm{d}\vec{S}_j = \oint_{S_+} \vec{F} \cdot \mathrm{d}\vec{S}_+$$

按照上面的分析方法，若对 τ 内所有的小体积做如上的求和，所有体元公共面上的积分相抵销，剩下只有包围总体积 τ 的外表面 S 上的积分，即

$$\sum_{j=1}^{N} (\nabla \cdot \vec{F})\Delta\tau_j \approx \oint_{S} \vec{F} \cdot \mathrm{d}\vec{S}$$

令 $N \to \infty$，则上式左边的 $\Delta\tau_j \to \mathrm{d}\tau$，求和变成体积分，得到

$$\int_{\tau} \nabla \cdot \vec{F}\mathrm{d}\tau = \oint_{S} \vec{F} \cdot \mathrm{d}\vec{S}$$

散度定理的意义是：矢量场 $\vec{F}$ 的散度在给定体积的体积分，等于此矢量场在该体积外表面上的闭合面积分。在直角坐标系中，如果将 $\vec{F}$ 记成

$$\vec{F} = \hat{x}P + \hat{y}Q + \hat{z}R$$

代入散度定理公式（1-103），得

$$\int_{\tau}\left(\frac{\partial P}{\partial x} + \frac{\partial Q}{\partial y} + \frac{\partial R}{\partial z}\right)\mathrm{d}\tau = \oint_{S}(P\mathrm{d}y\mathrm{d}z + Q\mathrm{d}x\mathrm{d}z + R\mathrm{d}x\mathrm{d}y)$$

这就是数学分析中所熟知的奥高公式（或高斯定律），它是散度定理在直角坐标系中的标量形式表达式。因此，散度定理也称为高斯定律。

三、矢量场的环量和旋度

1. 环量与环量密度

在矢量场 $\vec{F}$ 中，矢量 $\vec{F}$ 沿某一闭合有向曲线 l 的曲线积分，称为该矢量按所取方向沿曲线 l 的**环量**，记作

$$\Gamma = \oint_{l}\vec{F} \cdot \mathrm{d}\vec{l} = \oint_{l} F\cos\theta\mathrm{d}l \qquad (1-104)$$

式中，θ 是积分路径上的线元 $\mathrm{d}\vec{l}$ 与 $\vec{F}$ 的交角，如图1-17所示。可见，环量不仅与矢量 $\vec{F}$ 有关，而且与积分路径、方向有关。一般情况下，当闭合曲线所围曲面的方向取定后，曲线的方向总是按右旋原则来确定。

在正交曲线坐标系中

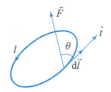

图1-17 环量

$$\vec{F} = \hat{e}_1 F_1 + \hat{e}_2 F_2 + \hat{e}_3 F_3$$
$$\mathrm{d}\vec{l} = \hat{e}_1 h_1 \mathrm{d}u_1 + \hat{e}_2 h_2 \mathrm{d}u_2 + \hat{e}_3 h_3 \mathrm{d}u_3$$

环量可以写成

$$\Gamma = \oint_l \vec{F} \cdot \mathrm{d}\vec{l} = \oint_l (h_1 F_1 \mathrm{d}u_1 + h_2 F_2 \mathrm{d}u_2 + h_3 F_3 \mathrm{d}u_3) \tag{1-105}$$

环量是一个描述场在某回路上的涡旋性的宏观量，要研究每一场点的涡旋性，必须采用环量密度的概念。

设 M 是矢量场 $\vec{F}$ 中的一点，过 M 点取一矢量面元 $\Delta\vec{S}_n = \hat{n}\Delta S_n$，$\hat{n}$ 为面元的法矢，面元周界 l 的方向与 $\hat{n}$ 成右手螺旋关系，如图 1 – 18 所示。保持 $\hat{n}$ 方向不变而使面元 ΔS_n 以任意方式向 M 点收缩，则 $\vec{F}$ 在 l 上的环量与 ΔS_n 的比值的极限

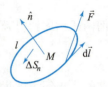

图 1 – 18 环量密度

$$\mu_n = \lim_{\Delta S_n \to 0} \frac{\oint_l \vec{F} \cdot \mathrm{d}\vec{l}}{\Delta S_n} \tag{1-106}$$

称为矢量 $\vec{F}$ 在 M 点处沿 $\hat{n}$ 方向的**环量密度**。

可见，某一场点上的环量密度的意义为：该点给定方向上的单位面积的环量。

2. 旋度

从上面的定义可以看出，一点上的环量密度除了与场函数 $\vec{F}$ 的空间分布有关外，还与 $\hat{n}$ 的取向有关。为了得到一个仅反映 $\vec{F}$ 场空间分布性质的量，我们来定义一个矢量，记作 $\mathrm{rot}\vec{F}$（或 $\mathrm{curl}\vec{F}$），使 $\mathrm{rot}\vec{F}$ 在 M 点的任意给定方向 $\hat{n}$ 上的投影，等于 $\vec{F}$ 在 $\hat{n}$ 方向的环量密度，即

$$(\mathrm{rot}\vec{F}) \cdot \hat{n} = \lim_{\Delta S_n \to 0} \frac{\oint_l \vec{F} \cdot \mathrm{d}\vec{l}}{\Delta S_n} \tag{1-107}$$

$\mathrm{rot}\vec{F}$ 叫作矢量场 $\vec{F}$ 在点 M 处的**旋度**。

由旋度的上述定义可知，矢量场 $\vec{F}$ 的旋度仍为矢量，在给定的场点上，旋度 $\mathrm{rot}\vec{F}$ 由场函数 $\vec{F}$ 唯一确定，可以写成它的模与其方向单位矢量乘积的形式，即

$$\mathrm{rot}\vec{F} = |\mathrm{rot}\vec{F}|\hat{n}_0$$

按定义式（1–107），$\mathrm{rot}\vec{F}$ 在它自身方向 $\hat{n}_0$ 上的投影，就是 $\vec{F}$ 沿 $\hat{n}_0$ 方向的环量密度 μ_{n_0}，即

$$(\mathrm{rot}\vec{F}) \cdot \hat{n}_0 = |\mathrm{rot}\vec{F}|\hat{n}_0 \cdot \hat{n}_0 = |\mathrm{rot}\vec{F}| = \lim_{\Delta S_{n_0} \to 0} \frac{\oint_{l_0} \vec{F} \cdot \mathrm{d}\vec{l}}{\Delta S_{n_0}} = \mu_{n_0}$$

可见，旋度的模 $|\mathrm{rot}\vec{F}|$ 就等于 $\vec{F}$ 沿旋度方向 $\hat{n}_0$ 的环量密度 μ_{n_0}。而在 $\hat{n}_0$ 以外的其他任意方向 $\hat{n}$ 上，其环量密度

$$\mu_n = \lim_{\Delta S_n \to 0} \frac{\oint_l \vec{F} \cdot \mathrm{d}\vec{l}}{\Delta S_n} = (\mathrm{rot}\vec{F}) \cdot \hat{n} = |\mathrm{rot}\vec{F}|\hat{n}_0 \cdot \hat{n} < |\mathrm{rot}\vec{F}| = \mu_{n_0}$$

这表明，$\vec{F}$ 沿其旋度方向 $\hat{n}_0$ 将获得该点的最大环量密度。

简言之：在场空间一点上，旋度矢量的模等于该点的最大环量密度，其方向就是取得该最大环量密度的方向。

矢量场的旋度描述了矢量场的涡旋性，因此，旋度也被称为该点处的**涡旋源强度**。$\vec{F}$ 场中所有点的 $\mathrm{rot}\vec{F}$ 构成了一个新的矢量场，称为 $\vec{F}$ 的旋度场。如果在 $\vec{F}$ 的空间中恒有 $\mathrm{rot}\vec{F} =$

0，则称 $\vec{F}$ 为**无旋源场**，简称**无旋场**，否则称为**有旋场**。

利用旋度的定义，可以推导出旋度运算的微分表达式。根据式（1-107），$\mathrm{rot}\vec{F}$ 在场点 M 处三个坐标单位矢量方向上的投影为

$$(\mathrm{rot}\vec{F})_1 = (\mathrm{rot}\vec{F}) \cdot \hat{e}_1 = \lim_{\Delta S_1 \to 0} \frac{\oint_{l_1} \vec{F} \cdot \mathrm{d}\vec{l}}{\Delta S_1}$$

$$(\mathrm{rot}\vec{F})_2 = (\mathrm{rot}\vec{F}) \cdot \hat{e}_2 = \lim_{\Delta S_2 \to 0} \frac{\oint_{l_2} \vec{F} \cdot \mathrm{d}\vec{l}}{\Delta S_2}$$

$$(\mathrm{rot}\vec{F})_3 = (\mathrm{rot}\vec{F}) \cdot \hat{e}_3 = \lim_{\Delta S_3 \to 0} \frac{\oint_{l_3} \vec{F} \cdot \mathrm{d}\vec{l}}{\Delta S_3}$$

式中，ΔS_1、ΔS_2、ΔS_3 分别是 M 点处三个坐标曲面上的面元，l_1、l_2、l_3 是三个面元的围线，因此有

$$\mathrm{rot}\vec{F} = \hat{e}_1(\mathrm{rot}\vec{F})_1 + \hat{e}_2(\mathrm{rot}\vec{F})_2 + \hat{e}_3(\mathrm{rot}\vec{F})_3$$

$$= \hat{e}_1 \lim_{\Delta S_1 \to 0} \frac{\oint_{l_1} \vec{F} \cdot \mathrm{d}\vec{l}}{\Delta S_1} + \hat{e}_2 \lim_{\Delta S_2 \to 0} \frac{\oint_{l_2} \vec{F} \cdot \mathrm{d}\vec{l}}{\Delta S_2} + \hat{e}_3 \lim_{\Delta S_3 \to 0} \frac{\oint_{l_3} \vec{F} \cdot \mathrm{d}\vec{l}}{\Delta S_3} \quad (1-108)$$

首先分析上式的第一个分量

$$\lim_{\Delta S_1 \to 0} \frac{\oint_{l_1} \vec{F} \cdot \mathrm{d}\vec{l}}{\Delta S_1} \quad (1-109)$$

设场点 $M(u_1, u_2, u_3)$ 处的矢量 $\vec{F}$ 为

$$\vec{F} = \hat{e}_1 F_1 + \hat{e}_2 F_2 + \hat{e}_3 F_3$$

以 M 点为中心，作一个垂直于 $\hat{e}_1$ 的闭合小矩形回路 l_1，其正方向与 $\hat{e}_1$ 呈右手螺旋关系，四个顶点依次为 a、b、c、d。回路的两对边分别平行于坐标线 u_2 和 u_3，长度为 $l_{ab} = l_{cd} = h_3 \Delta u_3$ 和 $l_{bc} = l_{da} = h_2 \Delta u_2$，如图 1-19 所示。

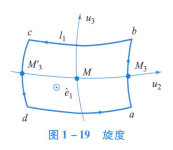

图 1-19　旋度

首先计算 $\oint_{l_1} \vec{F} \cdot \mathrm{d}\vec{l}$。在 l_{ab} 边上，通过 M 点的 u_2 线与 l_{ab} 边的交点为 M_3，因 l_{ab} 很小，故此段上的积分近似等于 M_3 点的 $\vec{F}$ 值与有向线段 $\vec{l}_{ab} = \hat{e}_3 l_{ab}$ 的点积，即

$$\int_{l_{ab}} \vec{F} \cdot \mathrm{d}\vec{l} \approx (\hat{e}_1 F_1 + \hat{e}_2 F_2 + \hat{e}_3 F_3) \cdot \hat{e}_3 l_{ab}\big|_{M_3} = F_3 l_{ab}\big|_{M_3} = F_3 h_3 \Delta u_3\big|_{M_3} = F_3 h_3\big|_{M_3} \Delta u_3$$

上式中的 $F_3 h_3\big|_{M_3}$ 是 M_3 点的 F_3 值和度量因子，为了用 M 点的值来表示，应用泰勒展开式将其展开。由于点 $M_3(u_1, u_2 + \Delta u_2/2, u_3)$ 与点 $M(u_1, u_2, u_3)$ 只是第二个坐标相差 $\Delta u_2/2$，故取泰勒展开式的前两项近似，可得

$$F_3 h_3\big|_{M_3} \approx F_3 h_3 + \frac{\partial(F_3 h_3)}{\partial u_2} \frac{\Delta u_2}{2}$$

因此有

$$\int_{l_{ab}} \vec{F} \cdot \mathrm{d}\vec{l} \approx F_3 h_3\big|_{M_3} \Delta u_3 = \left[F_3 h_3 + \frac{\partial(F_3 h_3)}{\partial u_2} \frac{\Delta u_2}{2}\right] \Delta u_3$$

对于 l_{cd} 段上的积分，考虑其上中心点 $M_3'(u_1,u_2-\Delta u_2/2,u_3)$ 与点 $M(u_1,u_2,u_3)$ 的第二坐标相差 $-\Delta u_2/2$，且积分线元的方向与 $\hat{e}_3$ 相反，因此其积分为

$$\int_{l_{cd}} \vec{F} \cdot \mathrm{d}\vec{l} \approx -\left[F_3 h_3 - \frac{\partial(F_3 h_3)}{\partial u_2}\frac{\Delta u_2}{2}\right]\Delta u_3$$

将上面两式相加，得

$$\int_{l_{ab}+l_{cd}} \vec{F} \cdot \mathrm{d}\vec{l} \approx \frac{\partial}{\partial u_2}(F_3 h_3)\Delta u_2\Delta u_3$$

采用同样的分析方法，可以得到 l_{bc} 和 l_{da} 两段的积分之和

$$\int_{l_{bc}+l_{da}} \vec{F} \cdot \mathrm{d}\vec{l} \approx -\frac{\partial}{\partial u_3}(F_2 h_2)\Delta u_3\Delta u_2$$

上式中多出的负号，是由于这两段的积分线元方向和坐标增量之间的关系，与前两段的情况正好相反。

将上面两式相加，即得到 $\vec{F}$ 在闭合回路 l_1 上的积分

$$\oint_{l_1} \vec{F} \cdot \mathrm{d}\vec{l} \approx \left[\frac{\partial}{\partial u_2}(F_3 h_3) - \frac{\partial}{\partial u_3}(F_2 h_2)\right]\Delta u_2\Delta u_3$$

代入式（1-109），得到

$$(\operatorname{rot}\vec{F})_1 = \lim_{\Delta S_1\to 0}\frac{\oint_{l_1}\vec{F}\cdot\mathrm{d}\vec{l}}{\Delta S_1} = \lim_{\Delta S_1\to 0}\left\{\frac{1}{h_2\Delta u_2 h_3\Delta u_3}\left[\frac{\partial}{\partial u_2}(F_3 h_3) - \frac{\partial}{\partial u_3}(F_2 h_2)\right]\Delta u_2\Delta u_3\right\}$$

$$= \frac{1}{h_2 h_3}\left[\frac{\partial}{\partial u_2}(F_3 h_3) - \frac{\partial}{\partial u_3}(F_2 h_2)\right]$$

用同样的方向方法，可得 $\operatorname{rot}\vec{F}$ 的另外两个分量

$$(\operatorname{rot}\vec{F})_2 = \frac{1}{h_1 h_3}\left[\frac{\partial}{\partial u_3}(F_1 h_1) - \frac{\partial}{\partial u_1}(F_3 h_3)\right]$$

$$(\operatorname{rot}\vec{F})_3 = \frac{1}{h_1 h_2}\left[\frac{\partial}{\partial u_1}(F_2 h_2) - \frac{\partial}{\partial u_2}(F_1 h_1)\right]$$

将以上三分量代入式（1-108），就得到 $\operatorname{rot}\vec{F}$ 在广义正交曲线坐标系内的矢量表达式

$$\operatorname{rot}\vec{F} = \frac{1}{h_1 h_2 h_3}\left\{\hat{e}_1 h_1\left[\frac{\partial}{\partial u_2}(F_3 h_3) - \frac{\partial}{\partial u_3}(F_2 h_2)\right] + \right.$$

$$\hat{e}_2 h_2\left[\frac{\partial}{\partial u_3}(F_1 h_1) - \frac{\partial}{\partial u_1}(F_3 h_3)\right] +$$

$$\left.\hat{e}_3 h_3\left[\frac{\partial}{\partial u_1}(F_2 h_2) - \frac{\partial}{\partial u_2}(F_1 h_1)\right]\right\} \qquad (1-110)$$

为了便于记忆，可将上式写成三阶行列式的形式

$$\operatorname{rot}\vec{F} = \frac{1}{h_1 h_2 h_3}\begin{vmatrix} h_1\hat{e}_1 & h_2\hat{e}_2 & h_3\hat{e}_3 \\ \dfrac{\partial}{\partial u_1} & \dfrac{\partial}{\partial u_2} & \dfrac{\partial}{\partial u_3} \\ F_1 h_1 & F_2 h_2 & F_3 h_3 \end{vmatrix} \qquad (1-111)$$

按行列式求值的方法计算，即可得到式（1-110）的结果。

利用哈密顿算子的运算法则容易推证（证明过程从略），旋度可以写成哈密顿算子与矢量场函数叉积的形式，即

$$\mathrm{rot}\vec{F} = \nabla \times \vec{F}$$

$$= \left(\hat{e}_1 \frac{1}{h_1}\frac{\partial}{\partial u_1} + \hat{e}_2 \frac{1}{h_2}\frac{\partial}{\partial u_2} + \hat{e}_3 \frac{1}{h_3}\frac{\partial}{\partial u_3}\right) \times (\hat{e}_1 F_1 + \hat{e}_2 F_2 + \hat{e}_3 F_3)$$

若 $\vec{F}$、$\vec{E}$ 为矢量函数，f 为标量函数，$\vec{C}$ 为常矢，c 为常数，则下列恒等式成立

(1) $\qquad\qquad\qquad \nabla \times \vec{C} = 0 \qquad\qquad\qquad$ (1 – 112a)

(2) $\qquad\qquad \nabla \times (c\vec{F}) = c\,\nabla \times \vec{F} \qquad\qquad$ (1 – 112b)

(3) $\qquad \nabla \times (\vec{F} \pm \vec{E}) = \nabla \times \vec{F} \pm \nabla \times \vec{E} \qquad$ (1 – 112c)

(4) $\qquad \nabla \times (f\vec{F}) = f\,\nabla \times \vec{F} + (\nabla f) \times \vec{F} \qquad$ (1 – 112d)

(5) $\qquad\qquad \nabla \times (f\vec{C}) = (\nabla f) \times \vec{C} \qquad\qquad$ (1 – 112e)

(6) $\qquad \nabla \cdot (\vec{F} \times \vec{E}) = \vec{E} \cdot \nabla \times \vec{F} - \vec{F} \cdot \nabla \times \vec{E} \qquad$ (1 – 112f)

(7) $\quad \nabla \times (\vec{F} \times \vec{E}) = \vec{F}\,\nabla \cdot \vec{E} - \vec{E}\,\nabla \cdot \vec{F} + (\vec{E} \cdot \nabla)\vec{F} - (\vec{F} \cdot \nabla)\vec{E} \quad$ (1 – 112g)

例 1.4 已知一矢量场函数在圆柱坐标系内的表达式为

$$\vec{H} = \begin{cases} \hat{\varphi}\,\dfrac{a^2 J_0}{2\rho} & (\rho > a) \\[3mm] \hat{\varphi}\,\dfrac{J_0}{2}\rho & (\rho < a) \end{cases}$$

求 $\nabla \times \vec{H}$。

解： 圆柱坐标系中 $h_1 = 1$，$h_2 = \rho$，$h_3 = 1$，将其代入散度表达式 (1 – 110)，得

① $\rho > a$ 时，

$$\nabla \times \vec{H} = \frac{1}{\rho}\begin{vmatrix} \hat{\rho} & \rho\hat{\varphi} & \hat{z} \\[2mm] \dfrac{\partial}{\partial \rho} & \dfrac{\partial}{\partial \varphi} & \dfrac{\partial}{\partial z} \\[3mm] 0 & \rho\dfrac{a^2 J_0}{2\rho} & 0 \end{vmatrix} = \hat{z}\,\frac{1}{\rho}\frac{\partial}{\partial \rho}\left(\rho\,\frac{a^2 J_0}{2\rho}\right) = 0$$

② $\rho < a$ 时，

$$\nabla \times \vec{H} = \frac{1}{\rho}\begin{vmatrix} \hat{\rho} & \rho\hat{\varphi} & \hat{z} \\[2mm] \dfrac{\partial}{\partial \rho} & \dfrac{\partial}{\partial \varphi} & \dfrac{\partial}{\partial z} \\[3mm] 0 & \rho\dfrac{J_0}{2}\rho & 0 \end{vmatrix} = \hat{z}\,\frac{1}{\rho}\frac{\partial}{\partial \rho}\left(\rho\,\frac{J_0}{2}\rho\right) = J_0\hat{z} = \vec{J}_0$$

本题的 $\vec{H}$ 是一根半径为 a、电流密度为 $J_0\hat{z}$ 的无限长载流圆柱沿 z 轴放置时所产生的磁场强度。这表明，磁场空间任一点上的 $\nabla \times \vec{H}$ 值，恰好等于该点的电流密度，电流是磁场的涡旋源。

例 1.5 计算相对位置矢量 $\vec{R}$ 的散度和旋度，其中 $\vec{R}$ 由例 1.2 定义，即

$$\vec{R} = (x - x')\hat{x} + (y - y')\hat{y} + (z - z')\hat{z}$$

解： 在直角坐标系中，利用式 (1 – 101) 和式 (1 – 111) 求解

$$\nabla \cdot \vec{R} = \frac{\partial}{\partial x}(x - x') + \frac{\partial}{\partial y}(y - y') + \frac{\partial}{\partial z}(z - z') = 3$$

$$\nabla \times \vec{R} = \begin{vmatrix} \hat{x} & \hat{y} & \hat{z} \\[2mm] \dfrac{\partial}{\partial x} & \dfrac{\partial}{\partial y} & \dfrac{\partial}{\partial z} \\[3mm] x - x' & y - y' & z - z' \end{vmatrix} = 0$$

可见，相对位置矢量场 $\vec{R}$ 是一个有散源而无旋源的场。

3. 斯托克斯定理

设 $\vec{S}$ 是矢量场 $\vec{F}$ 中的一个非闭合光滑有向曲面，l 是 $\vec{s}$ 的边界线，l 的正方向与 $\vec{S}$ 的法矢成右手螺旋关系。若 $\vec{F}$ 在包含 l 在内的某一区域内有一阶连续偏导数，则有

$$\int_S (\nabla \times \vec{F}) \cdot d\vec{S} = \oint_l \vec{F} \cdot d\vec{l} \tag{1-113}$$

上式称为**斯托克斯定理**（证明从略）。

在直角坐标系中，若记：

$$\vec{F} = \hat{x}P + \hat{y}Q + \hat{z}R$$

代入斯托克斯定理式（1-113），得

$$\int_S \left[\left(\frac{\partial R}{\partial y} - \frac{\partial Q}{\partial z}\right)dydz + \left(\frac{\partial P}{\partial z} - \frac{\partial R}{\partial x}\right)dxdz + \left(\frac{\partial Q}{\partial x} - \frac{\partial P}{\partial y}\right)dxdy \right] = \oint_l (Pdx + Qdy + Rdz)$$

上式就是我们在数学分析中所见到的斯托克斯定理表达形式。

§1.5　几种重要的矢量场

矢量场的散度和旋度是对矢量场进行的两种不同性质的独立运算，其结果分别描述了矢量场通量源（散源）和涡旋源（旋源）的分布情况。依据一个矢量场中这两种源的特征可以对其进行分类。

一、无旋场

定义 1：对于矢量场 $\vec{F}(M)$，若在给定的区域内的每一点都有旋度等于零，即 $\nabla \times \vec{F} = 0$，则称 $\vec{F}$ 为**无旋场**。

性质 1：在线单连域内，矢量场 $\vec{F}$ 为无旋场的充要条件是 $\vec{F}$ 可以表示为一个标量场的负梯度，即 $\vec{F} = -\nabla \Phi$。

证明：［充分性］若 $\vec{F} = -\nabla \Phi$，则令 $\vec{F} = \hat{x}F_x + \hat{y}F_y + \hat{z}F_z$，于是有

$$F_x = -\frac{\partial \Phi}{\partial x}, F_y = -\frac{\partial \Phi}{\partial y}, F_z = -\frac{\partial \Phi}{\partial z}$$

因此

$$\nabla \times \vec{F} = \begin{vmatrix} \hat{x} & \hat{y} & \hat{z} \\ \dfrac{\partial}{\partial x} & \dfrac{\partial}{\partial y} & \dfrac{\partial}{\partial z} \\ F_x & F_y & F_z \end{vmatrix} = \begin{vmatrix} \hat{x} & \hat{y} & \hat{z} \\ \dfrac{\partial}{\partial x} & \dfrac{\partial}{\partial y} & \dfrac{\partial}{\partial z} \\ \dfrac{\partial \Phi}{\partial x} & \dfrac{\partial \Phi}{\partial y} & \dfrac{\partial \Phi}{\partial z} \end{vmatrix}$$

$$= \hat{x}\left(\frac{\partial^2 \Phi}{\partial z \partial y} - \frac{\partial^2 \Phi}{\partial y \partial z}\right) + \hat{y}\left(\frac{\partial^2 \Phi}{\partial x \partial z} - \frac{\partial^2 \Phi}{\partial z \partial x}\right) + \hat{z}\left(\frac{\partial^2 \Phi}{\partial y \partial x} - \frac{\partial^2 \Phi}{\partial x \partial y}\right) = 0$$

即，$\vec{F}$ 是一个无旋场。

［必要性］设矢量场 $\vec{F}$ 在单连域内处处满足

$$\nabla \times \vec{F} = 0$$

在图 1-20 所示的任意闭合曲线 l 上作 $\vec{F}$ 的线积分，应用斯托克斯公式并考虑 $\vec{F}$ 的无旋

性，有

$$\oint_l \vec{F} \cdot \mathrm{d}\vec{l} = \int_S \nabla \times \vec{F} \cdot \mathrm{d}\vec{S} = 0$$

在 l 上任取两点 M_0 和 M，将 l 分成 l_1 和 l_2 两部分，上式可以写成

$$\int_{M_0 1 M} \vec{F} \cdot \mathrm{d}\vec{l}_1 + \int_{M 2 M_0} \vec{F} \cdot \mathrm{d}\vec{l}_2 = \int_{M_0 1 M} \vec{F} \cdot \mathrm{d}\vec{l}_1 - \int_{M_0 2 M} \vec{F} \cdot \mathrm{d}\vec{l}_2' = 0$$

其中 $\mathrm{d}\vec{l}_2'$ 是从点 M_0 到点 M 的积分路径 l_2 上的矢量线元。由此可得

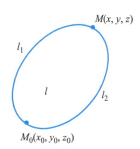

图 1-20 无旋场的环路积分

$$\int_{M_0 1 M} \vec{F} \cdot \mathrm{d}\vec{l}_1 = \int_{M_0 2 M} \vec{F} \cdot \mathrm{d}\vec{l}_2'$$

由于 l 是一条任意的闭合曲线，所以上式表明 $\vec{F}$ 的线积分与路径无关，而只与线积分的起点 $M_0(x_0, y_0, z_0)$ 和终点 $M(x, y, z)$ 有关。当起点 M_0 固定时，这个积分结果就是 M 点坐标的函数。将这个函数记为 $-\Phi(x, y, z)$，则有

$$\int_{l_{M_0 M}} \vec{F} \cdot \mathrm{d}\vec{l} = -\Phi(x, y, z) + \Phi(x_0, y_0, z_0) \tag{1-114}$$

两边微分，有

$$\vec{F} \cdot \mathrm{d}\vec{l} = -\mathrm{d}\Phi \tag{1-115}$$

由全微分和梯度的定义，有

$$\mathrm{d}\Phi = \frac{\partial \Phi}{\partial x}\mathrm{d}x + \frac{\partial \Phi}{\partial y}\mathrm{d}y + \frac{\partial \Phi}{\partial z}\mathrm{d}z = \left(\frac{\partial \Phi}{\partial x}\hat{x} + \frac{\partial \Phi}{\partial y}\hat{y} + \frac{\partial \Phi}{\partial z}\hat{z}\right) \cdot (\hat{x}\mathrm{d}x + \hat{y}\mathrm{d}y + \hat{z}\mathrm{d}z)$$

$$= \left(\frac{\partial \Phi}{\partial x}\hat{x} + \frac{\partial \Phi}{\partial y}\hat{y} + \frac{\partial \Phi}{\partial z}\hat{z}\right) \cdot \mathrm{d}\vec{l} = \nabla\Phi \cdot \mathrm{d}\vec{l} \tag{1-116}$$

将上式与式（1-115）比较，得

$$\vec{F} = -\nabla\Phi \tag{1-117}$$

所以，$\vec{F}$ 可以表示为一个标量场的负梯度。命题得证。

定义2：对于一个矢量场 $\vec{F}(M)$，若在给定的区域内存在单值数性函数 $\Phi(M)$ 满足

$$\vec{F} = -\nabla\Phi$$

则称此矢量场 $\vec{F}$ 为**有势场**，标量函数 Φ 称为矢量场 $\vec{F}$ 的**势函数**或**位函数**。

由此，性质1可以表述为：**无旋场与有势场等价**。从性质1的证明过程也可以看出，无旋场（有势场）在任意两点间的线积分只取决于积分的始点 $M_0(x_0, y_0, z_0)$ 和终点 $M(x, y, z)$ 的坐标，而与积分路径 l 的选取无关。即

$$\int_{l_{M_0 M}} \vec{F} \cdot \mathrm{d}\vec{l} = \int_{M_0}^{M} \vec{F} \cdot \mathrm{d}\vec{l} = -\Phi(x, y, z) + \Phi(x_0, y_0, z_0) \tag{1-118}$$

若令 $M_0(x_0, y_0, z_0)$ 和终点 $M(x, y, z)$ 为相互重合的同一点，则式（1-118）中的 l 为闭合回路。由此可得，**有势场（无旋场）的闭合回路线积分恒等于零**。即

$$\oint_l \vec{F} \cdot \mathrm{d}\vec{l} = 0 \tag{1-119}$$

定义3：线积分与路径无关（或闭合线积分恒为零）的矢量场称为**保守场**。

根据保守场的定义和性质1的证明过程可知，有势场（无旋场）必为保守场，反之亦然。因此，**无旋场、有势场、保守场三者等价**。

由于无旋场可以用标量势函数的负梯度来表示，故在求解此类场时，可以先计算其势函数 Φ，然后再利用 $\vec{F} = -\nabla\Phi$ 得到场 $\vec{F}$，这将使某些问题的求解变得简单。需要注意的是，无旋场 $\vec{F}$ 的势函数并不是唯一的，这需要我们仔细研究。

性质2：有势场的势函数有无穷多个，各势函数之间仅相差一个常数。

证明：设 Φ_1 和 Φ_2 是 $\vec{F}$ 的任意两个势函数，即

$$\vec{F} = -\nabla\Phi_1$$
$$\vec{F} = -\nabla\Phi_2$$

两式相减，得

$$\nabla(\Phi_1 - \Phi_2) = 0$$

于是有

$$\Phi_1 - \Phi_2 = c \ (c \text{ 为常数})$$

即

$$\Phi_1 = \Phi_2 + c$$

因此，若已知有势场 $\vec{F}(M)$ 的一个势函数 $\Phi(M)$，则场的所有势函数的全体可以表示为

$$\Phi(M) + c \ (c \text{ 为任意常数})$$

命题得证。

在已知无旋场 $\vec{F}$ 时，若取点 $M_0(x_0, y_0, z_0)$ 为固定点，而 $M(x, y, z)$ 表示任意场点，则根据式（1-118）可得

$$\Phi(x, y, z) = -\int_{M_0}^{M} \vec{F} \cdot \mathrm{d}\vec{l} + \Phi(x_0, y_0, z_0)$$

令常数项 $\Phi(x_0, y_0, z_0) = 0$，即得到场 $\vec{F}$ 与其势函数 $\Phi(x, y, z)$ 的积分关系式

$$\Phi(x, y, z) = -\int_{M_0}^{M} \vec{F} \cdot \mathrm{d}\vec{l} \tag{1-120}$$

其中的 $M_0(x_0, y_0, z_0)$ 称为势函数 $\Phi(x, y, z)$ 的参考点，其位置可以任意选取，对 $\Phi(x, y, z)$ 的影响仅差一个常数。

在直角坐标系中，$\vec{F} = \hat{x}F_x + \hat{y}F_y + \hat{z}F_z$，则有

$$\Phi(x, y, z,) = -\int_{(x_0, y_0, z_0)}^{(x, y, z)} \vec{F} \cdot \mathrm{d}\vec{l}$$

$$= -\int_{(x_0, y_0, z_0)}^{(x, y, z)} (F_x \mathrm{d}x + F_y \mathrm{d}y + F_z \mathrm{d}z) \tag{1-121}$$

由于式（1-121）的积分结果与积分路径无关，为了简化计算，我们可以取积分路径 l 为一条与坐标轴分段平行的折线。此折线共有三段，如图1-21所示，第一段折线与 x 轴平行，从始点 $M_0(x_0, y_0, z_0)$ 到点 $M_1(x, y_0, z_0)$，在此段上，y 坐标和 z 坐标保持恒定的 y_0 和 z_0 值，因此有 $\mathrm{d}y = \mathrm{d}z = 0$，式（1-121）中只有第一项不为零，可记为

$$-\int_{x_0}^{x} F_x(x, y_0, z_0) \mathrm{d}x$$

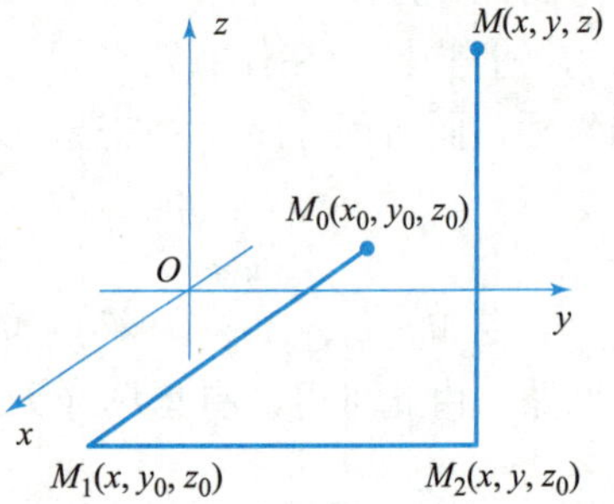

图1-21 折线积分

同理，在 $M_1(x, y_0, z_0)$ 到 $M_2(x, y, z_0)$ 和 $M_2(x, y, z_0)$ 到 $M(x, y, z)$ 的两积分段上，式（1-121）分别只有第二、三项不为零，记为

$$-\int_{y_0}^{y} F_y(x,y,z_0)\,\mathrm{d}y \quad \text{和} \quad -\int_{z_0}^{z} F_z(x,y,z)\,\mathrm{d}z$$

此时，式（1-121）被化简为

$$\Phi(x,y,z) = -\int_{x_0}^{x} F_x(x,y_0,z_0)\,\mathrm{d}x - \int_{y_0}^{y} F_y(x,y,z_0)\,\mathrm{d}y - \int_{z_0}^{z} F_z(x,y,z)\,\mathrm{d}z \quad (1-122)$$

在已知有势场 $\vec{F}$ 的表达式时，利用上式可以比较方便地计算出其势函数。

在广义坐标系内，与式（1-121）相应的计算表达式为

$$\Phi(u_1,u_2,u_3) = -\int_{u_{10}}^{u_1} F_1(u_1,u_{20},u_{30}) h_1(u_1,u_{20},u_{30})\,\mathrm{d}u_1$$

$$-\int_{u_{20}}^{u_2} F_2(u_1,u_2,u_{30}) h_2(u_1,u_2,u_{30})\,\mathrm{d}u_2$$

$$-\int_{u_{30}}^{u_3} F_3(u_1,u_2,u_3) h_3(u_1,u_2,u_3)\,\mathrm{d}u_3 \quad (1-123)$$

需要强调的是，如果一个矢量场 $\vec{F}$ 在给定的区域内存在着 $\nabla \times \vec{F} \neq 0$ 的点，则不可利用 $\vec{F} = -\nabla\Phi$ 来定义辅助的势函数 Φ，因为若对式 $\vec{F} = -\nabla\Phi$ 两边取旋度，并注意 $\nabla \times \nabla\Phi \equiv 0$，就会在这些点上出现 $0 \neq \nabla \times \vec{F} = -\nabla \times \nabla\Phi \equiv 0$ 的矛盾。

例 1.6　已知由例 1.2 定义的相对位置矢量 $\vec{R}$，R 是 $\vec{R}$ 的模值，即

$$\vec{R} = \hat{x}(x-x') + \hat{y}(y-y') + \hat{z}(z-z')$$

$$R = |\vec{R}| = \left[(x-x')^2 + (y-y')^2 + (z-z')^2 \right]^{1/2}$$

矢量场 $\vec{F}$ 定义为

$$\vec{F}(x,y,z) = k\frac{\vec{R}}{R^3} \quad (k \text{ 为常数})$$

求证：$\vec{F}$ 是有势场。

证明：因为无旋场与有势场等价，故只需证明 $\vec{F}$ 是无旋场即可。利用例 1.2 和例 1.5 的结论，以及式（1-112d），可得

$$\nabla \times \vec{F} = \nabla \times \left(k\frac{\vec{R}}{R^3} \right) = k\left[\frac{1}{R^3}\nabla \times \vec{R} + \nabla\left(\frac{1}{R^3}\right) \times \vec{R} \right] = k\left[0 + (-3)\frac{1}{R^4}\nabla R \times \vec{R} \right]$$

$$= k\left[(-3)\frac{1}{R^4} \cdot \frac{\vec{R}}{R} \times \vec{R} \right] = 0$$

因此，$\vec{F}$ 是一个有势场。

二、无散场

定义：对于矢量场 $\vec{F}$，若在其定义域内的每一点上都有 $\nabla \cdot \vec{F} = 0$，则称 $\vec{F}$ 为**无散场**。

性质 1：在面单连域内，矢量场 $\vec{F}$ 为无散场的充要条件是它可以表示为另一矢量场 $\vec{A}$ 的旋度。

证明：[充分性] 设矢量场 $\vec{F}$ 可以表示为另一矢量场 $\vec{A}$ 的旋度，即 $\vec{F} = \nabla \times \vec{A}$，由矢量运算的基本公式有

$$\nabla \cdot \vec{F} = \nabla \cdot \nabla \times \vec{A} = 0$$

即有

$$\nabla \cdot \vec{F} = 0$$

所以矢量场 $\vec{F}$ 为无散场。

［必要性］设 $\vec{F} = \hat{x}F_x + \hat{y}F_y + \hat{z}F_z$ 为无散场，即 $\nabla \cdot \vec{F} = 0$，下面来说明存在矢量场 $\vec{A} = \hat{x}A_x + \hat{y}A_y + \hat{z}A_z$ 满足

$$\nabla \times \vec{A} = \vec{F} \qquad (1-124)$$

满足式（1-124）的矢量 $\vec{A}$ 称为矢量场 $\vec{F}$ 的**矢量势**或**矢量位**。只要 $\vec{F}$ 是无散场，$\vec{A}$ 的存在是肯定的，例如以

$$A_x = \int_{z_0}^{z} F_y(x,y,z)\,\mathrm{d}z - \int_{y_0}^{y} F_z(x,y,z_0)\,\mathrm{d}y$$

$$A_y = -\int_{z_0}^{z} F_x(x,y,z)\,\mathrm{d}z \qquad (1-125)$$

$$A_z = C$$

为分量的矢量 $\vec{A}$ 就可以满足式（1-124）。其验证过程如下：

将式（1-125）代入

$$\nabla \times \vec{A} = \hat{x}\left(\frac{\partial A_z}{\partial y} - \frac{\partial A_y}{\partial z}\right) + \hat{y}\left(\frac{\partial A_x}{\partial z} - \frac{\partial A_z}{\partial x}\right) + \hat{z}\left(\frac{\partial A_y}{\partial x} - \frac{\partial A_x}{\partial y}\right)$$

其 $\hat{x}$ 分量为

$$\frac{\partial A_z}{\partial y} - \frac{\partial A_y}{\partial z} = 0 - \frac{\partial}{\partial z}\left[-\int_{z_0}^{z} F_x(x,y,z)\,\mathrm{d}z\right] = F_x(x,y,z)$$

$\hat{y}$ 分量为

$$\frac{\partial A_x}{\partial z} - \frac{\partial A_z}{\partial x} = \left[\frac{\partial}{\partial z}\int_{z_0}^{z} F_y(x,y,z)\,\mathrm{d}z - \frac{\partial}{\partial z}\int_{y_0}^{y} F_z(x,y,z_0)\,\mathrm{d}y\right] - 0 = F_y(x,y,z)$$

$\hat{z}$ 分量为

$$\frac{\partial A_y}{\partial x} - \frac{\partial A_x}{\partial y} = -\frac{\partial}{\partial x}\int_{z_0}^{z} F_x(x,y,z)\,\mathrm{d}z - \frac{\partial}{\partial y}\int_{z_0}^{z} F_y(x,y,z)\,\mathrm{d}z + \frac{\partial}{\partial y}\int_{y_0}^{y} F_z(x,y,z_0)\,\mathrm{d}y$$

因上式右边前两项的偏导与积分的变量不同，故可以交换顺序，得

$$\frac{\partial A_y}{\partial x} - \frac{\partial A_x}{\partial y} = -\int_{z_0}^{z}\left[\frac{\partial}{\partial x}F_x(x,y,z)\right]\mathrm{d}z - \int_{z_0}^{z}\left[\frac{\partial}{\partial y}F_y(x,y,z)\right]\mathrm{d}z + \frac{\partial}{\partial y}\int_{y_0}^{y} F_z(x,y,z_0)\,\mathrm{d}y$$

$$= -\int_{z_0}^{z}\left\{\frac{\partial F_x(x,y,z)}{\partial x} + \frac{\partial F_y(x,y,z)}{\partial y}\right\}\mathrm{d}z + F_z(x,y,z_0)$$

由 $\vec{F}$ 为无散场的已知条件，有

$$\nabla \cdot \vec{F} = \frac{\partial F_x(x,y,z)}{\partial x} + \frac{\partial F_y(x,y,z)}{\partial y} + \frac{\partial F_z(x,y,z)}{\partial z} = 0$$

即

$$\frac{\partial F_x(x,y,z)}{\partial x} + \frac{\partial F_y(x,y,z)}{\partial y} = -\frac{\partial F_z(x,y,z)}{\partial z}$$

代入前式，得

$$\frac{\partial A_y}{\partial x} - \frac{\partial A_x}{\partial y} = \int_{z_0}^{z} \frac{\partial F_z(x,y,z)}{\partial z}\mathrm{d}z + F_z(x,y,z_0) = F_z(x,y,z)\,\big|_{z_0}^{z} + F_z(x,y,z_0) = F_z(x,y,z)$$

可见

$$\nabla \times \vec{A} = \vec{F}$$

因此，命题得证。

应特别注意，与用来表征无旋场的标量势函数类似，表征无散场的矢量势函数也不是唯

一的，而且情况更为复杂。对一个确定的无散场 $\vec{F}$，可以存在无穷多个形式不同的矢量势函数 $\vec{A}$，均可以满足 $\nabla \times \vec{A} = \vec{F}$。例如，若 $\vec{A}_1$ 是 $\vec{F}$ 的一个矢量势函数，即 $\nabla \times \vec{A}_1 = \vec{F}$ 成立，令

$$\vec{A}_2 = \vec{A}_1 + \nabla \Phi$$

Φ 可以是任意的数性函数，对上式两边取旋度，有

$$\nabla \times \vec{A}_2 = \nabla \times \vec{A}_1 + \nabla \times \nabla \Phi = \nabla \times \vec{A}_1 + 0 = \vec{F}$$

可见，$\vec{A}_2$ 也满足式（1-124），是 $\vec{F}$ 的一个矢量势函数，但 $\vec{A}_2$ 与 $\vec{A}_1$ 是不同的。

在有势场的讨论中指出，一个确定的有势场也有无穷多个标量势函数，但这些势函数之间仅相差一个常数，实质上可以看成是一个函数。但对于无散场则不同，满足式（1-124）的矢量势函数有无穷多，且具有不同的函数形式。因此，在实际物理应用时，为了避免矢量势函数的这种多值性，往往要加以另外的限制条件，以使其具有唯一确定的形式。

由于无散场可以由其矢量势函数的旋度求出，因此在研究无散场时，可以先求解它的矢量势函数，然后再作旋度得到该无散场，这样将使某些问题的求解过程得到简化。同时也应该注意，如果一个矢量场 $\vec{F}$ 在给定的区域内存在着 $\nabla \cdot \vec{F} \neq 0$ 的点，则不可随便利用 $\vec{F} = \nabla \times \vec{A}$ 来引入辅助的矢量势函数 $\vec{A}$，因为若对式 $\vec{F} = \nabla \times \vec{A}$ 两边取散度，并注意 $\nabla \cdot \nabla \times \vec{A} \equiv 0$，就会在这些点上出现 $0 \neq \nabla \cdot \vec{F} = \nabla \cdot \nabla \times \vec{A} \equiv 0$ 的矛盾。

性质 2：面单连域内，无散场 $\vec{F}$ 在任一个矢量管的两个任意横截面上的通量都相等，即

$$\int_{S_1} \vec{F} \cdot \mathrm{d}\vec{S}_1 = \int_{S_2} \vec{F} \cdot \mathrm{d}\vec{S}_2 \tag{1-126}$$

上式中的 S_1 和 S_2 为矢量管的任意两个截面，其法矢 $\hat{n}_1$ 和 $\hat{n}_2$ 都朝向（或都反向）$\vec{F}$ 所指的一侧，如图 1-22 所示。

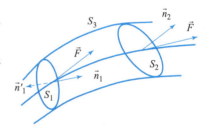

图 1-22 管形场的性质

S 包围的体积记作 τ，利用散度定理和已知条件 $\nabla \cdot \vec{F} = 0$，可得

$$\oint_S \vec{F} \cdot \mathrm{d}\vec{S} = \int_{\tau} \nabla \cdot \vec{F} \mathrm{d}\tau = 0$$

上式中的闭合面积分可以分为三部分

$$\int_{S_1} \vec{F} \cdot \mathrm{d}\vec{S}_1' + \int_{S_2} \vec{F} \cdot \mathrm{d}\vec{S}_2 + \int_{S_3} \vec{F} \cdot \mathrm{d}\vec{S}_3 = 0$$

其中，面元 $\mathrm{d}\vec{S}_1' = \mathrm{d}S_1 \hat{n}_1'$ 的法矢 $\hat{n}_1'$ 是闭合面 S_1 部分的外法矢，与式（1-124）中面元 $\mathrm{d}\vec{S}_1 = \mathrm{d}S_1 \hat{n}_1$ 所定的法矢 $\hat{n}_1$ 方向相反；而 $\mathrm{d}\vec{S}_2$ 则与式（1-124）中的 $\mathrm{d}\vec{S}_2$ 相同。若将上式中的 $\mathrm{d}\vec{S}_1'$ 用 $\mathrm{d}\vec{S}_1$ 表示，则可写成

$$-\int_{S_1} \vec{F} \cdot \mathrm{d}\vec{S}_1 + \int_{S_2} \vec{F} \cdot \mathrm{d}\vec{S}_2 + \int_{S_3} \vec{F} \cdot \mathrm{d}\vec{S}_3 = 0$$

又因 S_3 是矢量管壁，由矢量与矢量线相切的性质可知，$\vec{F}$ 位于 S_3 的切平面内，因此有 $\vec{F} \perp \hat{n}_3$，故上式右边的第三项为零，所以上式即为

$$\int_{S_1} \vec{F} \cdot \mathrm{d}\vec{S}_1 = \int_{S_2} \vec{F} \cdot \mathrm{d}\vec{S}_2$$

性质 2 表明，无散场中穿过同一矢量管的所有截面的通量都相等，就像通过水管任意截面的水流量都相等一样，因此无散场又称为**管形场**。

三、调和场

定义：若对于矢量场 $\vec{F}$，恒有 $\nabla \cdot \vec{F} = 0$ 和 $\nabla \times \vec{F} = 0$，则称此矢量场 $\vec{F}$ 为**调和场**。换言

之，调和场就是既无散又无旋的无源矢量场。

应当明确，对于一个实际的物理场，调和场只能在有限的区域内存在，其原因是场的散度和旋度代表着产生场的两种源，若在无限空间内既无散源又无旋源，这个物理场也就不存在了。

若 $\vec{F}$ 为调和场，由定义 $\nabla \times \vec{F} = 0$ 可知，$\vec{F}$ 一定是有势场，故存在着标量势函数 Φ 满足 $\vec{F} = -\nabla \Phi$。对此式两边求散度，并考虑另一定义 $\nabla \cdot \vec{F} = 0$，则有

$$\nabla \cdot (\nabla \Phi) = 0 \tag{1-127}$$

在正交曲线坐标系内，按梯度和散度的计算公式，得

$$\frac{1}{h_1 h_2 h_3}\left[\frac{\partial}{\partial u_1}\left(\frac{h_2 h_3}{h_1}\frac{\partial \Phi}{\partial u_1}\right) + \frac{\partial}{\partial u_2}\left(\frac{h_1 h_3}{h_2}\frac{\partial \Phi}{\partial u_2}\right) + \frac{\partial}{\partial u_3}\left(\frac{h_1 h_2}{h_3}\frac{\partial \Phi}{\partial u_3}\right)\right] = 0 \tag{1-128}$$

上式的左边可以看成一个微分算子 ∇^2（或记作 Δ）与标量函数 Φ 的乘积，即

$$\nabla^2 \Phi = 0 \ (\text{或记作} \ \Delta \Phi = 0) \tag{1-129}$$

算子 ∇^2（或 Δ）叫作**拉普拉斯**（Laplace）**算子**。

在正交曲线坐标系中

$$\nabla^2 = \frac{1}{h_1 h_2 h_3}\left[\frac{\partial}{\partial u_1}\left(\frac{h_2 h_3}{h_1}\frac{\partial}{\partial u_1}\right) + \frac{\partial}{\partial u_2}\left(\frac{h_1 h_3}{h_2}\frac{\partial}{\partial u_2}\right) + \frac{\partial}{\partial u_3}\left(\frac{h_1 h_2}{h_3}\frac{\partial}{\partial u_3}\right)\right] \tag{1-130}$$

式（1-129）称为拉普拉斯方程。在直角坐标系中，拉普拉斯方程为

$$\frac{\partial^2 \Phi}{\partial x^2} + \frac{\partial^2 \Phi}{\partial y^2} + \frac{\partial^2 \Phi}{\partial z^2} = 0 \tag{1-131}$$

拉普拉斯方程是一个二阶偏微分方程，满足拉普拉斯方程的标量函数 Φ 叫作**调和函数**，$\nabla^2 \Phi$ 称作**调和量**。

§1.6　δ 函数、格林定理与亥姆霍兹定理

一、δ 函数

δ 函数是狄拉克根据物理上的需要首先引入的，也称为狄拉克函数。一维 δ 函数由下式定义：

$$\delta(x - x') = 0 \quad (x \neq x') \tag{1-132}$$

$$\int_a^b \delta(x - x')\,\mathrm{d}x = \begin{cases} 1 & (a < x' < b) \\ 0 & (x' < a \ \text{或} \ x' > b) \end{cases} \tag{1-133}$$

显然，在 $x = x'$ 处 $\delta(x - x')$ 必须趋于无穷大。因此，δ 函数不是普遍意义下的函数，而是一种广义函数。它可以作为某些连续函数的极限来理解。

δ 函数有下面两条重要的性质：

（1）δ 函数是偶函数：

$$\delta(x - x') = \delta(x' - x) \tag{1-134}$$

（2）δ 函数有还原性（筛选性）：

$$\int_{-\infty}^{\infty} f(x)\delta(x - x')\,\mathrm{d}x = f(x') \tag{1-135}$$

依照一维 δ 函数的形式，可以定义三维 δ 函数

$$\delta(\vec{r} - \vec{r}') = 0 \quad (\vec{r} \neq \vec{r}') \tag{1-136}$$

$$\int_{\tau} \delta(\vec{r} - \vec{r}')\,d\tau = \begin{cases} 1 & (\vec{r}' \in \tau) \\ 0 & (\vec{r}' \notin \tau) \end{cases} \tag{1-137}$$

三维 δ 函数同样有（1）和（2）的性质：

$$\delta(\vec{r} - \vec{r}') = \delta(\vec{r}' - \vec{r}) \tag{1-138}$$

$$\int_{\tau} f(\vec{r})\delta(\vec{r} - \vec{r}')\,d\tau = f(\vec{r}') \tag{1-139}$$

在三种常用坐标系中，三维 δ 函数的表达式分别为

$$\delta(\vec{r} - \vec{r}') = \delta(x - x')\delta(y - y')\delta(z - z')$$

$$\delta(\vec{r} - \vec{r}') = \frac{1}{\rho}\delta(\rho - \rho')\delta(\varphi - \varphi')\delta(z - z')$$

$$\delta(\vec{r} - \vec{r}') = \frac{1}{r^2\sin\theta}\delta(r - r')\delta(\theta - \theta')\delta(\varphi - \varphi')$$

例 1.7　试证明 $-\dfrac{1}{4\pi}\nabla^2\dfrac{1}{R}$ 是 δ 函数。

证明：根据三维 δ 函数的定义，需证明该函数满足式（1-136）和式（1-137）。

当 $\vec{r} \neq \vec{r}'$ 时，利用例 1.2 和例 1.6 的结论，以及式（1-102d），得

$$\begin{aligned}
\nabla^2\frac{1}{R} &= \nabla \cdot \left(\nabla\frac{1}{R}\right) = -\nabla \cdot \left(\frac{\vec{R}}{R^3}\right) \\
&= -\left[\frac{1}{R^3}\nabla \cdot \vec{R} + \vec{R} \cdot \nabla\left(\frac{1}{R^3}\right)\right] = -\left[\frac{3}{R^3} + \vec{R} \cdot \frac{(-3)}{R^4}\nabla R\right] \\
&= -\left(\frac{3}{R^3} - \frac{3}{R^4}\vec{R} \cdot \frac{\vec{R}}{R}\right) = 0
\end{aligned}$$

所以，该函数满足式（1-136）。

当 $\vec{r} = \vec{r}'$ 时，该函数变成不定式，但是可以计算它的广义积分。以位置 $\vec{r}'$ 为中心作半径为 R 的球面 S，限定体积为 τ，此时 $\vec{r}' \in \tau$，于是体积分

$$\int_{\tau} \nabla^2\frac{1}{R}\,d\tau = \int_{\tau} \nabla \cdot \nabla\frac{1}{R}\,d\tau = -\int_{\tau} \nabla \cdot \frac{\hat{R}}{R^2}\,d\tau = -\oint_S \frac{\hat{R}}{R^2} \cdot d\vec{S}$$

因为在球面上 $d\vec{S}$ 的方向就是 $\hat{R}$ 的方向，且 R 为常量，所以

$$\int_{\tau} -\frac{1}{4\pi}\nabla^2\frac{1}{R}\,d\tau = \frac{1}{4\pi R^2}\oint_S dS = \frac{1}{4\pi R^2}4\pi R^2 = 1$$

而当选择的区域 τ 不包含 $\vec{r}'$，即 $\vec{r}' \notin \tau$ 时，$-\dfrac{1}{4\pi}\nabla^2\dfrac{1}{R} = 0$，所以

$$\int_{\tau} -\frac{1}{4\pi}\nabla^2\frac{1}{R}\,d\tau = 0$$

因此，此函数符合 δ 函数的定义，是 δ 函数。

二、格林定理

格林定理由下面三个恒等式组成。

1. 格林第一恒等式

假设 Φ 和 Ψ 是给定区域内的两个连续、单值并有二阶连续导数的任意函数，在区域 τ

内对矢量 $\boldsymbol{\Psi} \nabla \boldsymbol{\Phi}$ 的散度进行体积分，然后应用散度定理，得

$$\int_{\tau} \nabla \cdot (\boldsymbol{\Psi} \nabla \boldsymbol{\Phi}) \mathrm{d}\tau = \oint_{S} \boldsymbol{\Psi} \nabla \boldsymbol{\Phi} \cdot \mathrm{d}\vec{S} \qquad (1-140)$$

根据矢量分析公式，有

$$\nabla \cdot (\boldsymbol{\Psi} \nabla \boldsymbol{\Phi}) = \boldsymbol{\Psi} \nabla \cdot \nabla \boldsymbol{\Phi} + \nabla \boldsymbol{\Psi} \cdot \nabla \boldsymbol{\Phi}$$
$$= \boldsymbol{\Psi} \nabla^2 \boldsymbol{\Phi} + \nabla \boldsymbol{\Psi} \cdot \nabla \boldsymbol{\Phi}$$

将上式代入式（1-140），得到

$$\int_{\tau} (\boldsymbol{\Psi} \nabla^2 \boldsymbol{\Phi} + \nabla \boldsymbol{\Psi} \cdot \nabla \boldsymbol{\Phi}) \mathrm{d}\tau = \oint_{S} \boldsymbol{\Psi} \nabla \boldsymbol{\Phi} \cdot \mathrm{d}\vec{S} \qquad (1-141)$$

上式称为格林第一恒等式。

因为

$$\nabla \boldsymbol{\Phi} \cdot \mathrm{d}\vec{S} = \nabla \boldsymbol{\Phi} \cdot \hat{n} \mathrm{d}S = \frac{\partial \boldsymbol{\Phi}}{\partial n} \mathrm{d}S$$

其中 $\hat{n}$ 是闭合面 S 的外法矢，所以格林第一恒等式也可以写成

$$\int_{\tau} (\boldsymbol{\Psi} \nabla^2 \boldsymbol{\Phi} + \nabla \boldsymbol{\Psi} \cdot \nabla \boldsymbol{\Phi}) \mathrm{d}\tau = \oint_{S} \boldsymbol{\Psi} \frac{\partial \boldsymbol{\Phi}}{\partial n} \mathrm{d}S \qquad (1-142)$$

2. 格林第二恒等式

将第一恒等式中的 $\boldsymbol{\Phi}$ 和 $\boldsymbol{\Psi}$ 对调，可推出与式（1-141）相似的方程

$$\int_{\tau} (\boldsymbol{\Phi} \nabla^2 \boldsymbol{\Psi} + \nabla \boldsymbol{\Phi} \cdot \nabla \boldsymbol{\Psi}) \mathrm{d}\tau = \oint_{S} \boldsymbol{\Phi} \nabla \boldsymbol{\Psi} \cdot \mathrm{d}\vec{S} \qquad (1-143)$$

将式（1-143）和式（1-141）相减得到

$$\int_{\tau} (\boldsymbol{\Phi} \nabla^2 \boldsymbol{\Psi} - \boldsymbol{\Psi} \nabla^2 \boldsymbol{\Phi}) \mathrm{d}\tau = \oint_{S} (\boldsymbol{\Phi} \nabla \boldsymbol{\Psi} - \boldsymbol{\Psi} \nabla \boldsymbol{\Phi}) \cdot \mathrm{d}\vec{S} \qquad (1-144)$$

上式称为格林第二恒等式，或称为格林定理。上式也可以写成

$$\int_{\tau} (\boldsymbol{\Phi} \nabla^2 \boldsymbol{\Psi} - \boldsymbol{\Psi} \nabla^2 \boldsymbol{\Phi}) \mathrm{d}\tau = \oint_{S} \left(\boldsymbol{\Phi} \frac{\partial \boldsymbol{\Psi}}{\partial n} - \boldsymbol{\Psi} \frac{\partial \boldsymbol{\Phi}}{\partial n} \right) \mathrm{d}S \qquad (1-145)$$

3. 格林第三恒等式

设 $\boldsymbol{\Phi}(M)$ 为 τ 内的连续及连续可导函数，M_0 是 τ 内任意一点。令 $\boldsymbol{\Psi} = -1/(4\pi R)$，$R$ 为 M_0 至 M 点的距离，代入格林第二恒等式，可得

$$\int_{\tau} \left[\boldsymbol{\Phi} \nabla^2 \left(\frac{-1}{4\pi R} \right) + \frac{1}{4\pi R} \nabla^2 \boldsymbol{\Phi} \right] \mathrm{d}\tau = \oint_{S} \left[\boldsymbol{\Phi} \frac{\partial}{\partial n} \left(\frac{-1}{4\pi R} \right) + \frac{1}{4\pi R} \frac{\partial \boldsymbol{\Phi}}{\partial n} \right] \mathrm{d}S$$

由 $\nabla^2(-1/(4\pi R)) = \delta(\vec{r} - \vec{r}_0)$ 及 δ 函数的还原性可以推出

$$\boldsymbol{\Phi}(M_0) = \frac{1}{4\pi} \oint_{S} \left[\frac{1}{R} \frac{\partial \boldsymbol{\Phi}}{\partial n} - \boldsymbol{\Phi} \frac{\partial}{\partial n} \left(\frac{1}{R} \right) \right] \mathrm{d}S - \frac{1}{4\pi} \int_{\tau} \left(\frac{1}{R} \nabla^2 \boldsymbol{\Phi} \right) \mathrm{d}\tau \qquad (1-146)$$

上式称为格林第三恒等式。

若 f 是已知函数，满足 $\nabla^2 \boldsymbol{\Phi} = -f$ 的方程称为泊松（Poison）方程。将其代入格林第三恒等式，得到

$$\boldsymbol{\Phi}(M_0) = \frac{1}{4\pi} \int_{\tau} \frac{f}{R} \mathrm{d}\tau + \frac{1}{4\pi} \oint_{S} \left[\frac{1}{R} \frac{\partial \boldsymbol{\Phi}}{\partial n} - \boldsymbol{\Phi} \frac{\partial}{\partial n} \left(\frac{1}{R} \right) \right] \mathrm{d}S \qquad (1-147)$$

上式称作泊松方程的积分解。当知道边界 S 上 $\boldsymbol{\Phi}$ 和 $\partial \boldsymbol{\Phi} / \partial n$ 时，可利用上式求解 τ 内的 $\boldsymbol{\Phi}$。

三、调和函数的性质

从已获得的三个格林恒等式，容易得到调和函数的一些基本性质。

性质 1：调和函数的法向导数的闭合曲面积分等于零。

取 Φ 为调和函数，有 $\nabla^2 \Phi = 0$。又令 $\Psi = 1$，则有 $\nabla \Psi = \nabla^2 \Psi = 0$。代入格林第二恒等式（1–145），则得到本性质

$$\oint_S \frac{\partial \Phi}{\partial n} \mathrm{d}S = 0 \tag{1–148}$$

性质 2：调和函数 Φ 在区域内任意点 $M(\vec{r}_0)$ 处的值，都可以通过 Φ 在区域边界上的值及法向导数值按下式表达

$$\Phi(M_0) = \frac{1}{4\pi} \oint_S \left\{ \frac{1}{R} \frac{\partial \Phi}{\partial n} - \Phi \frac{\partial}{\partial n} \left(\frac{1}{R} \right) \right\} \mathrm{d}S \tag{1–149}$$

因为调和函数有 $\nabla^2 \Phi = 0$，故格林第三恒等式的体积分项为零，本性质得证。

性质 3：调和函数在球心上的值等于该函数在球面上的算数平均值，即

$$\Phi(M_0) = \frac{1}{4\pi a^2} \oint_{S_a} \Phi \mathrm{d}S \tag{1–150}$$

上式称为调和函数的算术平均值公式。它表明调和函数在一点 M_0 处的值，等于函数沿着以该点为球心、任意半径 a 的球面上的积分除以这个球面的面积。

证明：性质 2 表达式（1–149）可以写成

$$\Phi(M_0) = \frac{1}{4\pi R} \oint_S \frac{\partial \Phi}{\partial n} \mathrm{d}S - \frac{1}{4\pi} \oint_S \Phi \frac{\partial}{\partial n} \left(\frac{1}{R} \right) \mathrm{d}S \tag{1–151}$$

由性质 1，上式的第一项为零，而第二项因球面上有 $\hat{n} = \hat{R}$，$\dfrac{\partial}{\partial n} = \dfrac{\partial}{\partial R}$，所以

$$\frac{\partial}{\partial n} \left(\frac{1}{R} \right) = \frac{\partial}{\partial R} \left(\frac{1}{R} \right) = -\frac{1}{R^2} = -\frac{1}{a^2}$$

代入式（1–151），本性质得证。

性质 4：假设 $\Phi(M)$ 在有界区域 τ 内是调和函数，在包括边界的闭区域内连续，若 $\Phi(M)$ 不为常数，则 $\Phi(M)$ 的最大值和最小值只能在边界面 S 上达到。换句话说，调和函数在区域内无极值。通常将此性质叫作**极值原理**或者**最大值原理**。

证明：利用反证法证明。假设调和函数 $\Phi(M)$ 在开区间 τ 内的某一点 M_0 上达到最大值 $\Phi(M_0) = \Phi_{\mathrm{m}}$。以 M_0 为球心作一半径为 a 的球面 S_a，使 S_a 完全落在 τ 内，S_a 包围的体积记作 τ_a，如图 1–23（a）所示。由假设 $\Phi_{\mathrm{m}} = \Phi(M_0)$ 是该区域的最大值，所以在 S_a 上不存在 Φ 值大于 Φ_{m} 的点。又由前面的性质 3，有

$$\frac{1}{4\pi a^2} \oint_{S_a} \Phi \mathrm{d}S = \Phi_{\mathrm{m}}$$

因 Φ 在 S_a 上连续，且不大于 Φ_{m}，所以在 S_a 上亦不存在 Φ 值小于 Φ_{m} 的点。可见在 S_a 上 Φ 值恒等于 Φ_{m}，即

$$\Phi(M_{S_a}) \equiv \Phi_{\mathrm{m}}$$

同理，在以 M_0 为球心，$r(r < a)$ 为半径的所有球面上，均有 $\Phi(M_{S_r}) \equiv \Phi_{\mathrm{m}}$。因此，在整个球域 τ_a 内，恒有

$$\Phi(M_{\tau_a}) \equiv \Phi_{\mathrm{m}} \tag{1–152}$$

下面证明 τ 内的任意点 $M_n(M_n \notin \tau_a)$ 处，也有 $\Phi(M_n) \equiv \Phi_m$。在 τ 内作折线（或直线）连接 M_0 和 M_n 两点，沿此折线从 M_0 向 M_n 作一系列球体，球心分别为 M_0、M_1、M_2、$\cdots$、M_n，并使后球的球心落在前球体之内，如图 1-23（b）所示。由式（1-152）的结论，依次可推出

$$\Phi(M_n) = \Phi(M_{n-1}) = \cdots = \Phi(M_1) = \Phi(M_0) = \Phi_m$$

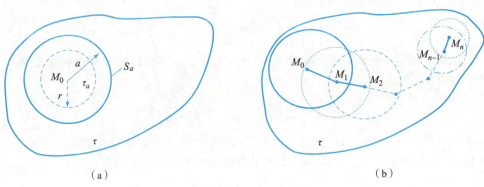

（a）　　　　　　　　　　　　　（b）

图 1-23　调和函数的极值原理

这样我们就证明了，若假设区域 τ 内有一点 M_0 使 $\Phi(M_0) = \Phi_m$ 成为最大值，则必定推得 τ 内所有点的 Φ 值均等于 Φ_m。因此，τ 内 Φ 有最大值的假设不成立。用同样的方法也可证明，Φ 亦没有最小值，本性质得证。

由性质 4 可以得出下述重要推论。

推论 1：边界上调和函数等于常数，那么在整个区域它都等于此常数。

推论 2：边界为零的调和函数，在区域内的值等于零。

推论 3：边界上等值的两个调和函数，在区域内处处相等。

四、亥姆霍兹定理

亥姆霍兹定理可以简述为：在给定的区域 τ 内，一个散度和旋度均不恒为零的矢量场 $\vec{F}$，可以表示成一个无旋场（有势场）$\vec{F}_1$ 和一个无散场（管形场）$\vec{F}_2$ 之和的形式

$$\vec{F} = \vec{F}_1 + \vec{F}_2$$

其中，无旋场 $\vec{F}_1$ 由该区域 τ 内的 $\nabla \cdot \vec{F}$ 及 $\vec{F}$ 在边界 S 上的法向分量 $\hat{n} \cdot \vec{F}$ 唯一确定；无散场 $\vec{F}_2$ 由区域 τ 内的 $\nabla \times \vec{F}$ 及 $\vec{F}$ 在边界 S 上的切向分量 $\hat{n} \times \vec{F}$ 唯一确定。

证明： 设 $M(\vec{r})$ 和 $M(\vec{r}')$ 是区域 τ 内的两点，利用 δ 函数的还原性，场点 $M(\vec{r})$ 处的 $\vec{F}$ 可表示成

$$\vec{F}(\vec{r}) = \int_\tau \vec{F}(\vec{r}')\delta(\vec{r} - \vec{r}')\mathrm{d}\tau' \tag{1-153}$$

取

$$\delta(\vec{r} - \vec{r}') = -\nabla^2\left(\frac{1}{4\pi R}\right)$$

其中 $R = |\vec{r} - \vec{r}'|$，将上式代入式（1-153），得

$$\vec{F}(\vec{r}) = -\int_\tau \vec{F}(\vec{r}') \nabla^2\left(\frac{1}{4\pi R}\right)\mathrm{d}\tau'$$

因算子 ∇^2 是对变量 x、y、z 进行运算，上式中 x'、y'、z' 的函数 $\vec{F}(\vec{r}')$ 对 ∇^2 可视为常矢，而积分是对坐标 x'、y'、z' 进行的，故 ∇^2 可以与积分交换顺序，即

$$\vec{F}(\vec{r}) = -\int_\tau \vec{F}(\vec{r}') \nabla^2 \left(\frac{1}{4\pi R}\right) \mathrm{d}\tau'$$

$$= -\int_\tau \nabla^2 \left[\frac{\vec{F}(\vec{r}')}{4\pi R}\right] \mathrm{d}\tau'$$

$$= -\frac{1}{4\pi} \nabla^2 \int_\tau \frac{\vec{F}(\vec{r}')}{R} \mathrm{d}\tau'$$

利用矢量拉普拉斯算子展开式 $\nabla^2 = \nabla\nabla\cdot - \nabla\times\nabla\times$，上式变为

$$\vec{F}(\vec{r}) = -\frac{1}{4\pi} \nabla\nabla\cdot \int_\tau \frac{\vec{F}(\vec{r}')}{R} \mathrm{d}\tau' + \frac{1}{4\pi} \nabla\times\nabla\times \int_\tau \frac{\vec{F}(\vec{r}')}{R} \mathrm{d}\tau' \qquad (1-154)$$

上式把 $\vec{F}$ 表示为一个标量函数的负梯度和一个矢量函数的旋度之和，即

$$\vec{F} = \vec{F}_1 + \vec{F}_2 = -\nabla\Phi + \nabla\times\vec{A}$$

其中

$$\Phi = \frac{1}{4\pi} \nabla\cdot \int_\tau \frac{\vec{F}(\vec{r}')}{R} \mathrm{d}\tau' \qquad (1-155)$$

$$\vec{A} = \frac{1}{4\pi} \nabla\times \int_\tau \frac{\vec{F}(\vec{r}')}{R} \mathrm{d}\tau' \qquad (1-156)$$

交换上面两式中运算符 ∇ 和积分号顺序，对式（1-155）应用恒等式

$$\nabla\cdot(f\vec{A}) = \vec{A}\cdot\nabla f + f\nabla\cdot\vec{A}$$

$$\nabla\frac{1}{R} = -\nabla'\frac{1}{R}$$

$$\int_\tau \nabla\cdot\vec{A}\,\mathrm{d}\tau = \oint_S \vec{A}\cdot\mathrm{d}\vec{S}$$

得到

$$\nabla\cdot\int_\tau \frac{\vec{F}(\vec{r}')}{R}\mathrm{d}\tau' = \int_\tau \nabla\cdot\frac{\vec{F}(\vec{r}')}{R}\mathrm{d}\tau' = \int_\tau \vec{F}(\vec{r}')\cdot\nabla\left(\frac{1}{R}\right)\mathrm{d}\tau' = \int_\tau -\vec{F}(\vec{r}')\cdot\nabla'\frac{1}{R}\mathrm{d}\tau'$$

$$= -\int_\tau \nabla'\cdot\left(\frac{\vec{F}(\vec{r}')}{R}\right)\mathrm{d}\tau' + \int_\tau \frac{1}{R}\nabla'\cdot\vec{F}(\vec{r}')\mathrm{d}\tau'$$

$$= -\oint_S \frac{\vec{F}(\vec{r}')}{R}\cdot\mathrm{d}\vec{S}' + \int_\tau \frac{\nabla'\cdot\vec{F}(\vec{r}')}{R}\mathrm{d}\tau'$$

对式（1-156）应用恒等式

$$\nabla\times(f\vec{A}) = -\vec{A}\times\nabla u + f\nabla\times\vec{A}$$

$$\nabla\frac{1}{R} = -\nabla'\frac{1}{R}$$

$$\int_\tau \nabla\times\vec{A}\,\mathrm{d}\tau = -\oint_S \vec{A}\times\mathrm{d}\vec{S} = -\oint_S \vec{A}\times\hat{n}\,\mathrm{d}S$$

得到

$$\nabla\times\int_\tau \frac{\vec{F}(\vec{r}')}{R}\mathrm{d}\tau' = \int_\tau \nabla\times\frac{\vec{F}(\vec{r}')}{R}\mathrm{d}\tau' = \int_\tau \nabla\left(\frac{1}{R}\right)\times\vec{F}(\vec{r}')\mathrm{d}\tau' = -\int_\tau \nabla'\frac{1}{R}\times\vec{F}(\vec{r}')\mathrm{d}\tau'$$

$$= \int_\tau -\nabla'\times\left(\frac{\vec{F}(\vec{r}')}{R}\right)\mathrm{d}\tau' + \int_\tau \frac{1}{R}\nabla'\times\vec{F}(\vec{r}')\mathrm{d}\tau'$$

$$= \int_{\tau} \frac{\nabla' \times \vec{F}(\vec{r}')}{R} d\tau' + \oint_{S} \frac{\vec{F}(\vec{r}') \times \hat{n}}{R} dS'$$

代入式（1－154），得

$$\vec{F}(\vec{r}) = -\nabla \left[\int_{\tau} \frac{\nabla' \cdot \vec{F}(\vec{r}')}{4\pi R} d\tau' - \oint_{S} \frac{\vec{F}(\vec{r}') \cdot \hat{n}}{4\pi R} dS' \right] +$$

$$\nabla \times \left[\int_{\tau} \frac{\nabla' \times \vec{F}(\vec{r}')}{4\pi R} d\tau' + \oint_{S} \frac{\vec{F}(\vec{r}') \times \hat{n}}{4\pi R} dS' \right] \qquad (1-157)$$

上式即为亥姆霍兹定理的数学表达式。

亥姆霍兹定理表明：

（1）矢量场 $\vec{F}$ 可以用一个标量函数的梯度和一个矢量函数的旋度之和表示。此标量函数由 $\vec{F}$ 的散度和 $\vec{F}$ 在边界 s 上的法向分量完全确定；而矢量函数由 $\vec{F}$ 的旋度和 $\vec{F}$ 在边界上的切向分量完全确定。

（2）散度 $\nabla' \cdot \vec{F}(\vec{r}')$ 是有势场部分 $\vec{F}_1$ 的源，称为通量源（散源）；旋度 $\nabla' \times \vec{F}(\vec{r}')$ 是管形场部分 $\vec{F}_2$ 的源，称为涡旋源。体积分表示体积内的通量源和涡旋源与场 $\vec{F}(\vec{r})$ 的联系。

（3）$\vec{F}(\vec{r}') \cdot \hat{n}$ 和 $\vec{F}(\vec{r}') \times \hat{n}$ 是等效的表面源，它们的面积分表示 τ 以外的源对场 $\vec{F}(\vec{r})$ 的贡献。

习题一

1.1 已知 $\hat{r} = (t^3 + 2t)\hat{x} - 3e^{-2t}\hat{y} + 2\sin 5t \hat{z}$，试求下列各式在 $t = 0$ 时的值：

(1) $\dfrac{d\vec{r}}{dt}$；(2) $\left| \dfrac{d\vec{r}}{dt} \right|$；(3) $\dfrac{d^2\vec{r}}{dt^2}$；(4) $\left| \dfrac{d^2\vec{r}}{dt^2} \right|$。

1.2 求曲线 $\vec{r}(t) = t\hat{x} + t^2\hat{y} + t^3\hat{z}$ 上这样的点，使该点的切线平行于平面 $x + 2y + z = 4$。

1.3 一质点以等角速度沿曲线 $x = a\cos\theta, y = a\sin\theta, z = b\theta$ 运动，求其速度和加速度。

1.4 已知 $\vec{A}(t)$ 和一非零常矢 $\vec{B}$ 恒满足 $\vec{A}(t) \cdot \vec{B} = t$，又 $\vec{A}'(t)$ 和 $\vec{B}$ 之间的夹角 θ 为常数。试证明 $\vec{A}'(t) \perp \vec{A}''(t)$。

1.5 设常矢 $\vec{C} = \hat{x} - \hat{y} + 2\hat{z}$，求在直角坐标系的点 $B(1,2,3)$ 和点 $A(2,2,1)$ 处

(1) $\vec{C}$ 的圆柱坐标表示式；

(2) $\vec{C}$ 的球坐标表示式。

1.6 将圆柱坐标系中的矢量 $\vec{F} = \rho\sin\varphi\hat{\rho} + \rho^2\hat{\varphi} + \cos\varphi\hat{z}$ 在点 (ρ_0, φ_0, z_0) 处写成球坐标系表达式。

1.7 在圆柱坐标系中，一点的位置由 $(4, 2\pi/3, 3)$ 定出，求该点在

(1) 直角坐标系中的坐标；

(2) 球坐标系中的坐标。

1.8 用球坐标表示场 $\vec{E} = \hat{r}(25/r^2)$，

(1) 求在点 $(-3, 4, -5)$ 处的 $|\vec{E}|$ 和 E_x；

(2) 求 $\vec{E}$ 与矢量 $\vec{B} = 2\hat{x} - 2\hat{y} + \hat{z}$ 构成的夹角。

1.9 一球面 S 的半径为 5，球心在坐标原点，计算

$$\oint_{S} (\hat{r}3\sin\theta) \cdot d\vec{S}$$

1.10　求标量场 $f = x^2z^3 + 2y^2z$ 在点 M（2，0，−1）处沿 $\vec{l} = 2x\hat{x} - xy^2\hat{y} + 3z^4\hat{z}$ 的方向导数。

1.11　求标量场 $f = x^2 + 2y^2 + 3z^2 + xy + 3x - 2y - 6z$ 在点 $o(0,0,0)$ 与 $A(1,1,1)$ 处梯度的大小和方向余弦。又问在哪些点上的梯度为 0？

1.12　若在标量场 $u = u(M)$ 中恒有 $\nabla u = 0$，证明 $u = $ 常数。

1.13　求下列标量场的梯度：

（1）$f(\rho,\varphi,z) = \rho^2\cos\varphi + z^2\sin\varphi$；

（2）$f(r,\theta,\varphi) = \left(ar^2 + \dfrac{1}{r^3}\right)\sin2\theta\cos\varphi$；

（3）$f(r,\theta,\varphi) = 2r\sin\theta + r^2\cos\varphi$。

1.14　设 S 为上半球面 $x^2 + y^2 + z^2 = a^2(z \geqslant 0)$，求矢量场 $\vec{r} = x\hat{x} + y\hat{y} + z\hat{z}$ 向上穿过 S 的通量 Φ。［提示：注意 S 的法矢 $\vec{n}$ 与 $\vec{r}$ 同指向］。

1.15　求 $\nabla \cdot \vec{A}$ 在给定点处的值：

（1）$\vec{A} = x^3\hat{x} + y^3\hat{y} + z^3\hat{z}$ 在点 M（1，0，−1）处；

（2）$\vec{A} = 4x\hat{x} - 2xy\hat{y} + z^2\hat{z}$ 在点 M（1，1，3）处。

1.16　已知 $\vec{F}(r,\theta,\varphi) = \dfrac{2\cos\theta}{r^3}\hat{r} + \dfrac{\sin\theta}{r^3}\hat{\theta}$，求 $\nabla \cdot \vec{F}$。

1.17　求空间一点 M 的矢经 $\vec{r} = \overline{OM}$ 在圆柱坐标系和球坐标系中的表示式；并由此证明 $\vec{r}$ 在这两种坐标系中的散度都等于 3。

1.18　设 $\vec{a}$ 为常矢，$\vec{r} = x\hat{x} + y\hat{y} + z\hat{z}, r = |\vec{r}|$，求：

（1）$\nabla \cdot (r\vec{a})$；（2）$\nabla \cdot (r^2\vec{a})$；（3）$\nabla \cdot (r^n\vec{a})$，（$n$ 为整数）。

1.19　求使 $\nabla \cdot (r^n\vec{r}) = 0$ 的整数 n（$\vec{r}$ 与 r 同上题）。

1.20　已知函数 f 沿封闭曲面 S 向外法线的方向导数为常数 c，Ω 为 S 所围的空间区域，s 为 S 的面积。证明

$$\int_{\Omega} \nabla \cdot (\nabla f)\mathrm{d}\tau = cs$$

1.21　求 $\vec{F} = -y\hat{x} + x\hat{y} + c\hat{z}$（$c$ 为常数）沿圆周曲线 $x^2 + y^2 = a^2, z = 0$ 的环量。

1.22　求 $\vec{F} = x(z - y)\hat{x} + y(x - z)\hat{y} + z(y - x)\hat{z}$ 在点 M（1，2，3）处沿 $\vec{n} = \hat{x} + 2\hat{y} + 2\hat{z}$ 方向的环量密度。

1.23　求下列矢量场的散度和旋度：

（1）$\vec{F} = (3x^2y + z)\hat{x} + (y^3 - xz^2)\hat{y} + 2xyz\hat{z}$；

（2）$\vec{F} = \rho\cos^2\varphi\hat{\rho} + \rho\sin\varphi\hat{\varphi}$；

（3）$\vec{F} = yz^2\hat{x} + zx^2\hat{y} + xy^2\hat{z}$；

（4）$\vec{F} = P(x)\hat{x} + Q(y)\hat{y} + R(z)\hat{z}$。

1.24　已知 $A = 3y\hat{x} + 2z^2\hat{y} + xy\hat{z}, B = x^2\hat{x} - 4\hat{z}$，求 $\nabla \times (\vec{A} \times \vec{B})$。

1.25　设 $\vec{r} = x\hat{x} + y\hat{y} + z\hat{z}, r = |\vec{r}|$，$\vec{c}$ 为常矢。求

（1）$\nabla \times \vec{r}$；（2）$\nabla \times [f(r)\vec{r}]$；

（3）$\nabla \times [f(r)\vec{c}]$；（4）$\nabla \cdot [\vec{r} \times f(r)\vec{c}]$。

1.26　设函数 $u(x,y,z)$ 及矢量 $\vec{A} = P(x,y,z)\hat{x} + Q(x,y,z)\hat{y} + R(x,y,z)\hat{z}$ 的三个坐标函数都有二阶连续偏导数，证明：

（1）$\nabla \times (\nabla f) = 0$；（2）$\nabla \cdot (\nabla \times \vec{A}) = 0$。

1.27 证明下列矢量场为有势场，并求其势函数：

（1）$\vec{F} = (y\cos xy)\hat{x} + (x\cos xy)\hat{y} + \sin z\hat{z}$；

（2）$\vec{F} = (2x\cos y - y^2\sin x)\hat{x} + (2y\cos x - x^2\sin y)\hat{y}$。

1.28 下列矢量场 $\vec{F}$ 是否是保守场？若是，计算曲线积分 $\int_l \vec{F} \cdot \mathrm{d}\vec{l}$。

（1）$\vec{F} = (6xy + z^3)\hat{x} + (3x^2 - z)\hat{y} + (3xz^2 - y)\hat{z}$，$l$ 的起点为 $A(4,0,1)$，终点为 $B(2,1,-1)$；

（2）$\vec{F} = 2xz\hat{x} + 2yz^2\hat{y} + (x^2 + 2y^2z - 1)\hat{z}$，$l$ 的起点为 $A(3,0,1)$，终点为 $B(5,-1,3)$。

1.29 证明 $\nabla u \times \nabla v$ 为管形场。

1.30 求证 $\vec{B} = xyz^2\vec{A}$ 是管形场，而 $\vec{A} = (2x^2 + 8xy^2z)\hat{x} + (3x^3y - 3xy)\hat{y} - (4y^2z^2 + 2x^3z)\hat{z}$ 不是管形场。

1.31 证明矢量场 $\vec{F} = (2x + y)\hat{x} + (4y + x + 2z)\hat{y} + (2y - 6z)\hat{z}$ 为调和场，并求其调和函数。

1.32 已知 $u = 3x^2z - y^2z^3 + 4x^3y + 2x - 3y - 5$，求 $\nabla^2 u$。

1.33 三个矢量场 $\vec{A}$、$\vec{B}$、$\vec{C}$：

$$\vec{A} = \hat{r}\sin\theta\cos\varphi + \hat{\theta}\cos\theta\cos\varphi - \hat{\varphi}\sin\varphi$$

$$\vec{B} = \hat{\rho}z^2\sin\varphi + \hat{\varphi}z^2\cos\varphi + \hat{z}2\rho z\sin\varphi$$

$$\vec{C} = \hat{x}(3y^2 - 2x) + \hat{y}x^2 + \hat{z}2z$$

（1）求出这些矢量场的散源和涡旋源强度。

（2）哪些矢量场可以由一个标量函数的梯度表示？哪些矢量场可以由一个矢量函数的旋度表示？

1.34 证明 $\vec{F}(r,\theta,\varphi) = 2r\sin\theta\hat{r} + r\cos\theta\hat{\theta} - \dfrac{\sin\varphi}{r\sin\theta}\hat{\varphi}$ 为有势场，并求其势函数。

1.35 证明 $\vec{F}(\rho,\varphi,z) = \left(1 + \dfrac{a^2}{\rho^2}\right)\cos\varphi\hat{\rho} - \left(1 - \dfrac{a^2}{\rho^2}\right)\sin\varphi\hat{\varphi} + b^2\hat{z}$ 为调和场。

第1章习题答案

第 2 章　静电场

静电场是静止电荷产生的电场。本章将从库仑实验定律出发，介绍静电场的基本概念和主要性质，推导出场函数与位函数的基本方程。

§2.1　电荷与电荷密度

两个不同质料的物体，例如丝绢与玻璃棒或毛皮与橡胶棒，经相互摩擦后，都能吸引纸屑、毛发等轻小物体。此时，我们称这样的两个物体为**带电体**，说它们带有**电荷**。电荷有两种，一种叫正电荷，一种叫负电荷。同种电荷间有斥力，异种电荷间有引力。

一个带电体所带电荷的多少叫**电量**，在国际单位制（SI 单位制）中，电量的单位是**库仑**（C）。正电荷的电量为正值，负电荷的电量为负值，一个带电体的总电量是其所带正负电量的代数和。

电荷既看不见，也摸不到，并且没有质量和形态，但它的确是一种可以测量到的客观存在。近代物理学的发展，使我们对电荷的一些基本性质有了进一步的了解。

电荷的分布**离散性**：带电体上的电荷是带在物质的原子核内及核外电子上的，原子核内的质子带有正电荷，核外电子带有负电荷，它们都是电荷的载体。因为从微观上讲，原子核及电子的空间分布是不连续的，所以带电体上的电荷分布也必然是空间离散的。

电荷的**量子性**：实验证明，任何带电体所带电量都是一个质子电量或电子电量的整数倍。一个质子所带的电荷量称为**基元电荷**，用 e 表示，经测定

$$e = 1.602 \times 10^{-19} \text{（C）}$$

有人从理论上曾预言有一些电量为 $\pm e/3$ 和 $\pm 2e/3$ 的基本粒子（称为层子或夸克）存在，但至今尚未得到直接的实验验证。

电荷的**守恒性**：实验指出，对一个电荷系统，如果没有净电荷出入其边界，无论发生任何变化，如物理变化、化学反应甚至基本粒子的转换，系统内的正、负电荷电量的代数和都将保持不变，这一性质称为**电荷守恒定律**，这是物质不灭定律在电荷上的体现。它表明电荷既不能被创造，也不能被消灭，它们只能在一个物体内移动，或从一个物体转移到另一个物体上。例如，摩擦生电和闪雷放电等现象，实质上都是物体原有正、负电荷的分离或中和，在这些过程中并没有电荷的创生或消灭。

电荷的**相对论不变性**：一个带电体的电量与它的运动状态无关。在不同的运动参照系中，可观察到同一个带电体的运动状态不同，电荷分布的密度不同，但总电量是相同的。

本书所讨论的宏观电磁场是由成千上万个基元电荷共同产生的，并且所涉及的空间距离

要远远大于相邻基元电荷之间的距离。因此，我们一般都忽略电荷电量的量子性和空间分布的离散性，认为电荷可以连续分布于某区域内，并且电量可取任意数值。对于绝大多数的宏观电磁问题，这种近似所产生的计算误差是微乎其微的。

带电体上的电荷分布情况，通常采用以下几种电荷密度进行描述。

（1）当电荷连续分布在某体积 τ' 内时，在 τ' 内的任意点 $M(x',y',z')$ 处取一小体积元 $\Delta\tau'$，如图 2–1（a）所示。若 $\Delta\tau'$ 内的电荷量为 Δq，则定义

$$\rho(x',y',z') = \lim_{\Delta\tau'\to 0} \frac{\Delta q}{\Delta\tau'} \tag{2-1}$$

$\rho(x',y',z')$ 称为 M 点处的**电荷体密度**，单位是库仑/米^3（C/m^3），其物理意义为 M 点处单位体积内的电荷电量。

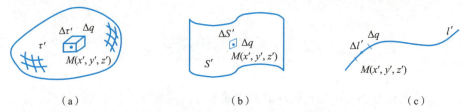

图 2–1 体电荷、面电荷、线电荷的概念

（a）体电荷；（b）面电荷；（c）线电荷

（2）当电荷连续分布于某一薄层区域内时，若薄层厚度 t 能够忽略，可认为电荷被压缩在一个几何曲面 S' 上，以面分布状态存在。在 S' 面的任意点 $M(x',y',z')$ 处取一小面积元 $\Delta S'$，如图 2–1（b）所示。若 $\Delta S'$ 所围电荷量为 Δq，则定义

$$\rho_S(x',y',z') = \lim_{\Delta S'\to 0} \frac{\Delta q}{\Delta S'} \tag{2-2}$$

$\rho_S(x',y',z')$ 称为 M 点处的**电荷面密度**，单位是库仑/米^2（C/m^2），其物理意义为 M 点处单位面积上的电荷电量。

（3）当电荷连续分布于某一细柱区域内时，若柱体径向尺寸能够忽略，可认为电荷被集中在柱体轴线 l' 上，以线分布状态存在。在 l' 线上任意点 $M(x',y',z')$ 处取一小线元 $\Delta l'$，如图 2–1（c）所示。若 $\Delta l'$ 内所含电荷量为 Δq，则定义

$$\rho_l(x',y',z') = \lim_{\Delta l'\to 0} \frac{\Delta q}{\Delta l'} \tag{2-3}$$

$\rho_l(x',y',z')$ 称为 M 点处的**电荷线密度**，单位是库仑/米（C/m），其物理意义为 M 点处单位长度上的电荷电量。

（4）当带电体的各维尺寸均能忽略时，可认为此带电体的总电量 Q 集中在一个体积为零的几何点上。这种电荷称为**点电荷**，单位为库仑（C）。利用 δ 函数，可以将点 $M'(\vec{r}')$ 处的一个点电荷 Q 表示成电荷密度的形式

$$\rho(\vec{r}') = Q\delta(\vec{r} - \vec{r}')$$

由 δ 函数的性质可知，在 $\vec{r} \neq \vec{r}'$ 的点上，有 $\rho(\vec{r}') = 0$，表明该点无电荷；在包含 $\vec{r}'$ 点的任意区域内，对上式做体积分

$$\int_\tau \rho(\vec{r}')\mathrm{d}\tau = \int_\tau Q\delta(\vec{r} - \vec{r}')\mathrm{d}\tau = Q$$

恰符合电荷密度与总电荷的关系，这种表示方法为后面公式的统一书写带来了方便。

　　应当注意，电荷体分布是带电体宏观描述的一般形式，而面电荷、线电荷和点电荷只是三种特殊状态的极限近似。在实际问题中，能否采用上述近似取决于带电体的各维尺寸与问题中其他距离尺寸相对比值的大小以及计算精度的要求，而不在于带电体本身绝对尺寸的大小。同一个带电体，计算离它很远点的电场时，可近似为点电荷；而在求近点电场时，则必须作为体分布电荷对待。

§2.2　库仑定律

　　电荷之间存在着相互作用力。1785 年，法国科学家库仑通过实验总结出了反映两个点电荷相互作用力定量关系的库仑定律。这个定律可以简述为：在真空中，两个静止点电荷之间的作用力，与这两个电荷的电量乘积成正比，与它们之间距离的平方成反比，作用力的方向在两个电荷的连线上，两电荷同号时为斥力，异号时为吸力。图 2–2 表示真空中的两个点电荷 Q_1 和 Q_2 分别位于点 $P_1(x_1, y_1, z_1)$ 和 $P_2(x_2, y_2, z_2)$，原点 O 到 P_1 和 P_2 的位置矢量分别记为 $\vec{r}_1$ 和 $\vec{r}_2$，则 Q_1 作用于 Q_2 的力可以用矢量公式表示成

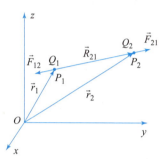

图 2–2　真空中的两个点电荷

$$\vec{F}_{21} = k \frac{Q_1 Q_2}{R_{21}^2} \hat{R}_{21} = k \frac{Q_1 Q_2}{R_{21}^3} \vec{R}_{21} \qquad (2-4)$$

上式是真空中库仑定律的数学表达式，此作用力常称为**库仑力**或**静电力**。其中 $\vec{R}_{21} = \vec{r}_2 - \vec{r}_1$ 代表自 Q_1 点指向 Q_2 点的相对位置矢量，$R_{21} = |\vec{R}_{21}|$ 为 Q_1 与 Q_2 的距离，$\hat{R}_{21} = \vec{R}_{21}/R_{21}$ 是 $\vec{R}_{21}$ 的单位矢量。即

$$\vec{R}_{21} = \vec{r}_2 - \vec{r}_1 = (x_2 - x_1)\hat{x} + (y_2 - y_1)\hat{y} + (z_2 - z_1)\hat{z}$$

$$R_{21} = |\vec{R}_{21}| = \sqrt{(x_2 - x_1)^2 + (y_2 - y_1)^2 + (z_2 - z_1)^2}$$

$$\hat{R}_{21} = \frac{\vec{R}_{21}}{R_{21}} = \frac{(x_2 - x_1)\hat{x} + (y_2 - y_1)\hat{y} + (z_2 - z_1)\hat{z}}{\sqrt{(x_2 - x_1)^2 + (y_2 - y_1)^2 + (z_2 - z_1)^2}}$$

在 SI 单位制中，长度、电量和力的单位分别用米（m）、库仑（C）和牛顿（N），则式（2–4）中的比例常数 k 的数值和单位为

$$k = 8.988 \times 10^9 \approx 9 \times 10^9 \quad (\text{N} \cdot \text{m}^2/\text{C}^2)$$

为了使后面大多数的电磁场公式更加简洁，我们将比例常数 k 写成

$$k = \frac{1}{4\pi\varepsilon_0}$$

式中，$\varepsilon_0 = 8.8538 \times 10^{-12} \approx 1/(36\pi \times 10^9)$ 法拉/米（F/m），称为**真空电容率**或**真空介电常数**。此时式（2–4）写成

$$\vec{F}_{21} = \frac{Q_1 Q_2}{4\pi\varepsilon_0} \cdot \frac{\hat{R}_{21}}{R_{21}^2} = \frac{Q_1 Q_2}{4\pi\varepsilon_0} \cdot \frac{\vec{R}_{21}}{R_{21}^3} \qquad (2-5)$$

从上式可知，当电荷 Q_1 和 Q_2 同号时，$\vec{F}_{21}$ 与 $\vec{R}_{21}$ 的方向相同，从 Q_1 指向 Q_2，这时两电

荷之间为斥力；当电荷 Q_1 和 Q_2 异号时，$\vec{F}_{21}$ 与 $\vec{R}_{21}$ 的方向相反，从 Q_2 指向 Q_1，两电荷之间为引力。

如果把式（2-5）中的 $\vec{R}_{21}$ 换成 $\vec{R}_{12} = \vec{r}_1 - \vec{r}_2$，就可以得到 Q_1 所受的力 $\vec{F}_{12}$，可见 $\vec{F}_{12} = -\vec{F}_{21}$，两个点电荷的相互作用力符合牛顿第三定律。

当空间有多个点电荷时，每个点电荷所受的总作用力等于其他点电荷单独存在时作用于该电荷的作用力的矢量和，这一性质称为静电力的**叠加原理**。也就是说，若空间存在 N 个点电荷，则第 i 个点电荷 Q_i 所受到的总静电力为

$$\vec{F}_i = \sum_N \vec{F}_{ij} = \sum_N \left(\frac{Q_i Q_j}{4\pi\varepsilon_0} \cdot \frac{\vec{R}_{ij}}{R_{ij}^3} \right) \tag{2-6}$$

式中，$\vec{R}_{ij}$ 是从电荷 Q_j 指向电荷 Q_i 的相对位置矢量。

例2.1 真空中的三个点电荷 $Q_1 = 10^{-6}$ C，$Q_2 = 8 \times 10^{-6}$ C，$Q_3 = -4 \times 10^{-6}$ C 分别位于 $P_1(1, 1, 0)$，$P_2(0, 1, 1)$，$P_3(1, 0, 1)$，如图 2-3 所示。求点电荷 Q_1 所受的静电力。

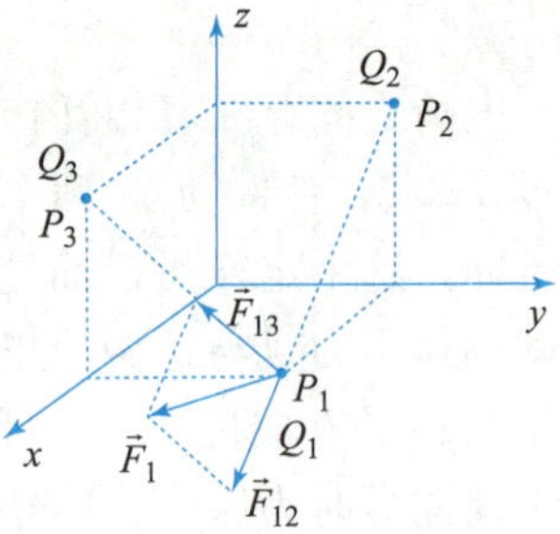

解：根据静电力的叠加原理，先分别求出 $\vec{F}_{12}$ 和 $\vec{F}_{13}$，然后再矢量相加。

图 2-3　三个点电荷的力

$$\vec{R}_{12} = (1-0)\hat{x} + (1-1)\hat{y} + (0-1)\hat{z} = \hat{x} - \hat{z}$$

$$R_{12} = \sqrt{2}$$

$$\vec{F}_{12} = \frac{1}{4\pi\varepsilon_0} \cdot \frac{Q_1 Q_2}{R_{12}^3} \vec{R}_{12}$$

$$= 9 \times 10^9 \frac{10^{-6} \times 8 \times 10^{-6}}{2\sqrt{2}} (\hat{x} - \hat{z}) = \frac{3.6 \times 10^{-2}}{\sqrt{2}} (\hat{x} - \hat{z}) \, (\text{N})$$

$$\vec{R}_{13} = (1-1)\hat{x} + (1-0)\hat{y} + (0-1)\hat{z} = \hat{y} - \hat{z}$$

$$R_{13} = \sqrt{2}$$

$$\vec{F}_{13} = \frac{1}{4\pi\varepsilon_0} \cdot \frac{Q_1 Q_3}{R_{13}^3} \vec{R}_{13} = 9 \times 10^9 \frac{10^{-6} \times (-4) \times 10^{-6}}{2\sqrt{2}} (\hat{y} - \hat{z}) = -\frac{1.8 \times 10^{-2}}{\sqrt{2}} (\hat{y} - \hat{z}) \, (\text{N})$$

电荷 Q_1 所受到的总库仑力为

$$\vec{F}_1 = \vec{F}_{12} + \vec{F}_{13} = \frac{10^{-2}}{\sqrt{2}} (3.6\hat{x} - 1.8\hat{y} - 1.8\hat{z}) \, (\text{N})$$

§2.3　电场和电场强度

库仑定律给出了点电荷之间静电力的定量关系，但并没有对作用力的本质做出解释。对这个问题，历史上有几种不同的观点。较早的一种观点认为静电力是一种"超距作用"，它的传递不需要媒介，也不需要时间。第二种是较有影响的观点，认为静电力是通过中间媒质传递的，该中间媒介是弥漫于整个宇宙空间的一种不可见且静止不动的特殊物质，称之为"以太"，静电力通过"以太"传递。第三种是法拉第所提出的**场**的观点，这种观点认为，电荷在其周围空间产生**电场**这种物质，当其他带电体的电荷处于这个电场之中时，就会与该电场作用而受力。两个点电荷之间的静电力，实质上是一个电荷的电场作用在另一个电荷上

的**电场力**。

大量的实验结果证明，法拉第"场"的观点是正确的。电场是伴随着电荷而产生的一种特殊物质，虽然它不像普通的"三态"物质那样由原子、分子构成，也没有可见的形态，但其具有可以被检测的运动速度、能量和动量，占有空间（尽管该空间允许其他物质再入）是一种真实的客观存在。场和实物是物质存在的两种不同形式。

为了描述电场的分布情况和研究电场空间各点的性质，我们引入**电场强度**的概念。由于电荷在电场中受力是电场的特有表征，因此可以用试验电荷所受的电场力来研究电场的性质。所谓"**试验电荷**"是指电量和体积都很小的带电体，当它放入电场后，可以被视为放置在某一点上的点电荷，且不会对原有电场产生显著影响。通过测试发现，当把试验电荷 ΔQ 放在某给定电场的任意一点 A 处时，ΔQ 受到一个电场力 $\vec{F}$。如果把试验电荷的电量增加为 $2\Delta Q$、$3\Delta Q$、$\cdots$、$n\Delta Q$，则它们所受的电场力分别为 $2\vec{F}$、$3\vec{F}$、$\cdots$、$n\vec{F}$，力的大小按相同倍数增大，但方向始终不变；如果将试验电荷改变符号，换成 $-\Delta Q$、$-2\Delta Q$、$-3\Delta Q$、$\cdots$、$-n\Delta Q$，则其受力为 $-\vec{F}$、$-2\vec{F}$、$-3\vec{F}$、$\cdots$、$-n\vec{F}$，力的大小与正试验电荷时相同，但方向相反。通过上述的实验可以看出，在 A 点处，试验电荷所受电场力与其电量的比值 $(\vec{F}/\Delta Q)_A$ 是一个大小和方向都确定的值，与试验电荷本身电量的大小和符号无关。同样，若另选一点 B 进行测试，比值 $(\vec{F}/\Delta Q)_B$ 将是另外的一个确定值。由此可见，$\vec{F}/\Delta Q$ 是一个反映电场空间各点电场性质的物理量，我们将其记作 $\vec{E}$，称为**电场强度**，即

$$\vec{E} = \lim_{\Delta Q \to 0} \frac{\vec{F}}{\Delta Q} \tag{2-7}$$

由上面的定义可知，电场空间某一点上的电场强度，其大小等于单位电荷在该点所受电场力的大小，其方向与正电荷在该点所受电场力的方向相同。但注意，电场强度的单位是牛顿/库（N/C），或记作伏特/米（V/m），与力的单位牛顿（N）是不同的。

在电场空间任意指定一点，就有一个与之对应的电场强度矢量 $\vec{E}$。因此，电场空间的 $\vec{E}$ 是一个矢量点函数，一般情况下它的大小和方向都是坐标的函数。所谓"求某电荷（或某带电体）产生的电场"，实质就是指求出电场强度与空间坐标的函数关系 $\vec{E}(x,y,z)$。

如果空间一点的电场强度 $\vec{E}$ 已知，则位于该点的点电荷 Q 所受的电场力为

$$\vec{F} = Q\vec{E} \tag{2-8}$$

定义式（2-7）适用于任何场源电荷所产生的电场。若场源是一个位于点 $M(x', y', z')$ 处的点电荷 Q，则在任意场点 $P(x, y, z)$ 处，试验电荷 ΔQ 所受的库仑力为

$$\vec{F} = \frac{Q\Delta Q}{4\pi\varepsilon_0} \cdot \frac{\vec{R}}{R^3}$$

将上式代入 $\vec{E}$ 的定义式（2-7），可得到点电荷 Q 在 $P(x, y, z)$ 点产生的电场强度表达式

$$\vec{E} = \frac{Q}{4\pi\varepsilon_0} \cdot \frac{\vec{R}}{R^3} = \frac{Q}{4\pi\varepsilon_0} \cdot \frac{\hat{R}}{R^2} \tag{2-9}$$

式中，$\vec{R}$ 是从电荷所在点 $M(x', y', z')$ 指向观测点 $P(x, y, z)$ 的相对位置矢量，R 和 $\hat{R}$ 分别是 $\vec{R}$ 的模与单位矢量。

习惯上，将观测点称为**场点**，场源电荷所在点称为**源点**。场点的位置一般用不带撇号的坐标 (x, y, z) 表示，或用场点的位置矢量 $\vec{r}$ 表示；源点的位置用带撇号的坐标 (x', y', z') 表示，或用源点的位置矢量 $\vec{r}'$ 表示。因此，式（2-9）中 $\vec{R}$ 和 R 的直角坐标表达式为

$$\vec{R} = \vec{r} - \vec{r}' = (x - x')\hat{x} + (y - y')\hat{y} + (z - z')\hat{z}$$

$$R = \sqrt{(x - x')^2 + (y - y')^2 + (z - z')^2}$$

当源点坐标已知时，式（2-9）就是一个表示电场强度空间分布的函数 $\vec{E}(x,y,z)$。

一个点电荷的电场强度是其电荷的线性函数，所以多个点电荷在空间一点产生的总电场强度满足矢量叠加原理。如果真空中有 N 个点电荷 Q_1、Q_2、$\cdots$、Q_N，则任意场点 $P(x, y, z)$ 处的总电场强度等于各个点电荷单独产生的电场强度的矢量和，即

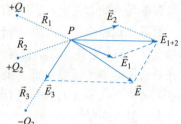

$$\vec{E}(x,y,z) = \frac{1}{4\pi\varepsilon_0}\sum_{i=1}^{N} Q_i \frac{\vec{R_i}}{R_i^3} \qquad (2-10)$$

式中，$\vec{R_i}$ 为自 Q_i 到 $P(x, y, z)$ 点的相对位置矢量，如图 2-4 所示。

利用叠加原理还可以由式（2-10）导出电荷分别呈体分布、面分布和线分布三种情况下的电场强度表达式。图 2-5 表示了电荷连续分布在体积 τ'、曲面 S' 和曲线 l' 上的情况。

图 2-4　三个点电荷的电场

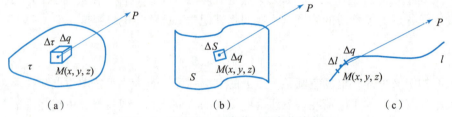

（a）　　　　　　　　　　（b）　　　　　　　　　　（c）

图 2-5　体电荷、面电荷、线电荷的电场
（a）体电荷；（b）面电荷；（c）线电荷

如果电荷以体密度 $\rho(\vec{r}')$ 分布在体积 τ' 内，在 τ' 内任意点 M' 处取一体积元 $\mathrm{d}\tau'$，由于 $\mathrm{d}\tau'$ 的尺寸远小于场源距离 R，所以 $\rho(\vec{r}')\mathrm{d}\tau'$ 可看作一个点电荷，它所产生的电场强度为

$$\mathrm{d}\vec{E}(\vec{r}) = \frac{1}{4\pi\varepsilon_0} \cdot \frac{\vec{R}}{R^3}\rho(\vec{r})\mathrm{d}\tau$$

体积 τ' 内的分布电荷在场点 $P(\vec{r})$ 处产生的总场强是上式的体积分

$$\vec{E}(\vec{r}) = \frac{1}{4\pi\varepsilon_0}\int_{\tau'} \frac{\vec{R}}{R^3}\rho(\vec{r}')\mathrm{d}\tau' \qquad (2-11)$$

如果电荷以面密度 $\rho_s(\vec{r}')$ 分布在曲面 S' 上，则面积元 $\mathrm{d}S'$ 上的电荷元 $\rho_s(\vec{r}')\mathrm{d}S'$ 可视为点电荷，S' 上的面电荷所产生的电场强度为

$$\vec{E}(\vec{r}) = \frac{1}{4\pi\varepsilon_0}\int_{S'} \frac{\vec{R}}{R^3}\rho_s(\vec{r}')\mathrm{d}s' \qquad (2-12)$$

如果电荷以线密度 $\rho_l(\vec{r}')$ 分布在曲线 l' 上，则线元 $\mathrm{d}l'$ 上的电荷元 $\rho_l(\vec{r}')\mathrm{d}l'$ 可视为点电荷，l' 上的线电荷所产生的电场强度为

$$\vec{E}(\vec{r}) = \frac{1}{4\pi\varepsilon_0}\int_{l'} \frac{\vec{R}}{R^3}\rho_l(\vec{r}')\mathrm{d}l' \qquad (2-13)$$

当场源电荷的分布已知时，选择应用式（2-9）~式（2-13），可以计算出电场强度的

分布函数。

例2.2 长为 l 的线段上均匀分布着线密度为 ρ_l 的电荷，计算线外任意点的电场强度。

解：直线电荷产生的电场有轴对称性，故采用圆柱坐标系。令 z 轴与线电荷重合，原点位于线电荷的中点，如图 $2-6$ 所示。

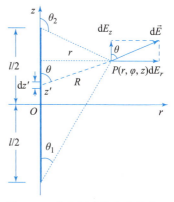

设场点坐标为 $P(r,\varphi,z)$，电荷线元 $\rho_l \mathrm{d}z'$ 所在点坐标为 $(0,0,z')$，则 $\rho_l \mathrm{d}z'$ 在 P 点产生电场的三个分量为

$$\mathrm{d}E_r = \mathrm{d}E\sin\theta = \frac{1}{4\pi\varepsilon_0} \cdot \frac{\rho_l \mathrm{d}z'}{R^2}\sin\theta$$

$$\mathrm{d}E_\varphi = 0$$

$$\mathrm{d}E_z = \mathrm{d}E\cos\theta = \frac{1}{4\pi\varepsilon_0} \cdot \frac{\rho_l \mathrm{d}z'}{R^2}\cos\theta$$

图 2-6 有限长直线电荷的电场

为了便于计算，将 R 和 $\mathrm{d}z'$ 化为变量 r 与 θ 的函数

$$R = r\csc\theta$$

$$z' = z - r\arctan\theta$$

$$\mathrm{d}z' = r\csc^2\theta \mathrm{d}\theta$$

对 θ 从 θ_1 到 θ_2 积分，便得到整条线电荷在 P 点产生的电场

$$E_r = \frac{\rho_l}{4\pi\varepsilon_0 r}\int_{\theta_1}^{\theta_2}\sin\theta \mathrm{d}\theta = \frac{\rho_l}{4\pi\varepsilon_0 r}(\cos\theta_1 - \cos\theta_2)$$

$$E_z = \frac{\rho_l}{4\pi\varepsilon_0 r}\int_{\theta_1}^{\theta_2}\cos\theta \mathrm{d}\theta = \frac{\rho_l}{4\pi\varepsilon_0 r}(\sin\theta_2 - \sin\theta_1)$$

如果令线电荷长度 l 趋于无穷，则 $\theta_1 = 0, \theta_2 = \pi$，可得到

$$E_z = E_\varphi = 0, E_r = \frac{\rho_l}{2\pi\varepsilon_0 r}$$

即

$$\vec{E} = \hat{r}\frac{\rho_l}{2\pi\varepsilon_0 r} \tag{2-14}$$

例2.3 一半径为 a 的圆形薄板上均匀分布着密度为 ρ_S 的面电荷，求圆面轴线上任意一点的电场强度。

解：设场点 P 在圆面轴线上，与圆心距离为 z，如图 $2-7$ 所示。在圆面上取一半径为 r、宽度为 $\mathrm{d}r$ 的细环带。先求环带电荷在 P 点产生的电场 $\vec{E}_{\mathrm{d}r}$，将环带上电荷元 $\rho_S \mathrm{d}S = \rho_S r\mathrm{d}\varphi\mathrm{d}r$ 在 P 点产生的 $\mathrm{d}\vec{E}_{\mathrm{d}r}$ 分解成与轴线

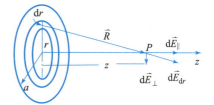

图 2-7 圆面电荷的电场

平行和垂直的两个分量 $\mathrm{d}\vec{E}_\parallel$ 和 $\mathrm{d}\vec{E}_\perp$。由对称性可以看出，圆环上圆心对称的电荷元产生的 $\mathrm{d}\vec{E}_\perp$ 矢量相加为零，而 $\mathrm{d}\vec{E}_\parallel$ 的矢量和 $\vec{E}_{\mathrm{d}r}$ 为

$$\vec{E}_{\mathrm{d}r} = \hat{z}\oint\mathrm{d}\vec{E}_\parallel$$

$$= \hat{z}\int_0^{2\pi}\frac{\rho_S r\mathrm{d}r\mathrm{d}\varphi}{4\pi\varepsilon_0 R^2}\cos\theta$$

其中

$$R = (r^2 + z^2)^{1/2}, \quad \cos\theta = \frac{z}{R} = \frac{z}{(r^2 + z^2)^{1/2}}$$

代入上式，得到

$$\vec{E}_{dr} = \hat{z} \frac{\rho_S z r dr}{4\pi\varepsilon_0 (r^2 + z^2)^{3/2}} \int_0^{2\pi} d\varphi = \hat{z} \frac{\rho_S z r dr}{2\varepsilon_0 (r^2 + z^2)^{3/2}}$$

上式为环带电荷在 P 产生的电场，对 r 从 0 至 a 积分，可得到整个圆面电荷在 P 点产生的电场

$$\vec{E} = \hat{z} \int_0^a \frac{\rho_S z r dr}{2\varepsilon_0 (r^2 + z^2)^{3/2}} = \hat{z} \frac{\rho_S}{2\varepsilon_0} \Big[1 - \frac{z}{(a^2 + z^2)^{1/2}} \Big]$$

对上例做两种特殊情况的讨论：

（1） $z \ll a$ 的情况。此时有

$$\vec{E} \approx \hat{z} \lim_{a/z \to \infty} \frac{\rho_S}{2\varepsilon_0} \Big[1 - \frac{z}{(a^2 + z^2)^{1/2}} \Big]$$

$$= \hat{z} \lim_{a/z \to \infty} \frac{\rho_S}{2\varepsilon_0} \Big[1 - \frac{1}{\left(\frac{a^2}{z^2} + 1\right)^{1/2}} \Big] = \hat{z} \frac{\rho_S}{2\varepsilon_0} \qquad (2-15)$$

进一步的讨论可以证明，对于不在轴线上的场点，只要与轴线的距离远小于电荷圆面的半径，再加上 $z \ll a$ 的条件，式（2-15）仍然成立。而且，这一结论还可以推广到边缘不是圆形的均匀带电平面。对上面这种特殊情况，可以将源电荷近似地视为"无限大"的均匀带电平面。并由上式得知，无限大均匀带电平面所产生的电场是一个均匀场，场值与场点到平面的距离无关，由公式

$$\vec{E} = \pm \hat{n} \frac{\rho_S}{2\varepsilon_0} \qquad (2-16)$$

决定。其中，$\hat{n}$ 是带电平面的法矢，当 $\rho_S > 0$ 时，$\vec{E}$ 的方向为带电平面指向场点的方向；当 $\rho_S < 0$ 时，$\vec{E}$ 的方向从场点指向带电平面。

（2） $z \gg a$ 的情况。此时有

$$\vec{E} = \hat{z} \frac{\rho_S}{2\varepsilon_0} \Big[1 - \left(1 + \frac{a^2}{z^2}\right)^{-\frac{1}{2}} \Big]$$

$$= \hat{z} \frac{\rho_S}{2\varepsilon_0} \Big[1 - \left(1 - \frac{1}{2} \frac{a^2}{z^2} + \cdots\right) \Big]$$

$$\approx \hat{z} \frac{\rho_S \pi a^2}{4\pi\varepsilon_0 z^2} = \hat{z} \frac{Q}{4\pi\varepsilon_0 z^2} \qquad (2-17)$$

式中，$Q = \rho\pi a^2$ 为圆面所带的总电量。式（2-17）与点电荷场强公式一致。可见，只要 a/z 足够小，就可以把带电圆面视为点电荷。这进一步说明，一个带电体能否被看作点电荷，不在于其本身绝对尺寸的大小，而在于其线度与它到场点的距离相比是否足够小。同一个带电圆面，当场点很远时可被看作点电荷，当场点在圆心附近时则可被看作无限大平面。

§2.4　电力线与电通量

一、电力线

当场源电荷分布已知后，可以利用式（2－9）~式（2－13）计算出电场强度的空间分布函数，其结果是场点坐标的解析表达式。例如在直角坐标系内，一般形式为

$$\vec{E}(x,y,z) = \hat{x}E_x(x,y,z) + \hat{y}E_y(x,y,z) + \hat{z}E_z(x,y,z)$$

此时欲求某场点 $P(x_0,y_0,z_0)$ 的电场强度，只需将该点坐标代入上式即可得。可见，有了场强函数的解析表达式后，对于计算每一点的电场强度是方便的，但仅由表达式却很难一目了然地描述电场分布的全貌和变化趋势。为了直观和形象地描述电场，我们常采用电力线图示法。

电力线是充满电场空间的一个假想曲线族，曲线上每一点的切线方向与该点电场强度的方向平行，曲线的疏密与场强的大小成正比，如图2－8所示。根据这样的约定，当我们拿到一张电力线图时，根据电力线的疏密和走向，就可以直观地判断出电场分布的强弱和方向。

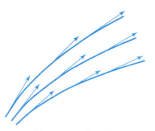

图2－8　电力线

可以看出，电力线实质上就是矢量分析中所介绍的矢量线。在正交坐标系中，电力线满足下面的微分方程

$$\frac{h_1 du_1}{E_1} = \frac{h_2 du_2}{E_2} = \frac{h_3 du_3}{E_3} \tag{2－18}$$

在具体坐标系中，将已知的电场表达式代入上式求解，即可得到矢量线方程的通解。图2－9是几种常见电荷系统的电力线。

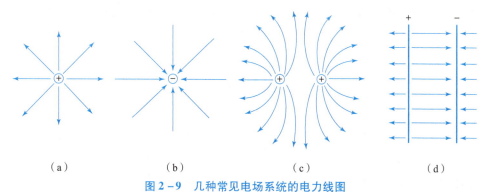

|　（a）　|　（b）　|　（c）　|　（d）　|

图2－9　几种常见电场系统的电力线图
（a）正点电荷；（b）负点电荷；（c）两个正电荷；（d）异号面电荷

电力线有两条基本性质，它们可以由静电场的基本定律推出，我们在这里不做证明，直接给出结论。

性质1：电力线发自正电荷（或无穷远），止于负电荷（或无穷远），不形成闭合回线，在无电荷处不中断。

性质2：任何两条电力线不会相交，这说明静电场中每一点的场强只有一个方向。

虽然电力线的定义在理论上是严格的，但在实际作图时，电力线密度与场强成正比的要求却是不易精确控制的。由此，电力线图示法一般只是用于电场全貌的粗略直观描述，而每一场点的电场精确值，还需通过场强函数的表达式进行计算。

二、真空中的电通量

为了进一步讨论电场与电荷的联系，需要引入电通量的概念。定义真空中的电通量

$$\vec{D} = \varepsilon_0 \vec{E} \qquad (2-19)$$

$\vec{D}$ 称为**电通量密度**（也称作**电位移矢量**），单位是库仑/米^2（C/m^2），与电荷面密度的单位相同。在真空中，$\vec{D}$ 与 $\vec{E}$ 两矢量的方向处处相同，模值只差一个常量 ε_0。

电场中任意点处矢量面元 $\mathrm{d}\vec{S}$ 与该点电通量密度矢量 $\vec{D}$ 的点积，叫作此面元所通过的**电通量**，记作

$$\mathrm{d}\Phi = \vec{D} \cdot \mathrm{d}\vec{S} = D\mathrm{d}S\cos\theta \qquad (2-20)$$

式中，θ 为面元法线 $\hat{n}$ 与矢量 $\vec{D}$ 的夹角。由上式可见，矢量面元上的电通量是一个标量值，单位是库仑（C），与电荷的单位相同。$\theta < \pi/2$（即 $\vec{D}$ 与 $\hat{n}$ 指向曲面的同侧）时，$\mathrm{d}\Phi$ 为正；$\theta > \pi/2$（即 $\vec{D}$ 与 $\hat{n}$ 指向曲面的两侧）时，$\mathrm{d}\Phi$ 为负，如图 2-10 所示。

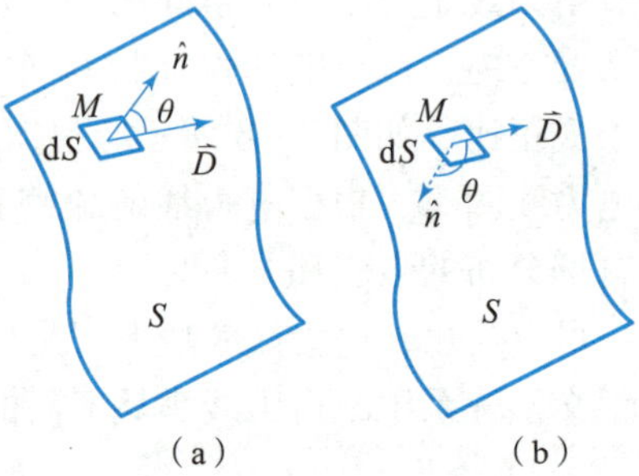

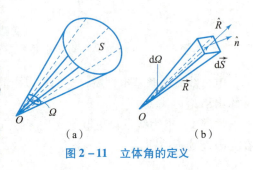

图 2-10　通量的符号

通过有限面积 S 的电通量是 S 上所有面元电通量的代数和，即

$$\Phi = \int_S \vec{D} \cdot \mathrm{d}\vec{S} = \int_S D\cos\theta \mathrm{d}S \qquad (2-21)$$

如果 S 为一闭合曲面，则 S 上通过的电通量可以写成

$$\Phi = \oint_S \vec{D} \cdot \mathrm{d}\vec{S} = \oint_S D\cos\theta \mathrm{d}S \qquad (1-22)$$

由于闭合曲面一般都规定其面元法线指向外，因此若 $\Phi > 0$，就形象地说有电通量"流出"闭合面；$\Phi < 0$，则称有电通量"流入"闭合面。

§2.5　高斯定律

一、立体角

为了推导高斯定律，我们首先介绍立体角的概念。如图 2-11（a）所示，从一给定点 O 向一给定的有向曲面 S 的边线作连线，连线的集合构成一个锥面，该锥面所对应的空间角度 Ω 叫作 O 点对 S 所张的**立体角**，O 点称为立体角的顶点。

在曲面 S 上任取一矢量面元 $\mathrm{d}\vec{S}$，从顶点 O 向 $\mathrm{d}\vec{S}$ 作相对位置矢量 $\vec{R}$，其单位矢量为 $\hat{R}$，如图

图 2-11　立体角的定义

2-11（b）所示。O 点对 $\mathrm{d}\vec{S}$ 的立体角值定义为

$$\mathrm{d}\Omega = \frac{\hat{R}\cdot\mathrm{d}\vec{S}}{R^2} = \frac{\mathrm{d}S\cos\theta}{R^2} \tag{2-23}$$

式中，θ 为面元法矢 $\hat{n}$ 与 $\hat{R}$ 的夹角。立体角的度量单位是**球面度**，记作 Sr。立体角有正负之分，当立体角的顶点与面元的法矢在面元同侧时，$\mathrm{d}\Omega<0$；反之，$\mathrm{d}\Omega>0$。

任意曲面 S 对一点所张立体角的值是式（2-23）的面积分，即

$$\Omega = \int_S \frac{\hat{R}\cdot\mathrm{d}\vec{S}}{R^2} \tag{2-24}$$

闭合曲面的立体角是立体角应用的重要内容。首先讨论闭合面为球面且顶点在球心的立体角，此时球面上面元 $\mathrm{d}S$ 到顶点的距离 R 恒等于球的半径，且有 $\hat{R}=\hat{n}$，所以有

$$\Omega = \int_S \frac{\hat{R}\cdot\mathrm{d}\vec{S}}{R^2} = \frac{1}{R^2}\oint_S\mathrm{d}S = \frac{1}{R^2}4\pi R^2 = 4\pi \tag{2-25}$$

对于任意闭合曲面的立体角，可以分下面两种情况讨论：

（1）立体角的顶点 O 在闭合曲面内部的情况。以顶点 O 为中心作一个辅助球面 S_0，如图 2-12（a）所示。O 点对 S 面上任意面元 $\mathrm{d}\vec{S}$ 所张的小锥面必然在 S_0 上割出一个相应的面元 $\mathrm{d}\vec{S_0}$，这两个面元对应着同一个立体角，符号均为正，并且 S 面上所有面元的小立体角与 S_0 面的小立体角一一对应。由式（2-25）可知，S_0 对 O 点的立体角等于 4π，所以任意闭合曲面 S 对其内部一点 O 的立体角亦恒为 4π，即

$$\Omega = 4\pi \tag{2-26}$$

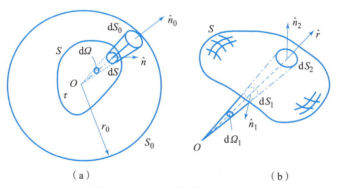

图 2-12　闭合曲面的立体角

（2）立体角的顶点 O 在闭合曲面外部的情况。如图 2-12（b）所示，从顶点 O 向 S 上的面元 $\mathrm{d}\vec{S}$ 作射线族构成小立体角 $\mathrm{d}\Omega_1$，延长此立体角的锥面，在 S 面的另一侧截出面元 $\mathrm{d}\vec{S_2}$，记 $\mathrm{d}\vec{S_2}$ 对 O 点所张的小立体角为 $\mathrm{d}\Omega_2$。因为 $\hat{n}_1$ 与 $\hat{R}_1$ 的夹角大于 $\pi/2$，有 $\mathrm{d}\Omega_1<0$，$\hat{n}_2$ 与 $\hat{R}_2$ 的夹角小于 $\pi/2$，有 $\mathrm{d}\Omega_2>0$，且 $|\mathrm{d}\Omega_1|=|\mathrm{d}\Omega_2|$，即这一对面元的立体角等值异号。考虑到 S 的阳面一侧的面元与阴侧面元一一对应，故整个闭合曲面 S 对 O 点的总立体角必然为零。即

$$\Omega = 0 \tag{2-27}$$

例 2.4　有一半径为 0.3 m 的圆盘，在通过圆心并且与圆盘相垂直的轴线上、距离圆心 0.4 m 处的 P 点观看该盘时，立体角等于多少？

解：设圆盘的法线向下，此时 P 点对圆盘的立体角等于 P 点对图 2-13 所示球冠曲面的立体角，即

$$\Omega = \int_S \frac{dS}{r_0^2} = \int_0^{\theta_1} \frac{(2\pi r_0 \sin\theta)(r_0 d\theta)}{r_0^2}$$
$$= 2\pi(1 - \cos\theta_1)$$

按本题所给数值

$$\cos\theta_1 = \frac{0.4}{\sqrt{(0.3)^2 + (0.4)^2}} = 0.8$$

代入前式，得 P 点对圆盘的立体角

$$\Omega = 0.4\pi \quad (\text{Sr})$$

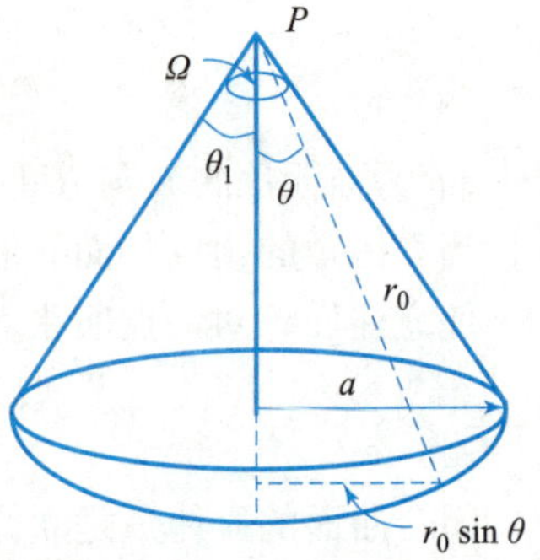

从上面的结果还可以看到，当 P 点从圆盘上方无限趋近圆盘时，$\cos\theta_1 = 0$，$\Omega = 2\pi$；如果 P 点是从盘下方趋近圆盘，则 $\Omega = -2\pi$。此结果可以推广到任意曲面上，即曲面上的点对曲面所张的立体角为 $\pm 2\pi$，点和曲面法矢在曲面的两侧时取正，同侧时取负。

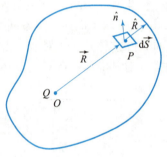

图 2-13　圆盘对轴线的立体角

二、高斯定律的积分形式

高斯定律是反映电场基本性质的一个重要定律，它的积分形式给出了一个闭合曲面上的电通量与闭合曲面内外电荷的关系。

首先讨论空间电场由 O 点处的点电荷 Q 产生，闭合曲面 S 包围电荷 Q 的情况。在 S 上任取一点 P，O 点到 P 点的相对位置矢量为 $\vec{R}$，单位矢量为 $\hat{R}$，如图 2-14 所示。根据点电荷的电场强度公式 (2-9) 及电通量的定义，P 点处的面元 $d\vec{S}$ 上通过的电通量为

图 2-14　点电荷的电通量

$$d\Phi = \vec{D} \cdot d\vec{S} = \varepsilon_0 \vec{E} \cdot d\vec{S} = \varepsilon_0 \frac{Q\hat{R}}{4\pi\varepsilon_0 R^2} \cdot d\vec{S}$$

利用立体角定义式 (2-23)，上式可表示为

$$d\Phi = \vec{D} \cdot d\vec{S} = \frac{Q}{4\pi} \frac{\hat{R} \cdot d\vec{S}}{R^2} = \frac{Q}{4\pi} d\Omega$$

闭合曲面 S 所通过的电通量为上式的积分

$$\Phi = \oint_S \vec{D} \cdot d\vec{S} = \frac{Q}{4\pi} \oint_S d\Omega$$

上式将求闭合曲面的电通量转化为求闭合曲面对 Q 所在点的立体角。因 O 点位于闭合曲面 S 的内部，对 S 的立体角等于 4π，于是有

$$\Phi = \oint_S \vec{D} \cdot d\vec{S} = Q \qquad (2-28)$$

可见，此时闭合曲面上的电通量恰等于 S 面内所包围的电荷 Q。

当闭合曲面 S 不包围电荷 Q 时，分析过程与上面相同。但此时 O 点在闭合曲面 S 之外，对 S 所张的立体角为零，故有

$$\Phi = \oint_S \vec{D} \cdot d\vec{S} = 0 \qquad (2-29)$$

这表明，当闭合曲面不包围电荷时，其电通量恒为零。

将以上结果推广到场空间有 M 个点电荷的情况。设第 i 个电荷 Q_i 产生的电通量密度为

$\vec{D}_i$，利用静电场的叠加原理，可得到闭合曲面 S 上的总电通量

$$\Phi = \oint_S \vec{D} \cdot \mathrm{d}\vec{S} = \oint_S \left(\sum_{i=1}^M \vec{D}_i \right) \cdot \mathrm{d}\vec{S} = \sum_{i=1}^M \oint_S \vec{D}_i \cdot \mathrm{d}\vec{S}$$

如果曲面 S 仅包围 $i=1$，2，$\cdots$，N 个点电荷（$N \leqslant M$）。由式（2-28）和式（2-29）的结果可知，上式的右边等于闭合曲面 S 内 N 个电荷的代数和，即

$$\Phi = \oint_S \vec{D} \cdot \mathrm{d}\vec{S} = \sum_{i=1}^N Q_i \qquad (2-30)$$

当电荷以体密度 ρ 分布在闭合曲面 S 内时，将体积元 $\mathrm{d}\tau$ 内的电荷 $\rho\mathrm{d}\tau$ 看成点电荷，此时只需把式（2-30）中的 Q_i 换成 $\rho\mathrm{d}\tau$，同时将求和变成体积分，得

$$\oint_S \vec{D} \cdot \mathrm{d}\vec{S} = \int_\tau \rho\mathrm{d}\tau \qquad (2-31)$$

式中，τ 为闭合曲面 S 所包围的体积。

对于 S 面内的电荷呈面分布或线分布的情况，只需将式（2-31）中的体电荷积分相应地换成面电荷或线电荷积分即可，它们与点电荷的情况一样，均可视为式（2-31）的特例。

式（2-31）称作**高斯定律的积分形式**，它表明，电场空间任意闭合曲面上的电通量恒等于此闭合曲面所包围的总电荷量。为了进一步表明高斯定律的物理意义，也可以将其写成

$$\oint_S \vec{D} \cdot \mathrm{d}\vec{S} = Q_内 \qquad (2-32)$$

应当明确，虽然闭合曲面上的电通量只与曲面内部的电荷量有关，但闭合曲面上每一点的 $\vec{D}$ 和 $\vec{E}$ 却与曲面内外的电荷都相关，它们是空间所有电荷共同产生的。只不过曲面外电荷在闭合曲面各面元上产生的电通量相互抵消，对闭合曲面总电通量的贡献为零。

高斯定律和库仑定律都是对电场与电荷关系的表述。已知电场的空间分布时，可以利用高斯定律积分形式确定某闭合曲面内的总电量；反过来，当场源电荷的分布具有某种对称性时，也可利用该定律计算电场的分布。

例 2.5　电量 Q_0 以体电荷形式均匀分布在 $a \leqslant r \leqslant b$ 的球壳层区域内，求空间任意点的电场强度。

解：由电荷分布的球对称性容易看出，电场强度矢量也具有对称性，即 $\vec{E}$ 只有 $\hat{r}$ 分量，且在等半径球面 $r = C$ 上，各点的电场强度模值相等。将场空间分为 $r \leqslant a$、$a < r < b$、$r \geqslant b$ 三个区域，如图 2-15 所示。

在 $r \geqslant b$ 区域内，以 O 点为球心，过任意场点 $P_3(r, \theta, \varphi)$ 作球面 S_3，在此闭合面上应用高斯定律，有

$$\oint_{S_3} \vec{D}_3 \cdot \mathrm{d}\vec{S} = Q_0$$

因 $\vec{D}_3$ 只有 $\hat{r}$ 分量，与球面 S_3 上的面元 $\mathrm{d}\vec{S} = \hat{r}\mathrm{d}S$ 方向相同，且球面 S_3 上 D_3 为常量，因此有

$$\oint_{S_3} \vec{D}_3 \cdot \mathrm{d}\vec{S} = \oint_{S_3} D_3 \mathrm{d}S = D_3 \oint_{S_3} \mathrm{d}S = D_3 4\pi r^2 = Q_0$$

由此可得

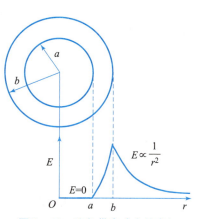

图 2-15　均匀带电球壳的电场

$$\vec{D}_3 = \hat{r} \frac{Q_0}{4\pi r^2}$$

$$\vec{E}_3 = \frac{\vec{D}_3}{\varepsilon_0} = \hat{r} \frac{Q_0}{4\pi \varepsilon_0 r^2} \ (r \geqslant b)$$

在 $a < r < b$ 的区域内，以 O 点为球心，过任意场点 $P_2(r, \theta, \varphi)$ 作球面 S_2，在此闭合曲面上应用高斯定律，有

$$\oint_{S_2} \vec{D}_2 \cdot \mathrm{d}\vec{S} = \int_{\tau_2} \rho \mathrm{d}\tau = \rho \tau_2 = \frac{Q_0}{\frac{4}{3}\pi(b^3 - a^3)} \cdot \frac{4}{3}\pi(r^3 - a^3)$$

$$= Q_0 \frac{r^3 - a^3}{b^3 - a^3}$$

利用场的对称性，得

$$\oint_{S_2} \vec{D}_2 \cdot \mathrm{d}\vec{S} = D_2 4\pi r^2 = Q_0 \frac{r^3 - a^3}{b^3 - a^3}$$

因此有

$$\vec{D}_2 = \hat{r} \frac{Q_0}{4\pi r^2} \cdot \frac{r^3 - a^3}{b^3 - a^3}$$

$$\vec{E}_2 = \hat{r} \frac{Q_0}{4\pi \varepsilon_0 r^2} \cdot \frac{r^3 - a^3}{b^3 - a^3} = \frac{Q_0}{4\pi \varepsilon_0 (b^3 - a^3)} \left(r - \frac{a^3}{r^2} \right) \ (a < r < b)$$

在 $r \leqslant a$ 的区域内，以 O 点为球心，过任意场点 $P_1(r, \theta, \varphi)$ 作球面 S_1，在此闭合曲面上应用高斯定律，有

$$\oint_{S_1} \vec{D}_1 \cdot \mathrm{d}\vec{S} = 0$$

因此有

$$\vec{D}_1 = 0$$

$$\vec{E}_1 = 0 \ (r \leqslant a)$$

上述三个区域内的电场分布可以用图 2-15 描述，从图中的电场分布曲线可得到如下结论：当场源电荷以均匀体密度分布在球壳层区域（$a < lr < lb$）内时，壳内无电荷区域（$r \leqslant a$）的电场恒为零，电荷区域（$a < lr < b$）的电场分成 $1/r^2$ 和 r 两部分，壳外无电荷区域的电场与一个放在球心处的等电量点电荷的电场相同。

当 $a \to 0$ 时，电荷区域变成全充填球体，此时的球内电场为

$$\vec{E} = \hat{r} \frac{Q_0}{4\pi \varepsilon_0 b^3} r$$

与球心到场点的距离 r 成正比，而球外点的场仍与一个放在球心处的等电量点电荷的电场相同。

当 $a \to b$ 时，电荷域变成球面。此时球面内的电场恒为零，球面外的场与球心处等电量点电荷的电场相同，电场在电荷面两侧产生突变。

例 2.6　无限大均匀带电平面上的电荷面密度为 ρ_S，求任意点的电场强度。

解：取距离带电平面为 x 的任意场点 P，作一个轴线与带电平面垂直的圆柱闭合面，其两个底面对称分布在带电平面两侧，面积为 ΔS，P 点位于其中的一个底面上，如图 2-16

所示。

因为电荷均匀分布在无限大平面上，对于任意场点到带电平面的垂线而言，电荷都是对称分布的，所以场点的电场一定是垂直于带电平面的。在圆柱侧面上的点，电通量密度矢量与柱面面元的法矢垂直，通量 $\mathrm{d}\Phi = \vec{D} \cdot \mathrm{d}\vec{S} = 0$；两底面上的点，电通量密度矢量与柱面面元的法矢平行，通量 $\mathrm{d}\Phi = \vec{D} \cdot \mathrm{d}\vec{S} = D\mathrm{d}S$，且底面上的 D 值相等。将高斯定律用在圆柱闭合面上，可得

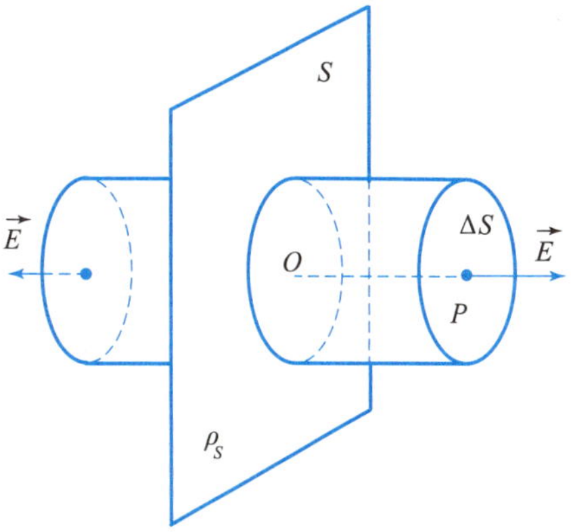

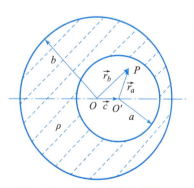

图 2-16　无限大电荷平面的电场

$$\Phi = \oint_S \vec{D} \cdot \mathrm{d}\vec{S} = 2\int_{\Delta S} \vec{D} \cdot \mathrm{d}\vec{S} = 2D\Delta S = Q_内$$

圆柱闭合面所包围的电荷是 $Q_内 = \rho_S \Delta S$，所以有

$$D = \frac{\rho_S}{2}$$

若给定带电平面的法矢为 $\hat{n}$，则场点在法矢同侧时，电场矢量与法矢方向相同，场点在法矢异侧时，电场矢量与法矢方向相反，即

$$\vec{D} = \pm \hat{n} \frac{\rho_S}{2}$$

与例 2.3 的结果相同。

由以上几个例子可以看到，利用高斯定律可以较容易地求解一些特殊电荷分布的电场问题。其方法一般包含三个步骤：首先，根据电荷分布的对称性分析电场的方向和对称性；然后，再将高斯定律应用在过场点的闭合曲面上计算电通量密度数值；最后，写出电场强度的矢量表达式。应用高斯定律求电场的关键技巧是选取合适的闭合曲面（也称为高斯面），以便使积分号内的 D 能以常量的形式从积分号内提出来。

对于场源电荷不具有对称性的情况，一般不能直接用高斯定律求电场。但应明确，这并不是说高斯定律对这类问题不成立，而只是高斯面上的 D 不能作为常量从积分号内提出，使下面的计算无法进行。对于一些特殊的不对称情况，可以将高斯定律和叠加原理相结合，把不对称的场源电荷分解成若干个对称场源的和，分别应用高斯定律求解后，再对结果进行叠加。

例 2.7　在半径为 b、体电荷密度为 ρ 的均匀带电球体内部，有一半径为 a 的不带电偏心球形空腔，两球心的相对位置矢量为 $\vec{c}$（$a + c < b$），如图 2-17 所示。求空腔内的电场强度。

解：此问题的场源电荷可以看成两部分电荷的叠加，一部分是以密度 ρ 充满 $r = b$ 的球域内，另一部分以密度 $-\rho$ 分布在 $r = a$ 的空腔区域，两者叠加的结果恰为题中所给的电荷分布。根据电场的叠加原理，总电场应该等于每部分电荷独立产生的电场的矢量和。

应用高斯定律，可求得 $r = b$ 球域电荷在球内点的

图 2-17　偏心空腔带电球的电场

电场

$$4\pi r_b^2 D_b = \frac{4}{3}\pi r_b^3 \rho$$

$$\vec{D}_b = \hat{r}_b \frac{\rho}{3} r_b = \frac{\rho}{3}\vec{r}_b$$

对 $r = a$ 球域内的电荷，在球内点产生的电场为

$$4\pi r_a^2 D_a = -\frac{4}{3}\pi r_a^3 \rho$$

$$\vec{D}_a = -\hat{r}_a \frac{\rho}{3} r_a = -\frac{\rho}{3}\vec{r}_a$$

腔内任意点的场是上面两部分电场的矢量和，即

$$\vec{E} = \frac{\vec{D}}{\varepsilon_0} = \frac{1}{\varepsilon_0}(\vec{D}_b + \vec{D}_a) = \frac{\rho}{3\varepsilon_0}(\vec{r}_b - \vec{r}_a) = \frac{\rho}{3\varepsilon_0}\vec{c}$$

可见，空腔内的电场是一个均匀场。

三、高斯定律的微分形式

高斯定律的积分形式只表明了一个闭合曲面上的总电通量与面内总电荷量之间的联系，要描述空间某一点上电场与该点电荷的 ·一对应关系，须采用高斯定律的微分形式。

为了导出高斯定律的微分形式，我们作一个小闭合曲面 S 包围所要讨论的场点 $P(x, y, z)$，将高斯定律积分形式用到此闭合曲面上，有

$$\oint_S \vec{D} \cdot d\vec{S} = \int_\tau \rho d\tau \tag{2-33}$$

将闭合曲面 S 向 P 点收缩，当 S 足够小后，其内部各点的电荷密度近似等于 P 点的电荷密度 ρ，S 内的总电量近似为 $\rho\Delta\tau$，$\Delta\tau$ 是 S 所包围的体积。于是上式可写成

$$\oint_S \vec{D} \cdot d\vec{S} \approx \rho\Delta\tau$$

两边除以 $\Delta\tau$，并令 $\Delta\tau$ 趋于零，得到

$$\lim_{\Delta\tau\to 0} \frac{\oint_S \vec{D} \cdot d\vec{S}}{\Delta\tau} = \rho$$

上式的右边是场点 P 处的电荷体密度，左边正是矢量 $\vec{D}$ 的散度 $\nabla\cdot\vec{D}$，即

$$\nabla\cdot\vec{D} = \rho \tag{2-34}$$

上式称为**高斯定律的微分形式**，反映了空间任意一点的电场与该点电荷密度的一一对应关系。

实际上，式（2-34）也可以通过对积分形式（2-33）左边应用散度定理直接导出，即

$$\int_\tau \nabla\cdot\vec{D}d\tau = \int_\tau \rho d\tau$$

上式对任意区域 τ 都成立，一定有两边的被积函数相等，由此可得式（2-34）。

由高斯定律的微分形式可知，在产生电场的电荷区域内，$\vec{D}$ 和 $\vec{E}$ 的散度不为零，故静电场是有散源场。

例 2.8 已知一电场的分布为

$$\vec{E} = \begin{cases} \hat{r}(r^3 + Ar^2) & (r \leqslant a) \\ \hat{r}(a^5 + Aa^4)/r^2 & (r > a) \end{cases}$$

求对应的电荷分布 $\rho(\vec{r})$。

解：在 $r > a$ 的区域内

$$\rho(\vec{r}) = \nabla \cdot \vec{D} = \nabla \cdot (\varepsilon_0 \vec{E}) = \frac{1}{r^2} \frac{\partial}{\partial r} \left(r^2 \varepsilon_0 \frac{a^5 + Aa^4}{r^2} \right) = 0$$

在 $r \leqslant a$ 的区域内

$$\rho(\vec{r}) = \nabla \cdot \vec{D} = \nabla \cdot (\varepsilon_0 \vec{E}) = \frac{1}{r^2} \frac{\partial}{\partial r} [r^2 \varepsilon_0 (r^3 + Ar^2)]$$

$$= \varepsilon_0 (5r^2 + 4Ar)$$

§2.6 静电场的环路定理

如果将电荷元 $\rho d\tau'$、$\rho_s dS'$、$\rho_l dl'$ 和点电荷 Q 统一记作 ΔQ，则各类电荷元产生的电场可以统一写成

$$d\vec{E} = \frac{\Delta Q}{4\pi\varepsilon_0} \cdot \frac{\vec{R}}{R^3} = -\frac{\Delta Q}{4\pi\varepsilon_0} \nabla \frac{1}{R}$$

将上式再对场点坐标取旋度，并利用恒等式 $\nabla \times \nabla f = 0$，可以得到

$$\nabla \times d\vec{E} = -\frac{\Delta Q}{4\pi\varepsilon_0} \nabla \times \nabla \frac{1}{R} = 0$$

因总电场是所有电荷元电场的矢量叠加，即

$$\vec{E} = \int d\vec{E}$$

可以得到

$$\nabla \times \vec{E} = \sum \nabla \times d\vec{E} = 0 \tag{2-35}$$

上式表明，任何分布电荷所产生的静电场都是无旋场。由无旋场与保守场的等价关系可知，静电场必为保守场，其线积分与路径无关或闭合回路线积分为零，即

$$\oint_l \vec{E} \cdot d\vec{l} = 0 \tag{2-36}$$

上式称为**静电场环路定理**，式（2-35）可视为它的微分形式。静电场环路定理表明了静电场的保守性和无旋性，是静电场的基本定律之一。

由亥姆霍兹定理可以知道，一个矢量场的性质由它的散度和旋度共同决定。因此，高斯定律和环路定理被称作静电场的基本方程。

§2.7 电位和电位差

静电场的保守性表明它是一种有势场，因此，可以引入它的势函数作为研究电场的辅助工具。根据场论基础中的定义，有势场 $\vec{E}$ 与其势函数 U 的关系为

$$\vec{E} = -\nabla U \tag{2-37}$$

U 称为**电位**或**电势**，单位为伏特（V）。当电位函数已知后，可以利用上式得到电场分布；反之，当已知电场 $\vec{E}$ 的分布时，任意场点 P 的电位可按下式计算

$$U = -\int_{P_0}^{P} \vec{E} \cdot \mathrm{d}\vec{l} = \int_{P}^{P_0} \vec{E} \cdot \mathrm{d}\vec{l} \tag{2-38}$$

式中，$\mathrm{d}\vec{l}$ 是从场点 P 到参考点 P_0 的任意路径 l 上的矢量线元；P_0 为电位的参考点，由 $\vec{E}$ 的保守性可知，参考点的电位为零。

电位的物理意义可以由式（2-38）得到，因为 $\vec{E}$ 在数值上等于单位电荷在电场中所受的电场力，所以，空间一点 P 的电位值应等于电场力将单位电荷从场点 P 移到参考点 P_0 所做的功。

按照定义式（2-38），场点的电位值是与参考点的位置有关的。因此在谈及一个场点的电位值时，必须指出电位的参考点在何处，否则这个电位值将没有明确的意义。但同时我们也必须明确，选取不同的参考点仅使电位函数相差一个常数，只要在一个问题中选定同一个电位参考点，则空间所有点的电位值都增加或减少同一个常数，此时虽然场点电位的绝对值变化了，但空间各点电位之间的相对关系并不改变，不会影响利用电位来分析电场。也就是说，利用式（2-37）所得到的电场强度值并不随电位参考点的不同而变化。

当场源电荷分布在有限区域内时，为了电位表达式的简洁，一般都习惯把参考点 P_0 放在无限远处，这时的电位也可称作**绝对电位**。在此约定下，任意点 P 的电位为

$$U = \int_{P}^{\infty} \vec{E} \cdot \mathrm{d}\vec{l} \tag{2-39}$$

此时 U 值的意义为电场力把单位电荷从 P 点移到无限远处所做的功，或者是外力克服电场力把单位电荷从无限远移至 P 点所做的功。

在式（2-39）的约定下，我们可以推导出由场源电荷分布计算电位的公式。

（1）点电荷的电位。当一个场源点电荷 Q 位于 M' 点时，任意场点 M 处的电场强度为

$$\vec{E}(M) = \frac{Q}{4\pi\varepsilon_0} \frac{\vec{R}_M}{R_M^3}$$

其中 $\vec{R}_M$ 是源点 M' 到场点 M 的相对位置矢量。若设 P 点为待求电位的场点，M' 点到 P 点的相对位置矢量为 $\vec{R}$，如图 2-18 所示。将上式代入电位定义式（2-39），得

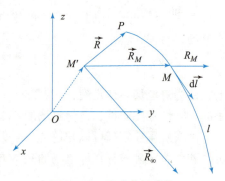

图 2-18　点电荷的电位

$$U = \int_{P}^{\infty} \vec{E} \cdot \mathrm{d}\vec{l} = \int_{R}^{R_\infty} \frac{Q\vec{R}_M \cdot \mathrm{d}\vec{l}}{4\pi\varepsilon_0 R_M^3} = \frac{Q}{4\pi\varepsilon_0} \int_{R}^{R_\infty} \frac{\mathrm{d}R_M}{R_M^2}$$

$$= \left(\frac{Q}{4\pi\varepsilon_0 R} - \frac{Q}{4\pi\varepsilon_0 R_\infty} \right)$$

当 $R_\infty \to \infty$ 时，上式括号内的第二项趋于零，由此得到 P 点电位

$$U = \frac{Q}{4\pi\varepsilon_0 R} \tag{2-40}$$

式中，R 为点电荷 Q 所在点到场点 P 的距离。

（2）点电荷电位的叠加。当场源电荷是 N 个点电荷时，由定义式（2-39）和电场的叠

加原理，可得

$$U = \int_P^{R\infty} \vec{E} \cdot \mathrm{d}\vec{l} = \int_P^{R\infty} \sum_{i=1}^N \vec{E}_i \cdot \mathrm{d}\vec{l} = \sum_{i=1}^N \left(\int_R^{R\infty} \vec{E}_i \cdot \mathrm{d}\vec{l} \right)$$

再利用式（2－40）的结果，有

$$U = \frac{1}{4\pi\varepsilon_0} \sum_{i=1}^N \frac{Q_i}{R_i} \tag{2－41}$$

式中，R_i 是第 i 个点电荷 Q_i 到场点 P 点的距离。这表明，N 个点电荷在场点上产生的电位等于各个点电荷单独存在时在该点产生的电位之代数和。

（3）连续分布电荷的电位。当场源电荷以体密度 $\rho(\vec{r}')$、面密度 $\rho_S(\vec{r}')$ 或线密度 $\rho_l(\vec{r}')$ 连续分布在某区域内时，将电荷元 $\rho(\vec{r}')\mathrm{d}\tau'$、$\rho_S(\vec{r}')\mathrm{d}S'$ 和 $\rho_l(\vec{r}')\mathrm{d}l'$ 视为点电荷，按照式（2－41）进行叠加，在这里也就是进行积分，则得到各种电荷分布时的电位表达式。

电荷体分布：

$$U = \frac{1}{4\pi\varepsilon_0} \int_{\tau'} \frac{\rho(\vec{r}')}{R} \mathrm{d}\tau' \tag{2－42}$$

电荷面分布：

$$U = \frac{1}{4\pi\varepsilon_0} \int_{S'} \frac{\rho_S(\vec{r}')}{R} \mathrm{d}S' \tag{2－43}$$

电荷线分布：

$$U = \frac{1}{4\pi\varepsilon_0} \int_{l'} \frac{\rho_l(\vec{r}')}{R} \mathrm{d}l' \tag{2－44}$$

各式中的 R 是电荷元到场点的距离，积分域是电荷存在的区域。

应特别注意，式（2－41）～式（2－44）均是以无穷远点为电位参考点而推出的，一般它们只适用于场源电荷分布在有限区域内的情况。如果用来计算电荷延伸至无限远的问题，三个积分公式可能会出现不收敛的结果。对于此类无限场源问题的处理，我们将在后面的例题中讨论。

电场中任意两点 A 和 B 的电位之差，叫作 A、B 两点之间的**电位差**（或**电压**），记作 U_{AB}（或记作 U），由式（2－38）可得

$$U_{AB} = U_A - U_B = \int_A^{P_0} \vec{E} \cdot \mathrm{d}\vec{l} - \int_B^{P_0} \vec{E} \cdot \mathrm{d}\vec{l} = \int_A^B \vec{E} \cdot \mathrm{d}\vec{l} \tag{2－45}$$

电位差的单位也是伏特（V）。

根据电位差 U_{AB} 的正负，可以判断场中 A、B 两点电位的高低。并且由上面的定义可知，电位差的数值等于电场力将单位电荷从 A 点移到 B 点所做的功。由此，对于点电荷 Q，从 A 点移到 B 点电场力所做的功可以写成

$$A = QU_{AB} \tag{2－46}$$

对电位和电位差的概念还应明确以下几点：

（1）电位是点函数，每一个场点有一个对应的电位值，电位值与参考点的位置选取有关。而电位差则对应着两个点，对于确定的电场，无论将电位参考点选在何处，两场点的电位差都不会改变。因此，在说电位差时，不必指出电位参考点的位置。

（2）由于电场与电位函数满足关系式 $\vec{E} = -\nabla U$，因此，空间一点上的电场强度矢量一

定与过该点的等电位面垂直，且指向电位的最速下降方向，如图2-19所示。

（3）根据前面的讨论已经看到，电荷在电场中不同点所受到的电场力一般不同，并且移动电荷时电场做功，这说明电荷在电场中是具有位能的。仿照物体在重力场中的位能定义，我们将一个电荷的电量 Q 与该电荷所在点的电位 U 的乘积称作该电荷的**电位能**或**电势能**，记作 W_Q，由式（2-38）可得到

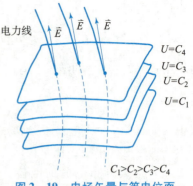

图2-19 电场矢量与等电位面

$$W_Q = QU = Q \int_P^{P_0} \vec{E} \cdot \mathrm{d}\vec{l} \qquad (2-47)$$

电位能具有能量的单位，为焦耳（J）。在确定了电位参考点后，一个电荷电位能的高低与其电量的数值及所在场点的电位值有关：正电荷在正电位点具有正的电位能，且 Q 值越大电位能越高；而负电荷在正电位点具有负电位能，Q 的绝对值越大其电位能越低。在负电位点时，情况正好相反。结合电场力公式 $\vec{F} = Q\vec{E}$ 可以看出，在电场力的作用下，任何电荷都有从高电位能点向低电位能点运动的趋势。

例2.9 求一半径为 a、总电量为 Q 的均匀电荷球面所产生的电位。

解：设带电球面的球心位于坐标系的原点，并取无穷远为电位参考点。

解法1 由于场源电荷具有球对称性，利用高斯定律的积分形式可容易地求出空间任意点的电场强度

$$\vec{E_1} = 0 \quad (r < a)$$

$$\vec{E_2} = \hat{r} \frac{Q}{4\pi\varepsilon_0 r^2} \quad (r > a)$$

代入式（2-39），得

$$r > a \text{ 时，} U = \int_P^\infty \vec{E_2} \cdot \mathrm{d}\vec{l} = \frac{Q}{4\pi\varepsilon_0} \int_r^\infty \frac{\mathrm{d}r}{r^2} = \frac{Q}{4\pi\varepsilon_0 r}$$

$$r < a \text{ 时，} U = \int_P^\infty \vec{E} \cdot \mathrm{d}\vec{l} = \int_P^a \vec{E_1} \cdot \mathrm{d}\vec{l} + \int_a^\infty \vec{E_2} \cdot \mathrm{d}\vec{l} = \frac{Q}{4\pi\varepsilon_0} \int_a^\infty \frac{\mathrm{d}r}{r^2} = \frac{Q}{4\pi\varepsilon_0 a}$$

解法2 电荷球面的电荷面密度为

$$\rho_S = \frac{Q}{4\pi a^2}$$

代入电位计算公式（2-44）得

$$U = \int_S \frac{\rho_S \mathrm{d}S'}{4\pi\varepsilon_0 R} = \frac{Q}{16\pi^2\varepsilon_0 a^2} \int_0^{2\pi} \int_0^\pi \frac{a^2}{R} \sin\theta \mathrm{d}\varphi \mathrm{d}\theta$$

由于电位具有球对称性，故可以将任意场点 P 选在 $\theta = 0$ 的极轴上，如图2-20（a）所示。设 P 点到原点的距离为 r，则电荷元 $\rho_S \mathrm{d}S'$ 到 P 点的距离为

$$R = (r^2 + a^2 - 2ra\cos\theta)^{1/2}$$

代入上式得

$$U = \frac{Q}{16\pi^2\varepsilon_0} 2\pi \int_0^\pi \frac{\sin\theta \mathrm{d}\theta}{(r^2 + a^2 - 2ra\cos\theta)^{1/2}}$$

$$= \frac{Q}{8\pi\varepsilon_0 ra} (r^2 + a^2 - 2ra\cos\theta)^{1/2} \Big|_0^\pi$$

$$= \frac{Q}{8\pi\varepsilon_0 ra}\big[(r+a) \pm (r-a)\big]$$

上式中，$r \geq a$ 时取 "$(r-a)$"，$r < a$ 时取 "$-(r-a)$"，则有

$$U_1 = \frac{Q}{4\pi\varepsilon_0 a} \quad (r < a)$$

$$U_2 = \frac{Q}{4\pi\varepsilon_0 r} \quad (r \geq a)$$

可见，球壳内的电位恒等于球面电位，而球壳外的电位相当于电荷 Q 集中在球心的点电荷产生的电位，如图 2-20（b）所示。这一结论以后可以直接引用，并可以推广到电荷以体密度 $\rho = C$ 或 $\rho = f(r)$ 分布在 $a < r < b$ 或 $r < a$ 内的情况。

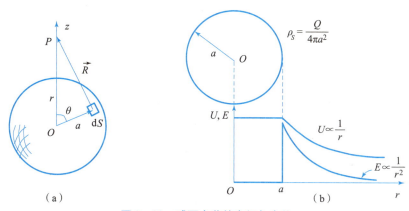

图 2-20 球面电荷的电场与电位

从本例题还可看到，当电荷以面密度分布时，电荷面两侧的电场强度是不相等的，而两侧的电位却是连续的，如本题

$$\vec{E}_1(r \to a_-) = 0$$

$$\vec{E}_2(r \to a_+) = \hat{r}\frac{Q}{4\pi\varepsilon_0 a^2}$$

$$U_1(r \to a_-) = U_2(r \to a_+) = \frac{Q}{4\pi\varepsilon_0 a}$$

这一结论对于面电荷两侧的电场和电位具有普遍意义。

例 2.10 真空中一长度为 L 的线电荷与 z 轴重合且电荷沿线均匀分布，电荷密度为 ρ_l。

求：（a）此线电荷产生的任意点电位。

（b）当 $L \to \infty$ 时，任意点的电位和电场强度。

解：（a）设线电荷的中点位于坐标系原点，如图 2-21（a）所示。从电荷的对称性容易看出，电位是圆柱坐标 r 和 z 的函数，场点 $P(r, \varphi, z)$ 的电位由式（2-44）计算

$$U = \frac{\rho_l}{4\pi\varepsilon_0}\int_{-L/2}^{L/2}\frac{\mathrm{d}z'}{R} = \frac{\rho_l}{4\pi\varepsilon_0}\int_{-L/2}^{L/2}\frac{\mathrm{d}z'}{\sqrt{r^2 + (z-z')^2}}$$

$$= \frac{\rho_l}{4\pi\varepsilon_0}\ln\big[(z'-z) + \sqrt{r^2 + (z'-z)^2}\big]\,\Big|_{-L/2}^{L/2}$$

$$= \frac{\rho_l}{4\pi\varepsilon_0}\ln\frac{\left(\frac{L}{2}-z\right)+\sqrt{r^2+\left(\frac{L}{2}-z\right)^2}}{-\left(\frac{L}{2}+z\right)+\sqrt{r^2+\left(\frac{L}{2}+z\right)^2}}$$

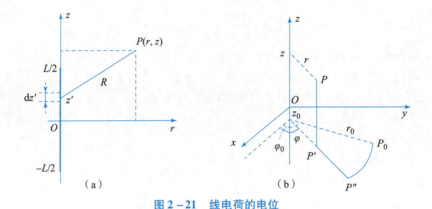

图 2-21　线电荷的电位

（b）当 $L\rightarrow\infty$ 时，由前面的结果可推得

$$U = \lim_{L\rightarrow\infty}\frac{\rho_l}{4\pi\varepsilon_0}\ln\frac{\left(\frac{1}{2}-\frac{z}{L}\right)+\sqrt{\frac{r^2}{L^2}+\left(\frac{1}{2}-\frac{z}{L}\right)^2}}{-\left(\frac{1}{2}+\frac{z}{L}\right)+\sqrt{\frac{r^2}{L^2}+\left(\frac{1}{2}+\frac{z}{L}\right)^2}}$$

$$= \lim_{L\rightarrow\infty}\frac{\rho_l}{4\pi\varepsilon_0}\ln\frac{\left[\left(\frac{1}{2}-\frac{z}{L}\right)+\sqrt{\frac{r^2}{L^2}+\left(\frac{1}{2}-\frac{z}{L}\right)^2}\right]\left[\left(\frac{1}{2}+\frac{z}{L}\right)+\sqrt{\frac{r^2}{L^2}+\left(\frac{1}{2}+\frac{z}{L}\right)^2}\right]}{r^2/L^2}$$

$$= \lim_{L\rightarrow\infty}\frac{\rho_l}{2\pi\varepsilon_0}\ln\frac{L}{r}\rightarrow\infty \tag{2-48}$$

这表明，当场源电荷延伸至无限时，直接应用无限远参考点的电位积分式将出现电位发散的结果。为了得到收敛的电位值，在计算此类问题时，应将参考点选在有限远的某一点上。对于本题，可以采用如下两种方法求解。

解法1　将无限长线电荷的电场表达式 $\vec{E} = \hat{r}\dfrac{\rho_l}{2\pi\varepsilon_0 r}$ 代入式（2-38），则

$$U = \int_P^{P_0}\vec{E}\cdot\mathrm{d}\vec{l}$$

其中 $P_0(r_0,\varphi_0,z_0)$ 是任选的有限远电位参考点。上式的积分路径由三段构成，PP' 段与线电荷平行，P'、P'' 和 P_0 三点同在与线电荷垂直的平面内，线段 $P'P''$ 在过 P' 点的径向上，$P''P_0$ 是半径为 r_0 的一段圆弧，如图 2-21（b）所示。因此有

$$U = \int_P^{P_0}\vec{E}\cdot\mathrm{d}\vec{l} = \int_P^{P'}\vec{E}\cdot\mathrm{d}\vec{l}_1+\int_{P'}^{P''}\vec{E}\cdot\mathrm{d}\vec{l}_2+\int_{P''}^{P_0}\vec{E}\cdot\mathrm{d}\vec{l}_3$$

因长直线电荷的电场只有 $\hat{r}$ 分量，在 PP' 和 $P''P_0$ 两个积分段上，电场矢量与线元 $\mathrm{d}\vec{l}_i$ 垂直，点积为零，故对上式积分值有贡献的只有 $P'P''$ 段，在此段上，$\mathrm{d}\vec{l}_2 = \hat{r}\mathrm{d}r$，所以有

$$U = \int_P^{P_0} \vec{E} \cdot \mathrm{d}\vec{l} = \int_{P'}^{P''} \vec{E} \cdot \mathrm{d}\vec{l}_2 = \int_r^{r_0} \frac{\rho_l}{2\pi\varepsilon_0 r}\mathrm{d}r$$

$$= \frac{\rho_l}{2\pi\varepsilon_0}\ln\frac{1}{r} + \frac{\rho_l}{2\pi\varepsilon_0}\ln r_0 = \frac{\rho_l}{2\pi\varepsilon_0}\ln\frac{1}{r} + C$$

解法 2　在空间任选一点 $P_0(r_0,\varphi_0,z_0)$，由式（2-48）的结果给出场点 $P(r,\varphi,z)$ 和 $P_0(r_0,\varphi_0,z_0)$ 的电位，并将两点的电位差作为场点 $P(r,\varphi,z)$ 的电位，即

$$U = U_{PP_0} = U_P - U_{P_0} = \lim_{L\to\infty}\frac{\rho_l}{2\pi\varepsilon_0}\ln\frac{L}{r} - \lim_{L\to\infty}\frac{\rho_l}{2\pi\varepsilon_0}\ln\frac{L}{r_0}$$

$$= \lim_{L\to\infty}\frac{\rho_l}{2\pi\varepsilon_0}\ln\frac{r_0}{r} = \frac{\rho_l}{2\pi\varepsilon_0}\ln\frac{1}{r} + \frac{\rho_l}{2\pi\varepsilon_0}\ln r_0$$

当 $r = r_0$ 时，上式等于零，可见点 $P_0(r_0,\varphi_0,z_0)$ 在这里是电位的参考点。

将上面求得的电位表达式代入式（2-37），可得到无限长线电荷的电场

$$\vec{E} = -\nabla U = -\hat{r}\frac{\partial}{\partial r}\left[\frac{\rho_l}{2\pi\varepsilon_0}\left(\ln\frac{1}{r} - \ln r_0\right)\right]$$

$$= -\hat{r}\frac{\rho_l}{2\pi\varepsilon_0}\frac{\partial}{\partial r}\left(\ln\frac{1}{r}\right) = \hat{r}\frac{\rho_l}{2\pi\varepsilon_0 r}$$

从本例可以看到：

（1）当场源电荷延伸到无限远时，零电位参考点应选在有限远的某一点上。由此得到的电位函数带有一个与参考点坐标有关的常数，但此常数不影响求解电场强度 $\vec{E}$。

（2）与电场强度的情况相似，线电荷所在点（$r = 0$）处的电位值趋于无穷大。因为在求解讨论这些场点时，线电荷的概念已不再适用。

§2.8　电位的泊松方程和拉普拉斯方程

在前面几节中，我们已经讨论了已知电荷分布直接计算电场强度和先求电位函数再计算梯度求电场的两类方法。这些方法在计算上并不困难，但前提是必须已知空间的所有电荷分布。由于电荷的分布一般无法直接测量，特别当电场空间内存在导体或介质时，会出现感应电荷或极化电荷，使得已知电荷分布这一前提条件更是难于满足。因此，对于实际应用中的电场问题，一般的求解方法是结合边界条件求解电位函数所满足的微分方程，这称之为解边值问题。在这一节中，我们先推导静电位所满足的微分方程，边值问题的具体解法将在后面的章节中详细介绍。

静电位所满足的微分方程可以由静电场两个基本定律的微分形式导出。将 $\vec{E} = -\nabla U$ 代入高斯定律 $\nabla \cdot (\varepsilon_0\vec{E}) = \rho$，得

$$\nabla \cdot (-\varepsilon_0\nabla U) = \rho$$

即

$$\nabla^2 U = -\frac{\rho}{\varepsilon_0} \tag{2-49}$$

上式称为**电位的泊松**（Poison）**方程**。在正交曲线坐标系中，该方程写成

$$\frac{1}{h_1 h_2 h_3}\Big[\frac{\partial}{\partial u_1}\Big(\frac{h_2 h_3}{h_1}\frac{\partial U}{\partial u_1}\Big) + \frac{\partial}{\partial u_2}\Big(\frac{h_1 h_3}{h_2}\frac{\partial U}{\partial u_2}\Big) + \frac{\partial}{\partial u_3}\Big(\frac{h_1 h_2}{h_3}\frac{\partial U}{\partial u_3}\Big)\Big] = -\frac{\rho}{\varepsilon_0} \qquad (2-50)$$

在直角坐标系中

$$\frac{\partial^2 U}{\partial x^2} + \frac{\partial^2 U}{\partial y^2} + \frac{\partial^2 U}{\partial z^2} = -\frac{\rho}{\varepsilon_0} \qquad (2-51)$$

在 $\rho = 0$ 的无电荷区域内，Poison 方程变为拉普拉斯（Laplace）方程

$$\nabla^2 U = 0 \qquad (2-52)$$

利用矢量分析中的第三格林公式

$$\Phi = -\frac{1}{4\pi}\int_\tau \frac{1}{R}\nabla^2 \Phi \mathrm{d}\tau' + \frac{1}{4\pi}\oint_S \Big[\frac{1}{R}\frac{\partial \Phi}{\partial n} - \Phi \frac{\partial}{\partial n}\Big(\frac{1}{R}\Big)\Big]\mathrm{d}S'$$

可以得到 Poison 方程的**积分形式解**。令上式中的 $\Phi = U$，并注意 $\nabla^2 U = -\rho/\varepsilon_0$，得

$$U = \frac{1}{4\pi\varepsilon_0}\int_\tau \frac{\rho}{R}\mathrm{d}\tau' + \frac{1}{4\pi}\oint_S \Big[\frac{1}{R}\frac{\partial U}{\partial n} - U\frac{\partial}{\partial n}\Big(\frac{1}{R}\Big)\Big]\mathrm{d}S' \qquad (2-53)$$

其中 τ 和 S 是待求的区域和其表面，$\hat{n}$ 为 S 的外法矢。上式右边的第一项是 τ 内的电荷对场点电位的贡献，第二项表示边界上的电荷和边界外的电荷对场点电位的贡献，但它以边界上的电位值和电位导数值来等效。

当所求区域为无界空间时，式（2-53）的面积分项为零，得到

$$U = \frac{1}{4\pi\varepsilon_0}\int_\tau \frac{\rho}{R}\mathrm{d}\tau' \qquad (2-54)$$

这正是前面所给出的式（2-42）。

当所求区域内无电荷时，式（2-53）的体积分项为零，可得到该区域电位的 Laplace 问题解

$$U = \frac{1}{4\pi}\oint_S \Big[\frac{1}{R}\frac{\partial U}{\partial n} - U\frac{\partial}{\partial n}\Big(\frac{1}{R}\Big)\Big]\mathrm{d}S' \qquad (2-55)$$

从形式上看，由式（2-53）和式（2-55）可以得到待求区域的 Poison 问题和 Laplace 问题的电位解。但在实际应用中，由于边界条件 $U|_S$ 和 $\partial U/\partial n|_S$ 一般不会同时已知，所以这两个式子并没有多大的实用价值，因此称为形式解。Poison 和 Laplace 边值问题的实用解法有分离变量法、镜像法、保角变换法以及多种数值解法，将在后面的章节中讨论。但如果问题是一维的，即电位只是一个坐标变量的函数，则可以通过简单的直接积分法求解。

例 2.11　在两个无限大平面 $x = 0$ 和 $x = a$ 之间均匀填充体密度为 ρ_0 的电荷，且已知 $U_{x=0} = 0$，$U_{x=a} = V_0$。求两平面间任意点的电位和电场。

解：在所求区域内，电位函数满足 Poison 方程，且只是坐标 x 的函数，所以有

$$\frac{\mathrm{d}^2 U}{\mathrm{d}x^2} = -\frac{\rho_0}{\varepsilon_0}$$

将上式两次对 x 积分，得

$$U = -\frac{\rho_0}{2\varepsilon_0}x^2 + C_1 x + C_2$$

将边值条件 $U|_{x=0} = 0$，$U|_{x=a} = V_0$ 代入上式，可以确定出两个待定常数

$$C_1 = \frac{a\rho_0}{2\varepsilon_0} + \frac{V_0}{a}, \quad C_2 = 0$$

代入前式，得两平面间的电位分布

$$U = -\frac{\rho_0}{2\varepsilon_0}x^2 + \left(\frac{a\rho_0}{2\varepsilon_0} + \frac{V_0}{a}\right)x$$

电场强度为

$$\vec{E} = -\nabla U = -\hat{x}\frac{\mathrm{d}U}{\mathrm{d}x} = \hat{x}\left(\frac{\rho_0}{\varepsilon_0}x - \frac{a\rho_0}{2\varepsilon_0} - \frac{V_0}{a}\right)$$

§2.9　电偶极子

　　电偶极子是指一对等值异号点电荷相距一微小距离所构成的电荷系统，它是一种常见的场源电荷存在形式，在后面讨论电介质的电场问题时会用到这种电荷形式。图 2-22 表示中心位于坐标系原点上的一个电偶极子，它的轴线与 z 轴重合，两个点电荷 Q 和 $-Q$ 间的距离为 l。此电偶极子在场点 $P(r,\theta,\varphi)$ 处产生的电位等于两个点电荷在该点的电位之和，即

$$V = \frac{Q}{4\pi\varepsilon_0}\left(\frac{1}{R_1} - \frac{1}{R_2}\right) \qquad (2-56)$$

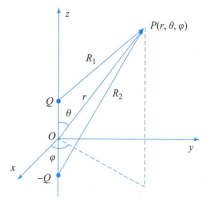

图 2-22　电偶极子的电位

式中，R_1 与 R_2 分别是 Q 和 $-Q$ 到 P 点的距离。

　　利用余弦定理可以将它们写成 P 点坐标 (r,θ,φ) 的函数

$$R_1 = \left[r^2 + (l/2)^2 - rl\cos\theta\right]^{1/2}$$
$$R_2 = \left[r^2 + (l/2)^2 + rl\cos\theta\right]^{1/2}$$

　　一般情况下，我们关心的是电偶极子产生的远区场，即偶极子到场点的距离 r 远远大于偶极子长度 l 的情形，此时上面两式中的 $(l/2)^2$ 远小于另外两项，可得到

$$\frac{1}{R_1} \approx \frac{1}{r}\left(1 - \frac{l}{r}\cos\theta\right)^{-1/2}$$

$$\frac{1}{R_2} \approx \frac{1}{r}\left(1 + \frac{l}{r}\cos\theta\right)^{-1/2}$$

利用二项展开式

$$(1+x)^m = 1 + mx + \frac{m(m-1)}{2!}x^2 + \cdots + \frac{m(m-1)\cdots(m-n+1)}{n!}x^n + \cdots$$

将上面两式展开，并取前两项近似，得

$$\frac{1}{R_1} \approx \frac{1}{r}\left(1 + \frac{l}{2r}\cos\theta\right)$$

$$\frac{1}{R_2} \approx \frac{1}{r}\left(1 - \frac{l}{2r}\cos\theta\right)$$

代入式（2-56），得到电偶极子的远区电位表达式

$$U = \frac{Ql\cos\theta}{4\pi\varepsilon_0 r^2} \qquad (2-57)$$

可见，电偶极子的远区电位与 Ql 成正比，与 r^2 成反比，并且和场点位置矢量 $\vec{r}$ 与 z 轴的夹角 θ 有关。

为了便于描述电偶极子，我们引入一个矢量 $\vec{p}$，其模值为 $p = Ql$，方向由 $-Q$ 指向 Q，称之为此电偶极子的**电矩矢量**，简称为**偶极矩**，记作

$$\vec{p} = p\hat{l} = Ql\hat{l} = Q\vec{l} \tag{2-58}$$

此时，式（2-57）又可以写成

$$U = \frac{p\cos\theta}{4\pi\varepsilon_0 r^2} = \frac{\vec{p} \cdot \vec{r}}{4\pi\varepsilon_0 r^3} \tag{2-59}$$

电偶极子的远区电场强度可由式（2-59）求梯度得到。因电位 U 只是坐标 r 和 θ 的函数，于是有

$$\vec{E} = -\nabla U = -\left(\hat{r}\frac{\partial U}{\partial r} + \hat{\theta}\frac{1}{r}\frac{\partial U}{\partial \theta}\right) = \frac{p}{4\pi\varepsilon_0 r^3}(\hat{r}2\cos\theta + \hat{\theta}\sin\theta) \tag{2-60}$$

从式（2-59）和式（2-60）可以看到，电偶极子的远区电位和电场分别与 r^2 和 r^3 成反比。因此，其位和场随距离 r 的下降速度比单个点电荷更为迅速，这是由于两个点电荷 Q 和 $-Q$ 的作用在远区相互抵消的缘故。

根据式（2-59），电偶极子的等电位面方程可由

$$U = \frac{p\cos\theta}{4\pi\varepsilon_0 r^2} = C$$

得到，即

$$r^2 = C_1\cos\theta \tag{2-61}$$

其中常数

$$C_1 = \frac{p}{4\pi\varepsilon_0 C}$$

将电力线微分方程式（2-18）写成球坐标形式，并注意此时电场只有 E_r 和 E_θ，有

$$\frac{\mathrm{d}r}{E_r} = \frac{r\mathrm{d}\theta}{E_\theta}$$

把电场表达式（2-60）代入上式，得

$$\frac{\mathrm{d}r}{r} = \frac{2\cos\theta\mathrm{d}\theta}{\sin\theta}$$

两边积分，得

$$\ln r = \ln\sin^2\theta + \ln C_2$$

所以

$$r = C_2\sin^2\theta \tag{2-62}$$

上式即是电偶极子远区场电力线方程。

图 2-23 绘出了电偶极子在 $\varphi = \varphi_0$ 平面内，C_1 和 C_2 取一系列值所对应的等电位线和电力线。

前面讨论的是电偶极子的中点位于坐标系原点且偶极矩方向为 $\hat{z}$ 的情况。对中点不在原点和偶极矩非 $\hat{z}$ 方向的一般情形，通过与前

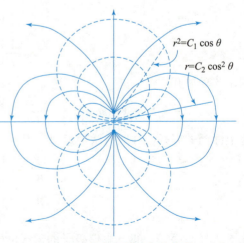

图 2-23 偶极子的电场和电位

面类似的推导，可以得到远区电位

$$U = \frac{\vec{p} \cdot \vec{R}}{4\pi\varepsilon_0 R^3} \qquad (2-63)$$

其中，$\vec{R}$ 是电偶极子中心指向场点 P 的相对位置矢量，偶极矩 $\vec{p} = Q\vec{l}$，$\vec{l}$ 的方向依然规定为从 $-Q$ 指向 Q。

将上式代入 $\vec{E} = -\nabla U$，经推导可得此时的远区电场

$$\vec{E} = \frac{1}{4\pi\varepsilon_0}\left[\frac{3(\vec{p} \cdot \vec{R})}{R^5}\vec{R} - \frac{\vec{p}}{R^3}\right] \qquad (2-64)$$

前面讨论了电偶极子自身所产生的远区电位和电场，下面再看一看把一个电偶极子放入其他电荷系统产生的外电场 $\vec{E}$ 中的情况。在实际应用的许多情况下，电偶极子的长度 l 远小于外电场的空间变化幅度，因此可将电偶极子所在的区域近似为一个均匀外电场区域。此时，偶极子的 $\pm Q$ 同时受外电场的电场力作用，$-Q$ 电荷受到一个逆外场方向的力 $\vec{F}_- = -Q\vec{E}$，$+Q$ 电荷受到一个顺外场方向的力 $\vec{F}_+ = Q\vec{E}$，两者大小相等，方向相反，如图 2-24 所示。如果电偶极子是一个刚性体，则偶极子重心所受的合力为零，不会产生平行移动。但由于 $\vec{F}_+$ 与 $\vec{F}_-$ 这两个力的作用线不重合，将使偶极子绕其中心产生旋转。由力学原理可知，转矩矢量的模值等于力、力臂以及两者夹角正弦的乘积，即

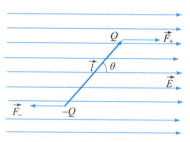

图 2-24　偶极子所受的转矩

$$T = 2F_+ \sin\theta \frac{l}{2} = QE\sin\theta l = p\sin\theta E$$

转矩矢量的方向由右手螺旋定则确定，在这里也就是 $\vec{p} \times \vec{E}$ 的方向。因此，电偶极子所受转矩的矢量表达式为

$$\vec{T} = \vec{p} \times \vec{E} \qquad (2-65)$$

上述分析表明：处于均匀外电场中的电偶极子所受到的平移合力为零，但受到一个使其旋转的转矩作用，其转动趋势是力图使偶极矩 $\vec{p}$ 与外场方向一致。

例 2.12　在均匀外电场 $\vec{E}_0 = \hat{z}E_0$ 中，放置一个中心在坐标原点，偶极矩为 $\vec{p} = \hat{z}Ql$ 的电偶极子，试求零电位面的曲面方程和此面上的电场强度。

解：空间的总电位是均匀外电场 $\vec{E}_0$ 所对应的电位与电偶极子产生的电位之和。因外电场 $\vec{E}_0$ 是 $\hat{z}$ 方向的均匀场，故可设 xy 平面为它的零电位参考面，这与本题所给电偶极子所产生的零电位面是吻合的。此时 $\vec{E}_0$ 所对应的电位为

$$U_0 = -E_0 z = -E_0 r\cos\theta$$

将电偶极子的电位表达式（2-59）与上式相加，得到空间总电位

$$U = \frac{p\cos\theta}{4\pi\varepsilon_0 r^2} - E_0 r\cos\theta \qquad (2-66a)$$

令上式中 $\theta = \pi/2$，即得到本题的一个零电位面——xy 平面，方程可以记作

$$\theta = \pi/2 \quad \text{或} \quad z = 0 \qquad (2-66b)$$

除此之外，令上式右边等于零，可得到本题另一个零电位面的方程

$$r = \left(\frac{p}{4\pi\varepsilon_0 E_0}\right)^{1/3} \qquad (2-66c)$$

这是一个以坐标原点为球心、$(p/(4\pi\varepsilon_0 E_0))^{1/3}$ 为半径的球面。

对式（2-66a）求梯度，得任意点的电场强度

$$\vec{E} = -\nabla U = -\left(\hat{r}\frac{\partial}{\partial r} + \hat{\theta}\frac{1}{r}\frac{\partial}{\partial\theta}\right)\left(\frac{p\cos\theta}{4\pi\varepsilon_0 r^2} - E_0 r\cos\theta\right)$$

$$= \hat{r}\left(\frac{2p\cos\theta}{4\pi\varepsilon_0 r^3} + E_0\cos\theta\right) + \hat{\theta}\left(\frac{p\sin\theta}{4\pi\varepsilon_0 r^3} - E_0\sin\theta\right) \tag{2-66d}$$

令上式中 $\theta = \pi/2$，得零电位 xy 平面上的电场强度

$$\vec{E_1} = \hat{\theta}\left(\frac{p}{4\pi\varepsilon_0 r^3} - E_0\right) = -\hat{z}\left(\frac{p}{4\pi\varepsilon_0 r^3} - E_0\right)$$

将式（2-66c）代入式（2-66d），得到零电位球面上的电场强度

$$\vec{E_2} = \hat{r}^3 E_0\cos\theta$$

§2.10　电介质中的静电场

一、电介质的极化

电介质也就是我们通常所说的绝缘物质，如木材、橡胶、塑料、石油和空气等。电介质物质的原子核对核外电子有很强的束缚力，因而理想的电介质不导电。但当把一块电介质放入电场中时，它也要受到电场的作用，其分子或原子内的正负电荷将在电场力的作用下产生微小的弹性位移或偏转，形成一个个小电偶极子，这种现象称为**电介质的极化**。被极化的电介质内部存在着大量的小电偶极子，所以它们所产生的场也要反过来影响原来的电场。例如在两块带有异号电荷的导体板间插入电介质片，就可以用静电计测量出两极板上电压的变化，说明电介质片使两极板间的电场发生变化。

从电介质的微观电结构分析，电介质的极化主要有四种形式：

第一种是**电子极化**。该类极化来源于电场对原子所带正负电荷的库仑力作用，使电子云的负电荷中心相对原子核的正电荷中心产生一个小位移，形成了原子量级的电偶极子，其偶极矩沿外电场的方向取向，如图2-25所示。所有的电介质都由原子组成，因此在外电场作用下，所有的电介质都产生电子极化。

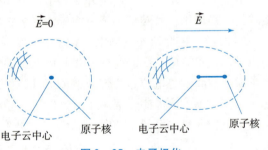

图 2-25　电子极化

第二种是**离子极化**。对于由不同元素所组成的化合物分子，各原子间靠离子键结合，一种元素的原子把它的价电子给了另一元素的原子。这种化合物又可分为两种类型：一类是无外电场时，分子的正负电荷中心重合，分子本身不显电性，如甲烷、二氧化碳等，这类分子称为**非极性分子**；另一类是无外电场时，分子的正负电荷中心不重合，有一个固有的分子电偶极矩，如水、食盐、一氧化碳等，这类分子称为**极性分子**。

不论非极性分子还是极性分子的电介质，当被放入电场中后，它们的正负离子都将在电场力的作用下在其平衡位置上沿外场方向分离。非极性分子的正负电荷中心被拉开产生分子

电偶极矩，而极性分子的固有电偶极矩沿外场方向的分量会进一步加大。这种极化称为离子极化。

第三种是**取向极化**。对于绝大部分的极性分子电介质，虽然每个分子都有一个固有电偶极矩，但在无外电场作用时，由于分子的热运动，使分子固有电偶极矩 $\vec{p}$ 随机分布，产生的电场效应相互抵消，此时电介质并不显示宏观电性。但当有了外电场时，各分子的固有电偶极矩受转矩作用趋向外场方向，电偶极矩的统计平均值不再为零，因而产生了宏观的电场效应。这种极化称为取向极化或转向极化。

第四种是**空间电荷极化**。在实际的电介质材料中，由于微观结构上的缺陷、杂质或分层，可能会在外电场的作用下使电荷在电介质中分布不均匀，形成电偶极矩，这种极化称为空间电荷极化。

对于理想的电介质，单原子分子的电介质只存在电子极化，如 He、Ne 等惰性气体；化合物介质都存在电子极化和离子极化；极性分子的电介质会同时存在电子、离子和取向三种形式的极化。对非纯净的实用电介质材料，还可能存在空间电荷极化。虽然上述几种极化的机理不同，但其最终结果都是使电介质内部出现大量的、趋于外电场方向的小电偶极子，分子电偶极矩的平均值不再为零。为了描述电介质内各点极化程度的强弱，我们引入**极化强度** $\vec{P}$ 这个物理量。假设在电介质中，某点 (x',y',z') 处体积元 $\Delta\tau$ 内的分子电偶极矩矢量和用 $\sum\vec{p}$ 表示，则该点的极化强度矢量定义为

$$\vec{P}(x',y',z') = \lim_{\Delta\tau\to 0}\frac{\sum\vec{p}}{\Delta\tau} \tag{2-67}$$

极化强度 $\vec{P}$ 的单位是库仑/米^2（C/m^2），其物理意义为电介质某点上单位体积中的电偶极矩的矢量和。

当一块电介质受到电场作用被极化后，从电性能角度看，它变为真空中的一个电偶极子群。因此，这块极化电介质所产生的附加电场就可以通过真空中的这群电偶极子求得。图 2-26 表示一块体积为 τ' 的极化电介质，它的极化情况用极化强度 $\vec{P}$ 表示，一般情况下 $\vec{P}$ 是坐标的函数。下面计算该极化电介质在空间一点 $P(x,y,z)$ 处产生的附加电位。

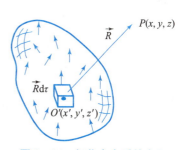

图 2-26　极化电介质的电位

电介质内部 $O(x',y',z')$ 点处，体积元 $d\tau'$ 内的电偶极子群可以看成是电偶极矩为 $\vec{p} = \vec{P}d\tau'$ 的一个基本电偶极子，由式（2-59）可以写出此基本电偶极子产生的电位

$$dU = \frac{\vec{p}\cdot\vec{R}}{4\pi\varepsilon_0 R^3} = \frac{1}{4\pi\varepsilon_0}\vec{P}\cdot\frac{\vec{R}}{R^3}d\tau'$$

将矢量关系式 $\nabla'\left(\dfrac{1}{R}\right) = \dfrac{\vec{R}}{R^3}$ 代入上式，得

$$dU = \frac{1}{4\pi\varepsilon_0}\vec{P}\cdot\nabla'\left(\frac{1}{R}\right)d\tau'$$

整块极化电介质产生的电位是上式的体积分

$$U = \frac{1}{4\pi\varepsilon_0}\int_{\tau'}\left[\vec{P}\cdot\nabla'\left(\frac{1}{R}\right)\right]d\tau' \tag{2-68}$$

利用矢量恒等式可得到

$$\vec{P} \cdot \nabla'\left(\frac{1}{R}\right) = \nabla' \cdot \left(\frac{\vec{P}}{R}\right) - \frac{\nabla' \cdot \vec{P}}{R}$$

代入式（2-68），得

$$U = \frac{1}{4\pi\varepsilon_0}\int_{\tau'} \nabla' \cdot \left(\frac{\vec{P}}{R}\right)\mathrm{d}\tau' - \frac{1}{4\pi\varepsilon_0}\int_{\tau'} \frac{\nabla' \cdot \vec{P}}{R}\mathrm{d}\tau'$$

$$= \frac{1}{4\pi\varepsilon_0}\oint_{S'} \frac{\vec{P} \cdot \hat{n}}{R}\mathrm{d}S' + \frac{1}{4\pi\varepsilon_0}\int_{\tau'} \frac{-\nabla' \cdot \vec{P}}{R}\mathrm{d}\tau' \qquad (2-69)$$

上面最后等式的第一项是运用了散度定理的结果，其中 S' 为体积 τ' 的表面积，$\hat{n}$ 是面元 $\mathrm{d}S'$ 的外法矢。

式（2-69）给出了一块极化电介质所产生的附加电位。从形式上看，上式右边第一项与表面分布电荷产生电位的表达式（2-43）相同，而第二项与体分布电荷产生电位的表达式（2-42）相同。因此，该附加电位可以看作是等效体分布电荷与等效面分布电荷在真空中共同产生的。等效分布电荷由极化强度确定

$$\rho_P = -\nabla' \cdot \vec{P} \qquad (2-70a)$$

$$\rho_{PS} = \hat{n} \cdot \vec{P} \qquad (2-70b)$$

式中，ρ_P 和 ρ_{PS} 分别称为**极化电荷体密度**和**极化电荷面密度**，或叫作**束缚电荷体密度**和**束缚电荷面密度**，单位分别是 C/m^3 和 C/m^2。应当明确，ρ_P 和 ρ_{PS} 只是对电介质极化场效应的一种等效，它们与前面所介绍的分布电荷（常称为自由电荷）ρ 和 ρ_S 有本质的区别。电介质中某点上有 $\rho_P \neq 0$，并不说明该点一定有宏观净电荷存在，而只是表明该处分子电偶极矩对外界点的场位贡献与存在自由电荷 ρ 时的作用相同。

二、电介质中静电场的基本定律

在前面的小节中，我们导出了根据极化强度 $\vec{P}$ 求解极化电介质附加电位的计算式（2-69）。但由于 $\vec{P}$ 是与电介质中的实际电场强度 $\vec{E}$ 相联系的，当电场强度为未知的待求量时，极化强度亦不会是已知量。因此，式（2-69）对求解实际问题并没有直接的使用价值，它的主要意义在于表明了极化电介质对电场的附加作用可以由真空中的两种等效电荷求解，并且这两种等效电荷在激励电场方面与真空中的分布电荷遵循相同的规律。在讨论有电介质存在的静电场时，可以将所有的自由电荷和极化电荷作为产生场的共同源，使场空间变为一个真空空间，从而把介质场问题转化为两类电荷源激励下的真空场问题，从中得到电介质内静电场的基本规律。

对于分布电荷产生的真空场，高斯定律的积分形式可以写成

$$\oint_S \varepsilon_0 \vec{E} \cdot \mathrm{d}\vec{S} = Q \qquad (2-71)$$

式中，Q 为 S 面内包围的总电荷。按照前面的讨论，电介质空间内的高斯定律应以如下形式表达

$$\oint_S \varepsilon_0 \vec{E} \cdot \mathrm{d}\vec{S} = Q + Q_P \qquad (2-72)$$

其中的 $\vec{E}$ 代表空间内的实际电场，即外源场与极化电荷附加场之和，Q 和 Q_P 分别是 S 面所包围的分布电荷与极化电荷，式中的 ε_0 则表示了实际场 $\vec{E}$ 是两种电荷源在真空中的激励

结果。

如果闭合面 S 完全落在一种电介质内,则其包围的区域内只存在体分布自由电荷与体分布极化电荷,式(2-72)可以写成

$$\oint_S \varepsilon_0 \vec{E} \cdot \mathrm{d}\vec{S} = \int_\tau (\rho + \rho_P) \mathrm{d}\tau$$

对上式左边应用散度定理,并考虑到 τ 是任取的区域,可得

$$\nabla \cdot (\varepsilon_0 \vec{E}) = \rho + \rho_P$$

将 ρ_P 表达式(2-70a)代入上式,并注意此时的 ∇ 和 ∇' 是对同一点坐标运算而相同,可得到

$$\nabla \cdot (\varepsilon_0 \vec{E} + \vec{P}) = \rho \tag{2-73}$$

令

$$\vec{D} = \varepsilon_0 \vec{E} + \vec{P} \tag{2-74}$$

$\vec{D}$ 称为电介质中的**电通量密度**,也叫作**电位移矢量**,单位是库仑/米^2(C/m^2)。

将式(2-74)代入式(2-73),得

$$\nabla \cdot \vec{D} = \rho \tag{2-75}$$

上式称为电介质中高斯定律的微分形式,它的形式与真空场的对应方程式(2-34)完全相同,ρ 仍然是场点处的分布电荷密度,介质的极化效应已被包含在 $\vec{D}$ 中。

式(2-74)表达了 $\vec{D}$、$\vec{E}$ 和 $\vec{P}$ 之间的关系,在弱电场时,各向同性电介质中的 $\vec{P}$ 与 $\vec{E}$ 成正比,记作

$$\vec{P} = \varepsilon_0 \chi_e \vec{E} \tag{2-76}$$

无量纲数 χ_e 称为**电极化率**[读作 Kai],它与电介质类型和坐标位置有关。将式(2-76)代入式(2-74),得

$$\vec{D} = \varepsilon_0 (1 + \chi_e) \vec{E} = \varepsilon \vec{E} \tag{2-77}$$

其中

$$\varepsilon = \varepsilon_0 (1 + \chi_e) = \varepsilon_0 \varepsilon_r \tag{2-78}$$

$$\varepsilon_r = 1 + \chi_e \tag{2-79}$$

ε 称为电介质的**电容率**,ε_r 称为**相对电容率**,有时也分别叫作介电常数和相对介电常数。ε 是表征电介质极化性质的物理量,它是材料的一个重要电参量。在相同电场强度下,ε 越大说明材料中单位体积的电矩越大,因而电通量密度也越大。对于真空,因 $\vec{P} = 0$,所以有 $\chi_e = 0$ 和 $\varepsilon_r = 1$,$\varepsilon = \varepsilon_0$。$\varepsilon_r$ 一般是位置坐标的函数,若 ε_r 是与坐标无关的常量,则称此电介质为**均匀电介质**;否则,称为**非均匀电介质**。ε_r 值一般通过测量得到,表 2-1 列出了几种电介质材料的 ε_r 测量值。

表 2-1　常见电介质材料的相对电容率

材料	ε_r	材料	ε_r	材料	ε_r
空气	1.000 6	水	81	聚乙烯	2.3
胶木	5.0	玻璃	4~6	聚四氟乙烯	2.1
橡胶	2.3~4.0	干土壤	3~4	聚苯乙烯	2.6

式(2-76)所给 $\vec{D}$ 与 $\vec{E}$ 的正比关系仅是在弱电场下对常见电介质而言,还有一些电介

质的 $\vec{D}$ 与 $\vec{E}$ 不成正比关系，称为**非线性电介质**。此外，某些电介质的极化情况与外电场的方向有关，$\vec{D}$ 与 $\vec{E}$ 不同方向，这类介质称为**各向异性电介质**。本书只讨论各向同性的线性电介质。

对式（2-75）做任意体积分，再对左边应用散度定理，得

$$\oint_S \vec{D} \cdot \mathrm{d}\vec{S} = \int_\tau \rho \mathrm{d}\tau \tag{2-80}$$

上式称为电介质中高斯定律的积分形式，与式（2-75）的微分形式共同组成了电介质中静电场的第一基本定律。

因为电介质的实际电场可视为分布电荷与极化电荷在真空中共同激励的结果，而由前面的讨论已知，静电荷在真空中产生的电场是保守场，所以电介质中的静电场也必定是保守场。因此有

$$\oint_l \vec{E} \cdot \mathrm{d}\vec{l} = 0 \tag{2-81}$$

和

$$\nabla \times \vec{E} = 0 \quad （\text{或} \ \vec{E} = -\nabla U） \tag{2-82}$$

以上两式分别称为电介质中静电场第二基本定律的积分形式和微分形式。

在电介质的两组基本定律（或称基本方程）中，微分形式只能用在电场和介质参数 ε 连续的点上，而积分形式则可以用在包括介质分界面在内的任意区域。这两组基本方程与真空中的基本方程有完全相同的形式，基本场量的区别仅在于 $\vec{D}$ 与 $\vec{E}$ 是通过 ε 联系的，而真空中是 ε_0，可以认为电介质的极化效应已被包含在 ε 之中了。因此，只要将真空中所有静电场公式中的 ε_0 换成 ε，就可以用来求解均匀无限电介质内的静电场问题，公式中所出现的电荷仍然仅为分布电荷。例如，可以像真空中一样引入电位函数

$$\vec{E} = -\nabla U$$

和

$$U = \int_P^{P_0} \vec{E} \cdot \mathrm{d}\vec{l}$$

并用同样的方法可以推出，均匀电介质中的电位在有分布电荷和无分布电荷区域仍分别满足泊松方程和拉普拉斯方程

$$\nabla^2 U = -\frac{\rho}{\varepsilon} \tag{2-83}$$

$$\nabla^2 U = 0 \tag{2-84}$$

τ' 内的分布体电荷 ρ 在均匀无限电介质空间产生的电位和电场依然为

$$U = \frac{1}{4\pi\varepsilon} \int_{\tau'} \frac{\rho}{R} \mathrm{d}\tau' \tag{2-85}$$

$$\vec{E} = \frac{1}{4\pi\varepsilon} \int_{\tau'} \frac{\rho\vec{R}}{R^3} \mathrm{d}\tau' \tag{2-86}$$

但应注意，上述真空场公式的直接引用一般只适用于无限均匀电介质的情况。对于分区均匀介质和非均匀介质的问题，除了两组基本方程依然与真空场基本方程有相同形式外，其余的导出公式可能不再相同。例如，由电介质的基本方程可以证明，在非均匀介质中，电位函数的泊松方程及拉普拉斯方程不再成立；而对于分区均匀介质的情况，虽然在每一个介质均匀的区域内，式（2-83）或式（2-84）这两个微分方程成立，但由于是有边界的问题，

所以电位和电场的解不能用式（2-85）和式（2-86）表示，此时一般要求解边值问题。

对于非均匀和分区均匀电介质的几种特殊情况，也可以采用如下的简单求解方法。

（1）当场源电荷与电介质参数的分布都具有对称性时，可以利用高斯定律的积分形式求解，其方法和要求与真空时的情况相同。例如，在分层电介质球或无限长分层电介质圆柱中，场源电荷与电容率都是常量或只是坐标 r 的函数的情况。

例 2.13 一无限长圆柱同轴线的内、外导体半径分别为 a 和 b，内外导体之间填充两种均匀电介质材料，$a < r < r_0$ 区域的电容率为 ε_1，$r_0 < r < b$ 区域的电容率为 ε_2，如图 2-27 所示。当内外导体表面上所带的电荷的线密度是 ρ_l 和 $-\rho_l$ 时，试求此同轴线内外导体间电压和两介质分界面 $r = r_0$ 处的极化电荷面密度。

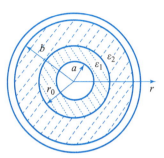

图 2-27　填充两种
电介质的同轴线

解：由场源电荷及介质的对称性可以看出，内外导体之间的电通量密度 $\vec{D}$ 只有 $\hat{r}$ 分量，并且 D 值具有轴对称性。过任意场点 $P(r)$，作一半径为 r、长为 L 的闭合圆柱面，将高斯定律应用到此闭合面上，可得到

$$D = \frac{\rho_l}{2\pi r}$$

根据式（2-77）的关系，可以得到两种电介质中的电场强度

$$\vec{E}_1 = \hat{r}\frac{\rho_l}{2\pi\varepsilon_1 r} \quad (a < r < r_0)$$

$$\vec{E}_2 = \hat{r}\frac{\rho_l}{2\pi\varepsilon_2 r} \quad (r_0 < r < b)$$

内外导体之间的电压为

$$U = \int_a^b \vec{E} \cdot \mathrm{d}\vec{l} = \int_a^{r_0} E_1 \mathrm{d}r + \int_{r_0}^b E_2 \mathrm{d}r = \frac{\rho_l}{2\pi}\left(\frac{1}{\varepsilon_1}\ln\frac{r_0}{a} + \frac{1}{\varepsilon_2}\ln\frac{b}{r_0}\right)$$

由 $\rho_{PS} = \vec{P} \cdot \hat{n} = [\varepsilon_0(\varepsilon_r - 1)\vec{E}] \cdot \hat{n}$ 可得：

在 $r = r_0$ 分界面内侧的介质 1 表面上，$\hat{n} = \hat{r}$，极化电荷面密度为

$$\rho_{PS1} = [\varepsilon_0(\varepsilon_{r1} - 1)E_1\hat{r}] \cdot \hat{r} = \frac{\varepsilon_{r1} - 1}{\varepsilon_{r1}}\frac{\rho_l}{2\pi r_0}$$

在 $r = r_0$ 分界面外侧的介质 2 表面上，$\hat{n} = -\hat{r}$，极化电荷面密度为

$$\rho_{PS2} = [\varepsilon_0(\varepsilon_{r2} - 1)E_2\hat{r}] \cdot (-\hat{r}) = -\frac{\varepsilon_{r2} - 1}{\varepsilon_{r2}}\frac{\rho_l}{2\pi r_0}$$

分界面上的总极化电荷面密度为以上两者的代数和，即

$$\rho_{PS} = \rho_{PS1} + \rho_{PS2} = \frac{\rho_l}{2\pi r_0}\left(\frac{\varepsilon_{r1} - 1}{\varepsilon_{r1}} - \frac{\varepsilon_{r2} - 1}{\varepsilon_{r2}}\right)$$

$$= \frac{\rho_l}{2\pi r_0}\left[\frac{1}{\varepsilon_{r2}} - \frac{1}{\varepsilon_{r1}}\right]$$

（2）如果已知空间所有的电荷分布，包括各种分布电荷与极化电荷，则可以利用无限

空间真空场的公式计算任意点的电场和电位，例如

$$\vec{E} = \frac{1}{4\pi\varepsilon_0} \int_{\tau_\infty} \frac{\rho_\Sigma \vec{R}}{R^3} d\tau \tag{2-87}$$

$$U = \frac{1}{4\pi\varepsilon_0} \int_{\tau_\infty} \frac{\rho_\Sigma}{R} d\tau \tag{2-88}$$

式中的 ρ_Σ 表示包括极化电荷在内的所有电荷，而 ε_0 则表明有电介质存在时的任意点电场，实质上是分布电荷与极化电荷这两类电荷在真空中产生的电场之和。

（3）当均匀电介质充满无限空间或以闭合导体面为边界，中间存在着若干个导体时，若分布电荷仅以面密度的形式带在各导体的表面上，则电介质内任意点的电场和电位可以按无限电介质空间的公式计算，即

$$\vec{E} = \sum_{i=1}^{N} \frac{1}{4\pi\varepsilon} \oint_{S_i} \frac{\rho_{S_i} \vec{R}_i}{R_i^3} dS_i \tag{2-89}$$

$$U = \sum_{i=1}^{N} \frac{1}{4\pi\varepsilon} \oint_{S_i} \frac{\rho_{S_i}}{R_i} dS_i \tag{2-90}$$

这种情况的根据将通过以后的例题加以证明。

例 2.14 推导电介质内一点上极化电荷体密度 ρ_P 与分布电荷体密度 ρ 的关系，并讨论之。

解：将 $\vec{D} = \varepsilon_0 \vec{E} + \vec{P}$ 代入高斯定律的微分形式，得

$$\nabla \cdot (\varepsilon_0 \vec{E} + \vec{P}) = \rho$$

整理得

$$-\nabla \cdot \vec{P} = \nabla \cdot \left(\frac{\varepsilon \vec{E}}{\varepsilon_r} \right) - \rho$$

根据 $\rho_P = -\nabla \cdot \vec{P}$，$\vec{D} = \varepsilon \vec{E}$ 和 $\nabla \cdot \vec{D} = \rho$，可得

$$\rho_P = -\nabla \cdot \vec{P} = \nabla \cdot \left(\frac{\vec{D}}{\varepsilon_r} \right) - \rho = \frac{\nabla \cdot \vec{D}}{\varepsilon_r} + \nabla \left(\frac{1}{\varepsilon_r} \right) \cdot \vec{D} - \rho = \frac{1-\varepsilon_r}{\varepsilon_r} \rho + \nabla \left(\frac{1}{\varepsilon_r} \right) \cdot \vec{D}$$

$$\tag{2-91}$$

对于均匀电介质，ε_r 是常数，故结果的第二项为零，得

$$\rho_P = \frac{1-\varepsilon_r}{\varepsilon_r} \rho = -\frac{\varepsilon_r - 1}{\varepsilon_r} \rho \tag{2-92}$$

上面结果表明，均匀电介质中的极化体电荷总是与分布体电荷共存的，并且由于一般有 $\varepsilon_r > 1$，所以一点上的极化体电荷密度总是与该点的分布体电荷密度符号相反。但对于非均匀电介质，ε_r 是坐标的函数，$\nabla(1/\varepsilon_r)$ 可以不等于零，因此在没有分布电荷的点上，仍然可能存在极化电荷。

三、电介质分界面上的边界条件

实际中所遇到的静电场问题很多都属于分区介质的情况。在两种电介质的分界面上，电容率的不连续使界面上出现极化面电荷，从而导致界面两侧电场强度的突变。分界面两侧的场量关系可以由基本方程的积分形式导出，这些关系称为分界面的**边界条件**。边界条件与场的基本方程相当，是基本方程在边界面上的表述形式。对于求解分区介质问题，边界条件是

必不可少的。

图 2-28 表示电容率为 ε_1 和 ε_2 的两种电介质的
分界面，规定界面的法线单位矢量 $\hat{n}$ 是由 2 区指向 1
区的。假设分界面两侧的电通量密度分别为 $\vec{D_1}$ 和 $\vec{D_2}$，
作一扁平圆柱状小闭合面，圆柱的上底面和下底面分
别位于分界面的两侧并且与分界面平行。设上、下底
面的面积均为 ΔS，闭合面所包围的电荷为 ΔQ。将高
斯定律积分形式应用在此闭合面上，然后令圆柱的高
度趋于零。对有限值的电通量密度，从圆柱侧面通过
的电通量随圆柱高度趋于零而为零，上、下底面的场
点趋于分界面两侧，于是得到

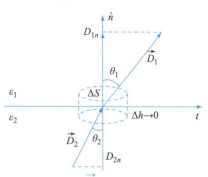

图 2-28　$\vec{D}$ 的法向边界条件

$$\vec{D_1} \cdot \hat{n} \Delta S - \vec{D_2} \cdot \hat{n} \Delta S = \Delta Q$$

当圆柱体的高度趋于零时，闭合面内所包围的体分布电荷亦随之趋于零，而只可能包含分界
面上的面分布电荷 ρ_S。将 $\Delta Q = \rho_S \Delta S$ 代入上式，得

$$\hat{n} \cdot (\vec{D_1} - \vec{D_2}) = \rho_S \qquad (2-93\text{a})$$

或写成

$$D_{1n} - D_{2n} = \rho_S \qquad (2-93\text{b})$$

上式称为两种电介质分界面上电通量密度法向分量的边界条件，它说明了电通量密度法向分
量在分界面上的不连续量等于界面上的分布电荷面密度。如果界面上没有自由面电荷，则式
（2-93b）变为

$$D_{1n} = D_{2n} \qquad (2-94)$$

此时电通量密度的法向分量在界面上是连续的。根据 $D_n = \varepsilon E_n$ 和 $\varepsilon_1 \neq \varepsilon_2$，由上式可得到

$$E_{1n} \neq E_{2n}$$

电场强度法向分量的不连续是由界面上的极化面电荷引起的。

运用静电场的第二基本方程，可以推导出分界面的另
外一个边界条件。在分界面的任意截面中作一狭长的矩形
回路 $abcd$，它的 ab 边和 cd 边分别在分界面两侧且与分介
面平行，如图 2-29 所示。设 $ab = cd = \Delta l$，分界面两侧的
电场强度为 $\vec{E_1}$ 和 $\vec{E_2}$。将静电场环路定理表达式（2-
81）应用在此回路上，然后令回路的窄边 bc 和 da 趋于
零。对有限值的电场强度，窄边上的积分随边长趋于零
而趋于零，长边上的场点趋于分界面的两侧，于是得到

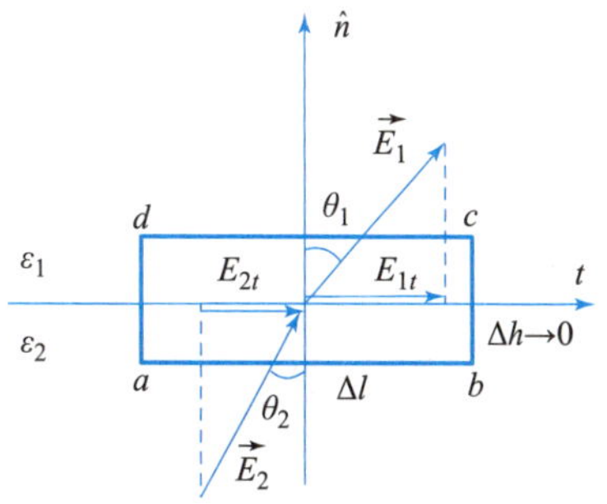

$$\oint_l \vec{E} \cdot \mathrm{d} \vec{l} = E_{1t} \Delta l - E_{2t} \Delta l = 0$$

图 2-29　$\vec{E}$ 的切向边界条件

由此可得

$$E_{1t} - E_{2t} = 0 \qquad (2-95\text{a})$$

或写成

$$\hat{n} \times (\vec{E_1} - \vec{E_2}) = 0 \qquad (2-95\text{b})$$

上式称为两种电介质分界面上电场强度切向分量的边界条件，它说明电场强度的切向分量在
分界面上是连续的。

由上面的切向、法向边界条件可知，电场强度矢量在通过介质分界面时一般要发生变化。若界面上不存在面分布电荷，则电场强度的方向变化取决于两侧介质的电容率。假设 $\vec{E}_1$ 和 $\vec{E}_2$ 与分界面法矢 $\hat{n}$ 的交角分别为 θ_1 和 θ_2，如图 2−29 所示，式（2−94）和式（2−95a）可以写成

$$D_1\cos\theta_1 = D_2\cos\theta_2$$

$$E_1\sin\theta_1 = E_2\sin\theta_2$$

以上两式相除，并将 $\vec{D}_1 = \varepsilon_1\vec{E}_1$ 和 $\vec{D}_2 = \varepsilon_2\vec{E}_2$ 代入，得到

$$\frac{\tan\theta_1}{\tan\theta_2} = \frac{\varepsilon_1}{\varepsilon_2} \tag{2−96}$$

可见，只要 $\varepsilon_1 \neq \varepsilon_2$，则界面两侧的电场必然不同。

分界面上的边界条件也可以用电位关系表达，将 $D_n = \varepsilon E_n = -\varepsilon(\partial U/\partial n)$ 代入式（2−93），得

$$-\varepsilon_1\frac{\partial U_1}{\partial n} + \varepsilon_2\frac{\partial U_2}{\partial n} = \rho_s \tag{2−97}$$

当 $\rho_s = 0$ 时，上式变成

$$\varepsilon_1\frac{\partial U_1}{\partial n} = \varepsilon_2\frac{\partial U_2}{\partial n} \tag{2−98}$$

以上两式是用电位法向导数表达的边界条件。此外，因分界面两侧的电场值是有限的，当两侧场点间的距离趋于零时，其电位差亦应趋于零，由此可得到用两侧电位值表达的另一边界条件

$$U_1 = U_2 \tag{2−99}$$

例2.15 已知相对电容率为 $\varepsilon_{r1}=2$ 和 $\varepsilon_{r2}=4$ 的两种电介质以 xy 平面为分界面，分界面上带有 $\rho_s = 3\,|\,\varepsilon_0\,|\,C/m^2$ 的面电荷。已知第 1 种电介质中的电场为 $\vec{E}_1 = 3\hat{y} + 6\hat{z}\,(V/m)$，求第 2 种电介质中电场强度。

解： 在本题中，分界面的法矢为 $\hat{n} = \hat{z}$，所以有

$$E_{1t} = E_{1y} = 3$$

$$D_{1n} = D_{1z} = \varepsilon_0\varepsilon_{r1}E_{1z} = 12\,|\,\varepsilon_0\,|$$

根据边界条件得

$$E_{2y} = E_{1y} = 3$$

$$D_{2z} = D_{1z} - \rho_s = 9\,|\,\varepsilon_0\,|$$

$$E_{2z} = \frac{D_{2z}}{\varepsilon_0\varepsilon_{r2}} = \frac{9}{4}$$

2 区的电场强度矢量为

$$\vec{E}_2 = \hat{y}E_{2y} + \hat{z}E_{2z} = 3\hat{y} + \frac{9}{4}\hat{z}\,(V/m)$$

§2.11　静电场中的导体

一、导体的静电平衡和边界条件

导体是指内部含有大量能自由运动的电荷（如金属中的自由电子和导电液体中的正、

负离子等）的一类物质。导体在静电场中的一个重要特征是其内部的电场恒等于零，即

$$\vec{E}_{in} \equiv 0 \qquad\qquad (2-100)$$

因为，若导体内有电场，其内部自由电荷就会在电场力的作用下发生宏观定向运动而形成电流。在静电场中，处于稳定状态的导体内部是不存在电流的，这表明导体内没有电场，我们称此时导体处于**静电平衡**状态。

应该明确，导体被放入外电场的初始时刻，其内部是存在电场的。在此电场力的作用下，导体内的正电荷沿电场或负电荷逆电场向表面运动，这些分离电荷所产生的电场与原来外场的方向相反，使导体内的总电场受到削弱，这个过程一直进行到导体内的总电场变成零为止。此时，导体内的电荷运动亦随之停止，达到静电平衡状态。对于金属类的良好导体，静电平衡状态一般是在极短时间内完成的。以铜为例，电场降低到原值 $1/e$ 的时间（称作弛豫时间）大约只需 10^{-19} s。

外电场使导体内部电荷趋于表面的现象称为**静电感应**。静电感应能使原来不带电的导体的一部分表面带有过剩的正电荷，而另一部分表面带有等值的负电荷，这些表面电荷称为**感应电荷**。感应电荷属于自由电荷，或者说是一种分布电荷，它与电介质中受束缚的极化电荷是不同的。

静电平衡下的导体内部一定没有净电荷，即

$$\rho_{in} \equiv 0 \qquad\qquad (2-101)$$

因为，若导体内部有净电荷，则电荷周围就一定有电场，这与导体内部电场恒为零的结论相矛盾。因此在静电场中，导体所带的电荷只能分布在表面上。导体的表面电荷（包括感应电荷和充电电荷）在导体外部产生电场，这个电场与外部源所产生的电场之和构成了导体外的总电场，这个总电场一般不为零。

对于导体内部没有电场和电荷的结论，应该注意它们的前提条件。首先，我们所讲的电场和电荷都是针对"宏观点"而言的，即某物理点体积元内电场或电荷的平均值，至于微观的点，例如导体内某个原子内部的点，其电场与电荷当然可以不为零。其次，导体内的自由电荷除了电场力之外不受其他力（如化学反应所引起的非静电力等）的作用，否则即使导体内无电流，但内部电场仍可能不为零。例如对开路的干电池，其碳芯内无电流，但静电场不为零。此时导体碳芯内的自由电荷同时受静电力和化学力的作用，两者的合力为零，故电荷不运动。

导体可以看作是电介质的一个特例，其表面外侧的电场可由电介质的边界条件确定。设 2 区为导体，1 区为真空或电介质，由式（2-93）和式（2-95）中 $\vec{D}_2$ 和 $\vec{E}_2$ 等于零，可得到导体外侧 $\vec{E}$ 和 $\vec{D}$ 的边界条件

$$\hat{n} \times \vec{E} = 0 \qquad\qquad (2-102)$$
$$\hat{n} \cdot \vec{D} = \rho_s \qquad\qquad (2-103)$$

式（2-102）称为导体表面电场强度切向边界条件，它说明导体表面外侧电场强度的切线分量恒等于零，电场强度矢量一定垂直于导体表面，该式又可以写成标量形式

$$E_t = 0 \qquad\qquad (2-104)$$

式（2-103）称作导体表面电通量密度法向边界条件，由 $\vec{D} = \varepsilon\vec{E}$ 及式（2-104）可知，导体外侧的电通量密度矢量也与导体表面垂直，其模值等于该点的电荷面密度，写成标量形式为

$$D = \pm \rho_S \qquad (2-105)$$

在 $\rho_S < 0$ 的表面点处，电场矢量垂直指向导体；$\rho_S > 0$ 处，电场矢量从导体表面垂直向外，如图 2-30 所示。

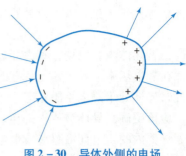

导体表面的边界条件也可以用电位表达。由于导体表面上 $E_t = 0$，所以表面上任意两点间的电位差等于零，导体表面是一个等电位面

$$U_S = C \qquad (2-106)$$

由于导体内部的电场恒等于零，所以其各点的电位相同且等于表面电位，导体是一个等电位体。

图 2-30　导体外侧的电场

由导体内部等电位的结论可知，式（2-97）中 $\varepsilon_2(\partial U_2 / \partial n)$ 项为零，可得到导体表面电位所满足的另一边界条件

$$\frac{\partial U}{\partial n} = -\frac{\rho_S}{\varepsilon} \qquad (2-107)$$

例 2.16　试证明在导体与电介质分界面的一点上，极化电荷面密度与分布电荷面密度满足如下关系

$$\rho_{PS} = \left(\frac{1}{\varepsilon_r} - 1\right)\rho_S \qquad (2-108)$$

证明：在分界面上，若设导体表面的法矢为 $\hat{n}$，则电介质表面的法矢为 $-\hat{n}$。由式（2-70）得

$$\rho_{PS} = (-\hat{n}) \cdot \vec{P} = (-\hat{n}) \cdot (\vec{D} - \varepsilon_0 \vec{E}) = -\hat{n} \cdot \vec{D}\left(1 - \frac{\varepsilon_0}{\varepsilon}\right) = -\hat{n} \cdot \vec{D}\left(1 - \frac{1}{\varepsilon_r}\right)$$

将式（2-103）代入上式，得

$$\rho_{PS} = -\rho_S\left(1 - \frac{1}{\varepsilon_r}\right) = \left(\frac{1}{\varepsilon_r} - 1\right)\rho_S$$

对一般电介质有 $\varepsilon_r > 1$，所以 ρ_{PS} 与 ρ_S 符号相反，极化面电荷起着削弱外侧电场的作用。

应当明确，静电平衡时导体内部的电场恒等于零，并不是说场源电荷在导体内不产生电场，而只是所有电荷（包括外源电荷、感应电荷和极化电荷）在导体内部产生的电场相互抵销，其矢量和为零。同理，在边界条件式（2-105）中，导体表面上的电荷面密度与导体外侧的电通量密度模值相等，并不等于该点电场只是由该点电荷产生的，这种等量关系也是空间所有电荷共同作用的结果。当外源电荷发生改变时，同时影响导体表面上的电荷分布与外侧电场，但这两者间的等量关系仍然成立。

作为特例，当空间只有一个表面带有电荷的**孤立导体**（或其他带电体远离此导体，电场作用可以忽略）时，该导体表面上的电荷分布取决于导体的形状。一般来讲，在曲率较大的尖锐部位，电荷密度也大；曲率较小的平坦部位，电荷密度也较小；而负曲率的凹进部分，电荷密度最小。此外，若导体形状是对称的，则电荷分布也将是对称的。上述结论可以通过如图 2-31 所示的实验来验证，用悬在丝线下的带电通草小球靠近带

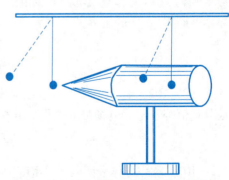

图 2-31　孤立带电导体电荷分布的验证

同种电荷的孤立导体，小球因受斥力而张开一个角度，通过张角的大小就可以判断导体表面电荷密度的大小。

当尖端上的电荷过多时，会引起尖端放电现象，这种现象可以这样来解释：由于尖端上面电荷密度很大，所以它周围的电场很强。那里空气中散存的带电粒子（如电子或离子）在这种强电场的作用下做加速运动时就可能获得足够大的能量，以致它们和空气分子碰撞时，能使后者离解成电子和离子。这些新的电子和离子与其他空气分子相碰，又能产生新的带电粒子。这样，就会产生大量的带电粒子。与尖端上电荷异号的带电粒子受尖端电荷的吸引，飞向尖端，使尖端上的电荷被中和掉；与尖端上电荷同号的带电粒子受到排斥而从尖端附近飞开。图 2 – 32 从外表上看，就好像尖端上的电荷被"喷射"出来放掉一样，所以叫作**尖端放电**。

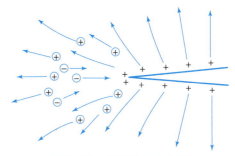

图 2 – 32　尖端放电示意图

在高压电器设备中，为了防止因尖端放电而引起的危险和漏电造成的损失，输电线的表面应是光滑的。具有高电压的零部件的表面也必须做得十分光滑并尽可能做成球面。与此相反，在很多情况下，人们还利用尖端放电。例如，火花放电设备的电极往往做成尖端形状，避雷针也是利用尖端的缓慢放电而避免"雷击"（雷击实际上是天空中大量异号电荷急剧中和所产生的恶果）。

二、有导体存在时静电场的分析与计算

当场空间内存在导体时，电场在导体上激励出感应电荷，而这些感应电荷又会反过来影响电场，这种电场与电荷分布的相互作用，使确定电荷分布的工作变得十分复杂。因此，在一般求解这类问题时，都是将导体表面作为区域的一部分边界，求解电位的 Poison 方程或 Laplace 方程，即解边值问题。但对于特殊的情况，也有一些简单的解法。

例2.17　有一块面积为 S 的大金属平板 A，带正电荷 Q，在其近旁放置另一块原来不带电荷的大金属平板 B。求静电平衡后金属板上的电荷分布和周围空间的电场分布。如果把第二块金属板接地，情况又如何？（忽略金属板的边缘效应）

解：由于静电平衡时导体内部无静电荷，所有电荷只能分布在两金属板的表面上。不考虑边缘效应，每一个表面上的电荷应是均匀分布的。设 4 个表面上的电荷面密度分别为 ρ_{S_1}、ρ_{S_2}、ρ_{S_3} 和 ρ_{S_4}，如图 2 – 33 所示。由题中所给条件可知

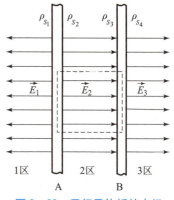

$$\rho_{S_1} + \rho_{S_2} = \frac{Q}{S} \tag{1}$$

$$\rho_{S_3} + \rho_{S_4} = 0 \tag{2}$$

选取一个两底面分别在两个金属板内而侧面垂直于板面的柱状封闭面作为高斯面 S_0，若高斯面的底面面积为 ΔS，则有

图 2 – 33　平行导体板的电场

$$\oint_{S_0} \vec{D} \cdot d\vec{S} = \rho_{S_2} \Delta S + \rho_{S_3} \Delta S$$

因导体内部的电场恒为零，所以高斯面左、右底面的电通量为零，又因两金属板间的电场与高斯面的侧面平行，无电通量从侧面穿出，故整个高斯面的电通量等于零。因此由上式可以得到

$$\rho_{S_2} + \rho_{S_3} = 0 \tag{3}$$

在 B 板内任取一点 P，P 点的电场应该是 4 个带电面的电场的叠加，且等于零。由例 2.3 可知，一个无限大电荷面产生的电场为

$$\vec{E} = \pm \frac{\rho_S}{2\varepsilon_0} \hat{n}$$

其中，场点与法矢在电荷面的同侧时取"＋"，异侧时取"－"。因此有

$$E_P = \frac{\rho_{S_1}}{2\varepsilon_0} + \frac{\rho_{S_2}}{2\varepsilon_0} + \frac{\rho_{S_3}}{2\varepsilon_0} - \frac{\rho_{S_4}}{2\varepsilon_0} = 0 \tag{4}$$

联立求解方程（1）~（4）得

$$\rho_{S_1} = \rho_{S_2} = \rho_{S_4} = \frac{Q}{2S}, \quad \rho_{S_3} = -\frac{Q}{2S}$$

各区域内的电场都是均匀场，由导体的边界条件

$$\vec{E} = \frac{\rho_S}{\varepsilon_0} \hat{n}$$

可以得到 1、2、3 各区域的电场强度分别为

$$\vec{E}_1 = -\frac{Q}{2S\varepsilon_0} \hat{x}, \quad \vec{E}_2 = \vec{E}_3 = \frac{Q}{2S\varepsilon_0} \hat{x}$$

式中，$\hat{x}$ 是指向右方的单位矢量。

如果将 B 板接地（从字面的含义，接地是指与大地相连接，因为地平面延伸至无穷远，所以接地也意味着与无穷远相连接。但接地的另一种含义，也可以说其本质的含义是指与零电位点连接。当零电位参考点选在大地或无穷远时，上述两种含义是统一的，否则应该是指后一种意义。在一个给定的问题中，应根据具体情况来判别接地的实际含义。），则 B 板右侧表面上的电荷必须为零。因为如果此面上存在电荷，这些电荷必然要发出电力线。由电力线在无电荷处不中断的性质，并且 B 板为无穷大，这些电力线只能终止于大地（即无穷远），又因为沿电力线的电位是不断下降的，因此会出现 B 板电位高于大地电位，与接地的条件矛盾。可见，要满足 B 板接地的已知条件，其右侧表面的电荷必须等于零。此时仿照前面的分析方法，或直接令 $\rho_{S_4} = 0$，得到

$$\rho_{S_1} + \rho_{S_2} = \frac{Q}{S}$$
$$\rho_{S_2} + \rho_{S_3} = 0$$
$$\rho_{S_1} + \rho_{S_2} + \rho_{S_3} = 0$$

联立求解上面三式，得到

$$\rho_{S_1} = 0, \quad \rho_{S_2} = \frac{Q}{S}, \quad \rho_{S_3} = -\frac{Q}{S}$$

此时两块导体上的电荷分布与 B 板未接地时相比都发生了变化，这一变化是负电荷通过接

地线从大地流入 B 板的结果。这些负电荷的总电量是 $-Q$，一半中和了 B 板右表面的原有正电荷，另一半添加到 B 板左表面，使其总电量变成 $-Q$，同时将 A 板的电荷 Q 全部吸引到右表面，形成上面的分布，只有这样才能达到两导体内部电场为零的静电平衡状态。

例 2.18　一个半径为 a 的金属球带电荷 Q_1，在它外面有一个同心的金属球壳 B，其内、外半径分别为 b 和 c，带有电荷 Q，如图 2-34 所示。试求任意点的电场和电位，以及内球与球壳之间的电位差。如果用导线将内球和球壳连接一下，结果又将如何？

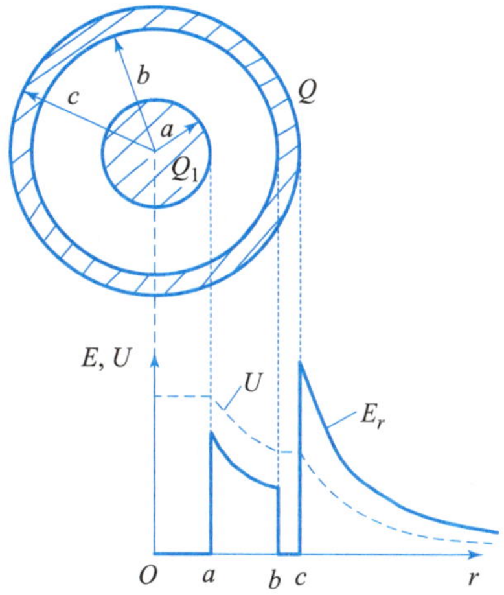

解：在 $r < a$ 和 $b < r < c$ 两个区域的导体内部，电场为零。由对称性可知，每个导体表面上的电荷应均匀分布。设 $r = b$ 的球壳内表面上带有电荷 Q_2，$r = c$ 的球壳外表面上带有电荷 Q_3，则有

$$Q_2 + Q_3 = Q$$

在球壳的导体内作一个包围内腔的闭合面，利用高斯定律和导体内电场为零的概念可以得到

$$Q_1 + Q_2 = 0$$

图 2-34　带电导体球壳的电场与电位

由以上两式解得

$$Q_2 = -Q_1$$
$$Q_3 = Q + Q_1$$

由以上的电荷分布，利用高斯定律容易求得电场分布

$$\vec{E}_1 = \frac{Q_1}{4\pi\varepsilon_0 r^2}\hat{r} \quad (a < r < b)$$

$$\vec{E}_2 = \frac{Q_1 + Q}{4\pi\varepsilon_0 r^2}\hat{r} \quad (r > c)$$

$b < r < c$ 区域的电位为

$$U_1 = \int_r^b E_1 dr + \int_c^\infty E_2 dr = \frac{Q_1}{4\pi\varepsilon_0}\left(\frac{1}{r} - \frac{1}{b}\right) + \frac{Q_1 + Q}{4\pi\varepsilon_0 c}$$

$r > c$ 区域的电位为

$$U_2 = \int_r^\infty E_2 dr = \frac{Q_1 + Q}{4\pi\varepsilon_0 r}$$

壳外电位与一个球心处电量为 $Q_1 + Q$ 的点电荷的电位相同。

内球与球壳间的电位差为

$$U_{ab} = \int_a^b E_1 dr = \frac{Q_1}{4\pi\varepsilon_0}\left(\frac{1}{a} - \frac{1}{b}\right)$$

如果用导线将内球与外壳连接一下，$r = b$ 面上的电荷 $-Q_1$ 将流向内球，与内球表面上的电荷 Q_1 中和，使这两个表面都不再带电荷，两表面之间的电场和电位差均变为零。此时，$r = c$ 面上的电荷仍保持为 $Q_1 + Q$ 且均匀分布，$r > c$ 区域的电场和电位分布与原来相同；而 $r < c$ 的球域则变成一个电场为零的等电位区域，其任意点的电位均为

$$U = \frac{Q_1 + Q}{4\pi\varepsilon_0 c}$$

例 2.19 试证明：当均匀电介质充满无限空间或以闭合导体面为边界，中间存在着若干个导体时，若分布电荷仅以面密度的形式带在各导体的表面上，则电介质内任意点的电场可以按无限电介质空间的公式计算，即

$$\vec{E} = \sum_{i=1}^{N} \frac{1}{4\pi\varepsilon_i} \oint_{S_i} \frac{\rho_{S_i}\vec{R}_i}{R_i^3} dS_i \tag{2-109}$$

证明： 由本章前面的讨论可知，无论场空间存在任何介质或导体，其实际的电场都可以看成是空间各类电荷（包括分布电荷、极化电荷在内的所有电荷）分别产生的真空场的叠加。在均匀电介质中，由例 2.14 的结果知道，极化体电荷仅存在于分布体电荷不为零的点上，由本题体分布电荷 $\rho \equiv 0$ 的已知条件，有

$$\rho_P = \left(\frac{1}{\varepsilon_r} - 1\right)\rho = 0$$

可见，本命题的实际电场应等于所有面电荷的真空场叠加，即

$$\vec{E} = \sum_{i=1}^{N} \frac{1}{4\pi\varepsilon_0} \oint_{S_i} \frac{\rho_{S_i\Sigma}\vec{R}_i}{R_i^3} dS_i$$

其中的 $\rho_{S_i\Sigma}$ 是第 i 个导体界面上的分布电荷与极化电荷之和，再由例 2.16 的结果，有

$$\rho_{S_i\Sigma} = \rho_{S_i} + \rho_{PS_i} = \rho_{S_i} + \left(\frac{1}{\varepsilon_r} - 1\right)\rho_{S_i} = \frac{\rho_{S_i}}{\varepsilon_r}$$

代入上式，得

$$\vec{E} = \sum_{i=1}^{N} \frac{1}{4\pi\varepsilon_0} \oint_{S_i} \frac{\frac{\rho_{S_i}}{\varepsilon_r}\vec{R}_i}{R_i^3} dS_i = \sum_{i=1}^{N} \frac{1}{4\pi\varepsilon_0\varepsilon_r} \oint_{S_i} \frac{\rho_{S_i}\vec{R}_i}{R_i^3} dS_i$$

$$= \sum_{i=1}^{N} \frac{1}{4\pi\varepsilon} \oint_{S_i} \frac{\rho_{S_i}\vec{R}_i}{R_i^3} dS_i$$

命题得证。

三、静电屏蔽

从前面的分析看到，把导体引入静电场后，导体上的原有电荷及感应电荷将重新分布而使电场发生改变。利用这一性质，可根据应用需求，人为地选择导体形状来改造电场。利用导体空壳来隔断其内外电场的相互影响就是这一性质的应用，一般称之为**静电屏蔽**。下面分几个区域介绍静电屏蔽的原理和结论。

1. 导体壳内空间的电场

（1）若壳内空间无分布电荷，如图 2-35 所示，无论壳外的电荷与电场如何分布，壳内空间电场恒等于零，壳内壁上的表面电荷密度亦恒等于零，即

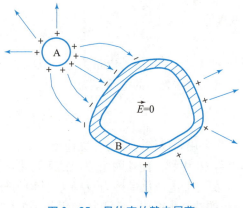

图 2-35 导体壳的静电屏蔽

$$\vec{E}_1 = 0, \quad \rho_{S1} = 0$$

上述结论可以用验电器进行实验验证，也可以从理论上做如下简要证明：

在无电荷的壳内区域，静电位满足 Laplace 方程 $\nabla^2 U = 0$，即壳内的电位函数 U 是一个调和函数。该区域以导体壳为边界，边界值应为同一常数 C，由边界值为常数的调和函数在区域内恒为该常数的性质可知，壳内的电位是与导体壳电位相同的常数，即 $U_1 = C$。在等电位空间内，电场必为零。又由导体的边界条件

$$\vec{E} = \frac{\rho_S}{\varepsilon}\hat{n}$$

和电场为零的结论，可以得到壳内表面的电荷面密度恒等于零的结果。

这里要再一次强调，$\vec{E}_1 \equiv 0$ 并不是说壳外电荷不在壳内空间产生电场，而是表明壳外分布电荷与壳外壁上的感应电荷在壳内空间产生的电场之和为零。当壳外分布电荷的位置变化时，壳外表面的感应电荷也会相应改变，但它们在壳内空间产生的电场之和仍保持为零。

（2）若壳内空间有电荷，则必然在电荷周围出现电场，壳的内壁也会出现面电荷。由数理方程的知识可以证明，此时壳内电场及内表面电荷 ρ_{S1} 的分布，只取决于壳内带电体的电荷分布及内壁的形状，而与壳外的电场、电荷及外壁形状无关。

这个结论可以做如下的定性解释：壳外电荷对壳内电场及电荷分布的影响必须通过电场来传递，但由于壳导体中的电场恒等于零，这相当于在壳的内外之间形成了一个切断电场力传递的"隔离带"，壳外电荷对壳内的电场及电荷失去控制，从而使得壳内的场与壳外无关。

综合以上两点，无论封闭导体壳的内部有无电荷，壳外的电荷与电场均对壳内空间的电场无影响，这正是应用静电屏蔽时所需求的。

2. 导体壳外的电场

（1）若壳外空间无分布电荷，我们首先分析导体壳不接地的情况。设导体壳本身不带净电荷，壳内空间有一个正的点电荷 q。在导体内作一个高斯面包围空腔，用高斯定律和导体内电场为零的概念容易证明，壳内壁上应存在着总电量为 $-q$ 的面电荷（可以视为点电荷 q 所激励出的感应电荷）。又因为导体壳本身不带净电荷，所以壳的外表面必带有总电量为 q 的电荷（另一部分感应电荷）。此时壳外空间的电场是不为零的，这个电场实质上是由点电荷 q、内壁面电荷 $-q$ 和外壁面电荷 q 共同产生的，但点电荷 q 与内壁面电荷 $-q$ 在壳外产生的场处处抵销。因此，在讨论壳外电场时，可以将壳外表面所包围的区域视为一个实心的导体，计算电场时只需考虑壳外壁上电荷 q 的分布。可见，此种情况壳外的电场仅取决于电量 q 和壳外表面的形状。

如果将导体壳与地相连接，则壳外壁上的面电荷 q 必须全部流入大地，否则这些电荷所发出的电力线将与导体壳接地的条件矛盾。此时壳外无任何电荷，故壳外的电场为零，即

$$\vec{E}_2 = 0$$

这表明，如果要使自己的仪器设备不影响他人，不泄漏信息，应将其放置在一个接地的封闭导体壳之内。

（2）当壳外空间有分布电荷时，无论壳内有无电荷或导体是否接地，壳外一般总是有电场的。若导体壳不接地，壳内电荷对壳外电场的贡献如前所述，只是将与其总电量 q 相等

的感应电荷提供到壳外表面上，至于这些电荷如何分布，则完全取决于外部的状态。此时的壳外电场由壳外电荷分布、壳外表面形状和壳内的电荷总量 q 共同决定。若导体壳接地，根据前面的分析，外表面上的感应电荷 q 将全部流入地。但必须注意，此时外表面上的电荷面密度却不一定为零，因为壳外的分布电荷产生的电场是要在外表面上激励感应电荷的，这部分感应电荷的多少和分布取决于外部电荷的分布及外表面的形状，而与壳内情况无关。

将上面的所有性质做简单归纳：当导体壳不接地时，壳外电荷不影响壳内电场，壳内的电荷将向外表面提供感应电荷而影响壳外电场；当导体壳接地时，内部与外部的电场完全隔离，讨论其一时，可以将另一部分作为实心导体对待。

导体壳的屏蔽效应在电工和电子技术中有广泛的应用，并且对于直流电和交流电磁场也可以产生相同的屏蔽效果。为了节省材料，有时也用金属网罩代替导体壳，如精密测量时所用的屏蔽室和高压输电工人穿的屏蔽服等。

§2.12　电场能量与静电力

电场能量是电场物质性的主要特征，它的直观表现是对场中的带电体具有作用力，凡有电场的地方，一定有对应的电场能量。

一、电场能量

电场中储存的电场能量来源于场源电荷系统建立过程中的功能转换。在电荷系统的始建过程中，为了克服库仑力的作用使电荷得到最终分布的确定位置，必须有外源做功。如果只计算外源在系统建立过程中克服电荷库仑力方面的做功，而不涉及热损耗和辐射损耗等因素，根据能量守恒定律，外源所做的这部分功应全部转化为该电场所具有的能量而储存在电场空间内。如果以 W_e 表示某电场系统的电场能量，用 A_s 表示场源电荷系统建立过程中外源克服库仑力做的总功，则必定有

$$W_e = A_s \tag{2-110}$$

因电场能量仅由其场源电荷系统的最终电荷分布决定，所以建立过程中外源做的总功也必然只取决于电荷的最终分布，而与电荷系统的建立过程和方式无关。因此，在计算外源做功时，可以根据方便和需要来任意假设电荷系统的建立过程。下面首先讨论电荷以体密度 ρ 分布在区域 τ 内这种最一般形式的电场系统的能量，场源以点、线、面电荷分布的情况可由此一般形式的结果导出。

假设在该电荷系统建立过程中，τ 内各点的电荷密度是从零开始同步增长的。如果电荷密度的最终分布为 $\rho(\vec{r})$，后面简记作 ρ，同步增长是指在某点 $\vec{r}_0$ 处电荷密度达到 $\rho_t(\vec{r}_0) = k\rho(\vec{r}_0)$ 的 t 时刻，τ 内所有点上的电荷密度均满足 $\rho_t(\vec{r}) = k\rho(\vec{r})$，其中 $0 \leqslant k \leqslant 1$，是一个表示电荷系统建立过程的参量，$k=0$ 和 $k=1$ 分别表示建立开始和结束。由电位与电荷之间的线性关系可知，空间电位分布的增长也是同步的。在 t 时刻的电位为 $U_t(\vec{r}) = kU(\vec{r})$，其中 $U(\vec{r})$ 表示最终的电位分布，后面也简记作 U。

根据电位的物理意义，一点上的电位值等于外力把单位电荷从无穷远移至该点所做的功，在电荷密度由 $k\rho$ 增加到 $(k + \mathrm{d}k)\rho$ 的小过程 Δt 的时间内，外源对 τ 内某体积元 $\mathrm{d}\tau$ 所做

的功可以表示为

$$\left[\Delta Q_{t+\Delta t} - \Delta Q_t\right]U_t = \left[(k+dk)\rho d\tau - k\rho d\tau\right](kU) = kdk(\rho U d\tau)$$

在 Δt 时间内，外源对源区域 τ 所做的功为上式的体积分

$$kdk\int_{\tau}\rho U d\tau$$

对于电荷密度从零增长到终值 ρ 的系统建立全过程，k 从 0 变到 1，外源所做的总功为

$$A_S = \int_0^1 kdk\int_{\tau}\rho U d\tau = \frac{1}{2}\int_{\tau}\rho U d\tau$$

根据能量守恒定律，外源所做的功全部转化为该电荷系统的电场能 W_e，因此有

$$W_e = \frac{1}{2}\int_{\tau}\rho U d\tau \tag{2-111}$$

当已知某电荷系统的电荷分布 ρ 和电荷区域内的电位 U，利用上式可计算该系统的电场能量。

上式适用于场源电荷以体密度分布的一般情况，对系统电荷分布在 N 个导体 S_1、S_2、$\cdots$、S_N 表面上的特殊情况，式（2-111）可以写成

$$W_e = \sum_{i=1}^{N}\frac{1}{2}U_i\oint_{S_i}\rho_{S_i}dS_i = \sum_{i=1}^{N}\frac{1}{2}Q_iU_i \tag{2-112}$$

式中，U_i 和 Q_i 分别为第 i 个导体的电位和表面上的电荷。

因为每个导体的电位是其自身电荷对本导体产生的电位与其他导体的电荷在该导体上产生的电位的代数和，所以上式中的 U_i 可写成

$$U_i = U_{ii} + \sum_{j=1}^{N}U_{ij} \tag{2-113}$$

其中，U_{ii} 代表电荷 Q_i 在导体 S_i 独立存在时所产生的自电位，U_{ij} 代表导体 S_j 上的电荷 Q_j 在导体 S_i 上产生的互电位。将式（2-113）代入式（2-112），得

$$W_e = \frac{1}{2}\sum_{i=1}^{N}Q_iU_{ii} + \frac{1}{2}\sum_{i=1}^{N}\sum_{j=1}^{N}Q_iU_{ij} \tag{2-114}$$

上式右边第一项称为此多导体系统电场能量的**自能**部分，它等于各导体孤立存在时，电荷从零增长到终值的过程中，外源克服各导体自身电荷排斥力所做的功，自能部分总是正值。第二项叫作**互能**部分，它等于把带电导体逐个自无限远移到最终位置过程中，外源克服各导体之间库仑力所做的功。互能可以是正值或负值，取决于系统建立过程中各导体间的库仑力是排斥或吸引。将电场能量分为自能和互能两部分，可以对分析带电多导体做相互运动的问题带来方便，此时各导体的自能是不变的，导体运动时的功能转换只与系统的互能有关。

下面讨论点电荷系统的电场能量问题。令前面的各导体所带电荷不变而体积趋于零，就得到一个点电荷系统。但若仍然利用式（2-112）或式（2-114）计算系统的电场能量，因点电荷在自身点产生的电位是无穷大，从而出现系统能量趋于无穷大的不正确结果。产生这一结果的原因来源于点电荷的定义，因为在实际问题中，非无限小的电荷量不可能被集中到体积为零的几何点上，所以理想的点电荷在现实中是不存在的。点电荷概念的引入是为了方便带电体远区场的近似计算，这种近似在非远区场点产生很大的误差，在点电荷的"自身点"上的电场和电位值为无穷大，从而导致系统能量趋于无穷的谬误结果。一般来讲，只有当电荷体分布和面分布时，其自能才是有意义的；而点电荷与线电荷因在自身点上

"产生"无穷大的电位，其自能是无意义的。由于在讨论点电荷系统的功能问题时，有意义的只是系统的互能部分。为此，我们将其互能部分定义为系统的电场能量，即

$$W_e = \frac{1}{2}\sum_{i=1}^{N}\sum_{j=1}^{N}Q_iU_{ij} \tag{2-115}$$

式中，Q_i 是第 i 个点电荷的电量，U_{ij} 是第 j 个点电荷在第 i 个点电荷所在的点处产生的电位。

上面各式的计算都是针对场源电荷所在的区域进行的，但这并不意味着电场能量只储存在电荷所在的区域内。从电场的物质性观点来讲，电场能量应该存在于所有电场空间内。此外，因为有电场的地方带电体就要受力，移动带电体时就会出现功能转换，这也说明电场不为零的地方一定储存有电场能量，而无论该处是否有电荷。

为了得到电场能量与电场强度的直接关系，将高斯定律 $\rho = \nabla \cdot \vec{D}$ 代入式（2-111），并应用矢量恒等式 $\nabla \cdot (U\vec{D}) = \vec{D} \cdot \nabla U + U \nabla \cdot \vec{D}$，得到

$$W_e = \frac{1}{2}\int_\tau [\nabla \cdot (U\vec{D}) - \vec{D} \cdot \nabla U]\mathrm{d}\tau$$

$$= \frac{1}{2}\oint_S U\vec{D} \cdot \mathrm{d}\vec{S} + \frac{1}{2}\int_\tau \vec{D} \cdot \vec{E}\mathrm{d}\tau \tag{2-116}$$

上式第一项的导出用了散度定理，S 为电荷区域 τ 的表面，第二项是代入了 $\vec{E} = -\nabla U$ 的结果。上式将电场能量分成两部分，第二项表示储存在体积 τ 内的能量，而第一项则代表区域 τ 以外的能量，它由 S 面上的场位值计算。

如果令式（2-111）所对应的电荷系统不变，但将该式的积分域扩展到无穷大。由于增加的区域内 $\rho = 0$，所以该式的积分结果不变，其导出式（2-116）的值也不变。此时的电荷域对于无穷大 S 面上的场点而言，可以视为一个点电荷，由点电荷的场位计算公式有

$$U \propto \frac{1}{R}, \quad D \propto \frac{1}{R^2}$$

式中，R 为源点到场点的距离。当 $R \to \infty$ 时，式（2-116）的第一项趋于零，于是得到

$$W_e = \int_{\tau\infty} \frac{1}{2}\vec{D} \cdot \vec{E}\mathrm{d}\tau = \int_{\tau\infty} \frac{1}{2}\varepsilon E^2\mathrm{d}\tau \tag{2-117}$$

上式就是用电场所表示的电场能量公式，$\tau\infty$ 为电场不为零的所有区域，表明电场能量存在于电场的所有空间。上式的被积函数可视为电场空间一点处单位体积内的电场能量，用 w_e 表示

$$w_e = \frac{1}{2}\vec{D} \cdot \vec{E} = \frac{1}{2}\varepsilon E^2 \tag{2-118}$$

w_e 称为**电场能量密度**，单位是焦耳/米^3（J/m^3）。

与前面的几个能量公式相比，式（2-117）和式（2-118）在使用中更具灵活性，它们不但可以用来计算整个电场系统的总能量，也可以计算部分区域内的能量，而式（2-111）~式（2-116）的各公式却只能计算系统的总能量。

例 2.20 计算电荷体密度为 ρ_0 的均匀球形区域电荷系统的电场能量。已知球的半径为 a，球内外均为真空。

解：本题可以分别利用式（2-111）和式（2-117）计算。首先计算出空间任意点的电场和电位。

对 $r > a$ 的区域，均匀带电球体相当于一个位于球心的点电荷，因此有

$$\vec{E}_1 = \hat{r}\frac{Q}{4\pi\varepsilon_0 r^2} = \hat{r}\frac{\frac{4}{3}\pi a^3 \rho_0}{4\pi\varepsilon_0 r^2} = \hat{r}\frac{a^3 \rho_0}{3\varepsilon_0 r^2}$$

$$U_1 = \frac{Q}{4\pi\varepsilon_0 r} = \frac{a^3 \rho_0}{3\varepsilon_0 r}$$

在 $r < a$ 的区域内，可以将场点半径 r 以内的电荷视为点电荷，按点电荷公式计算电场，也可以用高斯定律求解电场。然后，对电场积分求出电位。即

$$\vec{E}_2 = \hat{r}\frac{Q_r}{4\pi\varepsilon_0 r^2} = \hat{r}\frac{\frac{4}{3}\pi r^3 \rho_0}{4\pi\varepsilon_0 r^2} = \hat{r}\frac{r\rho_0}{3\varepsilon_0}$$

$$U_2 = \int_r^a E_2 \mathrm{d}r + \int_a^\infty E_1 \mathrm{d}r = \int_r^a \frac{r\rho_0}{3\varepsilon_0}\mathrm{d}r + \int_a^\infty \frac{a^3\rho_0}{3\varepsilon_0 r^2}\mathrm{d}r = \frac{a^2\rho_0}{2\varepsilon_0} - \frac{r^2\rho_0}{6\varepsilon_0}$$

利用式（2 – 111）计算电场能量，得

$$W_e = \frac{1}{2}\int_\tau \rho U \mathrm{d}\tau = \frac{1}{2}\int_0^a \rho_0\left(\frac{a^2\rho_0}{2\varepsilon_0} - \frac{r^2\rho_0}{6\varepsilon_0}\right)4\pi r^2 \mathrm{d}r = \frac{4\pi\rho_0^2}{15\varepsilon_0}a^5$$

若采用式（2 – 117）计算，得

$$W_e = \frac{1}{2}\int_{\tau_\infty} \varepsilon_0 E^2 \mathrm{d}\tau = \frac{1}{2}\int_0^a \varepsilon_0\left(\frac{r\rho_0}{3\varepsilon_0}\right)^2 4\pi r^2 \mathrm{d}r + \frac{1}{2}\int_a^\infty \varepsilon_0\left(\frac{a^3\rho_0}{3\varepsilon_0 r^2}\right)^2 4\pi r^2 \mathrm{d}r$$

$$= \frac{2\pi\rho_0^2 a^5}{45\varepsilon_0} + \frac{2\pi\rho_0^2 a^5}{9\varepsilon_0} = \frac{4\pi\rho_0^2}{15\varepsilon_0}a^5$$

二、静电力

静电场中的带电导体和电介质会受到电场力的作用，求这个力一般有以下两种方法。

1. 利用库仑定律

以求解带电导体受力为例，设此带电导体上的电荷面密度为 ρ_S，在导体表面上任取一个矢量面元 $\mathrm{d}\vec{S} = \hat{n}\mathrm{d}S$，面元所带的电荷为 $\mathrm{d}Q = \rho_S \mathrm{d}S$，此电荷元受到的电场力为

$$\mathrm{d}\vec{F} = \mathrm{d}Q\vec{E}' = \rho_S \mathrm{d}S\vec{E}' \tag{2 – 119}$$

必须注意，上式中的 $\vec{E}'$ 应该等于导体外侧该点实际电场 $\vec{E}$ 的一半，即

$$\vec{E}' = \frac{1}{2}\vec{E} \tag{2 – 120}$$

其原因是利用库仑定律 $\vec{F} = Q\vec{E}'$ 计算电荷 Q 受力时，公式中的 $\vec{E}'$ 应该是其他的电荷在 Q 处产生的电场，不包括 Q 自身产生的电场。而导体外侧的实际电场 $\vec{E}$ 则是由包括电荷 $\rho_S \mathrm{d}S$ 在内的所有电荷产生的。当 $\mathrm{d}S$ 足够小时，可以将导体表面视为无限大带电平面，利用高斯定律容易证明，电荷元 $\rho_S \mathrm{d}S$ 在导体的内外两侧产生的电场是

$$\vec{D}_1 = \pm\frac{1}{2}\rho_S \hat{n}$$

如图 2 – 36 所示。而除去 $\rho_S \mathrm{d}S$ 外的其余所有电荷在 $\mathrm{d}S$ 两侧产生的电场是

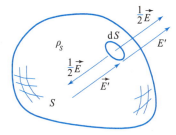

图 2 – 36 导体外侧的电场

$$\vec{D}_2 = +\frac{1}{2}\rho_s \hat{n}$$

在导体内侧，两部分电场等幅反向，使得导体内的电场等于零；而导体外侧，两部分电场等幅同向，矢量和恰为外侧的实际电场 $\vec{D} = \rho_s \hat{n}$，与前面导出的导体边界条件吻合。由上述分析可得

$$\vec{E}' = \frac{1}{2}\vec{E} = \frac{\rho_s}{2\varepsilon}\hat{n} \qquad (2-121)$$

将上式代入式（2-119），得

$$d\vec{F} = \rho_s dS\vec{E}' = \frac{1}{2\varepsilon}\rho_s^2 dS\hat{n} \qquad (2-122)$$

上式为导体表面上的电荷元 dQ 所受到的电场力，可见，不论此表面电荷元的符号如何，它所受到的电场力总是沿表面法矢向外的。整个导体受力为

$$\vec{F} = \frac{1}{2\varepsilon}\oint_S \rho_s^2 \hat{n} dS \qquad (2-123)$$

其中 S 为导体表面，若已知导体外侧的实际电场 $\vec{E}$，将 $\vec{E} = \hat{n}\rho_s/\varepsilon$ 代入上式，可得到

$$\vec{F} = \frac{\varepsilon}{2}\oint_S E^2 \hat{n} dS \qquad (2-124)$$

例2.21　有一对面积为 S 的平行导体电极板，其相对的表面上分别带有电量为 Q 和 $-Q$ 的均匀分布面电荷，两极板的距离 h 远小于极板尺寸，中间填充电容率为 ε 的电介质，如图2-37所示。求上极板所受的作用力。

解：上极板的带电表面的法矢是指向下方的，与坐标系 z 轴的方向相反，即 $\hat{n} = -\hat{z}$。极板内侧的电荷面密度为 $\rho_s = Q/S$，代入式（2-123），得

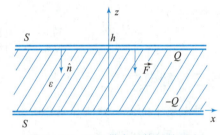

图2—37　平行带电导体板的受力

$$\vec{F} = \frac{1}{2\varepsilon}\int_S \rho_s^2 \hat{n} dS = \frac{1}{2\varepsilon}\left(\frac{Q}{S}\right)^2(-\hat{z})S$$

$$= -\frac{Q^2}{2\varepsilon S}\hat{z}$$

式中的负号表示上极板受到向下的作用力。用同样的方法可以求出下极板受力，它与上极板受力等值反向，两极板相互吸引。

2. 虚位移法

计算带电体受力的另一种常用方法是虚位移法，该方法是通过假想电场系统中某带电体产生位移并引起系统能量改变来计算该带电体的受力。虚位移法的根据是能量守恒定律，由该定律可知，在没有其他能量损失的情况下，外源提供给某电场系统的总能量一定等于该系统所做的机械功与系统储能的增量之和。如果用 dW_s 表示该带电体位移过程中外源向系统提供的能量，dA 表示该带电体在所求电场力的作用下位移而做的机械功，dW_e 表示位移过程中系统电场能量的增量，则三者的关系为

$$dW_s = dA + dW_e \qquad (2-125)$$

下面讨论带电多导体系统中的导体受力，如图2-38所示。如果求导体 i 在给定的方向

$\hat{l}$ 上所受的电场力 $\vec{F_l}$，我们就设想导体 i 在 $\vec{F_l}$ 的作用下沿 $\hat{l}$ 方向产生了一个位移 $\mathrm{d}\vec{l}$（因为是设想的位移，所以称为虚位移）。电场力对此位移做的机械功为

$$\mathrm{d}A = F_l \mathrm{d}l$$

代入式（2 – 125）得

$$F_l = \frac{\mathrm{d}W_s}{\mathrm{d}l} - \frac{\mathrm{d}W_e}{\mathrm{d}l} \qquad (2-126)$$

根据两种给定的假设条件消去上式中的外源项，可

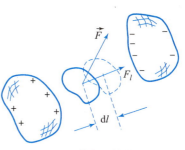

图 2 – 38　带电导体的受力

以得到用电场能量 W_e 计算 F_l 的两个计算公式：

（1）假设在虚位移过程中，各导体所带的电荷量始终保持不变。因为在多导体系统中，外源向系统提供能量的实质就是向各导体上输送电荷，各导体上的电荷保持不变就是说外源没有提供能量，即 $\mathrm{d}W_s = 0$。导体 i 位移机械功的耗能只能以系统电场储能减少为代价。将 $\mathrm{d}W_s = 0$ 代入式（2 – 126），得到虚位移法的第一个计算公式

$$F_l = -\left. \frac{\mathrm{d}W_e}{\mathrm{d}l} \right|_{Q=\mathrm{const}} \qquad (2-127)$$

上式表明：如果令系统能量表达式中所有导体上的电荷为常量，则某导体在 $\hat{l}$ 方向所受的电场力可以通过计算系统电场能量在该点 $\hat{l}$ 方向的负方向导数得到。

（2）假设在虚位移过程中，各导体的电位始终保持不变。因为位移使导体 i 与其他导体的相对位置发生了变化，要使各导体的电位不变，则必须使各导体上的电荷发生变化。这相当于每个导体上连接着一个电压恒定的电源，在虚位移过程中电源向各自的导体提供电荷，此时每个电源都要做功。设各导体的电位分别为 U_1、U_2、$\cdots$、U_N，位移过程中各电源所提供的电荷分别为 $\mathrm{d}Q_1$、$\mathrm{d}Q_2$、$\cdots$、$\mathrm{d}Q_N$。由于电位等于外源力把单位电荷从零电位点移到场点（在这里也就是把单位电荷从电源移到导体上）所做的功，所以虚位移过程中各电源所做的总功为

$$\mathrm{d}W_s = \sum_{i=1}^{N} U_i \mathrm{d}Q_i \qquad (2-128)$$

此外，由电场能量公式（2 – 112）可知，各导体的电位不变而电荷增加 $\mathrm{d}Q$ 所引起的电场储能增量为

$$\mathrm{d}W_e = \frac{1}{2} \sum_{i=1}^{N} U_i \mathrm{d}Q_i$$

比较上面两式，得

$$\mathrm{d}W_s = 2\mathrm{d}W_e \qquad (2-129)$$

可见，在此条件下，外源所提供的能量 $\mathrm{d}W_s$ 被分成相等的两部分，一半供给第 i 个导体位移做功，另一半则转变为电场能量储存在电场内。将式（2 – 129）代入式（2 – 126），得到虚位移法的第二个计算公式

$$F_l = \left. \frac{\mathrm{d}W_e}{\mathrm{d}l} \right|_{U=\mathrm{const}} \qquad (2-130)$$

上式表明：如果令系统能量表达式中所有导体的电位为常量，则某导体在 $\hat{l}$ 方向所受的电场力可以通过计算系统电场能量在该点 $\hat{l}$ 方向的方向导数得到。

必须明确，虚位移法是利用假想的位移计算电场力，式（2 – 127）和式（2 – 130）也

是在两种假定前提条件下导出的。因此，在计算一个具体问题时，选择哪个公式完全取决于解题方便，而不必考虑导体上是否接有电源或者已知条件是导体上的电位还是电荷。这两个公式的差别，仅在于在计算时把能量表达式中的哪些量当作常量来对待，其最终结果应该是相同的。如对于例 2.21，忽略边缘效应，极板间是均匀场，用式（2-117）可求出此系统的电场能量

$$W_e = \frac{1}{2}\varepsilon E^2 \tau = \frac{1}{2}\varepsilon \left(\frac{Q}{\varepsilon S}\right)^2 Sh = \frac{1}{2}\frac{h}{\varepsilon S}Q^2 \qquad (2-131)$$

上式是以极板上电荷为已知量的电场能量表达式，我们也可以根据已知条件将它变成极板电位的函数。因为两极板间的电位差为

$$U = Eh = \frac{Qh}{\varepsilon S} \qquad (2-132)$$

如果令下极板为零电位，上式就是上极板的电位，代入式（2-131），得到以上极板电位 U 表示的系统能量表达式

$$W_e = \frac{1}{2}\frac{\varepsilon S}{h}U^2 \qquad (2-133)$$

求上极板受力时，若使用式（2-127），设上极板向 $\hat{z}$ 方向产生一个位移 $\mathrm{d}z$，将能量表达式（2-131）中的位移变化相关量 h 改记作 z，得到

$$F_z = -\frac{\mathrm{d}}{\mathrm{d}z}\left(\frac{1}{2}\frac{z}{\varepsilon S}Q^2\right)\bigg|_{\substack{Q=\mathrm{const}\\z=h}} = -\frac{Q^2}{2\varepsilon S}$$

上式结果的负号表示上极板的实际受力方向与假设的位移方向相反，即受到一个向下的力。

若使用式（2-130）计算上极板受力，将能量表达式（2-133）代入，得

$$F_z = \frac{\mathrm{d}}{\mathrm{d}z}\left(\frac{1}{2}\frac{\varepsilon S}{z}U^2\right)\bigg|_{\substack{U=\mathrm{const}\\z=h}} = -\frac{U^2\varepsilon S}{2h^2}$$

利用式（2-132）的关系容易证明，上面两算法的结果是相同的。

仿照前面的分析方法，也可以推导出带电体在电场中所受的转矩。假设导体 i 在所求转矩 T_n 的作用下绕 r_2 轴产生一个虚旋转 r_1，如图 2-39 所示。则电场力所做的机械功为

$$\mathrm{d}W = F_\theta r\mathrm{d}\theta = T_n\mathrm{d}\theta \qquad (2-134)$$

代入式（3-125），并按与前面相同的假定条件可以得到

$$T_n = -\frac{\mathrm{d}W_e}{\mathrm{d}\theta}\bigg|_{Q=\mathrm{const}} \qquad (2-135)$$

$$T_n = \frac{\mathrm{d}W_e}{\mathrm{d}\theta}\bigg|_{V=\mathrm{const}} \qquad (2-136)$$

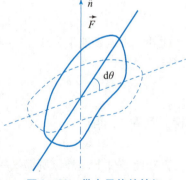

图 2-39　带电导体的转矩

此外，电介质在静电场中所受的电场力和转矩也可以利用虚位移和虚旋转法计算，计算公式仍为上面给出的四个公式。

例 2.22　一对平行导体板电极的宽度为 b，长为 l，极间距离为 h。其长度等于 x（$0 < x < l$）的部分填充了电容率为 $\varepsilon = \varepsilon_r\varepsilon_0$ 的电介质，如图 2-40 所示。当两极板间的电压为 V_0 时，求电介质片的受力。

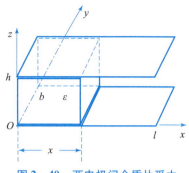

图 2 – 40 两电极间介质片受力

解：忽略边缘效应，两极板间的电场能量为

$$W_e = \frac{1}{2}\varepsilon \left(\frac{V_0}{h}\right)^2 xbh + \frac{1}{2}\varepsilon_0 \left(\frac{V_0}{h}\right)^2 (l - x) bh$$

由对称性可知，介质片只可能受 $\pm \hat{x}$ 方向的力。假设介质片沿 θ 方向产生一个位移 dx，由于介质片所占空间比例增大，使电场储能发生变化。由式（2 – 130）得

$$F_x = \frac{d}{dx} W_e \Big|_{U = \text{const}} = \frac{1}{2}\varepsilon \left(\frac{V_0}{h}\right)^2 bh - \frac{1}{2}\varepsilon_0 \left(\frac{V_0}{h}\right)^2 bh = \frac{1}{2}\frac{b}{h} V_0^2 \varepsilon_0 (\varepsilon_r - 1)$$

对一般电介质，有 $\varepsilon_r > 1$，此时电介质片受到被拉进电极中心的电场力。

§2.13 电 容

一、电容与电容器

由电介质或真空隔开的一对导体电极称为**电容器**，它是电工和无线电技术中一种常用的电路元件。其中，平行板电容器是一种最基本的形式，它由两块平行金属板或金属箔中间夹以云母片或浸了油或蜡的纸等电介质薄膜构成。当电容器工作时，它的两个金属板的相对表面上总是带有等量异号的电荷 Q 和 $-Q$，这时两极板间有电压 $U = U_+ - U_-$。一个电容器所带的电量 Q 总是与极板电压 U 成正比，其比值叫作该电容器的电容，用 C 表示，即

$$C = \frac{Q}{U} \tag{2 – 137}$$

在 SI 单位制中，电容的单位是（C/V），称为法拉（F）。法拉是一个非常大的单位，实际中的常用单位是微法拉（μF）和皮法拉（pF）。

$$1 \ \mu F = 10^{-6} \ F$$
$$1 \ pF = 10^{-12} \ F$$

电容器的电容取决于电容器本身的结构，即两导体的形状、尺寸以及两导体之间电介质的电容率等，而与它所带的电荷量无关。从定义式（2 – 137）可见，在给定的电压下，电容器的电容越大，在极板上储存的电荷就越多，所以电容是反映电容器储存电荷本领大小的物理量。能够储存电荷只是电容器的基本功能之一，在电工和无线电电路中电容器有着广泛的用途，如交流电路中电流和电压的控制、发射机中振荡电流的产生、接收机中的频率调

谐，以及信号的耦合、滤波等都要用到电容器。

简单电容器的电容可以容易地计算出来。例如对平行板电容器，设极板内表面的面积为 S，两极板的距离为 d，其间充满相对电容率为 ε_r 的电介质，如图 2-41 所示。为了计算电容，设两极板的相对表面上带电荷 Q 和 $-Q$。由于实际电容器的极板距离 d 都远远小于极板的长度和宽度，忽略边缘效应，可认为两极之间的电场是均匀分布的，利用导体的边界条件容易求得

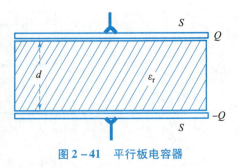

图 2-41 平行板电容器

$$E = D/(\varepsilon_r\varepsilon_0) = \rho_S/(\varepsilon_r\varepsilon_0) = Q/(S\varepsilon_r\varepsilon_0)$$

两极间的电压为

$$U = Ed = \frac{Qd}{\varepsilon_0\varepsilon_r S}$$

代入式（2-137），得

$$C = \frac{\varepsilon_0\varepsilon_r S}{d} \tag{2-138}$$

此结果表明电容的确只取决于电容器的结构，并且从上式可以得到增大电容的三个途径：增大极板面积、减小极间距离和填充大电容率的电介质。作为实用的平行板电容器，可将电介质薄膜夹在两条铝箔之间并卷成圆柱，以便用较小的体积获得较大电容。

两个共轴的导体圆柱面可以构成圆柱形电容器，如图 2-42 所示。设内外圆柱电极面的半径分别为 R_1 和 R_2，圆柱长为 L，两柱面之间充满相对电容率为 d 的电介质。忽略边缘效应，认为此电容器是无限长同轴线上的一段，若设同轴线内外柱面上单位长度分别带电荷为 ρ_l 和 $-\rho_l$，用高斯定律容易求出两柱面间的电场

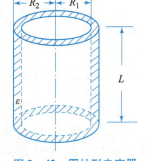

$$\vec{E} = \hat{r}\frac{\rho_l}{2\pi\varepsilon_0\varepsilon_r r}$$

图 2-42 圆柱形电容器

内外柱面间的电位差为

$$U = \int_{R_1}^{R_2}\vec{E}\cdot\mathrm{d}\vec{l} = \int_{R_1}^{R_2}\frac{\rho_l}{2\pi\varepsilon_0\varepsilon_r}\frac{\mathrm{d}r}{r} = \frac{\rho_l}{2\pi\varepsilon_0\varepsilon_r}\ln\frac{R_2}{R_1}$$

由于长度为 L 的柱面带电荷 $Q = \rho_l L$，将 Q 和 U 代入式（2-137），得此圆柱形电容器的电容为

$$C = \frac{2\pi\varepsilon_0\varepsilon_r L}{\ln(R_2/R_1)} \tag{2-139}$$

此外，两个同心的导体球壳构成球形电容器。设内外球壳电极的半径分别为 R_1 和 R_2，中间充满相对电容率为 ε_r 的电介质，如图 2-43 所示。用与前面类似的方法求出其电容为

$$C = \frac{4\pi\varepsilon_0\varepsilon_r R_1 R_2}{R_2 - R_1} \tag{2-140}$$

除了电容器之外，实际的电工和电子装置中的任何两个彼此隔离的导体之间都有电容。例如两条导线、两个焊点以及晶体管的电极与管壳之间都存在着电容。这种电容实际上反映

了两部分导体之间通过电场的相互影响，有时叫作"杂散电容"和"潜布电容"。尽管它们一般都比较小，但有时却对电路的性能产生十分明显的影响。

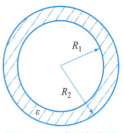

图 2 - 43　球形电容器

对一个孤立的导体，可以认为它与无限远处的另一导体组成一个电容器，这样一个电容器的电容叫作这个导体的**孤立电容**。例如，对一个空气中的半径为 R 的孤立导体球可以认为它与一个半径为无穷大的同心导体球壳组成一个电容器。假设此孤立导体球带电荷 Q，则该导体球与无限远处的电位差为

$$U = \int_R^\infty \vec{E} \cdot \mathrm{d}\vec{l} = \int_R^\infty \frac{Q}{4\pi\varepsilon_0 r^2}\mathrm{d}r = \frac{Q}{4\pi\varepsilon_0 R}$$

因此可得到孤立导体球的电容为

$$C = 4\pi\varepsilon_0 R \tag{2-141}$$

衡量一个实际电容器的性能有两个主要指标，一个是它的电容大小，另一个是它的耐压能力。使用电容器时，所加电压不能超过规定的耐压值，否则会使其电介质中的场强过高而击穿。对于相同的电容值，低耐压的电容器可以做得很小，而高耐压电容器则必须增大极板间的距离和极板面积，体积会显著增大。

为了满足电路对电容量和耐压的要求，常常把几个电容器进行串联或并联，构成电容器组使用。电容器组在电路中仍然起着电容器的作用，其总电容等于充电时流入电容器组的总电荷量与两端总电压的比值。

电容器并联时，如图 2 - 44（a）所示，电容器组的总电压 V 就等于每一个电容器的电压，而总电荷量等于各电容器的电量之和，即

$$Q = Q_1 + Q_2$$

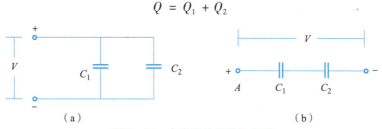

（a）　　　　　　　　　　　　　　　　　　　（b）

图 2 - 44　电容器的并联和串联

所以此电容器组的总电容为

$$C = \frac{Q}{U} = \frac{Q_1 + Q_2}{U} = \frac{Q_1}{U} + \frac{Q_2}{U} = C_1 + C_2 \tag{2-142}$$

此结果可以推广到多个电容器并联的情况，即并联总电容等于各电容之和。

电容器串联时，如图 2 - 44（b）所示，流入电容器组的电量 Q 全部进入第一个电容器的左极板（设 A 端接高电位），而第一电容的右极板感应出电荷 $-Q$。因电容器 1 的右板与电容器 2 的左板连为一体，且原来不带电荷，所以电容器 2 的左板出现电荷 Q，而右板感应出 $-Q$。可见，每一个电容器极板上的电量都等于流入电容器组一端的电量 Q，而电容器组两端的总电压等于各电容器上的电压之和。因此有

$$C = \frac{Q}{U} = \frac{Q}{U_1 + U_2} = \frac{1}{\dfrac{U_1}{Q} + \dfrac{U_2}{Q}} = \frac{1}{\dfrac{1}{C_1} + \dfrac{1}{C_2}} \tag{2-143}$$

或记

$$\frac{1}{C} = \frac{1}{C_1} + \frac{1}{C_2} \tag{2-144}$$

此结果也可以推广到多个电容器串联的情况，即串联总电容的倒数等于各电容的倒数之和。

电容器并联可以提高总电容值，但电容器组的耐压能力等于耐压最低的那个电容器的耐压值；电容器串联时，由于总电压分配在各个电容上，所以总耐压提高了，但总电容反而比单个电容器小。

对于一个电容器，当内部分层和分块填充不同的电介质时，也可以等效为电容器的串联或并联，由此计算总电容，例如图 2-45 中的 4 种情况。

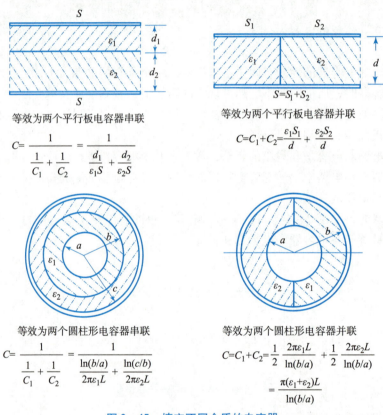

图 2-45　填充不同介质的电容器

例 2.23　在极板面积为 S、极间距离为 d 的平行板电容器中填充电容率渐变的电介质，从下极板（$z=0$）处的 ε_1 线性变化到上极板（$z=d$）处的 ε_2，如图 2-46 所示。求此电容器的电容。

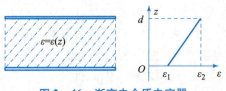

图 2-46　渐变电介质电容器

解：依题意，极间任意点电容率为

$$\varepsilon = \varepsilon_1 + \frac{\varepsilon_2 - \varepsilon_1}{d}z$$

设上极板带电荷 Q，下极板带电荷 $-Q$，忽略边缘效应，认为极间电场均匀分布，由导体边界条件可求出任意点的电场

$$\vec{E} = -\frac{\rho_S}{\varepsilon}\hat{z} = -\frac{Q}{S\left(\varepsilon_1 + \dfrac{\varepsilon_2 - \varepsilon_1}{d}z\right)}\hat{z}$$

两极板间的电位差为

$$U = \int_d^0 \vec{E} \cdot \mathrm{d}\vec{l} = -\int_d^0 \frac{Q}{S\left(\varepsilon_1 + \dfrac{\varepsilon_2 - \varepsilon_1}{d}z\right)}\mathrm{d}z = \frac{Qd}{S(\varepsilon_2 - \varepsilon_1)}\ln\frac{\varepsilon_2}{\varepsilon_1}$$

此电容器的电容为

$$C = \frac{Q}{U} = \frac{S(\varepsilon_2 - \varepsilon_1)}{d\ln(\varepsilon_2/\varepsilon_1)}$$

电容器是一个双导体系统，其储存的电场能量可由多导体系统的能量公式计算

$$W_e = \frac{1}{2}\sum_{i=1}^2 Q_i U_i = \frac{1}{2}(Q_1 U_1 + Q_2 U_2) = \frac{1}{2}Q(U_1 - U_2) = \frac{1}{2}QU$$
$$= \frac{1}{2}CU^2 = \frac{1}{2}\frac{Q^2}{C}$$

二、多导体系统的电荷、电位与电容

当场源电荷仅分布在多个导体上时，我们称之为多导体系统。下面讨论多导体系统的电荷、电位及电容问题。设导体系周围的媒质为线性电介质，导体系由 N 个导体 S_1、S_2、$\cdots$、S_N 和电位为零的大地构成，并设各导体所带电荷分别为 Q_1、Q_2、$\cdots$、Q_N。根据电位的线性叠加原理，各导体的电位与各导体上电荷的关系可以用下式表达

$$U_i = \sum_{j=1}^N p_{ij}Q_j \quad (i = 1, 2, \cdots, N) \tag{2-145}$$

式中，p_{ij} 为**电位系数**，单位是 1/法拉（1/F）。由上式可知，p_{ij} 的数值等于第 j 个导体带有单位正电荷而其他导体均不带电荷时第 i 个导体的电位值，即

$$p_{ij} = \frac{U_i^{(j)}}{Q_j}, \quad p_{jj} = \frac{U_j^{(j)}}{Q_j} \tag{2-146}$$

因为 S_j 带正电荷，它所发出的电力线将终止于其他导体或大地，而其他导体在此时都假设净电荷为零，它们接收的电力线必定再发出，因此，由 S_j 所发出的电力线最终都将归于大地，如图 2-47 所示。根据电位沿电力线下降的性质，可知此时各导体的电位均应大于或等于零，并且导体 S_j 的电位最高，因此有

$$p_{jj} > p_{ij} \geqslant 0 \quad (i \neq j, j = 1,2,\cdots,N) \tag{2-147}$$

由于电位系数是在单位电荷下定义的，所以它们的数值仅与导体系的几何参数有关，而与各导体上的实际电荷

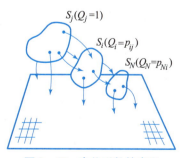

图 2-47　电位系数的意义

量和电位值无关。可以证明，电位系数有互易性，即

$$p_{ji} = p_{ij} \qquad (2-148)$$

式（2-145）表示一个 N 元一次方程组，对其反演可得到各导体上的电荷表达式方程组

$$Q_i = \sum_{j=1}^{N} \beta_{ij} U_j \quad (i = 1,2,\cdots,N) \qquad (2-149)$$

式中，β_{ij} 为**电容系数**，单位是法拉（F）。

式（2-145）与式（2-149）的系数矩阵有如下关系

$$[\beta_{ij}] = [p_{ij}]^{-1} \qquad (2-150)$$

由式（2-149）可知，β_{ij} 的数值等于第 j 个导体的电位是 1 V 而其他导体都接地（零电位）时第 i 个导体上所带的电荷量，即

$$\beta_{ij} = \frac{Q_i}{U_j}, \quad \beta_{jj} = \frac{Q_j}{U_j} \qquad (2-151)$$

因为此时导体 j 的电位为正而其他导体电位为零，故电场的电力线应从第 j 个导体发出而终止于其他各导体和大地，如图 2-48 所示。由此可得导体 j 带正电荷而其他导体带负电荷。考虑到导体 j 发出的电力线可能有一部分终止于地，所以其余各导体上负电荷总和的绝对值必小于或等于导体 j 上的正电荷量，因此有

$$\beta_{jj} > 0, \beta_{ij} \leqslant 0, \beta_{jj} + \sum_{i \neq j} \beta_{ij} \geqslant 0 \qquad (2-152)$$

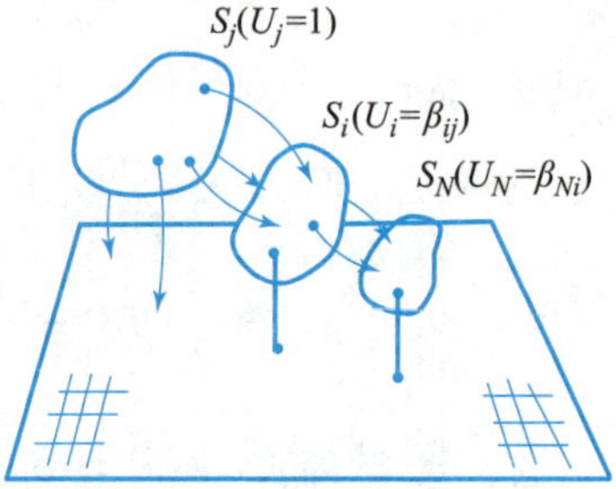

图 2-48　电容系数的意义

β_{ij} 仅与导体系的几何参数有关，且具有互易性，即

$$\beta_{ij} = \beta_{ji} \qquad (2-153)$$

式（2-149）可以改写成另外一种形式，以第 i 个导体的方程为例，对右边每项加减 $\beta_{ij} U_i$，得

$$Q_i = \sum_{j=1}^{N} \beta_{ij} U_j - \sum_{j=1}^{N} \beta_{ij} U_i + \sum_{j=1}^{N} \beta_{ij} U_i = \sum_{j=1}^{N} \left[-\beta_{ij}(U_i - U_j) \right] + \sum_{j=1}^{N} \beta_{ij} U_i$$

$$= \sum_{j=1}^{N} C_{ij}(U_i - U_j) + C_{i0} U_i \qquad (2-154)$$

其中

$$C_{ij} = -\beta_{ij}, \quad C_{i0} = \beta_{i1} + \beta_{i2} + \cdots + \beta_{iN} \qquad (2-155)$$

式（2-154）中的 $U_i - U_j$ 是第 i 个导体与第 j 个导体的电位差，可记作 U_{ij}；U_i 是第 i 个导体对地的电位差，记作 U_{i0}，故该式又可以写成

$$Q_i = \sum_{j=1}^{N} C_{ij} U_{ij} + C_{i0} U_{i0} \qquad (2-156)$$

式中，C_{i0} 为第 i 个导体与大地间的**部分电容**，或称为导体 i 的自有部分电容，它的数值等于设全部导体的电位都为 1 V 时第 i 个导体上的电荷量。而 C_{ij} 称为第 i 个导体与第 j 个导体间的互有部分电容，它的数值等于第 i 个导体的电位为 1 V 而其余导体均接地时第 i 个导体上的电荷量。由上面的定义可以看出，所有部分电容都为正值且互有部分电容有互易性，即

$$C_{ij} = C_{ji} \qquad (2-157)$$

上节介绍的电容器是一个双导体系统，若其中的一个导体被另一个与地相接的导体所完全包围，按前面的讨论，两个导体的自有部分电容都不存在，由式（2-156）得

$$Q_1 = C_{12}U_{12}$$

$$Q_2 = C_{21}U_{21} = -C_{12}U_{12} = -Q_1$$

记 $Q_1 = -Q_2 = Q$，$U_{12} = U$，$C_{12} = C$，则得到上一节中的电容器电容公式

$$C = \frac{Q}{U}$$

但如果电容器中没有起屏蔽作用的接地导体，导体电极所发出的电力线将有一部分终止于大地，此时由式（2-156）得

$$Q_1 = C_{10}U_{10} + C_{12}U_{12}$$

$$Q_2 = C_{20}U_{20} + C_{21}U_{21} = C_{20}U_{20} - C_{12}U_{12}$$

这表明，两个导体电极上的电荷除了有一个等值异号的部分 $|C_{12}U_{12}|$ 外，还各有一个与大地相联系的部分 $C_{i0}U_{i0}$。在一般情况下，此时的 Q_1 与 Q_2 不再等值异号，因此也就不能用一个电容量 C 来表示两极上的电荷与电压关系，而必须使用部分电容的概念进行说明与计算。图 2-49 示意了此时的部分电容关系。

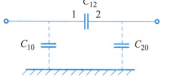

图 2-49　无屏蔽电容器的部分电容

例 2.24　真空中有两个半径分别为 a_1 和 a_2 的导体小球，两球心之间的距离为 r，并有 $r \gg a_1$ 和 $r \gg a_2$。（a）求此导体系统的电位系数、电容系数和部分电容；（b）当用一根细导线将两球相连接后，求两球上的电荷量之比和电场强度之比。

解：（a）因为 $r \gg a_1$ 和 $r \gg a_2$，所以球面上的电荷可近似为均匀分布。设两个小球分别带电荷 Q_1 和 Q_2，电位分别为 U_1 和 U_2。每个小球的电位都是自身电荷产生的自电位与另一个小球的电荷在此产生的互电位之和，在计算互电位时可以把小球近似为一个点，因此有

$$U_1 = \left(\frac{1}{4\pi\varepsilon_0 a_1}\right)Q_1 + \left(\frac{1}{4\pi\varepsilon_0 r}\right)Q_2 \tag{1}$$

$$U_2 = \left(\frac{1}{4\pi\varepsilon_0 r}\right)Q_1 + \left(\frac{1}{4\pi\varepsilon_0 a_2}\right)Q_2 \tag{2}$$

将上面两式与式（2-145）相比较，得到此系统的电位系数

$$p_{11} = \frac{1}{4\pi\varepsilon_0 a_1}, \quad p_{12} = \frac{1}{4\pi\varepsilon_0 r}$$

$$p_{21} = \frac{1}{4\pi\varepsilon_0 r}, \quad p_{22} = \frac{1}{4\pi\varepsilon_0 a_2}$$

将上面的 p_{ij} 代入关系式（2-150），得到系统的电容系数

$$\beta_{11} = \frac{4\pi\varepsilon_0 r a_1}{r^2 - a_1 a_2}, \quad \beta_{12} = -\frac{4\pi\varepsilon_0 a_1 a_2}{r^2 - a_1 a_2}$$

$$\beta_{21} = -\frac{4\pi\varepsilon_0 a_1 a_2}{r^2 - a_1 a_2}, \quad \beta_{22} = -\frac{4\pi\varepsilon_0 r a_2}{r^2 - a_1 a_2}$$

利用式（2-155）可以得到部分电容

$$C_{10} = -\frac{4\pi\varepsilon_0 a_1(r - a_2)}{r^2 - a_1 a_2}, \quad C_{12} = -\frac{4\pi\varepsilon_0 a_1 a_2}{r^2 - a_1 a_2}$$

$$C_{20} = -\frac{4\pi\varepsilon_0 a_2(r-a_1)}{r^2-a_1 a_2}, \quad C_{21} = -\frac{4\pi\varepsilon_0 a_1 a_2}{r^2-a_1 a_2}$$

（b）当两球用导线连接后电位相等，令前面的（1）、（2）两式相等，可推导出

$$Q_1 = \frac{a_1}{a_2} \cdot \frac{r-a_2}{r-a_1} Q_2$$

由已知条件 $r \gg a_1$ 和 $r \gg a_2$，上式可以近似为

$$\frac{Q_1}{Q_2} = \frac{a_1}{a_2}$$

考虑到球面上的电荷近似均匀分布，可将 $Q_i = 4\pi a_i^2 \rho_{S_i}$ 代入上式，得到

$$\frac{\rho_{S1}}{\rho_{S2}} = \frac{a_2}{a_1}$$

再将导体表面的边界条件 $\varepsilon_0 E_i = \rho_{S_i}$ 代入上式，得到两球面上的电场强度之比为

$$\frac{E_1}{E_2} = \frac{a_2}{a_1}$$

由上式看到，两球连接后变为一个孤立导体，表面上的电场强度与导体表面的曲率半径成反比。

习题二

2.1　一点电荷 $Q_1 = 3.2 \times 10^{-10}$ C，位于点 $P_1(2,1)$，另一点电荷 $Q_2 = 1.6 \times 10^{-19}$ C，位于 $P_2(1,2)$。求 Q_2 所受到的作用力 $\vec{F}$。

2.2　一个正 π 介子由一个 u 夸克和一个反 d 夸克组成。u 夸克带电量为 $\frac{2}{3}e$，反 d 夸克带电量为 $\frac{1}{3}e$。将夸克作为经典粒子处理，试计算正 π 介子中夸克间的电力（设它们之间的距离为 1.0×10^{-15} m）。

2.3　在 xy 平面内有点电荷 $Q_1 = Q, Q_2 = 2Q$ 和 $Q_3 = -3Q$，它们分别位于点 $P_1(1/2, 0)$，$P_2(-1, 0)$ 和 $P_3(0, 1)$。求坐标原点上的电场强度 $\vec{E}$。

2.4　实验证明，地球表面上方电场不为零，晴天大气电场的平均场强约为 120 V/m，方向向下，这意味着地球表面上有多少过剩电荷？试以每平方厘米的额外电子数表示。

2.5　一半径为 a 的细导线圆环，环上均匀分布着电荷密度为 ρ_l 的线电荷。求轴线上任一点的电场强度。

2.6（1）计算刚好平衡一个电子重力的电场强度 $\vec{E}$。

（2）如果这个电场是位于下方的另一电子产生的，试问两电子间的距离是多少？

2.7　假设在边长 $a = 10$ cm 的正方形的四个顶点上各放一个 $Q = 10^{-6}$ C 的点电荷，试计算 $q = 2 \times 10^{-7}$ C 的试验点电荷自中心位移到一边的中点时外力所做的功。

2.8　半径为 a、长为 $2L$ 的圆柱面上均匀分布着电荷密度为 ρ_S 的面电荷，设圆柱轴线与 z 轴重合且中心在原点。求 z 轴上的电位和电场强度。

2.9　半径为 a 的球中充满密度为 $\rho(r)$ 的体分布电荷，已知电场为

$$E_r = \begin{cases} r^3 + Ar^2 & (r \leqslant a) \\ (a^5 + Aa^4)/r^2 & (r > a) \end{cases}$$

求电荷密度 $\rho(r)$。

2.10　设真空中电位按照下面规律分布

$$U_r = \begin{cases} C\dfrac{a^3}{r} & (r \geqslant a) \\ \dfrac{3}{2}C\left(a^2 - \dfrac{r^2}{3}\right) & (r < a) \end{cases}$$

求对应的电荷分布。

2.11　假设一带电导体系统由同心的内球和外球壳所组成，其中内球的半径为 a，外球的内表面和外表面的半径分别为 b 和 c，内球带电荷 Q，外球壳带净电荷 Q'，求任意点的电位与电场强度。

2.12　两异性点电荷 Q_1 和 Q_2 分别位于原点和 $x = -L$ 处，试证明电位等于零的曲面为一球面，此球面中心坐标为 $x = -LQ_1^2/(Q_1^2 - Q_2^2)$，半径等于 $LQ_1Q_2/(Q_1^2 - Q_2^2)$。

2.13　真空中一半径为 a 的球体充满体分布电荷，以球心为原点的坐标系下，电荷密度表示为 $\rho = a^2 - r^2$。利用高斯定律求任意点的电场强度，并根据此电场强度求出电位分布。

2.14　计算以下不同方向上电偶极子的电场强度分量 E_θ 与 E_r 的比值：

（1）$\theta = 0°$；（2）$\theta = 30°$；（3）$\theta = 60°$；（4）$\theta = 90°$。

2.15　精密的实验已表明，一个电子与一个质子的电量在实验误差为 $\pm 10^{-21}$e 的范围内是相等的，而中子的电量在 $\pm 10^{-21}$e 的范围内为零。试问，在最坏情况下，一个氧原子（具有 8 个电子、8 个质子和 8 个中子）所带的最大可能静电荷是多少？试比较氢原子核与核外电子之间的电力和万有引力的大小。

2.16　一种经典理论认为：氢原子的结构是大小为 $+e$ 的电荷被密度为 $\rho(r) = -Ce^{-2r/a_0}$ 的负电荷所包围，$a_0 = 0.53 \times 10^{-10}$ m，称为"玻尔半径"，C 是为使负电荷总量等于 $-e$ 而设的常量，试问半径 a_0 内的净电荷是多少？半径 a_0 处的电场强度有多大？

2.17　假设一均匀静电场的方向向上，一半径 $a = 5 \times 10^{-3}$ cm 的带电水滴表面电场强度为 6 kV/m，若不让水滴落下，电场强度应为多大？

2.18　两个点电荷 q 和 $-kq(k < 1)$ 分别位于 $(0, 0, 0)$ 点和 $(0, d, 0)$ 点，求零电位面方程。

2.19　线电荷以密度 ρ_l 均匀分布在半径为 a 的半圆弧上，求圆心处的电场强度；设想所有的电荷集中于一点，并在圆心处产生相同的电场，求此点的位置。

2.20　假设真空里电位按照下面规律分布

$$U = \frac{e^{-ar}}{r}$$

求对应电荷分布。

2.21　一个半径为 a 的带电球壳，电荷密度为 $\rho_s = \rho_0\cos\theta$，其中 θ 是极角。试计算球外的远区电位和它的偶极矩。

2.22　证明电偶极子在位置矢 $\vec{r}$ 的点上所产生的电场强度矢量可以表示为

$$\vec{E} = -\frac{1}{4\pi\varepsilon_0}\left[\frac{\vec{p}}{r^3} - \frac{3(\vec{p}\cdot\vec{r})\vec{r}}{r^5}\right]$$

2.23 在以下均匀电介质里有两个相同的点电荷 $Q = 10^{-8}$ C，电荷之间相距 $R = 0.1$ m，试计算两电荷的相互作用力。

（1）空气（$\varepsilon_r = 1$）；（2）变压器油（$\varepsilon_r = 2.2$）；（3）蒸馏水（$\varepsilon_r = 81$）。

2.24 一半径为 8 cm 的导体球上套一层厚度为 2 cm 的介质层，假设导体球带电荷 4×10^{-6} C，介质的 $\varepsilon_r = 2$，试计算距离球心 250 cm 地方的电位。

2.25 假设真空中有均匀电场 $\vec{E}_0$，若放一厚度为 d、相对电容率为 ε_r、法线与 $\vec{E}_0$ 的夹角为 θ_0 的大介质片，求介质片中的电场强度 $\vec{E}$ 及 $\vec{E}$ 与法线的夹角 θ 和介质表面的极化电荷密度 ρ_{PS}。

2.26 一个半径为 a 的电介质球含有均匀分布的自由电荷 ρ，证明其中心点的电位是

$$\frac{2\varepsilon_r + 1}{2\varepsilon_r} \cdot \frac{\rho a^2}{3\varepsilon_0}$$

2.27 一半径为 a 的电介质球内极化强度为 $\vec{P} = \hat{r}K/r$，其中 K 是一常数。

（1）计算极化电荷的体密度和面密度；

（2）计算自由电荷密度；

（3）计算球内、外的电位分布。

2.28 电荷密度处处等于零的非均匀电介质中，静电位满足什么形式的微分方程？

2.29 一导体球半径为 a，其外罩以内外半径分别为 b 和 c 的同心厚导体壳，此系统带电后内球的电位为 U，外球所带总电量为 Q。求此系统各处的电位和电场分布。

2.30 如图 2-50 所示，有三块互相平行的导体板，外面的两块用导线连接，原来不带电。中间一块上所带总面电荷密度为 1.3×10^{-5} C/m^2。求每块板的两个表面的面电荷密度（忽略边缘效应）。

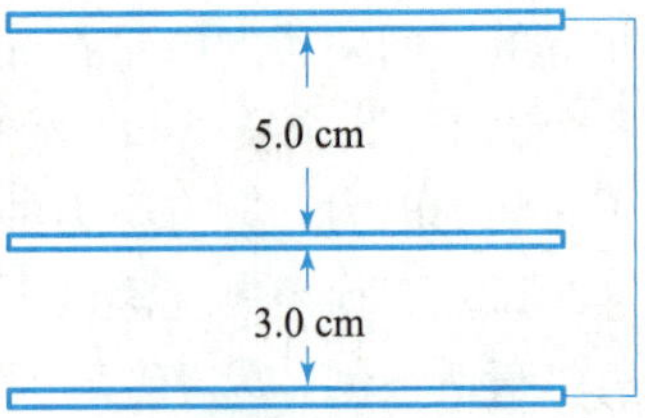

图 2-50 题 2.30 用图

2.31 同轴线电容器的外导体内半径为 b，中间充满相对电容率为 ε_r 的介质。当内、外导体间加电压 U_0 时，求使电容器中的电场强度取最小值时的内导体半径 a 和这个 $E_{\min}$ 的值。

2.32 一同轴线的内导体半径为 a，外导体的内半径为 b，之间填充两种绝缘材料，$a < r < r_0$ 时电容率为 ε_1，$r_0 < r < b$ 时电容率为 ε_2。若要求两种介质中电场强度的最大值相等，介质分界面的半径 r_0 应当等于多少？

2.33 一半径为 a 的介质球均匀极化，极化强度为 $\vec{P} = \hat{z}P$，求此介质球在空间任意点上所产生的电位。

2.34 如果同轴导体之间充以电介质，要使介质中电场强度与 r 无关，则相对电容率 ε_r 应随 r 如何变化？束缚电荷体密度是多少？

2.35 在两种电容率分别为 ε_1、ε_2 的电介质的分界面上，有密度为 ρ_S 的面电荷，界面两侧的电场为 $\vec{E}_1$ 和 $\vec{E}_2$。证明 $\vec{E}_1$、$\vec{E}_2$ 与界面法线 $\hat{n}$ 间的夹角 θ_1、θ_2 间有如下关系：

$$\tan\theta_2 = \frac{\varepsilon_2 \tan\theta_1}{\varepsilon_1 [1 - \rho_S/(\varepsilon_1 E_1 \cos\theta_1)]}$$

2.36 一个半径为 a 的实心导体球与一个内、外半径分别为 b 和 c 的导体球壳同心，在内球表面上套一层厚度为 $t(t < b - a)$ 的电介质，电介质的电容率为 ε，求任意点电位。

（1）假设内导体球带电荷 Q，导体球壳不带电；

（2）假设内导体球不带电，导体球壳带电荷 $-Q$。

2.37　两电介质的分界面为 $z = 0$ 平面，已知 $\varepsilon_{r1} = 2$ 和 $\varepsilon_{r2} = 3$，如果已知区域 1 中的

$$\vec{E}_1 = 2y\hat{x} - 3x\hat{y} + (5 + z)\hat{z}$$

我们能求出区域 2 中哪些地方的 $\vec{E}_2$ 和 $\vec{D}_2$？能求出 2 中任意点的 $\vec{E}_2$ 和 $\vec{D}_2$ 吗？

2.38　电场中有一半径为 a、电容率为 ε 的电介质球，已知

$$U_1 = -E_0 r\cos\theta - \frac{\varepsilon_0 - \varepsilon}{\varepsilon + 2\varepsilon_0}a^3 E_0\frac{\cos\theta}{r^2}\quad (r \geq a)$$

$$U_2 = -\frac{3\varepsilon_0}{\varepsilon + 2\varepsilon_0}E_0 r\cos\theta\quad (r < a)$$

验证球面的边界条件，并计算球表面的极化电荷密度。

2.39　一平板电容器的电极面积 $A = 0.05\ \text{m}^2$，电极间的距离 $d = 5\ \text{mm}$，两极电压为 $U = 200\ \text{V}$，计算电极上的电荷、电容器的储能以及电极之间的作用力。

2.40　一个 100 pF 的电容器充电到 100 V，把充电电池断开后，再把电容器并联到另一电容器上，最后电压是 30 V，请问第二个电容器的电容多大？并联后损失了多少电能？损失的去电能哪里了？

2.41　三个电容器的电容分别为 $C_1 = 2\ \mu\text{F}$，$C_2 = 5\ \mu\text{F}$，$C_3 = 10\ \mu\text{F}$。各自用 36 V 的直流电源充电后，按图 2-51 那样连接起来，求连接后各电容器的电量和电压。

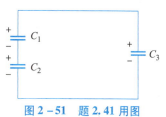

2.42　假设一同轴线内、外导体单位长度所带的电荷为 q 和 $-q$，证明其单位长度的电场储能为 $q^2/(2C)$，其中 C 是同轴线单位长度的电容。

图 2-51　题 2.41 用图

2.43　一平行板电容器的极板面积为 A，电极之间距离为 d，电极之间绝缘材料是由电容率 ε_1 和 ε_2 的两种电介质组成的，它们的厚度分别为 d_1 和 d_2。假设电极之间电压为 U_0，试求每种电介质界面之间的电压以及两种电介质中电场能量密度之比。

2.44　两个导体小球的半径分别为 a_1 和 a_2，两球心之间距离为 R，而且 $R \gg a_1$ 和 $R \gg a_2$，两球分别带电荷 Q_1 和 Q_2。试求导体系统的电场能量和两球的相互作用力。

2.45　将相对电容率为 ε_r，内、外半径分别为 a、b 的介质球壳从无穷远移至真空点电荷 Q 的电场中，并使点电荷位于其球心，求此过程中电场力所做的功。

2.46　已知空气的击穿强度为 $3 \times 10^3\ \text{kV/m}$，当一平行板空气电容器两极板间加电压 50 kV 时，每平方米面积的电容最大是多少？

2.47　为了测量电介质材料的相对电容率，将一块厚度为 1.5 cm 的平板材料慢慢地插进一距离为 2.0 cm 的空气电容器中间，在插入过程中，电容器的电荷保持不变。插入后，两极板间的电位差减小为原来的 60%，试问电介质的相对电容率是多大？

第 2 章习题答案

第 3 章　恒定电场和电流

电荷有规则的宏观运动称为**电流**，这种规则运动一般是在电场作用下形成的。若电荷流动不随时间变化，则称之为**恒定电流**或**直流**，对应的电场称为**恒定电场**。本章讨论恒定电流和恒定电场的基本性质以及恒定电流场问题的分析方法。

§3.1　电流与电流密度

按运动电荷所在媒质的不同，电荷的规则运动一般可分为两类：一类是电荷在固态或液态导电媒质中的运动，如金属中自由电子的运动、电解液体中正负离子的运动以及半导体材料中电子和带正电的"空穴"的运动等，这类导电媒质中的电荷规则运动形成的电流称为**传导电流**；另一类是电子或离子甚至宏观带电体在真空或气体中做规则机械运动而形成的电流，如电子管和显像管中的电子束电流等，这类电流叫作**运流电流**。本章重点讨论传导电流及其电场的性质。

最常见的电流是沿着一根导线流动的电流，其强弱用单位时间内通过导线某一横截面的电荷量来表示，称为该导线上的**电流强度**，简称**电流**，记作 I。将这一定义推广到电流区域的任意一个给定的曲面上：如果在 Δt 时间内通过空间某一曲面 S 的电荷量为 ΔQ，则通过曲面 S 的电流强度 I 为

$$I = \lim_{\Delta t \to 0} \frac{\Delta Q}{\Delta t} \tag{3-1}$$

其数值依然等于单位时间内通过曲面 S 的电荷量。

电流强度的单位是安培（A）。安培是国际单位制（SI）的基本单位之一，它的定义为：若在真空中相距 1 m 的两根无限长平行细导线内流有等值的恒定电流，当两导线每米长度之间的作用力为 2×10^{-7} N 时，每根导线上的电流为 1 安培。在表示微弱电流时，常常使用毫安（mA）或微安（μA）单位。

$$1 \text{ mA} = 10^{-3} \text{ A}$$
$$1 \text{ μA} = 10^{-6} \text{ A}$$

电流强度虽然不是矢量，但常常以正电荷穿过曲面的方向作为电流的正方向，当曲面（或电路导线）的参考方向与电流正方向一致时，电流强度取正值。在金属导体中，电流是由带负电的自由电子运动形成的，所以电流的方向恰与电荷的运动方向相反。

电流强度只能反映某面积上的整体电流特征，为了描述电流空间任意一点上的电荷运动情况，我们引入**电流密度**的概念。电流密度是一个矢量点函数，一般用 $\vec{J}$ 表示。它的方向

是该点处正电荷的运动方向（或负电荷运动的相反方向），大小等于垂直于 $\vec{J}$ 的单位面积上所通过的电流。若与 $\vec{J}$ 垂直的面积元 ΔS_n 上通过的电流为 ΔI，则 $\vec{J}$ 的模值为

$$J = \lim_{\Delta S_n \to 0} \frac{\Delta I}{\Delta S_n} \tag{3-2}$$

电流密度的单位是安培/米^2（A/m^2）。很明显，穿过任意曲面 S 的电流等于电流密度矢量在此曲面上的通量，即

$$I = \int_S \vec{J} \cdot \mathrm{d}\vec{S} = \int_S J\cos\theta \mathrm{d}S \tag{3-3}$$

式中，θ 是矢量面元 $\mathrm{d}\vec{S}$ 与 $\vec{J}$ 的夹角。

　　上述电流密度 $\vec{J}$ 用来描述电流在某体积内流动的情况，所以又称为**体电流密度**。如果电流只是在一个表面上流动，则此面上的电荷运动情况可以用**面电流密度** $\vec{J}_s$ 表示。$\vec{J}_s$ 的方向仍定义为某点处正电荷的运动方向，而数值等于过该点且与 $\vec{J}_s$ 垂直的单位横截线上所流过的电流。如果与 $\vec{J}_s$ 垂直的线元 Δl 上通过的电流为 ΔI，如图 3-1 所示，则该点 $\vec{J}_s$ 的模值为

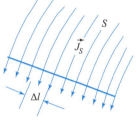

图 3-1　面电流密度定义

$$J_S = \lim_{\Delta l \to 0} \frac{\Delta I}{\Delta l} \tag{3-4}$$

面电流密度的单位是安培/米（A/m）。电流面上的某曲线 l 所通过的面电流为

$$I_S = \int_l J_S \sin\theta \mathrm{d}l \tag{3-5}$$

式中，θ 为 $\vec{J}_s$ 与 l 上的矢量线元 $\mathrm{d}\vec{l}$ 的夹角。

　　如果电流只沿某一条曲线 l 流动，我们称其为**线电流**或**电流丝**，可以用 $\vec{J}_l$ 或 $\vec{I}$ 表示，单位是安培（A）

　　应该明确，表面电流和线电流只是特殊的体电流，是体电流的一种极限近似。与静电场中所介绍的面电荷和线电荷的情况相似，当载流体的横截面的厚度或面积可忽略时，将该截面的总电流压缩到一条横截线或一个横截点上，然后用表面电流或线电流来表示这个总电流。不要认为某体积内有体电流时其内部和表面上就一定有线电流和面电流，如果不进行上述极限处理，实际电流区域的线电流和面电流密度都应为零，否则会导致体电流密度是无穷大的结果。

　　当空间中存在着不同性质的电流时（如"传导电流""运流电流"等），为了区别起见，通常将传导电流记为 $\vec{J}_c$，本书中如无特殊声明，提及的电流都是指传导电流，在一般情况下简记为 $\vec{J}$。

　　由于电流密度等于单位时间内穿过单位面积的电荷量，因此必然与运动电荷的密度和速度有关。为了求出三者的联系，作一个截面积为 $\mathrm{d}S$，长为 $\mathrm{d}l$ 的柱状体积元，体积元的轴线与电荷运动方向一致，如图 3-2 所示。设 ρ_m 为运动电荷体密度，则此体积元内部的总运动电荷是 $\rho_m \mathrm{d}S\mathrm{d}l$。假设这些电荷在 $\mathrm{d}t$ 时间内全部通过柱底面 $\mathrm{d}S$ 流出，则通过 $\mathrm{d}S$ 的电流为

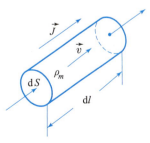

图 3-2　电流中的柱状体元

$$I = \frac{\rho_m \mathrm{d}S \mathrm{d}l}{\mathrm{d}t} = \rho_m v \mathrm{d}S \tag{3-6}$$

式中，$v = \mathrm{d}l/\mathrm{d}t$ 为电荷的平均运动速度。另外，由式（3-3）可得

$$I = J\mathrm{d}S$$

与式（3-6）比较，可得到

$$J = \rho_m v$$

即电流密度等于运动电荷的密度与速度的乘积。考虑到电流密度矢量与正电荷运动速度矢量 $\vec{v}$ 的方向相同，于是有

$$\vec{J} = \rho_m \vec{v} \tag{3-7}$$

对于表面电流和线电流的情况，可用相同方法推出

$$\vec{J_S} = \rho_{Sm} \vec{v} \tag{3-8}$$

$$\vec{I_l} = \rho_{lm} \vec{v} \tag{3-9}$$

式中，ρ_{Sm} 和 ρ_{lm} 分别为表面运动电荷的面密度和线运动电荷的线密度，$\vec{v}$ 为相应的电荷运动速度矢量。

上面三式对运流电流和传导电流均成立。但对于传导电流应注意式中的 ρ_m 只代表运动电荷的密度，而不包括导电媒质中那些平均速度为零的电子和离子。另外，考虑到运动电荷在媒质中会不断地与固定离子或中性分子发生不规则碰撞，所以式中的 $\vec{v}$ 应该是大量运动电荷的定向平均速度。

由于传导电流是在电场作用下产生的，因此我们可以得到其电流密度与电场强度之间的关系。例如在金属导体中，运动电荷是分布于离子晶格点阵之间的自由电子。在媒质内电场的作用下，电子在做热运动的基础上又附加了一个与电场指向相反的定向加速运动，其加速度为

$$a = \frac{f}{m_0} = \frac{eE}{m_0} \tag{3-10}$$

式中，e 和 m_0 分别是电子的电量和质量，E 为导体中的电场强度。当运动电子与晶格点阵碰撞时，电子的加速运动被打断，而碰撞之后，其定向加速运动又重新开始。考虑到电子在碰撞后向各方向射出的机会相等，可以设碰撞后瞬时的定向运动速度的平均值为零，若两次相邻碰撞的时间间隔平均值为 τ，则电子的平均定向运动速度可以写成

$$v_d = \frac{0 + v_\tau}{2} = \frac{1}{2}a\tau = \frac{1}{2}\frac{eE}{m_0}\tau \tag{3-11}$$

式中，v_d 也称为电子的**定向漂移速度**。

如果导体单位体积内的自由电子数为 N，则运动电荷密度 $\rho_m = Ne$，将 v_d 和 ρ_m 代入式（3-7），可得

$$J = \rho_m v_d = \frac{1}{2}\frac{Ne^2\tau}{m_0}E \tag{3-12}$$

由于电流密度的方向与电场方向一致，故上式可用矢量表示为

$$\vec{J} = \frac{1}{2}\frac{Ne^2\tau}{m_0}\vec{E} \tag{3-13}$$

上式又可记为

$$\vec{J} = \sigma\vec{E} \tag{3-14}$$

其中

$$\sigma = \frac{1}{2} \cdot \frac{Ne^2\tau}{m_0} \qquad (3-15)$$

称为金属的**电导率**，单位是西门子/米（S/m）。由于电场所引起的电子定向漂移速度 v_d 要远远小于电子做热运动的自由平均速度（例如，银电子的自由平均速度约为 1.4×10^6 m/s，而常规电场下的 v_d 一般只有毫米/秒量级），所以电子在晶格内的碰撞时间间隔 τ 主要取决于其热运动速度。也就是说，σ 实际上是一个只与材料种类及温度相关而与电场无关的常量。

对于非金属类的导电媒质，我们也可采用式（3-14）来表达电流密度与电场的关系。虽然此时电导率 σ 的数值与金属导体有很大的差别，但电流密度与电场强度成正比的关系依然成立，这一点已被大量的实验测试所证明。因此式（3-14）是描述传导电流的一个重要公式，一般称其为**欧姆定律的微分形式**。表 3-1 列出了几种常见导电媒质在常温下的电导率值。

表 3-1　几种导电媒质在常温下的电导率　　　　　　　　　　S/m

材料	σ	材料	σ
铜	5.8×10^7	石墨	1.25×10^5
银	6.25×10^7	海水	$3 \sim 5$
铝	3.95×10^7	湿土	$10^{-2} \sim 10^{-3}$

对前面的讨论有两点需要说明：首先，虽然由电场所引起的电荷漂移速度 v_d 一般只是毫米/秒量级，但由于媒质中的电场是以光速传播的，在电场作用下电荷同步移动，所以电流所携带的能量和信息也是以光速传输的。其次，前面的欧姆定律微分形式推导是建立在经典力学（即牛顿力学）和经典统计学之上的，而近代的物理理论和实验都表明，像电子这类微观粒子的行为并不服从经典力学，而是服从于量子力学。因此，正确的金属导电理论只有在量子力学的基础上才能建立，前面做的分析只是一个近似的形象化解释。尽管所得到的电流密度与电场成正比的结论是正确的，但在理论上并不严格，有些现象无法用这个理论进行定量分析。例如，电导率 σ 是一个与温度有关的量，大多数的金属材料随温度升高 σ 下降。用经典理论只能粗略地解释为，当温度升高时热运动速度增大，碰撞增多而导致碰撞时间间隔缩短。但这个解释只是定性的，定量的分析必须利用量子理论。

§3.2　恒定电流场的基本定律

根据物质不灭定律，一个闭合系统内的任何物质都不能凭空产生和彻底消失，只能从一个区域转移到另一个区域，或从一种形态变为另一种形态。电荷这种物质当然也服从这一公理，不论发生任何的物理变化、化学反应甚至基本粒子的转化，一个闭合系统的总电荷量都是保持不变的。电荷可以被分离、中和或转移，但无法凭空产生或彻底消灭一个电荷，这个基本性质称为**电荷守恒定律**。电荷守恒定律在数学上用电流连续方程表示，对于一个以闭合面 S 为边界的给定区域 τ，可能有电荷进入或者流出该区域。但因电荷不可能产生和消灭，如果有电荷从该区域流出，则区域 τ 内的总电荷量必然减少，通过 S 面流出的总电流应该等于 τ 内的电荷减少率，即

$$\oint_S \vec{J} \cdot \mathrm{d}\vec{S} = -\int_\tau \frac{\partial \rho}{\partial t}\mathrm{d}\tau \qquad (3-16)$$

上式称为**电流连续方程的积分形式**。应用散度定理可将上式左边变成体积分

$$\int_\tau \nabla \cdot \vec{J}\mathrm{d}\tau = \int_\tau -\frac{\partial \rho}{\partial t}\mathrm{d}\tau$$

该式对任意体积 τ 都成立，必然是等式两边的被积函数相等，即

$$\nabla \cdot \vec{J} = -\frac{\partial \rho}{\partial t} \qquad (3-17)$$

式（3-17）反映了空间一点上电流密度与电荷密度之间的关系，称为**电流连续方程的微分形式**。

电流连续方程对任意变化的电流都成立。在恒定电流情况下，一切物理量均与时间无关，因而 $\partial \rho / \partial t = 0$，式（3-16）和式（3-17）变为

$$\oint_S \vec{J} \cdot \mathrm{d}\vec{S} = 0 \qquad (3-18)$$

$$\nabla \cdot \vec{J} = 0 \qquad (3-19)$$

以上两式分别称为**恒定电流场第一基本定律**的积分形式和微分形式，它们说明恒定电流密度是一个无散源场。若用电流线（与电力线的做法相同）表示 $\vec{J}$，则电流线是闭合曲线，没有发源点和终止点。

从恒定电流场第一基本定律可以得出，当一根导线中流有恒定电流时，通过导线各个截面的电流强度都相等。这是因为对如图 3-3 所示的包围任意一段导线的闭合曲面 S，只有流进的电流 I_1 和流出的电流 I_2 相等，才能使通过此闭合面的总电流等于零。此外，对于电路中 N 根导线汇合的节点，任取一包围该节点的闭合曲面，由式（3-18）可得出

$$\sum_{i=1}^N I_i = 0 \qquad (3-20)$$

其中流出节点的电流为正，流入节点的电流为负。如图 3-4 所示的 4 条导线汇合点，由式（3-20）可写成

$$-I_1 + I_2 + I_3 - I_4 = 0$$

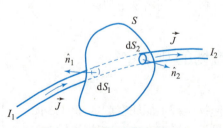

图 3-3　一根导线上的电流

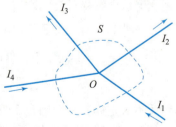

图 3-4　汇合在节点上的电流

式（3-20）是恒定电流场第一基本定律在电路节点上的表达形式，称为**节点电流方程**，也叫作**基尔霍夫第一方程**。

从恒定电流场的第一基本定律还可以看到，在场空间的任意区域和任意点上，流入的电

荷都正好等于流出的电荷，因此整个空间的电荷密度分布将不随时间改变，即恒定电流场具有恒定的电荷密度分布。应该明确，恒定的电荷密度并不是指电荷都静止不动，那样就没有电流存在了。实际上，在电流区域的内部和表面上都有电荷向前移动，但它们所空出来的位置马上又被后续的其他电荷所占据，从而使得电荷密度的分布始终保持一个动态平衡的状态。因电场强度只取决于电荷密度的分布，故恒定电场与静电场一样也是一个保守场，它的任意闭合环路积分为零

$$\oint_l \vec{E} \cdot \mathrm{d}\vec{l} = 0 \tag{3-21}$$

利用斯托克斯定理可推导出上式的微分形式

$$\nabla \times \vec{E} = 0 \tag{3-22}$$

以上两式反映了恒定电场的保守性，分别称为**恒定电流场第二基本定律**的积分形式和微分形式。

在一般的导电媒质中，既存在可自由移动的自由电荷，也同时存在受原子核牵制的束缚电荷。因此，导电媒质中的恒定电场不但要激发电流，同时也会引起媒质的极化。极化的机理与静电场中的电介质极化相同。在这里我们仍然用电容率 $\varepsilon = \varepsilon_0 \varepsilon_r$ 作为描述媒质极化特征的参量，其数值一般通过实验测定。同时，定义电通量密度与电场强度的关系依然为

$$\vec{D} = \varepsilon \vec{E} \tag{3-23}$$

并且高斯定律

$$\nabla \cdot \vec{D} = \rho \tag{3-24}$$

$$\oint_S \vec{D} \cdot \mathrm{d}\vec{S} = \int_\tau \rho \mathrm{d}\tau = Q_{\mathrm{in}} \tag{3-25}$$

在恒定电场中仍然成立。

在均匀线性导电媒质中，电容率 ε 和电导率 σ 都是与坐标无关的常量，将 $\vec{J} = \sigma \vec{E}$ 代入 $\nabla \cdot \vec{J} = 0$，得

$$\nabla \cdot \vec{J} = \nabla \cdot (\sigma \vec{E}) = \sigma \nabla \cdot \vec{E} = 0$$

故有

$$\nabla \cdot \vec{E} = 0 \tag{3-26}$$

与高斯定律

$$\nabla \cdot \vec{D} = \nabla \cdot (\varepsilon \vec{E}) = \varepsilon \nabla \cdot \vec{E} = \rho$$

比较可得

$$\rho = 0 \tag{3-27}$$

这表明，当均匀媒质中存在恒定电流时，其内部的体电荷密度处处等于零。

应该明确，上面的结论与媒质内有电荷流动并不矛盾。因为这里的 ρ 是指媒质中的净电荷密度，即单位体积内所有运动电荷与静止电荷的代数和，与电流密度公式 $\vec{J} = \rho_m \vec{v}$ 中的运动电荷密度 ρ_m 的意义是不同的。这个结果表明，在均匀媒质的恒定电流场中，每一点上的运动电荷（即 ρ_m）恰好与静止电荷（如晶格离子）等值异号，故使得媒质内部的净电荷密度 ρ 处处为零。因此，均匀导电媒质的净电荷只能存在于媒质的表面上，实际也正是这些表面电荷激发了媒质内外的恒定电场。

由矢量分析知道，一个无旋场一定可以被表示成某个标量场的梯度。仿照静电场中的做法，引入一个标量电位 U 作为研究恒定电场的辅助函数，即

$$\vec{E} = -\nabla U \qquad (3-28)$$

和

$$U = \int_{P}^{P_0} \vec{E} \cdot \mathrm{d}\vec{l} \qquad (3-29)$$

电位 U 的单位依然是伏特（V）。

对于均匀导电媒质，将 ε 和 $\vec{E} = -\nabla U$ 代入高斯定律，得到

$$\nabla \cdot \vec{D} = \varepsilon \nabla \cdot \vec{E} = -\varepsilon \nabla \cdot \nabla U = 0$$

因此有

$$\nabla^2 U = 0 \qquad (3-30)$$

可见，均匀导电媒质中的恒定电位与无电荷区域的静电位一样，也满足拉普拉斯方程。在给定边界条件时，可通过求解方程得到电位的分布。

应该特别注意，在恒定电流场中，由于 $\vec{J} = \sigma\vec{E} = -\sigma\nabla U$，所以导体内的电场不为零，导体内部的各点和表面的电位也不是常量，这与静电场中的导体概念是不同的。实质上，恒定电流场中的导体（或称导电媒质）只相当于静电场中的电介质，只有 $\sigma \to \infty$ 的导电媒质才具有与静电场中导体相似的性质。

§3.3 电源和电动势

导电媒质中的恒定电流由媒质中的恒定电场所激发，该恒定电场产生于媒质表面和内部的分布电荷。与静电场一样，恒定电场与电荷之间的关系也与时间无关，同时也满足库仑定律。所以习惯上将静电场和恒定电场都称为**库仑电场**，电场对电荷的作用力都叫作**库仑力**或**静电力**。

不难发现，对于一个导电媒质构成的闭合回路，仅依靠静电力是不可能维持恒定电流的。正如前面所指出，导电媒质中的分布电荷也是运动电荷，为保证恒定的电荷密度分布而激发恒定电场，这些运动电荷流失所形成的"空位"必须即刻有新的电荷来填补。对于一个闭合回路而言，只有当电荷在回路中循环流动时才有可能满足上述要求。但是，由恒定电场的基本关系式 $\vec{J} = \sigma\vec{E} = -\sigma\nabla U$ 又可以看出，沿电流的流动方向电位是不断下降的，即运动电荷是从高位能处向低位能处流动。如果回路中只存在静电力，那么从高电位处流走的正电荷将不可能由低电位处再次返回到原来的高电位点（如果是运动负电荷，则不可能依靠静电力从高电位返回到原来的低电位出发点），这正像流水不可能依靠重力从低处向高处流动一样。因此，要实现电荷的循环流动，必须在回路中串接一个能利用某种非静电力来改变运动电荷位能的"泵站"，通过非静电力对电荷的作用，将流到低电位能端的电荷重新提升到它们的高电位能出发点。这种"泵站"就是电源，产生恒定电流的电源又叫作**直流电源**。

直流电源中的非静电力可以有多种形式，如电池中的化学力和直流发电机中的电磁感应力等。但它们在电路中的作用却是相同的，都是将非静电能转化为运动电荷的电位能，把运动电荷从电源的低位能端推到高位能端，以维持电荷的循环运动。

电源转化能量的本领用电动势表示。我们将电源的非静电力把单位正电荷从电源的负极推到正极所做的功称为该电源的**电动势**，用 $\mathscr{E}$ 表示。如果用 A_s 表示电源的非静电力把电荷 Q

从电源的负极推到正极所做的功，则该电源的电动势为

$$\mathscr{E} = \frac{A_s}{Q} \qquad (3-31)$$

如果不考虑电源内部的能量损耗，非静电力所做的功将全部转化为电流对回路负载的做功。$\mathscr{E}$ 值越大，表示电源可以向负载提供越大的功率，因此电源电动势是一个表征电源做功能力的物理量。从量纲上看，电源电动势的单位与电位相同，也是伏特（V）。但应明确，电动势与电位是两个不同的物理量。电动势总是与电源的非静电力做功联系在一起，它取决于电源本身的性质，与电源外部的电路无关；而电位则与静电力做功相联系，电位的分布与外电路是密切相关的。

仿照库仑力与电场强度的定义，我们把电荷在电源内部所受到的非静电力看作是一种非静电电场的作用，单位电荷受到的非静电力定义为该场的电场强度，用 $\vec{E}_s$ 表示。电荷 Q 在电源内部所受的非静电力为

$$\vec{F}_s = Q\vec{E}_s$$

非静电力将电荷 Q 从电源负极移到正极所做的功为

$$A_s = \int_{(-)}^{(+)} Q\vec{E}_s \cdot d\vec{l}$$

将上式代入式（3-31），得到

$$\mathscr{E} = \int_{(-)}^{(+)} \vec{E}_s \cdot d\vec{l} \qquad (3-32)$$

由于非静电力是把正电荷从电源的负极推向正极，所以 $\vec{E}_s$ 的方向应是从负极指向正极。这样，在电源的内部存在着两个电场：一个是非静电力的等效电场 $\vec{E}_s$，另一个是电源两极上的分布电荷在电源内部产生的库仑电场 $\vec{E}$，两者的指向正好相反。在电源外部的媒质或空间中，只存在由分布电荷所产生的库仑电场 $\vec{E}$。电源内及导体回路上的电场如图 3-5 所示。

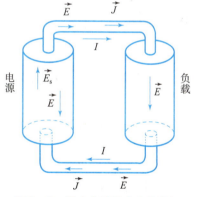

图 3-5　恒定电流回路中的电场

在电源内部，欧姆定律微分形式仍然成立，但应将表达式 $\vec{J} = \sigma\vec{E}$ 中的 $\vec{E}$ 换成电源内的总电场 $\vec{E} + \vec{E}_s$，即

$$\vec{J} = \sigma(\vec{E} + \vec{E}_s) \qquad (3-33)$$

式中，σ 为电源内部的电导率。

如果将电源与外电路断开，则电源内的电流为零，由上式得到

$$\vec{E}_s = -\vec{E} \qquad (3-34)$$

将上式代入式（3-32），得

$$\mathscr{E} = -\int_{(-)}^{(+)} \vec{E} \cdot d\vec{l} = U_0 \qquad (3-35)$$

式中，U_0 为电源两极上的分布电荷所产生的电位差，一般也称为**开路电压**。该式表明，一个电源的电动势可以通过测量其两极间的开路电压得到。但在实际测量时应该注意，为了保证电源开路的条件近似成立，测量所用的电压表必须具有足够高的内阻。

§3.4　欧姆定律和焦耳定律

一、欧姆定律

导体内部一点的电流密度与电场强度满足欧姆定律的微分形式 $\vec{J} = \sigma \vec{E}$，由此式可推导出一段均匀柱状导体上的电流与两端电压间的关系。图 3-6 表示一段横截面均匀的柱状导体，它的横截面面积为 S 而长度为 l，电流沿轴线流动，材料的电导率 σ 为常数。在这种情况下，导体内部的电流密度和电场强度都是均匀分布的，导体端面与电场垂直且为等电位面。此时两端面之间的电压为 $U = El$，而导体上通过的电流为 $I = JS = \sigma ES$，电压与电流相除得

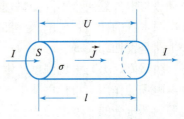

图 3-6　均匀柱状导体的电流电压

$$\frac{U}{I} = \frac{El}{\sigma ES} = \frac{l}{\sigma S} \qquad (3-36)$$

令

$$\frac{l}{\sigma S} = R \qquad (3-37)$$

式中，R 为该段导体的**电阻**，单位是欧姆（Ω）。R 仅是材料的参数和几何尺寸的函数。有时也将上式中的 $1/\sigma$ 记作 ρ，称为该导体材料的**电阻率**，ρ 的单位是欧·米（$\Omega \cdot$ m）。因此式（3-37）又可以写成

$$R = \rho \frac{l}{S} \qquad (3-38)$$

将式（3-37）代入式（3-36），得到

$$U = RI \qquad (3-39)$$

上式称为**欧姆定律**，它表明了流经一段导体的电流与导体两端电压的正比关系，是电路学的基本定律之一。

由式（3-39）可知，当导体两端的电压一定时，导体电阻 R 越大则通过它的电流就越小，所以电阻反映了导体对电流的阻碍程度。为了表示导体对电流的导通程度，我们引入电阻的倒数——**电导**，用 G 来表示，即

$$G = \frac{1}{R} \qquad (3-40)$$

电导的单位是西门子（S）。

电阻表达式（3-37）或式（3-38）只适用于电导率和横截面都是均匀的柱状导体，对电导率或横截面非均匀的情况，只有当导体两端面分别为等电位面时欧姆定律表达式（3-39）才有意义。对于良好的金属导体，端面为等电位面的条件一般是成立的。如图 3-7 所示的横截面非均匀而电导率为常量或仅沿电

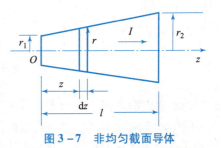

图 3-7　非均匀截面导体

流方向变化的良好导体柱，其总电阻可以通过对各段微分电阻求积分得到，即

$$R = \int_l dR = \int_l \frac{dl}{\sigma S} \qquad (3-41)$$

应当注意，欧姆定律所描述的电压与电流成正比的关系，对一般的金属或非金属导电媒质以及这些材料所构成的元件都是成立的，但对一些电离的气体或半导体结元件则并不成立，这些特殊情况下的电流与电压关系一般要用非线性的伏安特性曲线表示。如图 3-8 所示的就是典型晶体二极管 PN 结的伏安特性曲线。

例3.1 在一块厚度为 h 的导电板上，由两个半径分别为 r_1 和 r_2 的圆弧面与两个夹角为 α 的平面割出一块扇形体，如图 3-9 所示，导体材料的电导率 σ 为常数。求：（a）上下平面之间的电阻；（b）两圆柱弧面之间的电阻；（c）两侧面之间的电阻。

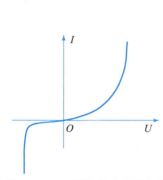

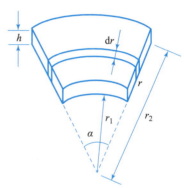

图 3-8 PN 结的伏安特性曲线　　　　图 3-9 扇形导体的电阻

解：（a）上、下两平面之间的电压为

$$U = Eh = \frac{J}{\sigma} h = \frac{I}{\sigma S} h$$

其中

$$S = \frac{\pi(r_2^2 - r_1^2)}{2\pi} \alpha$$

是扇形带的面积，代入上式得

$$U = \frac{Ih}{\sigma \dfrac{\pi(r_2^2 - r_1^2)}{2\pi} \alpha} = \frac{2hI}{\sigma \alpha(r_2^2 - r_1^2)}$$

故上下平面方向的电阻为

$$R = \frac{U}{I} = \frac{2h}{\sigma \alpha(r_2^2 - r_1^2)}$$

实际上，上下两面之间的柱体是一个均匀截面柱体，若直接利用式（3-37）计算电阻，其步骤将会更为简单。

（b）此时电流方向的横截面随 r 变化，可采用式（3-41）计算。其中，截面积 $S = h\alpha r$，$dl = dr$。因此有

$$R = \int_l \frac{dl}{\sigma S} = \int_{r_1}^{r_2} \frac{dr}{\sigma h\alpha r} = \frac{1}{\sigma h\alpha} \ln \frac{r_2}{r_1}$$

（c）设右侧面（$\varphi = 0$）的电位为 0，左侧面（$\varphi = \alpha$）的电位为 U_0，即

$$U_{\varphi=0} = 0 \tag{1}$$

$$U_{\varphi=\alpha} = U_0 \tag{2}$$

由于导体内的电位 U 满足 Laplace 方程且只是坐标 φ 的函数，在圆柱坐标系中，有

$$\nabla^2 U = \frac{1}{r^2}\frac{\mathrm{d}^2 U}{\mathrm{d}\varphi^2} = 0$$

对 φ 两次积分，得

$$U = C_1\varphi + C_2$$

将边界条件（1）、（2）两式代入上式，得到两个积分常数为

$$C_1 = \frac{U_0}{\alpha}, \quad C_2 = 0$$

因此有

$$U = \frac{U_0}{\alpha}\varphi$$

导体内的电场和电流密度分别为

$$\vec{E} = -\nabla U = -\frac{1}{r}\frac{\mathrm{d}U}{\mathrm{d}\varphi}\hat{\varphi} = -\frac{1}{r}\frac{U_0}{\alpha}\hat{\varphi}$$

$$\vec{J} = \sigma\vec{E} = -\frac{\sigma U_0}{\alpha r}\hat{\varphi}$$

任意截面所通过的总电流为

$$I = \int_S \vec{J}\cdot\mathrm{d}\vec{S} = -\int_{r_1}^{r_2}\frac{\sigma U_0}{\alpha r}h\mathrm{d}r = \frac{\sigma h U_0}{\alpha}\ln\frac{r_2}{r_1}$$

两侧面之间的电阻为

$$R = \frac{U_0}{I} = \frac{\alpha}{\sigma h \ln\dfrac{r_2}{r_1}}$$

在电路学中，将两端电压与通过电流成正比的电路元件称为**电阻器**，简称**电阻**，比例系数 $R = U/I$ 称为该电阻器的电阻值。很明显，电阻器一定满足欧姆定律。在一个实际电路中，为了满足电路的性能要求，常常要将几个电阻连接起来使用。当几个电阻以图 3 - 10 的形式连接时，称为**电阻的串联**。此时流过每个电阻的电流 I 都相同，而电路两端 AB 点之间的总电压 U 等于每个电阻的电压之和，即

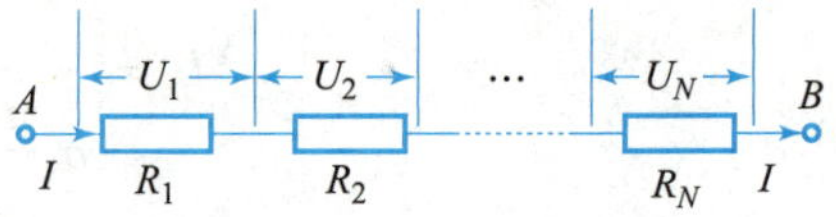

图 3 - 10　电阻的串联

$$U = U_1 + U_2 + \cdots + U_N \tag{3-42}$$

$$U_1 = R_1 I$$

$$U_2 = R_2 I$$

$$\vdots$$

$$U_N = R_N I$$

代入式（3-42），得

$$U = (R_1 + R_2 + \cdots + R_N)I \tag{3-43}$$

令

$$R = R_1 + R_2 + \cdots + R_N \qquad (3-44)$$

则 R 称为串联电路的总电阻或等效**串联电阻**，它恰为 N 个电阻的电阻值之和。代入式（3 – 43），得到

$$U = RI$$

说明串联电阻电路的电流、总电压和总电阻之间仍然符合欧姆定律。

当几个电阻以图 3 – 11 的形式连接时，称为**电阻的并联**。此时每个电阻两端的电压都与并联电路两端 AB 点之间的总电压 U 相等，而通过 A 端（或 B 端）的电路总电流等于每个电阻上流过的分电流之和，即

$$I = I_1 + I_2 + \cdots + I_N \qquad (3-45)$$

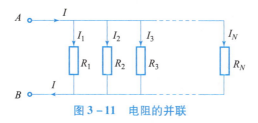

图 3 – 11　电阻的并联

将欧姆定律分别用在每个电阻上，有

$$I_1 = \frac{U}{R_1}$$

$$I_2 = \frac{U}{R_2}$$

$$\vdots$$

$$I_N = \frac{U}{R_N}$$

代入式（3 –45），得

$$I = \left(\frac{1}{R_1} + \frac{1}{R_2} + \cdots + \frac{1}{R_N} \right) U \qquad (3-46)$$

令

$$\frac{1}{R} = \frac{1}{R_1} + \frac{1}{R_2} + \cdots + \frac{1}{R_N} \qquad (3-47)$$

则 R 称为并联电路的总电阻或等效**并联电阻**，它的倒数恰为 N 个电阻的电阻值的倒数之和，并且有

$$I = \frac{U}{R}$$

说明并联电阻电路的总电流、电压和总电阻之间也依然符合欧姆定律。

当一个电阻器 R（或串、并联等效电阻）与一个电源相串接时，如图 3 – 12 所示，两端点 AB 间的总电压降 U 应分为三部分：①电阻 R 上的电压降 RI；②电源内阻

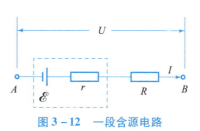

图 3 – 12　一段含源电路

上的电压降 rI；③电源电动势的贡献。当电源顺接（即电源从负极到正极的方向与电流 I 的参考方向一致）时，电动势 $\mathscr{E}$ 起升压作用，与 AB 之间的电压降定义方向相反，应取负值；反之则取正值。因此有

$$U = RI + rI \mp \mathscr{E} \tag{3-48}$$

上式表达了一段含源电路的总电压、电流、电阻和电动势之间的关系。

如果将图 3-12 中的 A 点和 B 点连接起来，就构成了一个最简单的含源电流回路，如图 3-13 所示。此时因 A、B 两点重合，故式（3-48）中的电压降 U 等于 0，可得

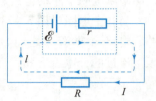

$$\mathscr{E} = \pm (R + r)I \tag{3-49}$$

其中，当电流 I 的参考方向与电源电动势的方向相同时，取"+"号，反之取"-"号。上式称为**全电路欧姆定律**，表达了一个简单含源电路的电源电动势、电源内电阻、电阻和电流间的联系。

图 3-13　简单含源电流回路

对于有多个回路的复杂电路，我们可以对回路逐个进行分析。如图 3-14 所示，一个回路可能有几个电源，而且各部分电流也可以不相同。首先对该回路 l 给定一个参考方向，仿照式（3-49）的分析方法，可得到

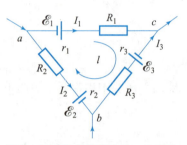

$$\sum (\mp \mathscr{E}_i) + \sum (\pm R_i I_i) = 0 \tag{3-50}$$

式中每一项前面的正负号按照下述规则选取：电动势的方向与回路 l 的参考方向相同时 $\mathscr{E}_i$ 的前面取"-"号，相反时取"+"号；电流方向与回路 l 的参考方向相同时 I 取

图 3-14　复杂电路中的一个回路

"+"号，相反时取"-"号。式（3-50）是全电路欧姆定律在任意回路上的推广，其 $\mathscr{E}$ 有更为普遍的使用范围，一般也称作**基尔霍夫第二方程式**。将式（3-50）与基尔霍夫第一方程式（3-20）联合使用，可以求解任何复杂的电阻含源网络。

例 3.2　如图 3-15 所示的电路，$\mathscr{E}_1 = 12$ V，$r_1 = 1$ Ω，$\mathscr{E}_2 = 8$ V，$r_2 = 0.5$ Ω，$R_1 = 3$ Ω，$R_2 = 1.5$ Ω，$R_3 = 4$ Ω。试求通过每个电阻的电流。

解：设通过各电阻的电流 I_1、I_2、I_3 如图 3-15 所示。对节点 a 列出基尔霍夫第一方程

$$-I_1 + I_2 + I_3 = 0$$

如果再对节点 b 应用基尔霍夫第一方程，将得到与上式相同的结果，并不能得到另一个独立方程。

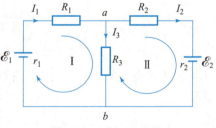

图 3-15　例 3.2 用图

针对回路 I 和回路 II 分别列出基尔霍夫第二方程，得

$$-\mathscr{E}_1 + r_1 I_1 + R_1 I_1 + R_3 I_3 = 0$$
$$\mathscr{E}_2 + r_2 I_2 + R_2 I_2 - R_3 I_3 = 0$$

如果对整个外面的大回路列基尔霍夫第二方程，会发现其结果是上面两个方程的叠加，也不是一个独立的方程。

将已知数据代入上面的两个回路方程并与前面的电流节点方程联立求解，得到

$$I_1 = 1.25 \text{ A}, \quad I_2 = -0.5 \text{ A}, \quad I_3 = 1.75 \text{ A}$$

I_1 和 I_3 为正值，表明实际电流方向与图中所设方向相同。I_2 为负值，说明它的实际方向与图中所设方向相反。

二、焦耳定律

导电媒质中的电荷是在电场作用下产生定向运动的，此时电场要对电荷运动做功。电场所做的功首先被转化为运动电荷的动能，然后在电荷的碰撞过程中变为热能而散发掉，这就是载流导体发热的原因。因为恒定电流场中电荷做定向运动的总动能并不随时间变化，所以导体的热损耗功率就应等于单位时间内电场对该导体运动电荷所做的功。以前面的图 3-6 所示的柱状导体为例，如果电荷从柱体的左端面运动到右端面所用的时间为 dt，则电场对 dt 内通过横截面的电荷 dQ 所做的功为 $ElQd$，对应的功率为

$$P = \frac{dW}{dt} = \frac{dQ}{dt} El = IEl = JE\tau \tag{3-51}$$

其中 $\tau = Sl$ 是该柱体的体积。此功率将全部转化为导体的热损耗功率，因此导体内单位体积所发散的热损耗功率为

$$p = JE = \vec{J} \cdot \vec{E} \tag{3-52}$$

上式称为**焦耳定律的微分形式**，p 称为**热功率密度**。一段导电媒质柱体的焦耳损耗功率是上式的体积分

$$P = \int_{\tau} \vec{J} \cdot \vec{E} \, d\tau = \int_{S} J dS \int E dl = IU \tag{3-53}$$

上式称为焦耳定律的积分形式，或简称**焦耳定律**，反映了电阻性元件上的热损耗功率与电流、电压的关系。如果将欧姆定律 $U = RI$ 代入上式，可得到焦耳定律的另一表达形式

$$P = I^2 R, \quad 或 \quad P = U^2 / R \tag{3-54}$$

§3.5　恒定电流场的边界条件

在两种导电媒质的分界面上，两侧电导率和电容率的不同会使界面上出现面电荷。这些电荷是在接通电源的瞬间所积累起来的。界面电荷使分界面两侧的电场强度和电流密度发生突变，如图 3-16 所示。

将恒定电流场两个基本方程的积分形式 $\oint_S \vec{J} \cdot d\vec{S} = 0$ 和

$\oint_l \vec{E} \cdot d\vec{l} = 0$ 分别应用在跨越分界面的闭合小柱面和矩形小回路上，仿照静电场电介质边界条件的推导过程，可得到两种导电媒质分界面上的边界条件

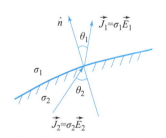

图 3-16　分界面两侧电场与电流

$$\hat{n} \cdot (\vec{J}_1 - \vec{J}_2) = 0 \quad 或 \quad J_{1n} = J_{2n} \tag{3-55}$$

$$\hat{n} \times (\vec{E}_1 - \vec{E}_2) = 0 \quad 或 \quad E_{1t} = E_{2t} \tag{3-56}$$

以上两式分别称为导电媒质电流密度的**法向边界条件**和电场强度的**切向边界条件**。它们说明在不同导电媒质的分界面上，电流密度的法线分量连续而电场强度的切线分量连续。但由于

$\sigma_1 \neq \sigma_2$，则有

$$J_{1t} = \sigma_1 E_{1t} \neq \sigma_2 E_{2t} = J_{2t}$$

$$E_{1n} = \frac{J_{1n}}{\sigma_1} \neq \frac{J_{2n}}{\sigma_2} = E_{2n}$$

即两侧的电流密度切线分量不等，电场强度的法线分量不等。所以分界面两侧的总电流密度矢量和总电场强度矢量都是不连续的。

由图 3 – 16 给出的角度关系，可以将式（3 – 55）和式（3 – 56）分别写成

$$\sigma_1 E_1 \cos\theta_1 = \sigma_2 E_2 \cos\theta_2$$

$$E_1 \sin\theta_1 = E_2 \sin\theta_2$$

两式相除可得到总场矢量在分界面上的折射关系

$$\frac{\tan\theta_1}{\tan\theta_2} = \frac{\sigma_1}{\sigma_2} \tag{3 – 57}$$

如果媒质 1 为电导率很低的不良导电媒质，而媒质 2 为高电导率的良好导体，即 $\sigma_1 \ll \sigma_2$ 时，由上式可得 $\theta_1 \to 0$。此时只要良好导体一侧的电流不平行于分界面，不良绝缘材料一侧的电流和电场就几乎与分界面垂直，因而分界面可以近似为等电位面。在具有良好导体和不良绝缘体界面的边值问题计算中，这个结论是有用的。

媒质的边界条件也可以用电位表示。仿照静电位边界条件式（2 – 98）和式（2 – 99）的推导方法，可得到恒定电流场中的电位边界条件

$$\sigma_1 \frac{\partial U_1}{\partial n} = \sigma_2 \frac{\partial U_2}{\partial n} \tag{3 – 58}$$

$$U_1 = U_2 \tag{3 – 59}$$

此外，将高斯定律的积分形式

$$\oint_S \vec{D} \cdot d\vec{S} = Q_{in}$$

用在跨越边界的扁柱状闭合面上，由同样的方法可推导出反映媒质两侧的电通量密度与界面上分布面电荷的关系

$$\hat{n} \cdot (\vec{D}_1 - \vec{D}_2) = \rho_S \quad \text{或} \quad D_{1n} - D_{2n} = \rho_S \tag{3 – 60}$$

例 3.3 一个由两层媒质构成的平行板电容器如图 3 – 17 所示。两层媒质的电容率和电导率分别为 ε_1、σ_1 和 ε_2、σ_2，厚度分别为 d_1 和 d_2，极板面积为 S。当外加电压 U_0 时，求通过电容器的漏电流和两媒质分界面上的自由电荷密度和极化电荷密度。

解：设通过电容器的电流为 I，略去边缘效应，则两媒质中的电流密度为

$$J_1 = J_2 = \frac{I}{S} = J$$

两媒质中的电场分别为

$$E_1 = \frac{J}{\sigma_1}, \quad E_2 = \frac{J}{\sigma_2}$$

所以

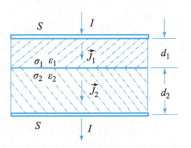

图 3 – 17 两层媒质的平行板电容

$$U_0 = E_1 d_1 + E_2 d_2 = \left(\frac{d_1}{\sigma_1} + \frac{d_2}{\sigma_2}\right)J = \frac{\sigma_2 d_1 + \sigma_1 d_2}{\sigma_1 \sigma_2}\frac{I}{S}$$

通过电容器的电流和电流密度分别为

$$I = \frac{\sigma_1 \sigma_2}{\sigma_2 d_1 + \sigma_1 d_2}SU_0, \quad J = \frac{\sigma_1 \sigma_2}{\sigma_2 d_1 + \sigma_1 d_2}U_0$$

两种媒质中的电通量密度分别为

$$D_1 = \varepsilon_1 E_1 = \frac{\varepsilon_1}{\sigma_1}J, \quad D_2 = \varepsilon_2 E_2 = \frac{\varepsilon_2}{\sigma_2}J$$

故分界面上的自由电荷面密度为

$$\rho_S = -(D_1 - D_2) = -\left(\frac{\varepsilon_1}{\sigma_1} - \frac{\varepsilon_2}{\sigma_2}\right)J = -\frac{\sigma_2 \varepsilon_1 - \sigma_1 \varepsilon_2}{\sigma_2 d_1 + \sigma_1 d_2}U_0$$

媒质分界面上的极化面电荷密度可由界面两侧的极化强度得到

$$\rho_{PS1} = -\hat{n} \cdot \vec{P}_1 = -\hat{n} \cdot [\varepsilon_0(\varepsilon_{r1} - 1)\vec{E}_1] = \varepsilon_0(\varepsilon_{r1} - 1)\frac{J}{\sigma_1}$$

$$\rho_{PS2} = \hat{n} \cdot \vec{P}_2 = \hat{n} \cdot [\varepsilon_0(\varepsilon_{r2} - 1)\vec{E}_2] = -\varepsilon_0(\varepsilon_{r2} - 1)\frac{J}{\sigma_2}$$

分界面上的总极化电荷面密度是上面两式的代数和，即

$$\rho_{PS} = \rho_{PS1} + \rho_{PS2} = \varepsilon_0 J\left(\frac{\varepsilon_{r1} - 1}{\sigma_1} - \frac{\varepsilon_{r2} - 1}{\sigma_2}\right) = \frac{\sigma_2(\varepsilon_{r1} - 1) - \sigma_1(\varepsilon_{r2} - 1)}{\sigma_2 d_1 + \sigma_1 d_2}\varepsilon_0 U_0$$

§3.6 恒定电流场与静电场的类比

由前面的讨论已经看到，导电媒质中的恒定电流场与无电荷区域的静电场有许多相似之处。下面将两种场的基本方程、主要导出方程和边界条件分别列出，以便分析类比。

	无外源区域恒定电流场	无电荷区域静电场
基本方程：	$\begin{cases} \nabla \cdot \vec{J} = 0 \\ \nabla \times \vec{E} = 0 \end{cases}$	$\begin{cases} \nabla \cdot \vec{D} = 0 \\ \nabla \times \vec{E} = 0 \end{cases}$
主要导出方程：	$\begin{cases} \vec{J} = \sigma\vec{E} \\ \vec{E} = -\nabla U \\ \nabla^2 U = 0 \end{cases}$	$\begin{cases} \vec{D} = \varepsilon\vec{E} \\ \vec{E} = -\nabla U \\ \nabla^2 U = 0 \end{cases}$
边界条件方程：	$\begin{cases} \hat{n} \cdot (\vec{J}_1 - \vec{J}_2) = 0 \\ \hat{n} \times (\vec{E}_1 - \vec{E}_2) = 0 \\ \sigma_1\frac{\partial U_1}{\partial n} = \sigma_2\frac{\partial U_2}{\partial n} \\ U_1 = U_2 \end{cases}$	$\begin{cases} \hat{n} \cdot (\vec{D}_1 - \vec{D}_2) = 0 \\ \hat{n} \times (\vec{E}_1 - \vec{E}_2) = 0 \\ \varepsilon_1\frac{\partial U_1}{\partial n} = \varepsilon_2\frac{\partial U_2}{\partial n} \\ U_1 = U_2 \end{cases}$

从上面所列方程可以看出，如果把静电场方程组中的 $\vec{D}$ 换成 $\vec{J}$，ε 换成 σ，就可以得到恒定电流场的方程组，反之亦然。我们称 $\vec{J}_恒$ 与 $\vec{D}_静$，$\vec{E}_恒$ 与 $\vec{E}_静$，$U_恒$ 与 $U_静$ 及 σ 与 ε 有对偶关系，或称之为**对偶量**。此外，考虑到 $Q = \oint_S \vec{D} \cdot \mathrm{d}\vec{S}$ 和 $I = \oint_S \vec{J} \cdot \mathrm{d}\vec{S}$，在某些情况下，产生

静电场的总电荷与流入无外源区域的总电流也有对偶关系。由唯一性定理可以证明，当两种场的基本方程和边界条件相同时，应有相同的解表达式。因此我们可以利用上述对偶关系，由一种场中某类问题的已知解，通过对偶量的替换来得到另一种场同类问题的解。也就是说，若两种场问题的对偶边界条件相同，则只需将静电场问题解 $\vec{D}$、$\vec{E}$、U 的表达式中所出现的 ε 换成 σ、Q 换成 I，便可分别得到恒定电流场中 $\vec{J}$、$\vec{E}$、U 的解表达式，反之亦然。这种方法称为**类比法**。

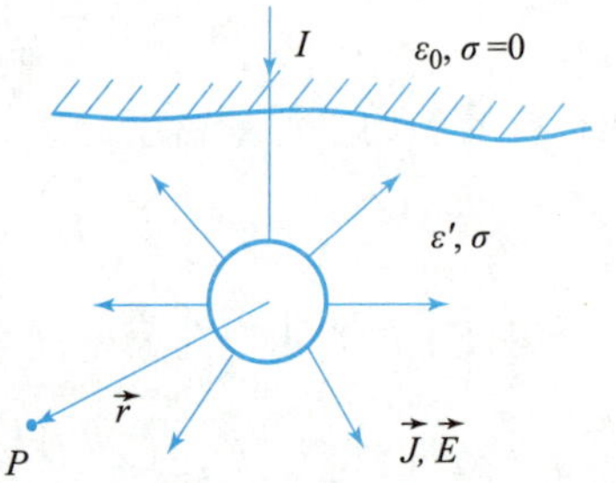

例3.4 一球形理想导体电极深埋在电导率为 σ、电容率为 ε' 的地下土壤中，已知流入此电极的总电流为 I，如图 3－18 所示。求土壤中的 $\vec{J}$、$\vec{E}$、U 和 $\vec{D}$。

解：此恒定电流场问题可以与无限均匀电介质 ε 中带电荷 Q 的导体球的静电场问题相类比。设坐标系原点位于球心处，该静电场问题的 $\vec{D}_0$、$\vec{E}_0$、U_0 解表达式已在前面的习题中得到，为

$$\vec{D}_0 = \frac{Q}{4\pi r^2}\hat{r}, \quad \vec{E}_0 = \frac{Q}{4\pi\varepsilon r^2}\hat{r}, \quad U_0 = \frac{Q}{4\pi\varepsilon r}$$

利用对偶关系，将上面各式中的 Q 换成 I、ε 换成 σ，得到恒定电流场中的对偶量 $\vec{J}$、$\vec{E}$、U，即

$$\vec{J} = \frac{I}{4\pi r^2}\hat{r}, \quad \vec{E} = \frac{I}{4\pi\sigma r^2}\hat{r}, \quad U = \frac{I}{4\pi\sigma r}$$

恒定电场中的 $\vec{D}$ 没有静电场的量与之对偶，需通过恒定场中的电场强度 $\vec{E}$ 和电容率 ε' 计算，即

$$\vec{D} = \varepsilon'\vec{E} = \frac{\varepsilon' I}{4\pi\sigma r^2}\hat{r}$$

图 3－18　球形电极的恒定电流场

恒定电流场的一个重要内容是计算电极之间的电阻，这类问题有时可通过与静电场电容问题解的类比来解决。图 3－19（a）表示均匀导电媒质中的两个电极，而图 3－19（b）表示均匀电介质中的两个电极。假设两组电极的形状和相对位置相同，同时电极均为理想导体。

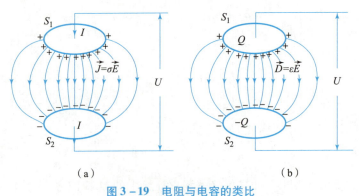

（a）　　　　　　　　　（b）

图 3－19　电阻与电容的类比

（a）恒定场的电阻；（b）静电场的电容

对于图 3－19（b），两电极之间的电容为

$$C = \frac{Q}{U} = \frac{\oint_S \varepsilon \vec{E}_b \cdot d\vec{S}}{\int_l \vec{E}_b \cdot d\vec{l}} = \frac{\varepsilon \oint_S \vec{E}_b \cdot d\vec{S}}{\int_l \vec{E}_b \cdot d\vec{l}} \qquad (3-61)$$

对于图 3-19（a），两电极之间的电阻为

$$R = \frac{U}{I} = \frac{\int_l \vec{E}_a \cdot d\vec{l}}{\oint_S \sigma \vec{E}_a \cdot d\vec{S}} = \frac{\int_l \vec{E}_a \cdot d\vec{l}}{\sigma \oint_S \vec{E}_a \cdot d\vec{S}} \qquad (3-62)$$

将上面两式相乘，得

$$RC = \frac{\int_l \vec{E}_a \cdot d\vec{l}}{\sigma \oint_S \vec{E}_a \cdot d\vec{S}} \cdot \frac{\varepsilon \oint_S \vec{E}_b \cdot d\vec{S}}{\int_l \vec{E}_b \cdot d\vec{l}}$$

设两种情况下外加电压相同，则必有 $E_a = E_b$，上式简化为

$$RC = \frac{\varepsilon}{\sigma} \qquad (3-63)$$

可见，两电极之间的电阻与电容的乘积恰等于媒质参数电容率与电导率之比。利用电阻 R 与电导 G 的倒数关系，上式还可以写成

$$\frac{C}{G} = \frac{\varepsilon}{\sigma} \qquad (3-64)$$

　　从前面的推导过程可以看出，上两式中的电容和电容率也不一定是取自相同的静电场问题。因为恒定电场也有电容和电容率的概念，并且其定义与静电场中的定义完全相同，所以上面两式所给出的关系对同一个恒定场问题中的电阻和电容也成立。

　　例 3.5　求例 3.4 球形导体电极的对地电阻。已知导体球的半径为 $a = 1$ m，土壤的电导率为 $\sigma = 10^{-3}$ S/m。

　　解：此电极深埋地下时，可以近似为无限均匀媒质中的孤立导体球，在静电场中我们已经得到了孤立导体的电容为

$$C = 4\pi\varepsilon a$$

由式（3-63）的关系可得

$$R = \frac{\varepsilon}{\sigma C} = \frac{1}{4\pi\sigma a} \approx 80 \ (\Omega)$$

　　如果以此电极作为地线使用，80 Ω 的阻值是明显偏高的，典型地线的工程指标一般要求在几欧姆以下。为了降低接地电阻，应将电极做成金属板，以增大接地面积。同时，在电极附近渗入盐水等导电液，增大土壤的电导率。

　　由前面的讨论我们已经发现，恒定电流场在基本性质和基本公式等许多方面都与静电场有非常相似之处，那么这两种场在本质上究竟有何异同呢？从表面上看，在恒定电场中有电荷的运动，并且引入了电流、电动势和电阻等一些新的概念，但是电场的性质只取决于净电荷密度的分布，而与电荷是否运动无关。对恒定电场和静电场，它们的场源电荷的密度都是保持不变的，所以这两种电场都具有相同的性质，都满足相同的"场—源"关系。如库仑定律、高斯定律和电场环路定理等，满足相同的边界条件，并且在相同的电位函数定义下，具有相同的电位方程。如果恒定电场的已知条件也是分布电荷密度 ρ 或 ρ_S，那么静电场中的

所有公式对恒定电场都是成立的，并且公式中出现的 ε 就是该导电媒质中的电容率。当获得恒定电场的场强表达式后，只要利用欧姆定律的微分形式 $\vec{J} = \sigma\vec{E}$ 就可以得到相应的电流和功耗等其他量。从上述角度讲，恒定电场的基本性质和计算与静电场是没有什么区别的。因此，人们也经常把这两种场统称为**静态电场**。

另外，由于恒定电流场中存在着电荷的运动，并且维持电荷的运动需要有外源提供能量，从而引入了电流、电动势、电阻和功耗等一些新的概念。特别是对大多数恒定电场的计算问题，已知条件和待求量一般是电流、电压、电导率、电阻和功率等，而分布电荷密度往往是未知的，所以在计算方法上一般也与静电场的方法不同，如采用上面介绍的类比法或求解电路方程组的方法等。

此外，在讨论恒定电流场问题时，应特别注意"导体"的概念。恒定电流场中通常所说的"导体"是指电导率为有限值的导电媒质，它相当于静电场问题中的电介质。这种"导体"内部的电场不为零，在它的内部或表面上有电流，并且也不是等电位体。只有电导率为无穷大的导体才与静电场中的导体相当，这种导体一般都会特别注明为"理想导体"。

习题三

3.1　北京正负电子对撞机的储存环是周长为 20 m 的近似圆形轨道。求当环中电子流强度为 8 mA 时，在整个环中有多少电子在运行。已知电子的速率接近光速。

3.2　假设电荷均匀分布在半径为 a 的球内部，球所带的总电量为 Q，球连同电荷一起以角速度 ω 旋转，试推出电流密度的表达式并且计算分布电流总和 I。

3.3　设无界导电媒质的电导率 σ 和电容率 ε 都是坐标的函数，证明媒质内部通过恒定电流时任意点的自由电荷密度为

$$\rho = \vec{E}\left[\nabla\varepsilon - (\varepsilon/\sigma)\,\nabla\sigma\right]$$

3.4　一铁制水管，内、外直径分别为 2.0 cm 和 2.5 cm，这水管常用来使电器设备接地。如果从电器设备流入水管中的电流是 20 A，那么电流在管壁和水中各占多少？假设水的电阻率是 0.01 $\Omega\cdot$m，铁的电阻率为 8.7×10^{-8} $\Omega\cdot$m。

3.5　大气中由于存在少量的自由电子和正离子而具有微弱的导电性。

（1）地表附近，晴天大气平均电场强度为 120 V/m，大气平均电流密度约为 4×10^{-12} A/m^2。问大气电阻率是多大？

（2）电离层和地球表面之间的电位差为 4×10^5 V，大气的总电阻是多大？

3.6　一铜棒的横截面积为 20 mm × 80 mm，长为 2 m，两端的电位差为 50 mV。已知铜的电导率为 $\sigma = 5.7\times10^7$ 1/($\Omega\cdot$m)，铜内自由电子的电荷密度为 1.36×10^{10} C/m^3。求：

（1）它的电阻；（2）电流；（3）电流密度；（4）棒内的电场强度；

（5）所消耗的功率；（6）棒内电子的漂移速度。

3.7　电缆的芯线是半径为 $a = 0.5$ cm 的铜线，在铜线外面包一层同轴的绝缘层，绝缘层的外半径为 $b = 2$ cm，电阻率 $\rho = 1\times10^{12}$ $\Omega\cdot$m。在绝缘层外面又用铅层保护起来。

（1）求长度 $L = 1\,000$ m 的这种电缆沿径向的电阻；

（2）当芯线与铅层的电位差为 100 V 时，径向电流有多大？

3.8　两层媒质的同轴线内外导体半径分别为 a 和 b，两媒质分界面为半径等于 r_0 的同轴圆柱面，内外两层媒质的电容率和电导率分别为 ε_2、σ_2 和 ε_1、σ_1，当外加电压 U_0 时，求媒质中的电场及分界面上的自由电荷密度。

3.9　试推导不同导电媒质的分界面上存在自由面电荷的条件。

3.10　直径为 10 mm，电导率 $\sigma_1 = 10^7$ S/m 的导线外覆盖另一种电导率为 σ_2 的导体层，其外径为 20 mm。欲使复合线的单位长电阻为原导线的二分之一，求 σ_2。如果复合线中有 100 A 的电流，求两种导体中的电流密度并计算 1 000 m 复合线的功率损耗。

3.11　求半径为 r_1 和 r_2 $(r_1 < r_2)$ 的两个同心球面之间的电阻，假设它们之间的空间填充电导率 $\sigma = \sigma_0(1 + k/r)$ 的材料，其中 k 为常数。

3.12　设有同心球电容器，内球半径为 a，外球内半径为 c，中间充有两层媒质，其分界面为 $r = b$，内外层媒质的电容率和电导率分别为 ε_1、σ_1、ε_2、σ_2。

（1）若内外球间加电压 U_0，求两层媒质中的 $\vec{J}$ 及 $r = a$、b、c 处的自由电荷密度；

（2）求此电容器的漏电阻。

3.13　如上题的电容器中 $a = 2$ cm，$b = 2.5$ cm，$c = 3$ cm，$\sigma_2 = 10^{-11}$ S/m，欲使两层媒质中的热损耗功率相等，求 σ_1。

3.14　在电导率为 σ 的均匀导电媒质中有半径为 a_1 和 a_2 的两个理想导体小球，两球心之间的距离为 d，有 $d \gg a_1$ 和 $d \gg a_2$，试计算两导体球之间的电阻。

3.15　在导体中有恒定电流而其周围媒质的电导率为零时，试证明导体表面电通量密度的法线分量 $D_n = \rho_S$，但矢量关系 $\vec{D} = \hat{n}\rho_S$ 不成立，式中 $\hat{n}$ 是导体表面向外的法线单位矢量。

3.16　无限大均匀导电媒质中有分布在有限区域的 N 个理想导体电极，设各电极的电位分别是 U_1、U_2、$\cdots$、U_N，各电极流出的电流是 I_1、I_2、$\cdots$、I_N，证明导电媒质中总的热损耗功率是

$$W = \sum_{i=1}^{N} U_i I_i$$

3.17　设有一无限大的导电媒质薄板，其中插入一对针状的理想导体电极，两极相距为 d，当电极与电池相接时，证明电流自一极沿圆弧向另一极（提示：证明 $\vec{J}$ 线方程为圆方程）。

第 3 章习题答案

第4章 恒定磁场

电荷的规则运动形成电流，同时在周围的空间产生磁场。恒定电流所产生的磁场不随时间变化，称为**恒定磁场**或**静磁场**。本章将讨论恒定磁场的基本性质和简单问题的计算方法。

§4.1 磁力和磁感应强度

人类对磁现象的初步感知起源于天然磁石。很早以前，人们就发现有一种奇特的石头（其主要成分是 Fe_3O_4）能够吸引铁片和铁钉等物体。如我国公元前 300 年，战国时期的著作《吕氏春秋》中就有"慈石召铁"的记载。这种奇特的石头被称为**磁石**或**磁铁**，它的这种特殊的性质称为**磁性**。此后，人们又发现做成条状或针状的磁石在两端处有最强的磁性，并且用尖针支撑或细丝悬挂的磁针（或磁棒）总是沿着南北方向取向。所以就把磁针指北的一端称为指北极，简称**北极**，用 N 表示，亦称 **N 极**；指南的一端称为指南极，简称**南极**，用 S 表示，亦称 **S 极**。根据磁石同名极相斥、异名极相吸的性质容易推知，地球也是一个大磁石，它的 N 极在指南磁针 S 极所指的方向，而 S 极为指南磁针 N 极所指的方向。经现代测定，地磁的 N 极在地理南极的附近，S 极在地理北极附近，但并不与地理极点完全重合。我国古代四大发明之一的指南针，正是利用磁针与地磁的这种关系而工作的。

到了 18 世纪末期，人们已经对电场现象的起源有了比较正确的认识，但对磁现象本质的认识还是不够清楚。例如，人们把磁石两极的吸引和排斥与电荷之间的库仑力相比较，认为磁现象是由"正、负磁荷"产生的，并且还导出了与电荷库仑定律类似的"磁库仑定律"。直到 1820 年，丹麦科学家奥斯特发现了电流的磁效应，才将磁与电正确地联系起来，使电磁学研究进入一个迅速发展的阶段。在其后的短短几年内，人们就发现了恒定电流与磁场作用的所有定律。

图 4-1~图 4-3 所示的几个实验都说明了磁现象与电流或电荷的运动有关。在图 4-1 所示的奥斯特实验中，电流使小磁针发生偏转，转向与电流的流向有关，表明电流对周围的磁体有磁力作用；在图 4-2 的实验中，载有电流的线圈对小磁针有类似磁棒的磁力作用，表明电流可以产生与磁棒相同的磁场效应；图 4-3 所示的实验表明，两个载流线圈之间有类似于两块磁铁间的磁作用力。

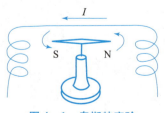

图 4-1 奥斯特实验

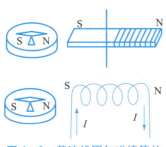

图4-2　载流线圈与磁棒等效

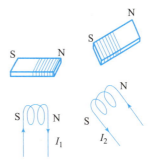

图4-3　载流线圈的作用力

此外，为了解释永磁体和磁化的本质，安培提出了分子电流假说。安培认为，任何物质的分子都存在着圆形电流，称为**分子电流**。每个分子电流都相当于一个**基本磁元体**，有一对 S、N 极，如图4-4所示。在没有外磁场时，绝大多数物质内的分子电流无序排列，它们所产生的磁效应相互抵销，整个物体并不显磁性。但也有部分物质，由于相邻分子内的电子自旋交换力的作用，使分子电流呈有序排列，各基本磁元体的磁效应相叠加，对外表现出宏观的磁场作用，这就是永磁体的本质。对于非永磁物质，当其被放入外磁场后，基本磁元体受磁场力作用而转向，产生一定的宏观附加磁场，这就是物质磁化的本质。安培假说还解释了磁

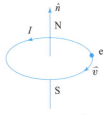

图4-4　分子电流

石的两极不能单独存在的原因，这是因为基本磁元体的两个极对应着圆形电流的两个面，所以磁单极不能单独存在。

以上的实验和分析表明，所有磁现象的实质都是运动电荷（即电流）的一种场效应，即运动的电荷在其周围空间激励出了**磁场**这种特殊的物质，两永磁体之间、电流与永磁体之间、电流与电流之间的磁效应都是磁场与运动电荷作用的结果，它们之间的磁作用力都是通过磁场来传递的。

自然界中是否存在着独立的**磁单极**（或称**磁荷**），这是近一个世纪以来物理学界一直未能定论的一个学术问题。尽管电荷运动是磁场唯一根源的现行理论（即磁单极不能单独存在的理论）到目前为止尚未发现与实验不符之处，但按照量子力学的观点却可以得到一些不同的结论。英国物理学家狄拉克（Dirac）在1931年通过分析计算后提出，磁单极的存在与量子力学和电动力学的原理并不矛盾，是可能在自然界中存在的。此后的一些理论则提出了更进一步的推断和假说，例如：这种磁单极可以在宇宙大爆炸时的高温和高压条件下产生；在目前的每 10 000 m^2 的截面内，每年可能有一个磁单极穿过等。这些磁单极存在的假说虽然在理论上有一些依据，但到目前为止未能获得令人信服的实验验证结果，因此只能被视为一种预言或假设。即使有朝一日真的证明了磁单极的存在，那也是宇宙空间的"凤毛麟角"，不会否定现行的电流磁理论，也不会影响现有磁场理论的一般工程应用。

为了描述磁场的空间分布情况，我们引入**磁感应强度矢量 $\vec{B}$** 这个物理量。$\vec{B}$ 是一个矢量点函数，它的模值表示一点上磁场的强弱，$\vec{B}$ 的方向就定义为该点磁场的方向。与静电场中用静止电荷受力来定义电场强度 $\vec{E}$ 相似，$\vec{B}$ 用运动电荷在磁场中受力来定义。图4-5是一个利用运动电荷测试磁力性质的实验装置示意图，一对载有恒定电流的平行线圈（称为亥姆霍兹线圈）在轴线附近产生近似均匀的恒定磁场 $\vec{B}$，可旋转的电子枪能射出与 $\vec{B}$ 成任意

夹角 θ 的电荷 q。当具有一定速度 $\vec{v}$ 的电荷从枪内发射出去后，电荷使玻璃泡内的氢气电离而发光。借助辉光可观察到运动电荷的轨迹和速度，并由此计算出电荷所受磁场力的大小和方向。利用该实验可以得到如下结论：

（1）正电荷 q 所受磁力的方向 $\hat{F}$、运动的方向 $\hat{v}$ 和线圈轴的方向 $\hat{x}$ 三者满足如下叉积关系

$$\hat{F} = \hat{v} \times \hat{x}$$

可见，不论 q 的运动方向如何，它所受磁力的方向 $\hat{F}$ 总是既与运动方向 $\hat{v}$ 垂直又与亥姆霍兹线圈的轴线 $\hat{x}$ 垂直。

（2）运动电荷受力的大小和 $\hat{v}$ 与 $\hat{x}$ 的夹角 θ 的正弦成正比，即

$$F \propto \sin\theta$$

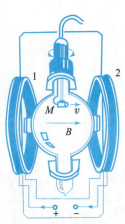

图 4-5　亥姆霍兹线圈

由上式可知，当 q 的运动方向 $\hat{v}$ 与线圈轴线方向 $\hat{x}$ 垂直时，受到最大的磁力；$\hat{v}$ 与 $\hat{x}$ 平行时，受力为零。

（3）当磁场 $\vec{B}$ 不变（线圈的电流不变）时，运动电荷的受力与其电量和速度的乘积成正比，即

$$F \propto qv$$

综合上述三点，运动电荷在磁场中所受的磁力可以用下面的矢量式表达

$$\vec{F} = k(q\vec{v} \times \hat{x})$$

从上面的表达式可以看出，$\vec{F}$ 为运动电荷所受到的磁力，$q\vec{v}$ 是仅与运动电荷相关的量，而 $k\hat{x}$ 则是反映亥姆霍兹线圈在空间一点处产生的磁场的量。我们将 $k\hat{x}$ 定义为该点的磁感应强度矢量 $\vec{B}$，此时上式可以写成

$$\vec{F} = q\vec{v} \times \vec{B} \tag{4-1}$$

其标量形式为

$$F = qvB\sin\theta \tag{4-2}$$

虽然上面的表达式是针对亥姆霍兹线圈产生的特殊磁场分析而得到的，但这个结论对于所有的磁场都成立。由上面的公式，我们可以对磁感应强度矢量 $\vec{B}$ 的物理意义和运动电荷在磁场中的受力做进一步的讨论。

（1）当运动电荷的速度矢量 $\vec{v}$ 与该点的磁感应强度矢量 $\vec{B}$ 垂直时，受到最大的磁力 $F_{max} = qvB$。如果取运动电荷的电量与速度的乘积为1，我们暂且称其为单位运动电荷，则有

$$F_{max}\big|_{qv=1} = B \tag{4-3}$$

这表明，空间一点磁感应强度矢量的模值等于单位运动电荷在该点所受到的最大磁力，此时，$\vec{B}$、$\vec{v}$ 和 $\vec{F}_{max}$ 是相互垂直的，方向满足下面的右手螺旋关系

$$\hat{B} = \hat{F}_{max} \times \hat{v} \tag{4-4}$$

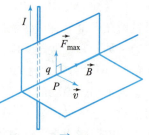

图 4-6　$\vec{B}$ 的方向定义

如图 4-6 所示。上面这两个式子可以作为磁感应强度 $\vec{B}$ 的定义。

（2）运动电荷所受的磁力通常称为**洛伦兹力**。由洛伦兹力表达式（4-1）的叉积关系可知，$\vec{F}$ 总是与 $\vec{v}$ 垂直的，即

$$\vec{F} \cdot \vec{v} = 0 \qquad (4-5)$$

这表明洛伦兹力对电荷的运动不做功，它只改变电荷的运动方向，而不改变其运动速度。

（3）当空间除了磁场 $\vec{B}$ 外还存在电场 $\vec{E}$ 时，运动电荷 q 所受到的合力满足下面的洛伦兹力方程

$$\vec{F} = q(\vec{E} + \vec{v} \times \vec{B}) \qquad (4-6)$$

此合力包含了电场力 $q\vec{E}$ 和磁场力 $q\vec{v} \times \vec{B}$ 两部分。

在 SI 单位制中，$\vec{B}$ 的单位为特斯拉（T）。

$$1T = 1 \ (N \cdot s)/(C \cdot m)$$

在磁场的实际应用中，$\vec{B}$ 的单位经常采用高斯单位制中的高斯（Gs），两种单位的换算关系为

$$1 \ T = 10^4 \ Gs$$

为了形象地描述磁场的分布，可以类比电场中引入电力线的方法引入**磁感应线**，简称为 $\vec{B}$ 线，其规定如下：

（1）磁感应线上任一点的切线方向为该点磁感应强度 $\vec{B}$ 的方向。

（2）通过垂直于 $\vec{B}$ 的单位面积上的磁感应线的条数正比于该点 $\vec{B}$ 值的大小。

要用实验显示 $\vec{B}$ 线，可以在穿有载流导线的玻璃板（或硬纸板）上面撒上铁屑，铁屑被电流线产生的磁场磁化，形成了一个个小磁针，轻轻敲动玻璃板，小磁针即沿着 $\vec{B}$ 线方向排列起来。图 4-7 为长直电流、圆形电流和条形磁铁的 $\vec{B}$ 线的铁屑显示和 $\vec{B}$ 线分布示意。

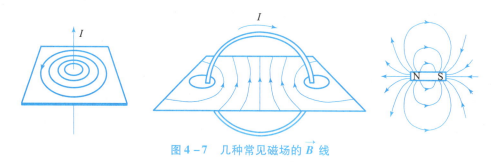

图 4-7　几种常见磁场的 $\vec{B}$ 线

§4.2* 带电粒子在磁场中的运动

带电的运动粒子在磁场中受到洛伦兹力的作用，随着初始运动方向和磁场分布的不同，其运动轨迹会发生不同的变化，下面介绍其中的几种简单情况。

一、垂直磁场的圆周运动

设一质量为 m，电量为 q 的粒子以速度 $\vec{v}$ 沿垂直磁场的方向进入一均匀磁场 $\vec{B}$，如图 4-8 所示，图中的 "×" 表示磁场方向垂直指向纸内。此带电运动粒子受到的洛伦兹力为 $\vec{F} = q\vec{v} \times \vec{B}$，由该

图 4-8　均匀磁场中带电粒子的运动

式的叉积关系可知，$\vec{F}$ 垂直于 $\vec{v}$，是一个使粒子在垂直于磁场的平面内做匀速圆周运动的向心力。又因 $\vec{v}$ 与 $\vec{B}$ 垂直，有

$$F = qvB$$

利用牛顿第二定律和匀速圆周运动的加速度公式，有

$$F = ma = m\frac{v^2}{R}$$

所以

$$qvB = m\frac{v^2}{R}$$

得

$$R = \frac{mv}{qB} \tag{4-7}$$

式中，R 为粒子做圆周运动的半径。由上式不难得到该匀速圆周运动的频率 f、角速度 ω 和回旋周期 T

$$f = \frac{v}{2\pi R} = \frac{B}{2\pi}\frac{q}{m} \tag{4-8}$$

$$\omega = 2\pi f = B\frac{q}{m} \tag{4-9}$$

$$T = \frac{1}{f} = \frac{2\pi}{B}\frac{m}{q} \tag{4-10}$$

q/m 为带电粒子的电量与其质量之比，叫作**荷质比**。由以上各式可以看到，荷质比一定的带电粒子在均匀磁场中做圆周运动时，其角速度、频率和回旋周期都是一定的，与它的运动速度 v 的大小无关。这是因为粒子的速度增大时，其圆周运动的半径 R 也成正比地增大，两者之比不变。

例 4.1 动能为 10 eV 的一个电子，在垂直于均匀磁场的平面上做圆周运动，磁场为 $B = 1.0 \times 10^{-4}$ T。试求：（1）电子轨道半径；（2）圆周运动的回旋周期和频率。

解：（1）由动能公式 $W = \frac{1}{2}mv^2$，可得到电子的运动速度

$$v = \sqrt{\frac{2W}{m}} = \sqrt{\frac{2 \times 10 \times 1.6 \times 10^{-19}}{9.1 \times 10^{-31}}} = 1.9 \times 10^6 \ (\text{m/s})$$

代入式（4-7），得到电子做圆周运动的轨道半径

$$R = \frac{mv}{qB} = \frac{9.1 \times 10^{-31} \times 1.9 \times 10^6}{1.6 \times 10^{-19} \times 1.0 \times 10^{-4}} = 0.11 \ (\text{m})$$

（2）由式（4-10），可得圆周运动的回旋周期

$$T = \frac{2\pi m}{qB} = \frac{2\pi \times 9.1 \times 10^{-31}}{1.6 \times 10^{-19} \times 1.0 \times 10^{-4}} = 3.6 \times 10^{-7} \ (\text{s})$$

频率为

$$f = \frac{1}{T} = \frac{1}{3.6 \times 10^{-7}} = 2.8 \times 10^6 \ (\text{Hz})$$

二、沿磁场方向的螺旋运动

如果带电粒子进入均匀磁场的初速度矢量 $\vec{v}$ 与磁场 $\vec{B}$ 有一个夹角 θ，将 $\vec{v}$ 分解为与 $\vec{B}$ 垂

直的分量 $v_\perp = v\sin\theta$ 和与 $\vec{B}$ 平行的分量 $v_\parallel = v\cos\theta$，如图 4 – 9 所示。$v_\parallel$ 不受磁场力的影响，使粒子沿 $\vec{B}$ 的方向运动；而按照前面的分析，$v_\perp$ 所受磁场力将使带电粒子在与 $\vec{B}$ 垂直的平面内做圆周运动。两者的合成运动的轨迹为一条沿磁场方向（当 $\theta > \pi/2$ 时，为逆磁场方向）的螺旋线，如图 4 – 10 所示。螺旋线的半径由式（4 – 7）确定，为

$$R = \frac{mv_\perp}{qB} = \frac{mv\sin\theta}{qB} \qquad (4-11)$$

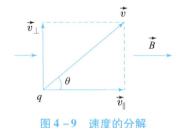

图 4 – 9　速度的分解

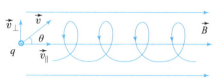

图 4 – 10　粒子的运动轨迹

螺旋线的螺距为 $h = v_\parallel T$，T 是由式（4 – 10）所确定的回旋周期，故螺距为

$$h = v_\parallel T = \frac{2\pi m}{qB} v\cos\theta \qquad (4-12)$$

如果在均匀磁场中某点 A 处（见图 4 – 11）引入一发散角 θ 不太大的带电粒子束，并使束中粒子的速度 v 大致相同，则有

$$v_\parallel = v\cos\theta \approx v$$
$$v_\perp = v\sin\theta = v\,\theta$$

将上面的两个近似式分别代入式（4 – 11）和式（4 – 12），可以看出：对于以不同的入射角 θ 进入磁场的粒子，它们做螺旋运动的圆半径 R 是不同的，但由于它们的 $v_\parallel$ 近似相等，使得这些螺旋圆运动的螺距都近似相等。这样，经过一个回旋周期后，这些粒子将重新会聚穿过另一点 A' 上。这种利用磁场将发散的带电粒子束重新会聚到一点上的现象叫作**磁聚焦**，它的作用与光学中利用透镜将光束聚焦相似，所以又称为**磁透镜**，在各种电真空器件和电子显微镜技术中有着广泛的应用。

在非均匀磁场中，速度方向和磁场方向不同的带电粒子也要做螺旋运动，但半径和螺距都将不断发生变化。特别是当粒子从弱磁场区向强磁场区运动时，它受到的磁力有一个与前进方向相反的分量，如图 4 – 12 所示。这个分量有可能最终使粒子的前进速度减小到零，并且继而使其做反向运动。强度逐渐增加的磁场能使运动粒子发生反射，因此把这种磁场分布叫作**磁镜**。

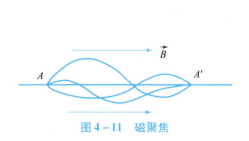

图 4 – 11　磁聚焦

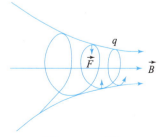

图 4 – 12　磁镜

可以用两个电流方向相同的线圈产生一个中间弱两端强的磁场，如图4-13所示。这一磁场区域构成了两个相对的磁镜，运动速度与磁场方向近似平行的带电粒子将在两个磁镜之间来回反射而不能逃脱，这种能将运动带电粒子约束在某一区域内的装置称为**磁瓶**。在现代研究受控热核反应的实

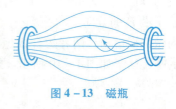

图4-13　磁瓶

验中，常需要把温度很高的等离子体限制在一定的空间区域内，在所要求的极高温度下，所有的固体材料都将被熔化为气体，利用磁瓶原理的**磁约束技术**就成为实现这一目的的常用手段之一。

三、回旋加速器

回旋加速器是利用带电粒子在电场和磁场中受力而获得高能量的原理制成的，它是加速质子、氘核、α粒子等基本粒子的重要工具。图4-14为回旋加速器示意图。D_1、D_2为装于同一水平面上的半圆形中空铜盒（又称**D形盒**）。两盒之间有一定宽度的空隙，置于真空中。由大型电磁铁产生的均匀磁场 $\vec{B}$ 垂直于铜盒。由高频振荡器产生的交变电压加于两D盒之间，这个电压将在两盒空隙间产生电场以加速带电粒子，而盒内由于电屏蔽效应其电场强度近似为零。

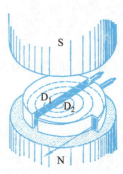

图4-14　回旋加速器

在加速器极间空隙的中心有一离子源。例如氘的分子受到能量足够高的电子的轰击，成为带正电的氘核。这些氘核通过离子源壁上的小孔而进入回旋加速器中。设此时 D_2 正好处于高电位，则氘核将被两D形盒间的电场加速而进入 D_1 盒中。D_1 盒中不存在电场，但存在由电磁铁产生的匀强磁场，因而氘核以不变速率在 D_1 盒中做匀速圆周运动。由式（4-10）可知，当荷质比和 $\vec{B}$ 一定时，该圆周运动的周期 T 为确定值，它与速度 v 和半径 R 的数值无关。因而经过 $T/2$ 后，氘核绕过半个圆周从 D_1 穿出。若设计使得振荡电源的周期 $T_0 = T$，这时两D盆的电位差的方向与前者相反，D_1 处于高电位状态。氘核在两D形盒空隙中再次被加速获得新的能量。按相同原理，氘核经过 $T/2$ 后又从 D_2 穿出，继续被加速而进入 D_1 盒中，如此循环往复，使氘核的速度不断加大。由式（4-7）可知，氘核圆周运动半径 R 将随其运动速度 v 的增大而增大，最后当被加速的离子趋于 D 盒的边缘时，借助于特殊装置将其引出。

回旋加速器的优点在于以不很高的振荡电压对离子不断加速而使其获得极高的动能。

设D形盒的半径为 R_0，则 R_0 就是离子做圆周运动所能具有的最大半径，在此处离子具有最大的速率 v_{max} 和动能 W_k，由式（4-7）和动能公式得

$$v_{max} = \frac{qR_0B}{m}$$

$$W_k = \frac{1}{2}mv_{max}^2 = \frac{1}{2}\frac{q^2R_0^2B^2}{m}$$

如果换成一次加速形式的直线加速器，此动能应等于氘核在加速器两端的电位能差，即

$$W_k = qU_{AB}$$

比较两式可得

$$U_{AB} = \frac{1}{2}\left(\frac{q}{m}\right)R_0^2B^2$$

已知氚核的荷质比为 $q/m = 4.8 \times 10^7$（C/kg），设回旋加速器的半径 $R_0 = 0.48$ m，$B = 1.8$ T，则可算得

$$U_{AB} = \frac{1}{2} \times 4.8 \times 10^7 \times (0.48)^2 \times (1.8)^2$$
$$\approx 1.8 \times 10^7 \text{（V）}$$

可见，利用常规磁场且体积很小的回旋加速器所获得的氚核动能，与具有 1 800 万伏加速电压的庞大直线加速器的效果相同。

四、霍耳效应

将一块导电材料板放在垂直于它的磁场中，如图 4 – 15 所示，当板内有电流 I 通过时，在导电板的两个侧面 A、C 间会产生一个电位差 U_{AC}，这种现象称为霍耳效应。电位差 U_{AC} 称为**霍耳电压**，一般记作 U_H，它与电流强度 I 及磁感应强度 B 成正比，与板的厚度 d 成反比，即

$$U_H = k \frac{IB}{d} \tag{4 – 13}$$

式中，k 为**霍耳系数**，仅与导电板的材料性质有关。

霍耳效应可以用洛伦兹力来说明。当导电板中通有电流时，载流子（即运动电荷）受到外加磁场的洛伦兹力作用

$$\vec{F} = q\vec{v} \times \vec{B} = q(v\hat{z}) \times (\hat{y}B) = -\hat{x}qvB$$

在此力的作用下，载流子将向板的一侧偏移，并在该侧面附近形成电荷积聚。若载流子为正电荷（如半导体材料中的空穴），则所示洛伦兹力是 $-\hat{x}$ 方向的，结果在 A 侧面上积聚正电荷，而 C 侧面因正电荷缺少而出现负电荷层。两侧面上的正负电荷会产生一个 $\hat{x}$ 方向的库仑电场 $\vec{E}$，这个电场将对载流子正电荷产生一个 $\hat{x}$ 方向的电场力，与载流子所受的洛伦兹力方向相反。当 $\vec{E}$ 的强度达到与 vB 相等时，载流子所受到的电场力和洛伦兹力相平衡，达到稳定状态。此时，A、C 两侧面之间的电位差为

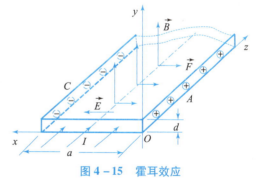

图 4 – 15　霍耳效应

$$U_{AC} = Ea = vBa$$

式中，a 为导电板的宽度。由 $I = JS = Jad$ 和 $J = \rho v = Nqv$（N 是导电材料板内的载流子密度）可得

$$v = \frac{J}{Nq} = \frac{I}{Nqad}$$

代入前式得

$$U_H = U_{AC} = \frac{IB}{Nqd}$$

令 $k = 1/(Nq)$，则得到式（4 – 13）。

当材料的载流子为负电荷（如自由电子）时，若电流 I 的方向仍为 $\hat{z}$，则载流子的运动

方向为 $-\hat{z}$，受到的洛伦兹力为

$$\vec{F} = -|q|\vec{v}\times\vec{B} = -|q|(-v\hat{z})\times(\hat{y}B) = -\hat{x}|q|vB$$

此时载流子的负电荷仍向 A 面积聚，使 A 面出现负电荷层而 C 面出现正电荷层。霍耳电压可表示为

$$U_{\mathrm{H}} = U_{AC} = -\frac{IB}{N|q|d} \tag{4-14}$$

电压的极性与正电荷载流子的情况相反。

霍耳效应广泛应用于半导体材料的测试和研究中。例如，用霍耳电压的极性可以确定一种半导体材料是电子型（N 型——多数载流子为自由电子）还是"空穴"型（P 型——多数载流子为空穴）。半导体材料内载流子的浓度受温度、杂质以及其他因素的影响很大，因此霍耳效应为研究半导体载流子浓度的变化提供了重要的方法。

应用霍耳效应还可以方便地进行磁场强度测量，利用霍耳系数已知的材料，根据给定的 I 和 d，及测量出的霍耳电压 U_{H}，由式（4-13）就可以求得 B 的数值。除此之外，利用霍耳效应制成的霍耳元件在直流和交流电流的测量、转换、调制和放大等许多方面也有着广泛的用途。

§4.3 安培磁力定律和毕奥–沙伐定律

通有恒定电流的导线或线圈是产生恒定磁场最常用的源，以两个载流线圈磁力作用的实验定律为基础，可以得到磁场计算的基本公式。图 4-16 表示真空中的两个细导线回路 l_1 和 l_2，两个回路上分别流有恒定电流 I_1 和 I_2。实验指出，回路 l_2 所受的磁力由下式决定：

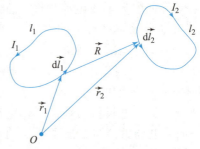

图 4-16　两个载流回路的作用力

$$\vec{F}_{21} = \frac{\mu_0}{4\pi}\oint_{l_2}\oint_{l_1}\frac{I_2\mathrm{d}\vec{l}_2\times(I_1\mathrm{d}\vec{l}_1\times\vec{R}_{21})}{R_{21}^3} \tag{4-15}$$

该式称为**安培磁力定律**，是静磁学的基本实验定律之一。$I_1\mathrm{d}\vec{l}_1$ 和 $I_2\mathrm{d}\vec{l}_2$ 分别代表 l_1 和 l_2 上的电流元；$\vec{R}_{21}$ 是自 $I_1\mathrm{d}\vec{l}_1$ 到 $I_2\mathrm{d}\vec{l}_2$ 的相对位置矢量，$R_{21} = |\vec{R}_{21}|$；$\mu_0 = 4\pi\times10^{-7}$ 亨利/米（H/m）是表征真空磁性质的常数，称为**真空磁导率**。

将式（4-15）中 $I_1\mathrm{d}\vec{l}_1$ 和 $I_2\mathrm{d}\vec{l}_2$ 的位置互换，令 $\vec{R}_{12}$ 为从 $\mathrm{d}\vec{l}_2$ 指向 $\mathrm{d}\vec{l}_1$，就得到回路 l_1 所受的磁力 $\vec{F}_{12}$。容易证明 $\vec{F}_{12} = -\vec{F}_{21}$，即两个电流回路的相互作用力符合牛顿第三定律。

两个电流回路间的作用力是通过磁场传递的。l_1 对 l_2 作用力的本质是回路 l_1 上电流所产生的空间磁场与回路 l_2 上电流的作用。若将式（4-15）改写成

$$\vec{F}_{21} = \oint_{l_2}I_2\mathrm{d}\vec{l}_2\times\left[\frac{\mu_0}{4\pi}\oint_{l_1}\frac{(I_1\mathrm{d}\vec{l}_1\times\vec{R}_{21})}{R_{21}^3}\right] \tag{4-16}$$

括号内的表达式是一个只与回路 l_1 及场点有关的量。与运动电荷的洛伦兹力公式相比较不难看出，这是回路电流 I_1 在回路 l_2 的电流元 $I_2\mathrm{d}\vec{l}_2$ 点处所产生的一个磁场量。实质上，这个磁场量就是 $\mathrm{d}\vec{l}_2$ 处的磁感应强度 $\vec{B}$。为具有普遍性，将上面的 I_1、l_1 和 $\mathrm{d}\vec{l}_1$ 分别记作 I、l' 和 $\mathrm{d}\vec{l}'$，则电流回路 l' 在空间一点处产生的磁感应强度为

$$\vec{B} = \frac{\mu_0}{4\pi} \oint_{l'} \frac{I \mathrm{d}\vec{l}\,' \times \vec{R}}{R^3} \tag{4-17}$$

式中，$\vec{R}$ 为从回路电流元 $I \mathrm{d}\vec{l}\,'$ 指向场点 P 的相对位置矢量。因为式（4-17）表示整个电流回路 l' 在场点产生的 $\vec{B}$，故其中的被积函数应为电流元 $I \mathrm{d}\vec{l}\,'$ 在场点处产生的磁感应强度矢量元 $\mathrm{d}\vec{B}$，即

$$\mathrm{d}\vec{B} = \frac{\mu_0}{4\pi} \frac{I \mathrm{d}\vec{l}\,' \times \vec{R}}{R^3} \tag{4-18}$$

上面两式称为**毕奥-沙伐定律**，它给出了电流回路和电流元在空间一点所产生的磁感应强度的计算表达式，是研究静磁场的一组基础公式。

对于电流以体密度 $\vec{J}$ 分布在区域 τ' 内的一般情况，只需将前两式的电流元改写成 $I \mathrm{d}\vec{l}\,' = \vec{J} \mathrm{d}\tau'$，线积分变为电流区域 τ' 的体积分，则毕奥-沙伐定律表示为

$$\vec{B} = \frac{\mu_0}{4\pi} \int_{\tau'} \frac{\vec{J} \times \vec{R}}{R^3} \mathrm{d}\tau' \tag{4-19}$$

$$\mathrm{d}\vec{B} = \frac{\mu_0}{4\pi} \frac{\vec{J} \times \vec{R}}{R^3} \mathrm{d}\tau' \tag{4-20}$$

同样，当电流以面密度分布在某曲面上时，毕奥-沙伐定律表示为

$$\vec{B} = \frac{\mu_0}{4\pi} \int_{S'} \frac{\vec{J}_s \times \vec{R}}{R^3} \mathrm{d}S' \tag{4-21}$$

$$\mathrm{d}\vec{B} = \frac{\mu_0}{4\pi} \frac{\vec{J}_s \times \vec{R}}{R^3} \mathrm{d}S' \tag{4-22}$$

将式（4-17）代入式（4-16），略去 I_2、l_2 和 $\mathrm{d}\vec{l}_2$ 的下标，得到电流回路 l 在磁感应强度为 $\vec{B}$ 的磁场中所受的磁力

$$\vec{F} = \oint_l I \mathrm{d}\vec{l} \times \vec{B} \tag{4-23}$$

被积函数为回路上电流元 $I \mathrm{d}\vec{l}$ 受到的磁力，即

$$\mathrm{d}F = |\, I \mathrm{d}\vec{l} \times \vec{B} \,| = I \mathrm{d}l B \sin\theta \tag{4-24}$$

式中，θ 为 $\mathrm{d}\vec{l}$ 与 $\vec{B}$ 的夹角。上式说明，只要电流元与所在点处的磁场不平行，此电流元就会受到磁场力的作用。矢量 $I \mathrm{d}\vec{l}$、$\vec{B}$ 和 $\mathrm{d}\vec{F}$ 三者的方向符合右手定则，$\mathrm{d}\vec{F}$ 分别与 $I \mathrm{d}\vec{l}$ 和 $\vec{B}$ 垂直，如图 4-17 所示。若取 $|\, I \mathrm{d}\vec{l} \,| = 1$ 并使 $\mathrm{d}\vec{l}$ 与 $\vec{B}$ 垂直，则 $|\, \mathrm{d}\vec{F} \,|$ 有最大值且等于 $|\, \vec{B} \,|$。因此，$\vec{B}$ 又可以定义为磁场中一点上单位电流元所受到的最大磁力。

图 4-17　电流元受到的磁力

实质上，电流回路所受磁力可以归结为回路中运动电荷受力的结果。将

$$I \mathrm{d}\vec{l} = \vec{J} \mathrm{d}S \mathrm{d}l = \rho \vec{v} \mathrm{d}S \mathrm{d}l = \mathrm{d}Q \vec{v}$$

代入式（4-24），得到电荷元 $\mathrm{d}Q$ 受到的磁力

$$\mathrm{d}\vec{F} = \mathrm{d}Q(\vec{v} \times \vec{B}) \tag{4-25}$$

若将 $\mathrm{d}Q$ 记作 q，则上式就是运动电荷的洛伦兹力公式。

在进行磁场分析时，除了使用磁感应强度 $\vec{B}$ 外，还经常用到**磁场强度**矢量 $\vec{H}$。真空中 $\vec{H}$ 的定义为

$$\vec{H} = \frac{\vec{B}}{\mu_0} \qquad (4-26)$$

$\vec{H}$ 的单位是安培/米（A/m）。

例 4.2 计算通过电流 I 的一段直导线在空间任意点产生的磁感应强度 $\vec{B}$。

解：采用圆柱坐标，使 z 轴与线电流 I 重合，原点放在 l 的中点上。由对称关系看出，场值与 φ 无关，因此将所求场点选在 $\varphi = 0$ 的平面上并不失普遍性。设场点坐标为 $(r, 0, z)$，源点（电流元）的坐标 $(0, 0, z')$，由图 4-18 所示关系可得

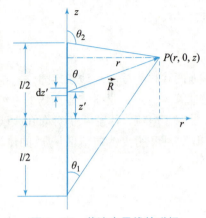

图 4-18 载流直导线的磁场

$$z' = z - r\cot\theta$$
$$\mathrm{d}z' = r\csc^2\theta\mathrm{d}\theta$$
$$\mathrm{d}\vec{l}\,' = \hat{z}\mathrm{d}z' = \hat{z}r\csc^2\theta\mathrm{d}\theta$$
$$R = r\csc\theta$$
$$\hat{R} = \hat{r}\sin\theta + \hat{z}\cos\theta$$
$$\mathrm{d}\vec{l}\,' \times \hat{R} = r\csc^2\theta\mathrm{d}\theta\hat{z} \times (\hat{r}\sin\theta + \hat{z}\cos\theta) = \hat{\varphi}r\csc\theta\mathrm{d}\theta$$

代入式（4-19），得

$$\vec{B} = \frac{\mu_0 I}{4\pi}\int_{l'}\frac{\mathrm{d}\vec{l}\,' \times \vec{R}}{R^3} = \frac{\mu_0 I}{4\pi}\int_{\theta_1}^{\theta_2}\hat{\varphi}\frac{r\csc\theta}{(r\csc\theta)^2}\mathrm{d}\theta$$

$$= \hat{\varphi}\frac{\mu_0 I}{4\pi r}\int_{\theta_1}^{\theta_2}\sin\theta\mathrm{d}\theta = \hat{\varphi}\frac{\mu_0 I}{4\pi r}(\cos\theta_1 - \cos\theta_2) \qquad (4-27)$$

其中

$$\cos\theta_1 = \frac{z + l/2}{\sqrt{r^2 + (z + l/2)^2}} \ , \ \cos\theta_2 = \frac{z - l/2}{\sqrt{r^2 + (z - l/2)^2}}$$

对于无限长的直线电流情况，$\theta_1 = 0$、$\theta_2 = \pi$，得到

$$\vec{B} = \hat{\varphi}\frac{\mu_0 I}{2\pi r} \qquad (4-28)$$

可见，直线电流段产生的磁场与电流成右手螺旋关系，在本题中只有 $\hat{\varphi}$ 分量，但 B 值与场点坐标 φ 无关，只是 r 和 z 的函数；而对无限长直线电流，B 也只有 $\hat{\varphi}$ 分量，并且仅是场点坐标 r 的函数。

例 4.3 一圆形载流回路的半径为 a，电流强度为 I，求回路轴线上的磁感应强度 $\vec{B}$。

解：如图 4-19 所示，令回路轴线与 z 轴重合，并使圆心在坐标系原点上。在回路上任取一电流元 $I\mathrm{d}\vec{l}\,'$，对于 z 轴上的任意场点 $P(0,0,z)$，$\mathrm{d}\vec{l}\,'$ 与 $\vec{R}$ 相互垂直，由毕奥-沙伐定律表达式（4-18），可得到该电流元在 P 点处产生的磁场 $\mathrm{d}\vec{B}$ 的模值为

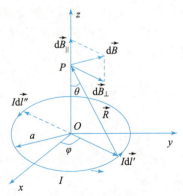

图 4-19 圆形电流回路的磁场

$$\mathrm{d}B = \frac{\mu_0 I\mathrm{d}l'}{4\pi R^2}$$

$\mathrm{d}\vec{B}$ 的方向与 $\mathrm{d}l'$ 及 $\vec{R}$ 垂直。

将 $\mathrm{d}\vec{B}$ 分解为与 $\hat{z}$ 平行的分量 $\mathrm{d}\vec{B}_{\parallel}$ 和与 $\hat{z}$ 垂直的分量 $\mathrm{d}\vec{B}_{\perp}$ 两部分，它们的模值分别为

$$\mathrm{d}\vec{B}_{\parallel} = \mathrm{d}B\sin\theta = \frac{\mu_0 Ia}{4\pi R^3}\mathrm{d}l'$$

$$\mathrm{d}B_{\perp} = \mathrm{d}B\cos\theta$$

式中，θ 为 $\vec{R}$ 与 $\hat{z}$ 的夹角，因此有 $\sin\theta = a/R$。

在与电流元 $I\mathrm{d}\vec{l}'$ 圆对称处再取一个电流元 $I\mathrm{d}\vec{l}''$，可以看出 $I\mathrm{d}\vec{l}''$ 在 P 点产生的磁场垂直分量与 $\mathrm{d}\vec{B}_{\perp}$ 等值反向，相互抵销，而其磁场平行分量与 $\mathrm{d}\vec{B}_{\parallel}$ 同向叠加。因此，整个电流回路的磁场只有平行方向分量，即

$$\vec{B} = \hat{z}\oint_{l'}\frac{\mu_0 aI}{4\pi R^3}\mathrm{d}l' = \hat{z}\frac{\mu_0 aI}{4\pi R^3}2\pi a = \hat{z}\frac{\mu_0 Ia^2}{2(a^2 + z^2)^{3/2}}$$

可见，圆电流在回路轴线上所产生的磁场与回路平面垂直，且成右手螺旋关系。

例4.4　分析半径为 r_0 的圆形细导线载流回路在均匀外磁场 $\vec{B}_0 = \hat{x}B_x + \hat{z}B_z$ 中所受的磁场力。

解：设回路的中心在坐标系原点并且它的法线方向与 z 轴正方向一致，回路中的电流为 I。由安培磁力定律，此回路所受磁力为 $\oint_l I\mathrm{d}\vec{l}\times\vec{B}_0$。因 I 和 $\vec{B}_0$ 均为常量，故可以提出到积分号外，并考虑到 $\oint_l \mathrm{d}\vec{l}$ 是一个首尾相接的闭合矢量，结果为零。因此有

$$\vec{F} = \oint_l I\mathrm{d}\vec{l}\times\vec{B}_0 = I\left(\oint_l \mathrm{d}\vec{l}\right)\times\vec{B}_0 = 0 \tag{4-29}$$

上式表明均匀磁场中的闭合电流回路所受的总磁力为零。但此力为零只说明回路不受使其产生位移的力，由于回路各部分所受磁力的方向不同，它将受到转矩作用而发生旋转。

按照图 4-20（a）所示，$B_x = B_0\sin\theta$，$B_z = B_0\cos\theta$。B_z 使回路受到张力，B_x 使回路绕 y 轴做反时针旋转。从图 4-20（b）可以看出，在 B_x 的作用下，电流元 $I\mathrm{d}\vec{l}$ 和 $I\mathrm{d}\vec{l}'$ 共同产生的转矩为

$$\begin{aligned}
\mathrm{d}T_y &= (r_0\sin\alpha)\mathrm{d}F + (r_0\sin\alpha)\mathrm{d}F' \\
&= 2r_0\sin\alpha Ir_0\mathrm{d}\alpha B_x\sin\alpha \\
&= 2Ir_0^2 B_0\sin\theta\sin^2\alpha\mathrm{d}\alpha
\end{aligned}$$

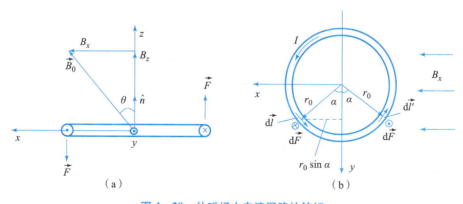

（a）　　　　　　　　　　　　　　（b）

图 4-20　外磁场中电流回路的转矩

回路所受的总转矩为

$$T_y = \int_0^\pi dT_y = \int_0^\pi 2Ir_0^2 B_0 \sin\theta \sin^2\alpha\, d\alpha$$

$$= I(\pi r_0^2)B_0\sin\theta = ISB_0\sin\theta$$

式中，S 为电流回路的面积。我们将回路电流按右手定则所确定的法线方向 $\hat{z}$ 与回路电流及面积的乘积 $\vec{m} = \hat{z}IS$ 称为此电流回路的**磁矩**。因上式中的 θ 是 $\vec{m}$ 与 $\vec{B}_0$ 的交角，故回路转矩可以用矢量表达为

$$\vec{T} = \vec{m} \times \vec{B}_0 \tag{4-30}$$

从上式可以得到，电流回路受到的转矩总是企图使回路的磁矩转向外磁场方向。

§4.4　恒定磁场的基本定律

从毕奥－沙伐定律出发，通过计算 $\vec{H}$ 的闭合回路线积分和 $\vec{B}$ 的闭合曲面积分，可以得到反映恒定磁场本质属性的两个基本定律。

首先讨论磁场强度矢量 $\vec{H}$ 的闭合线积分性质。在电流回路 l' 所产生的磁场中，我们任取一闭合回路 l，如图 4-21 所示。设 $P(x,y,z)$ 是 l 上的一点，则电流回路 l' 在 P 点产生的磁场为

$$\vec{H} = \frac{I}{4\pi}\oint_{l'}\frac{d\vec{l'} \times \vec{R}}{R^3} \tag{4-31}$$

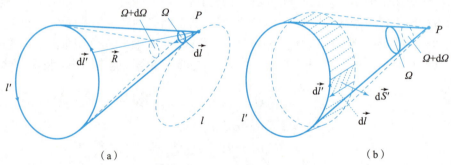

（a）　　　　　　　　　　　　　　（b）

图 4-21　立体角的增量

计算 $\vec{H}$ 在回路 l 上的闭合线积分，有

$$\oint_l \vec{H} \cdot d\vec{l} = \oint_l \left[\frac{I}{4\pi}\oint_{l'}\frac{d\vec{l'} \times \vec{R}}{R^3}\right] \cdot d\vec{l}$$

$$= \frac{I}{4\pi}\oint_l\left[\oint_{l'}\frac{-\vec{R}}{R^3} \cdot (-d\vec{l} \times d\vec{l'})\right] \tag{4-32}$$

上面的第二步推导运用了矢量混合积恒等式 $(\vec{A} \times \vec{B}) \cdot \vec{C} = (\vec{C} \times \vec{A}) \cdot \vec{B}$。

电流回路 l' 所包围的面积对 P 点构成一个立体角 Ω，当 P 点沿回路 l 位移 $d\vec{l}$ 时，立体角将增加 $d\Omega$，如图 4-21（a）所示。这个 $d\Omega$ 与假设 P 点固定不动而让回路 l' 平移 $-d\vec{l}$ 所引起的立体角改变量是相同的，如图 4-21（b）所示。在图 4-21（b）中，立体角增量 $d\Omega$ 对应的面积为 l' 位移所成的环带面积。取此环带上的矢量面元 $d\vec{S'} = -d\vec{l} \times d\vec{l'}$，$d\vec{S'}$ 对

P 点所张立体角为

$$\frac{-\vec{R} \cdot \mathrm{d}\vec{S}'}{R^3} = \frac{-\vec{R} \cdot (-\mathrm{d}\vec{l} \times \mathrm{d}\vec{l}')}{R^3}$$

其中 $\vec{R}$ 前面的负号是由于立体角定义中的位置矢量应从顶点指向面元，而此处 $\vec{R}$ 的定义为由面元 $\mathrm{d}\vec{S}'$ 指向顶点 P 之故。环带所张立体角 $\mathrm{d}\Omega$ 为 $\mathrm{d}\vec{S}'$ 所张立体角的积分，即

$$\mathrm{d}\Omega = \oint_{l'} \frac{-\vec{R}}{R^3}(-\mathrm{d}\vec{l} \times \mathrm{d}\vec{l}') \tag{4-33}$$

上式右边恰为式（4-32）的中括号部分，故式（4-32）可以写成

$$\oint_l \vec{H} \cdot \mathrm{d}\vec{l} = \frac{I}{4\pi}\oint_l \mathrm{d}\Omega = \frac{I}{4\pi}\Delta\Omega \tag{4-34}$$

$\Delta\Omega$ 表示 P 点沿 l 运动一周所引起的立体角的总改变量，其数值分下面两种情况讨论。

（1）积分回路 l 与电流回路 l' 相交链，即 l 穿过 l' 所围面积 S' 的情况，如图 4-22（a）所示。

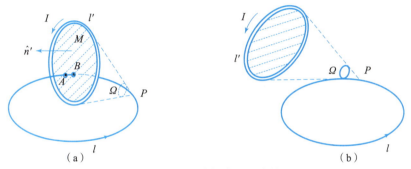

图 4-22 积分回路与电流回路的关系

如果我们取积分路径的起点是 S' 曲面的法线矢量 $\hat{n}'$ 一侧的 A 点，而终点为另一侧的对称点 B，由于立体角的顶点和曲面法线在曲面两侧时其值为正，在同侧时为负，并且曲面上的点对该曲面所张立体角的绝对值为 2π，所以动点 P 在位置 A 时的立体角为 -2π，运动到终点 B 时 Ω 增大到 2π，因此有

$$\Delta\Omega = (2\pi) - (-2\pi) = 4\pi$$

于是式（4-34）变成

$$\oint_l \vec{H} \cdot \mathrm{d}\vec{l} = I \tag{4-35}$$

由于两个回路是相交链的，I 也就是穿过积分路径 l 所围面 S 的电流，故上式说明 $\vec{H}$ 沿 l 的闭合回路积分恰等于 l 所围面积上所通过的电流。在上式的推导过程中，我们已经规定了回路 l 的方向与源电流方向满足右手螺旋关系。也就是说，当回路的积分方向与穿过其截面的电流 I 符合右手定则时，I 取正值；反之，I 取负值。

（2）积分回路 l 不与电流回路 l' 交链，如图 4-22（b）所示。此时 P 点沿 l 位移时则立体角一直连续改变，当 P 点位移一周回到原来位置时，立体角也回复到原值，有

$$\Delta\Omega = 0$$

此时式（4-34）变为

$$\oint_l \vec{H} \cdot \mathrm{d}\vec{l} = 0 \tag{4-36}$$

这表明，当积分回路所围面积上无电流穿过时，磁场沿回路的闭合线积分为零。

应当明确，所谓电流 I 与回路 l 交链，是指该电流必须穿过以 l 为边界的任意曲面。图 4-23 画出了不交链、交链一次和交链多次的几种情况。

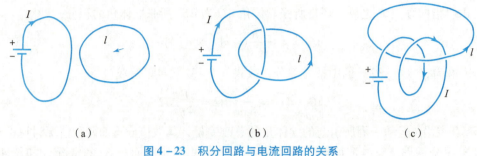

(a) (b) (c)

图 4-23 积分回路与电流回路的关系
(a) 不交链；(b) 一次交链；(c) 多次交链

以上的分析可以推广到积分回路 l 与 N 个电流回路相交链的情况。图 4-24 表示 N 个电流回路的电流分别为 I_1、I_2、$\cdots$、I_N。假设电流 I_i 所产生的磁场强度为 $\vec{H}_i$，则空间总磁场强度 $\vec{H}$ 在 l 上的闭合线积分为

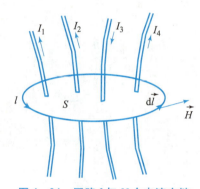

图 4-24 回路 l 与 N 个电流交链

$$\oint_l \vec{H} \cdot \mathrm{d}\vec{l} = \sum_{i=1}^{N} \oint_l \vec{H}_i \cdot \mathrm{d}\vec{l} = \sum_{i=1}^{N} I_i \quad (4-37)$$

对于一个电流 N 次与 l 交链的情况，即图 4-23 (c) 所示的情况，由上式可得到

$$\oint_l \vec{H} \cdot \mathrm{d}\vec{l} = NI \quad (4-38)$$

如果回路 l 所围面积 S 上通过体分布电流，则式 (4-37) 的右边可以写成

$$\sum_{i=1}^{N} I_i = \int_S \vec{J} \cdot \mathrm{d}\vec{S}$$

则得到

$$\oint_l \vec{H} \cdot \mathrm{d}\vec{l} = \int_S \vec{J} \cdot \mathrm{d}\vec{S} \quad (4-39)$$

由于线电流 I 和面电流 $\vec{J}_s$ 都可以用 δ 函数表示成体电流 $\vec{J}$ 的形式，所以式 (4-39) 实际上包括了 S 上有各种电流通过的情况，我们将其称为**安培回路定律的积分形式**。该定律说明磁场强度矢量沿一闭合回路的线积分等于此回路所限定的面积上通过的总电流。

利用斯托克斯定理将式 (4-39) 的左边变为 S 的面积分

$$\oint_l \vec{H} \cdot \mathrm{d}\vec{l} = \int_S \nabla \times \vec{H} \cdot \mathrm{d}\vec{S} = \int_S \vec{J} \cdot \mathrm{d}\vec{S}$$

因回路 l 是任意的，因此有

$$\nabla \times \vec{H} = \vec{J} \quad (4-40)$$

上式称为**安培回路定律的微分形式**。它反映了磁场空间一点上的磁场强度矢量与该点电流密度的关系，表明了电流是磁场的"涡旋源"。从上面两式可以看出，在包含场源电流的区域内，$\vec{H}$ 的旋度和闭合回路线积分不恒等于零，所以磁场是一个有旋场和非保守场。式（4-

39) 和式（4-40）构成了恒定磁场的第一基本定律。

下面讨论恒定磁场的另一个基本定律。设磁场 $\vec{B}$ 由 τ' 域内的体分布电流 $\vec{J}$ 产生（线电流和面电流都是体电流的特例），由毕奥-沙伐定律可得到电流元 $\vec{J}\mathrm{d}\tau'$ 在任意场点 P 处产生的磁感应强度

$$\mathrm{d}\vec{B} = \frac{\mu_0}{4\pi} \frac{\vec{J} \times \vec{R}}{R^3} \mathrm{d}\tau'$$

上式两边对场点 P 的坐标求散度，得

$$\nabla \cdot (\mathrm{d}\vec{B}) = \nabla \cdot \left(\frac{\mu_0}{4\pi} \frac{\vec{J} \times \vec{R}}{R^3} \mathrm{d}\tau'\right) = \frac{\mu_0}{4\pi} \mathrm{d}\tau' \nabla \cdot \left(\vec{J} \times \frac{\vec{R}}{R^3}\right)$$

利用恒等式 $\nabla \cdot (\vec{A} \times \vec{B}) = \vec{B} \cdot \nabla \times \vec{A} - \vec{A} \cdot \nabla \times \vec{B}$、$-\vec{R}/R^3 = \nabla(1/R)$ 和 $\nabla \times \nabla f = 0$，并注意 $\vec{J}$ 与场点 P 的坐标无关，则得到

$$\nabla \cdot (\mathrm{d}\vec{B}) = \frac{\mu_0}{4\pi} \mathrm{d}\tau' \left(\frac{\vec{R}}{R^3} \nabla \times \vec{J} - \vec{J} \cdot \nabla \times \frac{\vec{R}}{R^3}\right)$$

$$= \frac{\mu_0}{4\pi} \mathrm{d}\tau' \left(\vec{J} \cdot \nabla \times \nabla \frac{1}{R}\right) = 0$$

由恒定磁场与电流的线性关系，场点 P 处的总磁感应强度是所有电流元磁场的叠加，即

$$\vec{B} = \sum \mathrm{d}\vec{B} = \int_{\tau'} \mathrm{d}\vec{B}$$

两边对场点坐标取散度并利用上式的结果，有

$$\nabla \cdot \vec{B} = \sum \nabla \cdot \mathrm{d}\vec{B} = \int_{\tau'} \nabla \cdot \mathrm{d}\vec{B} = 0$$

即

$$\nabla \cdot \vec{B} = 0 \tag{4-41}$$

上式表明恒定磁场是一个无散场。

磁感应强度 $\vec{B}$ 在某曲面 S 上的面积分称为该曲面所通过的**磁通量**，用 Φ_m 表示

$$\Phi_\mathrm{m} = \int_S \vec{B} \cdot \mathrm{d}\vec{S} \tag{4-42}$$

Φ_m 的单位是韦伯（Wb）。因 $\vec{B}$ 的曲面积分是磁通量，所以 $\vec{B}$ 也称为**磁通量密度**，它的单位特斯拉（T）也记作韦伯/米^2（Wb/m^2）。

将式（4-41）对任意体积 τ 积分，并应用散度定理 $\int_\tau \nabla \cdot \vec{F} \mathrm{d}\tau = \oint_S \vec{F} \cdot \mathrm{d}\vec{S}$，得到

$$\oint_S \vec{B} \cdot \mathrm{d}\vec{S} = 0 \tag{4-43}$$

上式表明，任何一个封闭曲面上的磁通量恒等于零，因此 $\vec{B}$ 是管形场。

式（4-41）和式（4-43）称为**磁通连续方程**或叫作**磁场高斯定律**，它们构成了恒定磁场的第二基本定律。该定律说明磁场是无源场（即管形场），磁通量线一定为闭合曲线。磁场的无源性与自然界中尚未发现的磁单极现象是一致的。

由亥姆霍兹定理可知，一个矢量场的基本性质取决于它的旋度和散度如何，因此安培回路定律和磁场高斯定律构成了反映恒定磁场性质的基本方程组。

例 4.5　半径为 a 的无限长导体圆柱上流有恒定电流 I，求空间任意点的磁场强度。

解：本题可利用毕奥-沙伐定律表达式（4-19）求解，但由于电流分布具有特殊对称

性，采用安培回路定律积分形式求解可使计算更为简单。令圆柱体的轴线与圆柱坐标系 z 轴重合，如图 4-25 所示。很明显，磁场强度只有 H_φ 分量而且只是 r 的函数。过所求任意点 P 作一个中心在轴线上的圆形回路 l，l 所围平面与 z 轴垂直。将安培回路定律应用在此回路上，由于 $\vec{H}$ 与 $\mathrm{d}\vec{l}$ 的方向均为 $\hat{\varphi}$，并且 l 上各点的 H 值相同，故有

$$H_\varphi(2\pi r) = I'$$

式中，I' 为 l 所围面积上通过的电流。

当 $r \geqslant a$ 时，$I' = I$，得到

$$H_\varphi = \frac{I}{2\pi r}$$

或

$$\vec{H} = \hat{\varphi}\frac{I}{2\pi r} \quad (r \geqslant a)$$

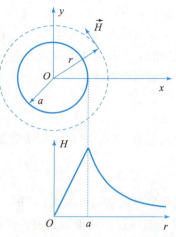

图 4-25 长圆柱导线电流的磁场

其结果与例 4.2 的无限长线电流产生的磁场相同。

当 $r < a$ 时，$I' = I\pi r^2/(\pi a^2)$，得

$$H_\varphi = \frac{Ir}{2\pi a^2} \quad 或 \quad \vec{H} = \hat{\varphi}\frac{Ir}{2\pi a^2} \quad (r < a)$$

例 4.6 如图 4-26 所示的环状螺线管叫作螺绕环，设环管的轴线半径为 R，环上均匀密绕 N 匝线圈，线圈内通有恒定电流 I。求螺绕环内外的磁场。

解：根据电流分布的对称性，与螺绕环同轴的圆周上各点 $\vec{H}$ 的模值相等、方向沿圆周的方向，与电流成右手螺旋关系。若此圆周在螺线管内，设其半径为 r，应用安培回路定律，有

$$\oint_l \vec{H} \cdot \mathrm{d}\vec{l} = 2H\pi r = NI$$

由此可得

$$H = \frac{NI}{2\pi r}（在环管内）$$

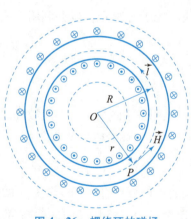

图 4-26 螺绕环的磁场

当环管截面半径远小于环半径 R 时，可近似取 $r = R$，此时有

$$H = \frac{NI}{2\pi R} = nI \qquad (4-44)$$

式中，$n = N/(2\pi R)$ 为螺绕环单位长度的线圈匝数。

对于管外的场点，过该点作一个与螺绕环共轴的圆形回路，由于与此回路交链的总电流为零，所以有

$$H = 0（在环管外）$$

上面的结果可以推广到长直螺线管的情况。长直螺线管可以看成 $R \to \infty$ 的螺绕环，当螺线管的长度远大于管半径时，管外磁场近似为零，而管内磁场可近似用式（4-44）计算。

例 4.7 计算面密度为 J_s 的无限大均匀电流平面的磁场。

解：无限大平面电流可以看成是由无限多根平行排列的长直线电流组成的。首先分析电流平面外任意一点 P 处的磁场方向。如图 4 - 27 所示，以 OP 为对称轴，取一对横向宽度相等的长直电流 $I' = J_S \mathrm{d}l'$ 和 $I'' = J_S \mathrm{d}l''$，它们在 P 点产生的磁场分别为 $\mathrm{d}\vec{B'}$ 和 $\mathrm{d}\vec{B''}$。这两部分磁场的 $\hat{y}$ 分量相互抵消，而 $\hat{x}$ 分量相叠加，合成磁场的方向平行于电流平面。由此可推知，无数对对称长直电流产生的总磁场也一定平行于电流平面。由电流平面无限大的已知条件及磁场与电流的右手定则关系可以看出，与电流平面等距离的场点上的磁场模值相等，平面两侧的磁场方向相反。

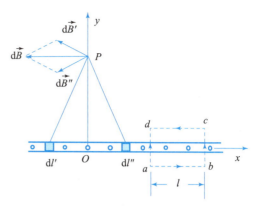

图 4 - 27　无限大电流平面的磁场

根据以上所述的磁场分布特点，可以作一个矩形回路 $abcd$，其中 ab、cd 两边与电流平面平行，而 bc 和 da 两边被电流平面等分。该回路所包围电流为 $J_S l$，由安培回路定律

$$\oint_l \vec{H} \cdot \mathrm{d}\vec{l} = 2lH = J_S l$$

因此得

$$H = \frac{1}{2} J_S \qquad\qquad (4 - 45)$$

或写成矢量形式为

$$\vec{H} = \frac{1}{2} \vec{J}_S \times \hat{n}$$

式中，$\hat{n}$ 为电流平面单位法向矢量。

这个结果说明，在无限大均匀电流平面的两侧的磁场是与平面平行的均匀磁场，与场点到电流平面的距离无关，但平面两侧的磁场方向相反。

§4.5　矢量磁位和标量磁位

在静电场和恒定电场的讨论中，我们都曾引入电位 U 作为分析和计算电场的辅助函数，使许多问题的求解得到了简化。在研究磁场时，也可以引入类似的磁场辅助函数。下面分别介绍恒定磁场的两个辅助位函数——矢量磁位和标量磁位。

一、矢量磁位

由矢量分析与场论基础知道，散度恒等于零的矢量场（即管形场）可以在整个场空间被表示成另一个矢量场的旋度。磁场高斯定律表示了磁通量密度 $\vec{B}$ 在场空间任意点上的散度恒为零，因此我们可以引入一个矢量 $\vec{A}$ 作为 $\vec{B}$ 的辅助函数，令

$$\vec{B} = \nabla \times \vec{A} \qquad\qquad (4 - 46)$$

$\vec{A}$ 称为**矢量磁位**或**磁矢位**，单位是韦伯/米（Wb/m）。

第1章中曾经指出，用于描述无散场 $\vec{B}$ 的矢量位函数 $\vec{A}$ 并不是唯一的，且具有不同的

函数形式。为了避免这种随意性，必须再对其附加另外的限制，这个限制就是给定 $\vec{A}$ 的散度。亥姆霍兹定理指出，某区域内的一个矢量场函数可以通过给定它的旋度函数和散度函数以及它在区域边界上的边界条件来唯一确定。给定旋度和给定散度是相互独立的，给定不同的散度将使该矢量的解不同，但不影响解的旋度，其旋度只由给定的旋度条件决定；同样，如何给定旋度也不影响该矢量的散度。由于我们引入 $\vec{A}$ 的目的只是由式（4-46）计算 $\vec{B}$，而不必考虑 $\vec{A}$ 值本身的物理意义，因此我们可以根据计算方便的需要来任意给定 $\nabla \cdot \vec{A}$。对于恒定磁场，我们一般选择

$$\nabla \cdot \vec{A} = 0 \tag{4-47}$$

上式称为 $\vec{A}$ 的**库仑规范**。恒定磁场中的磁矢位 $\vec{A}$ 由式（4-46）和式（4-47）所共同定义。

将 $\vec{B} = \nabla \times \vec{A}$ 两边除以 μ_0，并将安培回路定律微分形式代入，得

$$\nabla \times \nabla \times \vec{A} = \mu_0 \vec{J}$$

利用矢量恒等式 $\nabla \times \nabla \times \vec{A} = \nabla \nabla \cdot \vec{A} - \nabla^2 \vec{A}$ 和式（4-47），上式变为

$$\nabla^2 \vec{A} = -\mu_0 \vec{J} \tag{4-48}$$

上式表明磁矢位 $\vec{A}$ 满足矢量泊松方程。对 $\vec{J} = 0$ 的区域

$$\nabla^2 \vec{A} = 0 \tag{4-49}$$

其中 $\vec{A}$ 满足矢量拉普拉斯方程。

矢量的拉普拉斯运算由 $(\nabla \nabla \cdot - \nabla \times \nabla \times)$ 所确定。在直角坐标系中，$\nabla^2 \vec{A}$ 具有如下简单形式

$$\nabla^2 \vec{A} = \left(\frac{\partial^2}{\partial x^2} + \frac{\partial^2}{\partial y^2} + \frac{\partial^2}{\partial z^2} \right) (\hat{x} A_x + \hat{y} A_y + \hat{z} A_z)$$

$$= \hat{x}\, \nabla^2 A_x + \hat{y}\, \nabla^2 A_y + \hat{z}\, \nabla^2 A_z$$

代入式（4-48），可以得到 $\vec{A}$ 的三个分量所满足的方程

$$\nabla^2 A_x = -\mu_0 J_x \tag{4-50a}$$

$$\nabla^2 A_y = -\mu_0 J_y \tag{4-50b}$$

$$\nabla^2 A_z = -\mu_0 J_z \tag{4-50c}$$

这是三个标量泊松方程，它们与静电位 U 所满足的方程有相同的形式。如果我们讨论的是无界空间情况，且场源电流分布在有限区域内，可以断定它们的解亦应与 U 的无界空间解表达式（2-42）有同样形式，即

$$A_x = \frac{\mu_0}{4\pi} \int_{\tau'} \frac{J_x}{R} \mathrm{d}\tau' \tag{4-51a}$$

$$A_y = \frac{\mu_0}{4\pi} \int_{\tau'} \frac{J_y}{R} \mathrm{d}\tau' \tag{4-51b}$$

$$A_z = \frac{\mu_0}{4\pi} \int_{\tau'} \frac{J_z}{R} \mathrm{d}\tau' \tag{4-51c}$$

其中 τ' 是产生磁场的电流区域。将以上三式矢量相加，就得到矢量泊松方程式（4-48）在无界空间内的解

$$\vec{A} = \frac{\mu_0}{4\pi} \int_{\tau'} \frac{\vec{J}}{R} \mathrm{d}\tau', \tag{4-52a}$$

电流元 $\vec{J}\mathrm{d}\tau'$ 所产生的磁矢位为

$$\mathrm{d}\vec{A} = \frac{\mu_0 \vec{J}}{4\pi R}\mathrm{d}\tau' \tag{4-52b}$$

如果磁场的源是面电流或线电流，不难写出

$$\vec{A} = \frac{\mu_0}{4\pi}\int_{S'} \frac{\vec{J_S}}{R}\mathrm{d}S' \tag{4-53a}$$

$$\mathrm{d}\vec{A} = \frac{\mu_0 \vec{J_S}}{4\pi R}\mathrm{d}S' \tag{4-53b}$$

$$\vec{A} = \frac{\mu_0 I}{4\pi}\int_{l'} \frac{\mathrm{d}\vec{l}\,'}{R} \tag{4-54a}$$

$$\mathrm{d}\vec{A} = \frac{\mu_0 I}{4\pi R}\mathrm{d}\vec{l}\,' \tag{4-54b}$$

利用磁矢位解决磁场问题，一般是先用式（4-52）~式（4-54）求出分布电流所产生的 $\vec{A}$[边值问题往往要结合边界条件求解微分方程式（4-48）或式（4-49）得到 $\vec{A}$]，然后再通过 $\vec{B} = \nabla \times \vec{A}$ 计算出对应的 $\vec{B}$。从表面上看，求 $\vec{A}$ 仍是矢量积分运算并且要再次运算才能得到 $\vec{B}$，这似乎比直接求 $\vec{B}$ 更加复杂。但实际上，由于求 $\vec{A}$ 的积分运算要比用毕奥-沙伐定律直接求 $\vec{B}$ 简单。尤其是对最常遇到的直线电流和圆环电流的源分布情况，通过合理地选择坐标，有可能使 $\vec{A}$ 只有一个分量，$\vec{A}$ 的求解变成标量运算。而由 $\vec{A}$ 求 $\vec{B}$ 又只是一个十分简单的微分运算，因此对于一些复杂的磁场问题，特别是边值问题，使用磁矢位的确可以达到简化运算的目的。

二、标量磁位

在讨论静电场时，我们曾引入了一个标量位函数 U 作为求解电场的辅助函数。对于恒定磁场，是否也可以作类似的引入呢？由场论基础的讨论可知，要用一个标量函数 φ 来表示一个矢量场 $\vec{F}$，应定义 $\vec{F} = \nabla\varphi$（或 $\vec{F} = -\nabla\varphi$）。并且由于 $\nabla \times \nabla\varphi \equiv 0$，要求矢量场 $\vec{F}$ 必须是无旋场（即有势场）。对于静电场，因有 $\nabla \times \vec{E} \equiv 0$，故在整个电场空间定义 $\vec{E} = -\nabla U$ 是成立的。但对于恒定磁场，安培回路定律 $\nabla \times \vec{H} = \vec{J}$ 表明了磁场是一个有旋场，有电流处磁场的旋度不为零。因此，在整个磁场空间内使用一个标量函数的梯度来表达磁场是不成立的。

但在许多磁场问题中，我们求解的空间只局限在没有电流的区域，此区域可以保证 $\nabla \times \vec{H} = 0$ 成立，这时我们就可以引入一个标量位函数来表示磁场。令

$$\vec{H} = -\nabla U_{\mathrm{m}} \tag{4-55}$$

U_{m} 称为**标量磁位**或**磁标位**，单位是安培（A）。

由前面小节的讨论已知，磁矢位 $\vec{A}$ 的适用范围已经包括了 $\vec{J} \neq 0$ 和 $\vec{J} = 0$ 的任意磁场空间，这似乎没有必要再引入磁标位 U_{m} 了。其实不然，在许多问题中，使用磁标位 U_{m} 要比用磁矢位 $\vec{A}$ 更为方便。因为按照式（4-55）有

$$\vec{B} = \mu_0 \vec{H} = -\mu_0 \nabla U_{\mathrm{m}}$$

对上式取散度，并由磁场高斯定律可得到

$$\nabla^2 U_{\mathrm{m}} = 0 \tag{4-56}$$

上式表明磁标位 U_{m} 满足拉普拉斯方程。很明显，求解标量的拉普拉斯方程要比求解 $\vec{A}$ 的矢量微分方程更为容易。

从式（4-55）的定义可知，U_m 是 $\vec{H}$ 的势函数。由势函数与有势场的对应关系，可得到空间一点 P 处的磁标位与磁场强度的积分关系为

$$U_{mP} = \int_P^{P_0} \vec{H} \cdot \mathrm{d}\vec{l} \tag{4-57}$$

式中，P_0 是磁标位的参考点。当场源电流分布在有限区域内时，一般将参考点选在无穷远处，此时 P 点的磁标位为

$$U_{mP} = \int_P^{\infty} \vec{H} \cdot \mathrm{d}\vec{l} \tag{4-58}$$

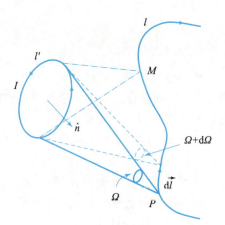

从前面的定义可以看到，U_m 与 $\vec{H}$ 之间的微分和积分关系与电场中 U 与 $\vec{E}$ 的关系是完全对应的。但必须注意，U_m 只能用在无电流的有限区域内，并且式（4-57）的积分路径一般也不与电流回路交链，否则会使 U_m 出现多值性。

闭合电流回路是磁场源的最常见形式，根据磁标位的定义，不难计算出其产生的 U_m。图 4-28 中的 l' 是一个流有恒定电流 I 的细导线回路，下面求该电流回路在任意点 P 处产生的 U_m。当场点 P 沿着某曲线 l 位移 $\mathrm{d}\vec{l}$ 时，设该位移使 P 点对 l' 的立体角产生一个增量 $\mathrm{d}\Omega$。利用安培回路定律的推导过程（4-34），有

图 4-28　电流回路的磁标位

$$\vec{H} \cdot \mathrm{d}\vec{l} = \frac{I}{4\pi}\mathrm{d}\Omega$$

代入式（4-58），得到任意点 P 的磁标位为

$$U_m = \frac{I}{4\pi}\int_P^{\infty}\mathrm{d}\Omega = \frac{I}{4\pi}(0 - \Omega) = -\frac{I}{4\pi}\Omega \tag{4-59}$$

式中，Ω 为点 P 对回路 l' 所张的立体角。

在一般情况下，求任意点 P 对回路面积的立体角并不容易。但当 P 点与回路 l' 的距离比回路的尺寸大得多时，即远区场的情况，则立体角可以近似写成

$$\Omega = -\frac{S\hat{n} \cdot \vec{R}}{R^3}$$

式中，$\vec{R}$ 为自回路中心到 P 点的相对位置矢量，S 为电流回路所围面积，$\hat{n}$ 为 S 的法矢，与 l' 的方向成右手定则关系，如图 4-29 所示。将上式的近似值代入式（4-59），即得到电流回路产生的远区磁标位

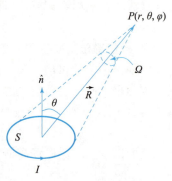

$$U_m = \frac{IS\hat{n} \cdot \vec{R}}{4\pi R^3} = \frac{IS\cos\theta}{4\pi R^2} \tag{4-60}$$

式中，θ 为 $\hat{n}$ 与 $\vec{R}$ 的夹角。

例4.8　计算无限长直线电流产生的磁矢位 $\vec{A}$ 和磁通量密度 $\vec{B}$。

图 4-29　直线电流的磁矢位

解：首先计算一段长度为 l 的直线电流段产生的磁矢位，如图 4-30 所示。利用式（4-54）可以得到

$$\vec{A} = \hat{z}\frac{\mu_0 I}{4\pi}\int_{-\frac{l}{2}}^{\frac{l}{2}}\frac{\mathrm{d}z'}{\sqrt{r^2 + (z - z')^2}}$$

$$= \hat{z}\frac{\mu_0 I}{4\pi}\ln\left[(z' - z) + \sqrt{(z' - z)^2 + r^2}\right]\Big|_{-\frac{l}{2}}^{\frac{l}{2}}$$

$$= \hat{z}\frac{\mu_0 I}{4\pi}\ln\frac{\left(\dfrac{l}{2} - z\right) + \sqrt{\left(\dfrac{l}{2} - z\right)^2 + r^2}}{-\left(\dfrac{l}{2} + z\right) + \sqrt{\left(\dfrac{l}{2} + z\right)^2 + r^2}}$$

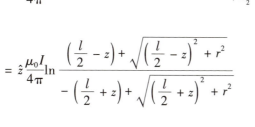

图 4 – 30　直线电流的磁矢位

当 $l \rightarrow \infty$ 时，

$$\vec{A} = \hat{z}\frac{\mu_0 I}{4\pi}\ln\frac{\dfrac{l}{2} + \sqrt{\left(\dfrac{l}{2}\right)^2 + r^2}}{-\dfrac{l}{2} + \sqrt{\left(\dfrac{l}{2}\right)^2 + r^2}}$$

$$= \hat{z}\frac{\mu_0 I}{4\pi}\ln\frac{\left(\dfrac{l}{2} + \sqrt{\left(\dfrac{l}{2}\right)^2 + r^2}\right)^2}{r^2} \approx \hat{z}\frac{\mu_0 I}{2\pi}\ln\frac{l}{r} \qquad (4-61)$$

可见，由上式得到无限长直线电流产生的 $\vec{A}$ 趋于无穷大。产生无穷大的原因在于表达式（4 – 54）是在源电流只限于有界区域的情况下得到的，该式满足 $\vec{A}$ 的泊松方程的条件是 $\vec{A}_\infty = 0$，即 $\vec{A}$ 以无限远处为零参考点。而对本题这种源电流分布于无限区域的情况，如果再以无限远为磁矢位参考点，就会导致场点的 $\vec{A}$ 值发散。我们在讨论无限长线电荷的电位时也出现了类似的问题。考虑到 $\vec{A}$ 的数值只具有相对意义，此时可以将 $\vec{A}$ 的零参考点选择在非无限远的某点上。为此，我们可以构造一个新的磁矢位 $\vec{A}'$，令

$$\vec{A}'_r = \vec{A}_r - \vec{A}_{r_0}$$

上式中的 $\vec{A}_r$ 和 $\vec{A}_{r_0}$ 分别是按式（4 – 54）计算的场点 $\vec{r}$ 处的磁矢位和所定参考点 $\vec{r}_0$ 处的磁矢位。将 $\vec{A}_r$ 和 $\vec{A}_{r_0}$ 的结果表达式（4 – 61）代入上式，并省略 $\vec{A}'_r$ 的上下标，得

$$\vec{A} = \hat{z}\frac{\mu_0 I}{2\pi}\left[\ln\frac{l}{r} - \ln\frac{l}{r_0}\right]$$

$$= \hat{z}\frac{\mu_0 I}{2\pi}\ln\frac{r_0}{r} = \hat{z}\frac{\mu_0 I}{2\pi}\ln\frac{1}{r} + \hat{z}\frac{\mu_0 I}{2\pi}\ln r_0 \qquad (4-62)$$

很明显，此时的 $\vec{A}$ 以 r_0 点为零参考点。选择不同的 r_0 使 $\vec{A}$ 的表达式附带一个不同的常矢，但这对由 $\vec{A}$ 求 $\vec{B}$ 的微分运算结果没有影响，此时的磁通量密度为

$$\vec{B} = \nabla \times \vec{A} = -\hat{\varphi}\frac{\partial A_z}{\partial r} = \hat{\varphi}\frac{\mu_0 I}{2\pi r}$$

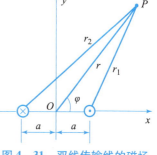

图 4 – 31　双线传输线的磁场

与安培回路定律或毕奥 – 沙伐定律所求出的结果完全相同。

例 4.9　双导线传输线可以视为通过反方向电流的无限长平行直线电流，设线间距离为 $2a$，如图 4 – 31 所示。求它所产生的 $\vec{A}$ 和 $\vec{B}$。

解：本例也是源分布无界的情况，求解时可以利用式

（4-62）的结果进行叠加。但由于本题的两电流线方向相反，即使利用式（4-54）直接计算叠加，也可以使场点的总磁矢位为有限值，如利用例4.8中式（4-61）的结果，可以得到

$$\vec{A} = \hat{z}\frac{\mu_0 I}{2\pi}\Big[\ln\frac{l}{r_1} - \ln\frac{l}{r_2}\Big]$$

$$= \hat{z}\frac{\mu_0 I}{2\pi}\ln\frac{r_2}{r_1}$$

$$= \hat{z}\frac{\mu_0 I}{4\pi}\ln\Big[\frac{a^2 + r^2 + 2ar\cos\varphi}{a^2 + r^2 - 2ar\cos\varphi}\Big]$$

$$\vec{B} = \nabla\times\vec{A} = \hat{r}\frac{1}{r}\frac{\partial A_z}{\partial \varphi} - \hat{\varphi}\frac{\partial A_z}{\partial r}$$

$$= \frac{\mu_0 I a}{\pi r_1^2 r_2^2}[\hat{r}(a^2 + r^2)\sin\varphi + \hat{\varphi}(r^2 - a^2)\cos\varphi]$$

例4.10　一半径为 a 的圆形细导线回路上流有恒定电流 I，求回路中心上方任意点 P 处的 U_m 和 $\vec{B}$。

解：以场点 $P(0,0,z)$ 为球心，R 为半径作一球面，如图4-32所示。圆形回路 l 在球面上截出的球冠面积为

$$S = 2\pi R^2(1 - \cos\alpha)$$

S 对 P 点所张的立体角为

$$\Omega = \frac{S}{4\pi R^2}\cdot 4\pi = 2\pi\Big(1 - \frac{z}{\sqrt{a^2 + z^2}}\Big)$$

将上式代入式（4-59），得

$$U_m = -\frac{I}{4\pi}\Omega = \frac{I}{2}\Big(\frac{z}{\sqrt{a^2 + z^2}} - 1\Big)$$

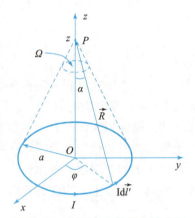

图4-32　圆形电流轴线上的磁场

上式的 U_m 只是圆环轴线上场点的磁标位，从原则上讲，只有当所求场点为空间任意点时，才可利用式（4-55）计算 $\vec{H}$ 及 $\vec{B}$。但由本题的对称关系可以看出，回路上各电流元在轴线上点产生的 dB_r 分量相互抵消而 dB_z 分量同向叠加，P 点处的 $\vec{B}$ 只有 $\hat{z}$ 分量，故式（4-55）中 $\vec{H}$ 对应的 $\vec{B}$ 只由 $\partial U_m / \partial z$ 项决定，因此只需场点坐标 z 为任意就可以了。由此可解得轴线上场点的磁通量密度为

$$\vec{B} = -\mu_0\nabla U_m = -\hat{z}\mu_0\frac{\partial U_m}{\partial z}$$

$$= \hat{z}\frac{\mu_0 I a^2}{2(z^2 + a^2)^{\frac{3}{2}}}$$

§4.6　磁偶极子

若一个平面电流回路的尺寸远远小于场点到该回路的距离，此电流回路可以视为一个矢量点源，称为磁偶极子。在上一节的讨论中，已经得到了磁偶极子的磁标位表达式

$$U_{\mathrm{m}} = \frac{IS\hat{n} \cdot \vec{R}}{4\pi R^3} \qquad (4-60)$$

式中，$\vec{R}$ 为自回路到场点 P 的相对位置矢量，S 为电流回路所围面积，$\hat{n}$ 为 S 的法矢，与 l 的方向成右手定则关系，如图 4-33 所示。为了书写方便，我们记

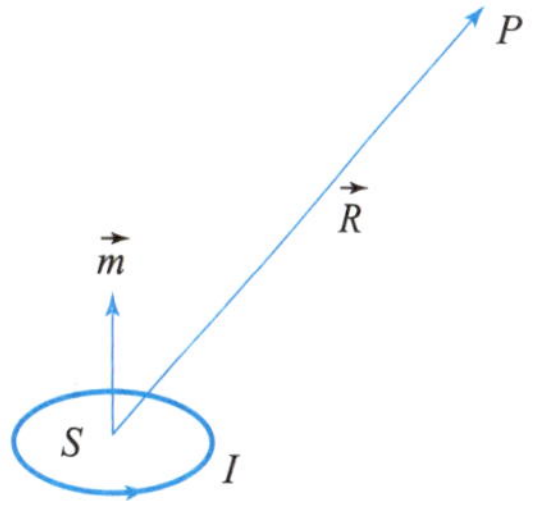

$$\vec{m} = IS\hat{n} = m\hat{n} \qquad (4-63)$$

式中，$\vec{m}$ 称作磁偶极子的磁矩，单位是安培·米^2（A·m^2）。代入式（4-60）得

$$U_{\mathrm{m}} = \frac{\vec{m} \cdot \vec{R}}{4\pi R^3} \qquad (4-64)$$

图 4-33　磁偶极子

将 U_{m} 表达式代入式（4-55），得

$$\vec{H} = -\nabla U_{\mathrm{m}} = -\frac{1}{4\pi}\nabla \frac{\vec{m} \cdot \vec{R}}{R^3} \qquad (4-65)$$

整理后得到

$$\vec{B} = \mu_0 \vec{H} = \frac{\mu_0}{4\pi}\left(\frac{3\vec{m} \cdot \vec{R}}{R^5}\vec{R} - \frac{\vec{m}}{R^3}\right)$$

下面再讨论磁偶极子产生的磁矢位 $\vec{A}$。根据例 1.2 的结果 $-\dfrac{\vec{R}}{R^3} = \nabla\dfrac{1}{R}$，式（4-65）变为

$$\vec{H} = -\nabla U_{\mathrm{m}} = -\frac{1}{4\pi}\nabla \frac{\vec{m} \cdot \vec{R}}{R^3} = \frac{1}{4\pi}\nabla\left(\vec{m} \cdot \nabla\frac{1}{R}\right) \qquad (4-66)$$

利用矢量恒等式有

$$\vec{m} \cdot \nabla\frac{1}{R} = \nabla \cdot \left(\frac{1}{R}\vec{m}\right) - \frac{1}{R}\nabla \cdot \vec{m}$$

上式中的 ∇ 是对场点坐标运算，$\vec{m}$ 只是源点坐标的函数，故 $\nabla \cdot \vec{m} = 0$，因此有

$$\vec{m} \cdot \nabla\frac{1}{R} = \nabla \cdot \left(\frac{1}{R}\vec{m}\right)$$

代入式（4-66），得

$$\vec{H} = \frac{1}{4\pi}\nabla\left(\nabla \cdot \frac{\vec{m}}{R}\right)$$

利用矢量恒等式 $\nabla \times \nabla \times \vec{F} = \nabla(\nabla \cdot \vec{F}) - \nabla^2\vec{F}$，上式变成

$$\vec{H} = \frac{1}{4\pi}\left(\nabla \times \nabla \times \frac{\vec{m}}{R} + \nabla^2\frac{\vec{m}}{R}\right)$$

$$= \nabla \times \nabla \times \frac{\vec{m}}{4\pi R} + \nabla^2\frac{\vec{m}}{4\pi R} \qquad (4-67)$$

$\vec{m}$ 是源点坐标的函数，可以提到场点坐标算子 ∇^2 之外，上式的后一项为

$$\nabla^2\frac{\vec{m}}{4\pi R} = -\vec{m}\nabla^2\frac{-1}{4\pi R} = -\vec{m}\delta(\vec{r} - \vec{r}')$$

对远区场有 $\vec{r} \neq \vec{r}'$，因此 $\delta(\vec{r} - \vec{r}') = 0$，式（4-67）变成

$$\vec{H} = \nabla \times \nabla \times \frac{\vec{m}}{4\pi R}$$

由此得到

$$\vec{B} = \mu_0\vec{H} = \nabla\times\left(\nabla\times\frac{\mu_0\vec{m}}{4\pi R}\right) \tag{4-68}$$

与定义式 $\vec{B} = \nabla\times\vec{A}$ 比较，得到磁偶极子的磁矢位

$$\vec{A} = \nabla\times\frac{\mu_0\vec{m}}{4\pi R} \tag{4-69}$$

并由矢量恒等式 $\nabla\cdot\nabla\times\vec{F} \equiv 0$ 得知，上式也一定满足 $\vec{A}$ 的另一定义式 $\nabla\cdot\vec{A} = 0$。

利用矢量恒等式并考虑 $\vec{m}$ 仅是源点坐标的函数，式（4-69）又可以表示成

$$\vec{A} = -\frac{\mu_0}{4\pi}\vec{m}\times\nabla\frac{1}{R} = \frac{\mu_0}{4\pi}\frac{\vec{m}\times\vec{R}}{R^3} \tag{4-70}$$

作为特例，若 $\vec{m} = IS\hat{z} = m\hat{z}$，且位于坐标系原点，则远区场点 $P(r,\theta,\varphi)$ 处的场位表达式分别为

$$U_{\text{m}} = \frac{m\hat{z}\cdot\vec{r}}{4\pi r^3} = \frac{m\cos\theta}{4\pi r^2} \tag{4-71}$$

$$\vec{A} = \frac{\mu_0}{4\pi}\frac{m\hat{z}\times\vec{r}}{r^3} = \frac{\mu_0 m}{4\pi r^2}(\hat{r}\cos\theta - \hat{\theta}\sin\theta)\times\hat{r} \tag{4-72}$$

$$= \hat{\varphi}\frac{\mu_0 m}{4\pi r^2}\sin\theta$$

$$\vec{B} = \frac{\mu_0}{4\pi}\left[\frac{3m\hat{z}\cdot\vec{r}}{r^5}\vec{r} - \frac{m\hat{z}}{r^3}\right] = \frac{\mu_0}{4\pi}\left[\frac{3m\cos\theta}{r^3}\hat{r} - \frac{m(\hat{r}\cos\theta - \hat{\theta}\sin\theta)}{r^3}\right]$$

$$= \frac{\mu_0 m}{4\pi}\left[2\cos\theta\hat{r} + \sin\theta\hat{\theta}\right] \tag{4-73}$$

上述的 U_{m}、$\vec{B}$ 表达式与电偶极子的 U 和 $\vec{E}$ 表达式完全类似，因此，在讨论平面电流回路的远区场时将其称为磁偶极子。

§4.7 磁介质的磁化

一、磁介质的磁化效应

除真空以外，任何媒质在磁场的作用下都要发生变化并反过来影响磁场，这种现象称为**磁化**，此时的媒质叫作**磁介质**。介质的磁化产生于磁场对电子公转运动和自旋运动的作用。电子的这两种运动都可以等效为小电流回路形式的磁偶极子，具有电子公转磁矩 $\vec{m}_l$ 和电子自旋磁矩 $\vec{m}_s$。无外磁场作用时，众多的电子磁矩因方向随机而统计平均值为零，故一般的介质不显示宏观磁性。当外磁场存在时，随介质的微观结构不同可能出现以下几种磁化效应。

1. 外磁场使电子的公转状态发生改变

按经典的电子理论，电子所具有的动能和电子与原子核之间的库仑力作用使得电子做绕核的圆周运动。这种圆周运动形成一个圆形电流。假设一个电子的运动速度为 v，轨道半径为 r，则其轨道运动的周期为

$$T = \frac{2\pi r}{v}$$

由于每个周期内通过轨道任意截面的电量是一个电子的电量 e，故圆形电流的强度为

$$I = \frac{Q}{T} = \frac{ev}{2\pi r}$$

电子的公转磁矩为

$$m_r = IS = \frac{ev}{2\pi r}\pi r^2 = \frac{evr}{2}$$

以氢原子为例，常态下 $r = 0.53 \times 10^{-10}$ m，$v = 2.2 \times 10^6$ m/s，代入上式得

$$m_r = \frac{evr}{2} = \frac{1.6 \times 10^{-19} \times 2.2 \times 10^6 \times 0.53 \times 10^{-10}}{2} = 0.93 \times 10^{-23}\ (\text{A} \cdot \text{m}^2)$$

按照运动学原理，电子做轨道圆周运动时，具有一个角动量 $\vec{L}$。$\vec{L}$ 的方向与质点的运动方向 $\vec{v}$ 成右手螺旋关系，可见，$\vec{L}$ 与 $\vec{m}_r$ 的方向正好相反。

如图 4 - 34 所示，当此公转电子处于外磁场 $\vec{B}$ 内时，由例 4.4 的分析结果知道，其等效的电流环要受到一个使其转向的力矩 $\vec{T} = \vec{m}_r \times \vec{B}$。因 $\vec{L}$ 与 $\vec{m}_r$ 反向，故 $\vec{T}$ 与 $\vec{L}$ 垂直。在力矩的作用下，将使 $\vec{L}$ 绕着 $\vec{B}$ 的方向做逆时针进动，如同陀螺的旋转摆动一样。此时的电子轨道运动可以分解为两部分的叠加：一部分是无外磁场时电子的原有公转运动；另一部分是由 $\vec{T}$ 的作用所产生的绕 $\vec{B}$ 的圆周运动，运动方向与 $\vec{B}$ 的方向成右手螺旋关系。后一部分电子的圆周运动亦相当于一个小电流环，产生一个与 $\vec{B}$ 方向相反的附加磁场 $-\Delta\vec{B}$，使该点的外磁场被

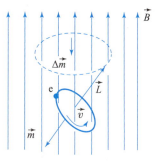

图 4 - 34　电子在磁场的进动

减弱。这种因外磁场与电子公转运动的相互作用而使介质内磁场被削弱的现象称为**抗磁效应**。用类似的方法可以分析证明，电子和原子核的自旋运动也会产生抗磁效应。抗磁效应存在于所有介质之中，但其反向附加场的强度与外磁场相比是非常微弱的，一般只有 10^{-5} 以下量级。如果某种磁介质只存在抗磁效应，而没有后面介绍的其他磁化效应，我们就称其为**抗磁性磁介质**。如金、银、铜、石墨、氧化铝等物质都是抗磁介质。

2. 磁场使分子固有磁矩转向

与电介质分子可以分类为极性分子和非极性分子的情况类似，磁介质分子也可分为两类：一类分子其内部的各电子和原子核的自旋磁矩及公转磁矩是成对存在的，在没有外磁场时，磁矩相互抵消，整个分子的总磁矩为零。当施加外磁场后，这类磁介质只出现抗磁效应，这就是前面所说的抗磁性磁介质。另一类分子其内部的电子磁矩并不完全抵消，整个分子存在着一个固有磁矩。无外磁场时，各分子的固有磁矩因无序排列而使其统计平均值为零，故对外并不显宏观磁性。施加外磁场后，分子的固有磁矩将受到转矩作用而转向外磁场方向，大量分子磁矩的规则转向使介质内的磁场增强，这种现象称为**顺磁效应**。顺磁效应产生的附加磁场与外施磁场相比也是十分微弱的（10^{-3}），但一般要强于它的抗磁效应，所以将氧、氮、铝、$FeSO_4$ 等一类具有顺磁效应的物质称为**顺磁性磁介质**。

3. 外磁场使磁畴发生变化

对于铁、镍、钴等金属及它们的部分氧化物这一类特殊的顺磁介质，由于原子之间相互交换力的作用，将介质空间分成了许多小区域。在每个小区域内，所有分子的固有磁矩都呈

平行排列，这些小区域被称为**磁畴**，这种现象叫作**自发磁化**。磁畴的形状和大小不一，典型的线度为 $10^{-4} \sim 10^{-5}$ m 量级，相邻磁畴之间以一层称为**磁畴壁**的磁矩渐变薄层分隔。无外磁场时，因不同磁畴的磁矩指向各异，故宏观磁效应是相互抵消的（永磁体除外）。在外磁场的作用下，磁畴将发生变化，此变化分为两步：外磁场较弱时，磁矩方向与外磁场相同或相近的磁畴会将其磁畴壁向外推移，扩大自己的体积；外磁场达到一定强度后，每个磁畴的磁矩方向都要不同程度地向外磁场方向转向。磁畴的这两种变化都会使介质内的磁场 $\vec{B}$ 剧烈增大，甚至超过外施场几个数量级，表现出非常强的顺磁效应。此时的顺磁效应称为**铁磁效应**，这类物质称为**铁磁性磁介质**。

二、磁化电流

由以上分析可以看出，不论是哪种磁化效应，其最终结果都是在磁介质空间产生了大量的分子磁矩平均值不再为零的小磁偶极子。很明显，介质磁化效应的强弱与磁偶极子群的磁矩矢量和有关。为此，我们引入一个矢量点函数——**磁化强度矢量** $\vec{M}$ 来描述磁介质内各点的磁化程度。假设磁介质内点 $P'(x',y',z')$ 处的体积元 $\Delta\tau$ 内的分子磁矩总和为 $\sum \vec{m}$，则定义为

$$\vec{M}(x',y',z') = \lim_{\Delta\tau} \frac{\sum \vec{m}}{\Delta\tau} \tag{4-74}$$

$\vec{M}$ 的物理意义为磁化磁介质某点上单位体积内分子磁矩矢量和，单位是安培/米（A/m）。

磁化后的磁介质将产生一个附加磁场叠加在外源所产生的原磁场上，此附加场可以由磁化强度 $\vec{M}$ 计算得到。由前面的分析已知，从产生场的角度讲，磁化后的磁介质就相当于真空中的一群微小磁偶极子，因此它所产生的附加磁场实际上也就是这群磁偶极子在真空中所产生的磁场。图 4-35 表示一块体积为 τ' 的磁化磁介质，我们来计算它在空间某点 $P(x,y,z)$ 处所产生的磁矢位。磁介质内部点 $P'(x',y',z')$ 上的体积元 $d\tau'$ 中的磁偶极子群，可以被看成一个磁矩为 $\vec{M}(x',y',z')d\tau'$ 的基本磁偶极子，根据式（4-70），此基本磁偶极子在场点 $P(x,y,z)$ 处所产生的磁矢位为

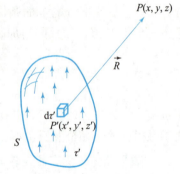

图 4-35　磁化磁介质产生的磁场

$$d\vec{A} = \frac{\mu_0}{4\pi} \vec{M} \times \frac{\vec{R}}{R^3} d\tau'$$

整个磁介质区域产生的磁矢位是上式的体积分

$$\vec{A} = \frac{\mu_0}{4\pi} \int_{\tau'} \vec{M} \times \frac{\vec{R}}{R^3} d\tau'$$

$$= \frac{\mu_0}{4\pi} \int_{\tau'} \vec{M} \times \nabla'\left(\frac{1}{R}\right) d\tau' \tag{4-75}$$

利用矢量恒等式

$$\vec{M} \times \nabla'\left(\frac{1}{R}\right) = \frac{1}{R} \nabla' \times \vec{M} - \nabla' \times \left(\frac{\vec{M}}{R}\right)$$

式（4-75）可以写成

$$\vec{A} = \frac{\mu_0}{4\pi}\int_{\tau'}\frac{\nabla'\times\vec{M}}{R}\mathrm{d}\tau' - \frac{\mu_0}{4\pi}\int_{\tau'}\nabla'\times\left(\frac{\vec{M}}{R}\right)\mathrm{d}\tau'$$

再利用矢量恒等式

$$\int_{\tau'}\nabla\times\vec{F}\mathrm{d}\tau' = -\oint_{S'}\vec{F}\times\hat{n}\mathrm{d}S'$$

变换上式右边第二项，得到

$$\vec{A} = \frac{\mu_0}{4\pi}\int_{\tau'}\frac{\nabla'\times\vec{M}}{R}\mathrm{d}\tau' + \frac{\mu_0}{4\pi}\oint_{S'}\frac{\vec{M}\times\vec{n}}{R}\mathrm{d}S' \tag{4-76}$$

式中的 S' 是磁介质区域 τ' 的表面，$\hat{n}$ 是 S' 的外法矢。如果记

$$\vec{J}_{\mathrm{m}} = \nabla'\times\vec{M} \tag{4-77}$$

$$\vec{J}_{\mathrm{mS}} = \vec{M}\times\hat{n} \tag{4-78}$$

则式（4-76）可以写成

$$\vec{A} = \frac{\mu_0}{4\pi}\int_{\tau'}\frac{\vec{J}_{\mathrm{m}}}{R}\mathrm{d}\tau' + \frac{\mu_0}{4\pi}\oint_{S'}\frac{\vec{J}_{\mathrm{mS}}}{R}\mathrm{d}S' \tag{4-79}$$

上式右边第一项与体分布的自由电流所产生的磁矢位公式（4-52）形式相同，而第二项与表面分布的自由电流的磁矢位公式（4-53）形式相同。这表明，一块磁化磁介质的附加磁场贡献，可以等效成磁介质内部和磁介质表面上的两种等效电流所产生的磁场。等效电流密度 $\vec{J}_{\mathrm{m}}$ 称为**体磁化电流密度**或**体束缚电流密度**，单位是安培/米^2（A/m^2），与体自由电流密度的单位一致；等效电流密度 $\vec{J}_{\mathrm{mS}}$ 称为**面磁化电流密度**或**面束缚电流密度**，它仅存在于磁化介质的表面，单位是安培/米（A/m），与面自由电流密度的单位一致。

应该明确，磁化电流是磁化磁介质内的分子电流对磁场贡献的一种等效，它们与自由电流 $\vec{J}$ 和 $\vec{J}_S$ 有本质的区别。磁化电流并不产生电荷的宏观位移，它只是众多分子电流作用的一种宏观等效。但在产生磁场方面，磁化电流和自由电流又都遵循相同的规律和计算公式。

磁化磁介质的附加磁场也可以通过计算磁标位得到。根据式（4-64），磁介质内部 $P'(x',y',z')$ 点处体积元 $\mathrm{d}\tau'$ 中的基本磁偶极子 $\vec{M}(x',y',z')\mathrm{d}\tau'$ 在场点 $P(x,y,z)$ 处产生的磁标位为

$$\mathrm{d}U_{\mathrm{m}} = \frac{1}{4\pi}\vec{M}\cdot\frac{\vec{R}}{R^3}\mathrm{d}\tau' = \frac{1}{4\pi}\vec{M}\cdot\nabla'\left(\frac{1}{R}\right)\mathrm{d}\tau'$$

对上式进行体积分，得到整个磁化介质在 $P(x,y,z)$ 点产生的磁标位

$$\begin{aligned}
U_{\mathrm{m}} &= \frac{1}{4\pi}\int_{\tau'}\vec{M}\cdot\nabla'\left(\frac{1}{R}\right)\mathrm{d}\tau' \\
&= \frac{1}{4\pi}\int_{\tau'}\frac{-\nabla'\cdot\vec{M}}{R}\mathrm{d}\tau' + \frac{1}{4\pi}\int_{\tau'}\nabla'\cdot\left(\frac{\vec{M}}{R}\right)\mathrm{d}\tau' \\
&= \frac{1}{4\pi}\int_{\tau'}\frac{-\nabla'\cdot\vec{M}}{R}\mathrm{d}\tau' + \frac{1}{4\pi}\oint_{S'}\frac{\vec{M}\cdot\hat{n}}{R}\mathrm{d}S'
\end{aligned} \tag{4-80}$$

若记

$$\rho_{\mathrm{m}} = -\nabla'\cdot\vec{M} \tag{4-81}$$

$$\rho_{\mathrm{mS}} = \vec{M}\cdot\hat{n} \tag{4-82}$$

则式（4-80）写成

$$U_{\mathrm{m}} = \frac{1}{4\pi}\int_{\tau'}\frac{\rho_{\mathrm{m}}}{R}\mathrm{d}\tau' + \frac{1}{4\pi}\oint_{S'}\frac{\rho_{\mathrm{mS}}}{R}\mathrm{d}S' \tag{4-83}$$

上式的第一项与由体电荷计算静电位的公式相似，而第二项与由面电荷计算静电位的公式相似，故分别称 ρ_m 和 ρ_{mS} 为**等效磁荷体密度**和**等效磁荷面密度**，单位也是（A/m^2）和（A/m）。上式表明，一块磁化磁介质贡献的附加磁场，也可以等效成磁介质内部和磁介质表面上的两种等效磁荷所产生的磁场。应该明确，这里给出的磁荷只是为了方便介质磁场分析所引入的一个等效概念，并不表明在自然界中真有独立磁荷（即磁单极）存在。

磁化电流和等效磁荷都可以表示磁介质的磁化效应，具体采用哪种形式，应根据具体问题的方便而决定。

§4.8 磁介质中恒定磁场的基本定律

磁化介质中的磁化强度 $\vec{M}$ 取决于介质中的实际磁场（即外源磁场与附加磁场之和）以及介质材料的自身特性。在实际磁场尚未求出时，$\vec{M}$ 亦为未知量，所以通常并不能利用式（4-76）或式（4-80）来计算出磁化介质的附加场。但由上面小节的分析却看到，磁化介质对磁场的附加影响可以被归结为等效磁化电流（或磁荷）在真空中的作用，并且磁化电流与真空中的自由电流按照相同的规律激发磁场。因此，有磁介质存在的实际磁场可以认为是自由电流和磁化电流这两种源在真空中共同产生的，从而将一个有介质的磁场问题转化为两种源的真空场问题。下面按这个思路推导磁介质中磁场的基本定律。

在真空中，安培回路定律的积分表达式可以写成如下形式

$$\oint_l \frac{\vec{B}}{\mu_0} \cdot d\vec{l} = I$$

式中，I 为回路 l 所围面积上通过的电流。有磁介质存在时，任意点处的实际磁场 $\vec{B}$ 是自由电流和磁化电流在真空中共同激励的结果，故安培回路定律仍然成立，并具有如下形式

$$\oint_l \frac{\vec{B}}{\mu_0} \cdot d\vec{l} = I + I_m \tag{4-84}$$

式中，I 和 I_m 分别代表回路 l 所围面积上通过的自由电流和磁化电流。如果磁介质充满整个空间，则这两种电流都是体分布，上式可以写成

$$\oint_l \frac{\vec{B}}{\mu_0} \cdot d\vec{l} = \int_S (\vec{J} + \vec{J}_m) \cdot d\vec{S} \tag{4-85}$$

将斯托克斯定理应用到上式的左边，得

$$\int_S \nabla \times \left(\frac{\vec{B}}{\mu_0}\right) \cdot d\vec{S} = \int_S (\vec{J} + \vec{J}_m) \cdot d\vec{S} \tag{4-86}$$

上式对任意 S 都成立，必有

$$\nabla \times \left(\frac{\vec{B}}{\mu_0}\right) = \vec{J} + \vec{J}_m$$

把 $\vec{J}_m = \nabla' \times \vec{M}$ 代入上式，并注意此时的 ∇ 和 ∇' 都是对同一点坐标运算而相同，得到

$$\nabla \times \left(\frac{\vec{B}}{\mu_0} - \vec{M}\right) = \vec{J} \tag{4-87}$$

令

$$\vec{H} = \frac{\vec{B}}{\mu_0} - \vec{M} \tag{4-88}$$

$\vec{H}$ 称为磁介质中的**磁场强度**，单位仍为安培/米（A/m），与真空中的磁场强度相比，多了表示介质磁化效应的一项 $-\vec{M}$。

将式（4-88）代入式（4-87），得到

$$\nabla \times \vec{H} = \vec{J} \tag{4-89}$$

这就是磁介质中的安培回路定律的微分形式，它与真空中的安培回路定律有完全相同的形式，等式右边的 $\vec{J}$ 也只表示自由电流密度。

对一般抗磁性介质和顺磁性介质，磁场强度 $\vec{H}$ 与磁化强度 $\vec{M}$ 成正比关系，记作

$$\vec{M} = \chi_m \vec{H} \tag{4-90}$$

式中，χ_m 是一个无量纲的数，称为**磁化率**，随介质材料的不同而各异。对一般的顺磁性物质，χ_m 为 10^{-3} 左右的正数；对抗磁性物质，χ_m 为 10^{-5} 左右的负数。把式（4-90）代入式（4-88），得

$$\vec{B} = \mu_0(1 + \chi_m)\vec{H} = \mu_0\mu_r\vec{H} = \mu\vec{H} \tag{4-91}$$

上式称为磁场的**本构方程**，反映了磁介质中两个磁场基本量的联系。

$\vec{B}$ 和 $\vec{H}$ 的比例系数 μ 称为**磁介质的磁导率**，单位是亨利/米（H/m）。μ_r 称为**相对磁导率**，是无量纲数。

磁介质中恒定磁场的第二基本定律是磁场高斯定律，即

$$\oint_S \vec{B} \cdot \mathrm{d}\vec{S} = 0 \tag{4-92}$$

和

$$\nabla \cdot \vec{B} = 0 \tag{4-93}$$

因磁介质中的实际磁场可以分解成自由电流真空场和磁化电流真空场两部分，由前面的讨论可知，真空磁场必为无散源场，故它们的叠加也一定是无散源场。

磁介质中恒定磁场的基本方程和本构关系归纳如下：

微分形式：　　　　　$\nabla \times \vec{H} = \vec{J}, \quad \nabla \cdot \vec{B} = 0$

积分形式：　　$\oint_l \vec{H} \cdot \mathrm{d}\vec{l} = \int_S \vec{J} \cdot \mathrm{d}\vec{S} = I, \quad \oint_S \vec{B} \cdot \mathrm{d}\vec{S} = 0$

本构关系：　　　　　$\vec{B} = \mu_0\mu_r\vec{H} = \mu\vec{H}$

其中的两个微分方程只能用在磁导率连续的区域内，而两个积分形式可用于包括不同磁介质分界面在内的任意区域。

在讨论磁介质中的磁场时，仍然经常使用辅助函数磁矢位 $\vec{A}$ 和磁标位 U_m，它们的定义与真空磁场中的定义相同，即

$$\vec{B} = \nabla \times \vec{A}, \quad \nabla \cdot \vec{A} = 0 \tag{4-94}$$

和

$$\vec{H} = -\nabla U_m \tag{4-95}$$

仿照真空场中的方法可以证明，在均匀磁介质中，两位函数分别满足下面的微分方程

$$\nabla^2 \vec{A} = -\mu\vec{J} \tag{4-96}$$

$$\nabla^2 U_m = 0 \tag{4-97}$$

特别是在无限均匀磁介质中，式（4-96）的解与真空场的解的形式完全对应，即

$$\vec{A} = \frac{\mu}{4\pi}\int_{\tau'}\frac{\vec{J}}{R}\mathrm{d}\tau' \tag{4-98}$$

式中，τ' 是场源自由电流所在的区域。

由于磁介质中恒定磁场的基本方程、本构关系以及辅助位方程都与真空场的对应方程有相同的形式，唯一区别是将 μ_0 换成了 μ。因此，当我们遇到均匀无界磁介质内的磁场问题时，也只需将真空场相同源分布问题的解拿来，把其中的 μ_0 换成 μ，即可得到磁介质问题的解。对于分区均匀磁介质的问题，除了一些具有对称性的问题可使用安培回路定律求解外，一般要结合边界条件求解各区域内的场函数或位函数的微分方程。

§4.9 铁磁介质

抗磁介质和顺磁介质的 μ_r 都接近于1，这表明它们的磁化效应很弱，在相同的场源电流激励下，这些磁介质内外的磁场与真空场几乎没有区别。在工程问题中 μ_r 常近似取成1，并称之为非磁性介质。

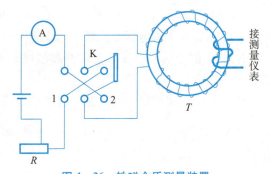

图4-36 铁磁介质测量装置

严格地讲，式（4-91）对于铁磁介质并不成立。铁磁介质的 $\vec{B}$ 与 $\vec{H}$ 并不成简单的线性关系，甚至不是单值关系。铁磁介质的 $\vec{B}-\vec{H}$ 关系可以通过实验测定，如图4-36所示的一个被测铁磁材料环，上面绕有激磁线圈和测量环内 $\vec{B}$ 值的感应线圈。由电流表 A 指示的电流 I，可用安培回路定律计算出环内的磁场强度 $\vec{H}$

$$\oint_l \vec{H}\cdot\mathrm{d}\vec{l} = NI$$

若磁介质环的周长为 l，则有

$$H = NI/l = nI$$

式中，n 为激磁线圈单位长度上的匝数。经测试，得到如下结果：

（1）如果此铁磁介质环从未加过磁场或经过"去磁"处理，则当 $H=0$ 时，$B=0$。当开关 K 合上，并从零开始逐渐增大电流 I 时，环内的 $B-H$ 关系如图4-37的 OP 线所示，此线称为**起始磁化曲线**。在此过程中，B 随 H 的增大而增大，但不是线性关系。当 H 增大到一定值（H_s）后，B 值将不再增加，此时称为**磁饱和**状态，这是因为此时介质磁畴的方向已经完全转到了 $\vec{H}$ 方向，故 B 值不再增加。

（2）当从饱和状态逐渐减小 H（即减小 I）时，$B-H$ 的关系不再服从 OP 曲线，而是从饱和点 S 沿另一条曲线 $S\rightarrow B_r\rightarrow-H_c\rightarrow S'$ 向下变化。将此时的曲线与起始磁化曲线比较可知，虽然 H 减小时 B 也在减小，但 B 的减小"跟不上" H 的减小，即 B 的变化与 H 的变化相比存在着一定的滞后，这种现象叫作**磁滞效应**。当 H 减小到零时，B 并不等于零而是等于 B_r，这说明铁磁介质在没有传导电流时也可以有磁性，这种磁性称为**剩磁**。永磁铁就是利用铁磁质的剩磁制成的。

（3）改变激磁电流的方向（也就是改变环内 $\vec{H}$ 的方向）并使 H 的绝对值从零逐渐增大，此时的 B 由 B_r 继续减小。当 $H = -H_c$ 时，$B = 0$，铁磁介质中的 B 完全消失，H_c 称为铁磁质的**矫顽力**。这表明要消除铁磁质的剩磁必须对其施加一个反向的磁场 H_c。

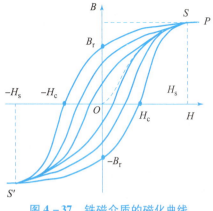

图 4－37　铁磁介质的磁化曲线

（4）当 H 向负方向继续增大至 $-H_s$ 时，B 达到反向饱和。如此时逐渐减小 H 的绝对值，则 B-H 将沿曲线 $S' \rightarrow -B_r \rightarrow H_c \rightarrow S$ 变化，此曲线与 $S \rightarrow B_r \rightarrow -H_c \rightarrow S'$ 曲线关于原点对称，构成一个闭合曲线，称之为**磁滞回线**。

（5）上述的磁滞回线是磁场 H 的变化范围大于 $\pm H_s$ 而得到的磁化曲线，即 B 达到正、反向饱和时的磁化曲线，因此又称为**饱和磁滞回线**。若 B 尚未达到饱和就减小 $|H|$，则 B-H 会服从图 4－37 所示的不同的磁滞回线。这表明在给定了 H 值后，对应的 B 值与磁化的历史有关，B-H 并不是简单的单值对应关系。

从以上的实验分析可见，铁磁介质的 B-H 间的关系是非单值和非线性的。这种复杂的关系给铁磁质的分析和计算带来困难。因此在工程应用时，对于矫顽力 H_c 很小的**软磁材料**，如纯铁、硅钢和坡莫合金等，由于其磁滞回线很瘦，如图 4－38 所示，在计算时往往忽略它们的磁滞效应，用起始磁化曲线来近似表示 B 与 H 间的关系。在这种近似下，B 与 H 之间是单值关系，式（4－91）成立。但必须注意，此时的 B 和 H 仍是非线性的，μ_r 是一个随 H 值变化的量，如同图 4－39 所示。这与一般顺磁和抗磁介质 μ_r 为常量的情况是不同的。

一般铁磁介质的相对磁导率 μ_r 都是很大的，可以达到几万甚至几十万。因此，在希望以较小的电流（即较小的 H）激励较强的磁场（即较大的 B）时设备上一般都采用铁磁材料，如各种电机和变压器中放置铁芯就是最常见的例子。此外，碳钢、钨钢、铁钴镍合金和 γ － 氧化铁等材料具有较大的矫顽力 H_c，磁滞回线较宽甚至近似呈矩形，如图 4－40 所示。它们一旦磁化后对外磁场有较大的抵抗力，或者说它们对于其磁化状态有一定的"记忆能力"，这类材料称为**硬磁材料**，常用来做永久磁体和磁记录材料。

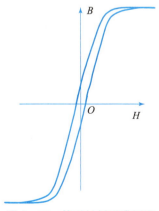

图 4－38　软磁材料磁滞回线

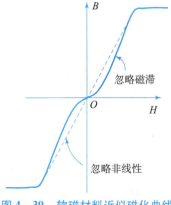

图 4－39　软磁材料近似磁化曲线

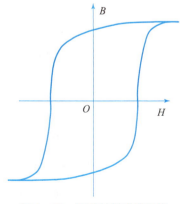

图 4－40　硬磁材料磁滞回线

实验指出，当温度超过某一临界值时，铁磁材料的上述特性将消失而成为普通的顺磁介质，这个温度叫作**居里温度**。不同铁磁质有不同的居里温度，如铁为 770 ℃，镍为 358 ℃，钴为 1 127 ℃ 等。如果把一块有剩磁的铁磁材料加热至居里温度以上再冷却，其剩磁会完全消失。

磁介质也有各向同性与各向异性之分。各向异性介质的 $\vec{B}$ 与 $\vec{H}$ 是不同方向，$\vec{B}$ 的每个分量都可能与 $\vec{H}$ 的三个分量有关。$\vec{B}$ 与 $\vec{H}$ 的关系可表示为

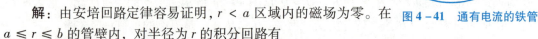

$$B_i = \sum_j \mu_{ij} H_j \quad (i, j = 1, 2, 3)$$

此时的磁导率是一个张量，μ_{ij} 称为张量磁导率的元素。本书只涉及各向同性磁介质。

例 4.11 磁导率为 $\mu = \mu_0 \mu_r$ 的铁质无限长圆管中通过均匀恒定电流 I，管的内、外半径分别为 a 和 b，截面如图 4–41 所示。求空间任意点的 $\vec{H}$、$\vec{B}$、$\vec{M}$ 和磁化电流。

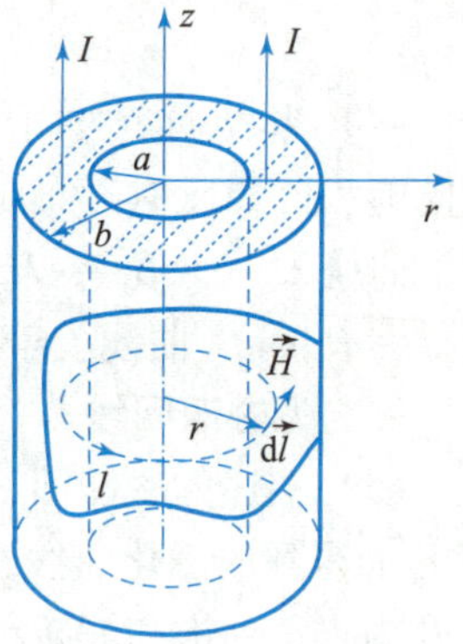

图 4–41　通有电流的铁管

解：由安培回路定律容易证明，$r < a$ 区域内的磁场为零。在 $a \leqslant r \leqslant b$ 的管壁内，对半径为 r 的积分回路有

$$\oint_l \vec{H_1} \cdot \mathrm{d}\vec{l} = H_1 2\pi r = \frac{I}{\pi(b^2 - a^2)}\pi(r^2 - a^2)$$

因此有

$$\vec{H_1} = \hat{\varphi}\frac{I}{2\pi r}\left(\frac{r^2 - a^2}{b^2 - a^2}\right)$$

$$\vec{B_1} = \hat{\varphi}\frac{\mu I}{2\pi r}\left(\frac{r^2 - a^2}{b^2 - a^2}\right)$$

在 $r > b$ 的管外真空中，对半径为 r 的积分回路有

$$\oint_l \vec{H_2} \cdot \mathrm{d}\vec{l} = H_2 2\pi r = I$$

由此可得

$$\vec{H_2} = \hat{\varphi}\frac{I}{2\pi r}, \quad \vec{B_2} = \hat{\varphi}\frac{\mu_0 I}{2\pi r}$$

$r < a$ 和 $r > b$ 两个区域为真空，磁化强度等于零，而 $a \leqslant r \leqslant b$ 管壁内的磁化强度为

$$\vec{M_1} = \chi_m \vec{H_1} = \hat{\varphi}(\mu_r - 1)\frac{I}{2\pi r}\left(\frac{r^2 - a^2}{b^2 - a^2}\right)$$

管壁内的磁化电流体密度和总磁化电流为

$$\vec{J}_{m1} = \nabla \times \vec{M_1} = \hat{z}\frac{1}{r}\frac{\partial}{\partial r}(rM_1) = \hat{z}(\mu_r - 1)\frac{I}{\pi(b^2 - a^2)}$$

$$\vec{I}_{m1} = \vec{J}_{m1} \cdot \pi(b^2 - a^2) = \hat{z}(\mu_r - 1)I$$

管壁内侧面上的磁化电流面密度为

$$\vec{J}_{mSa} = -\hat{n}_a \times \vec{M_1}\big|_{r=a} = -(-\hat{r}) \times \hat{\varphi}(\mu_r - 1)\frac{I}{2\pi a}\left(\frac{a^2 - a^2}{b^2 - a^2}\right) = 0$$

管壁外侧面上的磁化电流面密度和总磁化面电流为

$$\vec{J}_{mSb} = -\hat{n}_b \times \vec{M_1}\big|_{r=b} = -\hat{r} \times \hat{\varphi}(\mu_r - 1)\frac{I}{2\pi b}\left(\frac{b^2 - a^2}{b^2 - a^2}\right) = -\hat{z}(\mu_r - 1)\frac{I}{2\pi b}$$

$$\vec{I}_{mSb} = \vec{J}_{mSb} \cdot 2\pi b = -\hat{z}(\mu_r - 1)I$$

从上面结果看到：管壁中的总磁化体电流为 $\hat{z}(\mu_r - 1)I$，方向与自由电流 I 相同；而管壁外侧面上的总磁化面电流为 $-\hat{z}(\mu_r - 1)I$，方向与自由电流 I 相反。两部分磁化电流在 $r > b$ 空间产生的磁场相互抵消，故 $r > b$ 区域的磁场 $\vec{B}_2$ 与 μ_r 无关。在 $a \leqslant r \leqslant b$ 的管壁内部，若 $\mu_r \gg 1$，则磁化电流对 $\vec{B}_1$ 的贡献就远大于自由电流的贡献。

§4.10　磁介质分界面上的边界条件

　　将恒定磁场两个基本方程的积分形式分别应用在两种不同磁介质的分界面上，可以得到磁场的边界条件。

　　图 4-42 表示磁导率为 μ_1 和 μ_2 的两种磁介质分界面，法线单位矢量 $\hat{n}$ 由 2 区指向 1 区。在分界面上作一个圆柱状的小闭合面，令它的顶面和底面分别在分界面的两侧且与分界面平行，面积均为 ΔS，柱高为 Δh。设分界面两侧的磁通量密度分别为 $\vec{B}_1$ 和 $\vec{B}_2$。将磁场高斯定律的积分形式应

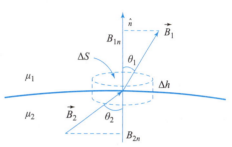

图 4-42　磁通量密度的法向边界条件

用在此闭合面上，然后令柱高 h 趋于零。对有限值的 $\vec{B}_1$ 和 $\vec{B}_2$，圆柱侧面上通过的磁通量随柱高 Δh 趋于零而趋于零，于是得到

$$\oint_S \vec{B} \cdot d\vec{S} = \vec{B}_1 \cdot \hat{n}\Delta S + \vec{B}_2 \cdot (-\hat{n})\Delta S = 0$$

所以有

$$\hat{n} \cdot (\vec{B}_1 - \vec{B}_2) = 0 \tag{4-99}$$

或写成

$$B_{1n} = B_{2n} \tag{4-100}$$

上式称为磁通量密度的**法向边界条件**，它说明磁通量密度的法向分量在分界面上是连续的。

　　为了推导磁场的另一个边界条件，我们在分界面上作一个矩形小回路 $abcd$，如图 4-43 所示。回路两长边 ab 和 cd 的长为 Δl，位于分界面两侧且与分界面平行，并设回路法线方向单位矢量 $\hat{e}$ 自纸面向外。将安培回路定律积分形式用在此回路上，然后令回路窄边 Δh 趋于零。对有限值的 $\vec{H}_1$ 和 $\vec{H}_2$，窄边上的积分随窄边长度 Δh 趋于零而趋于零。并且，因此时回路的面积趋于零，穿过此面积的体电流为零，回路仅包围界面上的面电流 $\vec{J}_S$，于是有

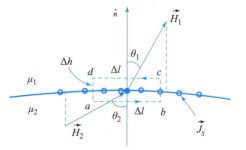

图 4-43　磁场强度的切向边界条件

$$\oint_l \vec{H} \cdot d\vec{l} = \vec{H}_1 \cdot (-\hat{n} \times \hat{e})\Delta l + \vec{H}_2 \cdot (\hat{n} \times \hat{e})\Delta l = \hat{e} \cdot \vec{J}_S \Delta l$$

对上式左边的两项使用矢量混合积恒等式，得到

$$\hat{e} \cdot (\hat{n} \times \vec{H_1}) - \hat{e} \cdot (\hat{n} \times \vec{H_2}) = \hat{e} \cdot \vec{J_S}$$

上式对任意的 $\hat{e}$ 都成立，必定有

$$\hat{n} \times (\vec{H_1} - \vec{H_2}) = \vec{J_S} \qquad (4-101)$$

式（4 – 101）称为磁场强度的**切向边界条件**，它说明当分界面上有表面自由电流时，磁场强度切向分量在界面上是不连续的。在实际问题中，一般都有 $\vec{J_S} = 0$，式（4 – 101）变成

$$\hat{n} \times (\vec{H_1} - \vec{H_2}) = 0 \qquad (4-102)$$

或记

$$H_{1t} = H_{2t} \qquad (4-103)$$

若记 $\vec{H_1}$ 与法线 $\hat{n}$ 的交角为 θ_1，$\vec{H_2}$ 与法线 $\hat{n}$ 的交角为 θ_2，当分界面上无自由面电流时，式（4 – 100）和式（4 – 103）可以分别写成

$$B_1\cos\theta_1 = B_2\cos\theta_2$$

$$H_1\sin\theta_1 = H_2\sin\theta_2$$

以上两式相除，并考虑到 $B_1 = \mu_1 H_1$，$B_2 = \mu_2 H_2$，得到

$$\frac{\tan\theta_1}{\tan\theta_2} = \frac{\mu_1}{\mu_2} \qquad (4-104)$$

利用上式可以判断磁力线在经过两种磁介质的分界面时，方向是如何改变的。如果 1 区为空气或一般抗磁、顺磁性磁介质，2 区是高 μ_r 的铁磁物质，由于 $\mu_1 \ll \mu_2$，则根据式（4 – 104）可得 $\theta_1 \to 0$，即只要铁磁介质中的磁场矢量不与分界面平行，则非铁磁性介质一侧的磁场矢量就几乎与分界面相垂直。

利用有限值磁场相邻点磁标位差趋于零的概念和式（4 – 99）的结果，可以分别得到磁标位在分界面上有两个边界条件

$$U_{m1} = U_{m2} \qquad (4-105)$$

$$\mu_1 \frac{\partial U_{m1}}{\partial n} = \mu_2 \frac{\partial U_{m2}}{\partial n} \qquad (4-106)$$

这组边界条件在求解无源区域的磁标位方程时经常用到。

磁场的边界条件也可以用矢量磁位 $\vec{A}$ 来表达。在真空或磁导率连续的磁介质中，我们可以推导出如下关系式

$$\oint_l \vec{A} \cdot \mathrm{d}\vec{l} = \int_S (\nabla \times \vec{A}) \cdot \mathrm{d}\vec{S} = \int_S \vec{B} \cdot \mathrm{d}\vec{S} = \Phi_m \qquad (4-107)$$

上式表明，磁矢位的闭合回路积分等于回路限定面积上所通过的磁通量。这个结论对跨越磁介质分界面的回路依然成立，原因是此时的 $\vec{A}$ 可以看成是自由电流和磁化电流在真空中分别产生的磁矢位之和。这两个真空场都满足式（4 – 107），当然它们的和亦满足此式。

将式（4 – 107）应用在图 4 – 43 所示的矩形回路上，当窄边趋于零时，磁通量 Φ_m 随回路所围的面积趋于零而为零，即

$$\oint_l \vec{A} \cdot \mathrm{d}\vec{l} = 0$$

仿照磁场切向边界条件的推导过程，由上式可以得到

$$A_{1t} = A_{2t} \qquad (4-108)$$

采用类似的分析方法，由 $\nabla \cdot \vec{A} = 0$ 可以得到

$$\oint_S \vec{A} \cdot \mathrm{d}\vec{S} = 0 \qquad (4-109)$$

将上式应用在图 4-42 所示的闭合柱面上，得到

$$A_{1n} = A_{2n} \qquad\qquad (4-110)$$

由式 (4-108) 和式 (4-110) 得

$$\vec{A}_1 = \vec{A}_2 \qquad\qquad (4-111)$$

上式是磁矢位的第一个边界条件，第二个边界条件可以由式 (4-101) 得出，即

$$\hat{n} \times \left(\frac{1}{\mu_1} \nabla \times \vec{A}_1 - \frac{1}{\mu_2} \nabla \times \vec{A}_2 \right) = \vec{J}_S \qquad\qquad (4-112a)$$

或写成

$$\frac{1}{\mu_1} (\nabla \times \vec{A}_1)_t - \frac{1}{\mu_2} (\nabla \times \vec{A}_2)_t = \vec{J}_S \qquad\qquad (4-112b)$$

式中，$(\nabla \times \vec{A}_i)_t$ 表示 $\nabla \times \vec{A}_i$ 的切向矢量。

例 4.12　真空中一通有恒定电流的无限长直导线，导线半径为 a，磁导率为 μ。试求导线内外的磁矢位 $\vec{A}$ 和磁通量密度 $\vec{B}$。

解： 令载流直导线的轴线与圆柱坐标系的 z 轴重合，电流沿 $\hat{z}$ 方向为正。由于自由电流 $\vec{J}$ 和磁化电流 $\vec{J}_m$、$\vec{J}_{mS}$ 均只有 $\hat{z}$ 分量，由真空场公式

$$\vec{A} = \frac{\mu_0}{4\pi} \int_{\tau} \frac{\vec{J}}{R} \mathrm{d}\tau'$$

可知，各种电流产生的 $\vec{A}$ 的叠加也只有 $\hat{z}$ 分量，即

$$\vec{A} = \hat{z} A_z$$

将上式代入式 (4-96)，在 $r < a$ 的区域内，$\vec{A}$ 满足如下方程

$$\nabla^2 A_{1z} = -\mu J$$

由对称性可知，A_{1z} 与坐标 φ 和 z 无关，上式可写成

$$\frac{1}{r} \frac{\mathrm{d}}{\mathrm{d}r} \left(r \frac{\mathrm{d}A_{1z}}{\mathrm{d}r} \right) = -\mu \frac{I}{\pi a^2}$$

两次积分，可得

$$A_{1z} = -\frac{\mu I}{4\pi a^2} r^2 + C_1 \ln r + D_1$$

在 $r > a$ 的导线外区域，$\vec{J} = 0$，因此有

$$\frac{1}{r} \frac{\mathrm{d}}{\mathrm{d}r} \left(r \frac{\mathrm{d}A_{2z}}{\mathrm{d}r} \right) = 0$$

两次积分，得

$$A_{2z} = C_2 \ln r + D_2$$

积分常数 C_1、D_1、C_2、D_2 可利用边界条件确定。因为当 $r = 0$ 时，A_{1z} 应为有限值，故令 $C_1 = 0$。将 A_{1z} 和 A_{2z} 的表达式代入边界条件式 (4-111) 和式 (4-112)，并注意到 $\vec{J}_S = 0$，令 $r = a$ 得到

$$-\frac{\mu I}{4\pi} + D_1 = C_2 \ln a + D_2$$

$$\frac{I}{2\pi} = -\frac{1}{\mu_0} C_2$$

由上面两式解得

$$C_2 = -\frac{\mu_0 I}{2\pi}$$

$$D_2 = -\frac{\mu I}{4\pi} + \frac{\mu_0 I}{2\pi}\ln a + D_1$$

将上式代入 A_{1z} 和 A_{2z} 的表达式中，得到导线内、外的磁矢位分别为

$$\vec{A}_1 = \hat{z}\left(-\frac{\mu I}{4\pi a^2}r^2 + D_1\right)$$

$$\vec{A}_2 = \hat{z}\left(\frac{\mu_0 I}{2\pi}\ln\frac{a}{r} - \frac{\mu I}{4\pi} + D_1\right)$$

式中的 D_1 可以取任意常数。

载流导线内、外的磁通量密度 $\vec{B}$ 分别为

$$\vec{B}_1 = \nabla \times \vec{A}_1 = -\hat{\varphi}\frac{dA_{1z}}{dr} = \hat{\varphi}\frac{\mu I r}{2\pi a^2} \quad (r < a)$$

$$\vec{B}_2 = \nabla \times \vec{A}_2 = -\hat{\varphi}\frac{dA_{2z}}{dr} = \hat{\varphi}\frac{\mu_0 I}{2\pi r} \quad (r > a)$$

上面结果也可由安培回路定律直接求得。

例 4.13 如图 4 – 44 所示为一个有气隙的环形铁芯，环的半径为 r_0，铁芯的半径为 a，气隙的宽度为 d，其中 $a \ll r_0$，$d \ll a$，并且 $\mu \gg \mu_0$。铁芯上绕 N 匝线圈，线圈内通过直流 I。分别求铁芯内和气隙内的磁场强度。

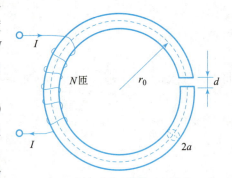

图 4 – 44　有气隙的环形铁芯

解：由边界条件式（4 – 101）可知，在 $J_S = 0$ 的实际问题中，磁芯内部点和外面附近点的磁场强度 H_t 近似相等，至少是同数量级的。但由于 $\mu \gg \mu_0$，可知铁芯内部的磁通量密度 B 要远远大于外部，场空间的磁通量几乎全部集中在由铁芯和气隙所构成的回路中。又因为 $d \ll a$，故可以略去气隙附近的漏磁通，并由磁通量的连续性可知，铁芯内和气隙内的磁通量和磁通量密度都相同，作为近似计算，可以将铁芯内和气隙内的磁场都看作均匀分布，即

$$\Phi_m = \mu H S = \mu_0 H_0 S \tag{4 – 113}$$

其中 $S = \pi a^2$，H 和 H_0 各代表铁芯内和气隙内的磁场强度。根据安培回路定律

$$H(2\pi r_0 - d) + H_0 d \approx H(2\pi r_0) + \mu_r H d = NI$$

由上式可以求出

$$H = \frac{NI}{2\pi r_0 + \mu_r d}, \quad H_0 = \frac{\mu_r NI}{2\pi r_0 + \mu_r d}$$

若将上面的结果代入式（4 – 113），得到

$$\Phi_m \frac{2\pi r_0 + \mu_r d}{\mu S} = NI \tag{4 – 114}$$

环形铁芯及气隙构成了一个磁通量的通路，通常称为**磁路**，上式为**磁路方程**。记

$$R_m = \frac{2\pi r_0 + \mu_r d}{\mu S} \tag{4-115}$$

R_m 称为**磁阻**。将上式代入式（4-114），则磁路方程可表示为

$$\Phi_m R_m = NI \tag{4-116}$$

磁路的许多概念可以和电路相类比：如磁路中的磁通量 Φ_m 相当于电路中的电流 I，一段磁路上的 $\Phi_m R_m$ （或 $\int_l \vec{H} \cdot \mathrm{d}\vec{l}$ ）相当于电路中的电压 U，磁路中的 NI 相当于电路中的电动势 ε，记作 ε_m，称为**磁动势**。将它们代入式（4-116），得

$$\varepsilon_m = \Phi_m R_m \tag{4-117}$$

上式称为无分支闭合**磁路的欧姆定律**。

此外，一段均匀磁介质的磁阻与电路中的电阻也有完全对应的表达式

$$R_m = \int_l \frac{\mathrm{d}l}{\mu S} \tag{4-118}$$

并且与电阻遵循相同的串、并联计算法则。电路中的基尔霍夫第一定律和第二定律对磁路也成立，可以用来解决复杂的磁路问题。

磁路的计算在电机、变压器、电磁铁和仪表设计中都有广泛的应用。但必须明确，磁路的概念是建立在忽略漏磁的基础上的，只有当磁路介质的磁导率足够高时，才可以获得较高的近似精度，这与电路的严格理论是不同的。

习题四

4.1　如图 4-45 所示，一电子经过 A 点时，具有速度 $v_0 = 1 \times 10^7$ m/s，试求：

（1）欲使这电子沿半圆自 A 至 C 运动，所需的磁场大小和方向。

（2）电子自 A 运动到 C 所需的时间。

4.2　把一个 2.0×10^3 eV 的正电子入射到 $B = 0.1$ T 的匀强磁场中，其速度矢量与 $\vec{B}$ 成 89° 角，路径成螺旋线，其轴在 $\vec{B}$ 方向。试求该螺旋线运动的周期 T、螺距 h 和半径 r。

4.3　如图 4-46 所示，一铜片厚为 $d = 1.0$ mm，放在 $B = 1.5$ T 的磁场中，磁场方向与铜片表面垂直。已知铜片里每立方厘米有 8.4×10^{22} 个自由电子，当铜片中有 $I = 200$ A 的电流流过时，

（1）求铜片两侧的电位差 U'_{aa}；

（2）铜片宽度 b 对 U'_{aa} 有无影响？为什么？

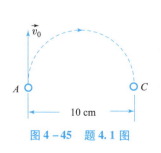

图 4-45　题 4.1 图

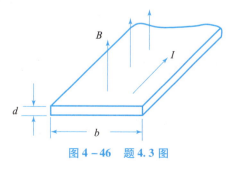

图 4-46　题 4.3 图

4.4　假设两同性点电荷沿着相距 d 的平行路径向相反方向运动，两电荷的速度都等于 v，$t=0$ 时电荷的连线与运动方向相垂直。试比较 $t=0$ 时刻两电荷间的库仑力和磁力。

4.5　假设真空中的一对平行导线之间距离为 d，两导线上的电流分别为 I_1 和 I_2，试计算长为 L 的两导线之间的作用力。

4.6　求图 4－47 中各个电流回路在 P 点的 B。

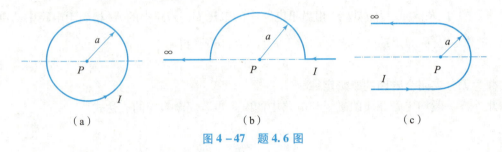

（a）　　　　　　　　　（b）　　　　　　　　　（c）

图 4－47　题 4.6 图

4.7　假设真空中有一 N 边的等边多角形导线回路，回路的中心在原点并且回路平面与 z 轴相垂直，回路的顶点与中心的距离为 R，回路通过电流 I。（1）计算 z 轴上任意点的磁通量密度 $\vec{B}$；（2）求 $N=3$ 和 $N=4$ 时的 B 值；（3）求 $N\to\infty$ 时 B 的极限值；（4）求 $z\gg R$ 时的 B 值。

4.8　一圆形导线回路的电流与一正方形导线回路的电流相同，它们的中心点上的 B 也相同。假设正方形回路的边长为 $2a$，求圆形回路的半径。

4.9　一长螺线管，半径为 a，长度 $L\gg a$，匝数为 N，通过电流 I。求轴线中段上任意点的 B。

4.10　一环形密绕螺线管的截面为半径等于 a 的圆，环的中心线的半径为 R，线圈匝数为 N，通有电流 I。试求：

（1）环的截面上任意点的 B；

（2）通过环截面的磁通量 Φ_{m}；

（3）截面上磁通量密度的平均值 B_{av}。

4.11　真空中一半径为 a 的圆形导线回路与一长直导线在同一平面里，回路的中心与直导线的距离为 $d(d>a)$，直导线上的电流为 I_1，而回路上的电流为 I_2，如图 4－48 所示。试计算直导线与圆导线回路的相互作用力。

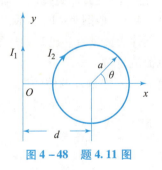

图 4－48　题 4.11 图

4.12　某一电流分布 $\vec{J}=\hat{z}rJ_0(r\leqslant a)$，求任意点的磁矢位 $\vec{A}$ 和磁通量密度 $\vec{B}$。

4.13　证明磁偶极子的磁矢位表达式（4－72）满足 $\nabla\cdot\vec{A}=0$ 的条件。

4.14　证明磁偶极子所产生的矢量 $\vec{B}$ 可以写成如下形式

$$\vec{B}(\vec{r})=\frac{\mu_0}{4\pi}\left[\frac{3(\vec{m}\cdot\vec{r})\vec{r}}{r^5}-\frac{\vec{m}}{r^3}\right]$$

4.15　两个正方形单匝线圈，边长分别为 a 和 $2a$，电流为 I 和 I'。它们的磁矩指向相同。若要求两者的远区场 $\vec{B}$ 相同，试确定 I 和 I' 的关系。

4.16　如图 4-49 所示，边长为 a 和 b、载有电流 I 的小矩形回路。

（1）求远区点 $P(x,y,z)$ 的 $\vec{A}$，并证明它可以写成式（4-72）的形式；

（2）由 $\vec{A}$ 求 $\vec{B}$，并证明它可以写成式（4-73）的形式。

4.17　通过均匀电流密度 $\vec{J} = \hat{z}J_0$ 的长圆柱导体中有一平行的长圆柱形空腔，导体柱和空腔柱的半径分别为 a 和 b，两柱轴线距离为 d，计算任意点的 $\vec{B}$，并证明空腔内的磁场是均匀的。

4.18　真空中一宽度为 b 的带状导体通过电流 I，假设电流均匀分布，点 P 的位置如图 4-50 所示，求 P 点上的磁场强度。

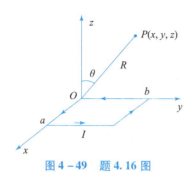

图 4-49　题 4.16 图

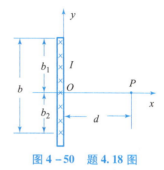

图 4-50　题 4.18 图

4.19　一小圆线圈半径 r_1 通有电流 I_1，放在一个半径 r_2 的大圆线圈内，二圆圈同心，$r_2 \gg r_1$，大圆线圈通有电流 I_2，两线圈面的法线分别用 $\hat{n}_1$ 和 $\hat{n}_2$ 单位矢量表示。证明小圆线圈受到的转矩为

$$\vec{T} = (\hat{n}_1 \times \hat{n}_2)\frac{\mu_0 \pi r_1^2 I_1 I_2}{2r_2}$$

4.20　一半径为 a 的磁介质球被均匀磁化，磁化强度为 $\vec{M} = \hat{z}M_0$，求球内和球表面的磁化电流密度。

4.21　半径为 a 的磁介质球，具有磁化强度 $\vec{M} = \hat{z}(Az^2 + B)$，求磁化电流和磁荷。

4.22　一同轴圆柱导线的内外导体都是用磁导率为 μ 的铁磁材料制成的，导体之间绝缘材料的磁导率为 μ_0。假设内导体的半径为 a，外导体的内表面和外表面的半径分别为 b 和 c，内导体通有电流 I，而外导体上无电流。试计算任意点的 $\vec{H}$、$\vec{B}$、$\vec{M}$ 和 $\vec{J}_{mS}$。

4.23　假设题 4.22 中的内导体和外导体分别通过方向相反的电流 I。试计算任意点的 $\vec{H}$、$\vec{B}$、$\vec{M}$ 和 $\vec{J}_{mS}$。

4.24　假设 $\mu_r = 1\,000$ 的铁磁材料表面外侧空气里的磁场强度为 60 A/m，磁场强度矢量与表面法线之间的交角为 5°。试求：

（1）铁磁材料内部的磁场强度大小和方向；

（2）铁磁材料内部的磁通量密度。

4.25　一铁制的螺绕环，其平均周长为 30 cm，截面积为 1 cm^2，在环上均匀绕以 300 匝导线，当绕组内的电流为 0.032 A 时，环内磁通量为 2×10^{-6} Wb。试计算：

（1）环内的磁通量密度；

（2）磁场强度；

（3）磁化面电流密度；

（4）环内材料的磁导率和相对磁导率；

（5）磁芯内的磁化强度。

4.26 铁棒中一个铁原子的磁偶极矩为 1.8×10^{-23} A·m², 设长 5 cm, 截面积为 1 cm² 的铁棒中所有铁原子的磁矩都整齐排列, 则

（1）铁棒的磁偶极矩多大？

（2）如果要使这铁棒与磁感应强度为 1.5 T 的外场正交, 需要多大的力矩？设铁的密度为 7.8 g/cm³, 铁的原子量是 55.85。

4.27 一个利用空气隙获得强磁场的电磁铁如图 4 - 44 所示。铁芯中心线的长度 l_1 = 500 mm, 空气隙长度 l_2 = 20 mm, 铁芯是相对磁导率 μ_r = 5 000 的硅钢。要在空气隙中得到 B = 3 000 Gs 的磁场, 求绕在铁芯上的线圈的安匝数 NI。

4.28 一个截面积为 3 cm²、长为 20 cm 的圆柱状磁介质, 沿轴线方向均匀磁化, 磁化强度为 2 A/m, 试计算它的磁矩。

4.29 一半径为 a 的球形磁铁均匀磁化, 磁化强度为 $\vec{M}$。求磁铁内部和外部的磁矢位及磁场强度。

4.30 试求题 4.29 中球内、外任意点的磁标位, 并由此求出磁场强度。

4.31 原点上有一均匀磁化的圆柱状小磁铁, 磁化强度为 $\vec{M} = \hat{z} M_0$, 磁铁的截面半径为 a, 长为 l, 它的轴线与 z 轴相重合。求远区任意点 $P(\vec{r})$ 处的磁标位和磁场强度。

4.32 有一均匀带电荷的薄导体球壳, 其半径为 a, 总电荷为 Q, 令球壳绕其直径以角速度 ω 转动, 求球内外的磁场 $\vec{B}$。

4.33 证明在磁化强度分别为 $\vec{M}_1$ 和 $\vec{M}_2$ 的两种不同磁性材料的分界面上, 等效电流密度为

$$\vec{J}_{mS} = (\vec{M}_2 - \vec{M}_1) \times \hat{n}$$

其中 $\hat{n}$ 由材料 2 指向材料 1。

4.34 一半径为 a、厚度为 h 的圆盘磁铁被均匀磁化, 磁化强度为 $\vec{M} = \hat{z} M$, 求 z 轴上任意点的磁标位和轴线上的磁场强度。

4.35 在原点上有一磁矩为 $\vec{m}_1$ 的固定磁针, 在 $P(\vec{r})$ 上有另一磁矩为 $\vec{m}_2$ 的可旋转磁针, 设它们与矢径的交角为 θ_1 和 θ_2, 求：

（1）磁针 2 所受的转矩；

（2）此系统达到平衡的条件。

4.36 真空中一环形螺线管的截面为一长方形, 环的内、外半径分别为 a 和 b, 高度为 h, 假设螺线管均匀地绕 N 匝线圈, 通有直流 I。若螺线管内充满磁导率为 μ 的磁性材料, 试计算它的磁阻。

第 4 章习题答案

第 5 章　静态场的边值问题

静态场是指与时间无关的电场和磁场。除少数静态场问题可由场的基本方程式直接计算外，对大多数问题，一般要结合给定的边界条件求解辅助位的泊松方程和拉普拉斯方程或采用一些特殊的求解方法，称之为解边值问题。本章将介绍静态场边值问题的几种常用求解方法——分离变量法、镜像法、复变函数法和有限差分法。

§5.1　唯一性定理和解的叠加原理

一、唯一性定理

唯一性定理阐明了泊松方程和拉普拉斯方程在给定边值时解的唯一性。该定理可以简述为：在给定的区域内，泊松方程（或拉普拉斯方程）满足所给定的全部边界条件的解是唯一的。

给定边值的形式可分为三类：第一类边界条件是给定全部边界上的函数值，若 Φ 表示区域内的位函数，此类边界条件可记作 $\Phi|_S = C_1$，第一类边界条件又称作"狄利赫利"边界条件；第二类边界条件是给出全部边界上函数的法向导数值，记作 $\partial\Phi/\partial n|_S = C_2$，又称作"诺伊曼"边界条件；第三类边界条件是给定一部分边界 S_1 上的函数值，而其余边界 S_2 上给出函数的法向导数值，记作 $\Phi|_{S_1} = C_1, \partial\Phi/\partial n|_{S_2} = C_2$，称为混合边界条件。

下面利用反证法证明唯一性定理。因为拉普拉斯方程只是泊松方程的特例，故仅证明泊松方程的情况。假设在区域 τ 内存在两个不同的函数 Φ_1 和 Φ_2 都满足相同的泊松方程 $\nabla^2\Phi = f$，并且在区域边界 S 上满足同样的边界条件。令 $\Phi' = \Phi_1 - \Phi_2$，对其做拉普拉斯运算可得

$$\nabla^2\Phi' = \nabla^2(\Phi_1 - \Phi_2) = \nabla^2\Phi_1 - \nabla^2\Phi_2 = f - f = 0 \tag{5-1}$$

在矢量恒等式 $\nabla\cdot(u\vec{F}) = u\nabla\cdot\vec{F} + \vec{F}\nabla u$ 中，令 $u = \Phi', \vec{F} = \nabla\Phi'$ 可得

$$\nabla\cdot(\Phi'\nabla\Phi') = \Phi'\nabla^2\Phi' + \nabla\Phi'\cdot\nabla\Phi'$$

将式（5-1）代入上式，得

$$\nabla\cdot(\Phi'\nabla\Phi') = (\nabla\Phi')^2$$

对上式两边在区域 τ 内做体积分，然后对左边运用散度定理，得

$$\oint_S (\Phi'\nabla\Phi')\cdot\mathrm{d}\vec{S} = \int_\tau (\nabla\Phi')^2\mathrm{d}\tau$$

将 $\nabla\Phi'\cdot\mathrm{d}\vec{S} = (\partial\Phi'/\partial n)\mathrm{d}S$ 代入上式得

$$\oint_S \Phi' \frac{\partial \Phi'}{\partial n} \mathrm{d}S = \int_\tau (\nabla \Phi')^2 \mathrm{d}\tau \qquad (5-2)$$

如果所给边界条件是第一类边界条件 $\Phi|_S = C_1$，由 Φ_1 和 Φ_2 满足相同边界条件的假设可得

$$\Phi'|_S = (\Phi_1 - \Phi_2)|_S = \Phi_1|_S - \Phi_2|_S = C_1 - C_1 = 0$$

若是第二类边界条件 $\partial \Phi / \partial n|_S = C_2$，则有

$$\frac{\partial \Phi'}{\partial n}\Big|_S = \frac{\partial}{\partial n}(\Phi_1 - \Phi_2)|_S = \frac{\partial \Phi_1}{\partial n}\Big|_S - \frac{\partial \Phi_2}{\partial n}\Big|_S = C_2 - C_2 = 0$$

对第三类边界条件，同理可证

$$\Phi'|_{S_1} = 0, \frac{\partial \Phi'}{\partial n}\Big|_{S_2} = 0$$

从以上结果可见，不论对哪类边界条件，式（5-2）的左边都等于零。因此有

$$\int_\tau (\nabla \Phi')^2 \mathrm{d}\tau = 0$$

由于 $(\nabla \Phi')^2$ 恒不小于零，故上式成立的条件是 $\nabla \Phi' \equiv 0$，解之可得

$$\Phi' = C \qquad (5-3)$$

上式表明区域 τ 内的 Φ' 只能是一个常量。对于第一类边界条件的情况，因为 S 上 $\Phi' = 0$，所以式（5-3）中的 C 只能是零，此时 $\Phi_1 = \Phi_2$，区域 τ 内只存在唯一解。对第二类和第三类边界条件的情况，有 $\Phi_1 - \Phi_2 = C$，两个假设解只相差一个任意常数。这对于由位函数求场函数并不产生影响，并且我们还可以通过对 Φ_1 和 Φ_2 的参考点选择将 C 消去，因此 τ 内的解也是唯一的。

应当明确，只有在区域的所有边界上给出唯一的边界条件时，边值问题的解才是唯一确定的。如果所给边界条件不完整，即某部分边界上的边界值不确定，则满足方程和所给边界条件的解不确定。反之，如果在同一边界上既给出 $\Phi|_S$，同时又任意地给定 $\partial \Phi / \partial n|_S$，边值问题的解也可能不存在，因这两个边界条件将各确定一个解，而两个解未必一致。

唯一性定理在电磁场边值问题中具有重要的理论意义和实际价值。它不仅指出了解的唯一性条件，而且为我们采用多种方法求解边值问题提供了理论依据。根据这个定理，不论我们采用什么方法，哪怕是拼凑或试探，只要得到的解能够在区域内满足方程而在边界上满足边界条件，那么这个解就是该边值问题的唯一正确解。后面所介绍的镜像法和复变函数法均以该定理为理论依据。

二、解的叠加原理

解的可叠加性是方程线性的必然结果。当不限定边界条件时，拉普拉斯方程和泊松方程都有无穷多个解。对于拉普拉斯方程，若 Φ_1、Φ_2、…、Φ_n 都是满足方程 $\nabla^2 \Phi = 0$ 的解，则

$$\Phi_\Sigma = a_1 \Phi_1 + a_2 \Phi_2 + \cdots + a_n \Phi_n \qquad (5-4)$$

也是方程 $\nabla^2 \Phi = 0$ 的解，其中 a_i 为任意常数。对于泊松方程，若 Φ_p 是方程 $\nabla^2 \Phi = f$ 的任意一个解，而 Φ_1、Φ_2、…、Φ_n 都是拉普拉斯方程 $\nabla^2 \Phi = 0$ 的解，则

$$\Phi_\Sigma = \Phi_p + a_1 \Phi_1 + a_2 \Phi_2 + \cdots + a_n \Phi_n \qquad (5-5)$$

仍是方程 $\nabla^2 \Phi = f$ 的解，其中 a_i 为任意常数。

下面来证明泊松方程的情况。对式（5-5）两边做 ∇^2 运算，得

$$\nabla^2 \Phi_\Sigma = \nabla^2(\Phi_p + a_1\Phi_1 + a_2\Phi_2 + \cdots + a_n\Phi_n)$$
$$= \nabla^2\Phi_p + a_1\nabla^2\Phi_1 + a_2\nabla^2\Phi_2 + \cdots + a_n\nabla^2\Phi_n$$
$$= f + a_1 \cdot 0 + a_2 \cdot 0 + \cdots + a_n \cdot 0 = f \tag{5-6}$$

因此 Φ_Σ 是方程 $\nabla^2\Phi = f$ 的解。

利用解的叠加原理，可以把拉普拉斯方程或泊松方程的通解写成式（5-4）或式（5-5）的形式，其中的 Φ_i 是无边界条件或在部分边界上是齐次边界条件方程的已知解。然后再利用边界条件确定出通解表达式中的 a_i，从而得到所求边值问题的唯一解。这是我们在后面的解题过程中经常采用的一种方法。

边值问题应用叠加原理时，必须注意边界条件亦应满足叠加关系。合理地运用这两种叠加关系，可以使复杂的边值问题得到简化。例如对下面的边值问题

$$\begin{cases} \nabla^2\Phi = 0 \\ \Phi\big|_{S_1} = C_1 \\ \Phi\big|_{S_2} = C_2 \\ \Phi\big|_{S_3} = C_3 \end{cases} \tag{5-7}$$

可以将其分解成如下形式的三个边值问题

$$\begin{cases} \nabla^2\Phi_1 = 0 \\ \Phi_1\big|_{S_1} = C_1 \\ \Phi_1\big|_{S_2} = 0 \\ \Phi_1\big|_{S_3} = 0 \end{cases} \quad \begin{cases} \nabla^2\Phi_2 = 0 \\ \Phi_2\big|_{S_1} = 0 \\ \Phi_2\big|_{S_2} = C_2 \\ \Phi_2\big|_{S_3} = 0 \end{cases} \quad \begin{cases} \nabla^2\Phi_3 = 0 \\ \Phi_3\big|_{S_1} = 0 \\ \Phi_3\big|_{S_2} = 0 \\ \Phi_3\big|_{S_3} = C_3 \end{cases} \tag{5-8}$$

可见，分解后的每个边值问题都只有一个非齐次边界值，求解变得容易进行。由于三个问题的边界条件之和恰好等于原问题的边界条件，因此它们的解之和

$$\Phi_\Sigma = \Phi_1 + \Phi_2 + \Phi_3 \tag{5-9}$$

必然满足 $\nabla^2\Phi = 0$ 和原问题的全部边界条件，所以 Φ_Σ 就是原问题的解。

§5.2　拉普拉斯方程的分离变量法

分离变量法是求解偏微分方程的一种最常用方法。利用该方法求解边值问题时，要求所给区域的边界面能与一个适当坐标系的坐标面相重合，或者至少分段地与坐标面重合。下面分别介绍三种常用坐标系中拉普拉斯方程的分离变量法。

一、直角坐标系中的分离变量法

直角坐标系中拉普拉斯方程的表达式为

$$\frac{\partial^2\Phi}{\partial x^2} + \frac{\partial^2\Phi}{\partial y^2} + \frac{\partial^2\Phi}{\partial z^2} = 0 \tag{5-10}$$

假设函数 $\Phi(x,y,z)$ 可分解成三个单变量函数的乘积

$$\Phi(x,y,z) = f(x) \cdot g(y) \cdot h(z) \tag{5-11}$$

把上式代入式（5-10），然后两边除以$f(x)g(y)h(z)$，得

$$\frac{1}{f(x)}\frac{\partial^2 f(x)}{\partial x^2} + \frac{1}{g(y)}\frac{\partial^2 g(y)}{\partial y^2} + \frac{1}{h(z)}\frac{\partial^2 h(z)}{\partial z^2} = 0 \qquad (5-12)$$

上式中三项分别是三个独立变量的函数，其成立的条件是各项均为常数。令三个常数为 $-k_x^2$、$-k_y^2$、$-k_z^2$，则上式分解成三个独立的全微分方程，即

$$\frac{\mathrm{d}^2 f(x)}{\mathrm{d}x^2} + k_x^2 f(x) = 0 \qquad (5-13)$$

$$\frac{\mathrm{d}^2 g(y)}{\mathrm{d}y^2} + k_y^2 g(y) = 0 \qquad (5-14)$$

$$\frac{\mathrm{d}^2 h(z)}{\mathrm{d}z^2} + k_z^2 h(z) = 0 \qquad (5-15)$$

式中，k_x、k_y、k_z 称为**分离常数**，它们要由具体问题的边界条件确定。由分离过程可知，分离常数之间满足如下关系

$$k_x^2 + k_y^2 + k_z^2 = 0 \qquad (5-16)$$

这表明三个分离常数中只有两个是独立的。

方程式（5-13）~式（5-15）解的形式与分离常数有关，根据分离常数 $k_i^2 (i = x, y, z)$ 的值等于零、大于零或者小于零，取相应的解为一次式、三角函数式或者双曲函数式及指数函数式。例如，方程式（5-13）的解的可取形式有

$$f(x) = A_1 x + A_2 \quad (k_x^2 = 0 \text{ 时}) \qquad (5-17)$$

$$f(x) = A_1 \sin k_x x + A_2 \cos k_x x \quad (k_x^2 > 0 \text{ 时}) \qquad (5-18)$$

$$f(x) = A_1 \mathrm{sh} k_x' x + A_2 \mathrm{ch} k_x' x$$

$$= A_1' \mathrm{e}^{k_x' x} + A_2' \mathrm{e}^{-k_x' x} (-k_x'^2 = k_x^2 < 0 \text{ 时}) \qquad (5-19)$$

同样，对 $g(y)$ 和 $h(z)$ 也都有与上述相同形式的解。在 $f(x)$、$g(y)$、$h(z)$ 的三组可取解中各取其一并相乘，即可得到一个 $\Phi(x, y, z)$ 的解表达式。

由式（5-16）可以看到，k_x^2、k_y^2、k_z^2 不能同时为正或同时为负，故 $f(x)$、$g(y)$、$h(z)$ 不应都取相同的形式。如果取 $k_x^2 > 0$、$k_y^2 > 0$，则必须取 $k_z^2 < 0$，此时 $f(x)$ 和 $g(y)$ 的解为三角函数形式，而 $h(z)$ 的解为双曲函数或指数函数形式，$\Phi(x, y, z)$ 的表达式为

$$\Phi(x, y, z) = f(x) \cdot g(y) \cdot h(z)$$

$$= (A_1 \sin k_x x + A_2 \cos k_x x)(B_1 \sin k_y y + B_2 \cos k_y y)(C_1 \mathrm{sh} k_z' z + C_2 \mathrm{ch} k_z' z) \qquad (5-20)$$

式中，常数 A_1、A_2、B_1、B_2、C_1、C_2 和 k_x、k_y、k_z 要由具体问题的边界条件确定。

在具体问题中，通常需根据边界条件来选择函数 $f(x)$、$g(y)$、$h(z)$ 的表达式形式。对于有两个零值边界的方向，其对应的函数一般可以取三角函数形式；对于单零值边界方向，对应的函数一般取双曲函数形式；而有无限远边界的方向，一般取指数函数形式。若位函数与某一坐标变量无关，则该变量对应的函数应取成常数，考虑到其他变量对应解中均含有待定系数，故该常数一般取作 1。

满足齐次边界条件的分离常数可以取一系列特殊值

$$k_{xi}, k_{yi}, k_{zi} \quad (i = 1, 2, 3, \cdots, n)$$

这些特殊值称为**本征值**，本征值对应的函数称为**本征函数**或**本征解**。根据解的叠加原理，所有本征解的线性叠加构成满足拉普拉斯方程的通解

$$\Phi(x,y,z) = \sum_{i=1}^{n} \Phi_i(x,y,z) = \sum_{i=1}^{n} f_i(x)g_i(y)h_i(z) \qquad (5-21)$$

在许多问题中，单一本征函数不能满足所给的边界条件，而级数形式的通解则可以满足单个解函数所无法满足的边界条件。

例5.1　图 5-1 表示一长方形截面的导体长槽，上面有一块与槽壁相绝缘的导体盖板，槽截面的内尺寸为 $a \times b$，槽体电位为零，盖板的电位等于 U_0。求槽内任意点的电位。

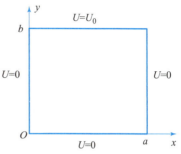

图 5-1　长方形截面的导体长槽

解：因槽沿 z 方向无限长，内部电位与 z 无关，截面内的电位满足二维拉普拉斯方程

$$\frac{\partial^2 U(x,y)}{\partial x^2} + \frac{\partial^2 U(x,y)}{\partial y^2} = 0$$

根据图 5-1，所给边界条件为

$$U\big|_{x=0} = 0 \quad (0 \leqslant y < b) \qquad (1)$$

$$U\big|_{x=a} = 0 \quad (0 \leqslant y < b) \qquad (2)$$

$$U\big|_{y=0} = 0 \quad (0 \leqslant x \leqslant a) \qquad (3)$$

$$U\big|_{y=b} = U_0 \quad (0 \leqslant x \leqslant a) \qquad (4)$$

因沿 x 方向电位有两个零值边界，$f(x)$ 应取三角函数形式；y 方向电位为单零值边界，$g(y)$ 应取双曲函数形式。由式（5-16），两个分离常数可以写成 $k_x^2 = -k_y^2 = k^2$，槽内电位的通解表达式写成

$$U(x,y) = \sum_i \left[A_{1i}\sin k_i x + A_{2i}\cos k_i x \right]\left[B_{1i}\mathrm{sh}k_i y + B_{2i}\mathrm{ch}k_i y \right]$$

将边界条件式（1）代入上式，得

$$0 = \sum_i A_{2i}\left[B_{1i}\mathrm{sh}k_i y + B_{2i}\mathrm{ch}k_i y \right] \quad (0 < y < b)$$

上式对任意 y 成立的条件是 $A_{2i} = 0$（否则得不到非零解）。再利用边界条件式（2），得到

$$0 = \sum_i A_{1i}\sin k_i a\left[B_{1i}\mathrm{sh}k_i y + B_{2i}\mathrm{ch}k_i y \right]$$

上式对任意 y 成立的条件是

$$k_i = \frac{i\pi}{a} \quad (i = 1,2,3,\cdots)$$

再利用边界条件式（3），可得

$$0 = \sum_i A_{1i}\sin k_i x B_{2i}$$

上式对任意 x 成立的条件是 $B_{2i} = 0$。从而得到满足边界条件式（1）、（2）、（3）的解为

$$U(x,y) = \sum_i A_{1i}\sin k_i x B_{1i}\mathrm{sh}k_i y = \sum_i C_i\sin k_i x\mathrm{sh}k_i y$$

式中，$C_i = A_{1i}B_{1i}$，归为一个待定常数。用整数 n 代替 i，上式可表示为

$$U(x,y) = \sum_{n=1}^{\infty} C_n\sin\frac{n\pi}{a}x\,\mathrm{sh}\frac{n\pi}{a}y \qquad (5)$$

将边界条件式（4）代入上式，得

$$U_0 = \sum_{n=1}^{\infty} C_n \sin\frac{n\pi}{a}x \, \mathrm{sh}\frac{n\pi}{a}b \quad (0 < x < a) \tag{6}$$

上式右边可以看作是区间 $(0, a)$ 上关于 $\left\{\sin\dfrac{n\pi}{a}x\right\}$ 的傅里叶级数，所以为了确定 C_n，将 U_0 在区间 $(0, a)$ 上展开成 $\left\{\sin\dfrac{n\pi}{a}x\right\}$ 的傅里叶级数，然后比较相应的系数即可。

令
$$U_0 = \sum_{n=1}^{\infty} f_n \sin\frac{n\pi}{a}x \quad (0 < x < a) \tag{7}$$

则利用确定傅里叶系数的过程可得

$$f_n = \frac{2}{a}\int_0^a U_0 \sin\frac{n\pi x}{a}\mathrm{d}x = \begin{cases} \dfrac{4U_0}{n\pi} & (n = 1,3,5,\cdots) \\[2mm] 0 & (n = 2,4,6,\cdots) \end{cases}$$

将 f_n 代入式（7），比较式（6）和式（7）关于 $\left\{\sin\dfrac{n\pi}{a}x\right\}$ 的系数，可得

$$C_n = \begin{cases} \dfrac{4U_0}{n\pi}\dfrac{1}{\mathrm{sh}\dfrac{n\pi}{a}b} & (n = 1,3,5,\cdots) \\[4mm] 0 & (n = 2,4,6,\cdots) \end{cases}$$

把 C_n 值代入式（5），最后得到

$$U(x,y) = \sum_{n=1,3,5,\cdots}^{\infty} \frac{4U_0}{n\pi}\frac{\mathrm{sh}\dfrac{n\pi}{a}y}{\mathrm{sh}\dfrac{n\pi}{a}b}\sin\frac{n\pi}{a}x$$

上式就是本边值问题的唯一解。给出 a、b 和 U_0 的具体数值，利用上式可计算出槽内任意点的电位值。把电位相同的点连起来，就得到等电位线，而电力线处处与等电位线相正交。图 5 - 2 略示了若干条等电位线（虚线）和电力线（实线）。

例 5.2 有两块一端弯成直角的导体板相对放置，中间留有一小缝，如图 5 - 3 所示。设导体板在 x 轴和 z 轴方向的长度远远大于两导体板间的距离 b，上导体的电位为 U_0，下导体接地。求两板间的电位分布。

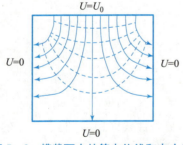

图 5 - 2　槽截面内的等电位线和电力线

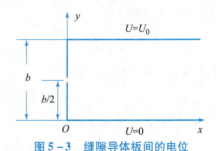

图 5 - 3　缝隙导体板间的电位

解： 电位分布与 z 无关，这是一个二维拉普拉斯问题。所给边界条件可以写成

$$U\big|_{y=0} = 0 \quad (0 \leqslant x < \infty) \tag{1}$$

$$U\big|_{y=b} = U_0 \quad (0 \leqslant x < \infty) \tag{2}$$

$$U\big|_{x=0} = \begin{cases} U_0 & \left(\dfrac{b}{2} < y \leqslant b\right) \\ 0 & \left(0 \leqslant y < \dfrac{b}{2}\right) \end{cases} \tag{3}$$

$$U\big|_{x\to\infty} = \frac{U_0}{b}y \quad (0 \leqslant y \leqslant b) \tag{4}$$

其中边界条件式（4）的确定是因为：当 $x \to \infty$ 时，$x=0$ 处的边界情况不再影响 $x \to \infty$ 处的场分布，无穷远处的电位只由上下极板边界条件决定，因此是一个均匀电场所对应的电位。

利用叠加原理将所给问题分解成两个边值问题之和，分解后的边界情况如图 5-4（a）和（b）所示。很明显，分解后两问题的电位仍满足二维拉普拉斯方程，并且两者边界条件的叠加恰等于原问题的边界条件，因此原问题的电位解等于 U_a 与 U_b 之和。

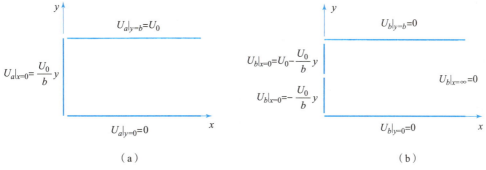

图 5-4　例 5.2 边界条件的分解

图 5-4（a）所示的情况与一个略去边缘效应的平板电容器相同，两极板之间为均匀电场，其电位为

$$U_a(x,y) = \frac{U_0}{b}y$$

在图 5-4（b）中，沿 y 轴方向存在两个零电位边界，取 $g_n(y) = B_n\sin(n\pi y/b)$ 必然可以满足这两个零边界条件；沿 x 轴正方向边界无界且电位趋于零，故本征函数应取负指数形式 $f_n(x) = A_n\exp[-n\pi x/b]$。因此图 5-4（b）情况的电位通解应为

$$U_b(x,y) = \sum_{n=1}^{\infty} C_n \mathrm{e}^{-\frac{n\pi}{b}x}\sin\frac{n\pi}{b}y$$

将 $x=0$ 的边界条件代入上式，得

$$\sum_{n=1}^{\infty} C_n\sin\frac{n\pi}{b}y = \begin{cases} -\dfrac{U_0}{b}y & \left(0 \leqslant y < \dfrac{b}{2}\right) \\ U_0 - \dfrac{U_0}{b}y & \left(\dfrac{b}{2} < y \leqslant b\right) \end{cases}$$

将上式右边在区间（0，b）上按照 $\left\{\sin\dfrac{n\pi}{b}y\right\}$ 展开为傅里叶级数，并比较两边的系数可得

$$C_n = \frac{2}{b}\left[\int_0^{b/2}\left(-\frac{U_0}{b}y\right)\sin\frac{n\pi}{b}y\,\mathrm{d}y + \int_{b/2}^{b}\left(U_0 - \frac{U_0}{b}y\right)\sin\frac{n\pi}{b}y\,\mathrm{d}y\right]$$

$$= \frac{2U_0}{n\pi}\cos\frac{n\pi}{2} = \begin{cases} (-1)^{\frac{n}{2}}\dfrac{2U_0}{n\pi} & (n = 2,4,6,\cdots) \\ 0 & (n = 1,3,5,\cdots) \end{cases}$$

因此有

$$U_b(x,y) = \sum_{n=1}^{\infty}(-1)^n\frac{U_0}{n\pi}e^{-\frac{2n\pi}{b}x}\sin\frac{2n\pi}{b}y$$

原问题的电位表达式为

$$U(x,y) = \frac{U_0}{b}y + \sum_{n=1}^{\infty}(-1)^n\frac{U_0}{n\pi}e^{-\frac{2n\pi}{b}x}\sin\frac{2n\pi}{b}y$$

二、圆柱坐标系中的分离变量法

圆柱坐标系中拉普拉斯方程的表达式为

$$\frac{1}{r}\frac{\partial}{\partial r}\left(r\frac{\partial \Phi}{\partial r}\right) + \frac{1}{r^2}\frac{\partial^2 \Phi}{\partial \varphi^2} + \frac{\partial^2 \Phi}{\partial z^2} = 0 \qquad (5-22)$$

将位函数 $\Phi(r,\varphi,z)$ 设为三个独立变量函数之积

$$\Phi(r,\varphi,z) = f(r)g(\varphi)h(z) \qquad (5-23)$$

代入式（5-22），并在两边同乘以 $r^2/(fgh)$，得

$$\frac{r}{f}\frac{\partial}{\partial r}\left(r\frac{\partial f}{\partial r}\right) + \frac{1}{g}\frac{\partial^2 g}{\partial \varphi^2} + r^2\frac{1}{h}\frac{\partial^2 h}{\partial z^2} = 0 \qquad (5-24)$$

上式第二项只与 φ 有关，可以先分离出来，令其等于常数 $-n^2$，得

$$\frac{d^2 g}{d\varphi^2} + n^2 g = 0 \qquad (5-25)$$

将上式代入式（5-24），各项同除以 r^2，得

$$\frac{1}{rf}\frac{\partial}{\partial r}\left(r\frac{\partial f}{\partial r}\right) - \frac{n^2}{r^2} + \frac{1}{h}\frac{\partial^2 h}{\partial z^2} = 0 \qquad (5-26)$$

令上式左边最后一项等于常数 k_z^2，则上式分离成为两个方程

$$\frac{d^2 h}{dz^2} - k_z^2 h = 0 \qquad (5-27)$$

$$\frac{1}{r}\frac{d}{dr}\left(r\frac{df}{dr}\right) + \left(k_z^2 - \frac{n^2}{r^2}\right)f = 0 \qquad (5-28)$$

下面分别讨论式（5-25）、式（5-27）、式（5-28）三个常微分方程的解。方程式（5-25）的解有两种情况：

$n^2 = 0$ 时，$\qquad\qquad\qquad g(\varphi) = A_1 + A_2\varphi \qquad (5-29)$

$n^2 > 0$ 时，$\qquad\qquad g(\varphi) = A_1\sin n\varphi + A_2\cos n\varphi \qquad (5-30)$

从纯数学角度看，式中的 n 可以是任意常数。但电磁场问题中，在场区域中周向不被隔断时，为保证位函数的单值性，必须有 $g(\varphi) = g(\varphi + 2n\pi)$，因此 n 一般只取整数。又因为 A_1 和 A_2 是待定常数，n 取负数时式（5-30）的形式不变，故 n 只取正整数和零。

方程式（5-27）的解有三种情况：

$k_z^2 = 0$ 时，

$$h(z) = B_1 + B_2 z \qquad (5-31)$$

$k_z^2 = -k_z'^2 < 0$ 时，

$$h(z) = B_1 \sin k'z + B_2 \cos k'z \tag{5-32}$$

$k_z^2 > 0$ 时，

$$\begin{aligned} h(z) &= B_1 \operatorname{sh} k_z z + B_2 \operatorname{ch} k_z z \\ &= B_1' e^{k_z z} + B_2' e^{-k_z z} \end{aligned} \tag{5-33}$$

方程式（5-28）可以改写成

$$r^2 \frac{d^2 f}{dr^2} + r \frac{df}{dr} + \left[(k_z r)^2 - n^2 \right] f = 0 \tag{5-34}$$

上式是一个 n 阶贝塞尔方程，它的解有以下几种情况：

$n^2 = k_z^2 = 0$ 时，

$$f(r) = C_1 + C_2 \ln r \tag{5-35}$$

$n^2 > 0, k_z^2 = 0$ 时，

$$f(r) = C_1 r^n + C_2 r^{-n} \tag{5-36}$$

$n^2 \geq 0, k_z^2 > 0$ 时，

$$f(r) = C_1 J_n(k_z r) + C_2 N_n(k_z r) \tag{5-37}$$

$n^2 \geq 0, -k_z'^2 = k_z^2 < 0$ 时，

$$f(r) = C_1 I_n(k_z' r) + C_2 K_n(k_z' r) \tag{5-38}$$

式（5-37）中的 $J_n(k_z r)$ 称为 n 阶第一类贝塞尔函数。若记 $k_z r = x$，其表达式为

$$J_n(x) = \sum_{m=0}^{\infty} (-1)^m \frac{x^{n+2m}}{2^{n+2m} m!(n+m)!} \tag{5-39}$$

x 取任意实数时，$J_n(x)$ 均为有限值。当 x 足够大时，$J_n(x)$ 类似于一个幅度逐渐衰减的余弦函数，并且有 $J_n(\infty) = 0$。贝塞尔函数是正交函数系，它的正交关系为

$$\int_0^a r J_n\left(\frac{p_{ni}}{a} r\right) J_n\left(\frac{p_{nj}}{a} r\right) dr = \begin{cases} \dfrac{a^2}{2} J_{n+1}^2(p_{ni}) & (i = j) \\ 0 & (i \neq j) \end{cases} \tag{5-40}$$

其中的 p_{ni} 和 p_{nj} 是 $J_n(x) = 0$ 的第 i 个根和第 j 个根。

$N_n(k_z r)$ 称为 n 阶第二类贝塞尔函数，也叫诺伊曼函数。若记 $k_z r = x$，其表达式为

$$N_n(x) = \frac{2}{\pi}\left(\ln \frac{x}{2} + \gamma\right) J_n(x) - \frac{1}{\pi} \sum_{m=0}^{n-1} \frac{(n-m-1)!}{m!} \left(\frac{x}{2}\right)^{-n+2m} -$$

$$\frac{2}{\pi} \sum_{m=0}^{\infty} \frac{(-1)^m}{m!(m+n)!} \left(\frac{x}{2}\right)^{n+2m} \left(\sum_{k=0}^{n+m-1} \frac{1}{k+1} + \sum_{k=0}^{m-1} \frac{1}{k+1}\right) \tag{5-41}$$

式中，$\gamma = \lim_{\nu \to \infty}\left(1 + \frac{1}{2} + \frac{1}{3} + \cdots + \frac{1}{\nu} - \ln \nu\right) = 0.5772\cdots$，称为欧拉常数。当 $n = 0$ 时，第一个求和项应当取零。x 足够大时，$N_n(x)$ 也类似于一个幅度逐渐衰减的正弦函数，但 $N_n(0) \to -\infty$。所以当求解区域包含 $r = 0$ 点时，应该令表达式（5-37）中的系数 $C_2 = 0$。

式（5-38）中的 $I_n(k_z' r)$ 与 $K_n(k_z' r)$ 分别称为第一类和第二类变形贝塞尔函数。它们的表达式也类似于式（5-39）和式（5-41），但求和式每项的符号与前者不同，结果使它们都不再呈振荡形式，而是单调函数。其中 $I_n(x)$ 随 x 增大而单调增大，且 $I_n(\infty) \to \infty$；$K_n(x)$ 随 x 增大而单调衰减，有 $K_n(0) \to \infty$ 和 $K_n(\infty) = 0$。在 $f(r)$ 取解时，应注意这两个函数的上述特点。

在 $f(r)$、$g(\varphi)$、$h(z)$ 的可取解中各选其一并相乘，即得到位函数的一个本征解 $\Phi_i(r, \varphi, z)$。具体选择哪种组合形式应根据问题所给边界条件判断。将所有本征解相加，得到位函数的通解形式为

$$\Phi(r,\varphi,z) = \sum_i \Phi_i(r,\varphi,z) = \sum_i f_i(r)g_i(\varphi)h_i(z) \qquad (5-42)$$

例5.3 假设在电场强度为 $\vec{E}_0$ 的均匀静电场中放入一半径为 a 的电介质长圆棒，棒的轴线与电场相垂直，棒的电容率为 ε_1，外部电容率为 ε_2，求任意点的电位。

解：设电介质棒的轴线与圆柱坐标系的 z 轴重合，电场 $\vec{E}_0$ 为 $\hat{x}$ 方向，如图 5-5 所示。因介质棒无限长，故电位与坐标 z 无关，是一个关于 r 和 φ 的二维拉普拉斯问题。考虑到电位对 φ 的 2π 周期要求和偶对称性，取分离常数 n 为正整数，并且 $g(\varphi)$ 只取 $\cos n\varphi$ 项。$f(r)$ 应取式（5-36）的形式。电位函数的通解应为

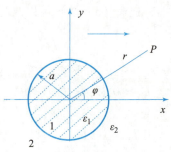

图5-5 均匀电场中的电介质棒

$$U(r,\varphi) = \sum_{n=1}^{\infty} \cos n\varphi (C_{1n}r^n + C_{2n}r^{-n})$$

在 $r < a$ 的区域内，为满足 $r=0$ 处的电位为有限值，令 $C_{2n} = 0$，则此区域的电位通解为

$$U_1(r,\varphi) = \sum_{n=1}^{\infty} C_{1n}r^n \cos n\varphi$$

在 $r > a$ 的区域里，可以将总电位分成外电场 $\vec{E}_0$ 产生的电位和介质棒极化产生的附加电位两部分。因后者不随 r 无限增加，所以不应有 r^n 项，而外电场所产生的电位是 $-E_0 x = -E_0 r\cos\varphi$，故此区域的电位通解应为

$$U_2(r,\varphi) = -E_0 r\cos\varphi + \sum_{n=1}^{\infty} C_{2n}r^{-n}\cos n\varphi \quad (r > a)$$

其中等式右边的第一项为外电场电位，求和项为极化介质产生的电位。

上面两式中的系数 C_{1n} 和 C_{2n} 可由以下边界条件确定

$$U_1(a,\varphi) = U_2(a,\varphi), \quad \varepsilon_1 \left.\frac{\partial U_1}{\partial r}\right|_{r=a} = \varepsilon_2 \left.\frac{\partial U_2}{\partial r}\right|_{r=a}$$

将 $U_1(r,\varphi)$ 和 $U_2(r,\varphi)$ 的通解表达式代入上面两个边界条件，得

$$\sum_{n=1}^{\infty} C_{1n}a^n \cos n\varphi = -E_0 a\cos\varphi + \sum_{n=1}^{\infty} C_{2n}a^{-n}\cos n\varphi$$

$$\varepsilon_1 \sum_{n=1}^{\infty} nC_{1n}a^{n-1}\cos n\varphi = -\varepsilon_2 E_0\cos\varphi - \varepsilon_2 \sum_{n=1}^{\infty} nC_{2n}a^{-n-1}\cos n\varphi$$

比较上面两式两边 $\cos\varphi$ 的系数，得

$$C_{11}a = -E_0 a + C_{21}a^{-1}$$

$$\varepsilon_1 C_{11} = -\varepsilon_2 E_0 - \varepsilon_2 C_{21}a^{-2}$$

以上两式联立求解，得

$$C_{11} = -\frac{2\varepsilon_2}{\varepsilon_1 + \varepsilon_2}E_0, \quad C_{21} = \frac{\varepsilon_1 - \varepsilon_2}{\varepsilon_1 + \varepsilon_2}a^2 E_0$$

当 $n > 1$ 时，比较 $\cos n\varphi$ 的系数，得

$$C_{1n}a^n = C_{2n}a^{-n}$$

$$\varepsilon_1 nC_{1n}a^{n-1} = -\varepsilon_2 nC_{2n}a^{-n-1}$$

联立求解上面两式，得
$$C_{1n} = 0, C_{2n} = 0 \quad (n \neq 1)$$
将 C_{11}、C_{21} 和 C_{1n}、C_{2n} 分别代入 $U_1(r,\varphi)$ 和 $U_2(r,\varphi)$ 的通解表达式中，得到
$$U_1(r,\varphi) = -\frac{2\varepsilon_2}{\varepsilon_1 + \varepsilon_2}E_0 r\cos\varphi = -\frac{2\varepsilon_2}{\varepsilon_1 + \varepsilon_2}E_0 x \quad (r \leqslant a)$$

$$U_2(r,\varphi) = -E_0 r\cos\varphi + \frac{\varepsilon_1 - \varepsilon_2}{\varepsilon_1 + \varepsilon_2}E_0 \frac{a^2}{r}\cos\varphi$$

$$= E_0\left(\frac{\varepsilon_1 - \varepsilon_2}{\varepsilon_1 + \varepsilon_2}\frac{a^2}{r} - r\right)\cos\varphi \quad (r > a)$$

介质棒内、外的电场强度分别为

$$\vec{E}_1 = -\nabla U_1 = \hat{r}\frac{2\varepsilon_2}{\varepsilon_1 + \varepsilon_2}E_0\cos\varphi - \hat{\varphi}\frac{2\varepsilon_2}{\varepsilon_1 + \varepsilon_2}E_0\sin\varphi = \hat{x}\frac{2\varepsilon_2}{\varepsilon_1 + \varepsilon_2}E_0 \quad (r < a)$$

$$\vec{E}_2 = -\nabla U_2 = \hat{r}\left(\frac{\varepsilon_1 - \varepsilon_2}{\varepsilon_1 + \varepsilon_2}\frac{a^2}{r^2} + 1\right)E_0\cos\varphi + \hat{\varphi}\left(\frac{\varepsilon_1 - \varepsilon_2}{\varepsilon_1 + \varepsilon_2}\frac{a^2}{r^2} - 1\right)E_0\sin\varphi \quad (r > a)$$

从 $\vec{E}_1$ 的表达式看到，电介质棒内的电场是与外场 $\vec{E}_0$ 同方向的均匀场。当 $\varepsilon_1 > \varepsilon_2$ 时，$E_1 <$
E_2；当 $\varepsilon_1 < \varepsilon_2$ 时，$E_1 > E_2$。

在均匀外磁场 $\vec{H}_0$ 中放置一磁导率为 μ_1 的无限长圆柱体是和上面例子完全类似的磁场边
值问题。用 U_{m1} 和 U_{m2} 分别表示圆柱体内外的磁标位，则它们的边界条件也和电位的形式相
同，即

$r \to \infty$ 时，$\qquad\qquad\qquad U_{m2} = -H_0 r\cos\varphi$

$r = a$ 时，$\qquad\qquad U_{m1} = U_{m2}；\quad \mu_1\dfrac{\partial U_{m1}}{\partial r} = \mu_2\dfrac{\partial U_{m2}}{\partial r}$

此时，U_{m1} 和 U_{m2} 的解也与静电场 U_1 和 U_2 的解有相同的形式，只需把 U_1 和 U_2 解中的 ε_1 和
ε_2 分别用 μ_1 和 μ_2 代替，E_0 用 H_0 代替，便得到 U_{m1} 和 U_{m2} 的解。同样可以得知圆柱体内的磁
场强度 $\vec{H}_1$ 是均匀的。

例5.4 如图 5-6 所示，一导体圆筒的高度为 b，半径为 a，所给边界条件为
$$U\big|_{z=0} = 0$$
$$U\big|_{z=b} = U_0$$
$$U\big|_{r=a} = 0$$
求圆筒内的电位分布函数。

解： 由问题的对称性可知，电位与变量 φ 无关，因此应
取 $n = 0$ 和 $g(\varphi) = 1$；由 $U(z=0) = 0$ 可知，$h(z)$ 应该取成
在零点处为零值的双曲正弦函数 $\text{sh}(k_z z)$；因为 $n = 0$、$k_z^2 > 0$，
并考虑到电位在 $r = 0$ 处为有限值，故 $f(r)$ 的形式为 $J_0(k_z r)$。
因此电位函数的本征解为
$$U(r,z) = A\text{sh}(k_z z)J_0(k_z r)$$
将边界条件 $U_{r=a} = 0$ 代入上式，得
$$U(a,z) = A\text{sh}(k_z z)J_0(k_z a) = 0$$
所以 $k_z a$ 应是零阶贝塞尔函数的根 p_{0i}，由此得

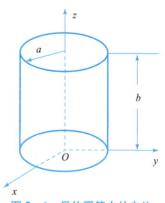

图 5-6 导体圆筒内的电位

$$k_{zi} = \frac{p_{zi}}{a} \quad (i = 1, 2, 3, \cdots)$$

把所有本征值 k_{zi} 所对应的本征解相加，得到电位函数的通解

$$U(r, z) = \sum_{i=1}^{\infty} A_i \mathrm{sh}\left(\frac{p_{0i}}{a}z\right) \mathrm{J}_0\left(\frac{p_{0i}}{a}r\right)$$

将边界条件 $U(z = b) = U_0$ 代入上式，得

$$U_0 = \sum_{i=1}^{\infty} A_i \mathrm{sh}\left(\frac{p_{0i}}{a}b\right) \mathrm{J}_0\left(\frac{p_{0i}}{a}r\right)$$

上式两边同乘以 $r\mathrm{J}_0(p_{0j}r/a)$，从 $0 \sim a$ 对 r 积分，得

$$\int_0^a U_0 r \mathrm{J}_0\left(\frac{p_{0j}}{a}r\right)\mathrm{d}r = \sum_{i=1}^{\infty} A_i \mathrm{sh}\left(\frac{p_{0i}}{a}b\right) \int_0^a \mathrm{J}_0\left(\frac{p_{0i}}{a}r\right) r \mathrm{J}_0\left(\frac{p_{0j}}{a}r\right)\mathrm{d}r$$

对上式两边分别应用贝塞尔函数积分公式

$$\int_0^a x\mathrm{J}_0(x)\,\mathrm{d}x = \left[x\mathrm{J}_1(x) \right] \Big|_0^a$$

和正交公式 (5-40)，可以得到

$$\frac{U_0 a^2}{p_{0i}} \mathrm{J}_1(p_{0i}) = A_i \mathrm{sh}\left(\frac{p_{0i}}{a}b\right) \frac{a^2}{2} \mathrm{J}_1^2(p_{0i})$$

所以

$$A_i = \frac{2U_0}{p_{0i} \mathrm{sh}\left(\frac{p_{0i}}{a}b\right) \mathrm{J}_1(p_{0i})}$$

将 A_i 代入电位通解表达式，得到本问题的最终解答

$$U(r, z) = \sum_{i=1}^{\infty} \frac{2U_0 \mathrm{sh}\left(\frac{p_{0i}}{a}z\right) \mathrm{J}_0\left(\frac{p_{0i}}{a}r\right)}{p_{0i} \mathrm{sh}\left(\frac{p_{0i}}{a}b\right) \mathrm{J}_1(p_{0i})}$$

例5.5 将例题 5.4 的边界条件改成

$$U\big|_{z=0} = 0$$
$$U\big|_{z=b} = 0$$
$$U\big|_{r=a} = U_0$$

求圆筒内的电位分布函数。

解：由问题的对称性可知，电位与变量 φ 无关，因此应取 $n = 0$ 和 $g(\varphi) = 1$；由 $U(z = 0) = 0$ 和 $U(z = b) = 0$ 可知，$h(z)$ 应该取成在零点处为零值的正弦函数 $\sin(m\pi z/b)$；因为 $n = 0$、$k_z^2 = -k_z'^2 = -(m\pi/b)^2 < 0$，并考虑到电位在 $r = 0$ 处为有限值，故 $f(r)$ 的形式为 $\mathrm{I}_0(m\pi r/b)$。因此电位函数的通解为

$$U(r, z) = \sum_{m=1}^{\infty} A_m \sin\left(\frac{m\pi}{b}z\right) \mathrm{I}_0\left(\frac{m\pi}{b}r\right)$$

将边界条件 $U_{r=a} = U_0$ 代入上式，得

$$U(a, z) = \sum_{m=1}^{\infty} A_m \sin\left(\frac{m\pi}{b}z\right) \mathrm{I}_0\left(\frac{m\pi}{b}a\right)$$

上式两边同乘以 $\sin(n\pi z/b)$，从 $0 \sim b$ 对 z 积分，由三角函数的正交性，得

$$A_m = \begin{cases} \dfrac{4U_0}{m\pi} \dfrac{1}{I_0\left(\dfrac{m\pi}{b}a\right)} & (m = 1,3,5,\cdots) \\ \\ 0 & (m = 2,4,6,\cdots) \end{cases}$$

代回原式，得到

$$U(r,z) = \sum_{m=1,3,5,\cdots}^{\infty} \frac{4U_0}{m\pi} \frac{I_0\left(\dfrac{m\pi}{b}r\right)}{I_0\left(\dfrac{m\pi}{b}a\right)} \sin\frac{m\pi}{b}z$$

三、球坐标系中的分离变量法

球坐标系中拉普拉斯方程的表达式为

$$\frac{1}{r^2}\frac{\partial}{\partial r}\left(r^2\frac{\partial \Phi}{\partial r}\right) + \frac{1}{r^2\sin\theta}\frac{\partial}{\partial \theta}\left(\sin\theta\frac{\partial \Phi}{\partial \theta}\right) + \frac{1}{r^2\sin^2\theta}\frac{\partial^2 \Phi}{\partial \varphi^2} = 0 \tag{5-43}$$

设位函数为三个独立变量函数之积

$$\Phi(r,\theta,\varphi) = f(r)g(\theta)h(\varphi) \tag{5-44}$$

把式（5-44）代入式（5-43），并在两边同乘 $r^2\sin^2\theta/(fgh)$，得

$$\frac{\sin^2\theta}{f}\frac{\partial}{\partial r}\left(r^2\frac{\partial f}{\partial r}\right) + \frac{\sin\theta}{g}\frac{\partial}{\partial \theta}\left(\sin\theta\frac{\partial g}{\partial \theta}\right) + \frac{1}{h}\frac{\partial^2 h}{\partial \varphi^2} = 0 \tag{5-45}$$

上式的第三项只与 φ 有关，可以先分离出来。令它等于常数 $-m^2$，得

$$\frac{\mathrm{d}^2 h}{\mathrm{d}\varphi^2} + m^2 h = 0 \tag{5-46}$$

再把上式代入式（5-45），各项同除以 $\sin^2\theta$，得

$$\frac{1}{f}\frac{\partial}{\partial r}\left(r^2\frac{\partial f}{\partial r}\right) + \frac{1}{g\sin\theta}\frac{\partial}{\partial \theta}\left(\sin\theta\frac{\partial g}{\partial \theta}\right) - \frac{m^2}{\sin^2\theta} = 0 \tag{5-47}$$

令上式的第一项等于常数 $n(n+1)$，则分离得到两个全微分方程

$$\frac{\mathrm{d}}{\mathrm{d}r}\left(r^2\frac{\mathrm{d}f}{\mathrm{d}r}\right) - n(n+1)f = 0 \tag{5-48}$$

$$\frac{\mathrm{d}}{\mathrm{d}\theta}\left(\sin\theta\frac{\mathrm{d}g}{\mathrm{d}\theta}\right) + \left[n(n+1)\sin\theta - \frac{m^2}{\sin\theta}\right]g = 0 \tag{5-49}$$

下面分别讨论式（5-46）、式（5-48）、式（5-49）这三个常微分方程的解。方程式（5-46）的解有两种情况：

$m^2 = 0$ 时，

$$h(\varphi) = A_1 + A_2\varphi \tag{5-50}$$

$m^2 > 0$ 时，

$$h(\varphi) = A_1\sin m\varphi + A_2\cos m\varphi \tag{5-51}$$

与圆柱坐标系中的 $h(\varphi)$ 相类似，为了保证位函数的 2π 周期性，m 一般只取正整数或零。

方程式（5-48）的解只有一种形式

$$f(r) = B_1 r^n + B_2 r^{-(n+1)} \tag{5-52}$$

方程式（5-49）可以改写成

$$\frac{1}{\sin\theta}\frac{\mathrm{d}}{\mathrm{d}\theta}\left(\sin\theta\frac{\mathrm{d}g}{\mathrm{d}\theta}\right) + \left[n(n+1) - \frac{m^2}{\sin^2\theta}\right]g = 0 \tag{5-53}$$

上式称为**连带勒让德方程**。当 m 和 n 均为正整数时，它的解有以下几种情况：

$m > 0, n = 0$ 时，

$$g(\theta) = C_1 \tan^m \frac{\theta}{2} + C_2 \cot^m \frac{\theta}{2} \tag{5-54}$$

$m = 0, n \geq 0$ 时，

$$g(\theta) = C_1 P_n(\cos\theta) + C_2 Q_n(\cos\theta) \tag{5-55}$$

$n \geq m > 0$ 时，

$$g(\theta) = C_1 P_n^m(\cos\theta) + C_2 Q_n^m(\cos\theta) \tag{5-56}$$

$P_n(\cos\theta)$ 称为第一类勒让德函数，n 为整数时成为勒让德多项式。它的表达式可以由罗德利格公式推出

$$P_n(x) = \frac{1}{2^n n!} \frac{d^n}{dx^n}(x^2 - 1)^n \tag{5-57}$$

令 $x = \cos\theta$，则有

$$P_0(\cos\theta) = 1 \tag{5-58a}$$

$$P_1(\cos\theta) = \cos\theta \tag{5-58b}$$

$$P_2(\cos\theta) = \frac{1}{2}(3\cos^2\theta - 1) \tag{5-58c}$$

$$P_3(\cos\theta) = \frac{1}{2}(5\cos^3\theta - 3\cos\theta) \tag{5-58d}$$

$$P_4(\cos\theta) = \frac{1}{8}(35\cos^4\theta - 30\cos^2\theta + 3) \tag{5-58e}$$

$$\vdots$$

在 $0 \leq \theta \leq \pi$ 的定义域内，$|P_n(\cos\theta)| \leq 1$，并且有 $P_n(1) = 1$ 和 $P_n(-1) = (-1)^n$。勒让德多项式也是正交函数系，它的正交关系为

$$\int_{-1}^{1} P_m(x) P_n(x) dx = \int_0^\pi P_m(\cos\theta) P_n(\cos\theta) \sin\theta d\theta = \begin{cases} \dfrac{2}{2n+1} & (m = n) \\ 0 & (m \neq n) \end{cases} \tag{5-59}$$

$Q_n(\cos\theta)$ 称为第二类勒让德函数，它的前几个表达式为

$$Q_0(\cos\theta) = \frac{1}{2}\ln\frac{1+\cos\theta}{1-\cos\theta} \tag{5-60a}$$

$$Q_1(\cos\theta) = \frac{\cos\theta}{2}\ln\frac{1+\cos\theta}{1-\cos\theta} - 1 \tag{5-60b}$$

$$Q_2(\cos\theta) = \left(\frac{3\cos^2\theta}{4} - \frac{1}{4}\right)\ln\frac{1+\cos\theta}{1-\cos\theta} - \frac{3}{2}\cos\theta \tag{5-60c}$$

$$Q_3(\cos\theta) = \left(\frac{5\cos^3\theta}{4} - \frac{3\cos\theta}{4}\right)\ln\frac{1+\cos\theta}{1-\cos\theta} - \frac{5}{2}\cos^2\theta + \frac{2}{3} \tag{5-60d}$$

$$\vdots$$

从以上表达式可看到，若 $\cos\theta = \pm 1$，则 Q_n 趋于无限大，所以当待求区域包括 $\theta = 0$、π 时，应该令解表达式（5-55）中的系数 $C_2 = 0$。

$P_n^m(\cos\theta)$ 和 $Q_n^m(\cos\theta)$ 分别称为第一类和第二类连带勒让德函数，它们的表达式可以由下面两式导出

$$P_n^m(\cos\theta) = (1 - x^2)^{m/2} \frac{\mathrm{d}^m}{\mathrm{d}x^m}[P_n(x)] \tag{5-61}$$

$$Q_n^m(\cos\theta) = (1 - x^2)^{m/2} \frac{\mathrm{d}^m}{\mathrm{d}x^m}[Q_n(x)] \tag{5-62}$$

在 $|x = \cos\theta| \leqslant 1$ 的定义域内，$P_n^m(\cos\theta)$ 为有限值，且有 $P_n^m(\pm 1) = 0$；$x = \cos\theta = \pm 1$ 时，Q_n^m 趋于无限大，所以当待求区域包括 $\theta = 0$、π 时，应该令解表达式（5-56）中的 $C_2 = 0$。

在 $f(r)$、$g(\theta)$、$h(\varphi)$ 的可取解中各选其一并相乘，即得到位函数的一个本征解 $\Phi_i(r, \theta, \varphi)$。具体选择哪种组合形式应根据问题所给边界条件判断。将所有本征解相加，得到位函数的通解形式

$$\Phi(r, \theta, \varphi) = \sum_i \Phi_i(r, \theta, \varphi) = \sum_i f_i(r) g_i(\theta) h_i(\varphi) \tag{5-63}$$

例 5.6 在电场强度为 $\vec{E}_0$ 的均匀电场中放入一个半径为 a 的接地导体球，求任意点的电位和电场强度。

解： 取球心位于坐标原点，同时设 $\vec{E}_0$ 与 z 轴平行，如图 5-7 所示。因外电场 $\vec{E}_0$ 是 z 方向的均匀场并且导体球接地，故可取 xy 平面为零电位参考面。由对称性可知位函数与 φ 无关，取 $m = 0$ 和 $h(\varphi) = 1$；所求场域包括 $\theta = 0$ 和 $\theta = \pi$，所以令式（5-55）中的 $C_2 = 0$，有

$$g(\theta) = C_{1n} P_n(\cos\theta)$$

$r > a$ 区域的电位通解可以写成

$$U(r, \theta) = \sum_{n=0}^{\infty} P_n(\cos\theta)[C'_{1n} r^n + C'_{2n} r^{-(n+1)}]$$

与例 5.3 的分析方法相类似，将总电位分成外电场 $\vec{E}_0$ 产生的电位和导体球上感应电荷产生的电位。外场电位为 $-E_0 z = -E_0 r\cos\theta$。而感应电荷分布在 $r = a$ 的球面

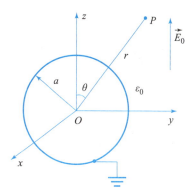

图 5-7 均匀外电场中的
接地导体球

上，当 $r \to \infty$ 时感应电荷产生的电位应趋于零，故不应有 r^n 项。因此上式可以写成

$$U(r, \theta) = -E_0 r\cos\theta + \sum_{n=0}^{\infty} C_n P_n(\cos\theta) r^{-(n+1)}$$

将导体球的边界条件 $U(a, \theta) = 0$ 代入上式，得

$$-E_0 a\cos\theta + \sum_{n=0}^{\infty} C_n a^{-(n+1)} P_n(\cos\theta) = 0$$

上式左边可以看作是在区间 $[0, \pi]$ 上关于 $\{P_n(\cos\theta)\}$ 的广义傅里叶级数展开，可以应用求解傅里叶系数的方法求得 C_n，用 $P_m(\cos\theta)\sin\theta\mathrm{d}\theta$ 乘上式两边，对 θ 从 $0 \sim \pi$ 积分，并将上式第一项中的 $\cos\theta$ 写成 $P_1(\cos\theta)$，得

$$-E_0 a \int_0^{\pi} P_m(\cos\theta) P_1(\cos\theta) \sin\theta\mathrm{d}\theta + \sum_{n=0}^{\infty} C_n a^{-(n+1)} \int_0^{\pi} P_m(\cos) P_n(\cos\theta) \sin\theta\mathrm{d}\theta = 0$$

由勒让德多项式的正交公式（5-59）容易得出

$$\begin{cases} C_1 = E_0 a^3 \\ C_n = 0 \quad (n \neq 1) \end{cases}$$

由此可得

$$U(r, \theta) = -E_0 r\cos\theta + E_0 \frac{a^3}{r^2}\cos\theta \quad (r \geqslant a)$$

$$\vec{E}(r,\theta) = -\nabla U = -\hat{r}\frac{\partial U}{\partial r} - \hat{\theta}\frac{1}{r}\frac{\partial U}{\partial \theta}$$

$$= \hat{r}E_0\left(1 + \frac{2a^3}{r^3}\right)\cos\theta - \hat{\theta}E_0\left(1 - \frac{a^3}{r^3}\right)\sin\theta$$

$$= \hat{z}E_0 + \frac{4\pi\varepsilon_0 a^3}{4\pi\varepsilon_0 r^3}E_0(\hat{r}2\cos\theta + \hat{\theta}\sin\theta)$$

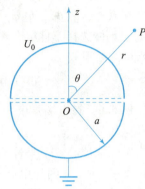

如果将上式后一项中的 $4\pi\varepsilon_0 E_0 a^3$ 记作 p，该项就与电偶极子的电场表达式完全相同，而上式的前一项恰为外加电场。可见，感应电荷对场的贡献相当于一个沿 z 轴放置的电偶极子，这是由于球面感应电荷的分布恰好是上正下负之故。

例 5.7 一个半径为 a 的导体球壳沿赤道平面切割出一窄缝，下半球壳接地而上半球壳电位为 U_0，如图 5-8 所示。试计算球内外空间的电位分布。

图 5-8 导体球壳内的电位

解：这是一个与 φ 无关的二维边值问题。考虑到球内区域包括 $r=0$ 和 $\theta=0$、π，球外区域包括 $r\to\infty$ 和 $\theta=0$、π，可将电位通解分别取如下形式

$$U_1(r,\theta) = \sum_{n=0}^{\infty} A_n r^n P_n(\cos\theta) \quad (r \leqslant a) \tag{1}$$

$$U_2(r,\theta) = \sum_{n=0}^{\infty} B_n r^{-(n+1)} P_n(\cos\theta)\ (r > a) \tag{2}$$

把边界条件分别代入以上两式，得

$$U_1(a,\theta) = \sum_{n=0}^{\infty} A_n a^n P_n(\cos\theta) = \begin{cases} U_0 & \left(0 \leqslant \theta \leqslant \dfrac{\pi}{2}\right) \\ 0 & \left(\dfrac{\pi}{2} < \theta \leqslant \pi\right) \end{cases}$$

$$U_2(a,\theta) = \sum_{n=0}^{\infty} B_n a^{-(n+1)} P_n(\cos\theta) = \begin{cases} U_0 & \left(0 \leqslant \theta \leqslant \dfrac{\pi}{2}\right) \\ 0 & \left(\dfrac{\pi}{2} < \theta \leqslant \pi\right) \end{cases}$$

用 $P_m(\cos\theta)\sin\theta$ 乘上面两式的两侧，并对 θ 从 $0\sim\pi$ 积分，得

$$\sum_{n=0}^{\infty} A_n a^n \int_0^{\pi} P_n(\cos\theta) P_m(\cos\theta)\sin\theta d\theta = U_0 \int_0^{\frac{\pi}{2}} P_m(\cos\theta)\sin\theta d\theta$$

$$\sum_{n=0}^{\infty} B_n a^{-(n+1)} \int_0^{\pi} P_n(\cos\theta) P_m(\cos\theta)\sin\theta d\theta = U_0 \int_0^{\frac{\pi}{2}} P_m(\cos\theta)\sin\theta d\theta$$

利用勒让德多项式的正交性质，当 $m=n$ 时得

$$A_n a^n \frac{2}{2n+1} = U_0 \int_0^1 P_n(x)dx \tag{3}$$

$$B_n a^{-(n+1)} \frac{2}{2n+1} = U_0 \int_0^1 P_n(x)dx \tag{4}$$

其中 $x=\cos\theta$。将 $P_n(x)$ 的各阶表达式代入式（3）积分，得

$$A_0 = \frac{U_0}{2}\int_0^1 P_0(x)dx = \frac{U_0}{2}\int_0^1 dx = \frac{U_0}{2}$$

$$A_1 = \frac{3U_0}{2a}\int_0^1 P_1(x)\,dx = \frac{3U_0}{2a}\int_0^1 x\,dx = \frac{3U_0}{4a}$$

$$A_2 = \frac{5U_0}{2a^2}\int_0^1 P_2(x)\,dx = \frac{5U_0}{2a^2}\int_0^1 \frac{1}{2}(3x^2-1)\,dx = 0$$

$$A_3 = -\frac{7U_0}{16a^3},\ A_4 = 0,\ A_5 = \frac{11U_0}{32a^5},\cdots$$

观察（3）、（4）两式的差别，可得到

$$B_n = A_n a^{2n+1}$$

将 A_n、B_n 值代入（1）、（2）两式，即得到球壳内、外的电位分布表达式

$$U_1(r,\theta) = \frac{U_0}{2} + \frac{3U_0}{4a}rP_1(\cos\theta) - \frac{7U_0}{16a^3}r^3P_3(\cos\theta) + \frac{11U_0}{32a^5}r^5P_5(\cos\theta) + \cdots \quad (r\le a)$$

$$U_2(r,\theta) = \frac{U_0 a}{2r} + \frac{3U_0 a^2}{4r^2}P_1(\cos\theta) - \frac{7U_0 a^4}{16r^4}P_3(\cos\theta) + \frac{11U_0 a^6}{32r^6}P_5(\cos\theta) + \cdots \quad (r>a)$$

§5.3　镜像法

镜像法是求解静态场边值问题的一种特殊方法。它适用于导体或介质边界（主要是平面、球面和圆柱面边界）前面存在点源或线源的一些特殊问题。镜像法处理问题的特点在于不直接求解位函数的泊松方程，而是在所求区域外用简单的镜像源来代替边界面上的未知感应源（如感应电荷、极化电荷和磁化电流等）。引入镜像源后，撤去原来的边界面并将所求区域的媒质扩展到整个空间，把一个分区媒质问题变成了无限区域的同种媒质问题，此时的场位分布可由两种源的无限区域解表达式叠加确定。因为镜像源被放置在原问题的待求区域以外，所以引入镜像源前后该区域位函数所满足的微分方程不变。如果通过恰当地选择镜像源的大小和位置，可使原问题场与引入镜像后新系统的场在原边界上满足相同的边界条件，由唯一性定理可知，新系统的解就是原问题的解。下面讨论几种特殊边界的镜像法应用。

一、平面镜像

当导体与介质或两种介质的分界面是无限大平面时，镜像源一般要放置在与已知源相对称的位置上。分界面犹如一面镜子，镜像源就是已知源在"镜"中的"像"。下面通过几个典型例题说明平面边界镜像法的具体方法。

例 5.8　如图 5－9 所示，真空中一点电荷 q 位于一无限大接地导体平面的上方，与平面的距离为 h。求 $z>0$ 区域的电位分布。

解：设想在 $(0,0,-h')$ 处放一个镜像点电荷 q' 来代替导体表面上感应电荷的作用，并将 $z\le 0$ 区域换成真空。因为 $z>0$ 区域的电荷分布及媒质参数并未发生变化，故此时该区域电位函数所满足的方程与原问题相同。因此 q' 能否作为镜像来代替感应电荷，关键要看引入 q' 后 $z>0$

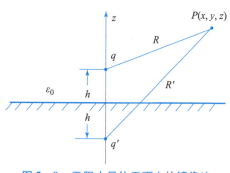

图 5－9　无限大导体平面上的镜像法

区域的边界条件是否与原问题所给的边界条件相同。原问题的边界条件为无限远处和导体表面上的电位等于零，即

$$U(\infty) = 0 \tag{5-64}$$

$$U(x,y,0) = 0 \tag{5-65}$$

引入镜像电荷 q' 后，空间任意点的电位由 q 和 q' 共同产生，即

$$U = \frac{q}{4\pi\varepsilon_0 R} + \frac{q'}{4\pi\varepsilon_0 R'} = \frac{1}{4\pi\varepsilon_0}\left[\frac{q}{\sqrt{x^2+y^2+(z-h)^2}} + \frac{q'}{\sqrt{x^2+y^2+(z+h')^2}}\right] \tag{5-66}$$

不论 q' 和 h' 取任何有限值，$R \to \infty$ 时上式都趋于零。因此新系统对边界条件式（5-64）自然满足。要使上式满足边界条件式（5-65），可取

$$h' = h, \quad q' = -q \tag{5-67}$$

将上式代入式（5-66），得

$$U = \frac{q}{4\pi\varepsilon_0}\left[\frac{1}{\sqrt{x^2+y^2+(z-h)^2}} - \frac{1}{\sqrt{x^2+y^2+(z+h)^2}}\right] \tag{5-68}$$

在 $z \geq 0$ 的区域内，式（5-68）既满足与原问题相同的泊松方程，又与原问题有完全相同的边界条件。根据唯一性定理，它就是原问题所求的电位解。

为了更好地理解镜像电荷的物理意义，先由式（5-68）计算导体平面上的感应电荷。由导体边界条件可得导体表面的感应电荷密度为

$$\rho_S = D_n = -\varepsilon_0 \frac{\partial U}{\partial z}\bigg|_{z=0} = -\frac{qh}{2\pi(x^2+y^2+h^2)^{\frac{3}{2}}} \tag{5-69}$$

导体表面上的总感应电荷为

$$Q_{in} = \int_{-\infty}^{\infty}\int_{-\infty}^{\infty}\rho_S \mathrm{d}x\mathrm{d}y = -\frac{qh}{2\pi}\int_{-\infty}^{\infty}\int_{-\infty}^{\infty}\frac{\mathrm{d}x\mathrm{d}y}{(x^2+y^2+h^2)^{3/2}} = -q \tag{5-70}$$

恰好等于镜像电荷电量。这一结果是合理的，因为点电荷 q 所发出的电力线将全部终止于无限大的接地导体平面上。

应当注意，为了使引入镜像的新系统与原问题在所求区域内处处满足同样的方程，镜像源必须放在原问题区域之外，而且新系统所求出的场或位只是在原问题的所求区域内表示所求的解，在此区域之外是无意义的。例如在本题中，原问题在 $z < 0$ 区域的电位为零，但由式（5-68）所计算的结果却不等于零。

如果导体边界不是无限大平面，而是图 5-10 所示的相互垂直的两个半无限大接地平面，也可以使用镜像法。此时不但要设已知电荷 q 的镜像，而且还要设镜像电荷的镜像。只有取如图 5-10 所示的三个镜像时，才能满足全部边界条件。实际上，所有相交成 $180°/n$ 的两个接地半平面内有电荷的问题，都可以用有限个镜像来满足所给的边界条件。

镜像法也可用于介质边界的情况。

例5.9 如图 5-11（a）所示，$x < 0$ 的半空间区域是电容率为 ε_2 的介质，$x > 0$ 的半空间区域是电容率为 ε_1 的介质，在 1 区距离界面 h 处有个点电荷 q。求 $x < 0$ 和 $x > 0$ 两个区域内的电位分布。

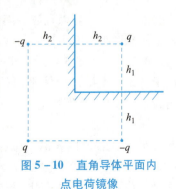

图 5-10　直角导体平面内点电荷镜像

解：求解 $x > 0$ 区域的场时，使整个空间充满介质 ε_1，将镜像电荷 q' 放置在 $x < 0$ 区域并且与 q 的位置相对称。该区域内的场由 ε_1 中的 q 和 q' 共同确定，如图 5 – 11（b）所示。求解 $x < 0$ 区域的场时，使整个空间充满介质 ε_2，用镜像电荷 q'' 取代原来的 q，该区域的场由 ε_2 中的 q'' 确定，如图 5 – 11（c）所示。镜像电荷 q' 和 q'' 的数值可以通过下面的边界条件确定

$$U_1\big|_{x=0} = U_2\big|_{x=0} \tag{5－71}$$

$$\varepsilon_1 \frac{\partial U_1}{\partial x}\bigg|_{x=0} = \varepsilon_2 \frac{\partial U_2}{\partial x}\bigg|_{x=0} \tag{5－72}$$

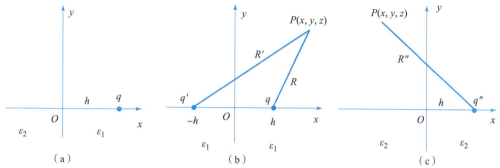

图 5 – 11　点电荷对两种介质平面边界的镜像

由图 5 – 11（b）、（c）容易写出两个区域的电位表达式

$$U_1 = \frac{1}{4\pi\varepsilon_1}\left[\frac{q}{\sqrt{(x-h)^2+y^2+z^2}} + \frac{q'}{\sqrt{(x+h)^2+y^2+z^2}}\right] \tag{5－73}$$

$$U_2 = \frac{1}{4\pi\varepsilon_2}\frac{q''}{\sqrt{(x-h)^2+y^2+z^2}} \tag{5－74}$$

将以上两式代入边界条件式（5 – 71）和式（5 – 72），得

$$\frac{1}{\varepsilon_1}\left[\frac{q}{\sqrt{(x-h)^2+y^2+z^2}} + \frac{q'}{\sqrt{(x+h)^2+y^2+z^2}}\right]_{x=0} = \frac{1}{\varepsilon_2}\left[\frac{q''}{\sqrt{(x-h)^2+y^2+z^2}}\right]_{x=0}$$

$$\frac{\partial}{\partial x}\left[\frac{q}{\sqrt{(x-h)^2+y^2+z^2}} + \frac{q'}{\sqrt{(x+h)^2+y^2+z^2}}\right]\bigg|_{x=0} = \frac{\partial}{\partial x}\left[\frac{q''}{\sqrt{(x-h)^2+y^2+z^2}}\right]\bigg|_{x=0}$$

计算得到

$$\frac{1}{\varepsilon_1}(q+q') = \frac{1}{\varepsilon_2}q''$$

$$q - q' = q''$$

以上两式联立求解，得

$$q' = \frac{\varepsilon_1-\varepsilon_2}{\varepsilon_1+\varepsilon_2}q \tag{5－75}$$

$$q'' = \frac{2\varepsilon_2}{\varepsilon_1+\varepsilon_2}q \tag{5－76}$$

将 q' 和 q'' 的值分别代入式（5 – 73）和式（5 – 74），即得到 $x > 0$ 和 $x < 0$ 区域的电位表达式。

镜像法还可以解决类似的磁场问题。

例 5.10 将例 5.9 中的 ε_1 和 ε_2 换成 μ_1 和 μ_2，点电荷 q 换成与分界面平行的无限长线电流 I，求 $x > 0$ 和 $x < 0$ 区域的磁场。

解：此题镜像电流的设置与上例镜像电荷情况基本相同。下面我们采用磁场边界条件 $B_{1n} = B_{2n}$ 和 $H_{1t} = H_{2t}$ 来确定镜像电流的数值。

设分界面法线方向 $\hat{n} = \hat{x}$，切线方向 $\hat{t} = \hat{y}$。由图 5-12（a）所示的场量关系和安培回路定律，可得界面两侧磁场的切、法线分量为

$$H_{1t} = -\frac{I}{2\pi R_0}\sin\alpha + \frac{I'}{2\pi R_0}\sin\alpha$$

$$B_{1n} = -\frac{\mu_1 I}{2\pi R_0}\cos\alpha - \frac{\mu_1 I'}{2\pi R_0}\cos\alpha$$

$$H_{2t} = -\frac{I''}{2\pi R_0}\sin\alpha$$

$$B_{2n} = -\frac{\mu_2 I''}{2\pi R_0}\cos\alpha$$

将上面各式代入边界条件关系式 $B_{1n} = B_{2n}$、$H_{1t} = H_{2t}$，得

$$\mu_1(I + I') = \mu_2 I''$$

$$-I + I' = -I''$$

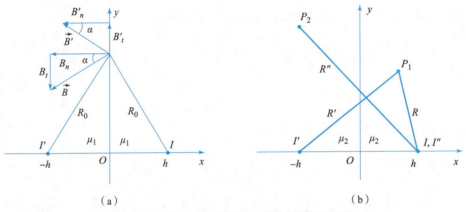

图 5-12　线电流对两种磁介质平面边界的镜像

联立解上面两式，得

$$I' = \frac{\mu_2 - \mu_1}{\mu_2 + \mu_1}I \tag{5-77}$$

$$I'' = \frac{2\mu_1}{\mu_2 + \mu_1}I \tag{5-78}$$

可见，镜像电流 I'' 的符号与原电流 I 相同，而 I' 的符号取决于两种介质的磁导率。

利用图 5-12（b）所示的位置关系和安培回路定律，容易写出两个区域的磁场表达式

$$\vec{B}_1 = \vec{B}_I + \vec{B}_{I'} = \frac{\mu_1 I}{2\pi R^2}(\hat{z} \times \vec{R}) + \frac{\mu_1}{2\pi R'^2}\frac{\mu_2 - \mu_1}{\mu_2 + \mu_1}I(\hat{z} \times \vec{R}') \tag{5-79}$$

$$\vec{B}_2 = \vec{B}_{r'} = \frac{\mu_2}{2\pi R''^2} \frac{2\mu_1}{\mu_2 + \mu_1} I(\hat{z} \times \vec{R}'') \tag{5-80}$$

以上两式就是原问题的所求磁场分布，其中式（5-79）表示 $x > 0$ 区域，式（5-80）表示 $x < 0$ 区域。

如果 $x > 0$ 区域是 $\mu_1 = \mu_0$ 的非磁性材料，$x > 0$ 区域是 $\mu_2 \to \infty$ 的理想磁导体，则式（5-79）变成

$$\vec{B}_1 = \frac{\mu_0 I}{2\pi} \hat{z} \times \left(\frac{\vec{R}}{R^2} + \frac{\vec{R}}{R'^2} \right)$$

$$= \frac{\mu_0 I}{2\pi} \left\{ -\hat{x} \left[\frac{y}{(x-h)^2 + y^2} + \frac{y}{(x+h)^2 + y^2} \right] + \hat{y} \left[\frac{x-h}{(x-h)^2 + y^2} + \frac{x+h}{(x+h)^2 + y^2} \right] \right\} \tag{5-81}$$

在 $x = 0$ 的分界面上

$$B_1 \Big|_{x=0} = -\frac{\mu_0 I y}{\pi (h^2 + y^2)} \hat{x} \tag{5-82}$$

上式表明，理想磁导体的外侧磁场只有法线分量，这与理想电导体表面只有法线电场分量的情况类似。

二、球面镜像

对于导体及介质的分界面呈球面并且已知源为点源的一类静态场问题，一般也可以用镜像法求解。

例 5.11　在半径为 a 的接地导体球外 M 点有一个点电荷 q，球心 O 与 M 点的距离为 d，如图 5-13 所示。求导体球外的电位分布和球面上的感应电荷。

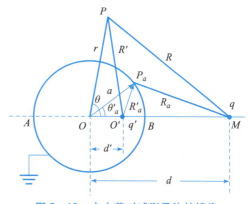

图 5-13　点电荷对球形导体的镜像

解：根据镜像源应放在所求区域之外和本题的场对称性可知，镜像电荷 q' 应在 OM 连线的球内部分上，设 q' 的位置点 O' 与 O 点的距离为 d'。电荷 q 和 q' 在球外空间任意点产生的电位为

$$U = \frac{q}{4\pi\varepsilon_0 R} + \frac{q'}{4\pi\varepsilon_0 R'}$$

$$= \frac{q}{4\pi\varepsilon_0 \sqrt{r^2 + d^2 - 2rd\cos\theta}} + \frac{q'}{4\pi\varepsilon_0 \sqrt{r^2 + d'^2 - 2rd'\cos\theta}} \tag{5-83}$$

根据边界条件 $U|_{r=a} = 0$，对球面上的任意点 P_a 应该有

$$U_{r=a} = \frac{q}{4\pi\varepsilon_0 R_a} + \frac{q'}{4\pi\varepsilon_0 R'_a} = 0 \tag{5-84}$$

为了确定出 q' 和 d' 的数值，我们取球面上的两个特殊位置 A 点和 B 点，分别将两点坐标代入式（5-84），得

$$\frac{q}{4\pi\varepsilon_0 (a+d)} + \frac{q'}{4\pi\varepsilon_0 (a+d')} = 0 \tag{1}$$

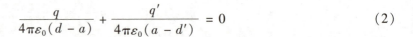

$$\frac{q}{4\pi\varepsilon_0(d-a)} + \frac{q'}{4\pi\varepsilon_0(a-d')} = 0 \tag{2}$$

由上面两式解得

$$q' = -\frac{a}{d}q, \quad d' = \frac{a^2}{d} \tag{5-85}$$

将式（5-85）的结果代入式（5-83）并令 $r=a$，得球面上任意点的电位

$$U\big|_{r=a} = \frac{q}{4\pi\varepsilon_0}\left[\frac{1}{\sqrt{d^2+a^2-2ad\cos\theta_a}} + \frac{-a/d}{\sqrt{(a^2/d)^2+a^2-2a^3\cos\theta_a/d}}\right] = 0 \tag{5-86}$$

其中的 θ_a 表示球面上点的极角。由此可见，q 和 q' 在 $r=a$ 的球面上共同产生的电位与原题所给导体球接地的边界条件吻合。再考虑到它们在无限远处的边界条件也与原问题相同，故这两个点电荷在球外区域产生的场就是原问题的解，即

$$U = \frac{q}{4\pi\varepsilon_0 R} + \frac{q'}{4\pi\varepsilon_0 R'}$$

$$= \frac{q}{4\pi\varepsilon_0}\left[\frac{1}{\sqrt{d^2+a^2-2ad\cos\theta}} - \frac{a/d}{\sqrt{(a^2/d)^2+a^2-2a^3\cos\theta/d}}\right] \tag{5-87}$$

利用上式可求出导体球面上的感应电荷密度与总感应电荷

$$\rho_S = D_r\big|_{r=a} = -\varepsilon_0\frac{\partial U}{\partial r}\bigg|_{r=a} = -\frac{q(d^2-a^2)}{4\pi a(a^2+d^2-2ad\cos\theta)^{3/2}} \tag{5-88}$$

$$Q_{\text{in}} = \oint_{S_a}\rho_S\mathrm{d}S = -\frac{q(d-a^2)}{4\pi a}\cdot 2\pi a\int_0^\pi\frac{\sin\theta\mathrm{d}\theta}{(a^2+d^2-2ad\cos\theta)^{3/2}} = -\frac{a}{d}q \tag{5-89}$$

总感应电荷恰等于镜像电荷，正如我们所预料的一样。因为 $a<d$，所以感应电荷 Q_{in} 的绝对值小于施感电荷 q。这表明 q 发出的电力线一部分终止于导体球面而另一部分则终止于无穷远处。

如果例题中的导体球不接地且表面上不带过剩电荷，则此时需要在球心处增加一个镜像电荷 q''，令 $q'' = -q' = aq/d$。新电荷系统由 q、q'、q'' 共同组成。

如果导体球不接地，并且给出它的电位为 U_0，则也要在球心处增加一个镜像电荷 q''，由 $U_0 = q''/(4\pi\varepsilon_0 a)$ 确定 q'' 的值。电荷系统由 q、q'、q'' 共同组成。

如果导体内挖一个球形空腔，空腔内 O' 点有一点电荷 q' 距球心 d' 时，则它的镜像应该放在腔外的 M 点上，也就是式（5-85）的反演，镜像电荷 $q = -q'(a/d')$ 和 $d = a^2/d'$。腔内的场分布由 q' 和 q 共同确定。

例5.12 假设一个无限大接地导体平面上有一半径为 a 的半球形导体凸块，在凸块附近有一个点电荷 q。求此电荷的镜像。

解：设电荷 q 和导体平面法线所在的平面为 xz 平面，如图5-14所示。先作电荷 q 对导体平面 xy 面的镜像电荷 $-q$，它的坐标为 $(x,0,-z)$。其次作 q 对球面的镜像为

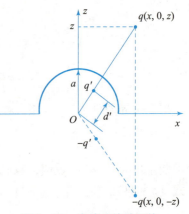

图5-14 半球凸块的导体平面的镜像

$$q' = -\left(a/\sqrt{x^2 + z^2}\right)q$$

它位于原点 O 与电荷 q 的连线上且与原点的距离为

$$d' = a^2/\sqrt{x^2 + z^2}$$

最后作镜像电荷 q' 对 xy 平面的镜像 $-q'$。由电荷 q、$-q$、q' 和 $-q'$ 组成的电荷系统可以使原问题的边界条件得到满足，故导体外任意点的场可以由这四个点电荷共同确定。

三、圆柱面镜像

当分界面为无限长圆柱面且已知源是与边界平行的无限长线源时，可以利用圆柱面的镜像求解空间的场分布。

例 5.13　在半径为 a 的无限长接地导体圆柱外有一根与圆柱轴线平行的无限长线电荷，电荷线密度为 ρ_l，线电荷与圆柱轴线的距离为 d，如图 5–15 所示。求柱外任意点的电位和柱面上的感应电荷。

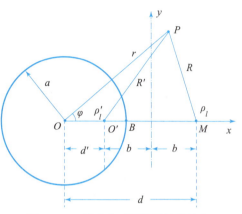

图 5–15　线电荷对导体圆柱的镜像

解：根据场的对称性，可设镜像电荷是一条与圆柱轴平行的线电荷，线密度为 ρ_l'，与轴线的距离为 d'。若设柱面上的 B 点为无限长线电荷的零电位参考点，可写出线电荷 ρ_l 和 ρ_l' 在空间任意点产生的电位为

$$U = \frac{\rho_l}{2\pi\varepsilon_0}\ln\frac{MB}{R} + \frac{\rho_l'}{2\pi\varepsilon_0}\ln\frac{O'B}{R'}$$

$$= -\frac{\rho_l}{2\pi\varepsilon_0}\ln\frac{R}{d-a} - \frac{\rho_l'}{2\pi\varepsilon_0}\ln\frac{R'}{a-d'} \tag{5–90}$$

其中的 R 和 R' 分别为

$$R = \sqrt{d^2 + r^2 - 2rd\cos\varphi} \tag{5–91}$$

$$R' = \sqrt{d'^2 + r^2 - 2rd'\cos\varphi} \tag{5–92}$$

将上面各式代入边界条件 $U|_{r=a} = 0$，得

$$U|_{r=a} = -\frac{\rho_l}{2\pi\varepsilon_0}\ln\left(\frac{\sqrt{d^2 + a^2 - 2ad\cos\varphi}}{d-a}\right) - \frac{\rho_l'}{2\pi\varepsilon_0}\ln\left(\frac{\sqrt{d'^2 + a^2 - 2ad'\cos\varphi}}{a-d'}\right) = 0 \tag{5–93}$$

上式应对任意 φ 都成立，即圆柱面上的电位处处为零。因此应有

$$\left.\frac{\partial U}{\partial \varphi}\right|_{r=a} = 0 \tag{5–94}$$

将式（5–93）代入上式，整理后可得到

$$\left[\rho_l d(a^2 + d'^2) + \rho_l'd'(a^2 + d'^2)\right] - \left[2add'(\rho_l + \rho_l')\right]\cos\varphi = 0$$

上式成立的充分条件是两个方括号部分都等于零，即

$$\rho_l d(a^2 + d'^2) + \rho_l' d'(a^2 + d'^2) = 0$$

$$2add'(\rho_l + \rho_l') = 0$$

联立求解上面两式，得

$$\rho_l' = -\rho_l, d' = d \tag{5-95a}$$

和

$$\rho_l' = -\rho_l, d' = \frac{a^2}{d} \tag{5-95b}$$

前面的一组解不合理，应当舍去，式（5-95b）就是所求的镜像。

将式（5-95b）代入式（5-90），得到柱外任意点电位

$$U = \frac{\rho_l}{2\pi\varepsilon_0}\ln\frac{R'd}{Ra} = \frac{\rho_l}{2\pi\varepsilon_0}\ln\frac{\sqrt{a^2 + r^2 d^2/a^2 - 2rd\cos\varphi}}{\sqrt{d^2 + r^2 - 2rd\cos\varphi}} \tag{5-96}$$

柱面上的感应电荷面密度和单位长度上的感应电荷分别为

$$\rho_S = -\varepsilon_0\left.\frac{\partial U}{\partial r}\right|_{r=a} = -\frac{\rho_l(d^2 - a^2)}{2\pi a(a^2 + d^2 - 2ad\cos\varphi)} \tag{5-97}$$

$$Q_{\text{in}} = \int_{S_a}\rho_S dS = -\frac{\rho_l(d^2 - a^2)}{2\pi a}\int_0^1 dz\int_0^{2\pi}\frac{ad\varphi}{a^2 + d^2 - 2ad\cos\varphi} = -\rho_l \tag{5-98}$$

在上面的例题中，如果将两条线电荷连线 $O'M$ 的垂直平分线上的任意一点指定为零电位点，并假设镜像电荷的电量和位置仍由式（5-95b）决定，则空间任意点的电位为

$$U = \frac{\rho_l}{2\pi\varepsilon_0}\ln\frac{R'}{R} = \frac{\rho_l}{2\pi\varepsilon_0}\ln\frac{a\sqrt{a^2 + r^2 d^2/a^2 - 2rd\cos\varphi}}{d\sqrt{d^2 + r^2 - 2rd\cos\varphi}} \tag{5-99}$$

令上式中 $r = a$，得到圆柱表面的电位

$$U(r = a) = \frac{\rho_l}{2\pi\varepsilon_0}\ln\frac{a}{d} \tag{5-100}$$

可见，导体圆柱表面是等电位面的边界条件能够被满足。如果 $\rho_l > 0$，由式（5-100）及 $a < d$ 可知，导体圆柱的电位为负值，从零电位参考点所设位置分析，此结果是必然的。

根据平行双线的对称性可以推测，在 $O'M$ 的垂直平分线的右侧一定还存在着一个与圆柱边界圆相对称的正值等位圆。实际上，上述两条平行异号线电荷所产生的二维等电位线是两个圆族，等位圆的电位值由式（5-99）决定，当 $R'/R = k$ 取不同值时，就得到不同电位的等位圆。如果将 $O'M$ 与直角坐标系的 x 轴重合，并把它的长度记为 $2b$，将它的垂直平分线与 y 轴重合，则 $R'/R = k$ 可以表示为

$$\frac{\sqrt{(x+b)^2 + y^2}}{\sqrt{(x-b)^2 + y^2}} = k$$

由上式整理可得

$$\left(x + \frac{1+k^2}{1-k^2}\right)^2 + y^2 = \left(\frac{2k}{1-k^2}b\right)^2$$

上式是一个以常数 k 为参量的圆族方程，它表示两条平行异号线电荷在二维平面内的等电位线族。等位圆的圆心在 $(-(1+k^2)b/(1-k^2), 0)$，半径为 $|2kb/(1-k^2)|$。$k < 1$ 时，等位圆在 y 轴的左侧，电位为负值；$k > 1$ 时，等位圆在 y 轴的右侧，电位为正值。电位为正、负

无穷的等位圆收缩成两条线电荷所在位置的点，对应的 k 值分别是∞和0。随着电位绝对值的减小，等位圆的圆心分别向 x 轴的正、负方向移动，圆半径逐渐增大，零电位圆变成 y 轴，对应的 k 值为1。图 5-16 略示了它的若干条等位线。

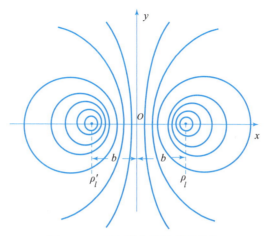

图 5-16　平行线电荷的等电位线

　　由于平行异号线电荷产生的等电位线是两族对称圆，因此不但上例的线-柱问题可以转化为平行双线来求解，对于平行导体圆柱的问题也可采用这种方法。

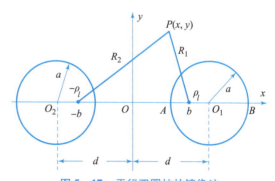

图 5-17　平行双圆柱的镜像法

　　例 5.14　两无限长平行圆柱导体的半径都等于 a，轴线之间的距离为 $2d$，如图 5-17 所示。求导体柱单位长度的电容。

　　解：本题可利用前面讨论的结果，用两条平行异号线电荷 ρ_l 和 $-\rho_l$ 作为平行带电圆柱的镜像。首先来确定线电荷的位置 b。设 y 轴上的任意点为零电位参考点，则空间任意点 $P(x,y)$ 处的电位为

$$U = \frac{\rho_l}{2\pi\varepsilon_0}\ln\frac{R_2}{R_1} = \frac{\rho_l}{2\pi\varepsilon_0}\ln\frac{\sqrt{(x+b)^2+y^2}}{\sqrt{(x-b)^2+y^2}} \tag{5-101}$$

　　在右边圆柱边界上选取两个特殊点 $A(d-a,0)$ 和 $B(d+a,0)$，把式（5-101）代入边界条件 $U_A = U_B$，得

$$\frac{\rho_l}{2\pi\varepsilon_0}\ln\frac{\sqrt{(d-a+b)^2}}{\sqrt{(d-a-b)^2}} = \frac{\rho_l}{2\pi\varepsilon_0}\ln\frac{\sqrt{(d+a+b)^2}}{\sqrt{(d+a-b)^2}}$$

解上式得

$$b = \sqrt{d^2-a^2}$$

将 b 值代入式（5-101），得

$$U = \frac{\rho_l}{2\pi\varepsilon_0}\ln\frac{\sqrt{(x+\sqrt{d^2-a^2})^2+y^2}}{\sqrt{(x-\sqrt{d^2-a^2})^2+y^2}} = \frac{\rho_l}{4\pi\varepsilon_0}\ln\frac{(x+\sqrt{d^2-a^2})^2+y^2}{(x-\sqrt{d^2-a^2})^2+y^2} \tag{5-102}$$

为了验证上式能使圆柱边界上的所有点具有相同的电位值，可以将右边圆柱边界的圆方程 $y^2 = a^2 - (x-d)^2$ 代入该式，得

$$U_{1a} = \frac{\rho_l}{4\pi\varepsilon_0}\ln\frac{(x+\sqrt{d^2-a^2})^2 + a^2 - (x-d)^2}{(x-\sqrt{d^2-a^2})^2 + a^2 - (x-d)^2}$$

$$= \frac{\rho_l}{2\pi\varepsilon_0}\ln\frac{d+\sqrt{d^2-a^2}}{a} \tag{5-103}$$

同理，可证明左边圆柱的电位为

$$U_{2a} = -\frac{\rho_l}{2\pi\varepsilon_0}\ln\frac{d+\sqrt{d^2-a^2}}{a} \tag{5-104}$$

可见，U_{1a} 和 U_{2a} 都是只取决于 a、d、ρ_l 的量值，导体柱面等电位的边界条件能够满足，故式（5-102）是原问题的电位解。

由式（5-103）和式（5-104）可得两圆柱间的电位差

$$U = U_{1a} - U_{2a} = \frac{\rho_l}{\pi\varepsilon_0}\ln\frac{d+\sqrt{d^2-a^2}}{a}$$

两圆柱单位长度的电容为

$$C_0 = \frac{\rho_l}{U} = \frac{\pi\varepsilon_0}{\ln\dfrac{d+\sqrt{d^2-a^2}}{a}}$$

当 $d \gg a$ 时，令 $D = 2d$，则得

$$C_0 \approx \frac{\pi\varepsilon_0}{\ln\dfrac{D}{a}}$$

§5.4　复变函数法

复变函数法是解决复杂二维边值问题的一种有效方法。它的应用方式有两种：一种是根据问题的边界形式直接选择一合适解析函数的实部或虚部作为待求场位的解，称之为**复位函数法**；另一种是利用解析函数的保角变换性质，将边界形状比较复杂的边值问题变换为新坐标平面上的简单边值问题，称之为**保角变换法**。本节将分别对两种方法做简单介绍。

一、复位函数法

复数 $Z = x + jy$ 表示复平面 Z 上的一点，与一对实数 x、y 对应，如图 5-18（a）所示。复数也可以用指数形式 $Z = re^{j\varphi}$ 表示，r 称作 Z 的**模**，φ 称作 Z 的**辐角**，它们与 x、y 的关系为

$$r = \sqrt{x^2+y^2}, \quad \varphi = \arctan\frac{y}{x} \tag{5-105}$$

以复变数 $Z = x + jy$ 为自变量的函数称为**复变函数**，它可以表示成如下形式

$$W(Z) = u(x,y) + jv(x,y) \tag{5-106}$$

其中 $u(x,y)$ 和 $v(x,y)$ 分别是 $W(Z)$ 的实部和虚部，它们都是 x、y 的实函数。

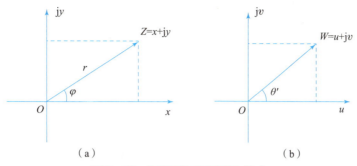

图 5 - 18　Z 平面和 W 平面内的点
（a）Z 平面；（b）W 平面

同样，复变函数 $W(Z)$ 也可表示为以 u 轴和 jv 轴所成平面内的点，如图 5 - 18（b）所示，此平面称为 W 平面。

由于 W 平面内的点与 Z 平面内的点通过 $W = W(Z)$ 而对应，因此两个平面内曲线的区域也是对应的。这种对应关系称为变换或映射。Z 平面内的图形称为原像，W 平面内的对应图形称为映像。除函数 $W(Z) = aZ + b$ 外，原像与映像有不同的形状。例如函数

$$W(Z) = Z^2 = (x + jy)^2 = (x^2 - y^2) + j2xy = u + jv$$

其中的实部函数和虚部函数分别为

$$u = x^2 - y^2, v = 2xy \tag{5 - 107}$$

这表明函数 $W(Z) = Z^2$ 可以将 Z 平面内的两族双曲线 $x^2 - y^2 = C_1$ 和 $2xy = C_2$ 映射成 W 平面内的两族平行直线 $u = C_1$ 和 $v = C_2$，如图 5 - 19 所示。复变函数的这种变换作用为下节化简区域边界提供了途径。

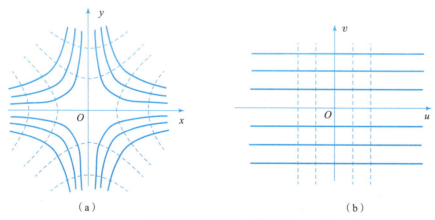

图 5 - 19　$W(Z) = Z^2$ 变换

复变函数的导数与实变函数的导数有相似的定义，其定义为

$$\frac{dW}{dZ} = \lim_{\Delta Z \to 0} \frac{\Delta W}{\Delta Z} = \lim_{\Delta Z \to 0} \frac{W(Z + \Delta Z) - W(Z)}{\Delta Z} \tag{5 - 108}$$

如果复变函数 $W(Z)$ 在某定义域 D 内所有点上都存在唯一的导数，即在区域 D 的每一

点上，不论 ΔZ 以何种路径趋于零，式（5-108）都有唯一确定值，则称 $W(Z)$ 是区域 D 内的解析函数。于是解析函数的实部和虚部满足下面两个方程

$$\frac{\partial u}{\partial x} = \frac{\partial v}{\partial y} \tag{5-109a}$$

$$\frac{\partial u}{\partial y} = -\frac{\partial v}{\partial x} \tag{5-109b}$$

这两个方程称为柯西-黎曼条件，简称 CR 条件。据此，

$$\frac{\mathrm{d}W}{\mathrm{d}Z} = \frac{\partial u}{\partial x} + \mathrm{j}\frac{\partial v}{\partial x} = \frac{\partial v}{\partial y} - \mathrm{j}\frac{\partial v}{\partial x} \tag{5-110}$$

将式（5-109a）对 x 求偏导而将式（5-109b）对 y 求偏导，然后将所得方程相加，得

$$\frac{\partial^2 u}{\partial x^2} + \frac{\partial^2 u}{\partial y^2} = \frac{\partial^2 v}{\partial x \, \partial y} - \frac{\partial^2 v}{\partial y \, \partial x} = 0 \tag{5-111}$$

将以上求导顺序反转，则有

$$\frac{\partial^2 v}{\partial x^2} + \frac{\partial^2 v}{\partial y^2} = -\frac{\partial^2 u}{\partial x \, \partial y} + \frac{\partial^2 u}{\partial y \, \partial x} = 0 \tag{5-112}$$

上面两式表明解析函数的实部函数和虚部函数均满足二维拉普拉斯方程。因为无源区域内的静电位 U 和磁标位 U_m 也满足拉普拉斯方程，所以可以选择合适的解析函数 W 的实部或虚部来表示二维问题的位函数，这个解析函数 W 就称为原问题的**复位函数**。

选择复位函数的关键是要使其 u 或 v 在 Z 平面内的等值线能与原问题的等值边界线重合。根据唯一性定理，这个函数（u 或 v）既满足拉普拉斯方程，又满足原问题的边界条件，因此它就是原问题的解。多数情况下，如何根据问题所给边界形式来选择合适的解析函数并没有一定的规律可循，而只能依靠我们对一些已知函数等值线形状的了解，从而使这种方法的应用受到了限制。下面通过一个简单例子来说明这种方法的具体应用。

例 5.15 分析对数函数

$$W(Z) = A\ln Z + (B_1 + \mathrm{j}B_2)$$

所代表的电场，其中 A、B_1、B_2 为实常数。

解：令 $Z = r e^{\mathrm{j}\varphi}$，则有

$$W(Z) = A\ln(r e^{\mathrm{j}\varphi}) + B_1 + \mathrm{j}B_2 = (A\ln r + B_1) + \mathrm{j}(A\varphi + B_2)$$

所以

$$u = A\ln r + B_1, \quad v = A\varphi + B_2$$

可以看出，在 Z 平面内，$u =$ 常数的曲线是 r 等于常数的圆，而 $v =$ 常数的曲线是径向辐射线。因为无限长带电导体圆柱或同轴线的二维等电位线是圆，所以 u 可以表示这类边值问题的电位函数。例如一无限长同轴线，已知内导体电位为 $U(r = r_1) = U_0$，外导体电位为 $U(r = r_2) = 0$，如图 5-20 所示。若求内外导体之间的电位分布，则可设上面的 u 为待求电位函数解，即

$$U = u = A\ln r + B_1$$

将内、外导体的边界条件分别代入上式，得

$$U_{r=r_1} = A\ln r_1 + B_1 = U_0$$

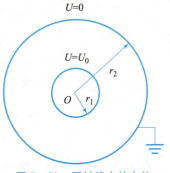

图 5-20　同轴线内的电位

$$U_{r=r_2} = A\ln r_2 + B_1 = 0$$

由以上两式联立解得

$$A = \frac{U_0}{\ln\dfrac{r_1}{r_2}}, \quad B_1 = -\frac{U_0\ln r_2}{\ln\dfrac{r_1}{r_2}}$$

所求区域的电位解为

$$U = \frac{U_0\ln\dfrac{r}{r_2}}{\ln\dfrac{r_1}{r_2}}$$

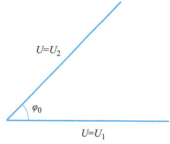

图 5 – 21 　两导体平板间的电位

如果取 $W(Z)$ 的虚部 v 为电位函数, 那么可以表示图 5 – 21 所示的两个半无限导体平面所夹扇形区域内的电位, 令

$$U = u = A\varphi + B_2 \qquad (1)$$

对 $0 \leqslant \varphi \leqslant \varphi_0$ 的区域, 将边界条件 $U_{\varphi=0} = U_1$ 和 $U_{\varphi=\varphi_0} = U_2$ 分别代入上式, 可解得

$$A = \frac{U_2 - U_1}{\varphi_0}, \quad B_2 = U_1$$

该区域内的电位表达式为

$$U = \frac{U_2 - U_1}{\varphi_0}\varphi + U_1$$

对 $\varphi_0 < \varphi \leqslant 2\pi$ 的区域, 将边界条件 $U_{\varphi=\varphi_0} = U_2$ 和 $U_{\varphi=2\pi} = U_1$ 分别代入式 (1), 可得

$$A = \frac{U_1 - U_2}{2\pi - \varphi_0}, \quad B_2 = \frac{2\pi U_2 - \varphi_0 U_1}{2\pi - \varphi_0}$$

该区域内的电位表达式为

$$U = \frac{U_1 - U_2}{2\pi - \varphi_0}\varphi + \frac{2\pi U_2 - \varphi_0 U_1}{2\pi - \varphi_0}$$

在前面介绍的方法中, 如果我们取 $u(x,y)$ 来表示某边值问题的电位函数, 则 Z 平面上的曲线 $u(x,y) = C_1$ 表示等电位线, 那么此时的 $v(x,y)$ 以及它的等值线 $v(x,y) = C_2$ 代表什么物理意义呢? 为了说明这个问题, 先来计算通过任意点的两条曲线 $u(x,y) = C_1$ 和 $v(x,y) = C_2$ 的斜率乘积。对 $u(x,y) = C_1$ 两边微分, 得

$$\mathrm{d}u = \frac{\partial u}{\partial x}\mathrm{d}x + \frac{\partial u}{\partial y}\mathrm{d}y = 0$$

该曲线的斜率为

$$\left(\frac{\mathrm{d}y}{\mathrm{d}x}\right)_u = -\frac{\partial u}{\partial x}\Big/\frac{\partial u}{\partial y} \qquad (5-113)$$

对 $v(x,y) = C_2$ 两边微分, 得该曲线斜率

$$\left(\frac{\mathrm{d}y}{\mathrm{d}x}\right)_v = -\frac{\partial v}{\partial x}\Big/\frac{\partial v}{\partial y} \qquad (5-114)$$

将式 (5-113) 和式 (5-114) 相乘, 然后代入 CR 条件, 得

$$\left(\frac{\mathrm{d}y}{\mathrm{d}x}\right)_u\left(\frac{\mathrm{d}y}{\mathrm{d}x}\right)_v = -1 \qquad (5-115)$$

上式表明，两组曲线族 $u(x,y) = C_1$ 和 $v(x,y) = C_2$ 在 Z 平面内是处处正交的。由静电场的等电位线与电通量线（或电力线）处处正交的性质可知，当 $u(x,y) = C_1$ 表示等电位线时，则 $v(x,y) = C_2$ 可以作为这个电场的电通量线或电力线，$v(x,y)$ 称为电通量函数。电场强度与电位函数及电通量函数的关系由下面公式确定

$$\vec{E} = -\nabla U = -\nabla u(x,y)$$

$$= -\hat{x}\frac{\partial u}{\partial x} - \hat{y}\frac{\partial u}{\partial y}$$

$$= -\hat{x}\frac{\partial v}{\partial y} + \hat{y}\frac{\partial v}{\partial x} \tag{5-116}$$

于是在 Z 平面上穿过等位线弧 AB 上的电通量为

$$\Phi = \varepsilon\int_A^B \vec{E}\cdot(\hat{n}\times\mathrm{d}\vec{l}) = \varepsilon\int_A^B\left(-\hat{x}\frac{\partial v}{\partial y} + \hat{y}\frac{\partial v}{\partial x}\right)\cdot(-\hat{x}\mathrm{d}y + \hat{y}\mathrm{d}x)$$

$$= \varepsilon\int_A^B\left(\frac{\partial v}{\partial y}\mathrm{d}y + \frac{\partial v}{\partial x}\mathrm{d}x\right) = \varepsilon\int_A^B\mathrm{d}u = \varepsilon[u(B) - u(A)]$$

它表示长为 1 m、宽为弧 AB 的矩形面积上通过的电通量。

由于解析函数的实部和虚部都具有明确的电场物理意义，因此在电磁学中常把它称为**复电位**，利用复电位求解二维场的方法称为**复位函数法**。

二、保角变换法

对一些边界形状较复杂的二维边值问题，往往很难通过一次变换就能找到合适的复位函数。特别是对有源区域的泊松问题，复位函数法一般是不成立的，因为解析函数的 u 和 v 只满足拉普拉斯方程而不满足泊松方程。但对上述问题，我们却可以利用解析函数的变换作用，将 Z 平面的待求区域变换到 W 平面上，使原来复杂边界的问题变为 W 平面内简单边界的问题，这种方法称为**保角变换法**。由于保角变换可以保持系统总电荷量不变，由此为求解分布电容提供了一种有效方法。为了正确地使用这种方法，我们对解析函数的变换性质做进一步讨论。

对于 W 平面上的任意点，$W(Z)$ 的导数可以表示为

$$\frac{\mathrm{d}W}{\mathrm{d}Z} = W'(Z) = Me^{j\theta} \tag{5-117}$$

因此有

$$\mathrm{d}W = W'(Z)\mathrm{d}Z = Me^{j\theta}\mathrm{d}Z \tag{5-118}$$

根据解析函数在一个点上只有唯一导数的性质，一个给定点上的 M 和 θ 都只有唯一的数值。因此不论 $\mathrm{d}Z$ 的取向如何，W 平面上增量 $\mathrm{d}W$ 的绝对值都等于 $\mathrm{d}Z$ 绝对值的 M 倍，同时 $\mathrm{d}W$ 的辐角等于 Z 的辐角加上 θ。也就是说：从 Z 平面变换到 W 平面上时，线元 $\mathrm{d}Z$ 的长度被放大 M 倍，同时旋转了一个 θ 角，并且不管线元 $\mathrm{d}Z$ 的取向如何，其放大的倍数和旋转的角度是一定的。因此，如果 Z 平面上的两条曲线 l_1 和 l_2 相交于 Z_0 点，其夹角为 φ，则变换到 W 平面后，其映像点 W_0 处两条曲线 l_1' 和 l_2' 的夹角也是 φ，如图 5-22 所示。解析函数的这种性质称为保角性。

就一对确定点 Z_0 与 W_0 而言，线元的放大量和旋转角度是一定的。但因为 $\mathrm{d}W/\mathrm{d}Z$ 是 Z 的函数，所以 M 和 θ 的值都将随 Z 变化，不同点上的放大倍数和旋转角度也各不相同。因

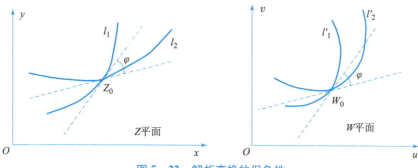

图 5 - 22　解析变换的保角性

此当 Z 平面的曲线被变换到 W 平面上时，它的映像 l' 就与原像 l 的形状不同了。同样，Z 平面上的闭合曲线所包围的区域被变换到 W 平面上时，其形状和范围也与原像不同。

之所以选择解析函数进行变换，是因为它可以保证 Z 平面内的泊松问题（或拉普拉斯问题）变换到 W 平面内仍是一个泊松问题（或拉普拉斯问题）。下面证明这个性质。

设电位函数 U 在 Z 平面内满足泊松方程，即

$$\frac{\partial^2 U}{\partial x^2} + \frac{\partial^2 U}{\partial y^2} = -\frac{\rho}{\varepsilon} \tag{5-119}$$

经过 $W = W(Z)$ 变换后，U 所代表的实际物理量分布并未产生变化，但坐标参考系进行了替换。这与我们把某函数从直角坐标系变换到圆柱或球面坐标系的情况是完全类似的。因此，$W(Z)$ 变换的实质就是从 (x, y) 坐标系到 (u, v) 坐标系的坐标变换。由于 u、v 是 x、y 的函数，可利用复合函数求导法则，将式（5-119）中的微分运算写成如下形式

$$\frac{\partial U}{\partial x} = \frac{\partial u}{\partial x}\frac{\partial U}{\partial u} + \frac{\partial v}{\partial x}\frac{\partial U}{\partial v}$$

$$\frac{\partial^2 U}{\partial x^2} = \frac{\partial}{\partial x}\left(\frac{\partial u}{\partial x}\frac{\partial U}{\partial u} + \frac{\partial v}{\partial x}\frac{\partial U}{\partial v}\right)$$

$$= \frac{\partial^2 u}{\partial x^2}\frac{\partial U}{\partial u} + \left(\frac{\partial u}{\partial x}\right)^2\frac{\partial^2 U}{\partial u^2} + \frac{\partial^2 v}{\partial x^2}\frac{\partial U}{\partial v} + \left(\frac{\partial v}{\partial x}\right)^2\frac{\partial^2 U}{\partial v^2} + 2\frac{\partial u}{\partial x}\frac{\partial v}{\partial x}\frac{\partial^2 U}{\partial u \partial v}$$

同理

$$\frac{\partial^2 U}{\partial y^2} = \frac{\partial^2 u}{\partial y^2}\frac{\partial U}{\partial u} + \left(\frac{\partial u}{\partial y}\right)^2\frac{\partial^2 U}{\partial u^2} + \frac{\partial^2 v}{\partial y^2}\frac{\partial U}{\partial v} + \left(\frac{\partial v}{\partial y}\right)^2\frac{\partial^2 U}{\partial v^2} + 2\frac{\partial u}{\partial y}\frac{\partial v}{\partial y}\frac{\partial^2 U}{\partial u \partial v}$$

两式相加，得

$$\frac{\partial^2 U}{\partial x^2} + \frac{\partial^2 U}{\partial y^2} = \left[\left(\frac{\partial u}{\partial x}\right)^2 + \left(\frac{\partial u}{\partial y}\right)^2\right]\frac{\partial^2 U}{\partial u^2} + \left[\left(\frac{\partial v}{\partial x}\right)^2 + \left(\frac{\partial v}{\partial y}\right)^2\right]\frac{\partial^2 U}{\partial v^2} + \left(\frac{\partial^2 u}{\partial x^2} + \frac{\partial^2 u}{\partial y^2}\right)\frac{\partial U}{\partial u} +$$

$$\left(\frac{\partial^2 v}{\partial x^2} + \frac{\partial^2 v}{\partial y^2}\right)\frac{\partial U}{\partial v} + 2\left(\frac{\partial u}{\partial x}\frac{\partial v}{\partial x} + \frac{\partial u}{\partial y}\frac{\partial v}{\partial y}\right)\frac{\partial^2 U}{\partial u \partial v} \tag{5-120}$$

将式（5-109）~式（5-112）和 CR 条件代入上式，得

$$\frac{\partial^2 U}{\partial x^2} + \frac{\partial^2 U}{\partial y^2} = \left[\left(\frac{\partial u}{\partial x}\right)^2 + \left(\frac{\partial v}{\partial x}\right)^2\right]\left(\frac{\partial^2 U}{\partial u^2} + \frac{\partial^2 U}{\partial v^2}\right)$$

$$= |W'(Z)|^2\left(\frac{\partial^2 U}{\partial u^2} + \frac{\partial^2 U}{\partial v^2}\right)$$

把上式代入式（5 - 119），得

$$\frac{\partial^2 U}{\partial u^2} + \frac{\partial^2 U}{\partial v^2} = - \mid W'(Z) \mid^{-2} \frac{\rho(x,y)}{\varepsilon} = - \frac{\rho^*(u,v)}{\varepsilon} \qquad (5 - 121)$$

其中

$$\rho^*(u,v) = \mid W'(Z) \mid^{-2} \rho(x,y) \qquad (5 - 122)$$

右边的 $\mid W'(Z) \mid$ 正是 W 平面上线元长度对 Z 平面上线元长度的倍数。

两个区域内的总电荷量是不变的。这是因为

$$Q(Z) = \int_{S_Z} \rho(x,y)\,\mathrm{d}S_Z = \int_{S_W} \mid W'(Z) \mid^{-2} \rho(x,y)\,\mathrm{d}S_W$$

$$= \int_{S_W} \rho^*(u,v)\,\mathrm{d}S_W = Q(W) \qquad (5 - 123)$$

对于拉普拉斯方程，令式（5 - 119）和式（5 - 121）中的 $\rho(x,y) = 0$，得到

$$\frac{\partial^2 U}{\partial x^2} + \frac{\partial^2 U}{\partial y^2} = 0 \qquad (5 - 124)$$

$$\frac{\partial^2 U}{\partial u^2} + \frac{\partial^2 U}{\partial v^2} = 0 \qquad (5 - 125)$$

Z 平面内的拉普拉斯问题经过保角变换后，在 W 平面中仍是一个拉普拉斯问题。

例 5.16 讨论反三角函数 $W(Z) = \arccos Z$ 所能解决的电场边值问题。

解： 由所给变换函数可以得到

$$Z = \cos W = \cos(u + jv) = \cos u \cos jv - \sin u \sin jv$$
$$= \cos u \operatorname{ch} v - j\sin u \operatorname{sh} v = x + jy$$

所以

$$x = \cos u \operatorname{ch} v, \quad y = - \sin u \operatorname{sh} v$$

由上式可得

$$\frac{x^2}{\operatorname{ch}^2 v} + \frac{y^2}{\operatorname{sh}^2 v} = \cos^2 u + \sin^2 u = 1 \qquad (5 - 126)$$

$$\frac{x^2}{\cos^2 v} + \frac{y^2}{\sin^2 v} = \operatorname{ch}^2 u - \operatorname{sh}^2 u = 1 \qquad (5 - 127)$$

式（5 - 126）表示 W 平面上 $v =$ 常数的曲线，在 Z 平面内的原像为共焦椭圆族；式（5 - 127）表示 $u =$ 常数的曲线在 Z 平面内的原像为共焦双曲线族，如图 5 - 23（a）所示。显然，我们可以利用 $W(Z) = \arccos Z$ 把共焦椭圆导体柱面或共焦双曲导体柱面间的边值问题变换到 W 平面内解决。例如求图 5 - 23（a）中 $v = \pi/8$ 和 $v = \pi/4$ 的两个导体共焦椭圆柱面之间的电位时，已知边界条件为 $U(v = \pi/8) = U_0$，$U(v = \pi/4) = 0$。两条边界线变换到 W 平面是图 5 - 23（b）中的两条平行直线。很明显，两直线边界内的电位分布为如下形式

$$U = kv + C \qquad (5 - 128)$$

将所给边界条件代入上式，可确定出常数 k 和 C，即

$$U_0 = k\frac{\pi}{8} + C \quad \text{和} \quad 0 = k\frac{\pi}{4} + C$$

联立解之，得

$$k = - \frac{8U_0}{\pi}, \quad C = 2U_0$$

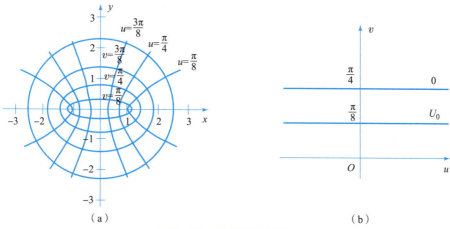

（a）　　　　　　　　　　　　　（b）

图 5 - 23　反三角函数变换

W 平面内的电位解为

$$U = -\frac{8U_0}{\pi}v + 2U_0 \tag{5-129}$$

由式（5 - 126）可得

$$x^2\mathrm{sh}^2v + y^2\mathrm{ch}v = \mathrm{ch}^2v$$

$$x^2\mathrm{sh}^2v + y^2(1 + \mathrm{sh}^2v) = (1 + \mathrm{sh}^2v)\mathrm{sh}^2v$$

$$\mathrm{sh}^4v + (1 - x^2 - y^2)\mathrm{sh}^2v - y^2 = 0$$

$$\mathrm{sh}^2v = \frac{-(1 - x^2 - y^2) \pm \sqrt{(1 - x^2 - y^2)^2 - 4y^2}}{2}$$

$$v = \mathrm{arcsh}\left[\frac{x^2 + y^2 - 1}{2} \pm \sqrt{\left(\frac{x^2 + y^2 - 1}{2}\right)^2 + y^2}\right]^{1/2} \tag{5-130}$$

将式（5 - 130）代入式（5 - 129），即得到 $U(x, y)$ 的解。

例 5.17　在两个成任意夹角 α 的半无限大接地导体平面之间有一无限长的线电荷，线电荷与两平面的交线平行，电荷线密度为 ρ_l，如图 5 - 24（a）所示。求 α 角内电位分布。

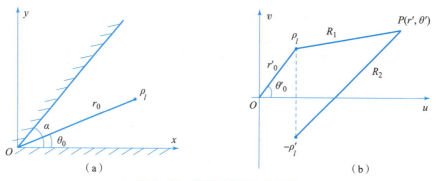

（a）　　　　　　　　　　　　　（b）

图 5 - 24　扇形域内的泊松问题

解：这是一个任意角度扇形域内的泊松问题，不能直接用镜像法或复位函数法求解。我们可以利用解析函数 $W = Z^{\pi/\alpha}$ 将所求区域变换到 W 平面。令 $Z = re^{j\varphi}, W = Re^{j\theta}$，得

$$W = Re^{j\theta} = (re^{j\theta})^{\pi/\alpha}$$

所以有

$$R = r^{\pi/\alpha}, \quad \theta = \frac{\pi}{\alpha}\varphi \tag{5-131}$$

从上式可看出，Z 平面内的两条边界线被变换成 W 平面内的 u 轴，即 $\theta = 0$ 和 $\theta = \pi$；α 角区域被变换成 W 平面的上半空间。变换后线电荷的总电量（本题为线密度 ρ_l）不变，但它在 W 平面的位置变为

$$R_0 = r_0^{\pi/\alpha}, \quad \theta_0 = \frac{\pi}{\alpha}\varphi_0 \tag{5-132}$$

如图 5-24（b）所示。

W 平面上任意点 $P(R,\theta)$ 的电位可由镜像法求得

$$U_P = \frac{\rho_l}{2\pi\varepsilon}\ln\frac{R_2}{R_1} \tag{5-133}$$

其中

$$R_1 = \left|Re^{j\theta} - R_0 e^{j\theta_0}\right|, R_2 = \left|Re^{j\theta} - R_0 e^{-j\theta_0}\right|$$

将式（5-131）和式（5-132）代入上两式，得

$$R_1 = \left|r^{\pi/\alpha}e^{j\pi/(\alpha\varphi)} - r_0^{\pi/\alpha}e^{j\pi/(\alpha\varphi_0)}\right|$$

$$R_2 = \left|r^{\pi/\alpha}e^{j\pi/(\alpha\varphi)} - r_0^{\pi/\alpha}e^{-j\pi/(\alpha\varphi_0)}\right|$$

把上面两式代入式（5-133），即得到 Z 平面内的所求电位解。

§5.5　有限差分法

当边界形状比较复杂，以至边界条件无法写成解析式而只能用一些离散数值表示时，前面所介绍的各种解法均无法使用，此时可以采用**数值方法**求解。数值法是近似解法，它通过求出区域内密集分布点上的场位值来描述场分布。一般来讲，要实现较高的近似精度，区域内所求的场点必须达到一定的数量，所以数值法的计算量通常都很大，只有现代计算机才能胜任。

有限差分法是应用比较早的一种数值解法。它是将满足拉普拉斯方程或泊松方程的边值问题转化为一个有限差分方程组来求解。差分方程组是一个简单的线性代数方程组，其求解方法很多，本书仅介绍一种**迭代法**求解。

下面以二维平面场为例介绍有限差分法的基本原理与解题步骤。首先，将待求区域划分成许多边长为 h 的小正方形网格，如图 5-25 所示，网格的交点称为**节点**。我们来推导任意节点 P 上位函数 $U(x,y)$ 与相邻四点 $P_1 \sim P_4$ 上位函数值的关系。将节点 P_1、P_3 上的位函数 $U_1 = U(x + h,$

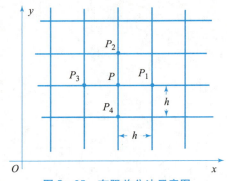

图 5-25　有限差分法示意图

y)、$U_3 = U(x - h, y)$ 分别展成 $U(x, y)$ 的泰勒级数

$$U_1 = U + \frac{1}{1!}\frac{\partial U}{\partial x}h + \frac{1}{2!}\frac{\partial^2 U}{\partial x^2}h^2 + \frac{1}{3!}\frac{\partial^3 U}{\partial x^3}h^3 + \cdots \tag{5-134}$$

$$U_3 = U - \frac{1}{1!}\frac{\partial U}{\partial x}h + \frac{1}{2!}\frac{\partial^2 U}{\partial x^2}h^2 - \frac{1}{3!}\frac{\partial^3 U}{\partial x^3}h^3 + \cdots \tag{5-135}$$

将上面两式相加并略去 4 阶以上的高次项，得

$$U_1 + U_3 = 2U + h^2\frac{\partial^2 U}{\partial x^2} \tag{5-136}$$

同理可求出

$$U_2 + U_4 = 2U + h^2\frac{\partial^2 U}{\partial y^2} \tag{5-137}$$

式（5-136）和式（5-137）相加得到

$$U_1 + U_2 + U_3 + U_4 = 4U + h^2\left(\frac{\partial^2 U}{\partial x^2} + \frac{\partial^2 U}{\partial y^2}\right) \tag{5-138}$$

如果讨论的是一个有源区域的电位问题，即

$$\frac{\partial^2 U}{\partial x^2} + \frac{\partial^2 U}{\partial y^2} = -\frac{\rho}{\varepsilon}$$

则由式（5-138）可得

$$U = \frac{1}{4}\left(U_1 + U_2 + U_3 + U_4 + h^2\frac{\rho}{\varepsilon}\right) \tag{5-139}$$

对于拉普拉斯问题，则有

$$U = \frac{1}{4}(U_1 + U_2 + U_3 + U_4) \tag{5-140}$$

以上两式分别反映了两类问题中空间 P 点的位函数值与相邻四点位函数值的关系，是泊松方程和拉普拉斯方程在 P 点处的近似表达式，称为 P 点上的差分方程。由于 $U_1 \sim U_4$ 也是未知的，所以仅此一个差分方程并不能得到 U 值。我们可以由区域内所有节点的差分方程构成一个方程组。如果边界上的电位值是已知的，则差分方程和未知电位的个数都等于节点数，联立求解即可得到各节点的电位值。

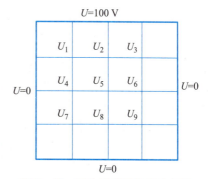

图 5-26　正方形截面的导体长槽

下面采用迭代法计算图 5-26 所示的正方形导体长槽内的电位。首先，把槽截面划分成若干个边长相等的小正方格。假设分成 16 个，共有 9 个节点的电位待定，设它们的电位分别为 U_1、U_2、U_3、$\cdots$、U_9。迭代法的第一步是先给出各节点的初始电位值，初值是任意的，最简单的办法是令它们均等于零（如果用估计方法给定接近实际电位的初始值，可以减少计算次数）。然后利用式（5-140）计算，得到

$$U_1 = U_2 = U_3 = \frac{1}{4}(100 + 0 + 0 + 0) = 25 \text{（V）}$$

$$U_4 = U_5 = \cdots = U_9 = 0 \text{（V）}$$

用上面各值代替所设初始值，得到各点电位的第一次迭代值。将各点的第一次迭代值再代入

式（5－140）计算，得

$$U_1 = \frac{1}{4}(100 + 25 + 0 + 0) \approx 31.3\ (\mathrm{V})$$

$$U_2 = \frac{1}{4}(100 + 25 + 0 + 25) = 37.5\ (\mathrm{V})$$

$$U_3 = \frac{1}{4}(100 + 25 + 0 + 0) \approx 31.3\ (\mathrm{V})$$

$$U_4 = U_5 = U_6 = \frac{1}{4}(25 + 0 + 0 + 0) \approx 6.3\ (\mathrm{V})$$

$$U_7 = U_8 = U_9 = 0\ (\mathrm{V})$$

上面的结果比第一次迭代值更接近了真实值。用它们代替第一次的迭代值，得到各点电位的第二次迭代值。然后再重复上面的步骤进行下一次迭代，直到每一节点上的相邻两次迭代值之差都小于事先给定的误差为止。表5－1列出了本题的计算结果。

表 5－1　计算结果

迭代次数	U_1	U_2	U_3	U_4	U_5	U_6	U_7	U_8	U_9
0（初始值）	0.	0	0	0	0	0	0	0	0
1	25.0	25.0	25.0	0	0	0	0	0	0
2	31.3	37.5	31.3	6.3	6.3	6.3	0	0	0
3	36	42.2	36	9.4	12.5	9.4	1.6	1.6	1.6
⋮									
16	42.8	52.6	42.8	18.6	24.9	18.6	7.1	9.7	7.1
17	42.8	52.6	42.8	18.7	24.9	18.7	7.1	9.8	7.1
18	42.8	52.6	42.8	18.7	25.0	18.7	7.1	9.8	7.1
⋮									

　　有限差分法的解题精度主要取决于节点密度，而收敛于稳定值则取决于迭代次数，当精度要求较高时，随着节点数和迭代次数的增大，其运算量会迅速增大。为了提高运算收敛速度，可以对上面介绍的**同步迭代法**进行改进，例如在计算每一节点的差分方程值时，可以把同次迭代中刚刚计算出的邻近点新值代入计算式，如前例第二次迭代计算 U_2 时，式中的 U_1 用刚算出的 31.3 V 而不是前次结果的 25 V，即

$$U_2 = \frac{1}{4}(100 + 31.3 + 0 + 25) \approx 39.1\ (\mathrm{V})$$

由于提前使用新值，可使总的收敛速度加快近一倍，称这种方法为**异步迭代法**。此外，还可以在差分方程中引入一个加速收敛的松弛因子，这时的迭代法又称为超松弛法。有关这方面更详细的内容，可参阅数值计算方法的专门书籍。

习题五

　　5.1　如图5－27所示导体长槽的槽体电位为零，盖板电位为 $U_0\sin(\pi x/a)$。求槽截面

内的电位分布。

5.2　一导体长槽的两侧壁向 y 方向无限延伸且电位为零，槽的底面保持电位 U_0，如图 5-28 所示。求槽截面内的电位分布。

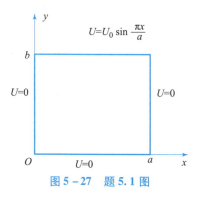
图 5-27　题 5.1 图

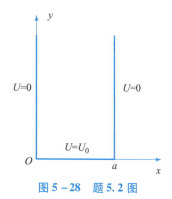
图 5-28　题 5.2 图

5.3　一矩形区域的上、下两条边界的长度为 a 且电位为零，左、右两条边界的长度为 b 而电位分别是 U_1 和 U_2。求区域内的电位分布。

5.4　真空中有一电场强度为 $\vec{E} = \hat{x}E_0$ 的均匀静电场，把一根半径为 a 的接地导体长圆棒放在电场中，圆棒的轴线与 z 轴重合。求任意点的电位。

5.5　无限长的同心导体柱，内柱半径为 a，外柱的内半径为 b，若在内、外柱间加 100 V 电压（外柱接地）。

（1）证明 $U_1 = A/r + B$ 和 $U_2 = C\ln r + D$ 均可满足边界条件，其中 A、B、C、D 为待定常数；

（2）U_1 和 U_2 哪个是此问题的正确电位解？为什么？

5.6　一个半圆环区域的内、外半径分别是 a 和 b，边界条件如图 5-29 所示。求半环域内的电位分布。

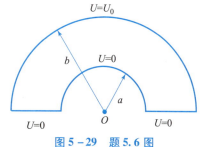
图 5-29　题 5.6 图

5.7　半径为 a 的无限长圆柱面上的电位

$$U(a,\varphi) = \begin{cases} -U_0 & (0 < \varphi < \pi) \\ U_0 & (\pi < \varphi < 2\pi) \end{cases}$$

求 $r < a$ 范围内的电位分布。

5.8　同轴圆柱电容器的内导体半径为 a，外导体内半径为 b，两导体间 $0 < \varphi < \varphi_0$ 的区域内充填介电常数为 ε 的电介质，其余部分为真空，求单位长度的电容。

5.9　真空中，一半径为 a 的球体充满密度为 $\rho = a^2 - r^2$ 的体分布电荷。试利用求解微分方程的方法计算任意点电位和电场强度。

5.10　在电容率为 ε_2 的电介质中有电场强度为 $\vec{E} = \hat{z}E_0$ 的均匀电场，在此电场中放入一半径为 a，电容率为 ε_1 的电介质球，球心位于坐标原点，求任意点的电位。

5.11　球面 $r = a$ 上电位为 $U_1\cos\theta$，与之同心的另一球面 $r = b$ 的电位为 U_2。其中 U_1、U_2 为常量。求区域 $a \leqslant r \leqslant b$ 内的电位分布。

5.12　有一半径为 a、带电量 Q 的导体球，其球心位于两种介质的分界面上，此两种介质的电容率分别为 ε_1 和 ε_2，分界面可视为无限大平面。求：

（1）球的电容；

（2）总静电能。

5.13　在 $x < 0$ 的半空间充满磁导率为 μ 的磁介质，$x > 0$ 的半空间为真空，一线电流 I 沿 z 轴流动。求磁通量密度 $\vec{B}$ 和磁场强度 $\vec{H}$。

5.14　一磁导率为 μ 的磁介质球，半径为 a，放在真空均匀外磁场 $\vec{H}_0 = \hat{z}H_0$ 中。应用磁标位计算球内、外的磁场强度。证明：球内场是均匀场，球的磁化强度为

$$\vec{M} = 3\frac{\mu - \mu_0}{\mu + 2\mu_0}\vec{H}_0$$

球内 $\vec{H}$ 为

$$\vec{H} = \vec{H}_0 - \frac{\vec{M}}{3}$$

5.15　一点电荷 q 与无限大导体平面距离为 h，如果把它移到无穷远处 $(h \to \infty)$，需要做多少功？

5.16　半径为 a 的导体球带有电荷 q，距球心 $d = 3a$ 处又有一同电量的点电荷，确定球上离点电荷最近及最远处面电荷密度之比。

5.17　如图 5-30 所示，在无限大接地导体平板上有一半球形突起，其半径为 a，$(d, 0, 0)$ 处有一点电荷 Q。求 Q 所受力及点 $(a, 0, 0)$ 处的面电荷密度。

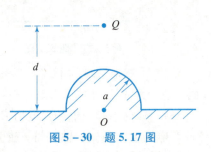

图 5-30　题 5.17 图

5.18　无限大导体平面上方有一线密度为 ρ_l 的长直线电荷，电荷线与平面的距离为 b，求此电荷线单位长度所受的力。

5.19　证明复变函数 $W = -E_0(Z - a^2/Z)$ 能够代表均匀电场中放入一轴线与电场方向垂直的长圆柱导体的静电场。

5.20　证明 $W = \sin Z$ 把 Z 平面上宽度为 π 的半无限长带形区域，变为 W 平面的上半平面。

5.21　如图 5-31 所示，一无限大接地导体平面与 yz 平面重合，$y = 0$ 且 $x \geq a$ 的导体平面电位为 U_0，试求 $x = y = 2a$ 处的电位。提示：用 $W = \arccos Z$ 变换。

5.22　如图 5-32 所示一导体长槽，它的截面被分为 14 个相同的方格。假设盖板的电位为 100 V，槽体的电位为零。求 7 个节点的电位。

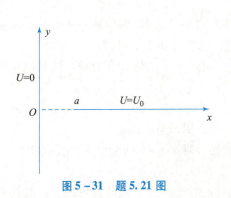

图 5-31　题 5.21 图

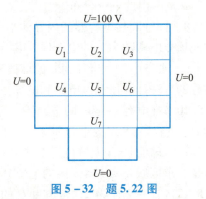

图 5-32　题 5.22 图

5.23　求如图 5-33 所示长方体区域内的电位分布。设除 $z = c$ 电位不为零外，其他各表面的电位都为零。

（1）$U_{z=c} = U_0 \sin(\pi x/a) \sin(\pi y/b)$；

（2）$U_{z=c} = U_0$。

5.24　由导体板构成一槽形区域，在 y、z 方向无限延伸，其截面及边界上的电位如图 5-34 所示。求槽内原电位分布。

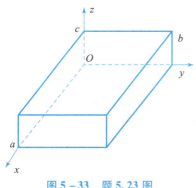
图 5-33　题 5.23 图

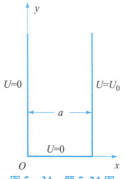
图 5-34　题 5.24 图

5.25　一直角扇形域的两直角边电位为零，$r = a$ 的圆弧边的电位为 U_0，求区域内的电位分布。

5.26　半径为 a、高为 l 的圆筒的上、下底电位为零，侧面电位为 U_0，求筒内的电位分布。

5.27　导体圆锥的轴垂直于导体平面，锥顶与平面间有一无限小缝隙。圆锥母线长 r_0，它与轴的夹角为 α。在忽略边缘效应及锥底电容的条件下，求圆锥与平面间的电容。

5.28　半径为 a、球心间隔为 $4a$ 的导体球阵列构成人工介质，不计球的相互影响，求等效相对电容率。

5.29　一个半径为 a 的导体球上带有总量为 Q 的电荷，在距球心 $d(d > a)$ 处有一点电荷 q，求导体球对点电荷 q 的作用力。

5.30　一半径为 a 的导体球，球心距地面为 b（$b > a$）。求此导体球与地面的电容。

5.31　一点电荷 q 放在成 60° 的导体角内的 $x = 1, y = 1$ 的点上，如图 5-35 所示。求出所有镜像电荷的位置和大小，并求 $x = 2, y = 1$ 点的电位。

5.32　假设真空中一无限长线电荷 ρ_l 与 $\hat{z}$ 平行，它在二维复 Z 平面内的位置坐标为 $Z = re^{j\varphi}$，试写出它的复电位。

5.33　证明 $W = \ln(\tan Z)$ 代表的场为两无限大平行板的中间放置一根线电荷的场，线电荷与板平行。

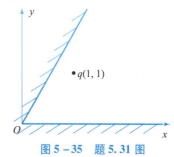
图 5-35　题 5.31 图

第 5 章习题答案

第6章 电磁感应

在前面几章的恒定场讨论中，我们仅涉及了场与源和场与物质之间的稳态关系。本章将介绍磁场随着时间变化而产生电场的电磁感应现象，并在此基础上，讨论与电磁感应相联系的电感概念及磁场能量的计算。

§6.1 法拉第电磁感应定律

1819 年奥斯特在实验中发现了电流在它的周围产生磁场，奠定了人们正确认识磁现象本质的基础。12 年后，英国物理学家法拉第又通过实验发现了奥斯特实验的逆现象——变化的磁场也将产生电流，从而使人类对电与磁的关系有了更加深刻的认识。

法拉第在这方面所做的大量实验可以归结为两类：一类实验是磁铁与线圈有相对运动时，线圈中会产生电流，如图 6 - 1 所示；另一类实验是当一个有源线圈中的电流发生变化时，在它附近的其他线圈中也会出现电流，如图 6 - 2 所示。

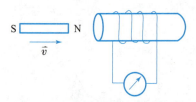

图 6 - 1   磁铁与线圈有相对运动

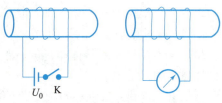

图 6 - 2   有源线圈的电流变化

上述两类实验的结果实质上反映了同一个事实：当一个闭合导线回路所包围的磁通量发生变化时，此回路中就会产生电流。法拉第把这种现象与静电感应相类比，称之为"电磁感应"现象，回路中出现的电流称为**感应电流**。

由于回路导线并不是理想的导体，感应电流的电荷运动必须克服阻力，可见在此时的线圈内一定存在着一个电场，电荷在这个电场的作用下形成电流。与电源接入闭合回路产生电场和电流的情况相类比，电磁感应在回路中也形成了一个电动势 $\mathscr{E}$，此电动势在回路中对应着一个电场 $\vec{E}$ 并推动电荷运动形成电流。仿照电源电动势与回路中电场的关系，我们定义

$$\mathscr{E} = \oint_l \vec{E} \cdot \mathrm{d}\vec{l} \tag{6-1}$$

并将这种由电磁感应引起的电动势称为**感应电动势**，单位依然是伏特（V），它所对应的场 $\vec{E}$ 称为**感应电场**。

两年以后，俄国物理学家楞次对法拉第的发现做出了补充，提出"感应电流所产生的磁通总是力图补偿原来磁通量的变化"。这一表述称为**楞次定律**，它给出了感应电动势和感应电流的方向。例如对一个闭合导线回路 l，若按右手螺旋关系规定回路的方向 $\vec{l}$ 与回路平面的法线方向 $\hat{n}$，如图 6-3 所示。假设回路平面上的原磁场 $\vec{B}$ 为 $\hat{n}$ 方向，此时回路所通过的磁通量为正值。当 $\vec{B}$ 增大时，回路平面所通过的磁通量也增大，按照法拉第定律，在回路上将产生感应电动势和感应电流，此感应电流将产生一个磁场 $\vec{B}'$，并在回路平面上形成一个附加的磁通量 $\Delta\Phi_m$。按照楞次定律，这个附加的磁通量 $\Delta\Phi_m$ 一定要补偿回路原磁通量的变化，所以应为负值，即 $\vec{B}'$ 的方向应与 $\hat{n}$ 的方向相反。由电流与磁场的右手螺旋关系可知，产生 $\vec{B}'$ 的感应电流必须

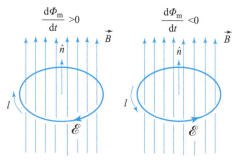

图 6-3　感应电动势的方向

是 $-\vec{l}$ 方向的，即感应电动势的方向是 $-\vec{l}$ 方向的。反之，若原磁场 $\vec{B}$ 减小，回路平面所通过的磁通量也减小，电磁感应产生的附加磁通量 $\Delta\Phi_m$ 应为正值，以补偿原磁通的减小。此时 $\vec{B}'$ 的方向应与 $\hat{n}$ 的方向相同，因此感应电流和感应电动势应为 $\vec{l}$ 的正方向。

楞次定律表明，感应电动势对回路的磁通量变化起着一个"负反馈"的作用，既产生于磁通量的变化，又抑制着磁通量的变化。

将法拉第的发现与楞次的补充结合，就构成了**法拉第电磁感应定律**，其数学表达式为

$$\mathscr{E} = -\frac{\mathrm{d}\Phi_m}{\mathrm{d}t} \tag{6-2}$$

其中的 Φ_m 是回路所包围的磁通量，$\mathscr{E}$ 的正方向规定为回路平面法线的右手螺旋方向。将式（6-1）及磁通量与磁场的关系式代入式（6-2），可得到以 $\vec{E}$ 和 $\vec{B}$ 来表述的法拉第定律

$$\oint_l \vec{E} \cdot \mathrm{d}\vec{l} = -\frac{\mathrm{d}}{\mathrm{d}t}\int_S \vec{B} \cdot \mathrm{d}\vec{S} \tag{6-3}$$

根据磁通量变化起因的不同，可以将感应电动势分为以下三类。

（1）磁场 $\vec{B}$ 是随时间变化的，但回路的形状和位置静止不变，这种单纯由磁场时变引起磁通量改变而产生的电动势称为**感生电动势**。

（2）$\vec{B}$ 是不随时间变化的恒定磁场，但回路在磁场中移动或改变形状引起磁通量变化，此时产生的电动势称为**动生电动势**。

（3）磁场 $\vec{B}$ 是时变的，同时回路又在磁场中移动或改变形状，这种最一般的情况可以看成是感生电动势与动生电动势的叠加。

上述三种情况的感应电动势都可以用式（6-2）或式（6-3）计算。为了便于应用，下面从最一般的情况推导法拉第定律的另外一种表达形式。

假设在时变磁场 $\vec{B}(t)$ 中，一闭合回路 l 以速度 $\vec{v}$ 在磁场中运动，如图 6-4 所示。设在 t 时刻，回路 $l(t)$ 位于 A 位置，所围面积为 $S(t)$，则通过 $S(t)$ 的磁通量为

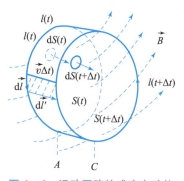

图 6-4　运动回路的感应电动势

$$\Phi_{\mathrm{m}}(t) = \int_{S(t)} \vec{B}(t) \cdot \mathrm{d}\vec{S}(t)$$

在 $t + \Delta t$ 时刻，回路移动到 C 位置，所围面积为 $S(t + \Delta t)$，通过 $S(t + \Delta t)$ 的磁通量为

$$\Phi_{\mathrm{m}}(t + \Delta t) = \int_{S(t+\Delta t)} \vec{B}(t + \Delta t) \cdot \mathrm{d}\vec{S}(t + \Delta t)$$

Δt 时间内的磁通量增量为

$$\Delta\Phi_{\mathrm{m}} = \Phi_{\mathrm{m}}(t + \Delta t) - \Phi_{\mathrm{m}}(t)$$

由式（6-2）得到

$$\mathcal{E} = -\frac{\mathrm{d}\Phi_{\mathrm{m}}}{\mathrm{d}t} = -\lim_{\Delta t \to 0}\frac{\Delta\Phi_{\mathrm{m}}}{\Delta t}$$

$$= -\lim_{\Delta t \to 0}\frac{1}{\Delta t}\Big[\int_{S(t+\Delta t)}\vec{B}(t + \Delta t) \cdot \mathrm{d}\vec{S}(t + \Delta t) - \int_{S(t)}\vec{B}(t) \cdot \mathrm{d}\vec{S}(t)\Big] \quad (6-4)$$

下面分析由 $S(t)$、$S(t + \Delta t)$ 和侧面 $S(\Delta t)$ 所围闭合曲面上的磁通量。由磁场的高斯定律可知，一个闭合曲面在任意时刻所通过的总磁通量恒等于零。因此，在 $t + \Delta t$ 时刻有

$$\oint_{S}\vec{B}(t + \Delta t) \cdot \mathrm{d}\vec{S} = -\int_{S(t)}\vec{B}(t + \Delta t) \cdot \mathrm{d}\vec{S}(t) + \int_{S(\Delta t)}\vec{B}(t + \Delta t) \cdot \mathrm{d}\vec{S}(\Delta t) +$$

$$\int_{S(t+\Delta t)}\vec{B}(t + \Delta t) \cdot \mathrm{d}\vec{S}(t + \Delta t) = 0 \quad (6-5)$$

中间式第一项前面的"$-$"是由于闭合面 S 的法矢与 $S(t)$ 面的原规定法矢相反的缘故。

利用泰勒级数展开式

$$F(t + \Delta t) = F(t) + \frac{\partial F(t)}{\partial t}\Delta t + \frac{1}{2}\frac{\partial^2 F(t)}{\partial t^2}\Delta^2 t + \cdots$$

将前式右边前两项的 $\vec{B}(t + \Delta t)$ 展开成 t 时刻的函数，并略去 Δt 的二次及高次项，则式（6-5）可以写成

$$-\int_{S(t)}\vec{B}(t) \cdot \mathrm{d}\vec{S}(t) - \int_{S(t)}\Big[\frac{\partial\vec{B}(t)}{\partial t}\Delta t\Big] \cdot \mathrm{d}\vec{S}(t) + \int_{S(\Delta t)}\vec{B}(t) \cdot \mathrm{d}\vec{S}(\Delta t) +$$

$$\int_{S(\Delta t)}\Big[\frac{\partial\vec{B}(t)}{\partial t}\Delta t\Big] \cdot \mathrm{d}\vec{S}(\Delta t) + \int_{S(t+\Delta t)}\vec{B}(t + \Delta t) \cdot \mathrm{d}\vec{S}(t + \Delta t) = 0 \quad (6-6)$$

当 $\Delta t \to 0$ 时，亦有 $S(\Delta t) \to 0$，故式（6-6）的第四项与其他几项相比为高阶无穷小，可以略去；而第三项中的面元 $\mathrm{d}\vec{S}(\Delta t)$ 可以写成

$$\mathrm{d}\vec{S}(\Delta t) = \mathrm{d}\vec{l} \times \mathrm{d}\vec{l}\,' = \mathrm{d}\vec{l} \times \vec{v}\Delta t$$

将上式代入式（6-6），第三项的面积分变成对 l 的闭合回路积分，并利用混合积公式

$$\vec{B}(t) \cdot [\mathrm{d}\vec{l} \times \vec{v}] = [\vec{v} \times \vec{B}(t)] \cdot \mathrm{d}\vec{l}$$

得到

$$\int_{S(t+\Delta t)}\vec{B}(t + \Delta t) \cdot \mathrm{d}\vec{S}(t + \Delta t) - \int_{S(t)}\vec{B}(t) \cdot \mathrm{d}\vec{S}(t)$$

$$= \Delta t\Big\{\int_{S(t)}\frac{\partial\vec{B}(t)}{\partial t} \cdot \mathrm{d}\vec{S}(t) - \oint_{l}[\vec{v} \times \vec{B}(t)] \cdot \mathrm{d}\vec{l}\Big\}$$

将上式代入式（6-4），得

$$\mathcal{E} = \lim_{\Delta t \to 0}\frac{1}{\Delta t}\Big[\int_{S(t+\Delta t)}\vec{B}(t + \Delta t) \cdot \mathrm{d}\vec{S}(t + \Delta t) - \int_{S(t)}\vec{B}(t) \cdot \mathrm{d}\vec{S}(t)\Big]$$

$$= -\int_{S}\frac{\partial\vec{B}(t)}{\partial t} \cdot \mathrm{d}\vec{S}(t) + \oint_{l}[\vec{v} \times \vec{B}(t)] \cdot \mathrm{d}\vec{l}$$

为了书写简便，可以省略上式中的时间变量 t，则有

$$\mathscr{E} = -\int_S \frac{\partial \vec{B}}{\partial t} \cdot \mathrm{d}\vec{S} + \oint_l (\vec{v} \times \vec{B}) \cdot \mathrm{d}\vec{l} \qquad (6-7)$$

上式即为一个以速度 $\vec{v}$ 在时变磁场中运动的回路上感应电动势的表达式，称为**运动回路的法拉第定律**。式（6-7）是由式（6-2）推导出来的，因此与式（6-2）及式（6-3）是等价的，但它将运动回路中的感应电动势表示为两个部分：一部分是由于 $\vec{B}$ 随时间变化引起的，也就是前面所说的感生电动势部分；另一部分是由回路运动引起的，即动生电动势部分。对时变磁场中不动的回路，只存在第一项，第二项为零；对恒定磁场中的运动回路，则只有第二项，第一项为零。

由式（6-1）的定义知道，感应电动势等于单位电荷在回路中运动一周所做的功，那么此电动势做功的能量是从哪里来的呢？从式（6-7）可以明显看出，感生电动势部分的能量来源于时变磁场能量的转换，如利用环形天线接收电磁波信号就是通过感生电动势实现的。为了分析动生电动势的能量来源，我们来考察图6-5所示的矩形导体回路。设该回路的3条导线边固定不动，可动边是一根长为 l_{ab} 的导体棒，以速度 $\vec{v}$ 在垂直于均匀恒定磁场 $\vec{B}_0$ 的平面内向右运动，由式（6-7）可知，

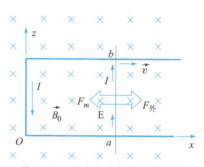

图6-5 动生电动势的能量转换

$$\mathscr{E} = \oint_l (\vec{v} \times \vec{B}) \cdot \mathrm{d}\vec{l} = \int_{l_{ab}} (v\hat{x} \times \hat{y}B_0) \cdot \hat{z}\mathrm{d}l = vB_0 l_{ab}$$

$\mathscr{E}$ 的方向是从 a 指向 b。若回路在此电动势下产生的感应电流为 I，则动生电动势的做功功率为

$$P = I\mathscr{E} = IvB_0 l_{ab}$$

另外，通有电流的导体棒 l_{ab} 在磁场 $\vec{B}_0$ 中运动要受到磁场力的作用，即

$$\vec{F}_{\mathrm{m}} = \int_{l_{ab}} I\mathrm{d}l\hat{z} \times \hat{y}B_0 = -\hat{x}IB_0 l_{ab}$$

为了保持导体棒 l_{ab} 匀速向右运动，必须使用外力 $\vec{F}_{外} = -\vec{F}_{\mathrm{m}}$ 来克服磁力，此外力做功的功率为

$$P_{外} = F_{外}v = IB_0 l_{ab}v$$

这正好等于前面所求得的动生电动势做功功率。由此得知，动生电动势做功的能量是由外力克服磁力所做的机械功转换而来的。这正是发电机内的能量转换过程。

载流导线所受的磁力实质是其内部运动电荷所受的洛伦兹力，因此，外力克服磁力做功也可以看成是克服洛伦兹力做功。但在第5章我们又曾经说过，洛伦兹力对运动电荷是不做功的，这与前者的外力克服洛伦兹力做功似乎存在着矛盾。对这个矛盾我们可以做如下的解释：如图6-6所示，随着 ab 段动生电动势的出现，闭合回路中将有电流。分析 ab 段内的任意一个电子，其运动速度可以分解为两个分量，其一

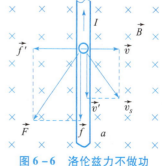

图6-6 洛伦兹力不做功

为随导线向右的速度 $\vec{v}$，其二为向下运动（形成感应电流）的速度 $\vec{v}'$。电子的总速度是指向右下方的 $\vec{v}_s = \vec{v} + \vec{v}'$。此时，电子所受的总洛伦兹力 $\vec{F}$ 也可以分解为与两个速度分量相对应的两部分

$$\vec{F} = (-e)\vec{v}_s \times \vec{B} = (-e)\vec{v} \times \vec{B} + (-e)\vec{v}' \times \vec{B} = \vec{f} + \vec{f}'$$

很明显，上式的叉积关系保证了电子所受到的总洛伦兹力 $\vec{F}$ 与总速度 $\vec{v}_s$ 相互垂直，故总的洛伦兹力不做功。但从宏观角度分析，$\vec{F}$ 的两个分量却起着不同的作用：$\vec{f}$ 沿着导线的方向，推动电子形成感应电流，起着类似于电源中的非静电力作用，$\vec{f}$ 沿运动导线段的积分表现为动生电动势；$\vec{f}'$ 与导线垂直，在宏观上表现为导线 l_{ab} 所受的安培磁力。电子在 $\vec{f}$ 的作用下产生运动 $\vec{v}'$，两者方向相同，故 $\vec{f}$ 做正功；而导线 l_{ab} 的运动方向与 $\vec{f}'$ 相反，故 $\vec{f}'$ 做负功。由

$$\vec{f} \cdot \vec{v}' + \vec{f}' \cdot \vec{v} = (-e)\vec{v} \times \vec{B} \cdot \vec{v}' + (-e)\vec{v}' \times \vec{B} \cdot \vec{v} = 0$$

可知，$\vec{f}$ 与 $\vec{f}'$ 所做的总功为零。也就是说，在产生动生电动势的过程中，电荷所受的总洛伦兹力对电荷的总运动并不做功。洛伦兹力在这一过程中只起了一个能量转换者的作用，在接受外力做功的同时，将其转换为推动电荷运动的动生电动势。

例 6.1 一个长、宽分别为 b 和 c 的单匝矩形线圈放在时变磁场 $\vec{B} = \hat{y}B_0\sin\omega t$ 内，开始时线圈平面的法矢 $\hat{n}$ 与 y 轴成 α 角，如图 6-7 所示。求：

（1）线圈静止时的感应电动势和线圈上串接电阻 R 时的感应电流；

（2）线圈以角速度 ω 绕 x 轴旋转时的感应电动势。

解：（1）线圈静止时，只有感生电动势，即

$$\mathscr{E}_a = -\int_S \frac{\partial \vec{B}}{\partial t} \cdot \mathrm{d}\vec{S} = (-B_0\omega\cos\omega t\hat{y} \cdot \hat{n})bc$$

$$= -\omega B_0 S\cos\omega t\cos\alpha$$

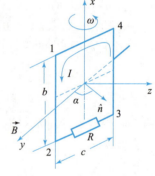

图 6-7 例 6.1 用图

其中的 $S = bc$ 为矩形线圈的面积。当线圈上串接电阻 R 时，感应电流为

$$I = \mathscr{E}_a / R = -\frac{\omega B_0 S}{R}\cos\omega t\cos\alpha$$

（2）线圈以角速度 ω 旋转时，可用两种方法计算感应电动势：一种是按运动回路法拉第定律计算，其第一项与（1）中的 $\mathscr{E}_a$ 相同，第二项为

$$\oint_l (\vec{v} \times \vec{B}) \cdot \mathrm{d}\vec{l} = \int_1^2 \left(\hat{n}\frac{c}{2}\omega\right) \times (\hat{y}B_0\sin\omega t) \cdot (-\hat{x})\mathrm{d}x + \int_3^4 \left(-\hat{n}\frac{c}{2}\omega\right) \times (\hat{y}B_0\sin\omega t) \cdot \hat{x}\mathrm{d}x$$

$$= \omega B_0 S\sin\omega t\sin\alpha$$

在上式的推导中使用了 $\vec{v} = \pm\hat{n}r\omega = \pm\hat{n}\frac{c}{2}\omega$ 和 $\hat{n} \times \hat{y} = -\hat{x}\sin\alpha$。将上式的结果与 $\mathscr{E}_a$ 相加，得

$$\mathscr{E}_b = -\omega B_0 S\cos\omega t\cos\alpha + \omega B_0 S\sin\omega t\sin\alpha$$

若令 $\alpha = \omega t$，即 $t = 0$ 时 $\alpha = 0$，则上式为

$$\mathscr{E}_b = \omega B_0 S(-\cos^2\omega t + \sin^2\omega t) = -\omega B_0 S\cos2\omega t$$

另一种方法是利用式（6-2）计算

$$\Phi_m = \vec{B}(t) \cdot [\hat{n}(t)S] = B_0 S\sin\omega t\cos\alpha = B_0 S\sin\omega t\cos\omega t$$

可得

$$\mathcal{E}_b = -\frac{\mathrm{d}\Phi_m}{\mathrm{d}t} = -\omega B_0 S\cos 2\omega t$$

例 6.2 一菱形均匀线圈在均匀恒定磁场 $\vec{B}$ 中以匀角速度 ω 绕其对角线转动，转轴与 $\vec{B}$ 垂直，线圈平面转至与 $\vec{B}$ 平行时（见图 6-8），问：

（1）a、c 两点中哪点电位高？

（2）设 b 为 ac 的中点，b、c 两点中哪点电位高？

解：（1）欲知 a、c 中哪点电位高，只需确定电位差 U_{ac} 的正负。为此，把一段含源电路的欧姆定律用于 ac 段，有

$$\mathcal{E}_{ac} = -U_{ac} + IR_{ac} \qquad ①$$

式中，$\mathcal{E}_{ac}$ 是 ac 段的动生电动势，R_{ac} 是 ac 段的电阻，I 是线圈中的感应电流。$\mathcal{E}_{ac}$ 可由下式求得

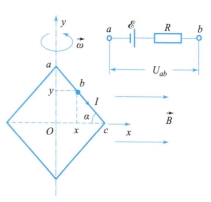

图 6-8 例 6.2 用图

$$\mathcal{E}_{ac} = \int_a^c (\vec{v} \times \vec{B}) \cdot \mathrm{d}\vec{l}$$

$$= \int_a^c (-\omega x\hat{z} \times \hat{x}B) \cdot (\hat{x}\mathrm{d}x + \hat{y}\mathrm{d}y)$$

$$= -\omega B \int_a^c x\mathrm{d}y$$

由图中几何关系有

$$y = (x_c - x)\tan\alpha, \quad \mathrm{d}y = -\tan\alpha \mathrm{d}x$$

代入上式，得

$$\mathcal{E}_{ac} = \omega B\tan\alpha \int_0^{x_c} x\mathrm{d}x = \frac{1}{2}\omega B\tan\alpha x_c^2$$

不难看出，菱形线圈的总电动势为

$$\mathcal{E} = 4\mathcal{E}_{ac}$$

总电阻为

$$R = 4R_{ac}$$

故线圈的感应电流为

$$I = \mathcal{E}/R = \mathcal{E}_{ac}/R_{ac} \qquad ②$$

代入式①，得

$$U_{ac} = 0$$

即 a、c 两点电位相等。电流之所以能从 a 流向 c，关键在于 ac 段内有电动势。

（2）仿照前面的步骤可以得出

$$\mathcal{E}_{bc} = -U_{bc} + IR_{bc} \qquad ③$$

$$\mathcal{E}_{bc} = -\omega B \int_b^c x\mathrm{d}y = \frac{3}{8}\omega B\tan\alpha x_c^2 = \frac{3}{4}\mathcal{E}_{ac} \qquad ④$$

将式②、式④和 $R_{ac} = 2R_{bc}$ 代入式③，得

$$U_{bc} = -\frac{1}{8}\omega B\tan\alpha x_c^2 < 0$$

U_{bc} 之所以不为零，关键在于 ab 段与 bc 段的电动势不相等（因为 ac 线上的电动势与 x^2 而不是与 x 成正比），即 $\mathscr{E}_{bc} \neq \mathscr{E}/8$，但 $R_{bc} = R/8$，故 $\mathscr{E}_{bc} \neq IR_{bc}$。

$U_{bc} < 0$ 说明 b 点电位低于 c 点，但电流却从 b 点流向 c 点，这也是由于 bc 段内有感应电动势的缘故，此时的线段与干电池内的碳棒相当。而对于一段不含源的电路，电流是不能由低电位点流向高电位点的。

§6.2 法拉第电磁感应定律的推广

在前面讨论法拉第电磁感应定律时，我们都是针对导线回路进行分析的。实际上，这个定律并不仅局限于导线回路。在电磁场空间内，不管是否有导体存在，只要任意取定一个空间回路 l，此回路上的电场和磁场都将满足法拉第定律表达式（6-3），即

$$\oint_l \vec{E} \cdot d\vec{l} = -\frac{d}{dt} \int_S \vec{B} \cdot d\vec{S}$$

若此回路对于电磁场是不运动的，则上式右边的求导就变成 $\vec{B}$ 对 t 的偏导，即

$$\oint_l \vec{E} \cdot d\vec{l} = \int_S -\frac{\partial \vec{B}}{\partial t} \cdot d\vec{S} \tag{6-8}$$

式（6-8）反映了电磁场空间一个给定回路上电场与磁场的普适关系，称为法拉第定律的积分形式。

对式（6-8）左边应用斯托克斯定理，可得到

$$\int_S \nabla \times \vec{E} \cdot d\vec{S} = \int_S \frac{\partial \vec{B}}{\partial t} \cdot d\vec{S}$$

因为上式对任意曲面 S 都成立，故两边的被积函数必须相等，即

$$\nabla \times \vec{E} = -\frac{\partial \vec{B}}{\partial t} \tag{6-9}$$

式（6-9）反映了电磁场空间一点上 $\vec{E}$ 与 $\vec{B}$ 的关系，称为法拉第定律的微分形式。它表明时变的磁场可以产生电场，即"**动磁生电**"，并且这个电场是一个非保守场。

由上述的法拉第定律出发，可以得到时变电磁场 $\vec{E}$ 和 $\vec{B}$ 的一些重要性质。首先对式（6-9）两边求散度，得到

$$\nabla \cdot \nabla \times \vec{E} = \nabla \cdot \left(-\frac{\partial \vec{B}}{\partial t} \right) = -\frac{\partial}{\partial t} \nabla \cdot \vec{B}$$

由 $\nabla \cdot \nabla \times \vec{E} \equiv 0$，得到

$$\frac{\partial}{\partial t} \nabla \cdot \vec{B} \equiv 0$$

由上式可见，不论 $\vec{B}$ 对 t 有什么样的函数关系，它的散度都是与 t 无关的常量 C。由于恒定磁场是时变磁场的特例，并且前面已经得到恒定磁场有 $\nabla \cdot \vec{B} = 0$，所以这个常数 C 只能是零。因此，对时变磁场仍然有

$$\nabla \cdot \vec{B} = 0 \tag{6-10}$$

对式（6-10）两边体积分并应用散度定理，得到

$$\oint_S \vec{B} \cdot d\vec{S} = 0 \tag{6-11}$$

以上两式仍称作磁场高斯定律，表明了时变磁场的无散性和磁通连续性。

由 $\vec{B}$ 的无散性可知，在整个场空间 $\vec{B}$ 可以被表示成另一个矢量函数的旋度。仿照恒定磁场中的做法，在时变场中引入辅助函数磁矢位 $\vec{A}$，令

$$\vec{B} = \nabla \times \vec{A} \tag{6-12}$$

在恒定磁场中定义 $\vec{A}$ 时，除了给出上面的旋度定义式外，还规定了 $\nabla \cdot \vec{A} = 0$。对于时变磁场，$\nabla \cdot \vec{A}$ 的规定将在下章中讨论。

将式（6-12）代入法拉第定律微分形式（6-9），得

$$\nabla \times \vec{E} = -\frac{\partial}{\partial t}(\nabla \times \vec{A}) = -\nabla \times \frac{\partial \vec{A}}{\partial t}$$

即

$$\nabla \times \left(\vec{E} + \frac{\partial \vec{A}}{\partial t} \right) = 0$$

上式括号内是一个无旋的矢量函数，故可以将其表示为一个标量函数 U 的梯度

$$\vec{E} + \frac{\partial \vec{A}}{\partial t} = -\nabla U$$

或记

$$\vec{E} = -\nabla U - \frac{\partial \vec{A}}{\partial t} \tag{6-13}$$

U 称为动态电位或简称为电位，单位仍为伏特（V）。上式表明了时变电场 $\vec{E}$ 与两个辅助位函数 U 和 $\vec{A}$ 之间的联系，$\vec{E}$ 可以分成两项

$$\vec{E} = \vec{E}_c + \vec{E}_l = -\nabla U - \frac{\partial \vec{A}}{\partial t}$$

因 $\nabla \times \nabla U = 0$，所以第一项 $\vec{E}_c = -\nabla U$ 为无旋场（即保守场），它是由时变的分布电荷产生的，也称为**库仑电场**；另一项 $\vec{E}_l = -\frac{\partial \vec{A}}{\partial t}$ 是由磁场时变所感应出来的**非保守电场**。将式（6-13）代入式（6-1），并注意 $\oint_l (-\nabla U) \cdot \mathrm{d}\vec{l} = 0$，得

$$\mathcal{E} = \oint_l \vec{E} \cdot \mathrm{d}\vec{l} = \oint_l (-\nabla U) \cdot \mathrm{d}\vec{l} + \oint_l \left(-\frac{\partial \vec{A}}{\partial t} \right) \cdot \mathrm{d}\vec{l} = \oint_l \vec{E}_l \cdot \mathrm{d}\vec{l}$$

可见，对感应电动势 $\mathcal{E}$ 有贡献的只是电场 $\vec{E}$ 的非保守部分 $\vec{E}_l = -\partial \vec{A}/\partial t$，而保守部分 $\vec{E}_c = -\nabla U$ 对回路的感应电动势无贡献。

§6.3　电　感

　　电感是电路学中的一个重要概念，它描述了电流与磁通量及电流与感应电动势之间的联系。电感又可分为自感和互感，下面结合法拉第定律介绍它们的定义和基本计算方法。

一、自感

　　假设有一个通有电流 I 的 N 匝导线线圈，电流 I 在线圈空间产生的磁场为 $\vec{B}$，如图 6-9 所示。线圈的每一匝可以近似为一个闭合回路，其通过的磁通 Φ_i 称为第 i 匝的**自感磁通**。N 个自感磁通之和称

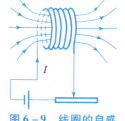

图 6-9　线圈的自感

为该线圈的**自感磁链**，记作 Ψ。与磁通不同，磁链是指与电流交链的磁通。若各匝导线紧挨着，可认为各匝的自感磁通相等，则线圈的自感磁链表示为

$$\Psi = N\Phi_{\mathrm{m}} \tag{6-14}$$

根据毕奥 – 沙伐定律，I 在空间各点激发的 $\vec{B}$ 都与 I 成正比，而每匝回路的自感磁通 Φ_{m} 又与 $\vec{B}$ 成正比，故自感磁链 Ψ 与电流 I 成正比，即

$$\Psi = LI \tag{6-15}$$

比例系数 L 叫作该线圈的**自感系数**（简称**自感**），单位是亨利（H）。我们规定线圈的电流 I 与其自感磁通的正方向成右手螺旋关系，故自感系数总为正值。

由式（6-15）可知，自感系数在数值上等于单位电流所引起的自感磁链。若线圈所在空间的媒质是线性的，即磁导率 μ 与磁场 H 的强弱无关，则 L 的数值只与线圈的形状、匝数和 μ 值有关，而与电流 I 的大小无关；对非线性媒质，例如线圈内加了铁芯，由于铁芯的 μ 与 I 有关，此时的 L 就与电流 I 的大小有关了。但若在电流的波动范围内 μ 值变化不大，仍可以近似认为 L 是与 I 无关的。

例 6.3 计算长直螺线管的自感系数。设螺线管的截面积为 S，长度为 l，单位长度上的匝数为 n，管内充满磁导率为 μ 的磁介质。

解：根据无限长螺线管中磁场的公式

$$B = \mu H = \mu n I$$

通过每匝的磁通量为

$$\Phi_{\mathrm{m}} = BS = \mu n I S$$

长 l 的螺线管的磁链为

$$\Psi = nl\Phi_{\mathrm{m}} = \mu n^2 I S l = \mu n^2 I \tau$$

式中，$\tau = Sl$ 为该螺线管的体积。因此这段螺线管的自感系数为

$$L = \frac{\Psi}{I} = \mu n^2 \tau$$

在上面的自感定义中，我们并未限定 I 是直流还是交流。但当 I 是直流时，线圈只相当于一个小电阻，没有其他的电路作用。而当 I 为交流时，将在线圈空间激励时变的磁场，线圈上出现感应电动势。这种由线圈电流时变在自身回路产生的感应电动势称为**自感电动势**。根据法拉第定律，每匝上的感应电动势为

$$\mathscr{E}' = -\frac{\mathrm{d}\Phi_{\mathrm{m}}}{\mathrm{d}t}$$

若线圈有 N 匝，则总的感应电动势为 N 匝电动势的串联叠加，即

$$\mathscr{E} = N\mathscr{E}' = -N\frac{\mathrm{d}\Phi_{\mathrm{m}}}{\mathrm{d}t} = -\frac{\mathrm{d}\Psi}{\mathrm{d}t} = -L\frac{\mathrm{d}I}{\mathrm{d}t} \tag{6-16}$$

上式是法拉第定律在自感线圈上的表达形式，表明一个线圈自身电流时变所产生的自感电动势与其电流的时间变化率的负值成正比，比例系数正是该线圈的自感系数 L。

由式（6-16）可以看出，提高自感系数和电流的时变频率都可以使线圈上的自感电动势增大。但应当注意，当电流频率较高时，各匝上的自感磁通会因为电流的方向不同而产生抵消作用，使线圈的磁链减小。此时，单纯依靠增加线圈匝数往往并不能提高自感系数，而应采用在线圈内添加铁芯等方法。当电流的频率达到微波波段，特别是到了厘米和毫米波段，一小段导线上的电流就将出现多次反向，线圈形式的电感器件不再适用，而要采用分布

参数的方法来分析电感效应。

自感在电工和无线电技术中有着广泛的应用，如各种选频回路中的谐振线圈和电路中具有通直隔交作用的扼流圈等，都是利用线圈上的自感电动势来完成某种特定的电路功能。

日光灯镇流器是自感用于电工技术的最简单例子，其工作线路如图6-10所示。当电源接通后，起辉器内两金属片狭缝间的气体被击穿导通，经过2~3 s后，其金属片因受热而自动弹开，此时镇流器L中的电流骤降至零，电流的变化率很大，因而产生了一个很高的瞬间自感电动势并加在日光灯管的两端，将灯管内的导电气体击穿点燃。在灯管点燃后，交变电流又使镇流器产生一个反向的自感电动势，起着限制电流的作用，使电流稳定在一个额定值上。

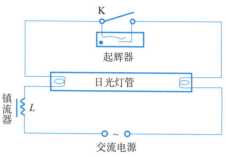

图6-10 日光灯中的镇流器

自感现象有时也会带来害处。例如在供电系统中切断载有强大电流的电路时，若电路中含有较大的自感元件，就可能出现强烈的自感高压电弧，烧毁开关甚至危及人身安全。为此，这些设备一般都采用具有灭弧结构的特殊开关，如负载开关和油开关等。

二、互感

图6-11所示的是两个相邻的线圈。设线圈1为N_1匝，上面有电流I_1，线圈2是N_2匝的无源线圈。若I_1在空间产生的磁场记作B_1，线圈2的每一匝近似为一个闭合回路，则线圈2的第i匝上的磁通量为

$$\Phi_{mi} = \int_{S_i} \vec{B}_1 \cdot d\vec{S}_i \qquad (6-17)$$

该磁通称为第i匝上的**互感磁通**。线圈2上N_2个互感磁通之和称为线圈1对线圈2的**互感磁链**，记作

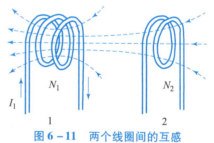

图6-11 两个线圈间的互感

Ψ_{21}。若线圈2的各匝导线紧挨着，可认为各匝的互感磁通相等，则有

$$\Psi_{21} = N_2 \Phi_{mi} \qquad (6-18)$$

对于线性媒质，仿照自感的分析可得知，互感磁链与线圈1上的电流有正比关系，记

$$\Psi_{21} = M_{21} I_1 \qquad (6-19)$$

M_{21}称为线圈1对线圈2的**互感系数**，简称互感，单位也是亨利（H）。与自感系数类似，M_{21}只取决于两个线圈的匝数、相互位置和线圈内外介质的磁导率μ值，而与I_1的大小无关。互感系数可为正值亦可为负值，其取决于线圈1上的电流I_1和线圈2的截面的参考方向，这点与自感系数总大于零是不同的。

当线圈1上的电流随时间变化时，Ψ_{21}也随时间变化，根据法拉第定律，线圈2上将产生感应电动势

$$\mathscr{E}_2 = -\frac{d\Psi_{21}}{dt} = -M_{21}\frac{dI_1}{dt} \qquad (6-20)$$

$\mathscr{E}_2$称为线圈2上的**互感电动势**。

同理，若线圈2上有电流I_2，而线圈1无源，则可得到

$$\Psi_{12} = M_{12}I_2 \tag{6-21}$$

$$\mathscr{E}_1 = -\frac{\mathrm{d}\Psi_{12}}{\mathrm{d}t} = -M_{12}\frac{\mathrm{d}I_2}{\mathrm{d}t} \tag{6-22}$$

可以证明，互感系数有互易性，即 $M_{21} = M_{12}$。为简化证明过程，设 $N_1 = N_2 = 1$，如图 6-12 所示，且忽略导线直径的线度，有

$$\Psi_{21} = \Phi_{21} = \oint_{l_2} \vec{A}_{21} \cdot \mathrm{d}\vec{l}_2$$

因为

$$\vec{A}_{21} = \frac{\mu I_1}{4\pi}\oint_{l_1}\frac{\mathrm{d}\vec{l}_1}{R}$$

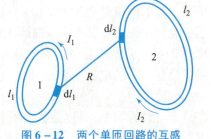

图 6-12　两个单匝回路的互感

有

$$M_{21} = \frac{\mu}{4\pi}\oint_{l_2}\oint_{l_1}\frac{\mathrm{d}\vec{l}_1 \cdot \mathrm{d}\vec{l}_2}{R}$$

用同样的方法可以推出

$$M_{12} = \frac{\mu}{4\pi}\oint_{l_1}\oint_{l_2}\frac{\mathrm{d}\vec{l}_2 \cdot \mathrm{d}\vec{l}_1}{R} = M_{21}$$

记 $M_{21} = M_{12} = M$，则

$$M = \frac{\mu}{4\pi}\oint_{l_1}\oint_{l_2}\frac{\mathrm{d}\vec{l}_2 \cdot \mathrm{d}\vec{l}_1}{R} \tag{6-23}$$

上式称为**诺伊曼公式**，它提供了两个单匝回路之间的互感系数的理论计算方法。当两个回路的形状简单并且处于某种特殊相对位置时，可以通过直接积分或分段法计算。所谓分段法就是把回路 1 分成 m 段，而把回路 2 分成 n 段，如图 6-13 所示。令 l_{1p} 和 l_{2q} 分别代表回路 1 的第 p 段和回路 2 的第 q 段，把诺伊曼公式中的两个闭合回路积分分解为各线段积分之和，得到

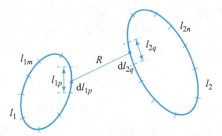

图 6-13　分段法计算互感

$$M = \sum_{p=1}^{m}\sum_{q=1}^{n}\frac{\mu}{4\pi}\int_{l_{1p}}\int_{l_{2q}}\frac{\mathrm{d}\vec{l}_1 \cdot \mathrm{d}\vec{l}_2}{R} = \sum_{p=1}^{m}\sum_{q=1}^{n}M_{pq} \tag{6-24}$$

其中

$$M_{pq} = \frac{\mu}{4\pi}\int_{l_{1p}}\int_{l_{2q}}\frac{\mathrm{d}\vec{l}_1 \cdot \mathrm{d}\vec{l}_2}{R} \tag{6-25}$$

M_{pq} 代表线段 l_{1p} 与线段 l_{2q} 之间的互感。

若两个线圈是多匝的，如线圈 1 为 N_1 匝，线圈 2 为 N_2 匝，则两线圈间的总互感等于 1—2 间所有单匝回路的互感之和，即

$$M = \sum_{i=1}^{N_1}\sum_{j=1}^{N_2}M_{ij} \tag{6-26}$$

式中，M_{ij} 为线圈 1 的第 i 匝与线圈 2 的第 j 匝间的互感系数，可按式（6-23）或式（6-24）计算。若两个线圈之间的距离远大于每个线圈自身的线度，可近似认为各单匝间的互感相

同，记作 M_i，则两线圈间的总互感为

$$M = N_1 N_2 M_i \tag{6-27}$$

在实用电路中，经常会遇到两个线圈相串接的情况，此时对电路的总效应可以等效成一个线圈的自感。由于两线圈的互感耦合，其等效自感系数并不等于每个线圈的自感系数之和。下面分两种情况讨论。

1. 顺接情况

图 6-14（a）的连接方式叫作顺接。顺接时，两线圈电流的磁通互相加强，每个线圈的磁链都等于自感磁链和互感磁链之和

$$\Psi_1 = \Psi_{11} + \Psi_{12}$$
$$\Psi_2 = \Psi_{22} + \Psi_{21}$$

考虑到两线圈串联时电流相等，可得到每个线圈上的感应电动势

$$\mathscr{E}_1 = -\left(L_1 \frac{dI}{dt} + M \frac{dI}{dt} \right) = -\left(L_1 + M \right) \frac{dI}{dt}$$

$$\mathscr{E}_2 = -\left(L_2 \frac{dI}{dt} + M \frac{dI}{dt} \right) = -\left(L_2 + M \right) \frac{dI}{dt}$$

串联的感应电动势 $\mathscr{E}$ 等于每个线圈上的电动势之和，故

$$\mathscr{E} = \mathscr{E}_1 + \mathscr{E}_2 = -\left(L_1 + L_2 + 2M \right) \frac{dI}{dt}$$

由上式可以看出，两个线圈串联顺接的等效自感为

$$L = L_1 + L_2 + 2M$$

可见，两个线圈串联顺接的等效自感系数大于两个线圈自感系数之和。

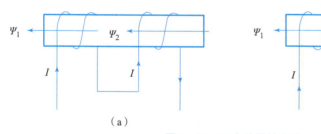

（a）   （b）

图 6-14 两个线圈的串联
（a）顺接；（b）逆接

2. 逆接情况

图 6-14（b）的连接方式叫作逆接。逆接时，两线圈电流的磁通互相削弱，故有

$$\Psi_1 = \Psi_{11} - \Psi_{12}$$
$$\Psi_2 = \Psi_{22} - \Psi_{21}$$

于是

$$\mathscr{E}_1 = -\left(L_1 \frac{dI}{dt} - M \frac{dI}{dt} \right) = -\left(L_1 - M \right) \frac{dI}{dt}$$

$$\mathscr{E}_2 = -\left(L_2 \frac{dI}{dt} - M \frac{dI}{dt} \right) = -\left(L_2 - M \right) \frac{dI}{dt}$$

串联逆接的感应电动势 $\mathscr{E}$ 为

$$\mathscr{E} = \mathscr{E}_1 + \mathscr{E}_2 = -(L_1 + L_2 - 2M)\frac{\mathrm{d}I}{\mathrm{d}t}$$

串联逆接的等效自感为

$$L = L_1 + L_2 - 2M$$

可见，两个线圈串联逆接的等效自感系数小于两个线圈自感系数之和。

如果两线圈之间的互感耦合可以忽略，即 $M = 0$，则没有必要区分顺接和逆接，有

$$L = L_1 + L_2$$

即两个无互感耦合的线圈串联而成的等效自感等于每个线圈的自感之和。

为了简明地表示线圈的顺接和逆接，在电工和电子线路图中一般都采用标记"同名端"的方法。下面对同名端的含义做简单介绍。

一对互感线圈共有四个端，分别记作 A、B、C、D，如图 6 – 15（a）所示。当两线圈的电流分别从 A 端和 C 端同相流入时，两线圈上的磁通同方向，我们把这样的两端称为**同名端**（或称**同极性端**）。当然，B 端与 D 端也是同名端。当两线圈的电流分别从 A 端和 D 端（或 B 端与 C 端）同相流入时，两线圈上的磁通反方向，这样的两端称为**异名端**。画图时，一般是在任一对同名端的旁边各注一个"·"，如图 6 – 15（b）所示。它表示：对于两个端子，同时有"·"或同时无"·"都是同名端，只有一个有"·"的为异名端。

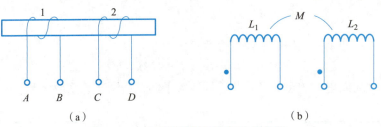

图 6 – 15　互感线圈的同名端和异名端

(a) A 与 C 端是同名端，B 与 D 端是同名端；(b) 用"·"标记同名端

当两个线圈串联顺接时，它们的磁通方向相同，这相当于同名端输入，其线路简图如图 6 – 16（a）所示，总的输入和输出应是异名端；当两个线圈串联逆接时，它们的磁通方向相反，这相当于异名端输入，其线路简图如图 6 – 16（b）所示，总的输入和输出应是同名端。

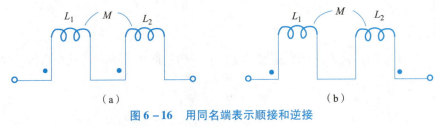

图 6 – 16　用同名端表示顺接和逆接

(a) 顺接；(b) 逆接

互感现象在电工和电子技术中应用很广泛，变压器就是一个最重要的例子。变压器中有两个匝数不同的线圈，由于互感耦合，当在一个线圈两端加上交变电压时，另一个线圈两端将感应出数值不同的电压。同时也可以实现变压器两端的电流和阻抗的变换。

互感作用在某些情况下也会产生不利影响。在电子仪器中，各元件之间往往不希望有互感耦合，特别是高灵敏度的检测仪器，互感可能使仪器的工作质量严重下降甚至无法工作。此时应设法减少这种耦合，如把不希望耦合的线圈尽量拉开距离或调整方向，也可以采用铁磁物质的磁屏蔽盒来消除互感作用。

三、自感的计算

若令两个相同的线圈重合，则一线圈在另一线圈上所产生的磁链也就是它在自身上产生的磁链。因此，两线圈之间的互感应等于该线圈的自感。若忽略各匝位置的差别，由式（6-27）可得到一个 N 匝线圈的自感系数

$$L = N^2 L_n \tag{6-28}$$

式中，L_n 为单匝回路的自感系数。但应注意，此 L_n 的计算不能照搬互感公式（6-23）或式（6-24）。因为此时的 l_1 和 l_2 实际上是形状和位置都相同的回路，当 $\mathrm{d}\vec{l_1}$ 与 $\mathrm{d}\vec{l_2}$ 重合时，出现 $R \to 0$，导致积分发散。在实际问题中，求解单匝回路自感系数一般都采用近似计算方法。考虑到回路导线的截面不为零，我们将导线回路的轴线看作回路1，认为电流集中在此轴线回路上，而将导线回路的内径看作回路2，如图 6-17 所示。利用式（6-23）或式（6-24）计算，将其结果称为该路的外自感，记作 L_e，则有

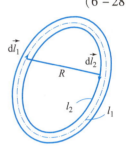

图 6-17　回路的外自感

$$L_e = \frac{\mu}{4\pi} \oint_{l_1} \oint_{l_2} \frac{\mathrm{d}\vec{l_2} \cdot \mathrm{d}\vec{l_1}}{R} \tag{6-29}$$

从式（6-29）和式（6-23）的推导过程可以看出，外自感只考虑了导线回路内径回路 l_2 所围面积上的磁通，而忽略了导线内的磁通。因此，只有当导线直径远远小于回路尺寸时，才可以用外自感作为回路总自感的近似。作为比较精确的计算，必须考虑导线内的磁通对自感的贡献。我们将这部分自感称为**内自感**，记作 L_i。回路的总自感应为外自感与内自感之和，即

$$L = L_e + L_i \tag{6-30}$$

例6.4　试计算半径为 a 的圆导线的内自感。

解： 假设回路 l 的尺寸比导线直径大很多，则导线内部的磁场可近似地认为与无限长直圆柱导体内的磁场分布相同。假设导线材料的磁导率为 μ，则导线内磁场为

$$\vec{B} = \hat{\varphi} \frac{\mu}{2\pi r} \frac{r^2}{a^2} I = \hat{\varphi} \frac{\mu I r}{2\pi a^2}$$

如图 6-18 所示，取一段导体长为 l，在半径 r 处，宽度为 $\mathrm{d}r$ 的截面上通过的磁通量为

$$\mathrm{d}\Phi_m = \vec{B} \cdot \mathrm{d}\vec{S} = Bl\,\mathrm{d}r$$

这些磁通量仅与半径为 r 的圆截面内的电流交链，即 $\mathrm{d}\Phi_m$ 交链的电流只是全部电流的 r^2/a^2 倍，所以 $\mathrm{d}\Phi_m$ 所对应的磁链为

$$\mathrm{d}\Psi = \frac{r^2}{a^2} \mathrm{d}\Phi_m = \frac{r^2}{a^2} \frac{\mu I r}{2\pi a^2} l\,\mathrm{d}r = \frac{\mu I l}{2\pi a^4} r^3 \mathrm{d}r$$

与电流 I 交链的总磁链为

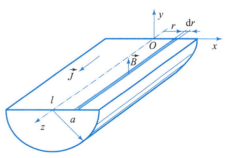

图 6-18　圆柱导体内的磁通

$$\Psi = \int_0^a \frac{\mu Il}{2\pi a^4} r^3 \mathrm{d}r = \frac{\mu Il}{8\pi}$$

因此，长为 l 的一段圆截面导线的内自感为

$$L_i = \frac{\mu l}{8\pi}$$

从而得到单位长度均匀导体的内自感为

$$L_{i0} = \frac{\mu}{8\pi} \tag{6 - 31}$$

例 6.5 求双线传输线单位长度的自感。设导线半径为 a，轴线间距离 $D \gg a$。

解： 设导线上的电流为 I，方向如图 6 - 19 所示，两导线间平面上任意点的磁通密度为

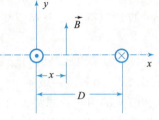

$$\vec{B} = \hat{y} \frac{\mu_0 I}{2\pi}\left(\frac{1}{x} + \frac{1}{D - x}\right)$$

图 6 – 19　平行双线的自感

单位长度传输线交链的磁通量为

$$\Phi_{m0} = \int_a^{D-a} \frac{\mu_0 I}{2\pi}\left(\frac{1}{x} + \frac{1}{D - x}\right)\mathrm{d}x$$

$$= \frac{\mu_0 I}{\pi}\ln\frac{D - a}{a}$$

故单位长度的自感为

$$L_0 = \frac{\Phi_{m0}}{I} + 2L_{i0} = \frac{\mu_0}{\pi}\ln\frac{D - a}{a} + \frac{\mu_0}{4\pi} \tag{6 - 32}$$

式中第二项为内自感。当 $D \gg a$ 时，

$$L_0 \approx \frac{\mu_0}{\pi}\ln\frac{D}{a} \tag{6 - 33}$$

§6.4　磁场的能量

磁场的能量是磁场建立过程中由外源做功而获得的。此过程自电源接通时起，一直到电流达到稳定值（终值）时为止。在此过程中，回路电流的变化引起感应电动势，为维持回路电流，外源必须施加与感应电动势相反的电动势而做功。根据能量守恒定律，只要终值电流相同，不管电流建立过程如何，外源所做的功一定相同，并且转化为系统的磁场能量。

现在我们来讨论由 N 个电流回路组成的磁场场源系统。由于各电流回路的磁链与各回路电流的最终值成线性关系，故第 i 个回路的终值总磁链为

$$\Psi_i = \sum_{j=1}^{N} M_{ij} I_j \quad (i = 1, 2, 3, \cdots, N) \tag{6 - 34}$$

当 $j = i$ 时，$M_{ii} = L_i$ 为第 i 回路的自感。假设各回路电流都按同一比例 $k(t)$ 由零增长到终值 I_i，$k(0) = 0, k(T) = 1, 0 \leqslant k(t) \leqslant 1$。在磁场建立过程中某时刻 t，第 i 回路的电流和磁链分别为 kI_i 和 $k\Psi_i$，若此时刻电流在 $\mathrm{d}t$ 时间内改变了 $\mathrm{d}(kI_i)$，则在此回路中引起的感应电动势为

$$\mathscr{E}_i = -\frac{\mathrm{d}}{\mathrm{d}t}(k\Psi_i)$$

此电动势将阻止电流的变化。为了在 $\mathrm{d}t$ 时间内电流能改变 $\mathrm{d}(kI_i)$，外源必须在回路中施加一个等于 $-\mathscr{E}_i$ 的源电动势。外源为此所做的功将成为磁场中储存的能量，储能的增量为

$$\mathrm{d}W_{\mathrm{m}} = \sum_{i=1}^{N}(-\mathscr{E}_i kI_i\mathrm{d}t) = \sum_{i=1}^{N}kI_i\frac{\mathrm{d}(k\Psi_i)}{\mathrm{d}t}\mathrm{d}t = \sum_{i=1}^{N}I_i\Psi_i k\mathrm{d}k$$

在建立磁场的整个过程中，磁场能量的增加总量，即磁场的总能量为

$$W_{\mathrm{m}} = \sum_{i=1}^{N}I_i\Psi_i\int_0^1 k\mathrm{d}k = \frac{1}{2}\sum_{i=1}^{N}I_i\Psi_i \tag{6-35}$$

考虑到式（6-34），上式可以写成

$$W_{\mathrm{m}} = \frac{1}{2}\sum_{i=1}^{N}\sum_{j=1}^{N}M_{ij}I_iI_j$$

$$= \frac{1}{2}\sum_{i=1}^{N}L_iI_i^2 + \frac{1}{2}\sum_{i=1}^{N}\sum_{j\neq i}^{N}M_{ij}I_iI_j \tag{6-36}$$

可见，N 个电流回路系统储存的磁场总能量包括两部分：一部分是上式的第一项，称为各电流回路的**自能**（或**固有能**）；另一部分是上式的第二项，称为各电流回路之间的相互作用能（简称**互能**）。这与电荷系统的电场能量类似。

对于单电流回路系统，$i = j = 1$，由式（6-36）得到它的储能就是自能

$$W_{\mathrm{m}} = \frac{1}{2}LI^2 \tag{6-37}$$

由上式可以得到由磁场能量定义的另一自感计算公式

$$L = \frac{2W_{\mathrm{m}}}{I^2} \tag{6-38}$$

电流回路系统的总能量可由式（6-35）和式（6-36）计算，但容易造成一种错觉，似乎磁场能量集中在载流导体内和其包围的面积上。而实验证明：磁场不为零的地方都有磁能存在。因此，有必要找出磁能与磁场的关系。

在 N 个电流回路的系统中，穿过第 i 个回路的磁链可表示为

$$\Psi_i = \int_{S_i}\vec{B}\cdot\mathrm{d}\vec{S} = \oint_{l_i}\vec{A}\cdot\mathrm{d}\vec{l}$$

将上式代入式（6-35），得到

$$W_{\mathrm{m}} = \frac{1}{2}\sum_{i=1}^{N}\oint_{l_i}I_i\vec{A}\cdot\mathrm{d}\vec{l} \tag{6-39}$$

线电流只是体电流的一种极限情况，用体电流元 $\vec{J}_i\mathrm{d}\tau$ 代替上式中的线电流元 $I_i\mathrm{d}\vec{l}$，则闭合回路积分变成回路 i 的导体体积分，于是

$$W_{\mathrm{m}} = \frac{1}{2}\sum_{i=1}^{N}\int_{\tau_i}\vec{A}\cdot\vec{J}_i\mathrm{d}\tau = \frac{1}{2}\int_{\tau}\vec{A}\cdot\vec{J}\mathrm{d}\tau \tag{6-40}$$

式中，τ 为所有回路导体的体积。因为无电流区域对积分无贡献，故 τ 可以扩展为包含所有电流回路的体积。

将 $\vec{J} = \nabla\times\vec{H}$ 代入式（6-40），并利用矢量恒等式

$$\nabla\cdot(\vec{H}\times\vec{A}) = \vec{A}\cdot(\nabla\times\vec{H}) - \vec{H}\cdot(\nabla\times\vec{A})$$

式（6-40）可以写成

$$W_m = \frac{1}{2} \int_\tau \nabla \cdot (\vec{H} \times \vec{A}) d\tau + \frac{1}{2} \int_\tau \vec{H} \cdot (\nabla \times \vec{A}) d\tau$$

对上式右边第一项应用散度定理，并利用 $\nabla \times \vec{A} = \vec{B}$，则上式变成

$$W_m = \frac{1}{2} \oint_S (\vec{H} \times \vec{A}) \cdot d\vec{S} + \frac{1}{2} \int_\tau \vec{H} \cdot \vec{B} d\tau \tag{6-41}$$

式中，S 为包围所有电流区域体积 τ 的闭合曲面。该式的第二项为存在 S 面内的磁场能量，而第一项表示 S 面外的磁场能量。

因为 τ 外的区域里 $\vec{J} = 0$，故将上式积分区域 τ 任意扩大都不会影响积分结果。当将积分域无限扩展到整个空间时，闭合面 S 便成为无穷远处的球面。对 S 面上的场点而言，场源电流可以视为一个磁偶极子，H 随 R^{-3} 变化，A 随 R^{-2} 变化，而面积 S 则与 R^2 成比例，故上式中面积分随 $R \to \infty$ 而趋于零，所以式（6-41）变成

$$W_m = \int_{\tau\infty} \frac{1}{2} \vec{H} \cdot \vec{B} d\tau \tag{6-42}$$

上式中的积分域为存在磁场的全部空间，这表明，凡是磁场不为零的空间都储存着磁场能量。

式（6-42）中的被积函数表示单位体积中的磁场能量，称为**磁场能量密度**，记作 w_m。

$$w_m = \frac{1}{2} \vec{H} \cdot \vec{B} \tag{6-43}$$

在各向同性的线性媒质中，$\vec{B} = \mu\vec{H}$，磁场能量密度可写成

$$w_m = \frac{1}{2} \mu H^2 = \frac{B^2}{2\mu} \tag{6-44}$$

例 6.6 同轴线内外导体材料的磁导率为 μ，中间填充非磁性介质，结构尺寸如图 6-20 所示。设内、外导体内的电流为 I 和 $-I$，且均匀分布。试求长度为 l 的同轴线的磁场能量及单位长度的电感。

解：设长为 l 的一段同轴线为无限长直同轴线上的一段，从而可用安培回路定律求得同轴线各区域内的磁场强度：

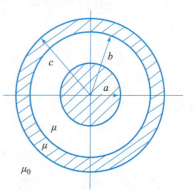

图 6-20 同轴线的磁场能量

内导体中 $\qquad H_1 = \dfrac{Ir}{2\pi a^2} \quad (r \le a)$

填充介质中 $\qquad H_2 = \dfrac{I}{2\pi r} \quad (a < r \le b)$

外导体中 $\qquad H_3 = \dfrac{I}{2\pi r} \dfrac{c^2 - r^2}{c^2 - b^2} \quad (b < r \le c)$

外导体外 $\qquad H_4 = 0 \quad (r > c)$

因此，长为 l 的同轴线的磁场能量为

$$W_m = \frac{1}{2} \int_\tau \vec{H} \cdot \vec{B} d\tau = \frac{\mu}{2} \int_{\tau_1} H_1^2 d\tau + \frac{\mu_0}{2} \int_{\tau_2} H_2^2 d\tau + \frac{\mu}{2} \int_{\tau_3} H_3^2 d\tau$$

$$= \frac{\mu}{2} \int_0^a \left(\frac{Ir}{2\pi a^2}\right)^2 2\pi r dr l + \frac{\mu_0}{2} \int_a^b \left(\frac{I}{2\pi r}\right)^2 2\pi r dr l + \frac{\mu}{2} \int_b^c \left(\frac{I}{2\pi}\right)^2 \frac{(c^2 - r^2)^2}{r^2 (c^2 - b^2)}\right) 2\pi r dr l$$

$$= \left(\frac{\mu I^2 l}{4\pi} \cdot \frac{1}{4} \right) + \left(\frac{\mu_0 I^2 l}{4\pi} \ln \frac{b}{a} \right) + \frac{\mu I^2 l}{4\pi} \left[\frac{c^4}{(c^2-b^2)^2} \ln \frac{c}{b} - \frac{3c^2-b^2}{4(c^2-b^2)} \right]$$

$$= \frac{\mu I^2 l}{4\pi} \left[\frac{1}{4} + \frac{c^4}{(c^2-b^2)^2} \ln \frac{c}{b} - \frac{3c^2-b^2}{4(c^2-b^2)} \right] + \frac{\mu_0 I^2 l}{4\pi} \ln \frac{b}{a}$$

单位长度同轴线的电感为

$$L_0 = \frac{L}{l} = \frac{1}{l} \frac{2W_m}{I^2} = \frac{\mu}{2\pi} \left[\frac{1}{4} + \frac{c^4}{(c^2-b^2)^2} \ln \frac{c}{b} - \frac{3c^2-b^2}{4(c^2-b^2)} \right] + \frac{\mu_0}{2\pi} \ln \frac{b}{a}$$

式中第一项是内导体的内自感，第二项和第三项是外导体的内自感，最后一项是外自感。在 $b \gg a$ 且 $b \approx c$ 时，外自感项是主要的，同轴线单位长度的自感可近似表示为

$$L_0 \approx \frac{\mu_0}{2\pi} \ln \frac{b}{a} \tag{6-45}$$

在高频情况下，电流集中在内外导体的表面上，则式（6-45）就是微波技术中常用的同轴线的高频电感。

习题六

6.1 一双线传输线上通有电流 $I(t) = I_0 \cos\omega t$ 和 $-I(t)$，在双线间的平面内放一尺寸为 $a \times b$ 的长方形导线回路，它所在的位置如图 6-21 所示。求回路中的感应电动势。

[提示：方法1 $\mathscr{E} = -\dfrac{\partial}{\partial t} \displaystyle\int_S \vec{B} \cdot \mathrm{d}\vec{S}$

方法2 $\mathscr{E} = -\displaystyle\oint_l \dfrac{\partial \vec{A}}{\partial t} \cdot \mathrm{d}\vec{l}$]

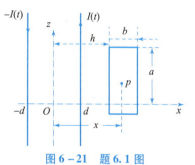

图 6-21 题 6.1 图

6.2 一多匝圆形线环的半径为 10 cm，在地磁场中以 30 r/s 的速度垂直于地磁场方向旋转，地磁场的 B 取作 6×10^{-5} Wb/m²，如果打算在线圈两端产生有效值为 0.1 V 的最大电动势，问线环应绕多少匝？

6.3 一个单匝线环，面积为 0.1 m²，置于空气中频率为 10 MHz 的磁场中。如果要在线环上感应 1 V 的电动势，问磁场强度 H 的最小值应为多少？

6.4 一电容率为 ε 的介质圆柱（磁导率为 μ_0），半径为 a，绕其轴以角速度 ω 旋转，沿轴线方向有均匀磁场 B_0，求介质柱中的体束缚电荷密度及面束缚电荷密度。

6.5 一边长为 a、b 的矩形线圈与一直长导线在同一平面内，线圈宽边与直导线平行，如图 6-22 所示。

（1）求线圈与直导线的互感；

（2）若直线和线圈中分别有电流 I_1 和 I_2，求线圈所受的作用力；

（3）若直导线通有电流 I，线圈以速度 v 沿垂直于直导线方向离开，求其中的感应电动势。

6.6 一长方形导线回路轴线尺寸为 $a \times b$，导线半径为 r_0，求导线回路的电感。

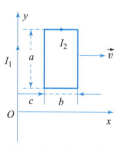

图 6-22 题 6.5 图

6.7　一个长螺线管的半径为 a，单位长度上密绕 n 匝线圈。若铁芯的磁导率为 μ，求

（1）单位长度的自感；

（2）假若线圈中通有电流 I，求单位长度内所储存的磁场能量。

6.8　截面积为矩形的闭合螺线管，内半径为 a，外半径为 b，高为 h，环上绕有 N 匝线圈，铁芯磁导率为 μ。当其中有电流 I 时，用两种方法求磁能。

6.9　利用虚位移法计算图 6-19 所示平行双线单位长度的相互作用力。

6.10　证明超导体（$\sigma \rightarrow \infty$）回路所交链的磁通量具有不变性质。

6.11　均匀磁场中一半径为 a 的导体圆盘以恒定角速度 ω 绕其轴线旋转，磁场 B_0 与盘的轴线平行，求盘的中心与边缘之间的电动势。若此圆盘是质量为 10^4 kg、半径为 3 m 的飞轮，转速为 3 000 r/min。当 $B_0 = 0.5$ T 时，它能给 10^{-3} Ω 的负载电阻以多大的起始电流？又经过多长时间，飞轮的转速降到初始值的一半。

6.12　一个导体圆形回路，以角速度 ω 在恒定磁场中旋转，旋转轴为与 B 垂直的回路直径。试用法拉第电磁感应定律和自感定义证明回路中电流为

$$I = \frac{\pi a^2 \omega B \sin(\omega t - \varphi)}{[R^2 + (\omega L)^2]^{1/2}}$$

其中 a 为回路半径，R 为回路电阻，L 为回路电感，$\varphi = \arctan(\omega L/R)$。

6.13　均匀磁场中，一重量为 W 的物体经无摩擦滑轮拉着金属杆，使金属杆在相距为 l 的平行导线上滑动（不计摩擦），双线一端接电阻 R，导线平面与 $\vec{B}$ 垂直，如图 6-23 所示。

（1）求金属杆的运动速度；

（2）证明 $t \rightarrow \infty$ 时，磁场力所做的功等于电阻的热损耗。

6.14　两根平行细导线段的位置如图 6-24 所示。

（1）证明两线段的互感为

$$M = \frac{\mu}{4\pi} \left[\ln \frac{(A+a)^a (B+b)^b}{(C+c)^c (D+d)^d} + (c+d) - (A+B) \right]$$

（2）由上式导出等长平行线段（$l_1 = l_2 = l, b = d = 0$）的互感。

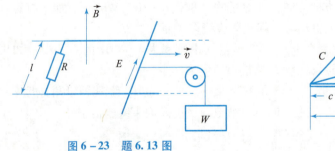

图 6-23　题 6.13 图

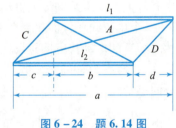

图 6-24　题 6.14 图

6.15　一半径为 a 的圆形回路与一长直导线在同一平面内，圆心与直导线相距 h，求直导线与回路的互感。

6.16　一螺线管的半径为 a，长为 l，上面密绕 N 匝线圈，它的中央有一个面积为 S 的小圆形细导线回路，回路平面与螺线管轴线垂直，试求螺线管与小回路的互感。

6.17　一空心长螺线管的半径为 a，长为 $2l$，单位长度的匝数为 n。另一半径为 R 的圆形导线回路的轴线和中心与此螺线管重合。

（1）当 $R > a$ 时，求回路与螺线管的互感；

（2）当螺线管通有电流 $i = I_m \cos\omega t$ 时，求回路中的感应电动势。

6.18 求题 6.15 中圆环所受的力。

6.19 两条宽为 a，相距 h，上下对齐的带线传输线，通有方向相反的电流 I。若带线很长，且 $a \gg h$，求带线间单位长度的作用力。

6.20 一长为 l 的螺线管，其截面半径为 a，单位长度上有 n 匝线圈。试用虚位移法求单匝线圈在单位周长上所受的力。

6.21 半径为 a 和 b 的两细导线圆形回路同轴，相距为 h。

（1）求两回路的互感；

（2）求 $h \gg a$，$h \gg b$ 时互感的近似值；

（3）在（2）的条件下，当两回路中有电流 I_1 和 I_2（方向相同）时，回路 a 所受的力。

6.22 利用能量公式重新计算上题的力。

第 6 章习题答案

第7章 时变电磁场

法拉第电磁感应定律表明时变的磁场能够产生电场，反之，时变的电场也将产生磁场。时变的电场和磁场相互激励、相互依存，构成了统一电磁场的两个不可分割的部分。本章将在前面讨论过的基本电磁定律基础上，介绍反映时变电磁场基本规律的麦克斯韦方程、电磁场的能量、电磁位的概念和方程，以及时变电磁场的边界条件。

§7.1 位移电流和推广的安培回路定律

总结前面讨论过的所有电磁问题不难发现，这些理论建立在 3 个实验定律和一个基本公理的基础之上，其对应的四个基本导出定律是：

(1) 高斯定律（来源于库仑定律）　　　　　$\nabla \cdot \vec{D} = \rho$ 　　　　　(7-1)

(2) 安培回路定律（来源于安培磁力定律）　$\nabla \times \vec{H} = \vec{J}$ 　　　　　(7-2)

(3) 法拉第定律（来源于电磁感应定律）　　$\nabla \times \vec{E} = -\dfrac{\partial \vec{B}}{\partial t}$ 　　　(7-3)

(4) 电流连续方程（来源于电荷守恒原理）　$\nabla \cdot \vec{J} = -\dfrac{\partial \rho}{\partial t}$ 　　　(7-4)

在这些基本定律中，法拉第定律和电流连续方程分别来源于时变场实验和物质不灭原理，对于时变场的适用性是有依据的。但高斯定律和安培回路定律是对静态场实验观察所得出的，对时变场的适用性必须经过进一步的讨论和验证。

首先对安培回路定律进行分析，对式（7-2）两边取散度，由于矢量旋度的散度恒等于零，得到

$$\nabla \cdot \vec{J} = 0 \qquad\qquad (7-5)$$

这一结果与我们在第 3 章所给出的结论相吻合。实际上，该式正是电流连续方程的静态表达形式，说明在恒定磁场条件下，安培回路定律与电流连续方程是兼容的。但当电流随时间变化时，电流连续方程应为式（7-4），显然与安培回路定律的必然导出式（7-5）相矛盾，即式（7-2）和式（7-4）在时变场中是不相容的。我们知道，式（7-4）是根据公理电荷守恒定律推出的，其正确性是不容置疑的。由此可知，安培回路定律表达式（7-2）在时变场条件下已不再适用。考虑到这一矛盾，麦克斯韦认为，在时变场中必须对安培回路定律进行修正。修正项加在式（7-2）的右边，可将其写成

$$\nabla \times \vec{H} = \vec{J} + \vec{J}_d \qquad\qquad (7-6)$$

为确定新增项 $\vec{J}_d$ 的意义和量值，对上式两边进行散度运算

$$\nabla \cdot \vec{J} + \nabla \cdot \vec{J}_d = \nabla \cdot \nabla \times \vec{H} = 0$$

由此得到

$$\nabla \cdot \vec{J}_d = - \nabla \cdot \vec{J}$$

增加修正项 $\vec{J}_d$ 的目的是使式（7-6）与时变的电流连续方程相容，故我们将上式与式（7-4）比较，得到

$$\nabla \cdot \vec{J}_d = \frac{\partial \rho}{\partial t}$$

上式得到了 $\nabla \cdot \vec{J}_d$ 与时变电荷密度 ρ 的联系，但并没有直接给出 $\vec{J}_d$。为了解决这个问题，必须做进一步的假设，这个假设是高斯定律 $\nabla \cdot \vec{D} = \rho$ 对时变场成立，在此假设下可以得到

$$\nabla \cdot \vec{J}_d = \frac{\partial \nabla \cdot \vec{D}}{\partial t} = \nabla \cdot \frac{\partial \vec{D}}{\partial t}$$

两边比较可得到

$$\vec{J}_d = \frac{\partial \vec{D}}{\partial t} \tag{7-7}$$

代入式（7-6），得到

$$\nabla \times \vec{H} = \vec{J} + \frac{\partial \vec{D}}{\partial t} \tag{7-8}$$

上式称为**推广的安培回路定律**。如果对其两边求散度，并利用高斯定律 $\nabla \cdot \vec{D} = \rho$，就可以得到式（7-4），可见它与时变场的电流连续方程是相容的。而且当场不随时间变化，即 $\partial \vec{D} / \partial t = 0$ 时，该式就变为恒定电流条件下的安培回路定律。可见，推广的安培回路定律是一个任意电磁场的普适定律。式（7-8）所对应的积分形式为

$$\oint_l \vec{H} \cdot \mathrm{d}\vec{l} = \int_S \left(\vec{J} + \frac{\partial \vec{D}}{\partial t} \right) \cdot \mathrm{d}\vec{S} \tag{7-9}$$

修正项 $\vec{J}_d$ 等于电通量密度（也称电位移矢量）的时间变化率，为了与分布电流密度 $\vec{J}$ 区别，称其为**位移电流密度**，单位也是安培/米^2（A/m^2）。在电介质中 $\vec{D} = \varepsilon_0 \vec{E} + \vec{P}$，故位移电流密度可以写成

$$\vec{J}_d = \frac{\partial \vec{D}}{\partial t} = \varepsilon_0 \frac{\partial \vec{E}}{\partial t} + \frac{\partial \vec{P}}{\partial t} \tag{7-10}$$

上式说明媒质中的位移电流有两个来源，一个是电场随时间的变化率，另一个是极化电介质的极化强度随时间的变化率。

式（7-8）右边的矢量 $\vec{J}$ 与 $\partial \vec{D} / \partial t$ 之和称为**全电流密度**，对式（7-8）两边取散度，得

$$\nabla \cdot \left(\vec{J} + \frac{\partial \vec{D}}{\partial t} \right) = 0 \tag{7-11}$$

上式对任意体积 τ 进行体积分，并应用斯托克斯定理，得到对应的积分形式

$$\oint_S \left(\vec{J} + \frac{\partial \vec{D}}{\partial t} \right) \cdot \mathrm{d}\vec{S} = 0 \tag{7-12}$$

式（7-11）和式（7-12）称为**全电流连续性方程**，表明了全电流的无散性和连续性。

应该明确，位移电流 $\partial \vec{D} / \partial t$ 与分布电流 $\vec{J}$ 有着本质的区别，前者的存在并不要求伴随电荷的定向运动，而只是一种电场的变化率。但它的出现揭示了时变电磁场的一个重要性质，即分布电流和时变的电场都是磁场的源。即使在远离分布电流的场点，只要该点有时变的电场，就一定在其周围激励出时变的磁场来。推广的安培回路定律中的位移电流项是麦克

斯韦为了使时变电磁场基本定律相容而人为增加的，该定律本身无法用实验直接验证。但加上这项后所得到的电磁理论与时变场的所有现象相吻合，从而被间接地得到验证。

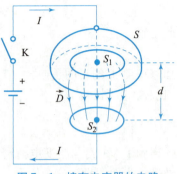

例7.1 图7-1表示一个接有平板电容器的电路，试证明电容器中的位移电流等于导线中的传导电流。

证： 导线上的传导电流 I 是电容器极板上电荷的时间变化率，$I = \partial Q / \partial t$。假设电容器极板面积为 S，电荷在极板上均匀分布，则 $Q = \rho_S S$，所以导线上电流为

图7-1 接有电容器的电路

$$I = S \frac{\partial \rho_s}{\partial t}$$

由理想导体的边界条件可知，电容器中的电通量密度为 $D = \rho_S$，故极板间的位移电流密度为

$$J_d = \frac{\partial D}{\partial t} = \frac{\partial \rho_s}{\partial t}$$

极板间的位移电流为

$$I_d = J_d S = S \frac{\partial \rho_s}{\partial t} = I$$

这表明，导线中的传导电流 I 与电容器中的位移电流 I_d 相等，位移电流作为传导电流的继续，从电极1流到电极2。若作一闭合曲面 S 包围电极1，则传导电流 $I = \oint_S \vec{J} \cdot \mathrm{d}\vec{S}$ 流入闭合面为负值，而位移电流 $I_d = \oint_S \frac{\partial \vec{D}}{\partial t} \cdot \mathrm{d}\vec{S}$ 流出闭合面为正值，两者绝对值相等，闭合面 S 上总电流满足全电流连续性方程式（7-12）。

§7.2　麦克斯韦方程组

推广的安培回路定律 $\nabla \times \vec{H} = \vec{J} + \partial \vec{D} / \partial t$ 表明时变电场和电流将产生磁场，法拉第定律 $\nabla \times \vec{E} = -\partial \vec{B} / \partial t$ 说明时变磁场也激励电场，时变电场和时变磁场的这种相互激励、相互依存的关系可以简洁地叙述为"动电生磁"和"动磁生电"。如果在此基础上再增加一个表征电流与电荷关系的电流连续方程 $\nabla \cdot \vec{J} = -\partial \rho / \partial t$，就构成了描述宏观电磁现象的基本方程组。

从前面的位移电流推导过程可以看出，当选取了方程 $\nabla \times \vec{H} = \vec{J} + \partial \vec{D} / \partial t$ 以后，高斯定律 $\nabla \cdot \vec{D} = \rho$ 与电流连续方程 $\nabla \cdot \vec{J} = -\partial \rho / \partial t$ 是等价的，由其中一个可以推导出另一个。例如，对 $\nabla \times \vec{H} = \vec{J} + \partial \vec{D} / \partial t$ 取散度，考虑到旋度的散度恒为零，得到

$$0 = \nabla \cdot \vec{J} + \frac{\partial \nabla \cdot \vec{D}}{\partial t}$$

与电流连续方程 $\nabla \cdot \vec{J} = -\partial \rho / \partial t$ 相比较，就可以得到高斯定律 $\nabla \cdot \vec{D} = \rho$。反之，与高斯定律比较也可以得到电流连续方程。在以后基本方程组中，我们采用高斯定律，而将电流连续方程略去。这样，宏观电磁场的基本方程组为

$$\nabla \times \vec{H} = \vec{J} + \frac{\partial \vec{D}}{\partial t} \tag{7-13a}$$

$$\nabla \times \vec{E} = -\frac{\partial \vec{B}}{\partial t} \tag{7-13b}$$

$$\nabla \cdot \vec{D} = \rho \tag{7-13c}$$

在上述基本方程中，电场有一个旋度方程和一个散度方程，但磁场只有一个旋度方程。为了保持方程组的对称性，再增加一个磁场的散度方程，即磁通量连续方程（又称磁场高斯定律）

$$\nabla \cdot \vec{B} = 0 \tag{7-13d}$$

在前一章的讨论中我们已经知道，式（7-13d）并不是一个独立的方程，它可以从法拉第定律表达式（7-13b）导出。因此，不要这个方程也不会影响基本方程组的正确性和完备性，但增加该方程使基本方程组具有了对称性，为方程组的求解提供了方便，同时也指明了磁场 $\vec{B}$ 的无散性，即不存在磁单极。

式（7-13）的 4 个方程称为**麦克斯韦方程组（微分形式）**，是英国物理学家麦克斯韦在 1865 年左右通过对已有电磁理论进行总结和修正而提出的。这组方程表述了宏观电磁运动的本质和内在联系，构成了电磁场理论的基础。不论是时变电磁场还是静态电磁场，都可以通过这组基本方程进行分析和求解。正是通过对上述方程的分析，麦克斯韦预言了时变的电磁场将以波的形式按光速传播，并在 1888 年，由物理学家赫兹首次用实验验证了上述预言的正确性。

麦克斯韦方程组的**积分形式**为

$$\oint_l \vec{H} \cdot d\vec{l} = \int_S \left(\vec{J} + \frac{\partial \vec{D}}{\partial t} \right) \cdot d\vec{S} \tag{7-14a}$$

$$\oint_l \vec{E} \cdot d\vec{l} = -\int_S \frac{\partial \vec{B}}{\partial t} \cdot d\vec{S} \tag{7-14b}$$

$$\oint_S \vec{D} \cdot d\vec{S} = \int_\tau \rho d\tau \tag{7-14c}$$

$$\oint_S \vec{B} \cdot d\vec{S} = 0 \tag{7-14d}$$

实质上，仅由麦克斯韦方程组的 4 个基本方程还无法求解出电磁场的具体分布。这是因为在这组方程中的待求量有 5 个矢量和一个标量，考虑到每个矢量有 3 个分量，这样就共有 16 个待求的标量，但基本方程组只能提供 7 个独立的标量方程（每个矢量的旋度方程可以分解成 3 个标量方程，且磁场高斯方程是不独立的）。由解方程组的基本条件可以知道，当独立方程的数量少于未知量个数时，方程组不存在唯一解。为了得到麦克斯韦方程组的确定解，需要补充如下 3 个方程

$$\vec{D} = \varepsilon \vec{E} \tag{7-15a}$$

$$\vec{B} = \mu \vec{H} \tag{7-15b}$$

$$\vec{J} = \sigma \vec{E} \tag{7-15c}$$

这 3 个方程反映了电磁场量与媒质参数之间的联系，称为**媒质本构方程**，也称为麦克斯韦方程组的**辅助方程**。式中的 ε、μ 和 σ 分别称为媒质的电容率、磁导率和电导率。对于均匀、线性、各向同性媒质，它们都是与场矢量无关的常数；对于非均匀媒质，它们是坐标的函数；对于非线性媒质，它们将是与场矢量有关的函数；对于各向异性媒质，它们将成为张量。上述 3 个辅助矢量方程可提供 9 个标量方程，加上基本方程组的 7 个方程，就可以在给定边界条件和初始条件时，求解出 16 个未知的电磁场量。

如果将式（7-15）各式代入麦克斯韦基本方程组的微分形式（或积分形式），得

$$\nabla \times \vec{H} = \sigma \vec{E} + \frac{\partial (\varepsilon \vec{E})}{\partial t} \qquad (7-16a)$$

$$\nabla \times \vec{E} = -\frac{\partial (\mu \vec{H})}{\partial t} \qquad (7-16b)$$

$$\nabla \cdot (\varepsilon \vec{E}) = \rho \qquad (7-16c)$$

$$\nabla \cdot (\mu \vec{H}) = 0 \qquad (7-16d)$$

上述方程组中只含有 $\vec{E}$ 和 $\vec{H}$ 两个未知场矢量，称之为麦克斯韦方程组的**限定形式**。与之对应，将式（7-13）称为麦克斯韦方程组的**非限定形式**。

麦克斯韦方程组描述了电荷、电流激发电场和磁场，以及电场与磁场的相互激励、相互转化，正确地反映了宏观电磁场的基本运动规律。但应当明确，麦克斯韦方程组并不是研究电磁问题的全部基础。当涉及电荷或载流体的电磁力时，一般还要用到描述电磁力的洛伦兹力方程

$$\vec{F} = Q(\vec{E} + \vec{v} \times \vec{B}) \qquad (7-17)$$

如果电荷是连续分布的，其密度为 ρ，则电荷系统单位体积所受的洛伦兹力为

$$\vec{f} = \rho(\vec{E} + \vec{v} \times \vec{B}) = \rho \vec{E} + \vec{J} \times \vec{B} \qquad (7-18)$$

在涉及机械力时还必须利用牛顿运动定律。此外，在讨论微观邻域内基本粒子的个体电磁现象以及与之相联系的宏观问题时，如物质的能量辐射、光电效应等，必须将麦克斯韦方程与量子力学相结合，才可得到正确的结果。

§7.3　正弦电磁场

时变电磁场随时间的变化规律可以有多种形式，例如，一台常见的信号发生器就可以产生正弦波、方波、锯齿波和脉冲等多种时变场信号。在实际中，我们无法对所有不同规律的时变场进行一一地详细分析，而希望能找到一种最基本的时变场，着重将它的基本性质讨论清楚，然后再以它为工具去解决任意时变场，正弦电磁场就是这样一个基本工具。

按照傅里叶理论，一个以 T 为周期的函数 $f(t)$ 可以被展开为傅里叶级数

$$f(t) = B_0 + \sum_{n=1}^{\infty} \left[A_n \sin(n\omega t) + B_n \cos(n\omega t) \right] \qquad (7-19)$$

其中的 A_n、B_0、B_n 可以由 $f(t)$ 按下面各式确定

$$B_0 = \frac{1}{T} \int_0^T f(t) \, \mathrm{d}t$$

$$A_n = \frac{2}{T} \int_0^T f(t) \sin(n\omega t) \, \mathrm{d}t$$

$$B_n = \frac{2}{T} \int_0^T f(t) \cos(n\omega t) \, \mathrm{d}t$$

$$\omega = 2\pi f = \frac{2\pi}{T}$$

如果所讨论的是某种周期性时变场源 $\vec{J}(t)$ 或 $\rho(t)$ 产生的电磁场，我们可以按上面的方法将场源展成为无穷多项不同频率的正弦和余弦函数之和。每一项正弦和余弦源将产生随时

间按正弦或余弦变化的**正弦电磁场**。只要将正弦电磁场的特性讨论清楚，则总的时变场就是这些不同频率的正弦场的叠加。

同样，若时变场源 $f(t)$ 是时间的非周期函数，傅里叶级数就成为傅里叶变换

$$f(t) = \frac{1}{2\pi} \int_{-\infty}^{\infty} F(\omega) e^{j\omega t} d\omega \qquad (7-20)$$

其中

$$F(\omega) = \frac{1}{2\pi} \int_{-\infty}^{\infty} f(t) e^{-j\omega t} dt \qquad (7-21)$$

按照复变函数的欧拉公式，式（7-20）中的被积函数 $F(\omega) e^{j\omega t}$ 可以写成

$$F(\omega) e^{j\omega t} = F(\omega) \cos\omega t + j F(\omega) \sin\omega t$$

场源 $f(t)$ 可以被变换成正弦和余弦函数的积分形式，被积函数所代表的正弦和余弦场源产生正弦电磁场，因此总场的求解仍然是对正弦场的数学变换问题。

通过以上讨论可知，不论对周期性或非周期性的时变电磁场，都可以通过对正弦电磁场的数学变换来进行分析和求解。同时，单一频率的正弦电磁场本身也具有相当广泛的实际应用，故透彻地研究正弦电磁场的性质对于系统掌握时变电磁场具有非常重要的意义。

一、正弦电磁场的复数表示法

正弦电磁场的电场和磁场的各分量都随时间做相同频率的正弦或余弦变化，有时称为**时谐场**或**简谐场**。考虑到正弦函数和余弦函数可以相互表示，如 $\sin\omega t = \cos(\omega t - \pi/2)$，我们约定正弦电磁场一般用余弦函数表示。例如，场点 $P(\vec{r})$ 处的正弦电场写成

$$\vec{E}(\vec{r}, t) = \hat{x} E_x(\vec{r}, t) + \hat{y} E_y(\vec{r}, t) + \hat{z} E_z(\vec{r}, t)$$
$$= \hat{x} E_{0x}(\vec{r}) \cos[\omega t + \varphi_x(\vec{r})] + \hat{y} E_{0y}(\vec{r}) \cos[\omega t + \varphi_y(\vec{r})] + \hat{z} E_{0z}(\vec{r}) \cos[\omega t + \varphi_z(\vec{r})]$$
$$(7-22)$$

式中 $E_{0x}(\vec{r})$、$E_{0y}(\vec{r})$、$E_{0z}(\vec{r})$ 是电场各分量随时间 t 做余弦变化的幅度，称为**振幅**，$\varphi_x(\vec{r})$、$\varphi_y(\vec{r})$、$\varphi_z(\vec{r})$ 表示电场各分量在位置 $\vec{r}$ 处的**初相位**（即 $t=0$ 时的周相），它们都与时间无关，但可以是位置坐标的函数。$\omega = 2\pi f$ 称为**角频率**，f 为**频率**。以上的量都是实函数或实常数。

在一般情况下，时变电磁场有3个坐标变量和1个时间变量，直接求解时会遇到比较复杂的四变量波动方程。但正弦电磁场却具有一个特点，可以将其时间变量和空间坐标变量进行分离，首先求解电磁场的空间变化关系，然后再考虑其时间因素，从而使求解难度分解和降低。

利用欧拉公式 $e^{jx} = \cos x + j\sin x$，可以将式（7-22）的各分量写成如下形式

$$E_x(\vec{r}, t) = \text{Re}[E_{0x} e^{j(\omega t + \varphi_x)}] \qquad (7-23a)$$

$$E_y(\vec{r}, t) = \text{Re}[E_{0y} e^{j(\omega t + \varphi_y)}] \qquad (7-23b)$$

$$E_z(\vec{r}, t) = \text{Re}[E_{0z} e^{j(\omega t + \varphi_z)}] \qquad (7-23c)$$

式中 Re 表示取括号中复数的实部，称为**取实运算**。为使表达更简洁，振幅与初相位中的坐标变量省略未写出来。上式可进一步简写为

$$E_x(\vec{r}, t) = \text{Re}[E_x e^{j\omega t}] \qquad (7-24a)$$

$$E_y(\vec{r}, t) = \text{Re}[E_y e^{j\omega t}] \qquad (7-24b)$$

$$E_z(\vec{r}, t) = \text{Re}[E_z e^{j\omega t}] \qquad (7-24c)$$

其中

$$E_x = E_{0x}e^{j\varphi_x} \tag{7-25a}$$

$$E_y = E_{0y}e^{j\varphi_y} \tag{7-25b}$$

$$E_z = E_{0z}e^{j\varphi_z} \tag{7-25c}$$

E_x、E_y、E_z 称为**复振幅**，一般是坐标变量的复函数，其中包含着振幅和初相的信息，其模值等于该分量的振幅，辐角等于初相位。为避免混淆，复振幅写成 $E_x(\vec{r})$ 或 $E_x(x,y,z)$，也可简写成 E_x；瞬时值写成 $E_x(\vec{r},t)$，也可以简记为 $E_x(t)$；$E_{0x}(\vec{r})$ 为振幅，也可简记为 E_{0x}。

复数的取实有一些常用的基本运算法则。若 A、B 是两个复变函数，a 是实变函数，则下列公式成立：

$$\mathrm{Re}[A] + \mathrm{Re}[B] = \mathrm{Re}[A+B] \tag{7-26a}$$

$$\mathrm{Re}[aA] = a\mathrm{Re}[A] \tag{7-26b}$$

$$\frac{\partial}{\partial x}\mathrm{Re}[A] = \mathrm{Re}\left[\frac{\partial A}{\partial x}\right] \tag{7-26c}$$

$$\int \mathrm{Re}[A]\mathrm{d}x = \mathrm{Re}\left[\int A\mathrm{d}x\right] \tag{7-26d}$$

若 $\mathrm{Re}[Ae^{j\omega t}] = \mathrm{Re}[Be^{j\omega t}]$ 对任意 t 都成立，则有

$$A = B \tag{7-26e}$$

将式（7-24）代入式（7-22），并利用取实运算法则，则电场矢量的瞬时表达式可以写成

$$\begin{aligned}
\vec{E}(\vec{r},t) &= \hat{x}\mathrm{Re}(E_xe^{j\omega t}) + \hat{y}\mathrm{Re}(E_ye^{j\omega t}) + \hat{z}\mathrm{Re}(E_ze^{j\omega t}) \\
&= \mathrm{Re}[(\hat{x}E_x + \hat{y}E_y + \hat{z}E_z)e^{j\omega t}] \\
&= \mathrm{Re}[\vec{E}e^{j\omega t}]
\end{aligned} \tag{7-27}$$

上式称为电场矢量 $\vec{E}(\vec{r},t)$ 的复数表示法，其中的

$$\vec{E} = \hat{x}E_x + \hat{y}E_y + \hat{z}E_z \tag{7-28}$$

称为电场强度的**复矢量**，它的各分量就是每个瞬时分量的复振幅。如果将每个复振幅写成实部和虚部的形式，上式又可表示为

$$\begin{aligned}
\vec{E} &= \hat{x}(E_{xr} + jE_{xi}) + \hat{y}(E_{yr} + jE_{yi}) + \hat{z}(E_{zr} + jE_{zi}) \\
&= (\hat{x}E_{xr} + \hat{y}E_{yr} + \hat{z}E_{zr}) + j(\hat{x}E_{xi} + \hat{y}E_{yi} + \hat{z}E_{zi}) \\
&= \vec{E}_r + j\vec{E}_i
\end{aligned} \tag{7-29}$$

$\vec{E}_r$ 和 $\vec{E}_i$ 分别是复矢量 $\vec{E}$ 的实部矢量和虚部矢量，它们都是实矢量。在一般情况下，$\varphi_x(\vec{r})$、$\varphi_y(\vec{r})$、$\varphi_z(\vec{r})$ 并不相等，所以 $\vec{E}_r$ 和 $\vec{E}_i$ 的方向也不相同。

应特别强调指出：复振幅和复矢量都只是场点坐标的函数或常量，因此在它们的表达式中不应出现时间变量 t；而瞬时场矢量或分量都是实数域内的函数，在它们的表达式中不能出现复数的标记"j"。

例 7.2 已知一电场的瞬时矢量为

$$\begin{aligned}
\vec{E}(x,y,z,t) = {}&\hat{x}120\pi\cos\left[2\pi\times10^6t + \frac{\pi}{3}(2x+\sqrt{3}y+z) - \frac{\pi}{4}\right] - \\
&\hat{z}240\pi\sin\left[2\pi\times10^6t + \frac{\pi}{3}(2x+\sqrt{3}y+z) + \frac{\pi}{6}\right]
\end{aligned}$$

试写出它的复矢量。

解：首先利用三角函数恒等式 $\sin x = \cos(x - \pi/2)$ 将 $\vec{E}(x,y,z,t)$ 的 z 分量写成余弦函数

$$\vec{E}(x,y,z,t) = \hat{x}120\pi\cos\left[2\pi \times 10^6 t + \frac{\pi}{3}(2x + \sqrt{3}y + z) - \frac{\pi}{4}\right] -$$

$$\hat{z}240\pi\cos\left[2\pi \times 10^6 t + \frac{\pi}{3}(2x + \sqrt{3}y + z) - \frac{\pi}{3}\right]$$

其复矢量表达式为

$$\vec{E}(x,y,z) = \hat{x}120\pi e^{j\left[\frac{\pi}{3}(2x+\sqrt{3}y+z)-\frac{\pi}{4}\right]} - \hat{z}240\pi e^{j\left[\frac{\pi}{3}(2x+\sqrt{3}y+z)-\frac{\pi}{3}\right]}$$

例7.3 已知一磁场分量的复振幅为

$$H_y = j120\pi e^{-j\left[\frac{\pi}{3}(x-\sqrt{2}y-z)+\frac{\pi}{4}\right]}$$

频率为 $f = 4 \times 10^8$ Hz，试写成对应的瞬时表达式。

解：利用公式 $j = e^{j\frac{\pi}{2}}$ 将所给表达式写成模值和辐角的形式

$$H_y = 120\pi e^{j\frac{\pi}{2}}e^{-j\left[\frac{\pi}{3}(x-\sqrt{2}y-z)+\frac{\pi}{4}\right]} = 120\pi e^{-j\left[\frac{\pi}{3}(x-\sqrt{2}y-z)-\frac{\pi}{4}\right]}$$

对应的瞬时分量表达式为

$$H_y(x,y,z,t) = 120\pi\cos\left\{8\pi \times 10^8 t - \left[\frac{\pi}{3}(x-\sqrt{2}y-z)-\frac{\pi}{4}\right]\right\}$$

二、麦克斯韦方程的复数形式

利用复数表示法，可以对正弦电磁场的麦克斯韦方程进行消元，使方程的空间坐标变量和时间变量分离，从而使方程组的求解简化。首先考察瞬时方程

$$\nabla \times \vec{H}(t) = \vec{J}(t) + \frac{\partial \vec{D}(t)}{\partial t} \tag{7-30}$$

根据前一小节分析，上式中的瞬时场量可以表示为如下复数表达式

$$\vec{H}(t) = \text{Re}[\vec{H}e^{j\omega t}]$$
$$\vec{D}(t) = \text{Re}[\vec{D}e^{j\omega t}]$$
$$\vec{J}(t) = \text{Re}[\vec{J}e^{j\omega t}]$$

代入式（7-30），得

$$\nabla \times \text{Re}[\vec{H}e^{j\omega t}] = \text{Re}[\vec{J}e^{j\omega t}] + \frac{\partial}{\partial t}(\text{Re}[\vec{D}e^{j\omega t}]) \tag{7-31}$$

根据前面给出的取实法则，取实和微分可互换顺序，并注意复矢量和旋度运算与 t 无关，可得

$$\frac{\partial}{\partial t}\text{Re}[\vec{D}e^{j\omega t}] = \text{Re}[j\omega\vec{D}e^{j\omega t}]$$

$$\nabla \times \text{Re}[\vec{H}e^{j\omega t}] = \text{Re}[(\nabla \times \vec{H})e^{j\omega t}]$$

代入式（7-31），得

$$\text{Re}[(\nabla \times \vec{H})e^{j\omega t}] = \text{Re}[(\vec{J} + j\omega\vec{D})e^{j\omega t}]$$

再利用前面给出的取实运算法则（7-26），得

$$\nabla \times \vec{H} = \vec{J} + j\omega\vec{D} \tag{7-32a}$$

通过上述步骤，把麦克斯韦方程的安培回路定律的瞬时表达式变换成了一个复矢量的方程，时间变量被消去。用类似的方法处理另外3个方程和辅助方程，得到

$$\nabla \times \vec{E} = -j\omega\vec{B} \qquad (7-32b)$$

$$\nabla \cdot \vec{D} = \rho \qquad (7-32c)$$

$$\nabla \cdot \vec{B} = 0 \qquad (7-32d)$$

$$\vec{D} = \varepsilon\vec{E} \qquad (7-33a)$$

$$\vec{B} = \mu\vec{H} \qquad (7-33b)$$

$$\vec{J} = \sigma\vec{E} \qquad (7-33c)$$

通过上述步骤，我们把瞬时的麦克斯韦方程组变换成一个复矢量的方程组，它们只与空间坐标有关，而时间变量被消去。这组复矢量的方程组称为**麦克斯韦方程组的复数形式**，或**复麦克斯韦方程组**。由于这组方程中出现因子 $j\omega$，所以即使不写出自变量也不会与瞬时麦克斯韦方程组混淆。

得到复麦克斯韦方程组的表达式后，对于一个具体的正弦场问题，可以首先讨论和求解复麦克斯韦方程组，得到所求的复矢量后，再利用瞬时矢量与复矢量的关系式（7-27）得到瞬时场量表达式。这种先求复矢量，再算瞬时值的方法称为**频域方法**，而把直接求解瞬时麦克斯韦方程组获得瞬时场量的方法称为**时域方法**。对许多时变场问题，采用频域法比较简单，特别是有些涉及媒质损耗的问题只能采用频域法求解，时域法是无能为力的。

例 7.4 假设真空中有一电场矢量为

$$\vec{E}(\vec{r},t) = (2\hat{x} + 3\hat{y})\cos\left(2\pi \times 10^8 t - \frac{2\pi}{3}z\right)$$

求磁场矢量 $\vec{H}(\vec{r},t)$。

解法 1 将电场表达式代入瞬时麦克斯韦方程组的法拉第电磁感应定律，得

$$-\mu_0 \frac{\partial \vec{H}(\vec{r},t)}{\partial t} = \nabla \times \left[(2\hat{x} + 3\hat{y})\cos\left(2\pi \times 10^8 t - \frac{2\pi}{3}z\right) \right]$$

$$= -\hat{x}2\pi\sin\left(2\pi \times 10^8 t - \frac{2\pi}{3}z\right) + \hat{y}\frac{4\pi}{3}\sin\left(2\pi \times 10^8 t - \frac{2\pi}{3}z\right)$$

两边对 t 积分，得到

$$\vec{H}(\vec{r},t) = \frac{1}{\mu_0}\int\left[\hat{x}2\pi\sin\left(2\pi \times 10^8 t - \frac{2\pi}{3}z\right) - \hat{y}\frac{4\pi}{3}\sin\left(2\pi \times 10^8 t - \frac{2\pi}{3}z\right)\right]dt$$

$$= \frac{1}{\mu_0}\left[-\hat{x}\frac{2\pi}{2\pi \times 10^8}\cos\left(2\pi \times 10^8 t - \frac{2\pi}{3}z\right) + \hat{y}\frac{4\pi}{3 \times 2\pi \times 10^8}\cos\left(2\pi \times 10^8 t - \frac{2\pi}{3}z\right) \right]$$

$$= \left[-\hat{x}\frac{1}{40\pi} + \hat{y}\frac{1}{60\pi} \right]\cos\left(2\pi \times 10^8 t - \frac{2\pi}{3}z\right)$$

解法 2 电场的复矢量为

$$\vec{E}(\vec{r}) = (2\hat{x} + 3\hat{y})e^{-j\frac{2\pi}{3}z}$$

代入复麦克斯韦方程的法拉第电磁感应定律，得

$$\vec{H}(\vec{r}) = \frac{\nabla \times \vec{E}(\vec{r})}{-j\omega\mu_0} = \frac{1}{-j\omega\mu_0}\begin{vmatrix} \hat{x} & \hat{y} & \hat{z} \\ \dfrac{\partial}{\partial x} & \dfrac{\partial}{\partial y} & \dfrac{\partial}{\partial z} \\ 2e^{-j\frac{2\pi}{3}z} & 3e^{-j\frac{2\pi}{3}z} & 0 \end{vmatrix}$$

$$= \frac{1}{-j\omega\mu_0}\left(\hat{x}j2\pi e^{-j\frac{2\pi}{3}z} - \hat{y}\frac{4\pi}{3}e^{-j\frac{2\pi}{3}z} \right)$$

$$= \frac{1}{-j2\pi \times 10^8 \times 4\pi \times 10^{-7}} \cdot j\frac{2\pi}{3}(3\hat{x} - 2\hat{y})\,e^{-j\frac{2\pi}{3}z}$$

$$= \left[-\hat{x}\frac{1}{40\pi} + \hat{y}\frac{1}{60\pi}\right]e^{-j\frac{2\pi}{3}z}$$

$$\vec{H}(\vec{r},t) = \mathrm{Re}[\vec{H}(\vec{r})\,e^{j\omega t}] = \mathrm{Re}\left[\left(-\hat{x}\frac{1}{40\pi} + \hat{y}\frac{1}{60\pi}\right)e^{-j\frac{2\pi}{3}z}e^{j2\pi \times 10^8 t}\right]$$

$$= \left(-\hat{x}\frac{1}{40\pi} + \hat{y}\frac{1}{60\pi}\right)\cos\left(2\pi \times 10^8 t - \frac{2\pi}{3}z\right)$$

§7.4 媒质的色散与损耗

时变电磁场存在于媒质中时，由于场与媒质的相互作用，会产生色散现象和电磁能量的损耗，本节对这一问题做简单讨论。

一、媒质的色散和复电磁参数

媒质的电磁性质常用电容率 ε、磁导率 μ 和电导率 σ 这几个媒质参数来描述。在静态场中，媒质参数都是实数，对于各向同性的线性均匀媒质均为常数。但在时变电磁场中，它们将成为电磁场频率的函数。这种媒质参数随频率变化的现象称为**媒质色散**。

色散现象来源于媒质的极化、磁化和载流子的定向运动。微观地看，媒质是由一群既有质量又带电量的基本粒子组成的。在时变电磁场的作用下，极化、磁化及载流子运动都将随着电场和磁场的指向变化而不断改变方向。由于电荷载体粒子的惯性影响，粒子的运动将落后于场的变化，产生滞后效应。以极化为例，对于电子极化、离子极化和转向极化这 3 种不同的极化方式，由于偶极子载体的质量不同，所产生的滞后效应也不同。转向极化是整个分子的转动，质量和惯性较大，极化状态的建立需要较长的时间；离子极化是原子的位移，极化建立所需的时间比转向极化短；而电子极化是电子的位移，质量最小，极化建立时间最短。当电磁场的频率较低时，场的变化周期 T 远大于三种极化状态的建立时间，媒质极化强度 $\vec{P}$ 在大部分时间内与电场 $\vec{E}$ 的方向一致，因此 $\vec{P}$ 的平均值较大，与静态电场时的极化强度值相近。随着频率的提高，特别当场周期 T 接近或小于极化建立时间时，首先是转向极化，然后是离子极化，极化状态将变得不够充分，即没等到偶极矩完全转向，电场又转到相反方向了，极化状态跟不上场的变化。此时，转向极化和离子极化对总极化强度 $\vec{P}$ 的贡献比例将逐渐减小。当频率很高时，只有电子极化的建立能够跟上场的周期变化，极化强度以电子极化的贡献为主，$\vec{P}$ 值变得很小。由上面的分析可知，一般媒质的极化强度都有随场频率增高而逐渐减小的趋势，如图 7-2 所示。

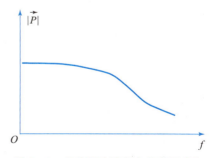

图 7-2 极化强度随频率升高而减小

对于极性分子的媒质，由于其低频极化以转向极化为主，所以极化强度随频率变化比较剧烈。以水为例，当场从静态到光频，极化强度 $\vec{P}$ 的模值将从 80 下降到 2 左右，变化近 40 倍。对非极性分子媒质，其极化主要是电子极化，极化强度随频率的变化比较缓慢。如聚苯乙烯塑料，从静态到光频的极化强度模值仅变化百分之几。

此外，由于极化状态滞后于电场状态，因此除了极化强度 $\vec{P}$ 的模值随频率变化外，其相位也要滞后于电场 $\vec{E}$ 的相位

$$\varphi_{\vec{P}} = \varphi_{\vec{E}} - \varphi$$

当频率 f 不同时，滞后的时间与场周期 T 的比值不同，所以滞后相位 φ 也是频率 f 的函数

$$\varphi = g(f)$$

由于 $\vec{P}$ 与 $\vec{E}$ 存在相位滞后，所以与静态极化类似的瞬时关系式 $\vec{P}(t) = \varepsilon_0 \chi_e \vec{E}(t)$ 一般并不成立。因为无论 χ_e 取任何与时间无关的实函数，都无法使 $\vec{P}(t)$ 的相位滞后于 $\vec{E}(t)$。此时 $\vec{P}(t)$ 与 $\vec{E}(t)$ 的关系必须是一个复杂的函数关系

$$\vec{P}(t) = F[\vec{E}(t), f]$$

由此可知，$\vec{D}(t)$ 与 $\vec{E}(t)$ 的关系也不具备 $\vec{D}(t) = \varepsilon \vec{E}(t)$ 的简单形式。由于辅助方程不具备简单的正比形式，所以对色散媒质将无法用时域方法求解麦克斯韦方程组，而必须采用频域法。

如上节所述，对于一个任意的时变场，可以利用傅里叶级数或傅里叶变换将其展开成正弦场的叠加或积分。对每个频率下的正弦场，可以转到频域内，通过复麦克斯韦方程组求解。在频域内，我们仍按照与静态场相同的形式规定复矢量 $\vec{P}$ 与 $\vec{E}$ 的关系

$$\vec{P} = \varepsilon_0 \chi_e \vec{E} \tag{7-34}$$

对色散媒质，只要极化率 χ_e 是频率 f 的复变函数，即

$$\chi_e(f) = |\chi_e(f)| e^{-j\varphi(f)} \tag{7-35}$$

就可以满足 $\vec{P}$ 的模值随频率变化和 $\vec{P}$ 的相位滞后于 $\vec{E}$。然后，仿照静电场的形式定义得到电通量密度的复矢量

$$\vec{D} = \varepsilon_0 \vec{E} + \vec{P} = \varepsilon_0(1 + \chi_e)\vec{E} = \varepsilon_0 \varepsilon_r \vec{E} = \varepsilon \vec{E} \tag{7-36}$$

ε 也是一个复数，称为**复电容率**。由于 $\vec{P}$ 的相位滞后于 $\vec{E}$，复极化率 χ_e 的辐角应小于零，所以 ε 的辐角也小于零，可以写成

$$\varepsilon = \varepsilon_0 |\varepsilon_r| e^{-j\varphi'} = \varepsilon_0(\varepsilon_r' - j\varepsilon_r'') = \varepsilon' - j\varepsilon'' \tag{7-37}$$

可见，在复频域内，复矢量 $\vec{D}$ 与 $\vec{E}$ 之间也有简单的正比关系，只不过比例系数 ε 是一个复数。

对于单一的极化形式，可以根据偶极子载体的运动方程推导出复电容率的表达式。以电子极化为例，设原子核处于坐标系原点不动，核外电子受到三种力的平衡作用：第一种力是外电场的作用力 $e\vec{E}(t)$，其中的 e 为电子电量；第二种力是电子与原子核间的吸引力 $-Kx(t)$，其中的 $x(t)$ 是电子与原子核的距离，$K = e^2/4\pi\varepsilon_0 a$ 由库仑定律决定；第三种力是摩擦力 $-mg \cdot dx(t)/dt$，其中的 g 为一正常数。于是电子云中心的运动方程为

$$m\frac{d^2 x(t)}{dt^2} = -mg\frac{dx(t)}{dt} - Kx(t) + eE(t)$$

如果外场是正弦电场，则用复振幅表示的运动方程为

$$-\omega^2 mx = -j\omega mgx - Kx + eE$$

式中，$\omega = 2\pi f$，为角频率。由上式解出位移 x 为复数

$$x = \frac{(e/m)E}{\omega_0^2 - \omega^2 + \mathrm{j}\omega g}$$

式中，$\omega_0 = (K/m)^{\frac{1}{2}}$，称为**谐振角频率**或**固有角频率**。假设单位体积中有 N 个极化原子，则介质的复极化强度为

$$P = Np = Nex = \varepsilon_0 \chi_e E$$

从而得到电介质的相对电容率为

$$\varepsilon_r = 1 + \chi_e = 1 + \frac{Ne}{\varepsilon_0} \frac{x}{E} = \varepsilon'_r - \mathrm{j}\varepsilon''_r$$

其中

$$\varepsilon'_r = 1 + \frac{Ne^2}{m\varepsilon_0} \left[\frac{\omega_0^2 - \omega^2}{(\omega_0^2 - \omega^2)^2 + \omega^2 g^2} \right] \tag{7-38a}$$

$$\varepsilon''_r = \frac{Ne^2}{m\varepsilon_0} \left[\frac{\omega g}{(\omega_0^2 - \omega^2)^2 + \omega^2 g^2} \right] \tag{7-38b}$$

以上两式称为电介质的**色散公式**。由这组公式可以看出，在谐振频率 ω_0 附近，电介质参量 ε'_r 和 ε''_r 变化最快，并且 ε''_r 达到最大值；当 $\omega \ll \omega_0$ 及 $\omega \gg \omega_0$ 时，ε'_r 趋于某固定值，而 ε''_r 趋于零。电子极化的谐振频率一般在紫外线的频率范围，在低频时的色散效应很弱。同样，对于离子极化和转向极化也可以得到类似的结果，只是极化模型的惯性更大一些，故其谐振频率都比电子极化的谐振频率低得多。

根据同样的分析方法可以得到，由于磁化的色散效应，在复频域内的复矢量 $\vec{B}$ 和 $\vec{H}$ 也有简单的正比关系

$$\vec{B} = \mu \vec{H}$$

其中

$$\mu = \mu_0 \mu_r = \mu_0(\mu'_r - \mathrm{j}\mu''_r) = \mu' - \mathrm{j}\mu'' \tag{7-39}$$

对于一般的非铁磁媒质，$\mu'_r \approx 1, \mu''_r \approx 0$；而对铁磁材料 $\mu'_r \neq 1, \mu''_r > 0$。

严格地讲，媒质的电导率 σ 也是频率的函数。但与极化和磁化相比，电导率的色散效应很弱，从直流到光频都可以近似用一个实常数表示。因此，在时域和频域内，本构方程

$$\vec{J}(\vec{r}, t) = \sigma \vec{E}(\vec{r}, t) \tag{7-40a}$$

和

$$\vec{J}(\vec{r}) = \sigma \vec{E}(\vec{r}) \tag{7-40b}$$

都具有简单的正比形式。

必须强调指出，复电容率和复磁导率的概念只能在频域内使用，它们描述了场的复矢量间的本构关系。在时域内，即对于瞬时电磁场量，复数电磁参数是根本没有意义的。

二、媒质的损耗和等效电容率

在媒质的极化和磁化过程中，电磁场必须克服库仑力、洛伦兹力和粒子的热运动力等对电偶极子和磁偶极子运动的阻力而做功，这部分功将转变为热能散发掉。因此，色散媒质中的时变电磁场总是伴随着一定的电磁能量损耗。这部分能量损耗与场的频率有关，频率较低时，极化和磁化的建立时间在场周期内所占的比例很小，因此平均的损耗功率也比较小；随着频率增高，平均损耗功率变大，并在主要极化或磁化形式的谐振频率 ω_0 处达到最大值；

当频率很高时，大质量粒子的极化和磁化跟不上场的变化而逐渐趋于停止，损耗功率又逐渐减小。媒质的平均损耗功率随频率的变化如图7-3所示。

此外，若媒质的电导率不为零，则会出现传导电流 $\vec{J} = \sigma\vec{E}$，产生焦耳损耗。对于正弦场，单位体积内的平均焦耳损耗功率为

$$p = \frac{1}{2}\vec{E} \cdot \vec{J} = \frac{1}{2}\sigma E^2 \qquad (7-41)$$

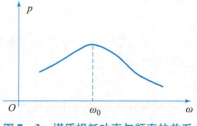

图7-3 媒质损耗功率与频率的关系

除了真空以外，所有的媒质都产生极化和磁化，所有的液体和固体都有一定的电导率。所以严格地讲，所有的媒质在时变场中都是色散和有耗的。但不同的媒质在程度上有很大的差别。各种气体和无极性分子的固体材料，如聚苯乙烯和聚四氟乙烯塑料等，在一定的频率范围内色散很弱，极化、磁化损耗及焦耳损耗都很低，在某些工程应用时可以近似看作无色散无耗媒质。而对于极性分子材料、磁性材料和一般的导电材料，则必须考虑它们的色散与损耗。

由下节将介绍的坡印廷定理可以看到，复电容率的虚部 ε_r'' 与极化损耗相联系，复磁导率的虚部 μ_r'' 与磁化损耗相联系，而电导率 σ 与焦耳损耗相联系。由于 ε_r'' 和 σ 在损耗方面有相同的作用，我们可以把两者等效成一个参数。由复麦克斯韦方程的安培回路定律得

$$\nabla \times \vec{H} = \sigma\vec{E} + j\omega\varepsilon_0(\varepsilon_r' - j\varepsilon_r'')\vec{E} = j\omega\varepsilon_0\left[\varepsilon_r' - j\left(\varepsilon_r'' + \frac{\sigma}{\varepsilon_0\omega}\right)\right]\vec{E} \qquad (7-42)$$

令

$$\varepsilon_e = \varepsilon_0\varepsilon_{er} = \varepsilon_0\left[\varepsilon_{er}' - j\varepsilon_{er}''\right] = \varepsilon_0\left[\varepsilon_r' - j\left(\varepsilon_r'' + \frac{\sigma}{\varepsilon_0\omega}\right)\right] \qquad (7-43)$$

ε_e 称为**等效复电容率**，ε_{er} 称为**相对等效复电容率**。可见，等效电容率的实部等于媒质电容率的实部，而其虚部包括媒质电容率的虚部及与媒质电导率有关的一项 $\sigma/(\omega\varepsilon_0)$ 之和。将式(7-43)代入式(7-42)，得

$$\nabla \times \vec{H} = j\omega\varepsilon_e\vec{E} \qquad (7-44)$$

上式与理想电介质中麦克斯韦方程的安培回路定律形式相同。可见，采用了等效电容率后，可以将导电媒质视为一种等效的电介质，从而使包括导电媒质在内的各种媒质都可以用相同形式的麦克斯韦方程求解。

为了描述媒质损耗的强弱，工程上常使用**损耗角正切**的概念，其定义为

$$\tan\delta_e = \frac{\varepsilon_e''}{\varepsilon_e'} \qquad (7-45)$$

$$\tan\delta_m = \frac{\mu''}{\mu'} \qquad (7-46)$$

δ_e 和 δ_m 分别称为**电损耗角**和**磁损耗角**，$\tan\delta_e$ 和 $\tan\delta_m$ 称作**电损耗角正切**和**磁损耗角正切**。损耗角和损耗角正切的值越大，表示媒质对电磁能量的损耗越大。对良好的电工绝缘材料，损耗角正切一般小于 10^{-3}，损耗很小；而良好导体的 $\tan\delta_e$ 很大，损耗角 δ_e 接近 $\pi/2$。电磁波一旦进入导体，立刻被损耗吸收。

例7.5 已知海水的 $\varepsilon_r' = 81, \sigma = 4$ S/m。若振幅为 100 V/m，频率为 1 kHz 的电场存在于海水中，试求海水的损耗角正切和损耗功率密度。若频率增高到 1 GHz 又将如何？

解：由题意知，海水的极化损耗可以忽略，所以相对等效电容率为

$$\varepsilon_{er} = \varepsilon'_{er} - j\varepsilon''_{er} = \varepsilon_r - j\frac{\sigma}{\omega\varepsilon_0}$$

$f = 1$ kHz，时

$$\varepsilon_{er1} = 81 - j\frac{4}{2\pi \times 10^3 \times (1/36\pi \times 10^9)} = 81 - j72 \times 10^6$$

$$\tan\delta_1 = \frac{\varepsilon''_{er1}}{\varepsilon'_{er1}} = \frac{72 \times 10^6}{81} \approx 0.89 \times 10^6$$

$f = 1$ GHz，时

$$\varepsilon_{er2} = 81 - j\frac{4}{2\pi \times 10^9 \times (1/36\pi \times 10^9)} = 81 - j72$$

$$\tan\delta_2 = \frac{\varepsilon''_{er2}}{\varepsilon'_{er2}} = \frac{72}{81} \approx 0.89$$

媒质中单位体积的平均焦耳损耗功率由 $p = \sigma E^2/2$ 计算，此损耗功率仅取决于媒质的电导率和电场幅度，而与频率无关，均为

$$p = \frac{1}{2} \times 4 \times 100^2 = 2 \times 10^4 \quad (\text{W/m}^3)$$

§7.5　电磁场的能量关系——坡印廷定理

时变电磁场中的电场和磁场相互联系、相互作用，因此在讨论能量时，必须将它们作为统一体，由麦克斯韦方程组来研究其能量规律。

一、瞬时坡印廷定理

设 τ 是时变电磁场空间的一个区域，其外表面记为 S。为了书写简单，省略瞬时场量中的坐标变量和时间变量，则 τ 内的总电磁场能量密度可以表示为电场能量密度和磁场能量密度之和，即

$$w = w_e + w_m = \frac{1}{2}\vec{E} \cdot \vec{D} + \frac{1}{2}\vec{B} \cdot \vec{H}$$

当 τ 内媒质无色散损耗时，瞬时辅助方程成立

$$\vec{D} = \varepsilon\vec{E}, \qquad \vec{B} = \mu\vec{H}, \qquad \vec{J} = \sigma\vec{E}$$

于是，总电磁场能量密度可记为

$$w = \frac{1}{2}\varepsilon E^2 + \frac{1}{2}\mu H^2 \qquad (7-47)$$

其中，电场瞬时能量密度随时间的变化率可以通过计算得到

$$\frac{\partial}{\partial t}\left(\frac{1}{2}\varepsilon E^2\right) = \frac{1}{2}\varepsilon\frac{\partial}{\partial t}(\vec{E} \cdot \vec{E}) = \varepsilon\vec{E} \cdot \frac{\partial\vec{E}}{\partial t} = \vec{E} \cdot \frac{\partial\vec{D}}{\partial t}$$

同理，磁场瞬时能量密度的变化率为

$$\frac{\partial}{\partial t}\left(\frac{1}{2}\mu H^2\right) = \vec{H} \cdot \frac{\partial\vec{B}}{\partial t}$$

因此，总电磁场能量密度随时间的变化率为

$$\frac{\partial w}{\partial t} = \vec{E} \cdot \frac{\partial \vec{D}}{\partial t} + \vec{H} \cdot \frac{\partial \vec{B}}{\partial t} \tag{7-48}$$

取麦克斯韦方程的安培回路定律 $\nabla \times \vec{H} = \vec{J} + \partial \vec{D} / \partial t$ 与电场 $\vec{E}$ 的点积，得

$$\vec{E} \cdot \frac{\partial \vec{D}}{\partial t} = -\vec{E} \cdot \nabla \times \vec{H} + \vec{E} \cdot \vec{J}$$

由矢量恒等式和麦克斯韦方程的法拉第定律，有

$$\vec{E} \cdot (\nabla \times \vec{H}) = \vec{H} \cdot \nabla \times \vec{E} - \nabla \cdot (\vec{E} \times \vec{H}) = -\vec{H} \cdot \frac{\partial \vec{B}}{\partial t} - \nabla \cdot (\vec{E} \times \vec{H})$$

代入前式，得到

$$-\left(\vec{E} \cdot \frac{\partial \vec{D}}{\partial t} + \vec{H} \cdot \frac{\partial \vec{B}}{\partial t}\right) = \vec{E} \cdot \vec{J} + \nabla \cdot (\vec{E} \times \vec{H})$$

两边同时做体积分

$$-\int_{\tau} \left(\vec{E} \cdot \frac{\partial \vec{D}}{\partial t} + \vec{H} \cdot \frac{\partial \vec{B}}{\partial t}\right) d\tau = \int_{\tau} \vec{E} \cdot \vec{J} d\tau + \int_{\tau} \nabla \cdot (\vec{E} \times \vec{H}) d\tau \tag{7-49}$$

将式（7-47）和式（7-48）代入式（7-49），并对等式右边第二项应用散度定理，得到

$$-\frac{\partial}{\partial t}\int_{\tau} \left(\frac{1}{2}\varepsilon E^2 + \frac{1}{2}\mu H^2\right) d\tau = \int_{\tau} \vec{E} \cdot \vec{J} d\tau + \oint_{S} (\vec{E} \times \vec{H}) \cdot d\vec{S} \tag{7-50}$$

式（7-50）左边项的积分式 $\int_{\tau} \left(\frac{1}{2}\varepsilon E^2 + \frac{1}{2}\mu H^2\right) d\tau$ 表示 τ 内的总电磁能量，单位为焦耳（J）。该式对时间偏导的单位是功率的量纲瓦（W），其前面的"$-$"表示单位时间 τ 内电磁能量的减少量。式（7-50）右边第一项 $\vec{E} \cdot \vec{J}$ 的单位为（V/m）（A/m²）= W/m³，表示由传导电流引起的单位体积内的焦耳损耗功率，积分 $\int_{\tau} \vec{J} \cdot \vec{E} d\tau$ 的单位也是瓦（W），表示 τ 内的总焦耳损耗功率。

式（7-50）右边第二项的 $\vec{E} \times \vec{H}$ 有一个专门的名称，叫作**坡印廷矢量**，有时也称为**功率流密度**或**能流密度**，记作

$$\vec{S} = \vec{E} \times \vec{H} \tag{7-51}$$

$\vec{S}$ 是一个矢量点函数，它的单位为（V/m）（A/m）= W/m²。$\vec{S}$ 的模值表示该点上与 $\vec{E} \times \vec{H}$ 方向垂直的单位面积上通过的功率，$\vec{S}$ 的方向由该点的 $\vec{E}$ 与 $\vec{H}$ 的叉积决定，表示功率的传输方向。由此可知，面积分 $\oint_{S} (\vec{E} \times \vec{H}) \cdot d\vec{S}$ 的单位是瓦（W），它表示单位时间内穿出闭合面 S 的电磁场能量。

通过以上分析可以看出，式（7-50）表示了某一时刻时变电磁场在一个闭合面上的功率平衡关系。它表明：一个闭合曲面内的电磁能量在单位时间内的减少量等于两部分功率之和，一部分是 τ 内的导电损耗功率转换为热能散发，另一部分以功率流的形式辐射到闭合面 S 之外。该式是电磁能量守恒定律在一个闭合曲面上的表现形式，称之为**坡印廷定理**。由于式中的场量均为瞬时值，表示的是 t 时刻的瞬时功率平衡关系，因此也称为瞬时坡印廷定理。

作为时变场的一个特例，稳恒场中的电磁能量不随时间变化，即坡印廷定理（7-50）中对时间偏导项为零，即

$$\int_{\tau} \vec{E} \cdot \vec{J} \mathrm{d}\tau = -\oint_{S} (\vec{E} \times \vec{H}) \cdot \mathrm{d}\vec{S} \tag{7-52}$$

这表明稳恒场时，τ 内的焦耳损耗必须由外界提供能量。

例 7.6 设同轴传输线的内导体半径为 a，外导体的内半径为 b，中间填充介质的参量为 μ 和 ε，内外导体间加电压 U，导体上有直流 I。试通过坡印廷矢量计算同轴线传输的功率。

解：当导体为理想导体和非理想导体时，分析结果会有所不同。

I：首先考虑内外导体都是 $\sigma \rightarrow \infty$ 的理想导体情况。令外导体接地，并设内导体单位长度带电荷 ρ_l。利用高斯定律容易求出介质中的电场为 $\vec{E} = \hat{r}\rho_l / (2\pi\varepsilon r)$。内外导体间的电位差为

$$U = -\int_b^a \vec{E} \cdot \hat{r} \mathrm{d}r = \int_a^b \frac{\rho_l}{2\pi\varepsilon} \frac{\mathrm{d}r}{r} = \frac{\rho_l}{2\pi\varepsilon} \ln\frac{b}{a}$$

所以

$$\vec{E} = \hat{r}E_r = \hat{r}\frac{U}{r\ln\dfrac{b}{a}} \quad (a \leqslant r \leqslant b)$$

在 $r < a$ 及 $r > b$ 的区间，电场强度为零。

利用安培回路定律容易求出内外导体间磁场矢量为

$$\vec{H} = \hat{\varphi}\frac{I}{2\pi r} \quad (a \leqslant r \leqslant b)$$

因此，坡印廷矢量为

$$\vec{S} = \vec{E} \times \vec{H} = \hat{z}\frac{IU}{2\pi r^2 \ln\dfrac{b}{a}} \quad (a \leqslant r \leqslant b)$$

沿同轴线传输的功率为

$$P = \int_a^b \int_0^{2\pi} \vec{S} \cdot \hat{z}r\mathrm{d}r\mathrm{d}\varphi = \frac{IU}{2\pi\ln\dfrac{b}{a}} \int_a^b 2\pi r^{-1}\mathrm{d}r = IU = I^2 R_L$$

上式说明，同轴线传输的功率等于电压与电流的乘积，即等于负载电阻所消耗的功率。

II：若导体不理想（σ 值有限），则内导体中电场矢量为

$$\vec{E}_1 = \vec{J}_1 / \sigma = \hat{z}\frac{I}{\pi a^2 \sigma}$$

根据电场切向边界条件，导体外紧靠导体表面地方的电场矢量切向分量为

$$\vec{E}_t = \vec{E}_1 = \hat{z}\frac{I}{\pi a^2 \sigma}$$

该处的磁场矢量为

$$\vec{H}_t = \hat{\varphi}\frac{I}{2\pi a}$$

因此，坡印廷矢量的法线分量为

$$\vec{S}_n = \vec{E}_t \times \vec{H}_t = -\hat{r}\frac{I^2}{2\pi^2 a^3 \sigma}$$

在长为 l 的圆柱面上进入导体的功率为

$$P = \vec{S} \cdot (-\hat{r}2\pi al) = I^2 R$$

其中 $R = l/(\pi a^2 \sigma)$ 等于长为 l 的圆柱导体的电阻。上式说明，进入导体的功率等于导体的损耗功率。

二、复坡印廷定理

瞬时坡印廷定理适用于非色散媒质区域内的任意时变场，当然对正弦电磁场也成立。但对于正弦场，我们在许多时候更关心它的平均功率。例如对一个 100 W 的市电灯泡，这里的 100 W 就是指它的平均功率，而不是电压最大值或最小值时的瞬时功率。下面我们就来讨论一个给定区域 τ 内正弦电磁场的平均功率关系。在这里将媒质拓宽到包括有色散损耗效应在内的一般媒质，即

$$\varepsilon = \varepsilon' - j\varepsilon'' = \varepsilon_0(\varepsilon_r' - j\varepsilon_r''), \mu = \mu' - j\mu'' = \mu_0(\mu_r' - j\mu_r''), (\sigma \text{ 为实数})$$

对复麦克斯韦方程的安培回路定律两边取共轭，得到

$$(\nabla \times \vec{H})^* = (\vec{J} + j\omega\vec{D})^*$$

交换哈密顿算子与共轭运算的次序，并应用共轭运算的分配率和结合率，有

$$\nabla \times \vec{H}^* = \vec{J}^* + (j\omega\varepsilon\vec{E})^* = \vec{J}^* - j\omega\varepsilon^*\vec{E}^*$$

上式两边点积 $\vec{E}$，得到

$$\vec{E} \cdot \nabla \times \vec{H}^* = \vec{E} \cdot \vec{J}^* - j\omega\varepsilon^*\vec{E} \cdot \vec{E}^* \tag{7-53}$$

对上式左边项应用矢量恒等式和复麦克斯韦方程的法拉第定律，得

$$\vec{E} \cdot \nabla \times \vec{H}^* = \vec{H}^* \cdot \nabla \times \vec{E} - \nabla \cdot (\vec{E} \times \vec{H}^*) = -j\omega\mu\vec{H}^* \cdot \vec{H} - \nabla \cdot (\vec{E} \times \vec{H}^*)$$

代入式（7-53），并各项同乘 1/2，整理得到

$$-\nabla \cdot \left(\frac{1}{2}\vec{E} \times \vec{H}^*\right) = \frac{1}{2}\vec{E} \cdot \vec{J}^* + j\frac{1}{2}\omega\mu\vec{H}^* \cdot \vec{H} - j\frac{1}{2}\omega\varepsilon^*\vec{E} \cdot \vec{E}^*$$

上式两边对体积 τ 积分，并对左边应用散度定理，得

$$-\oint_S \left(\frac{1}{2}\vec{E} \times \vec{H}^*\right) d\vec{S} = \int_\tau \frac{1}{2}\vec{E} \cdot \vec{J}^* d\tau + \int_\tau \left(j\frac{1}{2}\omega\mu\vec{H}^* \cdot \vec{H} - j\frac{1}{2}\omega\varepsilon^*\vec{E} \cdot \vec{E}^*\right) d\tau$$

$$\tag{7-54}$$

将

$$j\frac{1}{2}\omega\mu\vec{H}^* \cdot \vec{H} = j\frac{1}{2}\omega(\mu' - j\mu'')H^2 = \frac{1}{2}\omega\mu''H^2 + j\frac{1}{2}\omega\mu'H^2;$$

$$-j\frac{1}{2}\omega\varepsilon^*\vec{E} \cdot \vec{E}^* = -j\frac{1}{2}\omega(\varepsilon' + j\varepsilon'')E^2 = \frac{1}{2}\omega\varepsilon''E^2 - j\frac{1}{2}\omega\varepsilon'E^2;$$

$$\frac{1}{2}\vec{E} \cdot \vec{J}^* = \frac{1}{2}\sigma\vec{E} \cdot \vec{E}^* = \frac{1}{2}\sigma E^2$$

代入式（7-54），得

$$-\oint_S \left(\frac{1}{2}\vec{E} \times \vec{H}^*\right) d\vec{S} = \int_\tau \frac{1}{2}\sigma E^2 d\tau + \int_\tau \left(\frac{1}{2}\omega\mu''H^2 + \frac{1}{2}\omega\varepsilon''E^2\right) d\tau +$$

$$j2\omega\int_\tau \left(\frac{1}{4}\mu'H^2 - \frac{1}{4}\varepsilon'E^2\right) d\tau \tag{7-55}$$

式（7-55）称为**复坡印廷定理**。

式（7-55）是一个复等式，根据两复数相等应该实部和虚部分别相等的法则，上式可以分解为一个实部等式和一个虚部等式，即

$$\mathrm{Re}\left[-\oint_S\left(\frac{1}{2}\vec{E}\times\vec{H}^*\right)\mathrm{d}\vec{S}\right]=\int_\tau\frac{1}{2}\sigma E^2\mathrm{d}\tau+\int_\tau\left(\frac{1}{2}\omega\mu''H^2+\frac{1}{2}\omega\varepsilon''E^2\right)\mathrm{d}\tau \qquad (7-56)$$

$$\mathrm{Im}\left[-\oint_S\left(\frac{1}{2}\vec{E}\times\vec{H}^*\right)\mathrm{d}\vec{S}\right]=2\omega\int_\tau\left(\frac{1}{4}\mu'H^2-\frac{1}{4}\varepsilon'E^2\right)\mathrm{d}\tau \qquad (7-57)$$

式（7-56）各项的单位也是瓦（W），右边表示 τ 内的焦耳损耗功率、磁化损耗功率和极化损耗功率在一个周期内的平均值。左边正是一个周期内进入 S 面的瞬时功率的平均值，即

$$-\oint_S\left\{\frac{1}{T}\int_0^T\left[\vec{E}(\vec{r},t)\times\vec{H}(\vec{r},t)\right]\mathrm{d}t\right\}\cdot\mathrm{d}\vec{S}=-\oint_S\left\{\frac{1}{T}\int_0^T\left[\mathrm{Re}(\vec{E}\mathrm{e}^{\mathrm{j}\omega t})\times\mathrm{Re}(\vec{H}\mathrm{e}^{\mathrm{j}\omega t})\right]\mathrm{d}t\right\}\cdot\mathrm{d}\vec{S}$$

$$=-\oint_S\frac{1}{4}\mathrm{Re}[\vec{E}\times\vec{H}^*+\vec{E}^*\times\vec{H}]\cdot\mathrm{d}\vec{S}=\mathrm{Re}\left\{-\oint_S\left[\frac{1}{2}\vec{E}\times\vec{H}^*\right]\cdot\mathrm{d}\vec{S}\right\}$$

这表明：在无源（$\vec{J}_{su}=0$）区域内，τ 内各种损耗功率的平均值之和等于从闭合面外流入的平均输入功率，反映了 S 面上有功功率平均值的平衡关系。

很明显，$\mathrm{Re}[\vec{E}\times\vec{H}^*/2]$ 应为与 $\vec{E}\times\vec{H}^*$ 垂直方向上单位面积所通过的有功功率的平均值，称为**平均坡印廷矢量**或**平均能流密度**，记作

$$<\vec{S}>=\mathrm{Re}\left[\frac{1}{2}\vec{E}\times\vec{H}^*\right] \qquad (7-58)$$

而称

$$\vec{S}=\frac{1}{2}\vec{E}\times\vec{H}^* \qquad (7-59)$$

为**复坡印廷矢量**。为了避免与瞬时坡印廷矢量混淆，往往又把复坡印廷矢量记作 $\vec{S}(\vec{r})$，而瞬时坡印廷矢量记作 $\vec{S}(\vec{r},t)$ 或 $\vec{S}(t)$。

式（7-57）表示闭合面 S 上的无功功率关系，所谓无功功率是指在 S 面内外振荡交换的功率。$\mu'H^2/4$ 和 $\varepsilon'E^2/4$ 分别是单位体积内正弦电场能量的平均值和磁场能量的平均值，记作

$$<w_\mathrm{m}>=\frac{1}{4}\mu'H^2 \qquad (7-60)$$

$$<w_\mathrm{e}>=\frac{1}{4}\varepsilon'E^2 \qquad (7-61)$$

我们可以用一个由电源、电感、电容和电阻所组成的简单电路为例，对复坡印廷定理的意义进行类比说明。作一个包围电感、电容和电阻的闭合曲面 S，如图 7-4 所示。进入 S 面的有功功率就是电阻 R 上消耗的焦耳功率，相当于式（7-56）部分。而无功功率则是电容 C 和电感 L 的电、磁储能与电源能量之间的交换功率，它等于电源的视在功率与电路的有功功率之差。式（7-57）表明，闭合面 S 上用于振荡交换的平均无功功率等于 τ

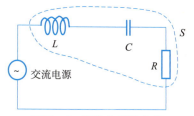

图 7-4 简单电路的有功
功率和无功功率

内磁场储能平均值与电场储能平均值之差的 2ω 倍。无功功率的单位是"乏"（var），虽然名字不同，但是其量纲仍然和"瓦"（W）是一样的。

在交流电路中，由电源供给负载的电功率有两种：一种是有功功率，一种是无功功率。

有功功率是保持用电设备正常运行所需的电功率，也就是将电能转换为其他形式能量（机械能、光能、热能）的电功率。比如：5.5 kW 的电动机就是把 5.5 kW 的电能转换为机

械能，带动水泵抽水或脱粒机脱粒；各种照明设备将电能转换为光能，供人们生活和工作照明。

无功功率比较抽象，它是用于电路内电场与磁场的交换，并用来在电气设备中建立和维持磁场的电功率。它不对外做功，而是转变为其他形式的能量。凡是有电磁线圈的电气设备，要建立磁场，就要消耗无功功率。比如 40 W 的日光灯，除需 40 多瓦有功功率（镇流器也需消耗一部分有功功率）来发光外，还需 80 var 左右的无功功率供镇流器的线圈建立交变磁场用。由于它不对外做功，才被称之为"无功"。

无功功率绝不是无用功率，它的用处很大。电动机需要建立和维持旋转磁场，使转子转动，从而带动机械运动，电动机的转子磁场就是靠从电源取得无功功率建立的。变压器也同样需要无功功率，才能使变压器的一次线圈产生磁场，在二次线圈感应出电压。因此，没有无功功率，电动机就不会转动，变压器也不能变压。

通常从发电机和高压输电线供给的无功功率，远远满足不了负荷的需要，所以在电网中要设置一些无功补偿装置来补充无功功率，以保证用户对无功功率的需要，这样用电设备才能在额定电压下工作。这就是电网需要装设无功补偿装置的道理。

例 7.7 已知正弦电磁场的表达式为

$$\vec{E}(\vec{r},t) = \hat{x}3x\cos\left(1.2 \times 10^9 t - 4z + \frac{\pi}{4}\right)$$

$$\vec{H}(\vec{r},t) = \hat{y}\frac{x}{40\pi}\cos\left(1.2 \times 10^9 t - 4z + \frac{\pi}{4}\right)$$

求点 $P(1, 2, 0)$ 处的 $\vec{S}(\vec{r},t)$ 和 $<\vec{S}>$。

解：瞬时坡印廷矢量为

$$\vec{S}(\vec{r},t) = \vec{E}(\vec{r},t) \times \vec{H}(\vec{r},t) = \hat{z}\frac{3x^2}{40\pi}\cos^2\left(1.2 \times 10^9 t - 4z + \frac{\pi}{4}\right)$$

$$\vec{S}_P(\vec{r},t) = \hat{z}\frac{3}{40\pi}\cos^2\left(1.2 \times 10^9 t + \frac{\pi}{4}\right)$$

电场和磁场的复矢量为

$$\vec{E}(\vec{r}) = \hat{x}3xe^{-j4z+j\frac{\pi}{4}}, \qquad \vec{H}(\vec{r}) = \hat{y}\frac{x}{40\pi}e^{-j4z+j\frac{\pi}{4}}$$

平均坡印廷矢量为

$$<\vec{S}> = \text{Re}\left[\frac{1}{2}\vec{E}(\vec{r}) \times \vec{H}^*(\vec{r})\right] = \text{Re}\left[\frac{1}{2} \cdot 3xe^{-j4z+j\frac{\pi}{4}}\hat{x} \times \hat{y}\frac{x}{40\pi}e^{j4z-j\frac{\pi}{4}}\right] = \hat{z}\frac{3x^2}{80\pi}$$

$$<\vec{S}>_P = \hat{z}\frac{3}{80\pi}$$

§7.6　电磁场的波动方程

时变电磁场问题的求解有两种常用的途径，一种是由麦克斯韦方程组导出电场和磁场各自所满足的波动方程，结合边界条件和初始条件解波动方程，得到 $\vec{E}$ 和 $\vec{H}$；另一种方法是首先推导出辅助位函数 $\vec{A}$ 和 U 所满足的方程，求解方程得到 $\vec{A}$ 和 U，然后再根据场和位的关系得到电场和磁场。本节先推导 $\vec{E}$ 和 $\vec{H}$ 所满足的方程，下一节推导 $\vec{A}$ 和 U 的方程，各方程的求解在以后几章讨论。

推导瞬时 $\vec{E}$ 和 $\vec{H}$ 所满足的方程时，我们把讨论范围限定在非色散均匀媒质的无源区域内。此时，电磁参数 ε、μ 和 σ 都是与坐标和频率无关的实常数，并且有 $\vec{J}_{su} = 0, \rho = 0$。将三个辅助方程代入麦克斯韦基本方程，得到限定形式的方程组

$$\nabla \times \vec{H} = \sigma \vec{E} + \varepsilon \frac{\partial \vec{E}}{\partial t} \tag{7-62a}$$

$$\nabla \times \vec{E} = -\mu \frac{\partial \vec{H}}{\partial t} \tag{7-62b}$$

$$\nabla \cdot \vec{E} = 0 \tag{7-62c}$$

$$\nabla \cdot \vec{H} = 0 \tag{7-62d}$$

对式（7-62a）两边对时间 t 求偏导，得

$$\frac{\partial}{\partial t}(\nabla \times \vec{H}) = \sigma \frac{\partial \vec{E}}{\partial t} + \varepsilon \frac{\partial^2 \vec{E}}{\partial t^2}$$

对式（7-62b）两边取旋度，得

$$\nabla \times \nabla \times \vec{E} = -\mu \frac{\partial}{\partial t}(\nabla \times \vec{H})$$

比较上面两式，得到

$$\nabla \times \nabla \times \vec{E} = -\mu\sigma \frac{\partial \vec{E}}{\partial t} - \mu\varepsilon \frac{\partial^2 \vec{E}}{\partial t^2}$$

利用矢量恒等式 $\nabla \times \nabla \times \vec{E} = \nabla(\nabla \cdot \vec{E}) - \nabla^2 \vec{E}$，并注意 $\nabla \cdot \vec{E} = 0$，上式变成

$$\nabla^2 \vec{E} = \mu\sigma \frac{\partial \vec{E}}{\partial t} + \mu\varepsilon \frac{\partial^2 \vec{E}}{\partial t^2} \tag{7-63}$$

对式（7-62a）两边求旋度，并将式（7-62b）代入，得

$$\nabla^2 \vec{H} = \mu\sigma \frac{\partial \vec{H}}{\partial t} + \mu\varepsilon \frac{\partial^2 \vec{H}}{\partial t^2} \tag{7-64}$$

式（7-63）和式（7-64）就是无源均匀媒质中电场强度和磁场强度所满足的微分方程。因为 ∇^2 是对空间坐标的二次偏导，所以上面两式一般是四个变量的非齐次二阶偏微分矢量方程，也称为**非齐次矢量波动方程**。时变电磁场的场量满足波动方程，预示着电磁场的运动将具有波的形式和特征。实际上，时变的电磁场就是电磁波。

若媒质是 $\sigma = 0$ 的非导电介质，上面两式变为

$$\nabla^2 \vec{E} = \mu\varepsilon \frac{\partial^2 \vec{E}}{\partial t^2} \tag{7-65}$$

$$\nabla^2 \vec{H} = \mu\varepsilon \frac{\partial^2 \vec{H}}{\partial t^2} \tag{7-66}$$

称为**齐次矢量波动方程**。

对于正弦电磁场，可以将瞬时值与复矢量的关系式代入波动方程式（7-63）和式（7-64），也可直接从复麦克斯韦方程组做上面的类似推导，得到复矢量 $\vec{E}$ 和 $\vec{H}$ 所满足的方程

$$\nabla^2 \vec{E} + k^2 \vec{E} = 0 \tag{7-67}$$

$$\nabla^2 \vec{H} + k^2 \vec{H} = 0 \tag{7-68}$$

其中

$$k^2 = \omega^2 \mu\varepsilon - j\omega\mu\sigma \tag{7-69}$$

式（7-67）和式（7-68）是复数域内的二阶偏微分矢量方程，称为**矢量亥姆霍兹方程**，

有时也被称为**复数形式的波动方程**。因为是在频域内，故此时的媒质可以包括色散媒质，即 ε 和 μ 可以是复数

$$\varepsilon = \varepsilon' - j\varepsilon''$$
$$\mu = \mu' - j\mu''$$

§7.7 标量位和矢量位

在第6章中，我们已经给出了时变场的两个辅助位函数 $\vec{A}$ 和 U 的定义

$$\vec{B} = \nabla \times \vec{A} \tag{7-70}$$

$$\vec{E} = -\nabla U - \frac{\partial \vec{A}}{\partial t} \tag{7-71}$$

式中，$\vec{A}$ 称为动态矢量磁位，简称磁矢位；U 称为动态电位。

在解决某些问题时，若先求解出辅助的位函数，再利用上述关系式得到场量，往往会使求解过程简化。特别是解决辐射等有源问题时更是如此。本节将推导动态磁矢位 $\vec{A}$ 和动态电位 U 满足的方程。

若空间媒质是均匀和非色散的，将式（7-70）和式（7-71）代入麦克斯韦方程的安培回路定律

$$\nabla \times (\vec{B}/\mu) = \vec{J} + \partial(\varepsilon\vec{E})/\partial t$$

得到

$$\nabla \times \left(\frac{1}{\mu}\nabla \times \vec{A}\right) = \vec{J} + \frac{\partial}{\partial t}\left[\varepsilon\left(-\nabla U - \frac{\partial \vec{A}}{\partial t}\right)\right]$$

利用矢量恒等式 $\nabla \times \nabla \times \vec{A} = \nabla(\nabla \cdot \vec{A}) - \nabla^2\vec{A}$，上式变成

$$\nabla^2\vec{A} - \mu\varepsilon\frac{\partial^2\vec{A}}{\partial t^2} = -\mu\vec{J} + \nabla\left(\nabla \cdot \vec{A} + \mu\varepsilon\frac{\partial U}{\partial t}\right) \tag{7-72}$$

将式（7-71）代入麦克斯韦方程的库仑定律 $\nabla \cdot \vec{E} = \rho/\varepsilon$，得

$$\nabla \cdot \left(-\nabla U - \frac{\partial \vec{A}}{\partial t}\right) = \rho/\varepsilon$$

由此可得

$$\nabla^2 U + \frac{\partial}{\partial t}(\nabla \cdot \vec{A}) = -\rho/\varepsilon \tag{7-73}$$

式（7-72）和式（7-73）都同时包含 U 和 $\vec{A}$，为了得到每个辅助位函数的独立方程，必须对 U 和 $\vec{A}$ 增加新的限制条件。式（7-70）已经规定了磁矢位 $\vec{A}$ 的旋度，但由亥姆霍兹定理得知，一个矢量是由它的旋度和散度唯一确定的，并且散度和旋度的规定是相互独立的。在静磁场的讨论中，为了使 $\vec{A}$ 具有最简单的解表达式，我们选择了 $\nabla \cdot \vec{A} = 0$，并把这样的散度规定称为库仑规范。但在时变场中，选择库仑规范不能使两方程彼此独立。由于矢量 $\vec{A}$ 的散度选择有任意性，我们试选择

$$\nabla \cdot \vec{A} = -\mu\varepsilon\frac{\partial U}{\partial t} \tag{7-74}$$

将上式代入方程式（7-72）和式（7-73），得到

$$\nabla^2\vec{A} - \mu\varepsilon\frac{\partial^2\vec{A}}{\partial t^2} = -\mu\vec{J} \tag{7-75}$$

$$\nabla^2 U - \mu\varepsilon\frac{\partial^2 U}{\partial t^2} = -\rho/\varepsilon \qquad (7-76)$$

上面的两个独立方程分别称为磁矢位 $\vec{A}$ 的非齐次波动方程和动态电位 U 的非齐次波动方程，也称作**达朗贝尔方程**。可见式（7-74）的散度规定是可行的。

式（7-74）给出了两个辅助位函数间的关系，称为**洛伦兹条件**，或**洛伦兹规范**。尽管电流 $\vec{J}$ 与电荷 ρ 是相互联系的，但在洛伦兹规范下，$\vec{J}$ 成为磁矢位 $\vec{A}$ 的唯一独立源，而 ρ 成为 U 的唯一独立源。知道了 $\vec{J}$ 或 ρ 的分布状态，就可由方程式（7-75）或式（7-76）独立地求得 $\vec{A}$ 和 U，从而由式（7-70）和式（7-71）得到 $\vec{B}$ 和 $\vec{E}$。

以上各方程中的场量尽管没有写出时间变量，但我们很清楚地知道它们都是瞬时值。对于正弦电磁场，将瞬时值与复矢量的关系式代入上面各式，就可以得到复矢量所满足的方程，即

$$\vec{B} = \nabla \times \vec{A} \qquad (7-77)$$

$$\vec{E} = -\nabla U - \mathrm{j}\omega\vec{A} \qquad (7-78)$$

$$\nabla \cdot \vec{A} = -\mathrm{j}\omega\mu\varepsilon U \qquad (7-79)$$

$$\nabla^2\vec{A} + k^2\vec{A} = -\mu\vec{J} \qquad (7-80)$$

$$\nabla^2 U + k^2 U = -\rho/\varepsilon \qquad (7-81)$$

其中

$$k^2 = \omega^2\mu\varepsilon \qquad (7-82)$$

此时，空间媒质可以是色散有耗的，即 ε 和 μ 可以是复数。

在频域内，求复矢量 $\vec{E}$ 和 $\vec{B}$ 并不需要同时求解式（7-80）和式（7-81）两个微分方程。因为若将式（7-79）代入式（7-78），可得到

$$\vec{E} = -\nabla U - \mathrm{j}\omega\vec{A} = \frac{\nabla(\nabla\cdot\vec{A})}{\mathrm{j}\omega\mu\varepsilon} - \mathrm{j}\omega\vec{A} \qquad (7-83)$$

可见，在洛伦兹条件下，只要解出 $\vec{A}$ 就可得到 $\vec{E}$ 和 $\vec{B}$ 的解，而无须再求解 U 的方程，这使求解电磁场问题更为简单。

作为特例，当电磁场不随时间变化时（即 $\omega = 0$），亥姆霍兹方程退化为泊松方程

$$\nabla^2\vec{A} = -\mu\vec{J}$$

$$\nabla^2 U = -\rho/\varepsilon$$

这就是恒定磁场中磁矢位和静电场中电位所满足的方程。此时，联系电场和磁场的物理量 $k = 0$，从而使电场和磁场彼此独立。这就是静态场互不关联之所在。

辅助位不是唯一的，在不同条件下可以引入其他一些位函数。如求解含磁流的麦克斯韦方程组时，可引入矢量电位 $\vec{F}$ 和标量磁位 U_m；在磁流、磁荷不存在的空间引入电赫兹矢量 $\vec{\Pi}_\mathrm{e}$；在电流、电荷不存在的空间引入磁赫兹矢量 $\vec{\Pi}_\mathrm{m}$ 等。无论引入何种辅助位函数，其目的都是简化电磁场的求解，而所得到的 $\vec{E}$ 和 $\vec{B}$ 是唯一的。

§7.8 时变电磁场的边界条件

在电磁场中，媒质参量的突变一般会引起场矢量的突变。在求解时变场的边值问题时，必须用到媒质界面的边界条件。时变场边界条件的讨论与静态场时的方法相同，即将基本方

程的积分形式分别应用在跨越分界面的小闭合柱面和矩形回路上，如图 7 − 5 所示。

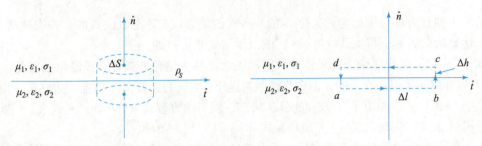

图 7 − 5　时变电磁场的边界条件

对时变场，麦克斯韦方程组的积分形式为

$$\oint_l \vec{H} \cdot \mathrm{d}\vec{l} = I + \int_S \frac{\partial \vec{D}}{\partial t} \cdot \mathrm{d}\vec{S} \tag{7-84}$$

$$\oint_l \vec{E} \cdot \mathrm{d}\vec{l} = -\int_S \frac{\partial \vec{B}}{\partial t} \cdot \mathrm{d}\vec{S} \tag{7-85}$$

$$\oint_S \vec{D} \cdot \mathrm{d}\vec{S} = \int_\tau \rho \mathrm{d}\tau \tag{7-86}$$

$$\oint_S \vec{B} \cdot \mathrm{d}\vec{S} = 0 \tag{7-87}$$

将式（7 − 86）和式（7 − 87）分别应用在闭合柱面 S 上，推导的方法和方程形式与讨论静电场和恒定磁场的法向边界条件时完全相同，故应得到相同形式的结果，即

$$\begin{cases} \hat{n} \cdot (\vec{D}_1 - \vec{D}_2) = \rho_S \\ D_{1n} - D_{2n} = \rho_S \end{cases} \tag{7-88}$$

$$\begin{cases} \hat{n} \cdot (\vec{B}_1 - \vec{B}_2) = 0 \\ B_{1n} - B_{2n} = 0 \end{cases} \tag{7-89}$$

式中，ρ_S 为界面上的分布面电荷密度。

将式（7 − 84）和式（7 − 85）分别应用在矩形回路 l 上。当矩形回路窄边 $\Delta h \to 0$ 时，回路所包围的面积也趋于零，而 $\partial \vec{D}/\partial t$ 和 $\partial \vec{B}/\partial t$ 均为有限值，故式（7 − 84）和式（7 − 85）中的两个面积分将趋于零，方程变成

$$\oint_l \vec{H} \cdot \mathrm{d}\vec{l} = I \tag{7-90}$$

$$\oint_l \vec{E} \cdot \mathrm{d}\vec{l} = 0 \tag{7-91}$$

以上两个方程与静电场和恒定磁场的基本方程形式相同，若采用相同的推导方法，必得到相同形式的切向边界条件

$$\hat{n} \times (\vec{H}_1 - \vec{H}_2) = \vec{J}_S \tag{7-92}$$

$$\begin{cases} \hat{n} \times (\vec{E}_1 - \vec{E}_2) = 0 \\ E_{1t} - E_{2t} = 0 \end{cases} \tag{7-93}$$

式中，$\vec{J}_S$ 为界面上的分布面电流密度。

式（7 − 88）、式（7 − 89）、式（7 − 92）及式（7 − 93）一起称为时变电磁场的边界条件。以上四式是利用麦克斯韦方程瞬时值表示式推导出来的，故式中的物理量都代表瞬时

值。它们在形式上与静态场的边界条件完全相同，区别在于公式两侧是时变场的等量关系，或者说是任意时刻的场量关系。

不难看出，如果利用麦克斯韦方程复数形式推导，会得到与以上四式完全相同的边界条件表达式，不过此时各式中的物理量应为复矢量和复振幅。

作为特例，我们专门讨论分界面一侧是一般媒质而另一侧是理想导体的情况。设 1 区是电磁参数为 ε_1、μ_1 和 σ_1 的一般媒质，2 区是 $\sigma_2 \to \infty$ 的理想导体。此时，2 区的电场强度必须等于零，否则会出现 $\vec{J} = \sigma_2 \vec{E}_2 \to \infty$ 的错误结论。同时，由麦克斯韦方程可得到

$$-\frac{\partial \vec{B}_2}{\partial t} = \nabla \times \vec{E}_2 = 0$$

可见 2 区的磁场 $\vec{B}_2$ 和 $\vec{H}_2$ 与时间无关。由此，2 区理想导体内不存在时变的电磁场，即

$$\vec{E}_2(t) = \vec{D}_2(t) = \vec{B}_2(t) = \vec{H}_2(t) \equiv 0 \tag{7-94}$$

此时一般媒质一侧有电磁场。省略 1 区场量的下标，4 个边界条件写成

$$\begin{cases} \hat{n} \times \vec{E} = 0 \\ E_t = 0 \end{cases} \tag{7-95}$$

$$\begin{cases} \hat{n} \cdot \vec{D} = \rho_S \\ D_n = \rho_S \end{cases} \tag{7-96}$$

$$\begin{cases} \hat{n} \cdot \vec{B} = 0 \\ B_n = 0 \end{cases} \tag{7-97}$$

$$\begin{cases} \hat{n} \times \vec{H} = \vec{J}_S \\ H_t = J_S \end{cases} \tag{7-98}$$

归纳上面四式得到：理想导体外侧的电场必垂直于导体表面，且电通量密度等于界面上的分布电荷面密度；理想导体外侧的磁场必平行于导体表面，且磁场强度等于界面上的分布电流面密度。

$\sigma \to \infty$ 的理想导体实际并不存在，但在工程应用中，σ 很大的良好金属可以近似成理想导体。此时，用以上各式计算产生的误差一般很小，但使计算过程大为简化。

例 7.8 一时变电磁场的电场表达式为

$$\vec{E}(\vec{r}, t) = \hat{y} E_0 \sin\left(\frac{\pi}{d} z\right) \cos(\omega t - k_0 x)$$

其中 $k_0 = \left[\omega^2 \mu \varepsilon - \left(\frac{\pi}{d}\right)\right]^{1/2}$。

（1）求对应的磁场 $\vec{H}(\vec{r}, t)$；

（2）证明此电磁波可以在如图 7-6 所示的两块无限大导体平板间传播；

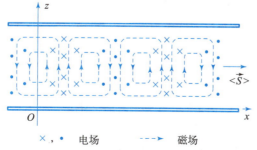

×，• 电场   ----➤ 磁场

图 7-6 平行导体板之间的电磁波

（3）求两导体板内表面上的表面电流密度；

（4）求两导体板间的 $\vec{S}(t)$ 和 $<\vec{S}>$。

解：（1）将电场的复矢量

$$\vec{E}(\vec{r}) = \hat{y}E_0\sin\left(\frac{\pi}{d}z\right)\mathrm{e}^{-jk_0x}$$

代入麦克斯韦方程

$$\nabla\times\vec{E}(\vec{r}) = -\,\mathrm{j}\omega\mu\vec{H}(\vec{r})$$

得

$$\vec{H}(\vec{r}) = \frac{\mathrm{j}}{\omega\mu}\nabla\times\vec{E}(\vec{r}) = \frac{\mathrm{j}}{\omega\mu}\left[\hat{z}\frac{\partial E_y(\vec{r})}{\partial x} - \hat{x}\frac{\partial E_y(\vec{r})}{\partial z}\right]$$

$$= \hat{z}\frac{k_0}{\omega\mu}E_0\sin\frac{\pi}{d}z\mathrm{e}^{-jk_0x} + \hat{x}\frac{\pi}{\omega\mu d}E_0\cos\frac{\pi}{d}z\mathrm{e}^{-jk_0x-\mathrm{j}\frac{\pi}{2}}$$

$$\vec{H}(\vec{r},t) = \mathrm{Re}\left[\vec{H}(\vec{r})\mathrm{e}^{\mathrm{j}\omega t}\right]$$

$$= \hat{z}\frac{k_0}{\omega\mu}E_0\sin\frac{\pi}{d}z\cos(\omega t - k_0x) + \hat{x}\frac{\pi}{\omega\mu d}E_0\cos\frac{\pi}{d}z\cos\left(\omega t - k_0x - \frac{\pi}{2}\right)$$

（2）一个电磁波能够在给定的区域内传播，其 $\vec{E}$ 和 $\vec{H}$ 必须满足两个条件：一是要满足波动方程或亥姆霍兹方程；二是要满足区域的边界条件，对导体边界，表面外侧应满足 $E_t = 0$ 和 $H_n = 0$。下面验证所给该电磁场在两板之间满足上述两个条件。

将 $\vec{E}(\vec{r})$ 表达式代入直角坐标系内的亥姆霍兹方程，由于电场只有 $\hat{y}$ 分量，则 $E_y(\vec{r})$ 满足标量亥姆霍兹方程

$$\nabla^2 E_y(\vec{r}) + \omega^2\mu\varepsilon E_y(\vec{r}) = 0$$

将电场复矢量的表达式代入上式，其左边第一项为

$$\nabla^2 E_y(\vec{r}) = \frac{\partial^2}{\partial x^2}\left(E_0\sin\frac{\pi}{d}z\mathrm{e}^{-jk_0x}\right) + \frac{\partial^2}{\partial z^2}\left(E_0\sin\frac{\pi}{d}z\mathrm{e}^{-\mathrm{j}k_0x}\right)$$

$$= -k_0^2 E_0\sin\frac{\pi}{d}z\mathrm{e}^{-\mathrm{j}k_0x} - \left(\frac{\pi}{d}\right)^2 E_0\sin\frac{\pi}{d}z\mathrm{e}^{-\mathrm{j}k_0x}$$

$$= -\left[k_0^2 + \left(\frac{\pi}{d}\right)^2\right]E_0\sin\frac{\pi}{d}z\mathrm{e}^{-\mathrm{j}k_0x}$$

$$= -\omega^2\mu\varepsilon E_0\sin\frac{\pi}{d}z\mathrm{e}^{-\mathrm{j}k_0x} = -\omega^2\mu\varepsilon E_y$$

代入原式可知，所给电场满足亥姆霍兹方程。又因前面的 $\vec{H}(\vec{r})$ 是由 $\vec{E}(\vec{r})$ 通过麦克斯韦方程导出的，故必然也满足磁场的亥姆霍兹方程。

两导体板表面处的切向电场和法向磁场分别为

$$E_y(z = 0) = E_0\sin\left(\frac{\pi}{d}\cdot 0\right)\mathrm{e}^{-\mathrm{j}k_0x} = 0$$

$$E_y(z = d) = E_0\sin\left(\frac{\pi}{d}d\right)\mathrm{e}^{-\mathrm{j}k_0x} = 0$$

$$H_z(z = 0) = \frac{k_0}{\omega\mu}E_0\sin\left(\frac{\pi}{d}\cdot 0\right)\mathrm{e}^{-\mathrm{j}k_0x} = 0$$

$$H_z(z = d) = \frac{k_0}{\omega\mu}E_0\sin\left(\frac{\pi}{d}d\right)\mathrm{e}^{-\mathrm{j}k_0x} = 0$$

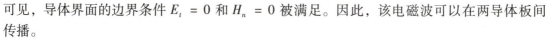

可见，导体界面的边界条件 $E_t = 0$ 和 $H_n = 0$ 被满足。因此，该电磁波可以在两导体板间传播。

（3）在 $z = 0$ 的导体表面外侧，法矢 $\hat{n} = \hat{z}$，由导体的表面电流公式可得

$$\vec{J}(z = 0,t) = \hat{n} \times \vec{H}(z = 0,t)$$

$$= \hat{z} \times \hat{x} \frac{\pi}{\omega\mu d} E_0 \cos\left(\frac{\pi}{d} \cdot 0\right) \cos\left(\omega t - k_0 x - \frac{\pi}{2}\right)$$

$$= \hat{y} \frac{\pi}{\omega\mu d} E_0 \sin(\omega t - k_0 x)$$

在 $z = d$ 的导体表面外侧，法矢 $\hat{n} = -\hat{z}$，得

$$\vec{J}(z = d,t) = \hat{n} \times \vec{H}(z = d,t)$$

$$= -\hat{z} \times \hat{x} \frac{\pi}{\omega\mu d} E_0 \cos\frac{\pi}{d} d \cos\left(\omega t - k_0 x - \frac{\pi}{2}\right)$$

$$= \hat{y} \frac{\pi}{\omega\mu d} E_0 \sin(\omega t - k_0 x) = \vec{J}(z = 0,t)$$

（4）$\vec{S}(\vec{r},t) = \vec{E}(\vec{r},t) \times \vec{H}(\vec{r},t) = \left[\hat{y} E_y(\vec{r},t)\right] \times \left[\hat{z} H_z(\vec{r},t) + \hat{x} H_x(\vec{r},t)\right]$

$$= \hat{x} \frac{k_0}{\omega\mu} E_0^2 \sin^2\frac{\pi}{d} z \cos^2(\omega t - k_0 x) -$$

$$\hat{z} \frac{\pi}{\omega\mu d} E_0^2 \sin\frac{\pi}{d} z \cos\frac{\pi}{d} z \cos(\omega t - k_0 x) \sin\left(\omega t - k_0 x - \frac{\pi}{2}\right)$$

$$\langle \vec{S} \rangle = \frac{1}{2}\text{Re}\left[\vec{E} \times \vec{H}^*\right]$$

$$= \frac{1}{2}\text{Re}\left[\left(\hat{y} E_0 \sin\frac{\pi}{d} z e^{-jk_0 x}\right) \times \left(\hat{z} \frac{k_0}{\omega\mu} E_0 \sin\frac{\pi}{d} z e^{jk_0 x} + \hat{x} \frac{\pi}{\omega\mu d} E_0 \cos\frac{\pi}{d} z e^{jk_0 x + j\frac{\pi}{2}}\right)\right]$$

$$= \frac{1}{2}\text{Re}\left[\hat{x} \frac{k_0}{\omega\mu} E_0^2 \sin^2\frac{\pi}{d} z - j\hat{z} \frac{\pi}{\omega\mu d} E_0^2 \sin\frac{\pi}{d} z \cos\frac{\pi}{d} z\right]$$

$$= \hat{x} \frac{k_0}{2\omega\mu} E_0^2 \sin^2\frac{\pi}{d} z$$

从上面两式可以看出，电磁波的平均功率只向 $\hat{x}$ 方向传输，但瞬时功率却有 $\hat{x}$ 和 $\hat{z}$ 两个方向的分量。这是因为此电磁波实际上是一个在两板之间来回反射前进的波，在每一瞬间时刻，传输功率 $\vec{S}(\vec{r},t)$ 都有 $\hat{x}$ 分量和 $\hat{z}$ 分量。但 $\hat{z}$ 分量的能流在两板之间来回反射振荡，若上半周期流向 $\hat{z}$ 方向，下半周期流向 $-\hat{z}$ 方向，一周期的平均值为零，故平均传输功率只有 $\hat{x}$ 方向。此外，通过本题还可以得到一个具有普遍意义的结论：电场和磁场不同分量的作用将产生功率流，功率流的方向由电场分量的方向与磁场分量的方向的叉积决定。但若两者的初相差 $\pi/2$，则只有瞬时能流而平均能流为零，如本题中的 E_y 和 H_x。

习题七

7.1 有一电荷（$q = 10^{-5}$ C）做圆周运动，角速度 $\omega = 1\,000$ rad/s，圆半径 $a = 1$ cm，试求圆心处的位移电流密度。

7.2 一圆柱形同轴空气电容器的内导体半径为 a，外导体内表面半径为 b，长为 L，内

外导体间加正弦电压 $U = U_0 \sin\omega t$。试计算内外导体间所通过的位移电流总值，并证明它等于电容器的充电电流。

7.3 试写出无耗、线性、各向同性的非均匀媒质中用 $\vec{E}$ 和 $\vec{B}$ 表示的麦克斯韦方程组。

7.4 已知空气中

$$\vec{E} = \hat{y}0.1\sin(10\pi x)\cos(6\pi \times 10^9 t - kz) \text{ V/m}$$

求对应的 $\vec{H}$ 的表达式及 k。

7.5 半径为 a 的圆形平板电容器，电极距离为 d，其间填充电导率为 σ 的非理想均匀电介质，极板间接直流电压 U_0，略去边缘效应。

（1）计算极板间的电磁场及能流密度；

（2）证明用坡印廷矢量计算和用电路理论计算的损耗功率相同。

7.6 同时存在静态电场和磁场时，坡印廷矢量一般不等于零。但是，在电流密度等于零的区域里，坡印廷矢量的闭合曲面积分永远等于零。试证明之。[提示：用散度定理]

7.7 证明坡印廷矢量的瞬时值可表示为

$$\vec{S}(\vec{r},t) = \frac{1}{2}\text{Re}\left[\vec{E} \times \vec{H}^* + \vec{E} \times \vec{H}e^{j2\omega t}\right]$$

7.8 设真空中的电场强度瞬时值为

$$\vec{E}(\vec{r},t) = \hat{y}2\cos\left(2\pi \cdot 10^8 t - \frac{2\pi}{3}z\right) \text{ V/m}$$

试求：（1）电场强度复矢量；

（2）对应的磁场强度瞬时值。

7.9 已知空气中某一区域有时谐电场

$$\vec{E}(\vec{r},t) = \hat{y}10\sin(\pi x)\sin(3\pi \cdot 10^8 t - \pi z) \text{ V/m}$$

（1）求复坡印廷矢量，并求平均值 $<\vec{S}>$；

（2）计算平均电能密度和平均磁能密度。

7.10 已知 $\sigma = 0$ 的均匀媒质中磁矢位为

$$\vec{A}(\vec{r},t) = \hat{z}\cos kx\cos\omega t$$

试求：（1）标量电位 U；

（2）电场强度 $\vec{E}$；

（3）磁场强度 $\vec{H}$。

7.11 已知时谐磁场中任意点的矢量位在球坐标系中为

$$\vec{A} = (\hat{r}\cos\theta - \hat{\theta}\sin\theta)\frac{A_0}{r}e^{-jkr}$$

其中 A_0 为常数。试求与之对应的电磁场。

7.12 一平行板空气电容器的电极是半径为 $a = 10$ cm 的导体圆盘，假设电容器充电期间电极之间电场强度的增长率为 $\partial E/\partial t = 10^{12}$ V/ms。试计算电容器充电时电极之间的位移电流及距中心轴线 $r = a$ 处的磁场强度。

7.13 假设真空中一点电荷 q 以等速度 $v(v \ll c)$ 沿 z 轴运动，而且在 $t = 0$ 时刻经过坐标原点。试计算任意点的电流密度。

提示：设 M 点的圆柱坐标为 (r,φ,z)，则 M 点的矢量 $\vec{D}$ 为

$$\vec{D} = \frac{Q}{4\pi}\frac{\vec{R}}{R^3} = \frac{Q}{4\pi}\frac{\hat{r}r + \hat{z}(z - vt)}{\left[r^2 + (z - vt)^2\right]^{3/2}}$$

7.14 证明无源自由空间仅随时间变化的场（如 $\vec{B} = \vec{B}_{\mathrm{m}}\sin\omega t$）不满足麦克斯韦方程。若将 t 换成 $(t - \omega/c)$，则它可以满足麦克斯韦方程。

7.15 已知无源自由空间的电场

$$\vec{E}(\vec{r}, t) = \hat{y}E_{\mathrm{m}}\sin(\omega t - kz)$$

（1）由麦克斯韦方程求磁场强度；

（2）证明 ω/k 等于光速 c；

（3）求坡印廷矢量的平均值。

7.16 在无源自由空间有一正弦电磁场

$$\vec{E} = \vec{E}_0 \mathrm{e}^{\mathrm{j}(\omega t - \vec{k}\cdot\vec{r})}, \vec{H} = \vec{H}_0 \mathrm{e}^{\mathrm{j}(\omega t - \vec{k}\cdot\vec{r})}$$

其中 $\vec{E}_0$、$\vec{H}_0$ 及 $\vec{k}$ 均为常矢，$\vec{r}$ 为位置矢。验证 $\vec{E}$ 和 $\vec{H}$ 满足波动方程的条件是

$$\frac{\omega}{k} = \frac{1}{\sqrt{\mu_0 \varepsilon_0}} = c$$

并讨论之。

7.17 在有分布电荷和分布电流的空间，电磁场对单位体积带电体的作用力是

$$\vec{f} = \rho\vec{E} + \vec{J} \times \vec{B}$$

由此证明：

$$\vec{f} = -\varepsilon\frac{\partial}{\partial t}(\vec{E} \times \vec{B}) + \varepsilon\vec{E}(\nabla \cdot \vec{E}) - \frac{1}{2}\varepsilon\nabla(\vec{E}^2) + \varepsilon(\vec{E} \cdot \nabla)\vec{E} +$$

$$\frac{1}{\mu}\vec{B}(\nabla \cdot \vec{B}) - \frac{1}{2\mu}\nabla(\vec{B}^2) - \frac{1}{\mu}(\vec{B} \cdot \nabla)\vec{B}$$

其中 $\varepsilon\vec{E} \times \vec{B}$ 称为电磁场的**动量密度**。

7.18 已知真空中正弦电磁场的磁场复矢量

$$\vec{H} = \hat{\varphi}H_{\mathrm{m}}\frac{\sin\theta}{r}\mathrm{e}^{-\mathrm{j}kr}$$

其中 H_{m}、k 为实常数。试求坡印廷矢量的瞬时值和平均值。

7.19 真空中一点电荷 q 以等速度 v 沿 z 轴方向运动。证明由它产生的电磁场满足麦克斯韦方程组。

7.20 位于原点的天线辐射电磁场在球坐标系中表示为

$$\vec{E} = \hat{\theta}\frac{120\pi}{r}\sin\theta\mathrm{e}^{-\mathrm{j}kr}$$

$$\vec{H} = \hat{\varphi}\frac{1}{r}\sin\theta\mathrm{e}^{-\mathrm{j}kr}$$

求空间任意点坡印廷矢量的瞬时值和穿过半球面（$r = 1$ km，$0 \leqslant \theta \leqslant \pi/2$）的平均功率。

7.21 假设与 yz 平面平行的两无限大理想导体平板之间电场复矢量为

$$\vec{E} = \hat{x}E_{\mathrm{m}}\mathrm{e}^{-\mathrm{j}kz}$$

（1）由麦克斯韦方程求 $\vec{H}$；

（2）求导体板上的分布电荷及分布电流的瞬时值。

7.22 已知在无限长理想导体板围成的矩形区域内（$0 \leqslant x \leqslant a, 0 \leqslant y \leqslant b$），电场复矢量为

$$\vec{E} = \hat{y} E_m e^{-j\frac{\pi}{2}} \sin\frac{m\pi x}{a} e^{-j\beta z}$$

（1）求对应的磁场复矢量；

（2）求坡印廷矢量的瞬时值和平均值；

（3）求穿过任一横截面的平均功率。

7.23 在无源理想媒质中，试根据麦克斯韦方程 $\nabla \cdot \vec{D} = 0$ 引进矢量位 $\vec{F}$ 和标量位 U_m，假设 $\vec{F}$ 和 U_m 满足洛伦兹条件 $\nabla \cdot \vec{F} = j\omega\mu_0\varepsilon_0 U_m$，试证明矢量位 $\vec{F}$ 满足方程

$$\nabla^2 \vec{F} + \omega^2 \mu_0 \varepsilon_0 \vec{F} = 0$$

同时，电场强度、磁场强度与矢量位 $\vec{F}$ 的关系是

$$\vec{E} = \frac{1}{\varepsilon_0} \nabla \times \vec{F}$$

$$\vec{H} = j\omega\vec{F} - \frac{\nabla(\nabla \cdot \vec{F})}{j\omega\mu_0\varepsilon_0}$$

7.24 如果电磁场的唯一源是极化强度 $\vec{P}$，试证明电场和磁场可用赫兹电矢位 $\vec{\Pi}_e$ 表示为

$$\vec{H} = j\omega\varepsilon_0 \nabla \times \vec{\Pi}_e$$

$$\vec{E} = k^2 \vec{\Pi}_e + \nabla(\nabla \cdot \vec{\Pi}_e) = \nabla \times \nabla \times \vec{\Pi}_e - \frac{\vec{P}}{\varepsilon_0}$$

并且证明 $\vec{\Pi}_e$ 满足的方程是

$$\nabla^2 \vec{\Pi}_e + k^2 \vec{\Pi}_e = -\vec{P}/\varepsilon_0$$

其中 $k^2 = \omega^2\mu_0\varepsilon_0$。上面的结果可以通过关系式

$$\rho = -\nabla \cdot \vec{P}, \quad \vec{J} = \frac{\partial \vec{P}}{\partial t}$$

推广到任意源分布情况。

［提示：利用 $\varepsilon_0\vec{E} + \vec{P}$ 代替 $\vec{D}$，可将极化强度 $\vec{P}$ 引入麦克斯韦方程。］

7.25 如果磁化强度 $\vec{M}$ 是电磁场的唯一源时，证明电磁场可以用一个赫兹磁矢位 $\vec{\Pi}_m$ 表示为

$$\vec{E} = j\omega\mu_0 \nabla \times \vec{\Pi}_m$$

$$\vec{H} = k^2 \vec{\Pi}_m + \nabla(\nabla \cdot \vec{\Pi}_m) = \nabla \times \nabla \times \vec{\Pi}_m - \vec{M}$$

只要 $\vec{\Pi}_m$ 满足方程

$$\nabla^2 \vec{\Pi}_m + k^2 \vec{\Pi}_m = -\vec{M}$$

则 $\vec{E}$、$\vec{H}$ 满足麦克斯韦方程组。

第7章习题答案

第 8 章

平面电磁波

麦克斯韦方程组揭示：随时间变化的电场在其周围激励随时间变化的磁场，而随时间变化的磁场又将产生随时间变化的电场，电场和磁场的这种互相激励的共存形式，将使电磁场脱离场源电荷和电流的约束向周围扩散，形成运动的电磁场。运动的电磁场称为**电磁波**。电磁波可以按等相位面的形状分类，常见的有平面波、柱面波和球面波等。其中，随时间做正弦变化的平面电磁波是研究其他各类电磁波的基础，并可作为其他电磁波的远场近似，本章将着重讨论正弦平面电磁波的性质。

§8.1 亥姆霍兹方程的一般解

由麦克斯韦方程组可以导出，在 $\vec{J}_{su} = 0$，$\rho = 0$ 的无源均匀媒质区域，时变的电场和磁场满足如下的矢量波动方程

$$\nabla^2 \vec{E} = \mu\sigma \frac{\partial \vec{E}}{\partial t} + \mu\varepsilon \frac{\partial^2 \vec{E}}{\partial t^2} \tag{8-1}$$

$$\nabla^2 \vec{H} = \mu\sigma \frac{\partial \vec{H}}{\partial t} + \mu\varepsilon \frac{\partial^2 \vec{H}}{\partial t^2} \tag{8-2}$$

对于正弦电磁场，电场和磁场的复矢量满足矢量齐次亥姆霍兹方程

$$\nabla^2 \vec{E} + k^2 \vec{E} = 0 \tag{8-3}$$

$$\nabla^2 \vec{H} + k^2 \vec{H} = 0 \tag{8-4}$$

其中

$$k = \sqrt{\omega^2 \mu\varepsilon - j\omega\mu\sigma} \tag{8-5}$$

k 称为**复传播常数**。

在直角坐标系中，单位坐标矢量 $\hat{x}$、$\hat{y}$、$\hat{z}$ 为常矢量，从而推出电磁场复矢量的各分量都满足标量齐次亥姆霍兹方程

$$\nabla^2 E_i + k^2 E_i = 0 \tag{8-6}$$

$$\nabla^2 H_i + k^2 H_i = 0 \tag{8-7}$$

式中，$i = x$，y，z。

方程式（8-6）和式（8-7）可以用分离变量法求解。例如，将 ∇^2 展开，得到 E_x 的方程为

$$\left(\frac{\partial^2}{\partial x^2} + \frac{\partial^2}{\partial y^2} + \frac{\partial^2}{\partial z^2} \right) E_x + k^2 E_x = 0 \tag{8-8}$$

根据分离变量法，将 E_x 表示成三个单变量函数乘积的形式

$$E_x = f(x)g(y)h(z) \tag{8-9}$$

将上式代入式（8-8），然后用 $f(x)g(y)h(z)$ 除方程两边，得到

$$\frac{1}{f(x)}\frac{\partial^2 f(x)}{\partial x^2} + \frac{1}{g(y)}\frac{\partial^2 g(y)}{\partial y^2} + \frac{1}{h(z)}\frac{\partial^2 h(z)}{\partial z^2} + k^2 = 0 \tag{8-10}$$

上式的第一项仅是 x 的函数，第二项仅是 y 的函数，第三项仅是 z 的函数，最后一项是常数。此方程成立的条件是每一项都必须等于常数。令前三项分别等于常数 $-k_x^2$、$-k_y^2$、$-k_z^2$，并且满足

$$k_x^2 + k_y^2 + k_z^2 = k^2 \tag{8-11}$$

于是方程式（8-10）分离成三个独立的二阶全微分方程

$$\frac{\mathrm{d}^2 f(x)}{\mathrm{d}x^2} + k_x^2 f(x) = 0 \tag{8-12a}$$

$$\frac{\mathrm{d}^2 g(y)}{\mathrm{d}y^2} + k_y^2 g(y) = 0 \tag{8-12b}$$

$$\frac{\mathrm{d}^2 h(z)}{\mathrm{d}z^2} + k_z^2 h(z) = 0 \tag{8-12c}$$

以上三个方程的解分别为

$$f(x) = A^+ \mathrm{e}^{+\mathrm{j}k_x x} + A^- \mathrm{e}^{-\mathrm{j}k_x x} \tag{8-13a}$$

$$g(y) = B^+ \mathrm{e}^{+\mathrm{j}k_y y} + B^- \mathrm{e}^{-\mathrm{j}k_y y} \tag{8-13b}$$

$$h(z) = C^+ \mathrm{e}^{+\mathrm{j}k_z z} + C^- \mathrm{e}^{-\mathrm{j}k_z z} \tag{8-13c}$$

考虑到 k_x、k_y、k_z 也是具体问题的待定参数，故将式（8-13）指数上的"±"取成"-"并不失普遍意义，将式（8-13）三个解代入式（8-9），得到电场分量 E_x 的复振幅表达式

$$E_x = E_{0x}\mathrm{e}^{-\mathrm{j}(k_x x + k_y y + k_z z)} \tag{8-14}$$

式中，$E_{0x} = A^- B^- C^-$，是复常数，可表示为

$$E_{0x} = E_{xm}\mathrm{e}^{\mathrm{j}\varphi_x} \tag{8-15}$$

式中，E_{xm} 称为**振幅**，φ_x 为**初始相位**，都是实常数，其值由初始条件决定。

令

$$\vec{k} = \hat{x}k_x + \hat{y}k_y + \hat{z}k_z \tag{8-16}$$

并注意到任意场点 $P(x,y,z)$ 的位置矢量可表示为

$$\vec{r} = \hat{x}x + \hat{y}y + \hat{z}z$$

则有

$$k_x x + k_y y + k_z z = (\hat{x}k_x + \hat{y}k_y + \hat{z}k_z) \cdot (\hat{x}x + \hat{y}y + \hat{z}z) = \vec{k} \cdot \vec{r}$$

于是式（8-14）可以写成

$$E_x = E_{0x}\mathrm{e}^{-\mathrm{j}\vec{k} \cdot \vec{r}} = E_{xm}\mathrm{e}^{\mathrm{j}\varphi_x}\mathrm{e}^{-\mathrm{j}\vec{k} \cdot \vec{r}} \tag{8-17}$$

同理可以求得

$$E_y = E_{0y}\mathrm{e}^{-\mathrm{j}\vec{k} \cdot \vec{r}} = E_{ym}\mathrm{e}^{\mathrm{j}\varphi_y}\mathrm{e}^{-\mathrm{j}\vec{k} \cdot \vec{r}} \tag{8-18}$$

$$E_z = E_{0z}\mathrm{e}^{-\mathrm{j}\vec{k} \cdot \vec{r}} = E_{zm}\mathrm{e}^{\mathrm{j}\varphi_z}\mathrm{e}^{-\mathrm{j}\vec{k} \cdot \vec{r}} \tag{8-19}$$

将以上各电场分量带单位矢量相加，就得到电场强度的复矢量表达式

$$\vec{E} = \hat{x}E_x + \hat{y}E_y + \hat{z}E_z = (\hat{x}E_{0x} + \hat{y}E_{0y} + \hat{z}E_{0z})\mathrm{e}^{-\mathrm{j}\vec{k} \cdot \vec{r}} = \vec{E_0}\mathrm{e}^{-\mathrm{j}\vec{k} \cdot \vec{r}} \tag{8-20}$$

其中

$$\vec{E_0} = \hat{x}E_{xm}\mathrm{e}^{\mathrm{j}\varphi_x} + \hat{y}E_{ym}\mathrm{e}^{\mathrm{j}\varphi_y} + \hat{z}E_{zm}\mathrm{e}^{\mathrm{j}\varphi_z} \tag{8-21}$$

式中，$\vec{E}_0$ 表示坐标原点处的电场复矢量。一般情况下，φ_x、φ_y、φ_z 并不相等，当 $\varphi_x = \varphi_y = \varphi_z = \varphi_0$ 时，上式可以写成

$$\vec{E}_0 = (\hat{x}E_{xm} + \hat{y}E_{ym} + \hat{z}E_{zm})e^{j\varphi_0} = \vec{E}_m e^{j\varphi_0} \tag{8-22}$$

式中，$\vec{E}_m$ 为实数域内的常矢量，是电场的幅度矢量。

式（8-20）就是亥姆霍兹方程式（8-3）在无限媒质空间内的一个解，其对应的瞬时电场矢量可由下式求出

$$\vec{E}(\vec{r},t) = \mathrm{Re}[\vec{E}e^{j\omega t}]$$

原则上讲，我们可以用同样的方法讨论磁场方程式（8-4），得到磁场的表达式。但为了明确电场与磁场之间的相互联系，我们将电场表达式（8-20）直接代入麦克斯韦方程来求解磁场。对式（8-20）取旋度，并利用矢量恒等式 $\nabla \times (f\vec{F}) = f\nabla \times \vec{F} + (\nabla f) \times \vec{F}$，得到

$$\nabla \times \vec{E} = \nabla \times (\vec{E}_0 e^{-j\vec{k}\cdot\vec{r}}) = e^{-j\vec{k}\cdot\vec{r}} \nabla \times \vec{E}_0 + (\nabla e^{-j\vec{k}\cdot\vec{r}}) \times \vec{E}_0 \tag{8-23}$$

因为 $\vec{E}_0$ 是与坐标无关的常矢量，故 $\nabla \times \vec{E}_0 = 0$，而

$$\nabla e^{-j\vec{k}\cdot\vec{r}} = \nabla e^{-j(k_x x + k_y y + k_z z)}$$
$$= (-jk_x\hat{x} - jk_y\hat{y} - jk_z\hat{z})e^{-j(k_x x + k_y y + k_z z)} = -j\vec{k}e^{-j\vec{k}\cdot\vec{r}}$$

式（8-23）变成

$$\nabla \times \vec{E} = (-j\vec{k}e^{-j\vec{k}\cdot\vec{r}}) \times \vec{E}_0 = -j\vec{k} \times \vec{E}_0 e^{-j\vec{k}\cdot\vec{r}} = -j\vec{k} \times \vec{E} \tag{8-24}$$

将上式代入麦克斯韦方程的法拉第定律 $\nabla \times \vec{E} = -j\omega\mu\vec{H}$，得到

$$\vec{H} = \frac{\vec{k} \times \vec{E}}{\omega\mu} = \frac{\vec{k} \times \vec{E}_0}{\omega\mu}e^{-j\vec{k}\cdot\vec{r}} = \vec{H}_0 e^{-j\vec{k}\cdot\vec{r}} \tag{8-25}$$

可见，当已知电场复矢量后，可以通过上式计算出相对应的磁场。磁场表达式中的指数因子 $e^{-j\vec{k}\cdot\vec{r}}$ 与电场相同，而幅度 $\vec{H}_0$ 由下式计算

$$\vec{H}_0 = \frac{\vec{k} \times \vec{E}_0}{\omega\mu} \tag{8-26}$$

反过来，我们也可以推导出已知磁场求电场的公式。对磁场表达式（8-25）取旋度，代入复麦克斯韦方程的安培回路定律

$$\nabla \times \vec{H} = \sigma\vec{E} + j\omega\varepsilon\vec{E} = j\omega\varepsilon_e\vec{E}$$

其中等效电容率 $\varepsilon_e = \varepsilon - j\sigma/\omega$，则得到

$$\vec{E} = -\frac{\vec{k} \times \vec{H}}{\omega\varepsilon_e} = -\frac{\vec{k} \times \vec{H}_0}{\omega\varepsilon_e}e^{-j\vec{k}\cdot\vec{r}} = \vec{E}_0 e^{-j\vec{k}\cdot\vec{r}} \tag{8-27}$$

其中电场幅度 $\vec{E}_0$ 由下式计算

$$\vec{E}_0 = -\frac{\vec{k} \times \vec{H}_0}{\omega\varepsilon_e} \tag{8-28}$$

从式（8-26）和式（8-28）的叉积关系可以看出，电磁波的电场矢量、磁场矢量与矢量 $\vec{k}$ 两两正交，且满足右手螺旋关系 $\hat{E} \times \hat{H} = \hat{k}$。

§8.2 理想电介质中的均匀平面电磁波

理想电介质是指没有极化损耗、磁化损耗和导电损耗的媒质，其媒质参数 ε 和 μ 都是正

实数，电导率 $\sigma = 0$。此时，由式（8-5）定义的复传播常数 $k = \omega\sqrt{\mu\varepsilon}$，变成正实数，称为**相位常数**。

一、均匀平面电磁波的定义

在理想电介质中，电场亥姆霍兹方程解表达式（8-20）中的指数因子 $\vec{k} \cdot \vec{r} = k_x x + k_y y + k_z z$ 为实函数，电场的瞬时分量表示为

$$E_i(\vec{r}, t) = E_{im}\cos[\omega t - \vec{k}\cdot\vec{r} + \varphi_i]$$
$$= E_{im}\cos[\omega t - (k_x x + k_y y + k_z z) + \varphi_i]\ (i = x, y, z) \tag{8-29}$$

为了说明上面各式的物理意义，先讨论一个最简单的情况。选择电场只有 $\hat{x}$ 分量，且振幅和初相分别为 E_{xm} 和 φ_x；同时选择 $\vec{k}$ 只有 $\hat{z}$ 方向分量，即 $\vec{k} = \hat{z}k$，则由式（8-20）可得电场的复矢量为

$$\vec{E} = \hat{x}E_x = \hat{x}E_{xm}\mathrm{e}^{\mathrm{j}\varphi_x}\mathrm{e}^{-\mathrm{j}(\hat{z}k)\cdot(\hat{x}x+\hat{y}y+\hat{z}z)} = \hat{x}E_{xm}\mathrm{e}^{\mathrm{j}\varphi_x}\mathrm{e}^{-\mathrm{j}kz} \tag{8-30}$$

可见，电场的复矢量只是坐标变量 z 的函数。对应的瞬时电场矢量为

$$\vec{E}(z, t) = \hat{x}E_{xm}\cos(\omega t - kz + \varphi_x) \tag{8-31}$$

表达式（8-31）所代表的电场矢量有两个特点：

（1）当场点坐标 z 的值固定时，电场矢量是时间 t 的余弦函数，随着时间的改变，电场矢量沿着与 $\hat{z}$ 垂直的方向（即 $\pm\hat{x}$ 方向）改变大小。

（2）取两个相邻时刻 t_1 和 $t_2 = t_1 + \Delta t$，并不失一般性地取初始相位 $\varphi_x = 0$，将两时刻的电场分布曲线同时画在图 8-1 中。由于时间被取为确定值，所以两个时刻的电场矢量仅是坐标 z 的余弦函数，ωt_1 和 ωt_2 只相当于两个固定的相位常数。由于 $\omega t_2 > \omega t_1$，所以曲线 $E(z, t_2)$ 只是曲线 $E(z, t_1)$ 沿 $\hat{z}$ 方向的一个平行移位。也就是说，随着时间的增加，电场分布曲线（或者说是电场强度的等值点）将沿着 $\hat{z}$ 方向平移。$\hat{x}E_{xm}\cos(\omega t - kz)$ 的上述两个特点与抖动的绳子及海浪的运动是完全相同的，这正是横波运动的两个基本特征。因此，式（8-31）代表着一个向 $\hat{z}$ 方向传播的电磁波。

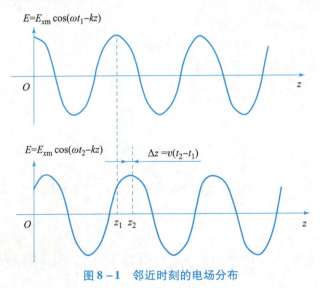

图 8-1　邻近时刻的电场分布

实际上，不但形式为式（8-31）的余弦函数代表波动，凡是具有 $f(\omega t - kz)$ 函数形式

的电磁场表达式都可以满足前面给出的波动方程，都代表向 $\hat{z}$ 方向传播的电磁波，只不过并非都是正弦电磁波而已。

通过类似的分析可以得知：当选择 $\vec{k} = -\hat{z}k$ 时，其电场的瞬时表达式为 $E_m \cos(\omega t + kz)$，表示一个向 $-\hat{z}$ 方向传播的正弦电磁波；而当 $\vec{k} = \pm \hat{x}k$ 和 $\vec{k} = \pm \hat{y}k$ 时，$E_m \cos(\omega t \mp kx)$ 和 $E_m \cos(\omega t \mp ky)$ 则分别表示向 $\pm \hat{x}$ 和 $\pm \hat{y}$ 方向传播的正弦电磁波。可见，若 k 是实数，则式（8-20）指数项 $e^{-j\vec{k}\cdot\vec{r}}$ 中的 $\vec{k}$ 的方向就表示电磁波传播的方向。因此，$\vec{k}$ 被称为**波矢量**。若 $\vec{k}$ 的方向用单位矢量 $\hat{k}$ 表示，并记

$$\hat{k} = \hat{x}\cos\alpha + \hat{y}\cos\beta + \hat{z}\cos\gamma \qquad (8-32)$$

式中，α、β、γ 分别是 $\hat{k}$ 与 $\hat{x}$、$\hat{y}$、$\hat{z}$ 的夹角，$\cos\alpha$、$\cos\beta$、$\cos\gamma$ 称为传播方向 $\hat{k}$ 的方向余弦。则 $\vec{k}$ 可表示为

$$\vec{k} = \hat{k}k = \hat{x}k\cos\alpha + \hat{y}k\cos\beta + \hat{z}k\cos\gamma = \hat{x}k_x + \hat{y}k_y + \hat{z}k_z \qquad (8-33)$$

可见，波矢量 $\vec{k}$ 的三个分量由相位常数 k 和传播方向 $\hat{k}$ 的方向余弦决定。并且有

$$\vec{k} \cdot \vec{r} = (\hat{x}k_x + \hat{y}k_y + \hat{z}k_z) \cdot (\hat{x}x + \hat{y}y + \hat{z}z) = k_x x + k_y y + k_z z \qquad (8-34)$$

在波动方程解的一般表达式 $f(\omega t - \vec{k}\cdot\vec{r})$ 中，与坐标有关的变量构成了一个函数，当该函数取常数时对应的曲面称为**等相位面**。对于由式（8-29）确定的电磁波而言，等相位面方程表示为

$$k_x x + k_y y + k_z z - \varphi_i = C \quad (i = x, y, z) \qquad (8-35)$$

这是一个平面方程，由解析几何知识可知，$\vec{k} = \hat{x}k_x + \hat{y}k_y + \hat{z}k_z$ 就是这个平面的法向矢量。由于等相位面为平面，故称由式（8-29）确定的电磁波为**平面电磁波**。同时，由于场振幅 E_{im} 是与坐标变量无关的常数，故在一个等相位平面的所有场点上，场量的方向和大小都相同，所以这样的电磁波又称为**均匀平面电磁波**。

二、均匀平面电磁波的传播特性

1. 相速度

均匀平面电磁波等相位面的行进速度称为**相速度**，即其波动曲线上等值点的平移速度。从图 8-1 可以看出，由于曲线各点的平移速度相同，只需考察其波峰的平移速度即可。由电场表达式可知，波峰出现在余弦函数的相位等于零（或 $2n\pi$）的点上。对 t_1 时刻的曲线，原点右侧的第一个波峰的位置 z_1 由零相位 $kz_1 - \omega t_1 = 0$ 决定，于是有

$$z_1 = \frac{\omega t_1}{k}$$

对 t_2 时刻的曲线，原点右侧的第一个波峰的位置 z_2 由零相位 $kz_2 - \omega t_2 = 0$ 决定，于是有

$$z_2 = \frac{\omega t_2}{k}$$

z_2 与 z_1 的差 Δz，就是在 Δt 时间内波峰的平移距离，由上面两式可得

$$\Delta z = z_2 - z_1 = \frac{\omega t_2}{k} - \frac{\omega t_1}{k} = \frac{\omega \Delta t}{k}$$

由此可得到波峰的平移速度为

$$v = \frac{\Delta z}{\Delta t} = \frac{\omega}{k} = \frac{\omega}{\omega\sqrt{\mu\varepsilon}} = \frac{1}{\sqrt{\mu\varepsilon}} \qquad (8-36)$$

因此，式（8-36）表示的电磁波速度 v 就是平面电磁波等相位面的运动速度，即相速度。在真空中，有 $\varepsilon = \varepsilon_0 \approx 10^{-9}/(36\pi)$ F/m，$\mu = \mu_0 = 4\pi \times 10^{-7}$ H/m，于是

$$v = c = \frac{1}{\sqrt{\mu_0 \varepsilon_0}} \approx 3 \times 10^8 \, (\text{m/s}) \tag{8-37}$$

上式的结果正是光在真空中的传播速度，这个结果也从侧面说明了光波也是一个特定频段的电磁波。

2. 波长

电磁波传播方向上同一时刻的两个相邻等相位点（如两个相邻的波峰或两个相邻的波谷）之间的距离称为电磁波的**波长**，一般记作 λ。从式（8-31）可知，使同一时刻两个相邻点 z_2 和 z_1 的相位相差为 2π，必有

$$kz_2 - kz_1 = k(z_2 - z_1) = 2\pi$$

将 $z_2 - z_1 = \lambda$ 代入上式，得到

$$\lambda = \frac{2\pi}{k} = \frac{2\pi}{\omega\sqrt{\mu\varepsilon}} = \frac{2\pi}{2\pi f\sqrt{\mu\varepsilon}} = \frac{v}{f} \tag{8-38}$$

式中，f、v 分别为电磁波的频率和速度。

3. 本征阻抗

利用式（8-25）可得到式（8-30）电场复矢量对应的磁场复矢量

$$\vec{H} = \frac{(\hat{z}k) \times (\hat{x}E_x)}{\omega\mu} = \hat{y}\frac{k}{\omega\mu}E_{xm}\mathrm{e}^{\mathrm{j}\varphi_x}\mathrm{e}^{-\mathrm{j}kz} = \hat{y}\frac{1}{\eta}E_x \tag{8-39}$$

磁场的瞬时值为

$$\vec{H}(z,t) = \mathrm{Re}\left[\vec{H}\mathrm{e}^{\mathrm{j}\omega t}\right] = \hat{y}\frac{1}{\eta}E_{xm}\cos(\omega t - kz + \varphi_x) = \hat{y}\frac{1}{\eta}E(z,t) \tag{8-40}$$

其中

$$\eta = \frac{\omega\mu}{k} = \frac{\omega\mu}{\omega\sqrt{\mu\varepsilon}} = \sqrt{\frac{\mu}{\varepsilon}} \tag{8-41}$$

式中，η 称为平面电磁波的媒质**特征阻抗**或**本征阻抗**，是电阻的单位欧姆（Ω），并且仅取决于媒质的电磁参数。在真空中，特征阻抗记作 η_0，称为**自由空间波阻抗**，并且有

$$\eta_0 = \sqrt{\frac{\mu_0}{\varepsilon_0}} = 120\pi \approx 377 \, (\Omega)$$

本征阻抗的计算可以按照沿传播方向成右手螺旋关系的电场与磁场之比来定义。例如，对沿 $+\hat{z}$ 方向传播的平面电磁波，η 为

$$\eta = \frac{E_x}{H_y} = -\frac{E_y}{H_x} = \sqrt{\frac{\mu}{\varepsilon}} \tag{8-42}$$

引入本征阻抗 η 后，均匀平面波的电场和磁场复矢量关系可以表示为

$$\vec{E} = -\frac{\vec{k} \times \vec{H}}{\omega\varepsilon} = -\eta\hat{k} \times \vec{H} \tag{8-43a}$$

$$\vec{H} = \frac{\vec{k} \times \vec{E}}{\omega\mu} = \frac{1}{\eta}\hat{k} \times \vec{E} \tag{8-43b}$$

由上面的分析可以看出，在理想电介质中，均匀平面波的振幅与场点的位置无关，电场

和磁场在时间上是同相的，在空间上相互垂直。当电磁波的电场和磁场只有垂直于传播方向的分量（称为横向分量），而没有传播方向的分量（即纵向分量）时，称之为**横电磁波**，简称 **TEM 波**。因此理想电介质中的电磁波是横电磁波，如图 8－2 所示。

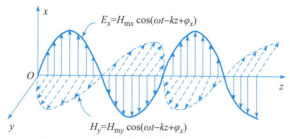

图 8－2 理想电介质中的均匀平面电磁波

4. 能量密度和能流

均匀平面电磁波的电场能量密度为

$$w_e = \frac{1}{2}\varepsilon E^2(\vec{r},t) = \frac{1}{2}\varepsilon \left[E_{xm}\cos(\omega t - kz + \varphi_x) \right]^2$$

$$= \frac{1}{2}\mu \left[\frac{1}{\eta}E_{xm}\cos(\omega t - kz + \varphi_x) \right]^2 = \frac{1}{2}\mu \left[H_{ym}\cos(\omega t - kz + \varphi_x) \right]^2$$

$$= \frac{1}{2}\mu H^2(\vec{r},t) = w_m \tag{8-44}$$

这表明理想电介质中正弦电磁场的电场能量密度等于磁场能量密度。

根据均匀平面电磁波电磁场的复矢量表达式可以求出平均坡印廷矢量为

$$<\vec{S}> = \mathrm{Re}\left[\frac{1}{2}\vec{E} \times \vec{H}^* \right] = \mathrm{Re}\left[\frac{1}{2}\vec{E} \times \left(\frac{\vec{k}}{\omega\mu} \times \vec{E}^* \right) \right] = \frac{1}{2\omega\mu}\mathrm{Re}\left[(\vec{E}\cdot\vec{E}^*)\vec{k} - (\vec{E}\cdot\vec{k})\vec{E}^* \right]$$

由于 $\vec{E}$ 与 $\vec{k}$ 垂直，所以有 $(\vec{E}\cdot\vec{k})\vec{E}^* = 0$；又注意到 $(\vec{E}\cdot\vec{E}^*)\vec{k}$ 为实矢量，得到

$$<\vec{S}> = \frac{\vec{E}\cdot\vec{E}^*}{2\omega\mu}\vec{k} = \frac{E_{xm}^2 + E_{ym}^2 + E_{zm}^2}{2\omega\mu}\vec{k} \tag{8-45}$$

瞬时坡印廷矢量可以将电场和磁场的瞬时矢量代入定义式求出

$$\vec{S}(\vec{r},t) = \vec{E}(\vec{r},t) \times \vec{H}(\vec{r},t) \tag{8-46}$$

若电磁波电场矢量由式（8－30）和式（8－31）表示，则坡印廷矢量简化为

$$<\vec{S}> = \hat{z}\frac{k}{2\omega\mu}E_{xm}^2 = \hat{z}\frac{1}{2\eta}E_{xm}^2 \tag{8-47}$$

$$\vec{S}(z,t) = \vec{E}(z,t) \times \vec{H}(z,t) = \hat{z}\frac{1}{\eta}E_{xm}^2\cos^2(\omega t - kz + \varphi_x) \tag{8-48}$$

对于向任意方向传播的均匀平面电磁波，除了因传播方向不同而导致场表达式与 $\hat{z}$ 方向的电磁波不同外，其他的基本性质都是相同的。故以上关于理想介质中电磁波的概念和结论适用于任意传播方向的均匀平面电磁波。

例 8.1 设真空中一均匀平面电磁波的磁场瞬时矢量为

$$\vec{H}(\vec{r},t) = 10^{-6}\left(\frac{3}{2}\hat{x} + \hat{y} + \hat{z} \right)\cos\left[\omega t + \pi\left(x - y - \frac{1}{2}z \right) - \frac{\pi}{4} \right] \, (\mathrm{A/m})$$

试写出该电磁波的传播方向 $\hat{k}$、频率 f、电场 $\vec{E}(\vec{r},t)$ 和平均功率流密度 $<\vec{S}>$。

解： 与磁场矢量的一般表达式 $\vec{H}(\vec{r},t) = \vec{H}_0\cos[\omega t - \vec{k}\cdot\vec{r} + \varphi]$ 比较可得

$$\vec{k}\cdot\vec{r} = -\pi\left(x - y - \frac{1}{2}z\right)$$

由于 $\vec{r} = \hat{x}x + \hat{y}y + \hat{z}z$，可以推知波矢量为

$$\vec{k} = \nabla(\vec{k}\cdot\vec{r}) = -\pi\left(\hat{x} - \hat{y} - \frac{1}{2}\hat{z}\right)$$

波矢量的模值为

$$k = \left|-\pi\left(\hat{x} + \hat{y} + \frac{1}{2}\hat{z}\right)\right| = \frac{3}{2}\pi$$

电磁波的传播方向为

$$\hat{k} = \frac{\vec{k}}{k} = \frac{-\pi\left(\hat{x} - \hat{y} - \frac{1}{2}\hat{z}\right)}{3\pi/2} = -\frac{2}{3}\hat{x} + \frac{2}{3}\hat{y} + \frac{1}{3}\hat{z}$$

波长、频率和角频率分别为

$$\lambda = \frac{2\pi}{k} = \frac{4}{3}\text{（m）}$$

$$f = \frac{c}{\lambda} = \frac{3\times10^8}{4/3} = 2.25\times10^8\text{（Hz）}$$

$$\omega = 2\pi f = 4.5\pi\times10^8\text{（rad/s）}$$

磁场的复矢量为

$$\vec{H} = 10^{-6}\left(\frac{3}{2}\hat{x} + \hat{y} + \hat{z}\right)e^{j\pi\left(x - y - \frac{1}{2}z\right) - j\frac{\pi}{4}}$$

电场的复矢量为

$$\vec{E}(\vec{r}) = -\eta_0\hat{k}\times\vec{H} = -120\pi\left[\left(-\frac{2}{3}\hat{x} + \frac{2}{3}\hat{y} + \frac{1}{3}\hat{z}\right)\right]\times\left[10^{-6}\left(\frac{3}{2}\hat{x} + \hat{y} + \hat{z}\right)e^{j\pi\left(x - y - \frac{1}{2}z\right) - j\frac{\pi}{4}}\right]$$

$$= -4\pi\times10^{-5}\left(\hat{x} + \frac{7}{2}\hat{y} - 5\hat{z}\right)e^{j\pi\left(x - y - \frac{1}{2}z\right) - j\frac{\pi}{4}}$$

电场瞬时矢量为

$$\vec{E}(\vec{r},t) = -4\pi\times10^{-5}\left(\hat{x} + \frac{7}{2}\hat{y} - 5\hat{z}\right)\cos\left[4.5\pi\times10^8 t + \pi\left(x - y - \frac{1}{2}z\right) - \frac{\pi}{4}\right]\text{（V/m）}$$

平均功率流密度为

$$<\vec{S}> = \frac{1}{2}\text{Re}[\vec{E}(\vec{r})\times\vec{H}^*(\vec{r})] \approx 1.7\pi\times10^{-10}\left(-\hat{x} + \hat{y} + \frac{1}{2}\hat{z}\right)\text{（W/m}^2\text{）}$$

§8.3 电磁波的极化

在电磁波传播方向上任意一点，电场瞬时矢量尾端随时间的运动轨迹称作**电磁波的极化**。对均匀平面电磁波而言，这一轨迹是在等相位面内以时间为参变量的有向闭合曲线，并且其绕向与电磁波传播方向平行。因此，极化所描述的物理图像就是指特定点处电磁波电场强度矢量的空间取向随时间的变化方式。

一、极化分类

根据§8.2节的结论，均匀平面电磁波是横电磁波，其电场矢量总是垂直于传播方向，一般情况下它可以表示为两个相互垂直的分量。以 $\hat{z}$ 方向的电磁波为例，电场矢量 $\vec{E}(z,t)$ 可由 $E_x(z,t)$ 和 $E_y(z,t)$ 两个分量表示，即

$$\vec{E}(z,t) = \hat{x}E_x(z,t) + \hat{y}E_y(z,t) \tag{8-49}$$

每个分量的表达式可以写成

$$E_x(z,t) = E_{xm}\cos(\omega t - kz + \varphi_x) \tag{8-50}$$

$$E_y(z,t) = E_{ym}\cos(\omega t - kz + \varphi_y) \tag{8-51}$$

对式（8-50）和式（8-51）两式应用三角函数和差化积公式，得

$$\frac{E_x(z_0,t)}{E_{xm}} = \cos(\omega t - kz)\cos\varphi_x - \sin(\omega t - kz)\sin\varphi_x$$

$$\frac{E_y(z_0,t)}{E_{ym}} = \cos(\omega t - kz)\cos\varphi_y - \sin(\omega t - kz)\sin\varphi_y$$

上两式分别乘以 $\sin\varphi_y$ 和 $\sin\varphi_x$，相减得到

$$\frac{E_x(z_0,t)}{E_{xm}}\sin\varphi_y - \frac{E_y(z_0,t)}{E_{ym}}\sin\varphi_x = \cos(\omega t - kz)\sin(\varphi_x - \varphi_y)$$

分别乘以 $\cos\varphi_y$ 和 $\cos\varphi_x$，相减得到

$$\frac{E_x(z_0,t)}{E_{xm}}\cos\varphi_y - \frac{E_y(z_0,t)}{E_{ym}}\cos\varphi_x = -\sin(\omega t - kz)\sin(\varphi_x - \varphi_y)$$

将以上两式平方后相加，得到 $\vec{E}(z_0,t)$ 尾端的运动轨迹方程

$$\left[\frac{E_x(z_0,t)}{E_{xm}}\right]^2 - 2\left[\frac{E_x(z_0,t)}{E_{xm}}\right]\cdot\left[\frac{E_y(z_0,t)}{E_{ym}}\right]\cos(\varphi_x - \varphi_y) + \left[\frac{E_y(z_0,t)}{E_{ym}}\right]^2 = \sin^2(\varphi_x - \varphi_y)$$

$$\tag{8-52}$$

上式是一个以时间 t 为变量的曲线方程，它描述的是垂直于传播方向的平面内电场矢量尾端的运动轨迹。下面分几种情况进行讨论。

1. 线极化波

当 $\varphi_x - \varphi_y = 0$ 或 $\varphi_x - \varphi_y = \pm\pi$ 时，方程式（8-52）可简化为

$$\left[\frac{E_x(z_0,t)}{E_{xm}} \mp \frac{E_y(z_0,t)}{E_{ym}}\right]^2 = 0$$

即

$$\frac{E_y(z_0,t)}{E_x(z_0,t)} = \pm\frac{E_{ym}}{E_{xm}} \tag{8-53}$$

如果将 $E_x(z_0,t)$ 和 $E_y(z_0,t)$ 与两个以 t 为参变量的动点坐标 $x(t)$、$y(t)$ 相比较，并注意 $y(t) = kx(t)$ 是以 k 为斜率的直线方程，则不难看出，上式是一个以 $E_x(z_0,t)$ 和 $E_y(z_0,t)$ 为横、纵坐标的动点轨迹直线方程。由式（8-49）可知，$E_x(z_0,t)$ 和 $E_y(z_0,t)$ 就是电场总矢量 $\vec{E}(z_0,t)$ 尾端点的横坐标和纵坐标，故直线方程式（8-53）也就是矢量 $\vec{E}(z_0,t)$ 的尾端轨迹。这表明，当电场矢量的两个分量的初相相同或相差 π 时，电场矢量的尾端随时间 t

的变化在一条直线上运动，电场矢量的指向半个周期做一次反向，这种极化状态称为**线极化**，此状态下的电磁波称为**线极化波**。轨迹直线与 x 轴正方向（即 $\hat{x}$ 方向）之间的夹角 θ 满足下面关系式

$$\tan\theta = \pm \frac{E_{ym}}{E_{xm}}$$

或

$$\theta = \arctan\left(\pm \frac{E_{ym}}{E_{xm}} \right) \tag{8-54}$$

若假定 E_{xm} 和 E_{ym} 都是正数，则两个电场分量的初相相同时，极化直线在1、3象限（相对于以场点 $P(z_0)$ 为原点的坐标系）；两个电场分量的初相差等于 $\pm\pi$ 时，极化直线在2、4象限。如图 8-3 所示。

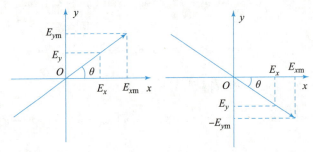

图 8-3　线极化波

2. 圆极化波

如果 $\varphi_x - \varphi_y = \pm \dfrac{\pi}{2}$，同时 $E_{xm} = E_{ym} = E_m$，则方程式（8-52）可简化成圆的方程

$$E_x^2(z_0,t) + E_y^2(z_0,t) = E_m^2 \tag{8-55}$$

上式表示，电场矢量尾端在垂直传播方向的平面内随时间做圆周运动，圆半径等于每个分量的幅度。在这种情况下，总电场矢量随时间 t 改变方向，但不改变大小。总矢量 $\vec{E}(z_0,t)$ 与 $\hat{x}$ 方向的夹角 θ 仍由动点坐标 $E_x(z_0,t)$ 和 $E_y(z_0,t)$ 决定

$$\theta = \arctan\frac{E_y(z_0,t)}{E_x(z_0,t)} = \arctan\frac{\cos(\omega t - kz_0)}{\cos\left(\omega t - kz_0 \pm \frac{\pi}{2}\right)} = \pm(\omega t - kz_0) \tag{8-56}$$

若 $\varphi_x - \varphi_y = \pi/2$，上式的右边取"+"号。给定点的 kz_0 是与时间无关的常量，所以 θ 角将随时间 t 的增加而变大，即 $\vec{E}(z_0,t)$ 与 x 轴正方向的交角随时间增长而增大。电磁波的传播方向与电场矢量的旋转方向成右手螺旋关系，如图 8-4 所示，我们称这种电磁波为**右旋圆极化波**。

反之，若 $\varphi_x - \varphi_y = -\pi/2$，即 $E_x(z_0,t)$ 的相位比 $E_y(z_0,t)$ 的相位滞后 $\pi/2$ 时，式（8-56）的右边取"−"号，θ 角将随时间 t 的增加而变小，即 $\vec{E}(z_0,t)$ 与 x 轴正方向的交角随时间的增长而减小。电磁波的传播方向与电场

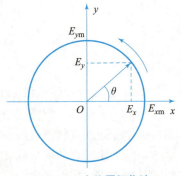

图 8-4　右旋圆极化波

矢量的旋转方向成左手螺旋关系，此时的电磁波称为**左旋圆极化波**。

3. 椭圆极化波

线极化波和圆极化波只是方程式（8-52）在特殊条件下的结果。一般情况下，$\varphi_x - \varphi_y$ 不等于 0、$\pm\pi/2$ 或 $\pm\pi$，E_{xm} 也不等于 E_{ym}。此时方程式（8-52）不能简化，它是一个椭圆方程。合成电场矢量 $\vec{E}(z_0, t)$ 的尾端将在此椭圆上随时间 t 运动，如图 8-5 所示，称之为**椭圆极化**。椭圆极化波的电场矢量 $\vec{E}(z_0, t)$ 与 x 轴正方向的夹角为

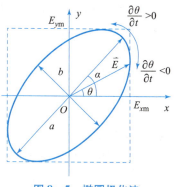

$$\theta = \arctan\frac{E_{ym}\cos(\omega t - kz_0 + \varphi_y)}{E_{xm}\cos(\omega t - kz_0 + \varphi_x)} \quad (8-57)$$

图 8-5　椭圆极化波

电场矢量 $\vec{E}(z_0, t)$ 尾端的旋转速度为

$$\frac{\mathrm{d}\theta}{\mathrm{d}t} = \frac{\omega E_{xm}E_{ym}\sin(\varphi_x - \varphi_y)}{E_{xm}^2\cos^2(\omega t - kz_0 + \varphi_x) + E_{ym}^2\cos^2(\omega t - kz_0 + \varphi_y)} \quad (8-58)$$

当 $0 < \varphi_x - \varphi_y < \pi$ 时，$\mathrm{d}\theta/\mathrm{d}t > 0$，电磁波为**右旋椭圆极化波**；反之 $-\pi < \varphi_x - \varphi_y < 0$ 时，$\mathrm{d}\theta/\mathrm{d}t < 0$，为**左旋椭圆极化波**。从式（8-58）可以看出，椭圆极化波的 $\vec{E}(z_0, t)$ 旋转速度不是常数，而是时间的函数。

此外，从式（8-58）还可得到：当 $\varphi_x - \varphi_y = \pm n\pi$ 时，$\mathrm{d}\theta/\mathrm{d}t = 0$，电磁波就是线极化波；当 $\varphi_x - \varphi_y = \pm\pi/2$ 且 $E_{xm} = E_{ym}$ 时，$\mathrm{d}\theta/\mathrm{d}t = \pm\omega$，是圆极化波。

工程上经常用极化椭圆的长轴 a、短轴 b 及倾角 α（长轴与 x 轴的夹角）来描述极化状态。$a = b$ 时为圆极化，而 $a = 0$ 或 $b = 0$ 时为线极化。短轴与长轴的比值 b/a 称为极化波的椭圆度，一般工程实际中的圆极化波只是 $b/a \approx 1$。

对于任意的平面电磁波，如果用一个线极化天线旋转 360° 测量出 a、b 及 α，便可以确定电磁波的极化状态。可以证明，电磁波参数与测量值之间有如下关系：

$$a^2 + b^2 = E_{xm}^2 + E_{ym}^2 \quad (8-59)$$

$$\tan 2\alpha = \frac{2E_{xm}E_{ym}}{E_{xm}^2 - E_{ym}^2}\cos(\varphi_x - \varphi_y) \quad (8-60)$$

$$\sin 2\psi = \frac{2E_{xm}E_{ym}}{E_{xm}^2 + E_{ym}^2}\sin(\varphi_x - \varphi_y) \quad (8-61)$$

式中

$$\psi = \arctan\frac{b}{a} \quad (8-62)$$

二、极化判定

1. 极化判定的简易方法

式（8-54）、式（8-56）和式（8-58）给出了判定平面电磁波极化方式的数学公式。在实际应用时，电磁波的旋向可以采用较为简洁的判定方法：如图 8-6 所示，右手手指伸开，除拇指外的四个手指指尖指向相位超前的电场分矢量方向，然后四个手指

图 8-6　极化方式判定

向相位滞后的电场分矢量方向合拢，若此时拇指所指的方向与电磁波传播方向一致，则为右旋极化波，反之为左旋极化波。图 8 – 6 给出了应用此方法判定右旋极化波的过程。

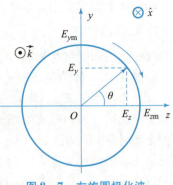

图 8 – 7　左旋圆极化波

例 8.2　如图 8 – 7 所示，已知真空中一均匀平面电磁波的电场瞬时表达式为

$$\vec{E}(r,t) = \hat{y}30\pi\cos(\omega t + 4\pi x) + \hat{z}30\pi\sin(\omega t + 4\pi x)$$

试判断电磁波的极化形式。

解：电场瞬时值可以表示为

$$\vec{E}(\vec{r},t) = \hat{y}30\pi\cos(\omega t + 4\pi x) + \hat{z}30\pi\cos\left(\omega t + 4\pi x - \frac{\pi}{2}\right)$$

复矢量为

$$\vec{E}(\vec{r}) = \hat{y}30\pi e^{j4\pi x} + \hat{z}30\pi e^{j\left(4\pi x - \frac{\pi}{2}\right)}$$

由此可得电磁波传播方向

$$\hat{k} = -\hat{x}$$

电场的两个分矢量间相位差

$$\varphi_y - \varphi_z = \pi/2$$

应用本节的判定法则可知电磁波为左旋极化波。

又因为两个分量的振幅为

$$E_{0y} = E_{0z} = 30\pi$$

所以电磁波为左旋圆极化电磁波。

2. 极化判定的一般方法

根据前述极化的相关内容可知，电磁波的极化就是指电场矢量 $\vec{E}(t)$ 尾端在与波矢量 $\vec{k}$ 垂直的平面内随时间 t 运动的轨迹。若轨迹为直线，称为线极化波；轨迹为圆，称为圆极化波；轨迹为椭圆，称为椭圆极化波。当轨迹的绕向与波矢量方向一致时，称为右旋极化波，否则称为左旋极化波。

（1）时域判据。

电场矢量尾端随时间变化曲线的绕向可以依据叉乘关系确定，即 $\vec{E}(t) \times \dfrac{\partial \vec{E}(t)}{\partial t}$ 的方向就是电场矢量尾端轨迹的绕向，其中 $\vec{E}(t)$ 对应着以时间 t 为参变量的电场矢量尾端曲线参数方程。由此可得极化波**时域判据**（1）：

① 当 $\left[\vec{E}(t) \times \dfrac{\partial \vec{E}(t)}{\partial t}\right] \cdot \vec{k} < 0$ 时，为左旋极化波；

② 当 $\left[\vec{E}(t) \times \dfrac{\partial \vec{E}(t)}{\partial t}\right] \cdot \vec{k} > 0$ 时，为右旋极化波；

③ 当 $\left[\vec{E}(t) \times \dfrac{\partial \vec{E}(t)}{\partial t}\right] \cdot \vec{k} = 0$ 时，$\vec{E}(t)$ 与 $\dfrac{\partial \vec{E}(t)}{\partial t}$ 方向平行，电磁波为线极化波。

通常情况下，非线极化波为椭圆极化波。当电场矢量的模值不随时间变化时，电磁波为圆极化波，由此可得极化波**时域判据**（2）：

①当 $\dfrac{\partial |\vec{E}(t)|^2}{\partial t} = 0$ 时，为圆极化波；

②当 $\dfrac{\partial |\vec{E}(t)|^2}{\partial t} \neq 0$ 时，为椭圆极化波。

以上时域判据（1）和（2）可以直接用于极化形式的判定，但是往往计算过程过于烦琐，实际中应用频域分析方法更为方便。

（2）频域判据。

考查时域判据（1），利用复矢量定义，则

$$\vec{E}(t) = \mathrm{Re}[\vec{E}\mathrm{e}^{\mathrm{j}\omega t}] = \frac{1}{2}[\vec{E}\mathrm{e}^{\mathrm{j}\omega t} + \vec{E}^*\mathrm{e}^{-\mathrm{j}\omega t}] \quad \frac{\partial \vec{E}(t)}{\partial t} = \frac{\mathrm{j}\omega}{2}[\vec{E}\mathrm{e}^{\mathrm{j}\omega t} - \vec{E}^*\mathrm{e}^{-\mathrm{j}\omega t}] \quad (8-63)$$

式中，$\vec{E}$ 为电场复矢量，$\vec{E}^*$ 是其复共轭。

若记 $\vec{E} = \vec{E}_{\mathrm{Re}} + j\vec{E}_{\mathrm{Im}}$，并应用复矢量运算法则，可得

$$\vec{E}(t) \times \frac{\partial \vec{E}(t)}{\partial t} = \frac{\mathrm{j}\omega}{4}[\vec{E} \times (-\vec{E}^*) + \vec{E}^* \times \vec{E}] = -\frac{\mathrm{j}\omega}{2}[\vec{E} \times \vec{E}^*]$$

$$= -\frac{\mathrm{j}\omega}{2}[(\vec{E}_{\mathrm{Re}} + \mathrm{j}\vec{E}_{\mathrm{Im}}) \times (\vec{E}_{\mathrm{Re}} - \mathrm{j}\vec{E}_{\mathrm{Im}})]$$

$$= -\frac{\mathrm{j}\omega}{2}[\vec{E}_{\mathrm{Re}} \times (-\mathrm{j}\vec{E}_{\mathrm{Im}}) + \mathrm{j}\vec{E}_{\mathrm{Im}} \times \vec{E}_{\mathrm{Re}}]$$

$$= \omega(\vec{E}_{\mathrm{Im}} \times \vec{E}_{\mathrm{Re}}) \quad (8-64)$$

由此可得电磁波旋向的**频域判据**（1）：

①当 $(\vec{E}_{\mathrm{Im}} \times \vec{E}_{\mathrm{Re}}) \cdot \vec{k} < 0$ 时，为左旋极化；

②当 $(\vec{E}_{\mathrm{Im}} \times \vec{E}_{\mathrm{Re}}) \cdot \vec{k} > 0$ 时，为右旋极化；

③当 $(\vec{E}_{\mathrm{Im}} \times \vec{E}_{\mathrm{Re}}) \cdot \vec{k} = 0$ 时，为线极化。

在解决了电磁波极化旋向问题的频域判定规则之后，可以依据时域判据（2），并利用复矢量运算法则，进一步分析圆极化和椭圆极化的判据。

$$|\vec{E}(t)|^2 = \vec{E}(t) \cdot \vec{E}(t)$$

$$= \frac{1}{2}[\vec{E}\mathrm{e}^{\mathrm{j}\omega t} + \vec{E}^*\mathrm{e}^{-\mathrm{j}\omega t}] \cdot \frac{1}{2}[\vec{E}\mathrm{e}^{\mathrm{j}\omega t} + \vec{E}^*\mathrm{e}^{-\mathrm{j}\omega t}]$$

$$= \frac{1}{4}[\vec{E} \cdot \vec{E}\mathrm{e}^{\mathrm{j}2\omega t} + \vec{E}^* \cdot \vec{E}^*\mathrm{e}^{-\mathrm{j}2\omega t} + 2\vec{E} \cdot \vec{E}^*] \quad (8-65)$$

分别计算式（8-65）中括号内三项表达式

$$\vec{E} \cdot \vec{E}\mathrm{e}^{\mathrm{j}2\omega t} = (\vec{E}_{\mathrm{Re}} + \mathrm{j}\vec{E}_{\mathrm{Im}}) \cdot (\vec{E}_{\mathrm{Re}} + \mathrm{j}\vec{E}_{\mathrm{Im}})\mathrm{e}^{\mathrm{j}2\omega t} = [|\vec{E}_{\mathrm{Re}}|^2 - |\vec{E}_{\mathrm{Im}}|^2 + 2\mathrm{j}\vec{E}_{\mathrm{Re}} \cdot \vec{E}_{\mathrm{Im}}]\mathrm{e}^{\mathrm{j}2\omega t}$$

$$\vec{E}^* \cdot \vec{E}^*\mathrm{e}^{-\mathrm{j}2\omega t} = (\vec{E}_{\mathrm{Re}} - \mathrm{j}\vec{E}_{\mathrm{Im}}) \cdot (\vec{E}_{\mathrm{Re}} - \mathrm{j}\vec{E}_{\mathrm{Im}})\mathrm{e}^{-\mathrm{j}2\omega t} = [|\vec{E}_{\mathrm{Re}}|^2 - |\vec{E}_{\mathrm{Im}}|^2 - 2\mathrm{j}\vec{E}_{\mathrm{Re}} \cdot \vec{E}_{\mathrm{Im}}]\mathrm{e}^{-\mathrm{j}2\omega t}$$

$$\vec{E} \cdot \vec{E}^* = |\vec{E}_{\mathrm{Re}}|^2 + |\vec{E}_{\mathrm{Im}}|^2$$

对三项表达式分别求时间的偏导，得

$$\frac{\partial}{\partial t}(\vec{E} \cdot \vec{E}\mathrm{e}^{\mathrm{j}2\omega t}) = \mathrm{j}2\omega[|\vec{E}_{\mathrm{Re}}|^2 - |\vec{E}_{\mathrm{Im}}|^2 + 2\mathrm{j}\vec{E}_{\mathrm{Re}} \cdot \vec{E}_{\mathrm{Im}}]\mathrm{e}^{\mathrm{j}2\omega t}$$

$$\frac{\partial}{\partial t}(\vec{E}^* \cdot \vec{E}^*\mathrm{e}^{-\mathrm{j}2\omega t}) = -\mathrm{j}2\omega[|\vec{E}_{\mathrm{Re}}|^2 - |\vec{E}_{\mathrm{Im}}|^2 - 2\mathrm{j}\vec{E}_{\mathrm{Re}} \cdot \vec{E}_{\mathrm{Im}}]\mathrm{e}^{-\mathrm{j}2\omega t}$$

$$\frac{\partial}{\partial t}(\vec{E} \cdot \vec{E}^*) = 0$$

于是有

$$\frac{\partial |\vec{E}(t)|^2}{\partial t} = \frac{1}{4}\left[\mathrm{j}2\omega(|\vec{E}_{\mathrm{Re}}|^2 - |\vec{E}_{\mathrm{Im}}|^2)(\mathrm{e}^{\mathrm{j}2\omega t} - \mathrm{e}^{-\mathrm{j}2\omega t}) - 4\omega\vec{E}_{\mathrm{Re}}\cdot\vec{E}_{\mathrm{Im}}(\mathrm{e}^{\mathrm{j}2\omega t} + \mathrm{e}^{-\mathrm{j}2\omega t}) \right]$$

$$= -\omega(|\vec{E}_{\mathrm{Re}}|^2 - |\vec{E}_{\mathrm{Im}}|^2)\sin(2\omega t) - 2\omega\vec{E}_{\mathrm{Re}}\cdot\vec{E}_{\mathrm{Im}}\cos(2\omega t) \tag{8-66}$$

若要求式（8-66）在任意时刻恒等于零，则必须

$$|\vec{E}_{\mathrm{Re}}|^2 - |\vec{E}_{\mathrm{Im}}|^2 = 0, \text{ 并且 } \vec{E}_{\mathrm{Re}}\cdot\vec{E}_{\mathrm{Im}} = 0;$$

由此可得椭圆极化与圆极化的**频域判据**（2）：

①当 $|\vec{E}_{\mathrm{Re}}| = |\vec{E}_{\mathrm{Im}}|$，并且 $\vec{E}_{\mathrm{Re}}\cdot\vec{E}_{\mathrm{Im}} = 0$ 时，电磁波为圆极化波；

②当 $|\vec{E}_{\mathrm{Re}}| \neq |\vec{E}_{\mathrm{Im}}|$，或者 $\vec{E}_{\mathrm{Re}}\cdot\vec{E}_{\mathrm{Im}} \neq 0$ 时，电磁波为椭圆极化波。

以上判据虽然基于电场复矢量形式给出，但是根据平面电磁波理论可知，以上频域判据可以用原点处的电场复矢量 $\vec{E}_0$ 表示，相关公式与频域判据（1）和频域判据（2）给出的形式几乎完全相同。

三、极化分解

平面电磁波的极化方式可以是线极化、圆极化或椭圆极化。不论何种极化方式，都可以表示成两个互相垂直的线极化波，这称为**极化分解**。在直角坐标系下，这种分解可以用式（8-49）表示。根据第1章正交曲线坐标系的知识我们知道，式（8-49）对电磁波的极化分解所选用的 $\hat{x}$、$\hat{y}$ 是一对正交单位矢量。实际上，我们也可以选用其他单位正交基对电磁波进行分解，例如一对归一化的右旋和左旋圆极化波就是这样的常用单位正交基。

例8.3 试证明任一椭圆极化波可以用两个旋转方向相反的圆极化波表示。

证： 若选择 $\hat{z}$ 方向为电磁波的传播方向，则波矢量 $\vec{k} = \hat{z}k$，于是椭圆极化波的电场复矢量可表示为

$$\vec{E}(z) = (\hat{x}E_{x0} + \hat{y}E_{y0})\mathrm{e}^{-\mathrm{j}kz}$$

其中 E_{x0} 和 E_{y0} 是带有初相的复常数。

假设 $\vec{E}(z)$ 可以表示成两个圆极化波之和

$$\vec{E}(z) = (\hat{x} + \mathrm{j}\hat{y})E_{10}\mathrm{e}^{-\mathrm{j}kz} + (\hat{x} - \mathrm{j}\hat{y})E_{20}\mathrm{e}^{-\mathrm{j}kz}$$

如果两个圆极化波的复振幅 E_{10} 和 E_{20} 能求出，问题就得到证明。为此，比较以上两式，可得

$$E_{10} + E_{20} = E_{x0}$$
$$\mathrm{j}(E_{10} - E_{20}) = E_{y0}$$

解此联立方程，可求得

$$E_{10} = \frac{1}{2}(E_{x0} - \mathrm{j}E_{y0})$$

$$E_{20} = \frac{1}{2}(E_{x0} + \mathrm{j}E_{y0})$$

由已知的 E_{x0} 和 E_{y0} 可以确定两个圆极化波的复振幅，故命题得以证明。

四、极化空间分析

电磁波的极化反映了给定场点上电场矢量随时间的变化情况，但有时我们需要从空间角度去描述电磁波，即在给定的时刻，电场矢量沿传播方向上各点的分布。

由前面的分析可以看出：对于线极化波，沿传播方向（假定为 $\hat{z}$ 方向）各点的极化线是相互平行的直线。当时间固定后，各点的电场矢量大小是坐标 z 的余弦函数，如果将沿传播方向某直线上各点的电场矢量尾端点用一条曲线连接起来，这条矢端曲线就是振幅为 E_{0m} 的余弦曲线。对于圆极化波，当时间固定而场点坐标为变量时，用与式（8-56）同样的推导方法可得

$$\theta = \arctan \frac{E_y(z, t_0)}{E_x(z, t_0)} = \arctan \frac{\cos(\omega t_0 - kz)}{\cos\left(\omega t_0 - kz \pm \dfrac{\pi}{2}\right)} = \pm(\omega t_0 - kz) \qquad (8-67)$$

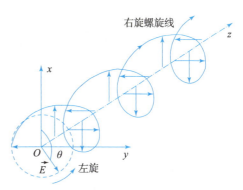

此时，空间各点电场矢量与 $\hat{x}$ 方向的夹角是坐标 z 的函数。由于 kz 与 ωt 前面差一个负号，故 θ 随 z 的旋转方向与前面极化讨论时的情况正好相反。如果将传播方向直线上各点 $\vec{E}(z, t_0)$ 的尾端连接起来，并注意圆极化波的总电场模值不变，就得到一条半径为 E_m 的螺旋线。如果将电场矢量随 z 变化的旋转与电磁波传播方向按左、右手定则判断，右旋圆极化波在给定时刻的矢端曲线恰为**左旋螺旋线**，而左旋圆极化波在给定时刻的矢端曲线为**右旋螺旋线**，如图8-8所示。这一结论对椭圆极化波也成立。

图8-8　左旋圆极化波的右螺旋矢端曲线

§8.4　导电媒质中的均匀平面电磁波

电磁波的传播特性与媒质性质密切相关，理想电介质只是一种简单的特例。在正弦电磁场的复频域内，实际的媒质电磁参量都可能是复数，此时的电磁波在传输过程中将出现损耗衰减。本节我们仅讨论 μ 和 ε 为实常量（即忽略极化损耗和磁化损耗），但 $\sigma \neq 0$ 的导电媒质中的均匀平面波。

由于§8.1节的讨论对媒质参数并未做出限制，故该节的所有公式和结论也适用于本节的情况。因此，导电媒质中平面电磁波的电场复矢量和磁场复矢量仍然为

$$\vec{E}(\vec{r}) = \vec{E}_0 e^{-j\vec{k}\cdot\vec{r}} \qquad (8-68)$$

$$\vec{H}(\vec{r}) = \vec{H}_0 e^{-j\vec{k}\cdot\vec{r}} \qquad (8-69)$$

$\vec{E}_0$ 和 $\vec{H}_0$ 仍满足式（8-26）和式（8-28）的关系。但必须注意，导电媒质中的传播常数 k 是复数，即

$$k^2 = \omega^2\mu\varepsilon - j\omega\mu\sigma \qquad (8-70)$$

或

$$k = \sqrt{\omega^2\mu\varepsilon - j\omega\mu\sigma} \qquad (8-71)$$

$\vec{k} = \hat{n}k$ 是复矢量，称为**复波矢量**。正是由于 k 和 $\vec{k}$ 是复量，使得导电媒质中的平面波与理想电介质中的情况有了许多差别。为避免过于繁杂，我们仅讨论向 $\hat{z}$ 方向传播并且场分量只有 E_x 和 H_y 的最简单情况，其电场复矢量写成

$$\vec{E}(\vec{r}) = \hat{x}E_x = \hat{x}E_{xm}e^{j\varphi_x}e^{-j\vec{k}\cdot\vec{r}} \qquad (8-72)$$

将复传播常数 k 写成实部和虚部的形式

$$k = \beta - j\alpha \qquad (8-73)$$

代入式（8-70），得到

$$\beta^2 - \alpha^2 - j2\beta\alpha = \omega^2\mu\varepsilon - j\omega\mu\sigma$$

上式成立的条件是实部和虚部分别相等，因此有

$$\beta^2 - \alpha^2 = \omega^2\mu\varepsilon$$

$$2\beta\alpha = \omega\mu\sigma$$

以上两方程联立，解出 β 和 α 的值为

$$\beta = \omega\sqrt{\frac{\mu\varepsilon}{2}}\left[\sqrt{1+\left(\frac{\sigma}{\omega\varepsilon}\right)^2}+1\right]^{1/2} \qquad (8-74)$$

$$\alpha = \omega\sqrt{\frac{\mu\varepsilon}{2}}\left[\sqrt{1+\left(\frac{\sigma}{\omega\varepsilon}\right)^2}-1\right]^{1/2} \qquad (8-75)$$

式中，β 称为相位常数，α 称为衰减常数。将上面两式代入式（8-73）及式（8-72），得

$$\vec{E}(\vec{r}) = \hat{x}E_{xm}e^{j\varphi_x}e^{-\alpha z}e^{-j\beta z} \qquad (8-76)$$

电场瞬时矢量为

$$\vec{E}(\vec{r},t) = \mathrm{Re}[\vec{E}(\vec{r})e^{j\omega t}] = \hat{x}E_{xm}e^{-\alpha z}\cos(\omega t - \beta z + \varphi_x) \qquad (8-77)$$

由式（8-33）求出对应的磁场

$$\vec{H} = \frac{\vec{k}\times\vec{E}}{\omega\mu} = \frac{\vec{k}\times\vec{E}_0}{\omega\mu}e^{-j\vec{k}\cdot\vec{r}} = \hat{y}\frac{1}{\eta}E_{xm}e^{j\varphi_x}e^{-\alpha z}e^{-j\beta z} = \hat{y}\frac{E_x}{\eta} \qquad (8-78)$$

其中

$$\eta = \frac{\omega\mu}{k} = \frac{\sqrt{\mu/\varepsilon}}{\sqrt{1-j\dfrac{\sigma}{\omega\varepsilon}}} = |\eta|e^{j\varphi} \qquad (8-79)$$

称为**复特征阻抗**，其模值和辐角分别为

$$|\eta| = \sqrt{\mu/\varepsilon}\left[1+\left(\frac{\sigma}{\omega\varepsilon}\right)^2\right]^{-1/4} \qquad (8-80)$$

$$\varphi = \frac{1}{2}\arctan\frac{\sigma}{\omega\varepsilon} \qquad (8-81)$$

代入式（8-78），得到磁场瞬时矢量

$$\vec{H}(\vec{r},t) = \hat{y}\frac{E_{xm}}{|\eta|}e^{-\alpha z}\cos(\omega t - \beta z + \varphi_x - \varphi) \qquad (8-82)$$

电磁波的瞬时坡印廷矢量为

$$\vec{S}(\vec{r},t) = [\hat{x}E_x(\vec{r},t)]\times[\hat{y}H_y(\vec{r},t)]$$

$$= \hat{z}\frac{E_{xm}^2}{|\eta|}e^{-2\alpha z}\cos(\omega t - \beta z + \varphi_x)\cos(\omega t - \beta z + \varphi_x - \varphi) \qquad (8-83)$$

平均坡印廷矢量为

$$<\vec{S}> = \mathrm{Re}\left[\frac{1}{2}(\hat{x}E_x)\times(\hat{y}H_y^*)\right] = \mathrm{Re}\left[\hat{z}\frac{1}{2}E_{xm}e^{-\alpha z}e^{-j\beta z+j\varphi_x}\frac{E_{xm}}{|\eta|}e^{j\varphi}e^{-\alpha z}e^{j\beta z-j\varphi_x}\right]$$

$$= \hat{z}\frac{1}{2|\eta|}E_{xm}^2e^{-2\alpha z}\cos\varphi \qquad (8-84)$$

电场能量密度和磁场能量密度分别为

$$w_e = \frac{1}{2}\varepsilon E_{xm}^2 e^{-2\alpha z}\cos^2(\omega t - \beta z + \varphi_x), \quad <w_e> = \frac{1}{4}\varepsilon E_{xm}^2 e^{-2\alpha z} \tag{8-85}$$

$$w_m = \frac{1}{2}\mu \frac{E_{xm}^2}{|\eta|^2} e^{-2\alpha z}\cos^2(\omega t - \beta z + \varphi_x - \varphi), \quad <w_m> = \frac{1}{4}\mu \frac{E_{xm}^2}{|\eta|^2} e^{-2\alpha z} \tag{8-86}$$

下面根据以上的公式讨论导电媒质中平面电磁波的特点：

（1）导电媒质内的平面电磁波在电场方向、磁场方向与传播方向的对应关系上与理想电介质中的电磁波类似，仍然是均匀平面电磁波。

（2）沿着电磁波的传播方向，例如 $\hat{z}$ 方向，电场和磁场的幅度随 z 的增加按指数 $e^{-\alpha z}$ 衰减。衰减的原因是由于媒质中的电流产生焦耳热损耗，使电磁波的传输能量逐渐减小。从 α 的表达式（8-75）可知，当频率 ω 一定时，媒质的电导率 σ 越大，电磁波的幅度衰减越快。而在理想电介质中，平面电磁波的场幅度是与 z 无关的常量。

由平均坡印廷矢量的表达式（8-84）可以得到

$$\frac{\mathrm{d}<\vec{S}>}{\mathrm{d}z} = -2\alpha <\vec{S}>$$

得

$$\alpha = \frac{1}{2} \frac{-\mathrm{d}<\vec{S}>/\mathrm{d}z}{<\vec{S}>} \tag{8-87}$$

所以，α 的物理意义为平均能流密度对距离的相对减少率的 1/2。α 的单位是奈培/米（Np/m），Np 是一个很大的单位，工程上常用 dB（分贝）作为衰减量单位，

$$1\ \mathrm{Np} = 20 \times \lg e\ \mathrm{dB} = 8.686\ \mathrm{dB} \tag{8-88}$$

（3）磁场在相位上比对应的电场有一个滞后角 φ。由式（8-81）可以看出，当频率 ω 一定时，φ 随媒质电导率 σ 的增大而增大，最大可达 $\pi/4$。而理想电介质中电场与对应的磁场同相位。图8-9是导电媒质中电场和磁场在某一时刻的分布，表明了电磁场幅度的衰减和磁场的相位滞后。

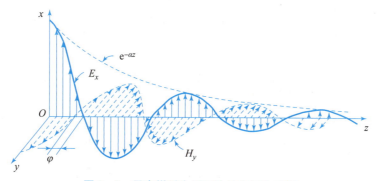

图8-9　导电媒质中平面波的电场和磁场

（4）比较表达式（8-77）与式（8-31），再由式（8-36）可知，导电媒质中电磁波的相速度 v 由 β 和 ω 共同决定，即

$$v = \frac{\omega}{\beta} = \frac{1}{\sqrt{\mu\varepsilon}} \frac{\sqrt{2}}{\left[\sqrt{1 + \left(\frac{\sigma}{\omega\varepsilon}\right)^2} + 1\right]^{1/2}} \tag{8-89}$$

相速度与频率有关的现象也称为**电磁波的色散**，导电媒质是一种色散媒质。

（5）从式（8-85）和式（8-86）可以看出，导电媒质中的电场能量密度和磁场能量密度是不等的。如对平均能量密度，因为导电媒质中 $\mu/\varepsilon \neq |\eta|^2$，所以

$$<w_m> \neq <w_e> \tag{8-90}$$

例8.4 已知海水的电磁参数为 $\varepsilon_r = 81$，$\mu_r = 1$，$\sigma = 4$ S/m。求频率分别为 1 kHz、1 MHz、100 MHz 和 10 GHz 时，平面电磁波在海水中的衰减常数、相位常数、相速度及功率流密度下降到 10^{-6} 的绝对距离 l 和相对距离 l/λ_0。

解：

$$\alpha = 2\pi f \sqrt{\frac{\mu_0\varepsilon_0\varepsilon_r}{2}} \left[\sqrt{1 + \left(\frac{\sigma}{2\pi f\varepsilon_0\varepsilon_r}\right)^2} - 1\right]^{1/2} \approx 1.334 \times 10^{-7} \times f \times \left(\sqrt{1 + \frac{7.88 \times 10^{17}}{f^2}} - 1\right)^{1/2}$$

$$\beta = 2\pi f \sqrt{\frac{\mu_0\varepsilon_0\varepsilon_r}{2}} \left[\sqrt{1 + \left(\frac{\sigma}{2\pi f\varepsilon_0\varepsilon_r}\right)^2} + 1\right]^{1/2} \approx 1.334 \times 10^{-7} \times f \times \left(\sqrt{1 + \frac{7.88 \times 10^{17}}{f^2}} + 1\right)^{1/2}$$

$$\lambda_0 = \frac{c}{f} \approx \frac{3 \times 10^8}{f}$$

$$v = \frac{\omega}{\beta} = \frac{2\pi f}{\beta}$$

$$|<\vec{S}(l)>| = \frac{1}{2|\eta|} E_{xm}^2 e^{-2\alpha l}\cos\varphi = |<\vec{S}(0)>|e^{-2\alpha l}$$

所以

$$l = -\frac{1}{2\alpha}\ln\frac{|<\vec{S}(l)>|}{|<\vec{S}(0)>|} = -\frac{1}{2\alpha}\ln 10^{-6} \approx \frac{6.91}{\alpha}$$

将频率 f 值代入上面各式，所得结果见表 8-1。

表 8-1 不同 f 值时各参数的对应结果

f	1 kHz	1 MHz	100 MHz	10 GHz
λ_0/m	3×10^5	3×10^2	3	3×10^{-2}
$\alpha/(\mathrm{Np \cdot m^{-1}})$	0.125 7	3.972	37.57	83.65
$\beta/(\mathrm{rad \cdot m^{-1}})$	0.125 7	3.977	42.04	1.888×10^3
$v/(\mathrm{m \cdot s^{-1}})$	5.0×10^4	1.58×10^6	1.49×10^7	3.33×10^7
l/m	54.98	1.74	0.184	0.083
l/λ_0	1.833×10^{-4}	5.8×10^{-3}	6.13×10^{-2}	2.77

从本例题的计算结果可以看出：海水中电磁波的传播速度随频率的升高而增大，但明显小于真空中电磁波的速度；功率衰减量的绝对深度 l 随频率的升高而减小，这提示我们海水中的电磁通信和目标探测应采用较低的工作频率。但其相对的衰减深度 l/λ_0 却随频率升高而增大，这预示着海水表面对电磁波的反射作用将随频率升高而逐渐减弱。

由前面各点的分析和例题可以得知，导电媒质中平面电磁波的性质主要由参数 α、β 和 φ 决定，而这几个参数的表达式中都含有因子 $\sigma/(\omega\varepsilon)$。令

$$Q = \frac{\omega\varepsilon}{\sigma} \tag{8-91}$$

上式可以写成

$$Q = \frac{\omega\varepsilon}{\sigma} = \frac{\omega\varepsilon E_x}{\sigma E_x} = \frac{J_{dx}}{J_{cx}}$$

可见，Q 值实际上是位移电流密度与传导电流密度的幅度比值，表示媒质的导电性与介质性的比例关系。根据 Q 值的大小，可以将导电媒质分为低损耗媒质、一般导电媒质和良好导体三类。下面着重介绍低损耗媒质和良好导体中平面波的特点。

一、低损耗媒质中的均匀平面电磁波

当 $Q \gg 1$（一般取 $Q > 100$）时，媒质中的位移电流密度远大于传导电流密度，媒质特性与理想电介质比较接近，电磁波的衰减损耗较弱，称之为**低损耗媒质**。此时的各项参数为

$$\beta = \omega\sqrt{\frac{\mu\varepsilon}{2}}\left[\sqrt{1+\left(\frac{1}{Q}\right)^2}+1\right]^{1/2} \approx \omega\sqrt{\mu\varepsilon} \tag{8-92}$$

$$v = \frac{\omega}{\beta} = \frac{\omega}{\omega\sqrt{\mu\varepsilon}} = \frac{1}{\sqrt{\mu\varepsilon}} \tag{8-93}$$

$$\alpha = \omega\sqrt{\frac{\mu\varepsilon}{2}}\left[\sqrt{1+\left(\frac{1}{Q}\right)^2}-1\right]^{1/2} \approx \omega\sqrt{\frac{\mu\varepsilon}{2}}\left(1+\frac{1}{2Q^2}-1\right)^{1/2}$$

$$= \frac{\omega\sqrt{\mu\varepsilon}}{2Q} = \frac{\sigma}{2}\sqrt{\frac{\mu}{\varepsilon}} \tag{8-94}$$

$$\eta = \frac{\omega\mu}{k} = \frac{\sqrt{\dfrac{\mu}{\varepsilon}}}{\sqrt{1-\mathrm{j}\dfrac{1}{Q}}} \approx \sqrt{\frac{\mu}{\varepsilon}} \tag{8-95}$$

$$\varphi = \frac{1}{2}\arctan\frac{1}{Q} \approx 0 \tag{8-96}$$

根据上面参数的表达式可以得到低损耗媒质中平面波的如下性质：

（1）电导率 σ 对相位常数 β 的影响可以忽略，β 的表达式与理想电介质时相同。电磁波的相速度基本上与频率无关，可以近似为非色散媒质。

（2）衰减常数 α 比较小，因而电磁波幅度的衰减缓慢。以纯净的水为例，当频率 $f = 10$ MHz 时，$\mu = \mu_0$，$\varepsilon_r \approx 78.2$，$\sigma = 2 \times 10^{-4}$ S/m，代入上面公式可以得到

$$Q = \omega\varepsilon/\sigma \approx 434.6, \quad \alpha = \frac{\sigma}{2}\sqrt{\frac{\mu}{\varepsilon}} \approx 4.26 \times 10^{-3}\ (\mathrm{N/m})$$

代入幅度衰减因子 $\mathrm{e}^{-\alpha z}$ 可知，电磁波前进 1 m，场幅度仅衰减 4‰左右。而对于传输电缆中常用的低损耗介质材料，如聚乙烯和聚四氟乙烯塑料等，电导率非常低，按上面公式计算的衰减常数一般小到 10^{-10} 以下，因电导率所引起的衰减是非常小的，可以忽略不计。

（3）特征阻抗近似为实数，$\varphi \approx 0$，电场与对应的磁场几乎同相位，与理想电介质中的情况近似。

二、良好导体内的均匀平面电磁波

当 $Q \ll 1$（一般取 $Q < 0.1$）时，媒质中的传导电流远大于位移电流。由于焦耳损耗很大，电磁波的幅度衰减非常快。此时的各项参数为

$$\beta = \omega \sqrt{\frac{\mu\varepsilon}{2}} \left[\sqrt{1 + \left(\frac{1}{Q}\right)^2} + 1 \right]^{1/2} \approx \omega \sqrt{\mu\varepsilon} \, \frac{1}{\sqrt{2Q}} = \frac{1}{\sqrt{\dfrac{2}{\omega\mu\sigma}}} = \frac{1}{\delta} \qquad (8-97)$$

$$\alpha = \omega \sqrt{\frac{\mu\varepsilon}{2}} \left[\sqrt{1 + \left(\frac{1}{Q}\right)^2} - 1 \right]^{1/2} \approx \omega \sqrt{\mu\varepsilon} \, \frac{1}{\sqrt{2Q}} = \frac{1}{\delta} \qquad (8-98)$$

其中

$$\delta = \sqrt{\frac{2}{\omega\mu\sigma}} \qquad (8-99)$$

称为**透入深度**或**集肤深度**。

$$v = \frac{\omega}{\beta} = \frac{\omega}{\dfrac{1}{\delta}} = \sqrt{\frac{2\omega}{\mu\sigma}} \qquad (8-100)$$

$$\eta = \frac{\sqrt{\dfrac{\mu}{\varepsilon}}}{\sqrt{1 - j\dfrac{1}{Q}}} \approx \sqrt{\frac{\mu}{\varepsilon}} \sqrt{-\frac{Q}{j}} = (1 + j)\sqrt{\frac{\omega\mu}{2\sigma}} = \sqrt{\frac{\omega\mu}{\sigma}} e^{j\frac{\pi}{4}} \qquad (8-101)$$

对于金属类的良好导体，电导率 σ 一般为 $10^5 \sim 10^7$ 量级，若取 $\mu = \mu_0$，则在频率较高的波段内，如常用的广播电视频率和雷达频率（$10^5 \sim 10^{10}$ Hz），透入深度 δ 一般只有毫米甚至微米量级，相位常数 β 和衰减常数 α 都具有很大数值。此时的电磁波将有如下的特点：

（1）很小的 δ 值使良好导体内电磁波的传播速度 v 远小于真空电磁波速度 c，并且 v 与频率有关。以上面的数据为例，v 比 c 低 $4 \sim 6$ 个量级。又由 $\lambda = v/f$ 的关系可知，导体内的波长 λ 也比同频率的真空波长 λ_0 低同样的数量级。

（2）很大的 α 值使得电场和磁场的幅度衰减很快。由幅度衰减因子 $e^{-\alpha z}$ 可知，电磁波每前进一个透入深度 δ 的距离，场幅度就减小 63% 左右；若前进 6δ 的距离，场幅度大约下降到原来的 1/500。由于良好导体的透入深度只有毫米甚至微米量级，因此当电磁波进入良好导体后，将主要存在于导体的表层内。

（3）特征阻抗 η 的相角 $\varphi \approx \pi/4$，表明磁场比对应电场的相位滞后约 $\pi/4$。因此，在同一场点上，电场达到最大值的 1/8 周期后，磁场才达到最大值。换一个角度讲，在同一时刻，磁场矢端曲线比电场矢端曲线落后 $\lambda/8$。

（4）特征阻抗 η 很小。以铜为例，电导率 $\sigma \approx 5.8 \times 10^7$ S/m，当 $f = 10^5$ Hz 时，$|\eta| \approx 1.16 \times 10^{-4} \Omega$，远小于真空特征阻抗的 377 Ω。因此，在良好导体中，磁场占有主要地位，磁场能量远大于电场能量。

（5）尽管良好导体中的电场相对较小，但由于导体的电导率很大，也会产生很大的传导电流，其传导电流密度的复振幅为

$$J_x(z) = \sigma E_x(z) = \sigma E_{xm} e^{j\varphi_x} e^{-\alpha z} e^{-j\beta z}$$

若将坐标 z 的零点选在导体表面处，则

$$J_x(0) = \sigma E_{xm} e^{j\varphi_x} \tag{8-102}$$

就是 $z = 0$ 处导体一侧的电流密度，代入上式，得到导体内 z 点处的电流密度为

$$J_x(z) = J_x(0) e^{-\alpha z} e^{-j\beta z} = J_x(0) e^{-jkz} \tag{8-103}$$

上式说明，导体内的传导电流也像电场和磁场一样，幅度衰减很快，主要集中在导体表面内侧的一个很薄的区域内，并且频率越高区域越薄，这种现象称为**高频趋肤效应**。这种主体集中在导体表层内的体电流对场的作用与一个导体面上的理想面电流近似。为此，我们可以将它"压缩"到导体表面上，等效成一个表面电流密度 J_{Sx}，这可

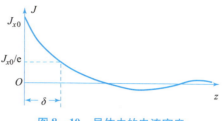

图 8-10 导体内的电流密度

以使工程上的近似计算大为简化。所谓"压缩"也就是对导体内的电流密度 $J_x(z)$ 从 0 到∞积分（图 8-10 所示为导体内的电流密度曲线），即

$$J_{Sx} = \int_0^\infty J_x(0) e^{-jkz} dz = J_x(0) \int_0^\infty e^{-jkz} dz = \frac{J_x(0)}{-jk} e^{-jkz} \Big|_0^\infty = \frac{J_x(0)}{jk} \tag{8-104}$$

可以证明，这个等效的表面电流密度恰恰等于导体表面处的磁场强度 $H_y(0)$，

$$H_y(0) = \frac{E_x(0)}{\eta} = \frac{E_x(0)}{\sqrt{\dfrac{\mu\omega}{\sigma}} e^{j\frac{\pi}{4}}} = \frac{J_x(0)}{\sigma \sqrt{\dfrac{\mu\omega}{\sigma}} e^{j\frac{\pi}{4}}} = \frac{J_x(0)}{j e^{-j\frac{\pi}{4}} \sqrt{\mu\omega\sigma}}$$

对良好导体

$$k = \beta - j\alpha = \sqrt{\frac{\omega\mu\sigma}{2}} - j \sqrt{\frac{\omega\mu\sigma}{2}} = \sqrt{\omega\mu\sigma} e^{-j\frac{\pi}{4}}$$

所以

$$H_y(0) = \frac{J_x(0)}{jk}$$

由此得到

$$J_{Sx} = H_y(0)$$

此面电流密度的方向与电场矢量的方向相同，为 $\hat{x}$ 方向，磁场为 $\hat{y}$ 方向，而导体表面的法矢为 $\hat{n} = -\hat{z}$，由此可得表面电流密度与表面磁场矢量的矢量表达式

$$\vec{J}_S = \hat{n} \times \vec{H}(0) \tag{8-105}$$

这一矢量关系式也适用于电磁波的入射方向与导体表面不垂直的任意情况。

除了 $\sigma \to \infty$ 的理想导体以外，实用导体内只有体电流而并不存在实际的表面电流。因此，对实用导体而言，磁场边界条件 $\hat{n} \times (\vec{H}_1 - \vec{H}_2) = \vec{J}_S$ 中等式右边应为零。由此可知导体表面内、外侧的磁场应该相等，即

$$\vec{H}(0_-) = \vec{H}(0_+) \tag{8-106}$$

因此，式（8-105）中的 $\vec{H}(0)$ 既可以是导体表面内侧的磁场，也可以取成表面外侧的磁场。因外侧磁场计算或测量要相对容易一些，故在实际应用中多以外侧磁场来计算等效表面电流密度。但必须注意，这个外侧磁场是外侧的总磁场，它应该等于入射波磁场与导体表面的反射波磁场在表面外侧的叠加。在 §8.8 节将看到，对良好导体，这个总磁场近似等于入射波磁场的 2 倍。

（6）良好导体中的平均功率流密度为

$$\langle \vec{S} \rangle = \text{Re}\left[\frac{1}{2}\vec{E}(z) \times \vec{H}^*(z) \right]$$

$$= \text{Re}\left[\frac{1}{2}E_{xm}e^{j\varphi_x}e^{-\alpha z}e^{-j\beta z}(\hat{x} \times \hat{y})\sqrt{\frac{\sigma}{\omega\mu}}e^{j\frac{\pi}{4}}E_{xm}e^{-j\varphi_x}e^{-\alpha z}e^{+j\beta z} \right]$$

$$= \hat{z}\frac{1}{2}E_{xm}^2\sqrt{\frac{\sigma}{\omega\mu}}e^{-2\alpha z}\cos\frac{\pi}{4} = \hat{z}\frac{1}{2}\left(\frac{E_{xm}}{\sqrt{\omega\mu/\sigma}} \right)^2\sqrt{\frac{\omega\mu}{2\sigma}}$$

$$= \hat{z}\frac{1}{2}H_{ym}^2e^{-2\alpha z}\sqrt{\frac{\omega\mu}{2\sigma}} \tag{8-107}$$

在 $z = 0$ 的导体一侧，有

$$\langle \vec{S}_{z=0} \rangle = \hat{z}\frac{1}{2}H_{ym}^2\sqrt{\frac{\omega\mu}{2\sigma}} = \hat{z}\frac{1}{2}J_{Sx}^2R_S \tag{8-108}$$

在许多问题中，进入导体的功率往往就是损耗功率，可利用上式进行计算。其中的 J_{Sx} 是导体的等效表面电流密度，由式（8-105）确定；$R_S = \sqrt{\omega\mu/2\sigma}$ 称为导体的**表面电阻**，实际上就是良好导体特征阻抗的实部，而特征阻抗的虚部记为 $X_S = \sqrt{\omega\mu/2\sigma}$，也称为**表面电抗**，$Z_S = R_S + jX_S$ 称为导体的**表面阻抗**。

§8.5　相速度和群速度

我们前面所定义的电磁波传播速度是单一频率正弦电磁波等相位面的前进速度，因此也称为**相速度**，常记作 v_p。在理想电介质中，平面电磁波的相速度为 $v_p = 1/\sqrt{\mu\varepsilon}$。它的大小仅取决于媒质的电磁参数，而与电磁波的频率无关。在导电媒质中，因相位常数 β 是频率的函数，故相速度 $v_p = \omega/\beta$ 也是频率的函数，不同频率的电磁波等相位面的前进速度也不相同。这种相速度随频率改变的现象称为**色散**。除了导电媒质中的平面电磁波出现色散外，由波导装置所引导的导行电磁波也会出现色散现象。

电磁波的一个主要用途是用来传递信息。我们知道，一个等幅度的单频率正弦电磁波是不能携带信息的。为了传递信息，必须用表示信息的电信号对等幅单频电磁波（也称为载波）进行调制，使其幅度、相位或频率发生变化。当这个调制的电磁波到达目的地后，再进行解调，从中提取出原来的信息。经过调制的电磁波实际上已经不再是单频率的正弦波，而是多个频率的正弦波的叠加。下面我们以一个最简单的幅度调制波来说明这个问题。

假设我们需要将一个角频率为 ω_L 的正弦信号 $\cos(\omega_L t)$ 沿 z 轴传递，此时可以用这个正弦信号对一个频率为 ω_0 的高频正弦载波进行调制。在 $z = 0$ 的平面内，调制后的电磁波的电场为

$$E(0,t) = E_0(1 + M\cos\omega_L t)\cos\omega_0 t$$

式中，M 称为**调制度**。利用三角函数的积化和差公式可以将上式变成

$$E(0,t) = E_0\left[\cos\omega_0 t + \frac{M}{2}\cos(\omega_0 + \omega_L)t + \frac{M}{2}\cos(\omega_0 - \omega_L)t \right]$$

上式说明，一个简单的正弦调制波实际上是角频率分别为 ω_0、$(\omega_0 + \omega_L)$ 和 $(\omega_0 - \omega_L)$ 的三个等振幅正弦波的叠加。在传播方向的任意 z 点上，三个频率的电场复振幅分别为

$$E_1(\omega_0, z) = E_0 e^{-\alpha_0 z} e^{-j\beta_0 z} \tag{8-109a}$$

$$E_2(\omega_0 + \omega_L, z) = \frac{M}{2} E_0 e^{-\alpha_+ z} e^{-j\beta_+ z} \tag{8-109b}$$

$$E_3(\omega_0 - \omega_L, z) = \frac{M}{2} E_0 e^{-\alpha_- z} e^{-j\beta_- z} \tag{8-109c}$$

式中，α_0、β_0、α_+、β_+、α_-、β_- 分别为三个频率对应的衰减常数和相位常数。

在理想电介质中

$$\alpha_0 = \alpha_+ = \alpha_- = 0, \beta_0 = \omega_0 \sqrt{\mu\varepsilon}$$

$$\beta_+ = (\omega_0 + \omega_L)\sqrt{\mu\varepsilon} = \beta_0 + \beta_L, \beta_- = (\omega_0 - \omega_L)\sqrt{\mu\varepsilon} = \beta_0 - \beta_L$$

三个频率的合成波电场强度瞬时值为

$$E(z,t) = E_0[1 + M\cos(\omega_L t - \beta_L z)]\cos(\omega_0 t - \beta_0 z) \tag{8-110}$$

上式中的 $E_0[1 + M\cos(\omega_L t - \beta_L z)]$ 是合成波的振幅，也称为**包络**。此包络随着时间的增长向 z 方向运动，在运动中并不发生形变，如图 8-11 的虚线所示。包络的运动速度为

$$v_g = \frac{\omega_L}{\beta_L} = \frac{\omega_L}{\omega_L \sqrt{\mu\varepsilon}} = \frac{1}{\sqrt{\mu\varepsilon}}$$

称为合成波的**群速度**。实际上，包络运动的群速度就是调制信号 $\cos(\omega_L t)$ 的传送速度。可见，在理想电介质这种非色散媒质中，信号传输的群速度等于单频率电磁波的相速度。

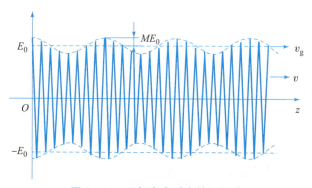

图 8-11　理想电介质中的调幅波

在色散媒质中，由于各频率的电磁波的相速度不同，式（8-109）的合成波不再具有式（8-110）的形式。在传输的过程中，调制信号的形状（即合成波的包络）将产生畸变。但对于速度随频率改变缓慢的弱色散媒质，如空气和各种低损耗材料，当调制信号的频率远低于载波频率时，一定传输距离内的包络畸变并不严重，我们仍可以用群速度来描述信号的运动速度。仍以前面的简单调幅波为例，记调制信号的角频率 ω_L 为 $\Delta\omega$，当满足 $\Delta\omega \ll \omega_0$ 时，近似有

$$\alpha_0 \approx \alpha_+ \approx \alpha_- \tag{8-111a}$$

$$\beta_+ \approx \beta_0 + \Delta\omega \left(\frac{d\beta}{d\omega}\right)_{\omega_0} = \beta_0 + \Delta\beta \tag{8-111b}$$

$$\beta_- \approx \beta_0 - \Delta\omega \left(\frac{d\beta}{d\omega}\right)_{\omega_0} = \beta_0 - \Delta\beta \tag{8-111c}$$

代入式（8-109）各式，整理后可得到合成波的瞬时值近似表达式

$$E(z,t) = E_0[1 + M\cos(\Delta\omega t - \Delta\beta z)]e^{-\alpha_0 z}\cos(\omega_0 t - \beta_0 z) \qquad (8-112)$$

仍定义合成波的包络运动速度为群速度，有

$$v_g = \lim_{\Delta\omega \to 0}\frac{\Delta\omega}{\Delta\beta} = \frac{1}{(\mathrm{d}\beta/\mathrm{d}\omega)_{\omega_0}} \qquad (8-113)$$

群速度 v_g 与相速度 v_p 的关系可以通过公式 $\omega = \beta v_p$ 两边对 ω 求导得到，即

$$1 = \beta\frac{\mathrm{d}v_p}{\mathrm{d}\omega} + v_p\frac{\mathrm{d}\beta}{\mathrm{d}\omega} = \frac{\omega}{v_p}\frac{\mathrm{d}v_p}{\mathrm{d}\omega} + v_p\frac{\mathrm{d}\beta}{\mathrm{d}\omega}$$

所以

$$\frac{\mathrm{d}\beta}{\mathrm{d}\omega} = \frac{1}{v_p}\left[1 - \frac{\omega}{v_p}\frac{\mathrm{d}v_p}{\mathrm{d}\omega}\right]$$

代入式（8-113），得到

$$v_g = \frac{v_p}{1 - \dfrac{\omega}{v_p}\dfrac{\mathrm{d}v_p}{\mathrm{d}\omega}} \qquad (8-114)$$

从上式可以看出，当电磁波的相速度与频率无关（即 $\mathrm{d}v_p/\mathrm{d}\omega = 0$）时，群速度等于相速度，即理想电介质中的平面电磁波的情况。此时电磁波所携带的信号不会产生畸变。对一般的有耗媒质中的平面波和下一章将介绍的一些导行电磁波，相速度与频率有关（$\mathrm{d}v_p/\mathrm{d}\omega \neq 0$），则 $v_g \neq v_p$。若 $\mathrm{d}v_p/\mathrm{d}\omega < 0$，有 $v_g < v_p$，称为**正常色散**；若 $\mathrm{d}v_p/\mathrm{d}\omega > 0$，有 $v_g > v_p$，称为**反常色散**。

前面我们以一个最简单的正弦调幅波为例，给出了群速度的定义及群速度与相速度的关系，对于更为复杂的调制信号，上面的定义和关系式（8-114）仍成立。但应注意，对于色散媒质或色散系统，群速度的概念必须满足信号包络不产生严重畸变的基本条件。这就要求信号的相对频带宽度 $\Delta\omega/\omega_0$ 应该足够窄，且相位常数 β 随频率的变化缓慢。否则，将使信号的包络发散，群速度也就失去了实际意义。

§8.6 理想媒质界面上电磁波的反射和折射

假设两种无耗理想媒质的分界面为一平面，一均匀平面电磁波由媒质 1 向媒质 2 传播。在两种媒质的分界面上，由于电磁参量的突变，电磁波的能量只有一部分进入媒质 2，边界条件决定了电磁波的传播方向也将改变，成为**折射波**（或**透射波**）；而剩余能量则返回媒质 1，成为**反射波**。在两媒质界面上任意一点看，入射波、反射波和折射波三者沿三条不同的直线传播，这三条直线在垂直于界面的同一平面内，分别称为入射线、反射线和折射线。三条射线所在平面称为**入射面**，而两种媒质分界面称为**反射面**。三条射线与反射面法线的交角分别用 θ_i、θ_r 和 θ_t 表示，分别称为**入射角**、**反射角**和**折射角**。折射和反射的一般情况示于图 8-12。

任一平面电磁波都可以分解为两个极化方向相互

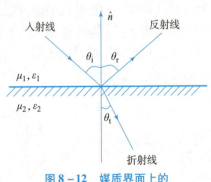

图 8-12　媒质界面上的
入射、反射和折射

垂直的线极化波进行分别讨论。在分析反射、折射问题时，我们将极化方向与入射面垂直的波称为**垂直极化波**，极化方向与入射面平行的波称为**平行极化波**。图 8 - 13 表示出两种线极化波的电磁场复矢量在原点上的取向，下面将分别讨论它们的反射和折射。

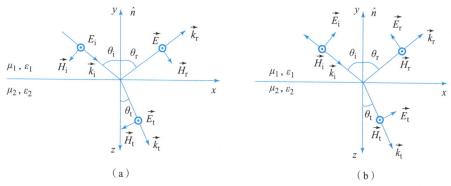

图 8 - 13　垂直极化波和平行极化波
（a）垂直极化波；（b）平行极化波

一、垂直极化波

为了分析方便，假设媒质分界面为 xy 平面，入射面为 xz 平面（z 的正方向指向下）。$z < 0$ 区域为媒质 1（参量为 μ_1，ε_1，$\sigma_1 = 0$）；$z > 0$ 区域为媒质 2（参量为 μ_2，ε_2，$\sigma_2 = 0$）。假设入射波、反射波和折射波均为平面波，首先写出它们的表达式，然后用边界条件定出它们之间的关系。

由图 8 - 13（a）的几何关系，可以确定入射波的波矢量为

$$\vec{k}_i = \hat{x}k_i\sin\theta_i + \hat{z}k_i\cos\theta_i = k_i(\hat{x}\sin\theta_i + \hat{z}\cos\theta_i)$$

所以

$$\vec{k}_i \cdot \vec{r} = k_i(x\sin\theta_i + z\cos\theta_i)$$

设原点上入射波的电场复振幅为 E_{i0}，则入射面内任意点上入射波的电场复矢量为

$$\vec{E}_i = \hat{y}E_{i0}e^{-jk_i(x\sin\theta_i + z\cos\theta_i)} \tag{8-115}$$

对应的入射波磁场复矢量为

$$\vec{H}_i = \frac{\vec{k}_i \times \vec{E}_i}{\omega\mu} = \frac{k_i}{\omega\mu}(\hat{x}\sin\theta_i + \hat{z}\cos\theta_i) \times \hat{y}E_{i0}e^{-jk_i(x\sin\theta_i + z\cos\theta_i)}$$

$$= \frac{E_{i0}}{\eta_1}(-\hat{x}\cos\theta_i + \hat{z}\sin\theta_i)e^{-jk_i(x\sin\theta_i + z\cos\theta_i)} \tag{8-116}$$

式中

$$k_i = (\omega^2\mu_1\varepsilon_1)^{1/2} = k_1$$

$$\eta_1 = \frac{\omega\mu_1}{k_i} = \frac{\omega\mu_1}{k_1} = \sqrt{\frac{\mu_1}{\varepsilon_1}}$$

由图 8 - 13（a），可以确定反射波的波矢量为

$$\vec{k}_r = k_r(\hat{x}\sin\theta_r - \hat{z}\cos\theta_r)$$

其中

$$k_r = (\omega^2\mu_1\varepsilon_1)^{1/2} = k_i = k_1$$

用 E_{r0} 表示原点处反射波的电场复振幅，则反射波的电磁场复矢量表示为

$$\vec{E}_r = \hat{y} E_{r0} e^{-jk_r(x\sin\theta_r - z\cos\theta_r)} \qquad (8-117)$$

$$\vec{H}_r = \frac{E_{r0}}{\eta_1}(\hat{x}\cos\theta_r + \hat{z}\sin\theta_r) e^{-jk_r(x\sin\theta_r - z\cos\theta_r)} \qquad (8-118)$$

同样，可得折射波的电磁场复矢量为

$$\vec{E}_t = \hat{y} E_{t0} e^{-jk_t(x\sin\theta_t + z\cos\theta_t)} \qquad (8-119)$$

$$\vec{H}_t = \frac{E_{t0}}{\eta_2}(-\hat{x}\cos\theta_t + \hat{z}\sin\theta_t) e^{-jk_t(x\sin\theta_t + z\cos\theta_t)} \qquad (8-120)$$

式中

$$k_t = (\omega^2 \mu_2 \varepsilon_2)^{1/2} = k_2$$

$$\eta_2 = \frac{\omega\mu_2}{k_t} = \frac{\omega\mu_2}{k_2} = \sqrt{\frac{\mu_2}{\varepsilon_2}}$$

按图 8 – 13（a）的约定，$\hat{n} = -\hat{z}$。由边界上（$z = 0$）电场和磁场切向分量连续的条件，即

$$\hat{n} \times (\vec{E}_1 - \vec{E}_2) = 0, \quad \hat{n} \times (\vec{H}_1 - \vec{H}_2) = 0$$

令三个波的表达式中的 $z = 0$，代入上面的边界条件，得到

$$E_{i0} e^{-jk_i x\sin\theta_i} + E_{r0} e^{-jk_r x\sin\theta_r} = E_{t0} e^{-jk_t x\sin\theta_t} \qquad (8-121)$$

$$-\frac{E_{i0}}{\eta_1}\cos\theta_i e^{-jk_i x\sin\theta_i} + \frac{E_{r0}}{\eta_1}\cos\theta_r e^{-jk_r x\sin\theta_r} = -\frac{E_{t0}}{\eta_2}\cos\theta_t e^{-jk_t x\sin\theta_t} \qquad (8-122)$$

以上两式对任意 x 都成立的条件是各项中 x 的系数都相等，即

$$k_i \sin\theta_i = k_r \sin\theta_r = k_t \sin\theta_t$$

考虑到 $k_i = k_r = k_1$，由上式推出

$$\theta_r = \theta_i \qquad (8-123)$$

$$\frac{\sin\theta_t}{\sin\theta_i} = \frac{k_i}{k_t} = \sqrt{\frac{\mu_1 \varepsilon_1}{\mu_2 \varepsilon_2}} \qquad (8-124)$$

式（8 – 123）说明电磁波的反射角等于入射角，称为**反射定律**。式（8 – 124）说明电磁波折射角的正弦与入射角的正弦之比，等于该电磁波在媒质 1 中的波数与媒质 2 中的波数之比，或等于电磁参量乘积的根项之比，称为**折射定律**（或**斯耐尔定律**）。对于一般的电介质，$\mu_1 \approx \mu_2 \approx \mu_0$，这一比值正是折射率之比，这一结果正好也说明光波也是电磁波。

为便于书写和记忆，以后用下标区分与媒质有关的量，$\theta_r = \theta_i = \theta_1$，$\theta_t = \theta_2$，$k_r = k_i = k_1$，$k_t = k_2$。考虑到式（8 – 123）和式（8 – 124），式（8 – 121）与式（8 – 122）变成

$$E_{i0} + E_{r0} = E_{t0}$$

$$-\frac{E_{i0}}{\eta_1}\cos\theta_1 + \frac{E_{r0}}{\eta_1}\cos\theta_1 = -\frac{E_{t0}}{\eta_2}\cos\theta_2$$

以上两式联立，可求得反射波和折射波的电场复振幅与入射波的电场复振幅之比值，分别称为**反射系数** $R_\perp$ 和**折射系数** $T_\perp$，下标"$\perp$"表示对应于垂直极化波。

$$R_\perp = \frac{E_{r0}}{E_{i0}} = \frac{\eta_2 \cos\theta_1 - \eta_1 \cos\theta_2}{\eta_2 \cos\theta_1 + \eta_1 \cos\theta_2} \qquad (8-125)$$

$$T_\perp = \frac{E_{t0}}{E_{i0}} = \frac{2\eta_2 \cos\theta_1}{\eta_2 \cos\theta_1 + \eta_1 \cos\theta_2} \qquad (8-126)$$

二、平行极化波

按图 8 - 13（b）所示，平行极化波的磁场复矢量只有 y 分量，设入射波的磁场复矢量为

$$\overrightarrow{H}_i = \hat{y}H_{i0}e^{-j\overrightarrow{k_i}\cdot\overrightarrow{r}} = \hat{y}\frac{E_{i0}}{\eta_1}e^{-jk_i(x\sin\theta_i+z\cos\theta_i)} \tag{8-127}$$

对应的入射波电场复矢量为

$$\overrightarrow{E}_i = -\frac{\overrightarrow{k_i}}{\omega\varepsilon}\times\overrightarrow{H}_i = E_{i0}(\hat{x}\cos\theta_i - \hat{z}\sin\theta_i)e^{-jk_i(x\sin\theta_i+z\cos\theta_i)} \tag{8-128}$$

反射波的电磁场复矢量为

$$\overrightarrow{H}_r = \hat{y}\frac{E_{r0}}{\eta_1}e^{-jk_r(x\sin\theta_r-z\cos\theta_r)} \tag{8-129}$$

$$\overrightarrow{E}_r = E_{r0}(-\hat{x}\cos\theta_r - \hat{z}\sin\theta_r)e^{-jk_r(x\sin\theta_r-z\cos\theta_r)} \tag{8-130}$$

折射波的电磁场复矢量为

$$\overrightarrow{H}_t = \hat{y}\frac{E_{t0}}{\eta_2}e^{-jk_t(x\sin\theta_t+z\cos\theta_t)} \tag{8-131}$$

$$\overrightarrow{E}_t = E_{t0}(\hat{x}\cos\theta_t - \hat{z}\sin\theta_t)e^{-jk_t(x\sin\theta_t+z\cos\theta_t)} \tag{8-132}$$

仿照垂直极化波的分析方法，由电场和磁场的边界条件可以推出

$$k_i\sin\theta_i = k_r\sin\theta_r = k_t\sin\theta_t$$

可见，θ_i、θ_r 和 θ_t 三者的关系同样满足式（8 - 123）的反射定律和式（8 - 124）的折射定律。同样以下标"1"和"2"表示两种媒质中的物理量，得到各波复振幅满足的关系方程为

$$(E_{i0} - E_{r0})\cos\theta_1 = E_{t0}\cos\theta_2$$

$$\frac{1}{\eta_1}(E_{i0} + E_{r0}) = \frac{1}{\eta_2}E_{t0}$$

以上两方程联立，可解出平行极化波的反射系数 $R_\parallel$ 和折射系数 $T_\parallel$ 为

$$R_\parallel = \frac{E_{r0}}{E_{i0}} = \frac{\eta_1\cos\theta_1 - \eta_2\cos\theta_2}{\eta_1\cos\theta_1 + \eta_2\cos\theta_2} \tag{8-133}$$

$$T_\parallel = \frac{E_{t0}}{E_{i0}} = \frac{2\eta_2\cos\theta_1}{\eta_1\cos\theta_1 + \eta_2\cos\theta_2} \tag{8-134}$$

反射系数公式（8 - 125）、式（8 - 133）和折射系数公式（8 - 126）、式（8 - 134）四式一起称为**菲涅尔公式**。

当入射波的极化形式、入射角 θ_i 和复振幅 E_{i0} 已知后，利用反射定律、折射定律和相应的菲涅尔公式，可以确定出反射波和折射波的传播方向 θ_r、θ_t 及复振幅 E_{r0}、E_{t0}，代入式（8 - 117）~式（8 - 120）或式（8 - 129）~式（8 - 132），就可以得到相应的反射波和折射波的表达式。

三、电磁波垂直入射时 1 区的场

当平面电磁波垂直入射到理想媒质界面上时，$\theta_1 = \theta_2 = 0, \cos\theta_1 = \cos\theta_2 = 1$，此时反射系数和折射系数为

$$R_\perp = \frac{\eta_2 - \eta_1}{\eta_2 + \eta_1}, \quad T_\perp = \frac{2\eta_2}{\eta_2 + \eta_1}$$

$$R_\parallel = \frac{\eta_1 - \eta_2}{\eta_2 + \eta_1}, \quad T_\parallel = \frac{2\eta_2}{\eta_2 + \eta_1}$$

平行极化波和垂直极化波的折射系数相等，而反射系数符号相反。实际上，对于垂直入射的情况，因入射线、反射线和折射线重合，极化形式的名称可以任意规定，并且两种极化的反射系数和折射系数应该相同。之所以上面两组公式的反射系数相差一个负号，是由于按图 8−13 定义 $\theta_1 = 0$ 时的电场方向，垂直极化波的反射波电场与入射波电场的参考方向相同，而平行极化波的反射波电场与入射波电场的参考方向相反，两者正好反向。为了讨论方便，今后对垂直入射问题一般都视为垂直极化，并将反射系数 $R_\perp$ 简记为 R，即

$$R = R_\perp = \frac{\eta_2 - \eta_1}{\eta_2 + \eta_1} \tag{8-135}$$

1 区的总电场和总磁场是入射场和反射场的叠加，即

$$\vec{E}_1 = \hat{y} E_{i0}(e^{-jk_1 z} + R e^{jk_1 z}) \tag{8-136a}$$

$$\vec{H}_1 = -\hat{x}\frac{E_{i0}}{\eta_1}(e^{-jk_1 z} - R e^{jk_1 z}) \tag{8-136b}$$

上式表示传播方向相反的两个行波的叠加，但反射波的振幅比入射波的振幅较小。将上式稍加变换可得

$$E_1 = \hat{y} E_{i0}(e^{-jk_1 z} + R e^{-jk_1 z} - R e^{-jk_1 z} + R e^{jk_1 z})$$

$$= \hat{y} E_{i0}[(1 + R)e^{-jk_1 z} + j2R\sin k_1 z]$$

忽略 E_{i0} 中的初始相位常量，令其等于实数 E_m，1 区总电场的瞬时值为

$$\vec{E}_1(t) = Re[\vec{E}_1 e^{j\omega t}]$$

$$= \hat{y} E_m(1 + R)\cos(\omega t - k_1 z) - \hat{y} E_m 2R\sin k_1 z \sin\omega t$$

上式第一项表示向 z 方向传播的平面电磁波，一般称之为**行波**；第二项为幅度随 z 按正弦变化的电磁振荡波，称之为**驻波**，这种混合状态称为**行驻波**。如果将式（8−136）改写成

$$\vec{E}_1 = \hat{y} E_m(1 + R e^{j2k_1 z})e^{-jk_1 z}$$

$$\vec{H}_1 = -\hat{x}\frac{E_m}{\eta_1}(1 - R e^{j2k_1 z})e^{-jk_1 z}$$

也可以将行驻波理解为向 z 方向传播的一个平面波，它的振幅为 $e^{-jk_1 z}$ 前面的模值，即

$$|\vec{E}_1| = E_m[1 + R^2 + 2R\cos(2k_1 z)]^{1/2}$$

$$|\vec{H}_1| = \frac{E_m}{\eta_1}[1 + R^2 - 2R\cos(2k_1 z)]^{1/2}$$

以上两式是以 z 为变量、以 $\lambda/2$ 为周期的周期性函数。其性质可以分两种情况讨论：

当电磁波由光密媒质入射到光疏媒质上时，$\eta_1 < \eta_2$，有 $R > 0$，在 $2k_1 z = -2n\pi (n = 0, 1, 2, \cdots)$，即 $z = -n\lambda_1/2$ 处，为电场振幅的最大点和磁场振幅的最小点

$$|\vec{E}_1| = E_{max} = E_m(1 + R), \quad |\vec{H}_1| = H_{min} = \frac{E_m}{\eta_1}(1 - R)$$

在 $2k_1 z = -(2n+1)\pi (n = 0, 1, 2, \cdots)$，即 $z = -(2n+1)\lambda_1/4$ 处，为电场振幅的最小点和磁场振幅的最大点

$$|\vec{E}_1| = E_{\min} = E_{\mathrm{m}}(1 - R), \quad |\vec{H}_1| = H_{\max} = \frac{E_{\mathrm{m}}}{\eta_1}(1 + R)$$

场强振幅的最大点处称为**波腹**，最小点处称为**波节**。可见，电磁波由光密媒质入射到光疏媒质上时，分界面处为电场的波腹和磁场的波节位置；而距离界面 $\lambda_1/4$ 处，为电场的波节和磁场的波腹位置。

反之，当电磁波由光疏媒质入射到光密媒质上时，$\eta_1 > \eta_2$，有 $R < 0$，电场和磁场的波腹、波节位置与前面所述的情况正好相反。图 8 - 14 画出了行驻波的 $|\vec{E}_1|$、$|\vec{H}_1|$ 随 z 的分布状况。

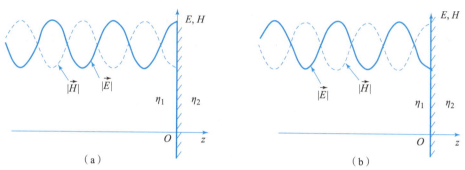

图 8 - 14　行驻波的电场和磁场的振幅分布
(a) $\eta_1 < \eta_2$；(b) $\eta_1 > \eta_2$

电（磁）场的最大振幅值与最小振幅值之比称为**驻波系数**或**驻波比**（VSWR），记作 ρ，即

$$\rho = \frac{E_{\max}}{E_{\min}} = \frac{H_{\max}}{H_{\min}} = \frac{1 + |R|}{1 - |R|} \tag{8 - 137}$$

反之，也可以用驻波系数 ρ 表示反射系数 $|R|$，即

$$|R| = \frac{\rho - 1}{\rho + 1} \tag{8 - 138}$$

在界面两侧的入射波、反射波和折射波的平均坡印廷矢量为

$$<\vec{S}_{\mathrm{i}}> = \mathrm{Re}\left[\frac{1}{2}\vec{E}_{\mathrm{i}} \times \vec{H}_{\mathrm{i}}^*\right] = \hat{z}\frac{E_{\mathrm{i0}}E_{\mathrm{i0}}^*}{2\eta_1} = \hat{z}\frac{E_{\mathrm{m}}^2}{2\eta_1} \tag{8 - 139a}$$

$$<\vec{S}_{\mathrm{r}}> = -\hat{z}\frac{E_{\mathrm{m}}^2}{2\eta_1}R^2 \tag{8 - 139b}$$

$$<\vec{S}_{\mathrm{t}}> = \hat{z}\frac{E_{\mathrm{m}}^2}{2\eta_2}T^2 \tag{8 - 139c}$$

微波工程中，常把反射平均能流密度与入射平均能流密度之比定义为**功率反射系数** R_{p}，把透射平均能流密度与入射平均能流密度之比定义为**功率透射系数** T_{p}。由上面三式可得到

$$R_{\mathrm{p}} = \frac{<S_{\mathrm{r}}>}{<S_{\mathrm{i}}>} = R^2 = \frac{(\eta_2 - \eta_1)^2}{(\eta_2 + \eta_1)^2} \tag{8 - 140}$$

$$T_{\mathrm{p}} = \frac{<S_{\mathrm{t}}>}{<S_{\mathrm{i}}>} = \frac{\eta_1}{\eta_2}T^2 = \frac{4\eta_2\eta_1}{(\eta_2 + \eta_1)^2} \tag{8 - 141}$$

由以上两式可得

$$R_p + T_p = 1 \qquad (8-142)$$

可见，垂直入射到理想媒质界面上单位面积的入射波功率等于反射波功率与折射波功率之和，这一关系符合能量守恒关系。

§8.7 全折射和全反射

一、全折射

当电磁波以某一入射角入射到两种媒质界面上时，如果反射系数为零，全部电磁能量都进入第二种媒质，这种情况称为**全折射**。出现全折射时对应的入射角称为**布儒斯特角**，记作 θ_B。下面分垂直极化波和平行极化波两种情况分别讨论。

1. 垂直极化波情况

由菲涅尔公式可知，垂直极化波反射系数 $R_\perp = 0$ 的条件是

$$\eta_2 \cos\theta_1 = \eta_1 \cos\theta_2$$

上式两边平方后得

$$\frac{\mu_2}{\varepsilon_2}(1 - \sin^2\theta_1) = \frac{\mu_1}{\varepsilon_1}(1 - \sin^2\theta_2) = \frac{\mu_1}{\varepsilon_1}\left(1 - \frac{\mu_1 \varepsilon_1}{\mu_2 \varepsilon_2}\sin^2\theta_1\right)$$

解之得

$$\sin\theta_1 = \left[\frac{1 - \mu_1\varepsilon_2/(\mu_2\varepsilon_1)}{1 - (\mu_1/\mu_2)^2}\right]^{1/2} \qquad (8-143)$$

对于一般的 $\mu_1 = \mu_2 = \mu_0$ 的非磁性媒质，如果 $\varepsilon_1 \neq \varepsilon_2$，则上式无解，即不存在这样的入射角；如果 $\varepsilon_1 = \varepsilon_2$，则成为同一媒质，没有界面存在，$\theta_1$ 为任意角时都不会使电磁波传播性质有所改变。故垂直极化波只有在两种不同的磁介质界面上才可能产生全折射。

2. 平行极化波情况

对于平行极化波，$R_\parallel = 0$ 的条件是

$$\eta_1 \cos\theta_1 = \eta_2 \cos\theta_2$$

上式两边平方后得到

$$\frac{\mu_1}{\varepsilon_1}(1 - \sin^2\theta_1) = \frac{\mu_2}{\varepsilon_2}(1 - \sin^2\theta_2) = \frac{\mu_2}{\varepsilon_2}\left(1 - \frac{\mu_1 \varepsilon_1}{\mu_2 \varepsilon_2}\sin^2\theta_1\right)$$

解之得

$$\sin\theta_1 = \left[\frac{1 - \mu_2\varepsilon_1/(\mu_1\varepsilon_2)}{1 - (\varepsilon_1/\varepsilon_2)^2}\right]^{1/2} \qquad (8-144)$$

对一般的非磁性媒质界面，$\mu_1 = \mu_2 = \mu_0$，则得到

$$\sin\theta_1 = \frac{1}{\sqrt{1 + \varepsilon_1/\varepsilon_2}}$$

因此，布儒斯特角 θ_B 为

$$\theta_B = \theta_1 = \arcsin\sqrt{\frac{\varepsilon_{r2}}{\varepsilon_{r2} + \varepsilon_{r1}}} \qquad (8-145)$$

发生全折射时，折射角与入射角的关系是

$$\sin\theta_2 = \sqrt{\frac{\varepsilon_1}{\varepsilon_2}}\sin\theta_B = \sqrt{1 - \sin^2\theta_B} = \cos\theta_B$$

因此

$$\theta_2 + \theta_B = \frac{\pi}{2} \tag{8-146}$$

可见，发生全折射时，折射角与入射角互为余角。

一个极化在任意方向的均匀平面波，当它以布儒斯特角入射到两种电介质的分界面上时，其平行分量发生全折射，结果反射波成为一个垂直极化波。光学上从圆极化光中获得"偏振光"的起偏器就正是利用了这一原理。

二、全反射

当平面电磁波入射到媒质界面上时，如果反射系数 $|R| = 1$，则投射在界面上的电磁波能量全部反射回媒质 1，没有平均能流进入媒质 2，这种现象称为**全反射**。

产生全反射的条件可以通过对折射角的分析来确定。根据折射定律公式（8-124）有

$$\sin\theta_t = \sqrt{\frac{\mu_1\varepsilon_1}{\mu_2\varepsilon_2}}\sin\theta_i \tag{8-147}$$

若 $\mu_1\varepsilon_1 > \mu_2\varepsilon_2$，即电磁波由光密媒质入射到光疏媒质界面上时，当入射角 θ_i 大于一定的数值后，就会出现 $\sin\theta_t > 1$ 的情况。此时，在实数域内不存在确定的折射角，称此时发生了全反射。发生全反射的最小入射角，即 $\sin\theta_t = 1$ 时的入射角，称为**临界角**，记作 θ_c。令式（8-147）等于 1，得到

$$\sin\theta_c = \sqrt{\frac{\mu_2\varepsilon_2}{\mu_1\varepsilon_1}} \tag{8-148}$$

对分界面两侧均为非磁性介质的情况，$\mu_1 = \mu_2 = \mu_0$，临界角由下式决定

$$\sin\theta_c = \sqrt{\frac{\varepsilon_2}{\varepsilon_1}} \tag{8-149}$$

我们下面来证明，当入射角大于临界角时，必有反射系数的模值 $|R|$ 等于 1。

由前面的分析知道，当入射角 θ_i 大于临界角 θ_c 时，$\sin\theta_t$ 是大于 1 的实数，由式（8-147）可以得到

$$\cos\theta_t = \sqrt{1 - \sin^2\theta_t} = \pm j\sqrt{\frac{\mu_1\varepsilon_1}{\mu_2\varepsilon_2}\sin^2\theta_1 - 1} \tag{8-150}$$

为一虚数。为得到合理解（稍后说明），上式只能取负号。将上式代入反射系数公式（8-125）和式（8-133），整理后可以得到

$$R = \frac{A - jB}{A + jB} = e^{-j2\psi} \tag{8-151a}$$

$$\psi = \arctan\frac{B}{A} \tag{8-151b}$$

对于垂直极化波

$$A = \eta_2\cos\theta_1, \quad B = -\eta_1\sqrt{\left(\frac{\mu_1\varepsilon_1}{\mu_2\varepsilon_2}\right)\sin^2\theta_1 - 1}$$

对于平行极化波

$$A = \eta_1 \cos\theta_1, \quad B = -\eta_2 \sqrt{\left(\frac{\mu_1\varepsilon_1}{\mu_2\varepsilon_2}\right)\sin^2\theta_1 - 1}$$

将 A、B 代入上面的相位表达式，得

$$\psi_{\perp} = -\arctan\left[\frac{\eta_1}{\eta_2}\frac{\sqrt{\left(\frac{\mu_1\varepsilon_1}{\mu_2\varepsilon_2}\right)\sin^2\theta_1 - 1}}{\cos\theta_1}\right]$$

$$\psi_{\parallel} = -\arctan\left[\frac{\eta_2}{\eta_1}\frac{\sqrt{\left(\frac{\mu_1\varepsilon_1}{\mu_2\varepsilon_2}\right)\sin^2\theta_1 - 1}}{\cos\theta_1}\right]$$

根据式（8-151）可知，均匀平面波发生全反射时，反射系数 R 的模值为1，所以反射波振幅与入射波振幅相等。但反射波的相位产生了 2ψ 的滞后，且 ψ 的值与极化状态有关。

需要强调指出，全反射时的反射系数的模值等于1，只能说明垂直流入媒质2的平均能流为零，而并不表示2区内没有电磁场。这与进入理想电容器或电感器的平均功率为零，但电容器和电感器内仍有电磁能量的情况是类似的。由于全反射时的 $\cos\theta_2$ 为虚数，因而在2区存在着一个复波矢量和复折射系数，即

$$\vec{k}_2 = \hat{x}k_2\sin\theta_2 + \hat{z}k_2\cos\theta_2 = \hat{x}k_2\sqrt{\frac{\mu_1\varepsilon_1}{\mu_2\varepsilon_2}}\sin\theta_1 - \hat{z}jk_2\sqrt{\frac{\mu_1\varepsilon_1}{\mu_2\varepsilon_2}\sin^2\theta_1 - 1}$$

其中 $k_2 = \omega\sqrt{\mu_2\varepsilon_2}$，若记

$$\beta = k_2\sqrt{\frac{\mu_1\varepsilon_1}{\mu_2\varepsilon_2}}\sin\theta_1, \quad \alpha = k_2\sqrt{\frac{\mu_1\varepsilon_1}{\mu_2\varepsilon_2}\sin^2\theta_1 - 1}$$

则媒质2中的电场复矢量可以写成

$$\vec{E}_2 = \vec{E}_{20}e^{-j\vec{k}_2\cdot\vec{r}} = \vec{E}_{20}e^{-\alpha z}e^{-j\beta x} \tag{8-152}$$

对垂直极化波，$\vec{E}_{20} = \hat{y}E_{i0}T_{\perp}$；对平行极化波，$\vec{E}_{20} = (\hat{x}\cos\theta_2 - \hat{z}\sin\theta_2)E_{i0}T_{\parallel}$。$T_{\perp}$ 和 $T_{\parallel}$ 都是复数，折射波的相位不再与入射波的相位相同。

由式（8-152）可见，媒质2中电场矢量的等相位面垂直于 x 轴，等幅度面垂直于 z 轴。等相位面和等幅度面相互垂直，说明媒质2中的电磁波不再是均匀平面波，它的幅相分布示于图8-15中。

此外，式（8-152）还表明，电磁场矢量的幅度随着深入媒质2的距离按指数率衰减［如果式（8-150）取正号解，则式（8-152）中的电场振幅将随 z 无限增大，这当然是不可能的，这也是式（8-150）中只取负号的物理意义］，沿 x 方向传播的电磁波能量集中在界面附近，这种能量分布的电磁波称

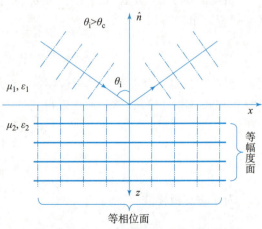

图8-15　全反射时媒质2中电磁场的幅相

为表面波。此表面波的相位常数

$$\beta = k_2 \sqrt{\frac{\mu_1 \varepsilon_1}{\mu_2 \varepsilon_2}} \sin\theta_1 > k_2 = \omega\sqrt{\mu_2\varepsilon_2}$$

其值大于媒质 2 的相位常数 k_2，故它沿 x 方向的相速度小于媒质 2 为无限空间时的平面波相速度，即

$$v_{\mathrm{p}} = \frac{\omega}{\beta} < \frac{\omega}{k_2} = \frac{1}{\sqrt{\mu_2\varepsilon_2}}$$

因此，这种表面波也称为**慢电磁波**，简称**慢波**。

全反射的原理可以被用来产生圆极化波（在光学波段称为圆极化光）。其方法是将一束线极化波以一定的方向和角度投射到一个由光密媒质到光疏媒质的界面上，此线极化波分解为垂直极化波和平行极化波两个部分，全反射时它们的反射波相位改变量不同，通过合理设置界面两侧的介质参数和调整入射角，就可以使两部分反射波的幅度相等而相位相差 $\pi/2$，其合成波成为一个圆极化波。

全反射理论在工程中应用的另一个实例就是介质波导和光纤。图 8 – 15（a）所示空气中一介质片，一平面电磁波在介质中以 $\theta_{\mathrm{i}} > \theta_{\mathrm{c}}$ 的入射角入射到与空气交界的界面上，必然会发生全反射。电磁波在介质片中"不断反射前进"，能量沿介质片无损耗地传输，介质片成为导引电磁波传播的物质结构，称作**介质波导**。将极低损耗介质做成细线状结构，用以导引光波的介质波导也称作**光纤**。为了减小光纤外的表面波对光纤传播特性的影响，实用的光纤通常都做成多层结构。光纤的一种简单结构如图 8 – 16（b）所示，其中心部分用 ε 较大的介质制成，称为核；核外部是 ε 较小的介质涂层，以便满足产生全反射的条件；最外层涂上吸收材料形成无反射条件。

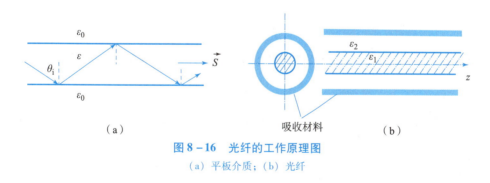

图 8 – 16 光纤的工作原理图
（a）平板介质；（b）光纤

§8.8 有耗媒质界面的反射和折射

前面两节讨论了平面电磁波在两种理想无耗媒质界面上的反射和折射。对于界面两侧是有耗媒质的情况，只要将前面讨论中的波常数 k 和特征阻抗 η 代以复数，所得到的各公式均适用于有耗媒质界面的分析和计算。但这些复量的引入，使得两个区域内电磁波的性质与理想媒质时的情况有所不同，下面以 2 区为导电媒质为例，做简要讨论。

设 2 区媒质参数的 ε_2 和 μ_2 为实数，电导率为 σ_2。则传播常数 k_2 为一复数

$$k_2 = \omega \sqrt{\mu_2 \left(\varepsilon_2 - j \frac{\sigma}{\omega} \right)} = \omega \sqrt{\mu_2 \varepsilon_{e2}}$$

2 区内的折射波的电场复矢量为

$$\vec{E}_t = \vec{E}_{20} e^{-jk_2(x\sin\theta_2 + z\cos\theta_2)} \tag{8-153}$$

$\vec{E}_{20}$ 可由给定的极化形式和入射电场振幅 $\vec{E}_{10}$ 按前面的菲涅尔公式求出，只是公式中的特征阻抗 η_2 是导电媒质平面波的复特征阻抗

$$\eta_2 = \frac{\omega\mu_2}{k_2} = \sqrt{\frac{\mu_2}{\varepsilon_{e2}}}$$

折射角的余弦也是一个复量

$$\cos\theta_2 = \sqrt{1 - \sin^2\theta_2} = \sqrt{1 - \left(\frac{k_1}{k_2} \sin\theta_1 \right)^2}$$

令式（8-153）中

$$
\begin{aligned}
k_{2z} &= k_2 \cos\theta_2 = \left[k_2^2 - k_2^2 \sin^2\theta_2 \right]^{1/2} \\
&= \left[\omega^2 \mu_2 \varepsilon_2 - j\omega\mu_2\sigma_2 - k_1^2 \sin^2\theta_1 \right]^{1/2} \\
&= p - jq
\end{aligned} \tag{8-154}
$$

其中 p 和 q 为实数，它们由以下方程决定

$$p^2 - q^2 = \omega^2 (\mu_2\varepsilon_2 - \mu_1\varepsilon_1 \sin^2\theta_1)$$

$$2pq = \omega\mu_2\sigma_2$$

将式（8-154）和折射定律 $k_1 \sin\theta_1 = k_2 \sin\theta_2$ 代入式（8-153），则媒质 2 中折射波的电磁场复矢量可写成

$$
\begin{aligned}
\vec{E}_2 &= \vec{E}_{20} e^{-j[k_1 x\sin\theta_1 + z(p - jq)]} \\
&= \vec{E}_{20} e^{-qz} e^{-j(k_1 x\sin\theta_1 + pz)} \\
\vec{H}_2 &= \vec{H}_{20} e^{-qz} e^{-j(k_1 x\sin\theta_1 + pz)}
\end{aligned}
$$

可见，有耗媒质中的折射波是一个衰减的平面波，等相位面和等振幅面分别为

$$k_1 \sin\theta_1 x + pz = C_1$$

$$z = C_2$$

的平面，等相位面和等振幅面不再平行，说明有耗媒质中的折射波为一衰减的非均匀平面波，图 8-17 表示出了它们与坐标的关系。

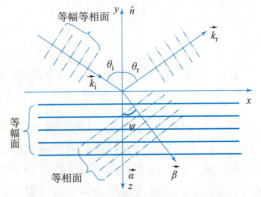

图 8-17 有耗媒质中折射波的幅相关系

由于 p 和 q 都是随 σ_2 增大而增大的函数，有耗媒质中折射波的振幅随着远离媒质界面而按指数率衰减，随 σ_2 的增大衰减速度迅速增大，使电磁场只能存在于界面附近，而形成表面电磁波。等相位面的法线方向与 z 轴的交角 ψ 由下式决定：

$$\cos\psi = \frac{p}{(p^2 + k_1^2\sin^2\theta_1)^{1/2}} \qquad (8-155)$$

ψ 称为**等效折射角**。$\cos\psi$ 随着 p 的增大而增大，当 $\sigma_2 \to \infty$ 时，其极限值为 1。因而电导率极高的有耗媒质中，折射波的传播方向几乎与界面垂直而与入射角无关。

作为导电媒质的极限情况，$\sigma_2 \to \infty$ 的导电媒质称为**理想导体**，其特征阻抗为

$$\eta_2 = \sqrt{\frac{\mu_2}{\varepsilon_{e2}}} = \sqrt{\frac{\mu_2}{\varepsilon_2 - \dfrac{j\sigma_2}{\omega}}} \to 0$$

由菲涅尔公式可以得到理想导体的反射系数和折射系数分别为

$$R_\perp = -1, \ R_\parallel = 1, \ T_\perp = T_\parallel = 0$$

因此，电磁波的能量将全部返回介质 1 中而不能进入理想导体。而 1 区介质内的入射波与反射波幅度相等，按反射角等于入射角的关系对入射波形成全反射。以 1 区为理想电介质的垂直投射为例，有

$$\vec{E}_1 = \vec{E}_i + \vec{E}_r = \hat{y}E_{im}[e^{-jk_1z} - e^{jk_1z}] = \hat{y}j2\sin k_1z$$

$$\vec{E}(z,t) = -\hat{y}2E_{im}\sin k_1z\sin\omega t$$

$$\vec{H}_1 = \vec{H}_i + \vec{H}_r = -\hat{x}\frac{E_{i0}}{\eta_1}(e^{-jk_1z} + e^{jk_1z}) = -\hat{x}\frac{2E_{i0}}{\eta_1}\cos k_1z$$

$$\vec{H}(z,t) = -\hat{x}2\frac{E_{im}}{\eta_1}\cos k_1z\cos\omega t$$

此时，介质 1 内为纯驻波场。理想导体的表面处为电场的波节点和磁场的波腹点，电场值恒为零；距离表面的 $\lambda_1/4$ 处为电场的波腹点和磁场的波节点，磁场值恒为零。在工程应用中，可以将理想导体的这些性质作为电导率很大的良好导体的近似。

§8.9 多层媒质的反射和折射

实际工程中常会遇到电磁波入射到多层媒质组成的复合媒质界面上的情况。假设一厚度为 l 的无限大均匀媒质板（参量为 μ_2、ε_2、σ_2），其两侧都是均匀媒质，它们的参量分别为 μ_1、ε_1、σ_1 和 μ_3、ε_3、σ_3。这样就形成两个无限大平行界面，其位置如图 8-18 所示。

假设一平面波由媒质 1 垂直入射到媒质 1 与媒质 2 的界面上，我们希望知道第一界面（$z=0$）的反射系数 R 和第二界面（$z=l$）的折射系数 T。由图 8-18 可见，由于有两个界面，入射波在第一界面上有部分波被反射，反射波

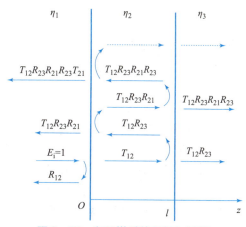

图 8-18 多层媒质的反射与折射

电场复振幅为 $E_{i0}R_{12}$，另一部分折射到第二媒质，折射波电场复振幅为 $E_{i0}T_{12}$，进入媒质 2 的波在第二界面上部分被反射，其电场复振幅为 $E_{i0}T_{12}R_{23}$，另一部分折射到第三媒质中，其电场复振幅为 $E_{i0}T_{12}T_{23}$。上述第二媒质中的反射波在第一界面处又有部分被反射，电场复振幅为 $E_{i0}T_{12}R_{23}R_{21}$，另一部分进入第一媒质，……，如此继续下去，将有无数次反射和折射。将媒质 1 中的无限多个反射波叠加起来，就得到界面 1 的总反射波。由于平面波在媒质 2 中传播时，两个界面之间的相位差为 $\varphi = k_2 l$，所以

$$E_{r0} = E_{i0}R_{12} + E_{i0}T_{12}R_{23}T_{21}\mathrm{e}^{-\mathrm{j}2\varphi} + E_{i0}T_{12}R_{23}R_{21}R_{23}T_{21}\mathrm{e}^{-\mathrm{j}4\varphi} + \cdots$$

$$= E_{i0}R_{12} + E_{i0}T_{12}R_{23}T_{21}\mathrm{e}^{-\mathrm{j}2\varphi}\left[1 + R_{21}R_{23}\mathrm{e}^{-\mathrm{j}2\varphi} + (R_{21}R_{23}\mathrm{e}^{-\mathrm{j}2\varphi})^2 + \cdots\right]$$

利用级数展开式 $1 + x + x^2 + x^3 + \cdots = \dfrac{1}{1-x}$，并考虑到 $R_{21} = -R_{12}$，上式可写成

$$E_{r0} = E_{i0}R_{12} + E_{i0}\frac{T_{12}R_{23}T_{21}\mathrm{e}^{-\mathrm{j}2\varphi}}{1 - R_{21}R_{23}\mathrm{e}^{-\mathrm{j}2\varphi}}$$

故有

$$R = \frac{E_{r0}}{E_{i0}} = \frac{R_{12} + R_{23}(T_{12}T_{21} - R_{12}R_{21})\mathrm{e}^{-\mathrm{j}2\varphi}}{1 - R_{21}R_{23}\mathrm{e}^{-\mathrm{j}2\varphi}} \tag{8-156}$$

可以证明：

$$T_{12}T_{21} - R_{12}R_{21} = 1 \tag{8-157}$$

所以界面 1 的反射系数可表示为

$$R = \frac{R_{12} + R_{23}\mathrm{e}^{-\mathrm{j}2\varphi}}{1 + R_{12}R_{23}\mathrm{e}^{-\mathrm{j}2\varphi}} = \frac{R_{12}\mathrm{e}^{\mathrm{j}\varphi} + R_{23}\mathrm{e}^{-\mathrm{j}\varphi}}{\mathrm{e}^{\mathrm{j}\varphi} + R_{12}R_{23}\mathrm{e}^{-\mathrm{j}\varphi}}$$

$$= \frac{(R_{12} + R_{23})\cos\varphi + \mathrm{j}(R_{12} - R_{23})\sin\varphi}{(1 + R_{12}R_{23})\cos\varphi + \mathrm{j}(1 - R_{12}R_{23})\sin\varphi} \tag{8-158}$$

将用特征阻抗表示的各反射系数代入上式，得

$$R = \frac{\eta_2(\eta_3 - \eta_1) + \mathrm{j}(\eta_2^2 - \eta_1\eta_3)\tan k_2 l}{\eta_2(\eta_3 + \eta_1) + \mathrm{j}(\eta_2^2 - \eta_1\eta_3)\tan k_2 l} \tag{8-159}$$

同样的方法可推出界面 2 的折射率为

$$T = T_{12}T_{21}\mathrm{e}^{-\mathrm{j}\varphi} + T_{12}T_{23}R_{21}R_{23}\mathrm{e}^{-\mathrm{j}3\varphi} + \cdots$$

$$= T_{12}T_{23}\mathrm{e}^{-\mathrm{j}\varphi}\left[1 + R_{21}R_{23}\mathrm{e}^{-\mathrm{j}2\varphi} + (R_{21}R_{23}\mathrm{e}^{-\mathrm{j}2\varphi})^2 + \cdots\right]$$

$$= \frac{T_{12}T_{23}\mathrm{e}^{-\mathrm{j}\varphi}}{1 - R_{21}R_{23}\mathrm{e}^{-\mathrm{j}2\varphi}} = \frac{T_{12}T_{23}\mathrm{e}^{-\mathrm{j}\varphi}}{1 + R_{12}R_{23}\mathrm{e}^{-\mathrm{j}2\varphi}} \tag{8-160}$$

用阻抗表示的折射系数为

$$T = \frac{2\eta_2\eta_3}{\eta_2(\eta_1 + \eta_3)\cos k_2 l + \mathrm{j}(\eta_2^2 + \eta_1\eta_3)\sin kl} \tag{8-161}$$

可见，如果各媒质的参量以及媒质 2 的厚度已知，则可由式（8-159）求得界面 1 的反射系数，从而确定媒质 1 中的电磁波性质。适当选择媒质参量和厚度，就可以得到人们希望的结果。

如果媒质多于三层，可以仿照上述方法处理。如 n 层媒质有 $n-1$ 个界面，先求出 $n-2$ 界面处的反射系数 R_{n-2}，再利用式（8-158）求出 $n-3$ 界面的反射系数 R_{n-3}。以此方法逐步求解，最后可得界面 1 处的反射系数。折射系数亦可用同样的方法求得。

例 8.5 设分界面为无限大平面的三层介质，其阻抗分别为 η_1、η_2 和 η_3，介质 2 的厚度为 l。如果平面波由介质 1 垂直入射到第一界面，试求入射波能量全部进入介质 3 的条件。

解：要使电磁波能量全部进入介质3，要求 $R = 0$，根据式（8-159），将其写成

$$R = \frac{\eta_2(\eta_3 - \eta_1)\cos k_2 l + j(\eta_2^2 - \eta_1\eta_3)\sin k_2 l}{\eta_2(\eta_3 + \eta_1)\cos k_2 l + j(\eta_2^2 - \eta_1\eta_3)\sin k_2 l}$$

上式等于零的条件是

$$(\eta_3 - \eta_1)\cos k_2 l = 0$$

$$(\eta_2^2 - \eta_1\eta_3)\sin k_2 l = 0$$

要使此两式同时成立，可有三种选择：

（1）$\eta_1 = \eta_3$ 同时 $\eta_2^2 = \eta_1\eta_3$，这将导致 $\eta_1 = \eta_2 = \eta_3$，即三层介质相同，此时不论 l 是多少都不会产生反射。这实际上是无限大均匀介质中的情况，与题意不合。

（2）$\eta_1 = \eta_3$，同时 $\sin k_2 l = 0$，这种情况下，不论 η_2 为何值均可使 $R = 0$。媒质2的厚度为 $l = n\pi/k_2 = n\lambda_2/2$，即只要使介质2的厚度等于此种介质中平面波波长一半的整数倍即可满足要求。微波雷达天线罩就用此原理设计。

（3）$\eta_2 = \sqrt{\eta_1\eta_3}$，同时 $\cos k_2 l = 0$，即介质2的厚度必须为 $\lambda_2/4$ 的奇数倍，这也是常用的一种方法。

例8.6 假设一厚度 $l = 0.75$ mm，电容率为 $\varepsilon_r = 9e^{-j0.156\pi}$ 的无限大有耗介质板，一侧为空气，另一侧为理想导体。试求平面波由空气中垂直入射到介质板上的反射系数。

解：这一问题是多层媒质的反射问题，根据式（8-159），将导体的特征阻抗 $\eta_3 = 0$ 及空气特征阻抗 η_0 代入，则得

$$R = \frac{-\eta\eta_0 + j\eta^2 \tan kl}{\eta\eta_0 + j\eta^2 \tan kl} = \frac{-\eta_0/\eta + j\tan kl}{\eta_0/\eta + j\tan kl}$$

$$= -\frac{\sqrt{\varepsilon_r} - j\tan kl}{\sqrt{\varepsilon_r} + j\tan kl}$$

式中

$$k = \omega\sqrt{\mu\varepsilon} = \omega\sqrt{\mu_0\varepsilon_0}\sqrt{\varepsilon_r} = \frac{2\pi}{\lambda_0}\sqrt{\varepsilon_r}$$

所以

$$R = \frac{3e^{-j0.078\pi} - j\tan\left(\dfrac{4.5\pi \times 10^{-3}}{\lambda_0}e^{-j0.078\pi}\right)}{3e^{-j0.078\pi} + j\tan\left(\dfrac{4.5\pi \times 10^{-3}}{\lambda_0}e^{-j0.078\pi}\right)} = |R|e^{-j\varphi}$$

显然，反射率不仅与媒质的电容率有关，还与电磁波的波长（频率）有关。上式是一复杂的复数表达式，可利用计算机求出反射系数的模值和相角。归一化反射系数的模值与频率的关系，用分贝表示如图8-19所示。可见，反射系数是频率的灵敏函数。利用这一原理，适当选择参数及厚度，就可以大大减小某一频率范围内的反射率，这就是电磁材料的吸波机理。把类似的材料涂敷在坦克、军舰、飞机等军事目标上就可大大降低被敌方发现目标的概率。

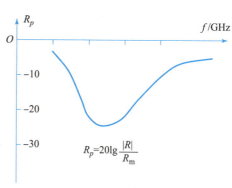

图8-19 单层媒质反射系数与频率的关系

习题八

8.1 真空中一平面电磁波的电场强度为

$$\vec{E}(t) = \hat{x}1.2\pi\cos(6\pi \times 10^8 t - 2\pi z)$$

求电磁波的频率、相位常数、波矢量、波长、传播速度及磁场强度。

8.2 假设真空中一平面电磁波的电场强度

$$\vec{E}(t) = (3\hat{x} - 4\hat{y})\cos(6\pi \times 10^9 t - 20\pi z) \text{ V/m}$$

试计算对应的磁场强度和功率流密度。

8.3 $f = 10^7$ Hz 的正弦平面电磁波在纯水（$\varepsilon_r = 81$，$\mu_r = 1$，$\sigma = 0$）中传播，其电场强度矢量在 $\hat{x}$ 方向上，振幅为 0.1 V/m，传播方向为 $\hat{y}$ 方向。

（1）计算 k、η、v_p 及 λ；

（2）写出电场强度的瞬时值和复矢量；

（3）求磁场强度的瞬时值和复矢量；

（4）求平均功率流密度；

（5）若此平面波在真空中传播，重算 k、η、v_p 及 λ。

8.4 指出下列平面波的极化方式：

（1）$\vec{E} = (\hat{x}E_{xm} - \hat{y}E_{ym})e^{-jkz}$；

（2）$\vec{E} = 5(\hat{y} + j\hat{z})e^{-jkx}$；

（3）$\vec{E} = (\hat{x}3 + \hat{y}4e^{j\frac{\pi}{6}})e^{-jkz}$；

（4）$\vec{E} = E_m[2\hat{x}(1 + j) + 2\hat{y}(1 - j)]e^{-jkz}$；

（5）$\vec{E} = (-\hat{x} - \sqrt{5}\hat{y} + \sqrt{3}\hat{z})e^{-j0.3\pi(2x-\sqrt{5}y-\sqrt{3}z)}$。

8.5 由频率不同但传播方向相同的两个线极化波合成的平面波，其坡印廷矢量的瞬时值一般不等于两个线极化波的坡印廷矢量瞬时值的叠加，并证明其相等的条件。

8.6 假设干燥土壤的 $\varepsilon_r = 4$，$\sigma = 10^{-4}$ S/m，频率分别为 500 kHz 和 100 MHz 的电磁波在其中传播时，试求：

（1）场强振幅衰减到原来值的 10^{-6} 时的传播距离；

（2）当土壤潮湿时 $\varepsilon_r = 10$，$\sigma = 10^{-2}$ S/m，重复上述计算。

8.7 证明良好导电媒质中电磁波的能量在传播方向上的衰减量约为每个波长 55 dB。

8.8 假设海水中的电磁参量为 $\varepsilon_r = 81$，$\mu_r = 1$，$\sigma = 5.1$ S/m。试问：什么频率范围内海水可以看作良好导体？什么频率范围内可以看作低损耗介质？

8.9 证明群速和相速有如下关系：

$$v_g = v_p + \beta\frac{\mathrm{d}v_p}{\mathrm{d}\beta}$$

并且下式也成立

$$v_g = v_p - \lambda\frac{\mathrm{d}v_p}{\mathrm{d}\lambda}$$

8.10 设自由空间一平面电磁波的电场复矢量为

$$\vec{E} = [3\hat{x} + 4\hat{y} + (3 - j4)\hat{z}]e^{-j2\pi(0.8x - 0.6y)}$$

求：（1）相位常数和角频率；

（2）磁场矢量的瞬时值；

（3）平均坡印廷矢量；

（4）电场能量密度的平均值。

8.11 设无界理想媒质中有电场

$$\vec{E}_1 = \hat{x}E_{10}e^{-jkz}, \vec{E}_2 = \hat{z}E_{20}e^{-jkz}$$

（1）$\vec{E}_1$ 和 $\vec{E}_2$ 是否满足 $\nabla^2\vec{E} + k^2\vec{E} = 0$；

（2）由 $\vec{E}_1$ 和 $\vec{E}_2$ 分别求对应的磁场，并且说明 $\vec{E}_1$ 和 $\vec{E}_2$ 是否表示电磁波。

8.12 一个在自由空间传播的均匀平面电磁波，其电场复矢量为

$$\vec{E} = \hat{x}10^{-4}e^{-j20\pi z} + \hat{y}10^{-4}e^{-j\left(20\pi z - \frac{\pi}{2}\right)}$$

求：（1）电磁波的传播方向；

（2）电磁波的频率 f；

（3）磁场强度 $\vec{H}$；

（4）电磁波的极化形式；

（5）沿传播方向单位面积流过的平均功率。

8.13 假设自由空间一平面电磁波的电场复矢量为

$$\vec{E} = [\hat{x}(2 + j3) + \hat{y}4 + \hat{z}3]e^{-j(-1.8y + 2.4z)}$$

求：（1）波矢量的方向；

（2）是否为横电磁波；

（3）极化形式；

（4）坡印廷矢量的平均值。

8.14 证明理想媒质中平面电磁波的电能密度等于磁能密度，而且能流密度的平均值等于总能量密度的平均值与传播速度的乘积。

8.15 假设真空中一椭圆极化平面波的电场强度矢量

$$\vec{E}(r,t) = \hat{x}E_1\cos(\omega t - kz) + \hat{y}E_2\cos(\omega t - kz + \varphi)$$

证明它的复矢量可以表示为 $\vec{E} = (\vec{E}_a + j\vec{E}_b)e^{-jkz}$，其中 $\vec{E}_a$ 和 $\vec{E}_b$ 为实矢量。求 $\vec{E}_a$、$\vec{E}_b$ 及对应的 $\vec{H}$。

8.16 证明一个线极化平面波可以分解成两个旋转方向相反的圆极化波。

8.17 设有两个沿相同方向传播的圆极化波，其频率相近和振幅相同，但旋转方向相反。求合成波，并说明合成波的极化形式。

8.18 证明圆极化波携带的平均能流密度是等振幅线极化波的2倍。

8.19 已知聚苯乙烯在 $f = 10^9$ Hz 时的 $\tan\delta = 0.0003$，$\varepsilon_r = 1$，$\mu_r = 1$。试计算透入深度和其内部平面电磁波的电、磁场之间的相位差。

8.20 均匀导电媒质中电磁场方程的解一般表示成 $\vec{E} = \vec{E}_0e^{-j\vec{k}\cdot\vec{r}}$，$\vec{H} = \vec{H}_0e^{-j\vec{k}\cdot\vec{r}}$，其中 $\vec{E}_0$ 和 $\vec{H}_0$ 为复常矢量，$\vec{k}$ 称为复波矢量，$\vec{k} = \hat{k}(\beta - j\alpha)$，$\hat{k}$ 为 $\vec{k}$ 方向的单位矢量，

$$\vec{k} \cdot \vec{k} = \omega^2\mu\varepsilon - j\omega\mu\sigma = \omega^2\mu\varepsilon_e$$

试证明：除非线极化波，一般电、磁场矢量的瞬时值并不垂直。

8.21 一线极化均匀平面电磁波在空气中的波长为 60 m，它进入海水并垂直向下传播，

已知水下 1 m 处 $E = \cos\omega t$ V/m。求海水中任意点 $\vec{E}$ 和 $\vec{H}$ 的瞬时值及相速度和波长。设海水参量为 $\varepsilon_r = 80$，$\mu_r = 1$，$\sigma = 4$ S/m。

8.22 试导出均匀导电媒质（μ，ε，σ）中平面电磁波的相速度和群速度。

8.23 干燥土壤的 $\varepsilon_r = 4$，$\mu_r = 1$，$\sigma = 10^{-3}$ S/m，如有 $f = 10^7$ Hz 的均匀平面波在其中传播，求传播速度、波长及振幅衰减到 10^{-6} 的距离。

8.24 若一个均匀平面波在某种色散媒质中传播，在特定范围内其相速与波长的关系为 $v_p = A\sqrt{\lambda}$，其中 A 是一个有量纲 $[\text{m/s}^2]^{1/2}$ 的常数，试求电磁波在此种媒质中的群速度。

8.25 若均匀平面波在一种色散媒质中传播，该媒质的参量为

$$\varepsilon_r = 1 + \frac{A^2}{B^2 - \omega^2}, \quad \mu_r = 1, \sigma = 0$$

其中 A、B 是角频率量纲的常数，试求电磁波在该媒质中传播的相速度 v_p 和群速度 v_g。

8.26 一平面波由空气入射到参量为 $\mu_r = 1$，$\varepsilon_r = 4$，$\sigma = 0$ 的媒质界面上，若界面坐标为 $z = 0$，入射波的波矢量为 $\vec{k}_i = \hat{x}6 + \hat{z}8$，求

（1）入射波的频率；

（2）θ_i、θ_r、θ_t；

（3）$\vec{k}_r$、$\vec{k}_t$。

8.27 空气中一均匀平面波的电场复矢量为

$$\vec{E} = \hat{y}E_m e^{-j10\pi(x+\sqrt{3}z)}$$

此平面波投射到理想媒质（$\mu_r = 1$，$\varepsilon_r = 1.5$）的表面上（$z = 0$），求反射系数和折射系数。

8.28 证明两种介质的分界面上反射系数和折射系数可以写成

$$R_\perp = \frac{\sin(\theta_2 - \theta_1)}{\sin(\theta_2 + \theta_1)}, \qquad T_\perp = \frac{2\cos\theta_1\sin\theta_2}{\sin(\theta_1 + \theta_2)}$$

$$R_\parallel = -\frac{\tan(\theta_2 - \theta_1)}{\tan(\theta_2 + \theta_1)}, \qquad T_\parallel = \frac{2\cos\theta_1\sin\theta_2}{\sin(\theta_1 + \theta_2)\cos(\theta_1 - \theta_2)}$$

8.29 空气中一平面电磁波斜入射到一电介质表面上，介质参量 $\varepsilon_r = 3$，$\mu_r = 1$。入射角 $\theta_i = 60°$，入射波电场振幅为 1 V/m。试分别计算垂直极化和平行极化两种情况下，反射波和折射波电场的振幅。

8.30 一圆极化均匀平面波斜入射到非磁性的无限大介质界面上，如果 $\theta_i = \theta_B$，证明反射波与折射波的传播方向相垂直。

8.31 空气中一波长 $\lambda = 3$ cm 的均匀平面波垂直入射到玻璃纤维板上，$\varepsilon_r = 4.9$，$\sigma = 0$，$\mu_r = 1$。

（1）若要求没有反射，求板厚；

（2）如入射波频率减小 10%，试求透过此板的能量与入射能量的百分比。

8.32 一线极化均匀平面波由空气向理想介质（$\mu_r = 1$）垂直入射，分界面上介质一侧电场和磁场振幅分别为 $E_m = 10$ V/m，$H_m = 0.226$ A/m。

（1）求介质的相对电容率 ε_r；

（2）求入射波、反射波和折射波的复振幅 E_{i0}、H_{i0}、E_{r0}、H_{r0}、E_{t0} 和 H_{t0}；

（3）求空气中 z 方向的驻波系数 ρ。

8.33 空气中一频率为 1 GHz，电场振幅为 1 V/m 的平面电磁波，垂直入射到铜材平面

上，求每平方米铜表面所吸收的功率。已知铜的参量 $\mu_r = 1$，$\sigma = 5.8 \times 10^7 \ \text{S/m}$。

　　[提示：$J_S = 2H_{i0}$，$P_{av} = \dfrac{1}{2}J_S^2 R_S$]

　　8.34　一均匀平面波自特征阻抗为 η 的电介质垂直入射到电导率为 σ，$\mu_r = 1$ 的良好导体平面上，试证明透入导体内部的功率流密度与入射功率流密度之比近似等于 $4R_S/\eta$。[提示：将 $\eta_2 = (1 + j)R_S$ 代入反射系数中]

　　8.35　设截面积为 $a \ \text{m} \times b \ \text{m}$ 的平面波波束以 θ_i 角由空气入射到无限大介质 $(\mu, \varepsilon, \sigma = 0)$ 平面上，求折射波束的截面尺寸。

　　8.36　一圆极化均匀平面波由介质 1 向介质 2 界面入射，已知 $\mu_{r1} = \mu_{r2}$。

　　(1) 分析 $\varepsilon_{r1} < \varepsilon_{r2}$ 和 $\varepsilon_{r1} > \varepsilon_{r2}$ 两种情况下，反射波和折射波的极化情况；

　　(2) 当 $\varepsilon_{r2} = 4\varepsilon_{r1}$ 时，欲使反射波为线极化波，入射角应为多大？

　　8.37　一均匀平面波以入射角 $\theta_i = \theta_1$ 投射到两种无耗媒质的界面上，入射波的电场矢量与入射面垂直，折射角 $\theta_t = \theta_2$。

　　(1) 若已知反射系数 $R = 1/2$，求折射系数；

　　(2) 若此平面波自媒质 2 射向媒质 1，且 $\theta'_i = \theta_2$，求 θ'_t、R' 及 T'。

　　(3) 在上述两种入射情况下，功率反射率和功率折射率是否相等？

　　8.38　一均匀平面波自空气向 $\mu = \mu_0$，$\varepsilon = 3\varepsilon_0$ 的理想介质表面 $(z = 0)$ 斜入射，若已知入射波的磁场复矢量为

$$\vec{H}_i = (\hat{x}\sqrt{3} - \hat{y} + \hat{z})e^{-j(Ax + 2\sqrt{3}z)}$$

试求：(1) 常数 A 和电磁波的频率；

　　(2) 入射波电场复矢量 $\vec{E}_i$；

　　(3) 入射角 θ_i；

　　(4) 反射波电场复矢量 $\vec{E}_r$。

　　8.39　证明当垂直极化波由自由空间斜入射到一块绝缘的磁性材料 $(\mu_r > 1$，$\varepsilon_r > 1$，$\sigma = 0)$ 上时，其布儒斯特角应满足下面关系

$$\tan^2\theta_B = \frac{\mu_r(\mu_r - \varepsilon_r)}{\varepsilon_r\mu_r - 1}$$

而对于平行极化波，则满足下面关系

$$\tan^2\theta_B = \frac{\varepsilon_r(\varepsilon_r - \mu_r)}{\varepsilon_r\mu_r - 1}$$

　　8.40　一线极化平面波由自由空间入射到电介质 $(\varepsilon_r = 4$，$\mu_r = 1)$ 的界面上，如果入射波的电场矢量与入射面的夹角为 $45°$，试问

　　(1) 当入射角 θ_i 为多少时，反射波成为垂直极化波；

　　(2) 此时反射波的平均功率流密度是入射波的百分之几？

　　8.41　一圆极化均匀平面波的电场复矢量为

$$\vec{E} = (\hat{x} + j\hat{y})E_m e^{-jkz}$$

垂直入射到 $z = 0$ 处的理想导体平面上，试求：

　　(1) 反射波的电场表达式；

　　(2) 合成波的电场表达式；

　　(3) 合成波沿 z 方向的平均能流密度。

8.42　一均匀平面波从自由空间垂直入射到某种介质平面上时，在自由空间形成行驻波，驻波系数为 2.7，介质界面上为驻波最小点，求介质的电容率。

8.43　最简单的天线罩是单层介质板，若已知介质板的电容率 $\varepsilon_r = 2.7$，对于垂直入射的平面波，试问

（1）介质板多厚时，才能使 $f = 3$ GHz 的电磁波无反射；

（2）当频率为 3.1 GHz 和 2.9 GHz 时，这一天线罩的反射系数是多少？

第 8 章习题答案

第9章　导行电磁波

在上一章中已经讨论了无界媒质中麦克斯韦方程组的解，在直角坐标系中为任意方向传播的均匀平面电磁波，并讨论了平面波在两种不同媒质分界面上的反射和折射及其传播特性，在一定条件下，可以形成沿界面传播的电磁波。可见，导体或介质在一定条件下可以导引电磁波，这种被引导传输的电磁波称为**导行电磁波**。

广义地讲，凡用来导引电磁波进行定向传输的装置都可以称为传输线。这样的装置有双导体系统、单导体系统和介质系统等。但在习惯上，往往对不同形式的波导赋予一些专有的名称。如按结构不同把双导体系统分别称为平行双线传输线、同轴线、带线和微带线等；把空心金属管的单导体系统，按其横截面形状分别称作矩形波导、圆形波导和椭圆波导等，而介质引导系统则按使用频段不同称为介质波导和光纤。

导行电磁波问题仍然是电磁场的边值问题，即求解满足传输线边界条件的波动方程，然后分析沿传输线的传播特性。本章主要讨论以矩形波导和圆形波导为主的规则波导理论。并在此基础上简要介绍一种在微波波段经常应用的器件——谐振腔。

§9.1　导行波的电磁场

假定由理想导体构成的导波装置沿 z 方向均匀，并且置于线性、均匀、各向同性的理想媒质中（电磁参量为 $\mu, \varepsilon, \sigma = 0$），电磁波在媒质中沿导体向 $+z$ 方向传播。这种情况下正弦电磁场的复矢量可表示为

$$\vec{E} = \vec{E}_0(x,y)\mathrm{e}^{-\gamma z} = (\hat{x}E_{0x} + \hat{y}E_{0y} + \hat{z}E_{0z})\mathrm{e}^{-\gamma z} \tag{9-1a}$$

$$\vec{H} = \vec{H}_0(x,y)\mathrm{e}^{-\gamma z} = (\hat{x}H_{0x} + \hat{y}H_{0y} + \hat{z}H_{0z})\mathrm{e}^{-\gamma z} \tag{9-1b}$$

式中的 E_{0x}、E_{0y}、E_{0z}、H_{0x}、H_{0y}、H_{0z} 都只是坐标 x 和 y 的函数，对坐标 z 的依赖关系只出现在指数中，这正是向 $+z$ 方向传播的电磁波的特征。γ 称为导行电磁波的**传播常数**。

理想媒质的无源区域中，电磁场满足限定形式的麦克斯韦方程组：

$$\nabla \times \vec{H} = \mathrm{j}\omega\varepsilon\vec{E} \tag{9-2a}$$

$$\nabla \times \vec{E} = -\mathrm{j}\omega\mu\vec{H} \tag{9-2b}$$

$$\nabla \cdot \vec{E} = 0 \tag{9-2c}$$

$$\nabla \cdot \vec{H} = 0 \tag{9-2d}$$

将导行波电磁场的表达式（9-1）代入上面的麦克斯韦方程组，考虑到各分量都有 $\partial/\partial z = -\gamma$ 的关系，将式（9-2a）和式（9-2b）在直角坐标系中展开为

$$\frac{\partial H_{0z}}{\partial y} + \gamma H_{0y} = j\omega\varepsilon E_{0x} \tag{9-3a}$$

$$-\gamma H_{0x} - \frac{\partial H_{0z}}{\partial x} = j\omega\varepsilon E_{0y} \tag{9-3b}$$

$$\frac{\partial H_{0y}}{\partial x} - \frac{\partial H_{0x}}{\partial y} = j\omega\varepsilon E_{0z} \tag{9-3c}$$

$$\frac{\partial E_{0z}}{\partial y} + \gamma E_{0y} = -j\omega\mu H_{0x} \tag{9-3d}$$

$$-\gamma E_{0x} - \frac{\partial E_{0z}}{\partial x} = -j\omega\mu H_{0y} \tag{9-3e}$$

$$\frac{\partial E_{0y}}{\partial x} - \frac{\partial E_{0x}}{\partial y} = -j\omega\mu H_{0z} \tag{9-3f}$$

电磁场共有 6 个分量，但其中 4 个横向分量可以用 2 个纵向分量导出。由式（9-3a）和式（9-3e）消去 H_{0y}，得到

$$E_{0x} = -\frac{1}{\gamma^2 + k^2}\left(\gamma\frac{\partial E_{0z}}{\partial x} + j\omega\mu\frac{\partial H_{0z}}{\partial y}\right) \tag{9-4a}$$

式中，$k^2 = \omega^2\mu\varepsilon$。同理可得

$$E_{0y} = \frac{1}{\gamma^2 + k^2}\left(-\gamma\frac{\partial E_{0z}}{\partial y} + j\omega\mu\frac{\partial H_{0z}}{\partial x}\right) \tag{9-4b}$$

$$H_{0x} = \frac{1}{\gamma^2 + k^2}\left(j\omega\varepsilon\frac{\partial E_{0z}}{\partial y} - \gamma\frac{\partial H_{0z}}{\partial x}\right) \tag{9-4c}$$

$$H_{0y} = -\frac{1}{\gamma^2 + k^2}\left(j\omega\varepsilon\frac{\partial E_{0z}}{\partial x} + \gamma\frac{\partial H_{0z}}{\partial y}\right) \tag{9-4d}$$

显而易见，如果求得了 E_{0z} 和 H_{0z}，则电磁场的各分量就全可求得。

由麦克斯韦方程组（9-2）可以导出电、磁场都满足齐次亥姆霍兹方程

$$\nabla^2\vec{E} + k^2\vec{E} = 0 \tag{9-5a}$$

$$\nabla^2\vec{H} + k^2\vec{H} = 0 \tag{9-5b}$$

将式（9-1）代入上式，即可求得电磁场纵向分量满足以下方程

$$\frac{\partial^2 E_{0z}}{\partial x^2} + \frac{\partial^2 E_{0z}}{\partial y^2} + (\gamma^2 + k^2)E_{0z} = 0 \tag{9-6a}$$

$$\frac{\partial^2 H_{0z}}{\partial x^2} + \frac{\partial^2 H_{0z}}{\partial y^2} + (\gamma^2 + k^2)H_{0z} = 0 \tag{9-6b}$$

令

$$k_c^2 = \gamma^2 + k^2, \quad \nabla_t^2 = \frac{\partial^2}{\partial x^2} + \frac{\partial^2}{\partial y^2}$$

以上两式可以写成

$$\nabla_t^2 E_{0z} + k_c^2 E_{0z} = 0 \tag{9-7a}$$

$$\nabla_t^2 H_{0z} + k_c^2 H_{0z} = 0 \tag{9-7b}$$

方程（9-7）可以用分离变量法解出，则导行波即可确定。

由式（9-4a）~式（9-4d）可以看出，每个横向场分量均有两项，一项与 E_{0z} 有关，另一项与 H_{0z} 有关。当 $k_c \neq 0$ 时，只要 E_{0z} 和 H_{0z} 中有一项不等于零，就有一组与 k_c 相对应的电磁场分量存在。因此，我们可以将导行电磁波的解看成是两组特殊解的组合：一组由

$E_{0z} = 0, H_{0z} \neq 0$ 确定，此时的 4 个横向场分量可以由 H_{0z} 求出，这组解可能有 5 个场分量，由于没有传播方向上的电场分量，即电场分量仅在垂直于传播方向的平面内，故称为**横电波**或 **TE 波**，也称为**磁波或 H 波**；另一组由 $E_{0z} \neq 0, H_{0z} = 0$ 确定，此时的 4 个横向场分量可以由 E_{0z} 求出，这组解也可能有 5 个场分量，由于没有传播方向上的磁场分量，即磁场分量仅在垂直于传播方向的平面内，故称为**横磁波**或 **TM 波**，也称为**电波或 E 波**。

每一组 TE 波和 TM 波均可以满足麦克斯韦方程，因此都是可以单独传播的导行波的可能解。并且，$k_c \neq 0$ 时的任意一个导行波的解都可以由 TE 波和 TM 波的组合叠加构成。

当 $k_c = 0$ 时，由式（9-4）的关系可以看出，只有当 $E_{0z} = H_{0z} = 0$ 时，才可能有不等于零的横向场分量〔当然，此时的横向场分量不能由式（9-4）求解，而必须采用其他方法〕。这种导行电磁波的电场分量和磁场分量都将垂直于传播方向，故称为**横电磁波**或 **TEM 波**。这种导行电磁波与前一章讨论的平面波类似，其区别是该导行波的场量一般是横向坐标的函数，即与传播方向垂直的平面内场不是均匀的。

§9.2 矩形波导管中的电磁波

图 9-1 所示为一无限长矩形截面直波导管，管的轴线与 z 轴方向一致，它的内壁坐标分别为 $x=0, x=a, y=0, y=b$，假设波导管材料为理想导体，内部充满参量为 ε 和 μ 的理想介质。下面分别讨论矩形波导管中 TE 波和 TM 波的场表达式和性质。

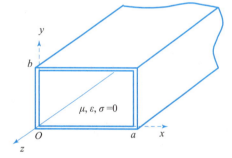

图 9-1 矩形波导管

一、矩形波导内的 TE 电磁波

在上一节已经得知，导行电磁波的横向分量可以用纵向分量表示。对 TE 波来说，解出满足式（9-7b）和波导边界条件的 H_{0z}，问题即可得到解决。式（9-7b）是二阶偏微分方程，此类方程一般可以用分离变量法求解，设

$$H_{0z} = f(x) \cdot g(y) \tag{9-8}$$

其中 $f(x)$ 仅是坐标 x 的函数，而 $g(y)$ 仅是坐标 y 的函数。
将式（9-8）代入式（9-7b），用 $f(x)g(y)$ 除方程两边，得

$$\frac{1}{f(x)} \frac{\partial^2 f(x)}{\partial x^2} + \frac{1}{g(y)} \frac{\partial^2 g(y)}{\partial y^2} + k_c^2 = 0 \tag{9-9}$$

上式对任意坐标位置都成立的条件是各项都为常数，令

$$\frac{1}{f(x)} \frac{\mathrm{d}^2 f(x)}{\mathrm{d}x^2} = -k_x^2 \tag{9-10a}$$

$$\frac{1}{g(y)} \frac{\mathrm{d}^2 g(y)}{\mathrm{d}y^2} = -k_y^2 \tag{9-10b}$$

其中

$$k_x^2 + k_y^2 = k_c^2 = \gamma^2 + k^2 \tag{9-11}$$

式（9-10）写成标准二阶常微分方程形式为

$$\frac{\mathrm{d}^2 f(x)}{\mathrm{d}x^2} + k_x^2 f(x) = 0 \tag{9-12a}$$

$$\frac{\mathrm{d}^2 g(y)}{\mathrm{d}y^2} + k_y^2 g(y) = 0 \tag{9-12b}$$

以上两方程的解分别为

$$f(x) = A\sin k_x x + B\cos k_x x \tag{9-13a}$$

$$g(y) = C\sin k_y y + D\cos k_y y \tag{9-13b}$$

其中 A、B、C、D 都是任意常数。所以

$$H_{0z} = (A\sin k_x x + B\cos k_x x)(C\sin k_y y + D\cos k_y y) \tag{9-14a}$$

将上式代入式（9-4a）和式（9-4b），得到电场的横向分量为

$$E_{0x} = -\frac{\mathrm{j}\omega\mu}{k_c^2} k_y (A\sin k_x x + B\cos k_x x)(C\cos k_y y - D\sin k_y y) \tag{9-14b}$$

$$E_{0y} = \frac{\mathrm{j}\omega\mu}{k_c^2} k_x (A\cos k_x x - B\sin k_x x)(C\sin k_y y + D\cos k_y y) \tag{9-14c}$$

利用理想导体波导壁上的电场切向分量等于零的边界条件

$$E_{0x}(y = 0) = 0 \tag{9-15a}$$

$$E_{0x}(y = b) = 0 \tag{9-15b}$$

$$E_{0y}(x = 0) = 0 \tag{9-15c}$$

$$E_{0y}(x = a) = 0 \tag{9-15d}$$

可以确定出常数 A、B、C、D、k_x、k_y。首先将式（9-14c）代入式（9-15c），得到

$$E_{0y}(x = 0) = \frac{\mathrm{j}\omega\mu}{k_c^2} k_x A(C\sin k_y y + D\cos k_y y) = 0$$

只需令 $A = 0$，则该边界条件即可得到满足。取式（9-14b）中的 $A = 0$ 后，代入边界条件式（9-15a），得

$$E_{0x}(y = 0) = -\frac{\mathrm{j}\omega\mu}{k_c^2} k_y B\cos k_x x \cdot C = 0$$

令 $C = 0$，该边界条件即可得到满足。由此，磁场的纵向分量和两个电场分量可以写成

$$H_{0z} = H_0 \cos k_x x \cos k_y y \tag{9-16a}$$

$$E_{0x} = \frac{\mathrm{j}\omega\mu k_y}{k_c^2} H_0 \cos k_x x \sin k_y y \tag{9-16b}$$

$$E_{0y} = -\frac{\mathrm{j}\omega\mu k_x}{k_c^2} H_0 \sin k_x x \cos k_y y \tag{9-16c}$$

其中 $H_0 = BD$，将由初始条件决定。

将式（9-16b）和式（9-16c）分别代入边界条件式（9-15b）和式（9-15d），得到

$$E_{0x}(y = b) = \frac{\mathrm{j}\omega\mu k_y}{k_c^2} H_0 \cos k_x x \sin k_y b = 0$$

$$E_{0y}(x = a) = -\frac{\mathrm{j}\omega\mu k_x}{k_c^2} H_0 \sin k_x a \cos k_y y = 0$$

只需令

$$k_y = \frac{n\pi}{b} \quad (n = 0,1,2,3,\cdots)$$

$$k_x = \frac{m\pi}{a} \quad (m = 0,1,2,3,\cdots)$$

则这两个边界条件也得到满足。

到此为止，除了常数 H_0 将由激励强度（初始条件）决定外，其他常数均已确定。因此，TE 波的 5 个场分量的表达式为

$$E_{0x} = \frac{\mathrm{j}\omega\mu}{k_c^2}\frac{n\pi}{b}H_0\cos\frac{m\pi}{a}x\sin\frac{n\pi}{b}y \tag{9-17a}$$

$$E_{0y} = -\frac{\mathrm{j}\omega\mu}{k_c^2}\frac{m\pi}{a}H_0\sin\frac{m\pi}{a}x\cos\frac{n\pi}{b}y \tag{9-17b}$$

$$H_{0x} = \frac{\gamma}{k_c^2}\frac{m\pi}{a}H_0\sin\frac{m\pi}{a}x\cos\frac{n\pi}{b}y \tag{9-17c}$$

$$H_{0y} = \frac{\gamma}{k_c^2}\frac{n\pi}{b}H_0\cos\frac{m\pi}{a}x\sin\frac{n\pi}{b}y \tag{9-17d}$$

$$H_{0z} = H_0\cos\frac{m\pi}{a}x\cos\frac{n\pi}{b}y \tag{9-17e}$$

以上 5 个式子表示 xy 平面内电磁场各分量的复振幅因子，描述了 xy 平面内电磁场随坐标变化的规律。将各式乘以传播因子 $\mathrm{e}^{-\gamma z}$，就得到波导内任意点的复振幅。再分别乘以各自的单位矢量，相加后就得到矩形波导内 TE 波的电磁场复矢量

$$\vec{E} = (\hat{x}E_{0x} + \hat{y}E_{0y})\mathrm{e}^{-\gamma z} \tag{9-18}$$
$$\vec{H} = (\hat{x}H_{0x} + \hat{y}H_{0y} + \hat{z}H_{0z})\mathrm{e}^{-\gamma z} \tag{9-19}$$

其中

$$k_c^2 = \gamma^2 + \omega^2\mu\varepsilon = k_x^2 + k_y^2 = \left(\frac{m\pi}{a}\right)^2 + \left(\frac{n\pi}{b}\right)^2 \tag{9-20}$$

从上面的 TE 波电磁场表达式可以得到 TE 波的相关特性，具体如下。

1. 传输模式

矩形波导管中的 TE 波可以有无穷多组解，每一组 m、n 值对应一种场分布，称为一种 TE_{mn} 模。每一个确定的 TE_{mn} 模的场分量沿 x 方向呈 $m/2$ 个周期的正弦或余弦变化，沿 y 方向呈 $n/2$ 个周期变化，所以 m 和 n 分别表示场分布沿 x 和 y 方向变化的半周期数。由式（9-17）可以看出，m 和 n 最多只能有一个为零，否则将使电磁场的横向分量都为零。而仅有一个周期性变化的纵向磁场分量，不可能满足麦克斯韦方程，故所有电磁场分量都不存在，电磁波不复存在。当 m（或 n）等于零时，TE_{m0} 模或 TE_{0n} 模只存在两个磁场分量和一个电场分量。

2. 传输条件

根据式（9-11），TE_{mn} 模的传播常数为

$$\gamma = \sqrt{k_x^2 + k_y^2 - k^2} = \mathrm{j}\sqrt{\omega^2\mu\varepsilon - \left(\frac{m\pi}{a}\right)^2 - \left(\frac{n\pi}{b}\right)^2} = \mathrm{j}\beta_{mn} \tag{9-21}$$

当 γ 为虚数（即 β_{mn} 为实数）时，电磁场瞬时表达式具有 $\cos(\omega t - \beta_{mn}z)$ 的形式，形成沿 z 方向传播的电磁波。β_{mn} 称为导行波的**相位常数**，每一种 TE_{mn} 模对应一个相位常数，β_{mn}

的大小与波导尺寸、m 和 n 的取值、填充介质的参量及电磁波的频率 f 有关。

若 γ 为实数（即 β_{mn} 虚数）时，电磁场瞬时表达式变成 $e^{-|\beta_{mn}|z}\cos\omega t$ 的形式，场幅度沿 z 衰减，并且没有了等相位面的移动，失去了电磁波的传输特征，称之为截止。对于确定的波导，使 $\beta_{mn}=0$ 的频率称为 **截止频率**，记作 f_{mn}，由式（9-21）得到

$$f_{mn} = \frac{1}{2\pi\sqrt{\mu\varepsilon}}\sqrt{\left(\frac{m\pi}{a}\right)^2 + \left(\frac{n\pi}{b}\right)^2} = \frac{v}{2}\sqrt{\left(\frac{m}{a}\right)^2 + \left(\frac{n}{b}\right)^2} \qquad (9-22)$$

式中，$v = 1/\sqrt{\mu\varepsilon}$，为波导填充介质中的光速。

相应地可以定义导行波的 **截止波长** λ_{mn}，有

$$\lambda_{mn} = \frac{v}{f_{mn}} = \frac{2}{\sqrt{\left(\frac{m}{a}\right)^2 + \left(\frac{n}{b}\right)^2}} \qquad (9-23)$$

截止频率 f_{mn} 和截止波长 λ_{mn} 由波导尺寸 a 和 b、m 和 n 的取值及波导内的介质参量 ε 和 μ 决定，对给定的波导，m 和 n 越大的模，其截止频率越高，截止波长越短。

根据 f_{mn} 和 λ_{mn} 的表达式，相位常数可以写成更为简洁的形式：

$$\beta_{mn} = \sqrt{\omega^2\mu\varepsilon - \left(\frac{m\pi}{a}\right)^2 - \left(\frac{n\pi}{b}\right)^2}$$

$$= \frac{2\pi}{\lambda}\sqrt{1 - \left(\frac{f_{mn}}{f}\right)^2} = \frac{2\pi}{\lambda}\sqrt{1 - \left(\frac{\lambda}{\lambda_{mn}}\right)^2} \qquad (9-24)$$

式中，f 是导行波的 **工作频率**，也就是信号源的工作频率；$\lambda = v/f$ 为 **工作波长**。从上式可以看出，要在波导内传输给定 m 和 n 的 TE_{mn} 模，就要保证 β_{mn} 是实数，因此必须使导行波的工作频率 f 高于该种传输模的截止频率 f_{mn}（或者使工作波长 λ 小于该种传输模的截止波长 λ_{mn}）。即

$$f > f_{mn} \qquad (9-25)$$

或

$$\lambda < \lambda_{mn} \qquad (9-26)$$

不等式（9-25）和式（9-26）称为 TE_{mn} 波的 **传输条件**。利用这一特性，可以通过选择波导尺寸和充填介质的参数来抑制 m、n 较大的模式，使波导内只存在一种或少数几种 m、n 较小的传输模式。

3. TE_{mn} 波的基本参数

（1）相速度。

电磁波在波导中的相速度为

$$v_\text{p} = \frac{\omega}{\beta_{mn}} = \frac{v}{\sqrt{1 - (f_{mn}/f)^2}} = \frac{v}{\sqrt{1 - (\lambda/\lambda_{mn})^2}} > v \qquad (9-27)$$

（2）导波波长。

相速度与工作频率之比称为 **导波波长**，是给定时刻两个邻近的等相位点之间的距离，记作

$$\lambda_\text{g} = \frac{v_\text{p}}{f} = \frac{\lambda}{\sqrt{1 - (\lambda/\lambda_{mn})^2}} > \lambda \qquad (9-28)$$

导行电磁波的相速度大于同种无界媒质中均匀平面电磁波的相速度，导波波长大于同频

率平面波的波长，并且与波导尺寸及模数 m 和 n 的值有关。波导中的相速度与频率有关，故波导中的电磁波是色散波，波导是一种色散结构。

（3）波阻抗。

为了表达导行波的电场与磁场的联系，将波导中按照沿传播方向成右手螺旋关系的横向电场与横向磁场之比定义为**导行波的波阻抗**，TE_{mn} 波的波阻抗为

$$Z_{TE} = \frac{E_x}{H_y} = -\frac{E_y}{H_x} = \frac{\omega\mu}{\beta_{mn}} = \eta \frac{1}{\sqrt{1-(f_{mn}/f)^2}} \qquad (9-29)$$

式中，$\eta = \sqrt{\mu/\varepsilon}$，为同种介质中均匀平面电磁波的波阻抗。可见，$TE_{mn}$ 模的波阻抗大于 η；当 $f \gg f_{mn}$ 时，$Z_{TE} \approx \eta$；当 $f \to f_{mn}$ 时，$Z_{TE} \to \infty$，相当于波导开路；当 $f < f_{mn}$ 时，Z_{TE} 成为虚数，电场和磁场相位相差 $\pi/2$，没有平均电磁场能量的传输，电磁能量只是在波导与信号源之间来回反射振荡。

图 9-2 所示为矩形波导中几种 TE 波的场分布。

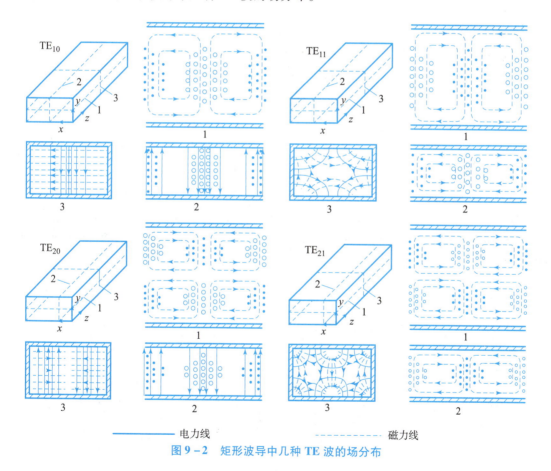

——————— 电力线   - - - - - - - 磁力线

图 9-2 矩形波导中几种 TE 波的场分布

二、矩形波导内的 TM 电磁波

TM 波的求解与 TE 波的求解方法相同。利用分离变量法可求得式（9-7a）的解为

$$E_{0z} = (A\sin k_x x + B\cos k_x x)(C\sin k_y y + D\cos k_y y)$$

其中 $k_x^2 + k_y^2 = k_c^2$。再利用与 TE 波相同的边界条件式（9-15），可得

$$B = D = 0, \quad k_x = \frac{m\pi}{a}, \quad k_y = \frac{n\pi}{b}$$

再令 $E_0 = AC$，最后得到

$$E_{0z} = E_0 \sin\frac{m\pi}{a}x \sin\frac{n\pi}{b}y \tag{9-30a}$$

将上式及 $H_{0z} = 0$ 代入式（9-4），得到 TM 波电磁场的横向分量表达式为

$$E_{0x} = -\frac{\gamma}{k_c^2}\frac{m\pi}{a}E_0 \cos\frac{m\pi}{a}x \sin\frac{n\pi}{b}y \tag{9-30b}$$

$$E_{0y} = -\frac{\gamma}{k_c^2}\frac{n\pi}{b}E_0 \sin\frac{m\pi}{a}x \cos\frac{n\pi}{b}y \tag{9-30c}$$

$$H_{0x} = \frac{\mathrm{j}\omega\varepsilon}{k_c^2}\frac{n\pi}{b}E_0 \sin\frac{m\pi}{a}x \cos\frac{n\pi}{b}y \tag{9-30d}$$

$$H_{0y} = -\frac{\mathrm{j}\omega\varepsilon}{k_c^2}\frac{m\pi}{a}E_0 \cos\frac{m\pi}{a}x \sin\frac{n\pi}{b}y \tag{9-30e}$$

将各式乘以传播因子 $\mathrm{e}^{-\gamma z}$，就得到波导内任意点的复振幅，再分别乘以各自的单位矢量，相加后就得到矩形波导内 TE 波的电磁场复矢量

$$\vec{E} = (\hat{x}E_{0x} + \hat{y}E_{0y} + \hat{z}E_{0z})\mathrm{e}^{-\gamma z} \tag{9-31a}$$

$$\vec{H} = (\hat{x}H_{0x} + \hat{y}H_{0y})\mathrm{e}^{-\gamma z} \tag{9-31b}$$

其中

$$k_c^2 = \gamma^2 + \omega^2\mu\varepsilon = k_x^2 + k_y^2 = \left(\frac{m\pi}{a}\right)^2 + \left(\frac{n\pi}{b}\right)^2 \tag{9-32}$$

从上面的场表达式可以看到 TM 波与 TE 波有如下异同点。

（1）矩形波导内的 TM 波也有无穷多个解，每一组 m、n 值对应一种场结构，称为 TM_{mn} 模。TM 波的 m 和 n 都不能为零，从上面的表达式可以看出，只要 m 和 n 中有一个为零，则所有场分量皆为零。因而，TM 波的最低模是 TM_{11}。图 9-3 画出了 TM 波的几种模式的瞬时场图。

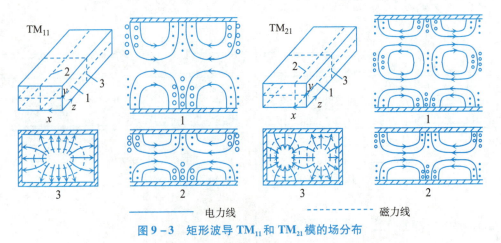

图 9-3 矩形波导 TM_{11} 和 TM_{21} 模的场分布

（2）TM_{mn} 模的传播常数 γ、相位常数 β_{mn}、截止频率 f_{mn}、截止波长 λ_{mn}、相速度 v_{p}、导波波长 λ_{g} 和传播条件的表达式与 TE_{mn} 模对应量的表达式（9-20）~式（9-28）完全相同，

其物理意义也是相同的。m、n 值相同的 TM_{mn} 模和 TE_{mn} 模称为简并模，具有相同的 β_{mn}、f_{mn}、λ_{mn}、v_p 和 λ_g，满足同样的传输条件。当波导可以传输 TE_{mn} 模时，也一定能够传输其简并模 TM_{mn}。因为 TM 波的最低模是 TM_{11}，所以 TM 波一般不能单模传输。

（3）TM_{mn} 模的波阻抗与 TE_{mn} 模不同，为

$$Z_{TM} = \frac{E_x}{H_y} = -\frac{E_y}{H_x} = \frac{\beta_{mn}}{\omega\varepsilon} = \eta\sqrt{1 - (f_{mn}/f)^2} \tag{9-33}$$

TM_{mn} 模的波阻抗小于同种介质中均匀平面电磁波的波阻抗 η。当 $f \gg f_{mn}$ 时，$Z_{TM} \approx \eta$；当 $f \to f_{mn}$ 时，$Z_{TM} \to 0$，相当于波导短路。

波导中的电磁波可以是 TE_{mn} 模和 TM_{mn} 模的任意线性组合，只要所传播的电磁波频率大于其截止频率，这种模即可以在波导中存在。在实际应用中，一般选取波导尺寸 $a > b$，由式（9-22）和式（9-23）可知，TE_{10} 模具有最低的截止频率和最长的截止波长，TE_{10} 模称为**基模**，其他模通称为高次模。假定 f_{mn} 为与 TE_{10} 模邻近模式的截止频率，如果选择工作频率满足

$$f_{10} < f < f_{mn}（\text{或} \lambda_{10} > \lambda > \lambda_{mn}）$$

就可以使波导内只有 TE_{10} 波单模传输，而其他高次模不满足传输条件均被衰减抑制。

图 9-4 表示出波导尺寸为 a 略大于 $2b$ 时，波导中可能存在的模式与波长（频率）的关系。当 $\lambda > 2a$ 时，任何模式都不能在波导中传播，称为截止区；当 $a < \lambda < 2a$ 时，此波导中只能传播 TE_{10} 模，称为单模区；$\lambda < a$ 时，称为多模区。

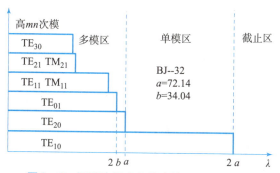

图 9-4 矩形波导中各模式的工作波长范围

波导中除基模 TE_{10} 以外，其他高次模一般不能实现单模传输。这是因为当工作频率高于某种高次模的截止频率 f_{mn} 时，也一定高于 f_{10} 和一些较低模的截止频率，从而使 TE_{10} 波和这些较低模也满足传输条件。虽然我们可以通过选择激励的方法使源区的场分布尽量接近某种高次模的场形，但不可能完全避免基模和其他的低次模的产生。即使是通过激励产生出某种纯净的高次模，当传输中遇到波导的不连续处时，都会激发出截止频率较低的其他模式。多模传输时，携带能量最多的模式称为主模，多数情况都以 TE_{10} 作为主模。

由传输条件 $\lambda < \lambda_{mn}$ 和式（9-23）的关系可以看到，利用波导管传播电磁能量一般适用于分米波、厘米波和毫米波波段，而在米波和亚毫米波很难实现。例如，若要用波导传播 $\lambda = 1$ m（$f = 300$ MHz）的电磁波，波导宽边 a 的尺寸最小要大于 0.5 m，这在工程上是不可取的；而要单模传播 $\lambda = 1$ mm（$f = 300$ GHz）的 TE_{10} 波，则要求波导窄边 b 必须小于 0.5 mm，这在工艺上也是很难实现的。

例 9.1 一空气填充（$\varepsilon = \varepsilon_0$，$\mu = \mu_0$）的矩形波导，波导尺寸为 $a = 22.86$ mm，$b = 10.16$ mm，分别计算 TE_{10}、TE_{20}、TE_{01}、TE_{42} 几个模式的截止频率和截止波长的数值。

解：（1）根据截止频率的表达式（9-22），得

$$f_{10} = \frac{c}{2a} \approx 6.56 \times 10^9 \,(\text{Hz}), f_{20} = \frac{c}{a} \approx 13.1 \times 10^9 \,(\text{Hz}), f_{01} = \frac{c}{2b} \approx 14.8 \times 10^9 \,(\text{Hz})$$

$$f_{42} = \frac{c}{2} \sqrt{\left(\frac{4}{a}\right)^2 + \left(\frac{2}{b}\right)^2} \approx 39.5 \times 10^9 \,(\text{Hz})$$

（2）根据截止波长的表达式（9-23），得

$$\lambda_{10} = 2a = 45.72 \,(\text{mm}), \quad \lambda_{20} = a = 22.86 \,(\text{mm}), \quad \lambda_{01} = 2b = 20.32 \,(\text{mm})$$

$$\lambda_{42} = 2 \Big/ \sqrt{\left(\frac{4}{a}\right)^2 + \left(\frac{2}{b}\right)^2} = 7.59 \,(\text{mm})$$

例 9.2 一空气填充（$\varepsilon = \varepsilon_0$，$\mu = \mu_0$）的矩形波导传输 TE_{10} 模波，工作频率为 $f = 3$ GHz。若要求工作频率至少比 TE_{10} 模的截止频率高 20%，而比距 TE_{10} 模最近的高次模的截止频率低 20%。试决定波导尺寸 a 和 b。

解： 由截止频率表达式（9-22）可得

$$f_{10} = \frac{c}{2a}, \quad f_{20} = \frac{c}{a}, \quad f_{01} = \frac{c}{2b}$$

根据要求有

$$f > \frac{c}{2a} \times 1.2, f < \frac{c}{a} \times 0.8, f < \frac{c}{2b} \times 0.8$$

可得

$$a > \frac{c}{2f} \times 1.2 = \frac{3 \times 10^8}{2 \times 3 \times 10^9} \times 1.2 = 0.06 \,(\text{m})$$

$$a < \frac{c}{f} \times 0.8 = \frac{3 \times 10^8}{3 \times 10^9} \times 0.8 = 0.08 \,(\text{m})$$

$$b < \frac{c}{2f} \times 0.8 = \frac{3 \times 10^8}{2 \times 3 \times 10^9} \times 0.8 = 0.04 \,(\text{m})$$

一般传输波导 a 略大于 $2b$，可选择

$$a = 70 \text{ mm}, \quad b = 34 \text{ mm}$$

§9.3　TE_{10} 模电磁波

在导行波的实际应用时，绝大多数的情况都希望采用单模传输，因为多模工作会使模式的激发和信息提取发生困难，一般只在特殊用途时（如微波加热等）才采用多模工作。工程中使用的矩形波导尺寸，一般是取 a 略大于 $2b$。此时，TE_{10} 模的截止波长最长，截止频率最低，而在同一频带内要求波导尺寸最小，并具有最小的衰减，这些优点使 TE_{10} 模作为矩形波导的主模而使用最多。本节将详细讨论 TE_{10} 模的特性。

将 $m = 1$ 及 $n = 0$ 代入式（9-22）~式（9-29），得

$$f_{10} = \frac{v}{2a} \tag{9-34}$$

$$\lambda_{10} = \frac{v}{f_{10}} = 2a \tag{9-35}$$

$$v_\mathrm{p} = \frac{v}{\sqrt{1 - \left(\dfrac{\lambda}{2a}\right)^2}} \tag{9-36}$$

$$\lambda_\mathrm{g} = \frac{\lambda}{\sqrt{1 - (\lambda/2a)^2}} \tag{9-37}$$

$$\beta_{10} = \frac{2\pi}{\lambda}\sqrt{1 - (\lambda/2a)^2} \tag{9-38}$$

将以上关系代入式（9-17）~式（9-19），得到 TE$_{10}$ 模电磁波的复矢量为

$$\vec{E} = -\hat{y}\mathrm{j}\omega\mu\,\frac{a}{\pi}H_0\sin\frac{\pi}{a}x\,\mathrm{e}^{-\mathrm{j}\beta_{10}z} \tag{9-39a}$$

$$\vec{H} = \left(\hat{x}\mathrm{j}\beta_{10}\frac{a}{\pi}H_0\sin\frac{\pi}{a}x + \hat{z}H_0\cos\frac{\pi}{a}x\right)\mathrm{e}^{-\mathrm{j}\beta_{10}z} \tag{9-39b}$$

由上式可以看出：

（1）TE$_{10}$ 模的电磁场总共只有 3 个分量，并且在 y 方向均匀。电场只有一个分量且极化在 y 方向上，其振幅沿 x 方向呈正弦分布，在 $x = 0$ 及 $x = a$ 处为零，$x = a/2$ 处有最大值，yz 平面称为电场平面或 E 面。磁场的两个分量均在 xz 平面内，故 xz 平面称为磁场平面或 H 面。

（2）TE$_{10}$ 模的波阻抗为

$$Z_{\mathrm{TE}_{10}} = -\frac{E_y}{H_x} = \frac{\eta}{\sqrt{1 - (\lambda/2a)^2}} \tag{9-40}$$

（3）波导管中通过电磁波时，波导内壁上存在表面电荷和表面电流。根据导体的边界条件 $\rho_S = \hat{n} \cdot \vec{D}$，上、下底面的面电荷密度复振幅为

$$\rho_S(y = 0) = \hat{y} \cdot (\varepsilon\vec{E}) = -\mathrm{j}\omega\mu\varepsilon\,\frac{a}{\pi}H_0\sin\frac{\pi}{a}x\,\mathrm{e}^{-\mathrm{j}\beta_{10}z} \tag{9-41a}$$

$$\rho_S(y = b) = -\hat{y} \cdot (\varepsilon\vec{E}) = \mathrm{j}\omega\mu\varepsilon\,\frac{a}{\pi}H_0\sin\frac{\pi}{a}x\,\mathrm{e}^{-\mathrm{j}\beta_{10}z} \tag{9-41b}$$

由磁场的边界条件 $\hat{n} \times \vec{H} = \vec{J}_S$，可得波导内壁上的电流面密度复矢量为

$$\vec{J}_S(x = 0) = \hat{x} \times \vec{H}(x = 0) = -\hat{y}H_0\mathrm{e}^{-\mathrm{j}\beta_{10}z} \tag{9-42a}$$

$$\vec{J}_S(x = a) = -\hat{x} \times \vec{H}(x = a) = -\hat{y}H_0\mathrm{e}^{-\mathrm{j}\beta_{10}z} \tag{9-42b}$$

$$J_S(y = 0) = \hat{y} \times \vec{H}(y = 0)$$

$$= \left[\hat{x}H_0\cos\frac{\pi}{a}x - \hat{z}\mathrm{j}\beta_{10}\frac{a}{\pi}H_0\sin\frac{\pi}{a}x\right]\mathrm{e}^{-\mathrm{j}\beta_{10}z} \tag{9-42c}$$

$$\vec{J}_S(y = b) = -\hat{y} \times \vec{H}(y = b)$$

$$= \left[-\hat{x}H_0\cos\frac{\pi}{a}x + \hat{z}\mathrm{j}\beta_{10}\frac{a}{\pi}H_0\sin\frac{\pi}{a}x\right]\mathrm{e}^{-\mathrm{j}\beta_{10}z} \tag{9-42d}$$

面电流的瞬时值为

$$\vec{J}_S(\vec{r}, t) = \mathrm{Re}\left[\vec{J}_S\mathrm{e}^{\mathrm{j}\omega t}\right] \tag{9-43}$$

其分布图形如图 9-5 所示。

可以看出：电流在窄壁上只有 y 分量；在宽壁上有 x 和 z 分量，但在 $x = a/2$ 处，电流只

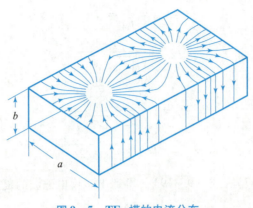

图 9 – 5　TE$_{10}$ 模的电流分布

有 z 分量。因此，在 $x = a/2$ 处开一沿 z 方向的窄缝不会破坏电流分布，因而也不会影响波导内的场结构。故可用波导宽边中间开槽的方法制成测量线，用来测量导波沿 z 方向的场分布状态。

波导管内电磁波的传输条件为 $f > f_{mn}$（$\lambda < \lambda_{mn}$），传播的相速度大于光速，导行波波长大于同种媒质中的空间波长，这些现象的物理意义可以用部分波的概念来解释。以 TE$_{10}$ 模为例，将式（9 – 39）改写成

$$E_y = -\mathrm{j}\frac{a}{\pi}\omega\mu H_0 \sin\frac{\pi}{a}x \mathrm{e}^{-\mathrm{j}\beta_{10}z}$$

$$= \frac{1}{2}E_\mathrm{m}(\mathrm{e}^{-\mathrm{j}\frac{\pi}{a}x} - \mathrm{e}^{\mathrm{j}\frac{\pi}{a}x})\mathrm{e}^{-\mathrm{j}\beta_{10}z}$$

$$= \frac{1}{2}E_\mathrm{m}\mathrm{e}^{-\mathrm{j}\vec{k}_1 \cdot \vec{r}} - \frac{1}{2}E_\mathrm{m}\mathrm{e}^{-\mathrm{j}\vec{k}_2 \cdot \vec{r}} \qquad (9-44)$$

式中

$$E_\mathrm{m} = \frac{a}{\pi}\omega\mu H_0 \qquad (9-45\mathrm{a})$$

$$\vec{k}_1 = \hat{x}\frac{\pi}{a} + \hat{z}\beta_{10} \qquad (9-45\mathrm{b})$$

$$\vec{k}_2 = -\hat{x}\frac{\pi}{a} + \hat{z}\beta_{10} \qquad (9-45\mathrm{c})$$

$$k_1^2 = k_2^2 = \left[\left(\frac{\pi}{a}\right)^2 + \beta_{10}^2\right] = k^2 = \omega^2\mu\varepsilon \qquad (9-45\mathrm{d})$$

式（9 – 44）指出，TE$_{10}$ 模可以看作波矢量分别为 $\vec{k}_1$ 和 $\vec{k}_2$ 的两个平面电磁波的叠加，波矢量 $\vec{k}_1$ 和 $\vec{k}_2$ 的方向如图 9 – 6 所示。矢量 $\vec{k}_1$ 与 x 轴的夹角为 θ_i，$\vec{k}_2$ 与 x 轴的夹角为 θ_r。由图中几何关系可知

$$\cos\theta_\mathrm{i} = \hat{x} \cdot \frac{\vec{k}_1}{k_1} = \frac{\pi/a}{2\pi/\lambda} = \frac{\lambda}{2a} \qquad (9-46\mathrm{a})$$

$$\cos\theta_\mathrm{r} = -\hat{x} \cdot \frac{\vec{k}_2}{k_1} = \frac{\pi/a}{2\pi/\lambda} = \frac{\lambda}{2a} \qquad (9-46\mathrm{b})$$

因此，我们可以把 TE$_{10}$ 模看成是以 θ_i 角入射到波导窄壁的平面电磁波与其反射波叠加而成。两个 x 分量叠加等效于垂直入射到导体平面的平面波在导体外形成纯驻波；而两个 z 分量叠

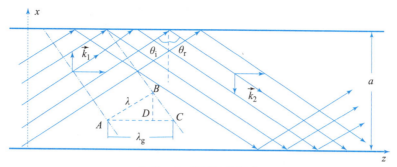

图 9 – 6 部分波的概念

加形成传输的行波。

由图 9 – 6 可看出，若用 AB 表示两个波峰之间的平面电磁波的工作波长 λ，则沿传播方向看，两个波峰之间距离就是 AC，也就是导行波的导波波长 λ_g。因此有

$$\lambda_g = \frac{\lambda}{\sin\theta_i} = \frac{\lambda}{\sqrt{1 - \cos^2\theta_i}} = \frac{\lambda}{\sqrt{1 - (\lambda/2a)^2}} \tag{9 – 47}$$

相速度为

$$v_p = \lambda_g f = \frac{\lambda}{\sin\theta_i} f = \frac{v}{\sqrt{1 - (\lambda/2a)^2}} \tag{9 – 48}$$

可见，这个相速度只表示沿 z 方向的两个相邻等相位点的距离与频率的乘积，并不是电磁波能量的运动速度。此时在一个周期内的能量只传输了 AD 的距离，即 $\lambda\sin\theta_i$。故沿 z 方向能量的传播速度为

$$v_w = \lambda\sin\theta_i \cdot f = v\sin\theta_i = v\sqrt{1 - (\lambda/2a)^2} < v \tag{9 – 49}$$

并且有

$$v_p \cdot v_w = v^2$$

由式（9 – 46）看出，$\lambda \to 0$ 时，$\theta_i \to \pi/2$，相当于电磁波平行于导体平面传播，$v_p \to v$；当 $\lambda = 2a$ 时，$\theta_i = 0$，相当于电磁波垂直入射到导体表面上，形成纯驻波，z 方向没有能量传播，称为截止。

§9.4 波导中的能量传输与损耗

一、波导中的传输功率

矩形波导中的平均能流密度就是坡印廷矢量的平均值，因此波导传输的功率为坡印廷矢量平均值对波导横截面的积分

$$P_{av} = \int_{x=0}^{a} \int_{y=0}^{b} \text{Re}\left[\frac{1}{2}\vec{E} \times \vec{H}^*\right] \mathrm{d}x\mathrm{d}y$$

$$= \frac{1}{2}\text{Re} \int_{0}^{a} \int_{0}^{b} \left[E_x H_y^* - E_y H_x^*\right] \mathrm{d}x\mathrm{d}y \tag{9 – 50}$$

对于 TE_{10} 模，将式（9 – 39）中 E_y 及 H_x 代入上式，得到

$$P_{av} = \frac{1}{2}\text{Re}\int_0^a\int_0^b\left[-E_yH_x^*\right]\text{d}x\text{d}y$$

$$= \frac{1}{2}\text{Re}\int_0^a\int_0^b\left[\omega\mu\beta_{10}\left(\frac{a}{\pi}\right)^2H_0^2\sin^2\frac{\pi}{a}x\right]\text{d}x\text{d}y$$

$$= \frac{\omega\mu a^3 b}{4\pi^2}\beta_{10}H_0^2 = \frac{ab}{4Z_{TE_{10}}}E_m^2 \tag{9-51}$$

式中，$E_m = \omega\mu\dfrac{a}{\pi}H_0$ 是 E 在 $x = a/2$ 处的幅值，即电场最大幅值。而

$$Z_{TE_{10}} = \frac{\omega\mu}{\beta_{10}} = \frac{\eta}{\sqrt{1-(\lambda/2a)^2}}$$

是 TE_{10} 波的波阻抗。可见，波导传输的极限功率与波导尺寸、填充媒质及充许电场最大幅度有关。如 3 cm 波导截面为 22.86 mm × 10.18 mm，填充空气的击穿强度为 $E_{max} = 30$ kV/cm，能传输的极限功率为 1 MW。实际上，由于波导的局部不均匀性和反射等原因，使传输功率容限为极限功率的 $1/3 \sim 1/5$。

二、波导的衰减

前面分析波导管中的电磁波时，曾假定波导管壁是理想导体，实际的波导管是由铜或铝制成的，在其内表面镀一薄层银或金。这些导体的电导率 σ 虽然很大，但总是有限值，故表面电流的存在将引起电磁波能量的损耗。此外，媒质的非理想状态也将引起损耗。本节里只考虑损耗的主要部分，即电流损耗。作为一级近似，略去有限损耗所引起的场分布畸变，把损耗看成是一种微扰，也就是仅对传播常数附加一微小的实部，使之成为复数

$$\gamma = \alpha + j\beta \tag{9-52}$$

式中，α 为导行波的衰减常数。将上式代入式（9-18）、式（9-19）和式（9-31）会发现电磁场的振幅将按 $e^{-\alpha z}$ 规律衰减，而传输功率将按 $e^{-2\alpha z}$ 规律衰减。z 处截面通过的功率可以写成

$$P_{av}(z) = P_{av}(0)e^{-2\alpha z}$$

两边对 z 求导，得

$$\text{d}P_{av}(z)/\text{d}z = -2\alpha P_{av}(0)e^{-2\alpha z} = -2\alpha P_{av}(z)$$

由此得到

$$\alpha = \frac{1}{2}\frac{-\text{d}P_{av}/\text{d}z}{P_{av}} \tag{9-53}$$

式中，P_{av} 为波导管内传输的平均功率，$-\text{d}P_{av}/\text{d}z$ 为波导管单位长度所损耗的功率。据前面所述，此功率损耗等于

$$p_\sigma = \frac{\text{d}P_{av}}{\text{d}z} = \int_S\frac{1}{2}R_S J_S^2\text{d}S = \frac{1}{2}R_S\oint_l J_S^2\text{d}l \tag{9-54}$$

式中，$R_S = \sqrt{\dfrac{\omega\mu}{2\sigma}}$ 为波导管内壁的表面电阻；J_S 为表面电流，由波导内壁的外法矢和磁场按 $\vec{J}_S = \hat{n}\times\vec{H}$ 确定。线积分是 xy 平面内波导管壁形成的闭合回路。

对于 TE_{10} 波，将电流表达式（9-42）代入式（9-54），得

$$p_\sigma = \frac{1}{2}R_S\left\{2\int_0^b H_0^2\text{d}y + 2\int_0^a\left[H_0^2\cos^2\frac{\pi x}{a} + \left(\beta_{10}\frac{a}{\pi}H_0\right)^2\sin^2\frac{n\pi}{a}x\right]\text{d}x\right\}$$

$$= R_s H_0^2 b + R_s H_0^2 \frac{a}{2}\Big[1 + \Big(\frac{\beta_{10}a}{\pi}\Big)^2\Big]$$

$$= R_s H_0^2 \frac{a}{2}\Big[\frac{2b}{a} + \Big(\frac{2a}{\lambda}\Big)^2\Big] \tag{9-55}$$

将式（9-55）、式（9-54）和式（9-51）代入式（9-53），得到

$$\alpha_{\mathrm{TE}_{10}} = \frac{1}{2}\frac{R_s H_0^2 \frac{a}{2}\Big[\frac{2b}{a} + \Big(\frac{2a}{\lambda}\Big)^2\Big]}{\frac{ab}{4}\omega\mu\beta_{10}\Big(\frac{a}{\pi}\Big)^2 H_0^2}$$

$$= \frac{R_s}{\eta b\sqrt{1 - \Big(\frac{\lambda}{2a}\Big)^2}}\Big[1 + \frac{2b}{a}\Big(\frac{\lambda}{2a}\Big)^2\Big] \tag{9-56}$$

α 的单位为奈培每米（Np/m）。$\alpha = 1$ Np/m 时，电磁波传输 1 m 距离的功率将下降到初值的 $1/e^2$。实用波导的导体损耗一般只有千分之几（Np/m）的量级。

图 9-7 表示 $a = 50$ mm 的矩形波导中传输功率每米下降的分贝数随频率变化的曲线，可以看出，在截止频率附近的衰减很大，随着频率升高衰减迅速下降，达到一个最小值后再缓慢增大。此外，衰减随着 b/a 比值的增大而减小，但 $b/a > 1/2$ 后，减小已经比较缓慢，兼顾衰减和最大单模传输频带的要求，一般取 b/a 略小于 $1/2$。

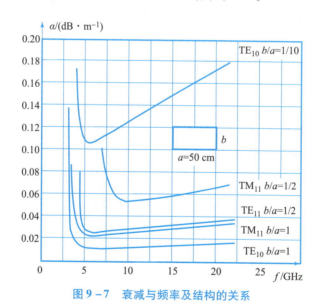

图 9-7 衰减与频率及结构的关系

例9.3 分析矩形波导中 TE_{10} 模的衰减常数与频率的关系。

解：将衰减常数 $\alpha_{\mathrm{TE}_{10}}$ 的表达式（9-56）写成

$$\alpha_{\mathrm{TE}_{10}} = \frac{R_s}{\eta b\sqrt{1 - (f_{10}/f)^2}}\Big[1 + \frac{2b}{a}\Big(\frac{f_{10}}{f}\Big)^2\Big]$$

当 $f \approx f_{10}$ 时，$\sqrt{1 - (f_{10}/f)^2} \approx 0$，故 $\alpha_{\mathrm{TE}_{10}} \to \infty$，而后随频率上升而迅速下降。

当 $f \gg f_{10}$ 时，$\sqrt{1 - (f_{10}/f)^2} \approx 1$，$\frac{2b}{a}\Big(\frac{f_{10}}{f}\Big)^2 \approx 0$

故

$$\alpha_{TE_{10}} \approx \frac{R_s}{\eta b} \approx \frac{1}{\eta b} \sqrt{\frac{\omega \mu}{2\sigma}}$$

此时，$\alpha_{TE_{10}}$ 随频率 f 上升而缓慢上升。

由上面分析可见，$\alpha_{TE_{10}}$ 在某个频率上会出现最小值，为求此频率，令 $x = f_{10}/f$，于是

$$R_s = \sqrt{\frac{\omega \mu}{2\sigma}} = \sqrt{\frac{\pi \mu f_{10}}{\sigma}} \frac{1}{\sqrt{x}}$$

得

$$\alpha_{TE_{10}} = \frac{2}{a} \frac{1}{\eta} \sqrt{\frac{\omega \mu f_{10}}{\sigma}} \frac{\frac{a}{2b} + x^2}{\sqrt{x - x^3}}$$

令 $\dfrac{d\alpha_{TE_{10}}}{dx} = 0$，可得

$$x^4 - 3\left(1 + \frac{a}{2b}\right)x^2 + \frac{a}{2b} = 0$$

由以上方程解出 $x < 1$ 的根

$$x_{min} = \frac{f_{10}}{f} = \left[\frac{3\left(1 + \frac{a}{2b}\right) - \sqrt{9\left(1 + \frac{a}{2b}\right)^2 - \frac{2a}{b}}}{2}\right]^{1/2}$$

假设 $a = 2b$，则上式导出 $\alpha_{TE_{10}}$ 最小的频率为

$$f = \sqrt{2}\left[3\left(1 + \frac{2}{2}\right) - \sqrt{9\left(1 + \frac{2}{2}\right)^2 - 2 \times 2}\right]^{-1/2} f_{10}$$

$$= (3 - 2\sqrt{2})^{-\frac{1}{2}} f_{10} = (\sqrt{2} + 1)f_{10} \approx 2.414 f_{10}$$

此频率已进入多模区，故一般波导传输频率不选择最低损耗频率。

§9.5* 圆形波导中的电磁波

圆形波导内电磁场分布的求解方法和矩形波导的分析方法相同，只是为了边界条件表示简单从而求解容易而采用圆柱坐标系，如图 9-8 所示。假设圆形波导内半径为 a，内部充满理想媒质 $(\mu, \varepsilon, \sigma = 0)$，向 z 方向传播的电磁场复矢量表示为

$$\vec{E} = (\hat{r}E_{0r} + \hat{\varphi}E_{0\varphi} + \hat{z}E_{0z})e^{-\gamma z} = \vec{E}_0 e^{-\gamma z} \quad (9-57a)$$

$$\vec{H} = (\hat{r}H_{0r} + \hat{\varphi}H_{0\varphi} + \hat{z}H_{0z})e^{-\gamma z} = \vec{H}_0 e^{-\gamma z}$$

$$(9-57b)$$

将以上表达式代入麦克斯韦方程组，并消去传播因子 $e^{-\gamma z}$，得到各分量之间的关系式为

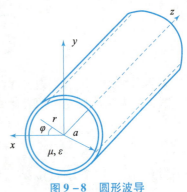

图 9-8 圆形波导

$$\frac{1}{r}\frac{\partial H_{0z}}{\partial \varphi} + \gamma H_{0\varphi} = j\omega\varepsilon E_{0r} \tag{9-58a}$$

$$-\gamma H_{0r} - \frac{\partial H_{0z}}{\partial r} = j\omega\varepsilon E_{0\varphi} \tag{9-58b}$$

$$\frac{1}{r}\frac{\partial}{\partial r}(rH_{0\varphi}) - \frac{1}{r}\frac{\partial H_{0r}}{\partial \varphi} = j\omega\varepsilon E_{0z} \tag{9-58c}$$

$$\frac{1}{r}\frac{\partial E_{0z}}{\partial \varphi} + \gamma E_{0\varphi} = -j\omega\mu H_{0r} \tag{9-58d}$$

$$-\gamma E_{0r} - \frac{\partial E_{0z}}{\partial r} = -j\omega\mu H_{0\varphi} \tag{9-58e}$$

$$\frac{1}{r}\frac{\partial}{\partial r}(rE_{0\varphi}) - \frac{1}{r}\frac{\partial E_{0r}}{\partial \varphi} = -j\omega\mu H_{0z} \tag{9-58f}$$

由上式可求得用纵向分量表示的横向分量为

$$E_{0r} = -\frac{1}{k_c^2}\left(\gamma\frac{\partial E_{0z}}{\partial r} + \frac{j\omega\mu}{r}\frac{\partial H_{0z}}{\partial \varphi}\right) \tag{9-59a}$$

$$E_{0\varphi} = \frac{1}{k_c^2}\left(-\frac{\gamma}{r}\frac{\partial E_{0z}}{\partial \varphi} + j\omega\mu\frac{\partial H_{0z}}{\partial r}\right) \tag{9-59b}$$

$$H_{0r} = \frac{1}{k_c^2}\left(\frac{j\omega\varepsilon}{r}\frac{\partial E_{0z}}{\partial \varphi} + \gamma\frac{\partial H_{0z}}{\partial r}\right) \tag{9-59c}$$

$$H_{0\varphi} = -\frac{1}{k_c^2}\left(j\omega\varepsilon\frac{\partial E_{0z}}{\partial r} + \frac{\gamma}{r}\frac{\partial H_{0z}}{\partial \varphi}\right) \tag{9-59d}$$

式中

$$k_c^2 = \gamma^2 + k^2 = \omega^2\mu\varepsilon + \gamma^2 \tag{9-60}$$

将式（9-57）代入波动方程，考虑到 $\hat{z}$ 为常矢量，得到纵向分量 E_{0z} 和 H_{0z} 满足二维亥姆霍兹方程，即

$$\nabla_t^2 E_{0z} + k_c^2 E_{0z} = 0 \tag{9-61a}$$
$$\nabla_t^2 H_{0z} + k_c^2 H_{0z} = 0 \tag{9-61b}$$

由以上两方程解得 E_{0z} 和 H_{0z}，再代入式（9-59），圆波导内的电磁场各分量即可全部求得。和矩形波导一样，我们仍可将圆波导内的解分为 TE 模和 TM 模分别讨论。

一、TE 模场量的一般表达式

TE 模的 $E_{0z} = 0$，H_{0z} 满足二维亥姆霍兹方程。将式（9-61b）在圆柱坐标系中展开

$$\frac{\partial^2 H_{0z}}{\partial r^2} + \frac{1}{r}\frac{\partial H_{0z}}{\partial r} + \frac{1}{r^2}\frac{\partial^2 H_{0z}}{\partial \varphi^2} + k_c^2 H_{0z} = 0 \tag{9-62}$$

用分离变量法求解上式，令

$$H_{0z} = f(r)g(\varphi) \tag{9-63}$$

并代入方程式（9-62），得到两个独立的常微分方程

$$\frac{1}{g(\varphi)}\frac{d^2 g(\varphi)}{d\varphi^2} = -m^2 \tag{9-64}$$

$$\frac{1}{f(r)}\left[r^2\frac{d^2 f(r)}{dr^2} + r\frac{df(r)}{dr} + r^2 k_c^2 f(r)\right] = m^2 \tag{9-65}$$

方程式（9-64）的解可以写成

$$g(\varphi) = A_1 \cos m\varphi + A_2 \sin m\varphi$$
$$= A\cos(m\varphi + \phi) \tag{9-66}$$

场量随 φ 的变化以 2π 为周期，即 $g(\varphi) = g(\varphi + 2\pi)$，故 m 只能取整数。作为方程式（9-64）的实数解，式（9-66）中 A 和 ϕ 为实数，由于圆柱坐标系的旋转对称性，可以选择 x 轴的方向使 $\phi = 0$。因此，方程式（9-64）的解可以写成

$$g(\varphi) = A\cos m\varphi \quad (m = 0,1,2,\cdots) \tag{9-67a}$$

方程式（9-65）可以写成

$$r^2 \frac{\mathrm{d}^2 f(r)}{\mathrm{d}r^2} + r\frac{\mathrm{d}f(r)}{\mathrm{d}r} + (r^2 k_c^2 - m^2)f(r) = 0 \tag{9-67b}$$

上式正是 m 阶贝塞尔方程，其解为

$$f(r) = B_1 \mathrm{J}_m(k_c r) + B_2 \mathrm{Y}_m(k_c r) \tag{9-68}$$

式中，$\mathrm{J}_m(k_c r)$ 为第一类 m 阶贝塞尔函数，$\mathrm{Y}_m(k_c r)$ 为第二类 m 阶贝塞尔函数。由于圆波导内包括 $r = 0$ 的 z 轴，而 $r = 0$ 时 $\mathrm{Y}_m(k_c r) \to \infty$，这显然是不合理的，故令 $B_2 = 0$，于是得到

$$H_{0z} = f(r) \cdot g(\varphi) = H_0 \mathrm{J}_m(k_c r)\cos m\varphi \tag{9-69}$$

式中，$H_0 = AB_1$，是由激励源决定的磁场振幅。

将磁场纵向分量表达式（9-69）及 $E_{0z} = 0$ 代入式（9-59b），得到

$$E_{0\varphi} = \frac{\mathrm{j}\omega\mu}{k_c^2}H_0 \mathrm{J}'_m(k_c r)\cos m\varphi \tag{9-70}$$

式中，$\mathrm{J}'_m(k_c r)$ 为第一类贝塞尔函数的导数。根据理想导体表面电场切向分量等于零的边界条件，$r = a$ 时 $E_{0\varphi} = 0$，故有

$$\mathrm{J}'_m(k_c a) = 0$$

若以 q_{mn} 表示 m 阶贝塞尔函数导数的第 n 个根，则有

$$k_c = \frac{q_{mn}}{a} \quad (n = 1,2,3,\cdots) \tag{9-71}$$

由式（9-60）可得传播常数 γ 为

$$\gamma = \sqrt{k_c^2 - \omega^2\mu\varepsilon} = \mathrm{j}\sqrt{\omega^2\mu\varepsilon - (q_{mn}/a)^2} = \mathrm{j}\beta_{mn} \tag{9-72}$$

式中，β_{mn} 称为相位常数。当 $\beta_{mn} = 0$ 时，失去波的特性，称为截止。截止频率 f_c 为

$$f_c = \frac{\omega}{2\pi} = \frac{1}{2\pi}\frac{1}{\sqrt{\mu\varepsilon}}\frac{q_{mn}}{a} = v\frac{q_{mn}}{2\pi a} \tag{9-73}$$

截止波长 λ_c 为

$$\lambda_c = \frac{v}{f_c} = \frac{2\pi a}{q_{mn}} \tag{9-74}$$

将式（9-69）及 $E_{0z} = 0$ 代入式（9-59），并乘以传播因子 $\mathrm{e}^{-\gamma z}$，得到圆波导中 TE 模电磁场的各分量为

$$H_z = H_0 \mathrm{J}_m\left(\frac{q_{mn}}{a}r\right)\cos m\varphi \mathrm{e}^{-\mathrm{j}\beta_{mn}z} \tag{9-75a}$$

$$H_r = -\mathrm{j}\frac{a}{q_{mn}}\beta_{mn}H_0 \mathrm{J}'_m\left(\frac{q_{mn}}{a}r\right)\cos m\varphi \mathrm{e}^{-\mathrm{j}\beta_{mn}z} \tag{9-75b}$$

$$H_\varphi = j\left(\frac{a}{q_{mn}}\right)^2 \frac{m}{r} H_0 J_m\left(\frac{q_{mn}}{a}r\right)\sin m\varphi e^{-j\beta_{mn}z} \tag{9-75c}$$

$$E_z = 0 \tag{9-75d}$$

$$E_r = j\left(\frac{a}{q_{mn}}\right)^2 \omega\mu \frac{m}{r} H_0 J_m\left(\frac{q_{mn}}{a}r\right)\sin m\varphi e^{-j\beta_{mn}z} \tag{9-75e}$$

$$E_\varphi = j\frac{a}{q_{mn}}\omega\mu H_0 J'_m\left(\frac{q_{mn}}{a}r\right)\cos m\varphi e^{-j\beta_{mn}z} \tag{9-75f}$$

可见，每给定一组 m 和 n 的值，就决定一种场结构，这说明圆波导中可以存在无穷多种 TE 模，以 TE_{mn} 或 H_{mn} 表示，显然 n 不能取零。表 9 – 1 列出了一些 m 阶贝塞尔函数导数的根值，可以看出，q_{11} 的值最小，因此 TE_{11} 模的截止波长最长，$\lambda_{11} = 3.14a$，故圆波导中 TE_{11} 模为基模。

表 9 – 1　各阶贝塞尔函数导数的根 q_{mn}

n＼m	0	1	2	3	4	5
1	3.832	1.841	3.054	4.201	5.317	6.426
2	7.016	5.331	6.706	8.015	9.282	10.520
3	10.173	8.536	9.965	11.847	12.682	13.987

由方程式（9-75）可看出，圆波导中电磁场沿圆周 φ 方向呈三角函数式的驻波分布，沿半径 r 方向是贝塞尔函数式的驻波分布，因而 m 表示波导场在沿圆周方向的变化数，而 n 表示沿半径方向的变化数。

二、TM 模场量的一般表达式

对于 TM 模，$H_z = 0$ 而 E_{0z} 满足二维亥姆霍兹方程式（9-61），用同样的分析方法可求得

$$E_{0z} = E_0 J_m(k_c r)\cos m\varphi \tag{9-76}$$

根据理想导体电场切向分量为零的边界条件，$r = a$ 时，$E_{0z} = 0$，故有

$$J_m(k_c a) = 0$$

显然，$k_c a$ 是 m 阶贝塞尔函数的根，以 p_{mn} 表示 m 阶贝塞尔函数的第 n 个根的值，则有

$$k_c = \frac{p_{mn}}{a} \quad (n = 1,2,3,\cdots) \tag{9-77}$$

同样得到传播常数

$$\gamma = j\beta_{mn} = j\sqrt{\omega^2\mu\varepsilon - \left(\frac{p_{mn}}{a}\right)^2} \tag{9-78}$$

故 TM 模的截止频率和截止波长为

$$f_c = c\frac{p_{mn}}{2\pi a} \tag{9-79}$$

$$\lambda_c = \frac{2\pi a}{p_{mn}} \tag{9-80}$$

将式（9-76）及 H_{0z} 代入式（9-59），并乘以传播因子 $e^{-\gamma z}$，得到 TM 模所有场分量表达式

$$E_z = E_0 J_m\left(\frac{p_{mn}}{a}r\right)\cos m\varphi e^{-j\beta_{mn}z} \tag{9-81a}$$

$$E_r = -j\frac{a}{p_{mn}}\beta_{mn}E_0 J_m'\left(\frac{p_{mn}}{a}r\right)\cos m\varphi e^{-j\beta_{mn}z} \tag{9-81b}$$

$$E_\varphi = j\left(\frac{a}{p_{mn}}\right)^2\frac{m}{r}E_0 J_m\left(\frac{p_{mn}}{a}r\right)\sin m\varphi e^{-j\beta_{mn}z} \tag{9-81c}$$

$$H_z = 0 \tag{9-81d}$$

$$H_r = -j\left(\frac{a}{p_{mn}}\right)^2\omega\varepsilon\frac{m}{r}E_0 J_m\left(\frac{p_{mn}}{a}r\right)\sin m\varphi e^{-j\beta_{mn}z} \tag{9-81e}$$

$$H_\varphi = -j\frac{a}{p_{mn}}\omega\varepsilon E_0 J_m'\left(\frac{p_{mn}}{a}r\right)\cos m\varphi e^{-j\beta_{mn}z} \tag{9-81f}$$

可见，每一组 m、n 值对应一种场结构，故 TM 模也有无穷多组解，称为 TM_{mn} 模或 E_{mn} 模。同样，n 不能为零，故不存在 TM_{m0} 模。

表 9-2 列出了一些贝塞尔函数的根，可以看出，p_{01} 的值最小，故 TM_{01} 模的截止波长最长，由式（9-80）得到 $\lambda_{01} = 2.62a$。

表 9-2　各阶贝塞尔函数的根 p_{mn}

n \ m	0	1	2	3	4	5
1	2.405	3.832	5.130	6.379	7.588	8.771
2	5.552	7.016	8.417	9.760	11.065	12.339
3	8.654	10.173	11.620	13.015	14.373	15.700
4	11.792	13.324	14.796	16.220	17.616	18.982

将圆波导中 TE_{mn} 模和 TM_{mn} 模的截止波长计算值顺序排列，得到图 9-9。可以看出 TE_{11} 模的截止波长最长，它是圆波导中的基模。TE_{11} 模单模传输的工作波长范围是

$$2.62a < \lambda < 3.41a \tag{9-82}$$

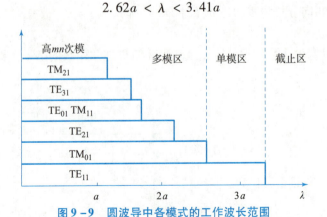

图 9-9　圆波导中各模式的工作波长范围

圆波导中也有简并现象，如 TE_{0n} 和 TM_{1n} 就有相同的截止波长。图 9-9 画出了各模的工作条件，图 9-10 画出了几种主要模式的场结构。

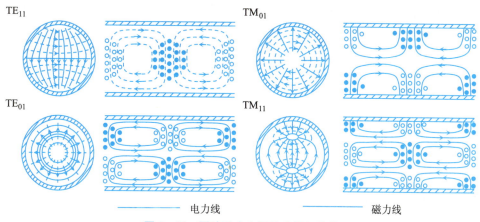

图 9－10　圆波导中主要模式的场结构

— 电力线　　　　　　　　— 磁力线

三、传播特性

由式（9－75）和式（9－81）可知，在不考虑损耗情况下，电磁场各分量沿圆波导轴向只有相移而无幅度变化，在横截面内场分量的幅度随 r 和 φ 改变，但没有相位变化。圆形波导中电磁波的传播特性与矩形波导相似，利用式（9－74）和式（9－80）确定 TE 模和 TM 模的截止波长 λ_c 后，即可用与矩形波导中形式相同的公式计算圆波导中的传输参量，如

$$\beta = k\sqrt{1 - (\lambda/\lambda_c)^2} \tag{9－83}$$

$$v_p = \frac{c}{\sqrt{1 - (\lambda/\lambda_c)^2}} \tag{9－84}$$

$$\lambda_g = \frac{v_p}{f} = \frac{\lambda}{\sqrt{1 - (\lambda/\lambda_c)^2}} \tag{9－85}$$

$$v_g = \frac{c^2}{v_p} = c\sqrt{1 - (\lambda/\lambda_c)^2} \tag{9－86}$$

$$Z_{TE} = \frac{E_r}{H_\varphi} = -\frac{E_\varphi}{H_r} = \frac{\omega\mu}{\beta} = \frac{\eta}{\sqrt{1 - (\lambda/\lambda_c)^2}} \tag{9－87}$$

$$Z_{TM} = \frac{E_r}{H_\varphi} = -\frac{E_\varphi}{H_r} = \frac{\beta}{\omega\varepsilon} = \eta\sqrt{1 - (\lambda/\lambda_c)^2} \tag{9－88}$$

由图 9－10 可见，圆波导中的 TE_{11} 模与矩形波导中的 TE_{10} 模场结构很相似，它们都是基模，若把传输 TE_{10} 模的矩形波导四壁逐渐向外扩展过渡成圆形，则场分布也随之变成圆波导中 TE_{11} 模的场结构，反之亦然。所以这种结构常被用作方、圆波导波型的过渡，其结构外形如图 9－11 所示。

例 9.4　有一方圆过渡波导，矩形波导尺寸为 22.86 mm×10.16 mm，圆波导直径与矩形波导对角线长相等。若矩形波导中 TE_{10} 模过渡到圆波中的 TE_{11} 模，试比较过渡前后截止波长 λ_c 和导波波长 λ_g。如果由圆形波导中 TE_{11} 模过渡到矩形波导中 TE_{10} 模，情况又将

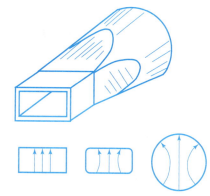

图 9－11　$TE_{10}^{\square}$ 与 TE_{10}° 型波的相互转换

（□表示矩形波导，○表示圆形波导）

如何？设工作波长 $\lambda = 3$ cm，波导中填充空气。

解：矩形波导中

$$\lambda_{10} = 2a = 2 \times 2.286 = 4.572 \text{ (cm)}$$

$$\lambda_g = \frac{\lambda}{\sqrt{1 - (\lambda/\lambda_{10})^2}} = \frac{3}{\sqrt{1 - (3/4.572)^2}} = 3.976 \text{ (cm)}$$

圆波导半径 R 为

$$R = \frac{1}{2\sqrt{a^2 + b^2}} = \frac{1}{2}\sqrt{2.286^2 + 1.016^2} = 1.25 \text{ (cm)}$$

圆波导中 TE_{11} 模的截止波长和导波波长为

$$\lambda_{11} = \frac{2\pi R}{q_{11}} = \frac{2\pi \times 1.25}{1.841} = 4.269 \text{ (cm)}$$

$$\lambda_g = \frac{\lambda}{\sqrt{1 - (\lambda/\lambda_c)^2}} = \frac{3}{\sqrt{1 - (3/4.269)^2}} = 4.217 \text{ (cm)}$$

可见，矩形波导中 TE_{10} 模过渡到圆形波导中 TE_{11} 模后，截止波长变短，导波波长变长，因此矩形波导中传播的低频波将无法利用这种过渡波导进入圆波导中。使用这种过渡波导时，工作频带要相对窄一些，反之则不会发生这一现象。

§9.6　传输线上的 TEM 波

TEM 波的电场和磁场只有横向分量，从式（9-4）的一般表达式关系可看出，$E_{0z} = H_{0z} = 0$，而 E_{0x}、E_{0y}、H_{0x}、H_{0y} 不为零的条件是

$$\gamma^2 + k^2 = 0$$

即

$$\gamma = \sqrt{-k^2} = jk = j\omega\sqrt{\mu\varepsilon} \tag{9-89}$$

代入式（9-1）所设的形式，TEM 波的场分量表达式为

$$E_i(x,y,z) = E_{0i}(x,y)e^{-jkz} \quad (i = x,y) \tag{9-90a}$$

$$E_i(x,y,z,t) = E_{mi}(x,y)\cos(\omega t - kz + \varphi_i) \quad (i = x,y) \tag{9-90b}$$

$$H_i(x,y,z) = H_{0i}(x,y)e^{-jkz} \quad (i = x,y) \tag{9-90c}$$

$$H_i(x,y,z,t) = H_{mi}(x,y)\cos(\omega t - kz + \varphi_i) \quad (i = x,y) \tag{9-90d}$$

由上面的瞬时表达式可知，TEM 波的相速度和导波长分别为

$$v_p = \frac{\omega}{k} = \frac{\omega}{\omega\sqrt{\mu\varepsilon}} = \frac{1}{\sqrt{\mu\varepsilon}} = v \tag{9-91}$$

$$\lambda_g = \frac{v_p}{f} = \frac{v}{f} = \lambda \tag{9-92}$$

v_p 和 λ_g 均与传输线的结构无关，分别等于同种媒质中均匀平面电磁波的速度 v 和波长 λ。

若媒质是无耗的，则 TEM 波为非色散波，即 v_p 与频率无关。

将 $\gamma = jk = j\omega\sqrt{\mu\varepsilon}$ 代入式（9-3），并令 $E_{0z} = H_{0z} = 0$，得到

$$H_{0y} = \sqrt{\frac{\varepsilon}{\mu}} E_{0x} = \frac{1}{\eta} E_{0x} \tag{9-93a}$$

$$H_{0x} = -\sqrt{\frac{\varepsilon}{\mu}} E_{0y} = -\frac{1}{\eta} E_{0y} \tag{9-93b}$$

式（9-89）~ 式（9-93）各式表明，TEM 波的传输特性及电场和磁场的关系与自由空间的均匀平面电磁波十分类似，差别仅在于 TEM 波的振幅 E_{0i} 和 H_{0i} 是坐标 x、y 的函数。

将 TEM 波的电场二维复矢量记作

$$\vec{E}_0(x,y) = \hat{x} E_{0x}(x,y) + \hat{y} E_{0y}(x,y) \tag{9-94}$$

对上式取旋度，得

$$\nabla \times \vec{E}_0(x,y) = \begin{vmatrix} \hat{x} & \hat{y} & \hat{z} \\ \dfrac{\partial}{\partial x} & \dfrac{\partial}{\partial y} & \dfrac{\partial}{\partial z} \\ E_{0x}(x,y) & E_{0y}(x,y) & 0 \end{vmatrix} = \hat{z} \left[\frac{\partial E_{0y}(x,y)}{\partial x} - \frac{\partial E_{0x}(x,y)}{\partial y} \right]$$

将该式与（9-3f）比较，并注意 $H_{0z}(x,y) = 0$，得

$$\nabla \times \vec{E}_0(x,y) = 0$$

由于 $\vec{E}_0(x,y)$ 无旋，故可以将其表示为标量位函数 $U(x,y)$ 的梯度，令

$$\vec{E}_0(x,y) = -\nabla U(x,y) = -\hat{x} \frac{\partial U(x,y)}{\partial x} - \hat{y} \frac{\partial U(x,y)}{\partial y} \tag{9-95}$$

上式取散度，得

$$\nabla \cdot \vec{E}_0(x,y) = -\left[\frac{\partial^2 U(x,y)}{\partial x^2} + \frac{\partial^2 U(x,y)}{\partial y^2} \right] \tag{9-96}$$

将

$$\vec{E}(x,y,z) = \vec{E}_0(x,y) e^{-jkz} = \hat{x} E_{0x}(x,y) e^{-jkz} + \hat{y} E_{0y}(x,y) e^{-jkz}$$

代入方程 $\nabla \cdot \vec{E}(x,y,z) = 0$，消去 e^{-jkz}，得到

$$\nabla \cdot \vec{E}_0(x,y) = 0 \tag{9-97}$$

比较式（9-96）和式（9-97），得到

$$\frac{\partial^2 U(x,y)}{\partial x^2} + \frac{\partial^2 U(x,y)}{\partial y^2} = \nabla_{xy}^2 U(x,y) = 0 \tag{9-98}$$

可见，电位函数 $U(x,y)$ 满足二维 Laplace 方程。对于给定的具体传输线，结合边界条件求解该方程，即可得到 $U(x,y)$ 的表达式。实际上，由于此电位与静电场中无电荷区域的电位都满足 Laplace 方程，时变场的导体边界与静电场的导体边界一样也是等电位边界。如果两种问题的边界形状相同，根据唯一性定理，两个位函数应有相同的表达式。因此，对于同轴线和平行双线这类典型问题，只需将相同边界形状的静电位或静电场的解直接使用即可。

例 9.5 已知同轴传输线的内导体半径为 a，外导体的内径为 b。求该同轴线传输 TEM 波的电场和磁场的表达式，以及用单位长度的电感和电容所表示的速度。

解： 这类问题一般可以由满足边界条件电位的 Laplace 方程解得，本题用求解该同轴线静电场的方法求解。设内外导体间的电位差为 U，利用静电场的高斯定律容易求出 a 和 b 之间任意点电场强度为

$$\vec{E} = \hat{\rho} \frac{U}{\rho \ln(b/a)}$$

将上式乘以 e^{-jkz}，并记 $U = U_0 e^{j\phi}$ 为复常数，得到 TEM 波的电场复矢量

$$\vec{E}(\vec{r}) = \hat{\rho} \frac{U_0}{\rho \ln(b/a)} e^{j\phi} e^{-jkz}$$

瞬时矢量为

$$\vec{E}(\vec{r}, t) = \hat{\rho} \frac{U_0}{\rho \ln(b/a)} \cos(\omega t - kz + \phi)$$

对应的磁场复矢量为

$$\vec{H}(\vec{r}) = \frac{1}{\eta} \hat{k} \times \vec{E}(\vec{r}) = \hat{\varphi} \frac{U_0}{\eta \rho \ln(b/a)} e^{j\phi} e^{-jkz}$$

瞬时矢量为

$$\vec{H}(\vec{r}, t) = \hat{\varphi} \frac{U_0}{\eta \rho \ln(b/a)} \cos(\omega t - kz + \phi)$$

根据同轴线单位长度上的电感和电容

$$L_0 = \frac{\mu}{2\pi} \ln \frac{b}{a}, \quad C_0 = \frac{2\pi \varepsilon}{\ln(b/a)}$$

TEM 波的相速度可以表示为

$$v_p = \frac{1}{\sqrt{\mu \varepsilon}} = \frac{1}{\sqrt{L_0 C_0}} \tag{9-99}$$

同轴线中 TEM 波的电磁场分布如图 9-12 所示。

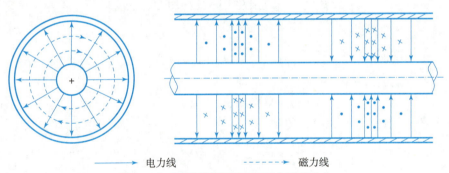

→ 电力线   ----→ 磁力线

图 9-12　同轴线中 TEM 波的电磁场分布

例 9.6　（1）推导同轴线的衰减公式；

（2）求衰减最小的条件；

（3）计 $b = 7$ cm，$f = 10$ MHz、100 MHz、1 000 MHz、10 000 MHz 时的最小衰减。

解：（1）同轴线内导体表面上的电流密度为 $\vec{J}_{Sa} = \hat{r} \times \vec{H}|_{r=a}$，外导体内表面上的电流密度为 $\vec{J}_{Sb} = -\hat{r} \times \vec{H}|_{r=b}$。单位长度的损耗功率为

$$P_1 = \frac{1}{2} R_s |\vec{J}_{Sa}|^2 \cdot 2\pi a + \frac{1}{2} R_s |\vec{J}_{Sb}|^2 \cdot 2\pi b$$

$$= \frac{1}{2} R_s \left[\frac{1}{\eta} \frac{U_0}{a \ln(b/a)} \right]^2 \cdot 2\pi a + \frac{1}{2} R_s \left[\frac{1}{\eta} \frac{U_0}{b \ln(b/a)} \right]^2 \cdot 2\pi b$$

$$= \frac{\pi R_s}{\eta^2} \left[\frac{U_0}{\ln(b/a)} \right]^2 \left(\frac{1}{a} + \frac{1}{b} \right) \tag{9-100}$$

同轴线的传输功率为

$$P_{av} = \int_a^b \frac{1}{2} E_r H_\varphi^* \cdot 2\pi r dr = \frac{1}{2} \frac{2\pi}{\eta} \left[\frac{U_0}{\ln(b/a)} \right]^2 \int_a^b \frac{dr}{r}$$

$$= \frac{\pi}{\eta} \frac{U_0^2}{\ln(b/a)} \tag{9-101}$$

所以

$$\alpha = \frac{1}{2} \frac{P_1}{P_{av}} = \frac{R_S}{2\eta} \frac{1}{\ln(b/a)} \left(\frac{1}{a} + \frac{1}{b} \right) \tag{9-102}$$

（2）令 $x = b/a$，则

$$\alpha = \frac{R_S}{2b\eta} \frac{1+x}{\ln x}$$

由 $\dfrac{d\alpha}{dx} = 0$ 推出

$$\ln x = \frac{1+x}{x}$$

上式是超越方程，它的近似解为 $x = 3.6$，因此得到同轴线的衰减最小条件为

$$b = 3.6a \tag{9-103}$$

（3）一般同轴线填充聚四氟乙烯，$\varepsilon_r = 2.3$，$\mu_r = 1$，外导体为 $\sigma = 5.8 \times 10^7$ S/m 的紫铜编织带，故

$$\alpha_{min} = \frac{1}{2b\eta} \sqrt{\frac{\omega\mu}{2\sigma}} \frac{1+x}{\ln x} = \frac{1}{2b} \sqrt{\frac{\pi f \varepsilon_r \varepsilon_0}{\sigma}} \frac{1+x}{\ln x}$$

$$= \frac{9.47 \times 10^{-6}}{b} \sqrt{\frac{\varepsilon_r}{\sigma}} \sqrt{f}$$

$$= 2.69 \times 10^{-7} \sqrt{f} \ (\text{Np/m})$$

代入频率值，可求得每米衰减最小的分贝数为

$$\alpha_{dB} = 8.686 \alpha_{Np} = 2.34 \times 10^{-6} \sqrt{f}$$

$$= \begin{cases} 0.007\,4 & (10 \text{ MHz}) \\ 0.0234 & (100 \text{ MHz}) \\ 0.074 & (1\,000 \text{ MHz}) \\ 0.234 & (10\,000 \text{ MHz}) \end{cases} \quad (\text{dB/m})$$

同轴线的损耗随频率升高按频率的根项增大，进入微波波段后长距离传输功率一般使用波导，而尽可能不使用同轴线。

TEM 波的二维电位 $U(x,y)$ 是满足 Laplace 方程的调和函数，由调和函数的性质可知，边界值为常数的闭合区域内的调和函数恒等于此常数。对于波导管这样的闭合单导体传输线，其波导壁是等位边界，所以其 $U(x,y)$ 只能为常数，因此其对应的 TEM 波电场一定等于零。可见，波导管不能传输 TEM 波。只有像同轴线和平行双线这样的双导体系统才能传输 TEM 波。

TEM 波有两个主要的优点：①没有截止频率的限制，原则上可以传输任意频率的电磁波；②TEM 波为非色散波，不会产生宽带信号的变形。但也有相应的缺点，开放的双线系统其辐射损耗大，而同轴线系统在频率较高时存在着较大的介质损耗，且功率容量比较小。因此在高频波段的较长距离传输时，一般都采用波导传输线系统。

此外，双导体传输线系统也可以传输 TE 波和 TM 波，这些波称为**高次模**，TEM 波称为**基模**，双导体传输线系统的高次模传输将在微波技术课中介绍。

§9.7 谐振腔

一、谐振腔简介

谐振腔是微波波段的一种常用器件，其作用类似于低频电路中的谐振回路。在低频电路中，谐振回路一般由电容器和电感线圈组成。随着频率升高，特别是到了频率达到几千兆赫以上的微波波段时，这种由集总参数电容器和电感线圈所组成的谐振回路将发生许多问题。首先因为此时谐振频率所对应的电容 C 和电感 L 的值很小$\left(f_0 = \dfrac{1}{2\pi\sqrt{LC}}\right)$，元件结构加工困难，其次开放的元件在尺寸接近工作波长时将产生较大的辐射损耗，使回路的 Q 值很低。因此，在微波波段一般不再采用这种集总参量元件的形式，而是用封闭的金属空腔来实现谐振回路的功能，称为**空腔谐振器**（简称**谐振腔**）。

谐振腔的形状有矩形、圆柱形和环形等多种形式，也可以由一段两端封闭的同轴线构成。在腔壁上开有小孔，或者将探针、圆环伸入腔内实现能量的输入和输出耦合。当耦合进去的电磁波频率与腔的尺寸满足一定条件时，电磁波就可以在腔内产生**谐振**，实现谐振回路的作用。实际上，谐振腔也是集总元件谐振回路的一种自然演变，图 9-13 显示了由低频集总元件的振荡回路过渡到谐振腔的示意图。最左边的图表示由平板电容器和电感线圈构成的 LC 谐振回路，当频率升高时，为了减小回路的电感 L，将线圈的圈数减小为一条金属片。当频率继续升高时，用多条金属片并联来进一步减小电感。最后，当频率再升高时，整个回路就演变成为一封闭的金属腔。

图 9-13 集总元件谐振回路到谐振腔的演变

谐振腔在微波技术中有着广泛的应用，例如在测量中可用作波长表，在雷达站的调试中用作回波箱、振荡器中的选频和稳频回路，以及用于材料的电磁参数测量等。

除了上面介绍的金属封闭谐振腔外，还有一些其他形式的谐振腔也在微波波段被广泛应用。例如开式腔，它由两片相对的金属板构成，金属板的形状有平板、球面和抛物面等，如图 9-14 所示。这种开式腔是封闭腔的进一步演变，相当于将封闭腔的侧壁去掉，然后将

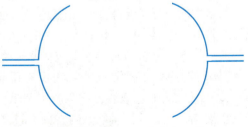

图 9-14 开式腔

两个端面的尺寸加大。通过在金属板上开孔耦合电磁能量，当频率与两板间的距离满足一定条件时，电磁波在两板之间来回反射形成振荡。由于没有侧壁损耗，开式腔的 Q 值远大于封闭腔。开式腔主要用于材料的电磁参数精密测量，将被测的材料板放在两板之间，通过谐振距离和 Q 值的改变，可以得到材料的复参数。

另一种常用的谐振腔是由介质材料构成的介质谐振腔，由于介质内的波长可以比空气中小得多，有利于微波电路的集成化和小型化。

二、矩形谐振腔内的电磁场分布

谐振腔内的电磁场表达式、谐振条件和主要参数有两种分析方法：一种是结合腔体边界条件求解腔内电场和磁场复矢量的波动方程；另一种是利用导行电磁波的结论进行讨论。

1. 波动方程求解腔内场分布

下面我们首先用第一种方法对金属矩形封闭谐振腔进行分析。设矩形腔沿 x、y、z 三个坐标轴的宽、高和长分别为 a、b 和 d，内部为 $\sigma = 0$ 的理想介质，ε 和 μ 都是常数。腔内的电场和磁场复矢量满足矢量亥姆霍兹方程，例如电场方程为

$$\nabla^2 \vec{E} + k^2 \vec{E} = 0$$

式中，$k = \omega\sqrt{\mu\varepsilon}$。在直角坐标系内，每个场分量满足同样形式的标量方程

$$\nabla^2 E_i + k^2 E_i = \frac{\partial^2 E_i}{\partial x^2} + \frac{\partial^2 E_i}{\partial y^2} + \frac{\partial^2 E_i}{\partial z^2} + k^2 E_i = 0 \qquad (i = x, y, z)$$

令 $E_i = f(x) \cdot g(y) \cdot h(z)$，代入上式，得到三个常微分方程

$$\frac{\mathrm{d}^2 f(x)}{\mathrm{d}x^2} + k_x^2 f(x) = 0$$

$$\frac{\mathrm{d}^2 g(y)}{\mathrm{d}y^2} + k_y^2 g(y) = 0$$

$$\frac{\mathrm{d}^2 h(z)}{\mathrm{d}z^2} + k_z^2 h(z) = 0$$

其中

$$k_x^2 + k_y^2 + k_z^2 = k^2 \tag{9-104}$$

上述三个方程的解均取三角函数的形式，有

$$E_i = (A_i \sin k_x x + B_i \cos k_x x)(C_i \sin k_y y + D_i \cos k_y y)(F_i \sin k_z z + G_i \cos k_z z)$$

如果令

$$k_x = \frac{m\pi}{a}, \quad k_y = \frac{n\pi}{b}, \quad k_z = \frac{p\pi}{d} \quad (m, n, p = 0, 1, 2, \cdots)$$

并且取

$$\begin{cases} E_x = E_{x0} \cos\dfrac{m\pi}{a}x \sin\dfrac{n\pi}{b}y \sin\dfrac{p\pi}{d}z \\[2mm] E_y = E_{y0} \sin\dfrac{m\pi}{a}x \cos\dfrac{n\pi}{b}y \sin\dfrac{p\pi}{d}z \\[2mm] E_z = E_{z0} \sin\dfrac{m\pi}{a}x \sin\dfrac{n\pi}{b}y \cos\dfrac{p\pi}{d}z \end{cases} \tag{9-105a}$$

则三个电场分量可以在六个内壁上满足 $E_t = 0$ 的导体边界条件。

将上面三式代入 $\nabla \times \vec{E} = -\mathrm{j}\omega\mu\vec{H}$，得到对应的磁场分量复振幅

$$\begin{cases} H_x = \mathrm{j}H_{x0}\sin\dfrac{m\pi}{a}x\cos\dfrac{n\pi}{b}y\cos\dfrac{p\pi}{d}z \\[2mm] H_y = \mathrm{j}H_{y0}\cos\dfrac{m\pi}{a}x\sin\dfrac{n\pi}{b}y\cos\dfrac{p\pi}{d}z \\[2mm] H_z = \mathrm{j}H_{z0}\cos\dfrac{m\pi}{a}x\cos\dfrac{n\pi}{b}y\sin\dfrac{p\pi}{d}z \end{cases} \qquad (9-105\mathrm{b})$$

记

$$\vec{E}_0 = \hat{x}E_{x0} + \hat{y}E_{y0} + \hat{z}E_{z0}, \quad \vec{H}_0 = \hat{x}H_{x0} + \hat{y}H_{y0} + \hat{z}H_{z0}, \quad \vec{k} = \hat{x}k_x + \hat{y}k_y + \hat{z}k_z$$

则 H_{i0} 与 E_{i0} 的关系由下面两式决定

$$\vec{H}_0 = \frac{\vec{k}_0 \times \vec{E}_0}{\omega\mu}, \quad \vec{E}_0 = -\frac{\vec{k}_0 \times \vec{H}_0}{\omega\varepsilon} \qquad (9-106)$$

谐振腔内电磁场表达式中的 m、n、p 可以取任意自然数，所以可能存在着无穷多种谐振模式。各种模式的电场和磁场分量的振幅按照正弦和余弦函数随坐标变化，m、n、p 分别是场幅度沿 x、y、z 方向变化的半周期数，取 0 时表示场幅沿该方向不变。

与讨论导行电磁波的情况相似，可以将谐振腔内的谐振模分为 TE_{mnp} 振荡模和 TM_{mnp} 振荡模两类模式。若仍按 z 方向为纵向定义，则 $E_z = 0$ 的振荡模称为 TE_{mnp} 振荡模，$H_z = 0$ 的振荡模称为 TM_{mnp} 振荡模。TE_{mnp} 模的模数 p 不能取 0，而 TM_{mnp} 模的 m 和 n 不能取 0，否则电场或磁场的各分量均等于 0，振荡模式不存在。对于谐振腔而言，并不存在唯一的纵向，所以 TE_{mnp}、TM_{mnp} 模式的命名并不唯一。

2. 利用导行波的结论求解场分布

实际上，谐振腔内的 TE_{mnp} 振荡模和 TM_{mnp} 振荡模也可以这样理解：将谐振腔视为宽、窄边分别为 a 和 b 的矩形波导的一段，当其传输 TE_{mn} 或 TM_{mn} 导行波时，用两块金属板在相距 $p\lambda_g/2$ 的地方短路，电磁波在短路壁上全反射形成驻波。由于此时两个短路壁处恰好是切向电场的零点（即驻波的节点），满足导体的边界条件，所以这样的驻波可以在两板之间存在。将入射导行波和反射导行波的表达式相加，即可得到腔内的电磁场表达式，这就是利用导行波结论分析谐振腔的基本思路。

（1）TE_{mnp} 模式。

当矩形波导中存在沿着 z 轴正向传播的 TE_{mn} 波时，根据式（9-17）~式（9-19）可以得到其相应的电磁场：

$$E_x(x,y,z) = \frac{\mathrm{j}\omega\mu}{k_c^2}\frac{n\pi}{b}H_0\cos\left(\frac{m\pi}{a}x\right)\sin\left(\frac{n\pi}{b}y\right)\mathrm{e}^{-\mathrm{j}\beta_{mn}z} \qquad (9-107\mathrm{a})$$

$$E_y(x,y,z) = -\frac{\mathrm{j}\omega\mu}{k_c^2}\frac{m\pi}{a}H_0\sin\left(\frac{m\pi}{a}x\right)\cos\left(\frac{n\pi}{b}y\right)\mathrm{e}^{-\mathrm{j}\beta_{mn}z} \qquad (9-107\mathrm{b})$$

$$H_x(x,y,z) = \frac{-\mathrm{j}\beta_{mn}}{k_c^2}\frac{m\pi}{a}H_0\sin\left(\frac{m\pi}{a}x\right)\cos\left(\frac{n\pi}{b}y\right)\mathrm{e}^{-\mathrm{j}\beta_{mn}z} \qquad (9-107\mathrm{c})$$

$$H_y(x,y,z) = \frac{\mathrm{j}\beta_{mn}}{k_c^2}\frac{n\pi}{b}H_0\cos\left(\frac{m\pi}{a}x\right)\sin\left(\frac{n\pi}{b}y\right)\mathrm{e}^{-\mathrm{j}\beta_{mn}z} \qquad (9-107\mathrm{d})$$

$$H_z(x,y,z) = H_0\cos\left(\frac{m\pi}{a}x\right)\cos\left(\frac{n\pi}{b}y\right)\mathrm{e}^{-\mathrm{j}\beta_{mn}z} \qquad (9-107\mathrm{e})$$

式中，$k_c^2 = \left(\dfrac{m\pi}{a}\right)^2 + \left(\dfrac{n\pi}{b}\right)^2$。

若在波导的 $z = 0$，$z = d$ 处分别放置导体板，构成谐振腔，则此电磁波经 $z = d$ 处的导体板反射后，形成沿着 $-\hat{z}$ 方向传播的 TE_{mn} 波，其传播因子为 $\mathrm{e}^{\mathrm{j}\beta_{mn}z}$，令其磁场法向分量振幅为 H_0^-，则反射波磁场法向分量表示为

$$H_z^-(x,y,z) = H_0^- \cos\left(\frac{m\pi}{a}x\right)\cos\left(\frac{n\pi}{b}y\right)\mathrm{e}^{\mathrm{j}\beta_{mn}z} \tag{9-108}$$

两个传播方向相反的电磁波表达式（9-107e）和式（9-108）叠加之后的磁场 z 方向分量表示为

$$H_z^{\mathrm{total}}(x,y,z) = \cos\left(\frac{m\pi}{a}x\right)\cos\left(\frac{n\pi}{b}y\right)\left(H_0\mathrm{e}^{-\mathrm{j}\beta_{mn}z} + H_0^-\mathrm{e}^{\mathrm{j}\beta_{mn}z}\right) \tag{9-109}$$

在 $z = 0$ 的导体板处，磁场法向分量为零，即

$$H_z^{\mathrm{total}}(x,y,0) = \cos\left(\frac{m\pi}{a}x\right)\cos\left(\frac{n\pi}{b}y\right)\left(H_0 + H_0^-\right) = 0 \tag{9-110}$$

若此式对所有 x、y 都成立，则 $H_0^- = -H_0$，将这一结果代入 $z = d$ 时磁场 z 分量的边界条件中，即 $H_z^{\mathrm{total}}(x,y,d) = 0$，由此可得

$$\begin{aligned} H_z^{\mathrm{total}}(x,y,d) &= \cos\left(\frac{m\pi}{a}x\right)\cos\left(\frac{n\pi}{b}y\right)\left(H_0\mathrm{e}^{-\mathrm{j}\beta_{mn}d} - H_0\mathrm{e}^{\mathrm{j}\beta_{mn}d}\right) \\ &= \cos\left(\frac{m\pi}{a}x\right)\cos\left(\frac{n\pi}{b}y\right)\left[-2\mathrm{j}H_0\sin(\beta_{mn}d)\right] = 0 \end{aligned} \tag{9-111}$$

若此式对所有 x、y 都成立，则 $\beta_{mn} = \dfrac{p\pi}{d}$，$k = 0,1,2,\cdots$。

因此，略去上标 total 后，谐振腔中总的磁场纵向分量表示为

$$H_z(x,y,z) = -2\mathrm{j}H_0\cos\left(\frac{m\pi}{a}x\right)\cos\left(\frac{n\pi}{b}y\right)\sin\left(\frac{p\pi}{d}z\right) \tag{9-112a}$$

类似地，利用导体边界条件 $\hat{n} \times \vec{E} = 0$ 可以求得总的电场切向分量：

$$E_x(x,y,z) = \frac{2\omega\mu}{k_c^2}\frac{n\pi}{b}H_0\cos\left(\frac{m\pi}{a}x\right)\sin\left(\frac{n\pi}{b}y\right)\sin\left(\frac{p\pi}{d}z\right) \tag{9-112b}$$

$$E_y(x,y,z) = -\frac{2\omega\mu}{k_c^2}\frac{m\pi}{a}H_0\sin\left(\frac{m\pi}{a}x\right)\cos\left(\frac{n\pi}{b}y\right)\sin\left(\frac{p\pi}{d}z\right) \tag{9-112c}$$

利用反射波磁场纵向分量的表达式（9-108）和切向分量与纵向分量的关系式（9-4）可以求得反射波的磁场切向分量，而总的磁场切向分量等于两个相反方向导行波的叠加，即

$$H_x(x,y,z) = \frac{-2\mathrm{j}}{k_c^2}\frac{m\pi}{a}\frac{p\pi}{d}H_0\sin\left(\frac{m\pi}{a}x\right)\cos\left(\frac{n\pi}{b}y\right)\cos\left(\frac{p\pi}{d}z\right) \tag{9-112d}$$

$$H_y(x,y,z) = \frac{2\mathrm{j}}{k_c^2}\frac{n\pi}{b}\frac{p\pi}{d}H_0\cos\left(\frac{m\pi}{a}x\right)\sin\left(\frac{n\pi}{b}y\right)\cos\left(\frac{p\pi}{d}z\right) \tag{9-112e}$$

（2）TM_{mnp} 模式。

根据导行电磁波 TM_{mn} 模式的电磁场表达式（9-30）和式（9-31），并利用求解 TE_{mnp} 模式场分布的方法，可以求得 TM_{mnp} 模式振荡的谐振腔的内部电磁场：

$$E_z(x,y,z) = 2E_0\sin\left(\frac{m\pi}{a}x\right)\sin\left(\frac{n\pi}{b}y\right)\cos\left(\frac{p\pi}{d}z\right) \tag{9-113a}$$

$$E_x(x,y,z) = -\frac{2}{k_c^2}\frac{m\pi}{a}\frac{p\pi}{d}E_0\cos\left(\frac{m\pi}{a}x\right)\sin\left(\frac{n\pi}{b}y\right)\sin\left(\frac{p\pi}{d}z\right) \qquad (9-113\text{b})$$

$$E_y(x,y,z) = -\frac{2}{k_c^2}\frac{n\pi}{b}\frac{p\pi}{d}E_0\sin\left(\frac{m\pi}{a}x\right)\cos\left(\frac{n\pi}{b}y\right)\sin\left(\frac{p\pi}{d}z\right) \qquad (9-113\text{c})$$

$$H_x(x,y,z) = \frac{\text{j}2\omega\varepsilon}{k_c^2}\frac{n\pi}{b}E_0\sin\left(\frac{m\pi}{a}x\right)\cos\left(\frac{n\pi}{b}y\right)\cos\left(\frac{p\pi}{d}z\right) \qquad (9-113\text{d})$$

$$H_y(x,y,z) = -\frac{\text{j}2\omega\varepsilon}{k_c^2}\frac{m\pi}{a}E_0\cos\left(\frac{m\pi}{a}x\right)\sin\left(\frac{n\pi}{b}y\right)\cos\left(\frac{p\pi}{d}z\right) \qquad (9-113\text{e})$$

从谐振腔内电磁场的表达式可以看出，腔内场的复振幅中不存在传播因子，电场和磁场的瞬时值随时间分别按 $\cos\omega t$ 和 $\sin\omega t$ 变化，腔内的电磁场将以驻波的形式存在。电场和磁场在相位上相差 $\pi/2$，预示着平均能流为零，代表着一种电场能量和磁场能量相互交换的电磁振荡。

三、矩形谐振腔的特性

1. 谐振频率

从上面的分析可以看出，谐振腔内某一振荡模式存在的条件由两点决定，首先，谐振腔的横向尺寸 a 和 b 必须满足对应导行波的传输条件；其次，纵向距离 d 应等于该导行波导波长一半的整数倍（即 $n\lambda_g/2$）。由此得到

$$\omega^2\mu\varepsilon = \left(\frac{m\pi}{a}\right)^2 + \left(\frac{n\pi}{b}\right)^2 + \left(\frac{p\pi}{d}\right)^2$$

将满足该式的工作频率 f 记作 f_{mnp}，称为 TE_{mnp}（或 TM_{mnp}）振荡模的**谐振频率**。由此得到谐振频率必须满足

$$f_{mnp} = \frac{v}{2}\sqrt{\left(\frac{m}{a}\right)^2 + \left(\frac{n}{b}\right)^2 + \left(\frac{p}{d}\right)^2} \qquad (9-114)$$

上式称为谐振腔的**谐振条件**，只有满足上式的频率（即耦合进腔内的工作频率）的电磁场才能以 TE_{mnp}（或 TM_{mnp}）振荡模的形式产生振荡。可见，当谐振腔的尺寸和腔内介质确定后，腔内的振荡频率是离散的。

一种振荡模式只对应一个振荡频率点。例如，若 $a = 20$ mm，$b = 10$ mm，$d = 30$ mm，$\mu = \mu_0, \varepsilon = \varepsilon_0$，要使腔内产生 TM_{423} 振荡模，则耦合进腔内的电磁波的工作频率必须等于

$$f = f_{423} = \frac{3\times10^8}{2}\sqrt{\left(\frac{4}{20\times10^{-3}}\right)^2 + \left(\frac{2}{10\times10^{-3}}\right)^2 + \left(\frac{3}{30\times10^{-3}}\right)^2} = 4.5\times10^{10} \text{（Hz）}$$

2. 品质因数

谐振腔的一个重要参数是它的品质因数 Q，其定义为腔内的电磁能量 W 与损耗功率 p 之比乘以角频率 ω

$$Q = \omega\frac{W}{p} \qquad (9-115)$$

Q 值越大，其谐振曲线就越尖锐，对频率的分辨率越灵敏，这正是作为波长计和稳频回路所希望的。谐振腔的损耗主要来源于导体表面的导电损耗、腔内的介质损耗和输出耦合损耗。一般的矩形和圆柱封闭腔的 Q 值可以达到 $10^2 \sim 10^4$。开式腔不存在侧壁损耗，其 Q 值明显高于封闭腔。

3. 谐振模式的简并

从谐振频率表达式（9 – 114）可以看出，对于一组给定的 m、n、p 值，TE_{mnp} 模和 TM_{mnp} 模具有相同的谐振频率，当耦合能量的频率等于此谐振频率时，两种模在腔内同时存在，这种情况称为**简并**。

为了排除简并现象，一般可令三个模数中的一个等于 0。由场表达式可以看出，m 或 n 有一个为 0 时，只有 TE_{m0p} 或 TE_{0np}，TM 模不存在；p 为 0 时，只有 TM_{mn0} 模，而 TE 模不存在。

此外，当腔的尺寸 a、b、d 出现整数倍关系时，也可能产生另外一种简并。例如当 $d = 2a$ 时

$$f_{4n4} = \frac{v}{2}\sqrt{\left(\frac{4}{a}\right)^2 + \left(\frac{n}{b}\right)^2 + \left(\frac{4}{2a}\right)^2} = f_{2n8} = \frac{v}{2}\sqrt{\left(\frac{2}{a}\right)^2 + \left(\frac{n}{b}\right)^2 + \left(\frac{8}{2a}\right)^2}$$

这种简并也使腔内同时出现两种场分布不同的振荡模。为避免这种简并，设计尺寸时应注意使 a、b、d 不存在整数倍关系。

从谐振频率表达式（9 – 114）看到，当输入谐振腔电磁波的工作频率给定后，可以通过调谐谐振腔的长度 d 来满足该式，使之产生振荡。如果通过尺寸设计使 d 的变化范围内只存在一种振荡模式，则 d 的每一个值便只对应一个谐振频率。通过谐振发生时 d 的数值，将可以获得输入电磁波的工作频率，这就是谐振腔波长计的工作原理。

例9.7　假设一黄铜材料的矩形谐振腔 $a = b = 3$ cm，$d = 4$ cm，腔内填充空气，求此谐振腔 TE_{101} 模的谐振频率，并计算它的品质因数。

解：由式（9 – 114）求出 TE_{101} 模的谐振频率为

$$f_{101} = \frac{c}{2}\sqrt{\left(\frac{m}{a}\right)^2 + \left(\frac{n}{b}\right)^2 + \left(\frac{p}{d}\right)^2}$$

$$= \frac{3 \times 10^8}{2} \times \sqrt{\left(\frac{1}{0.03}\right)^2 + \left(\frac{1}{0.04}\right)^2} = 6.25 \times 10^9 \ (Hz)$$

下面计算 TE_{101} 模的 Q 值，先将式（9 – 105）写成简洁形式如下

$$E_y = E_{y0}\sin\frac{\pi}{a}x\sin\frac{\pi}{d}z$$

$$H_x = jH_{x0}\sin\frac{\pi}{a}x\cos\frac{\pi}{d}z$$

$$H_z = jH_{z0}\cos\frac{\pi}{a}x\sin\frac{\pi}{d}z$$

其中 $H_{x0} = -\frac{\pi/d}{\omega\mu}E_{y0}$，$H_{z0} = \frac{\pi/a}{\omega\mu}E_{y0}$。

谐振腔内的储存能量是电场强度达到最大值时的电场能量密度的体积分

$$W = \frac{1}{2}\varepsilon_0\int_\tau |E|^2 d\tau$$

$$= \frac{1}{2}\varepsilon_0\int_{x=0}^a\int_{y=0}^b\int_{z=0}^d E_{y0}^2\sin^2\frac{\pi}{a}x\sin^2\frac{\pi}{d}z dxdydz$$

$$= \frac{1}{8}\varepsilon_0 abd E_{y0}^2$$

腔壁上的损耗功率由下式计算

$$\langle P_l \rangle = \frac{1}{2} R_S \oint_S |H_t|^2 \mathrm{d}S$$

各壁上的场分布不同，需分别计算。在 $z = 0$ 和 $z = d$ 的两个壁上，$|H_t|^2 = H_{x0}^2 \sin^2 \frac{\pi}{a} x$，两壁上所损耗的功率为

$$\langle P_{l1} \rangle = 2 \times \frac{1}{2} R_S H_{x0}^2 \int_{x=0}^a \int_{y=0}^b \sin^2 \frac{\pi}{a} x \mathrm{d}x \mathrm{d}y = \frac{1}{2} R_S ab H_{x0}^2$$

同理，在 $x = 0$ 和 $x = a$ 两壁上及 $y = 0$ 和 $y = b$ 两壁上的损耗功率分别为

$$\langle P_{l2} \rangle = 2 \times \frac{1}{2} R_S H_{z0}^2 \int_{y=0}^b \int_{z=0}^d \sin^2 \frac{\pi}{d} z \mathrm{d}y \mathrm{d}z = \frac{1}{2} R_S bd H_{z0}^2$$

$$\langle P_{l3} \rangle = 2 \times \frac{1}{2} R_S \int_{x=0}^a \int_{z=0}^d \left(H_{x0}^2 \sin^2 \frac{\pi}{a} x \cos^2 \frac{\pi}{d} z + H_{z0}^2 \cos^2 \frac{\pi}{a} x \sin^2 \frac{\pi}{d} z \right) \mathrm{d}x \mathrm{d}z$$

$$= \frac{1}{4} R_S (H_{x0}^2 + H_{z0}^2) ad$$

于是

$$Q = \omega_{101} \frac{W}{\langle P_{l1} \rangle + \langle P_{l2} \rangle + \langle P_{l3} \rangle}$$

$$= \frac{\omega_{101}}{R_S} \frac{\varepsilon_0 abd E_{y0}^2 / 8}{(2ab H_{x0}^2 + 2bd H_{z0}^2 + ad H_{x0}^2 + ad H_{z0}^2) / 4}$$

将 $\omega_{101} = 2\pi f_{101}$ 及 H_{x0}、H_{z0} 代入上式，整理后得到

$$Q = \frac{\pi \eta_0}{2 R_S} \left[\frac{b(a^2 + d^2)^{3/2}}{ad(a^2 + d^2) + 2b(a^3 + d^3)} \right]$$

由题设 $\eta = \eta_0 = 120\pi$，$R_S = \sqrt{\dfrac{\omega\mu}{2\sigma}} = \sqrt{\dfrac{2 \times \pi \times 12.5 \times 10^9 \times 4 \times \pi \times 10^{-7}}{2 \times 5.8 \times 10^7}} = 0.029\,2\,(\Omega)$

代入上式得

$$Q = 8\,989$$

实际谐振腔由于表面不光滑和尺寸误差，使它的 Q 值比理论值低得多。尽管达不到理论值，谐振腔的 Q 值仍然比 LC 回路的 Q 值（一般为几百）大得多（良好谐振腔可达 10 000）。

§9.8　传输线的长线理论

传输线问题主要包括两方面内容，一是电磁波在传输线横截面内电场和磁场的分布规律，称为横向问题；二是研究电磁波沿传输线轴向的传播特性和场分布规律，称为纵向问题。前面关于矩形波导、圆形波导、同轴线的几节内容重点讨论了横向问题，本节将应用长线理论对纵向问题进行分析。

一、长线理论和分布参数的概念

传输线理论中的纵向问题最初是从研究很长的双导线传输线开始的，故称为"长线理论"。严格来讲，当传输线的长度远大于所传输的电磁波的波长时，或者可与波长相比拟

时，传输线可称为长线，否则称为短线。因此，长线或短线是一个相对概念，而不是依据传输线的几何尺寸划分的。利用长线理论进行分析时，传输线本身的电容、电感、串联电阻和并联电导效应不能被忽略，这些效应不是集中于传输线上某一位置，而是沿着整个传输线的长度分布的，构成了一个分布参数电路。通常以 R_0、L_0、C_0、G_0 来表示这些分布参数，即

R_0：单位长度的分布电阻（Ω/m）；

L_0：单位长度的分布电感（$\mathrm{H/m}$）；

C_0：单位长度的分布电容（$\mathrm{F/m}$）；

G_0：单位长度的分布电导（$\mathrm{S/m}$）。

二、传输线方程及其解

利用长线理论分析时，通常将传输线等效为平行双线，如图 9 – 15（a）所示，选取负载处为坐标原点，由信号源至负载方向定义为 z 轴正方向。根据分布参数的概念，平行双线上的任一段线元 Δz 可以等效为图 9 – 15（b）所示的电路。

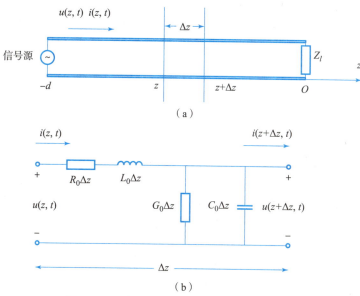

图 9 – 15 传输线长线理论和分布参数示意图

（a）平行双线等效图；（b）线元 Δz 的分布参数等效电路

根据基尔霍夫电压定律可得

$$u(z,t) - R_0\Delta z i(z,t) - L_0\Delta z \frac{\partial i(z,t)}{\partial t} - u(z + \Delta z,t) = 0 \tag{9 – 116a}$$

再根据基尔霍夫电流定律导出

$$i(z,t) - G_0\Delta z u(z + \Delta z,t) - C_0\Delta z \frac{\partial u(z + \Delta z,t)}{\partial t} - i(z + \Delta z,t) = 0 \tag{9 – 116b}$$

以上两式同时除以 Δz，并取 $\Delta z \to 0$ 时的极限，可得传输线方程

$$-\frac{\partial u(z,t)}{\partial z} = R_0 i(z,t) + L_0 \frac{\partial i(z,t)}{\partial t} \tag{9 – 117a}$$

$$-\frac{\partial i(z,t)}{\partial z} = G_0 u(z,t) + C_0 \frac{\partial u(z,t)}{\partial t} \qquad (9-117\text{b})$$

若传输线上信号为正弦变化，可令

$$u(z,t) = \mathrm{Re}\big[U(z)\mathrm{e}^{\mathrm{j}\omega t}\big] \quad i(z,t) = \mathrm{Re}\big[I(z)\mathrm{e}^{\mathrm{j}\omega t}\big]$$

则式（9-117a）和式（9-117b）表示为复数形式为

$$-\frac{\mathrm{d}U(z)}{\mathrm{d}z} = (R_0 + \mathrm{j}\omega L_0)I(z) \qquad (9-118\text{a})$$

$$-\frac{\mathrm{d}I(z)}{\mathrm{d}z} = (G_0 + \mathrm{j}\omega C_0)U(z) \qquad (9-118\text{b})$$

两式同时对 z 求导，可得

$$\frac{\mathrm{d}^2 U(z)}{\mathrm{d}z^2} = \gamma^2 U(z) \qquad (9-119\text{a})$$

$$\frac{\mathrm{d}^2 I(z)}{\mathrm{d}z^2} = \gamma^2 I(z) \qquad (9-119\text{b})$$

其中 $\gamma = \sqrt{(R_0 + \mathrm{j}\omega L_0)(G_0 + \mathrm{j}\omega C_0)}$ 称为传播常数。

两个微分方程式（9-119a）、式（9-119b）可以独立求解，其通解分别是

$$U(z) = U_l^+ \mathrm{e}^{-\gamma z} + U_l^- \mathrm{e}^{\gamma z} \qquad (9-120\text{a})$$

$$I(z) = I_l^+ \mathrm{e}^{-\gamma z} + I_l^- \mathrm{e}^{\gamma z} \qquad (9-120\text{b})$$

其中，$U_l^{\pm}$、$I_l^{\pm}$ 为待定系数，下标 l 表示该通解是坐标原点定义在负载处时的解。

若记

$$U^+(z) = U_l^+ \mathrm{e}^{-\gamma z} \qquad (9-121\text{a})$$

$$U^-(z) = U_l^- \mathrm{e}^{\gamma z} \qquad (9-121\text{b})$$

则 $U^+(z)$ 表示沿 $+\hat{z}$ 方向，向负载方向传输的电磁波，称为入射波；相应地，$U^-(z)$ 表示向信号源方向传播的反射波。

另外，两个微分方程又存在式（9-118a）和式（9-118b）确定的约束关系，相应的待定系数之间也必然存在互换关系。将 $U(z)$ 的通解代入频域微分方程式（9-118a）中，得

$$I(z) = \frac{\gamma}{R_0 + \mathrm{j}\omega L_0}(U_l^+ \mathrm{e}^{-\gamma z} - U_l^- \mathrm{e}^{\gamma z})$$

若令 $Z_c = \sqrt{(R_0 + \mathrm{j}\omega L_0)/(G_0 + \mathrm{j}\omega C_0)}$，则传输线上电流解为

$$I(z) = \frac{1}{Z_c}(U_l^+ \mathrm{e}^{-\gamma z} - U_l^- \mathrm{e}^{\gamma z}) \qquad (9-120\text{c})$$

式（9-120a）和式（9-120c）构成了长线理论下传输线问题的通解。Z_c 称为传输线的特性阻抗。

若记

$$I^+(z) = I_l^+ \mathrm{e}^{-\gamma z} = \frac{U_l^+}{Z_c}\mathrm{e}^{-\gamma z} \qquad (9-122\text{a})$$

$$I^-(z) = I_l^- \mathrm{e}^{\gamma z} = -\frac{U_l^-}{Z_c}\mathrm{e}^{\gamma z} \qquad (9-122\text{b})$$

则 $I^+(z)$ 和 $I^-(z)$ 分别反映着传输线上入射波和反射波的电流分布。

传输线方程通解的待定系数 U_l^+ 和 U_l^- 需要由传输线的边界条件来确定。下面分别讨论两种工程上常用的定解边界条件。

（1）已知终端电压、电流。

设传输线终端 $z = 0$ 处的电压和电流分别为 $U(0) = U_l$，$I(0) = I_l$，将其代入式（9 - 120a）和式（9 - 120c）中，可得

$$U_l = U_l^+ + U_l^-，\quad I_l = \frac{1}{Z_c}(U_l^+ - U_l^-)$$

由此可得待定系数 U_l^+ 和 U_l^-：

$$U_l^+ = \frac{U_l + I_l Z_c}{2}，\quad U_l^- = \frac{U_l - I_l Z_c}{2}$$

将 U_l^+ 和 U_l^- 代入式（9 - 120a）和式（9 - 120c）中，得传输线上的电压电流分布

$$U(z) = \frac{U_l + I_l Z_c}{2}\mathrm{e}^{-\gamma z} + \frac{U_l - I_l Z_c}{2}\mathrm{e}^{\gamma z} \tag{9 - 123a}$$

$$I(z) = \frac{U_l + I_l Z_c}{2Z_c}\mathrm{e}^{-\gamma z} - \frac{U_l - I_l Z_c}{2Z_c}\mathrm{e}^{\gamma z} \tag{9 - 123b}$$

表示为双曲函数形式为

$$U(z) = U_l\mathrm{ch}(\gamma z) - I_l Z_c\mathrm{sh}(\gamma z) \tag{9 - 124a}$$

$$I(z) = I_l\mathrm{ch}(\gamma z) - \frac{U_l}{Z_c}\mathrm{sh}(\gamma z) \tag{9 - 124b}$$

（2）已知始端（信号源）电压、电流。

设传输线始端 $z = -d$ 处的电压和电流分别为 $U(-d) = U_0$，$I(-d) = I_0$，将其代入式（9 - 120a）和式（9 - 120c）中，可知

$$U_0 = U_l^+\mathrm{e}^{\gamma d} + U_l^-\mathrm{e}^{-\gamma d}，\quad I_0 = \frac{1}{Z_c}(U_l^+\mathrm{e}^{\gamma d} - U_l^-\mathrm{e}^{-\gamma d})$$

由此可以确定待定系数 U_l^+ 和 U_l^-：

$$U_l^+ = \frac{U_0 + I_0 Z_c}{2}\mathrm{e}^{-\gamma d}，\quad U_l^- = \frac{U_0 - I_0 Z_c}{2}\mathrm{e}^{\gamma d}$$

将 U_l^+ 和 U_l^- 代入式（9 - 120a）和式（9 - 120c）中，得传输线上的电压电流分布

$$U(z) = \frac{U_0 + I_0 Z_c}{2}\mathrm{e}^{-\gamma(z+d)} + \frac{U_0 - I_0 Z_c}{2}\mathrm{e}^{\gamma(z+d)} \tag{9 - 125a}$$

$$I(z) = \frac{U_0 + I_0 Z_c}{2Z_c}\mathrm{e}^{-\gamma(z+d)} - \frac{U_0 - I_0 Z_c}{2Z_c}\mathrm{e}^{\gamma(z+d)} \tag{9 - 125b}$$

表示为双曲函数形式为

$$U(z) = U_0\mathrm{ch}[\gamma(z+d)] - I_0 Z_c\mathrm{sh}[\gamma(z+d)] \tag{9 - 126a}$$

$$I(z) = I_0\mathrm{ch}[\gamma(z+d)] - \frac{U_0}{Z_0}\mathrm{sh}[\gamma(z+d)] \tag{9 - 126b}$$

从以上分析可以看出，利用两种边值条件都可以表示传输线上电压和电流的分布情况，工程上通常应用已知负载处电压和电流的双曲函数表达式（9 - 124a）和式（9 - 124b）进行讨论。

三、传输线上波的传输特性参数

1. 特性阻抗

在求解传输线上波的通解时，引入了特性阻抗的概念，通常将其定义为入射波的电压与

电流之比，即

$$Z_c = \frac{U^+}{I^+} = \sqrt{\frac{R_0 + j\omega L_0}{G_0 + j\omega C_0}} \qquad (9-127\text{a})$$

也可以利用反射波的电压和电流之比来定义特性阻抗，即

$$Z_c = -\frac{U^-}{I^-} = \sqrt{\frac{R_0 + j\omega L_0}{G_0 + j\omega C_0}} \qquad (9-127\text{b})$$

可见，特性阻抗由传输线的分布参数和工作频率决定，而与其他参数无关。当传输线是无损传输线时，$R_0 = 0$，$G_0 = 0$，特性阻抗为 $Z_c = \sqrt{L_0/C_0}$。

2. 传播常数

传播常数 γ 是在求解传输线上的波的通解时引入的另一个特征量，通常 γ 是复数，即

$$\gamma = \sqrt{(R_0 + j\omega L_0)(G_0 + j\omega C_0)} = \alpha + j\beta \qquad (9-128)$$

由此可得

$$\alpha = \sqrt{\frac{1}{2}\left[\sqrt{(R_0^2 + \omega^2 L_0^2)(G_0^2 + \omega^2 C_0^2)} - (\omega^2 L_0 C_0 - R_0 G_0)\right]} \qquad (9-129\text{a})$$

$$\beta = \sqrt{\frac{1}{2}\left[\sqrt{(R_0^2 + \omega^2 L_0^2)(G_0^2 + \omega^2 C_0^2)} + (\omega^2 L_0 C_0 - R_0 G_0)\right]} \qquad (9-129\text{b})$$

式中，实部 α 为衰减常数，表示传输线上单位长度入射波或反射波的电压电流幅度衰减程度；虚部 β 为相位常数，反映电压、电流等参量的相位变化情况。

相应地，传输线上波的相速度表示为

$$v_{\text{p}} = \frac{\omega}{\beta}$$

当传输线为无损耗传输线时，$\beta = \omega\sqrt{L_0 C_0}$，相速度

$$v_{\text{p}} = 1/\sqrt{L_0 C_0}$$

于是，传输线上电磁波的波长可以表示为

$$\lambda = \frac{2\pi}{\beta} = \frac{v_{\text{p}}}{f}$$

3. 输入阻抗

传输线上任一点的电压和电流的比值定义为该点朝负载端看去的输入阻抗，记为 Z_{in}，根据式（9-124a）和式（9-124b）得

$$Z_{\text{in}}(z) = \frac{U(z)}{I(z)} = \frac{U_l \text{ch}(\gamma z) - I_l Z_c \text{sh}(\gamma z)}{I_l \text{ch}(\gamma z) - \frac{U_l}{Z_c}\text{sh}(\gamma z)} = Z_c \frac{Z_l - Z_c \text{th}(\gamma z)}{Z_c - Z_l \text{th}(\gamma z)} \qquad (9-130)$$

式中，$Z_l = U_l/I_l$，表示终端负载阻抗。对于无损耗传输线衰减常数 $\alpha = 0$，$\gamma = j\beta$，故

$$Z_{\text{in}}(z) = Z_c \frac{Z_l - jZ_c \tan(\beta z)}{Z_c - jZ_l \tan(\beta z)} \qquad (9-131)$$

工程上常采用观察点与负载的距离变量 l 来表示输入阻抗，该点处坐标可记为 $z = -l$，代入

式 (9 – 131) 中，可得

$$Z_{\text{in}} = Z_c \frac{Z_l + jZ_c\tan(\beta l)}{Z_c + jZ_l\tan(\beta l)} \qquad (9-132)$$

4. 反射系数

传输线上任一点处反射波电压与入射波电压之比，定义为该点处的电压反射系数，简称反射系数，即

$$\Gamma(z) = \frac{U^-(z)}{U^+(z)}$$

根据入射波和反射波电压表达式 (9 – 121a) 和式 (9 – 121b)，进一步可得

$$\Gamma(z) = \frac{U^-(z)}{U^+(z)} = \frac{U_l^- e^{\gamma z}}{U_l^+ e^{-\gamma z}} = \Gamma_l e^{2\gamma z} \qquad (9-133)$$

式中，Γ_l 称为终端反射系数，并且

$$\Gamma_l = \frac{U_l^-}{U_l^+} = \frac{U_l - I_l Z_c}{U_l + I_l Z_c} = \frac{Z_l - Z_c}{Z_l + Z_c} \qquad (9-134)$$

利用式 (9 – 133)，可以将传输线上的电压表示为

$$\begin{aligned} U(z) &= U^+(z) + U^-(z) = U^+(z)\big[1 + \Gamma(z)\big] = U^+(z)\big[1 + \Gamma_l e^{2\gamma z}\big] \\ &= U_l^+\big[e^{-\gamma z} + \Gamma_l e^{\gamma z}\big] \end{aligned} \qquad (9-135a)$$

同理，传输线上的电流表示为

$$I(z) = \frac{U_l^+}{Z_c}\big[e^{-\gamma z} - \Gamma_l e^{\gamma z}\big] \qquad (9-135b)$$

四、传输线的工作状态

当传输线终端接不同负载时，反射系数取不同值，传输线也将相应工作在不同状态上。

1. 行波状态

行波状态定义为传输线上无反射波的工作状态，此时只有入射波，反射系数 $\Gamma_l = 0$。根据反射系数表达式 (9 – 134) 可以看出，当 $Z_l = Z_c$，即传输线终端负载阻抗等于传输线的特性阻抗时，$\Gamma_l = 0$，传输线工作在行波状态。此时

$$U(z) = U_l^+\big[e^{-\gamma z} + \Gamma_l e^{\gamma z}\big] = U_l^+ e^{-\gamma z} \qquad (9-136a)$$

$$I(z) = \frac{U_l^+}{Z_c}\big[e^{-\gamma z} - \Gamma_l e^{\gamma z}\big] = \frac{U_l^+}{Z_c}e^{-\gamma z} \qquad (9-136b)$$

对于无耗传输线 $\gamma = j\beta$，若将 U_l^+ 记为 $|U_l^+|e^{j\varphi_l}$，其中 φ_l 为 U_l^+ 的初相角，则有

$$U(z) = |U_l^+|e^{j\varphi_l}e^{-j\beta z}I(z) = \frac{|U_l^+|}{Z_c}e^{j\varphi_l}e^{-j\beta z}$$

由此可以得到传输线上电压和电流的瞬时表达式

$$u(z,t) = \text{Re}\big[U(z)e^{j\omega t}\big] = |U_l^+|\cos(\omega t - \beta z + \varphi_l) \qquad (9-137a)$$

$$i(z,t) = \text{Re}\big[I(z)e^{j\omega t}\big] = \frac{|U_l^+|}{Z_c}\cos(\omega t - \beta z + \varphi_l) \qquad (9-137b)$$

根据式 (9 – 137a) 和式 (9 – 137b) 可以画出行波状态下，沿传输线的电压和电流分布情况。

从图 9 – 16 中可以看出，向负载方向传输的入射波电压和电流相位随 z 的增加而滞后，这是波动形式由信号源向负载方向传播的必然结果。由于没有能量反射，源区域的能量将全部传输至负载，这是一种理想的工作状态。根据任意位置的输入阻抗表达式（9 – 131）或式（9 – 132）可知，行波状态下，任意位置的输入阻抗都等于特性阻抗，即

$$Z_{\text{in}}(z) = Z_c$$

因此，行波状态也称为负载匹配状态。传输线上行波有如下特点：

（1）沿传输线的电压和电流振幅不变；

（2）电压和电流同相位；

（3）沿线各点的输入阻抗都等于特性阻抗。

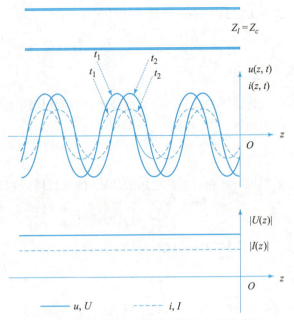

图 9 – 16　行波状态传输线电流和电压分布图

2. 纯驻波状态

纯驻波状态与行波状态正好相反，当所有的入射波能量都被反射时，传输线的工作状态称为纯驻波状态。根据这样的定义，对于无耗传输线，纯驻波状态时反射系数的模值为 1，即

$$|\Gamma_l| = 1$$

根据反射系数计算式（9 – 134），可分几种情况进行讨论。

（1）短路状态。

若 $\Gamma_l = -1$，则 $Z_l = 0$，此时终端接零负载，称为短路状态。于是传输线上的电压为

$$U(z) = U_l^+ [e^{-\gamma z} + \Gamma_l e^{\gamma z}] = U_l^+ (e^{-j\beta z} - e^{j\beta z}) = -j2|U_l^+||e^{j\varphi_l}\sin(\beta z) \qquad (9 – 138a)$$

同理可得

$$I(z) = \frac{U_l^+}{Z_c}[e^{-\gamma z} - \Gamma_l e^{\gamma z}] = \frac{U_l^+}{Z_c}(e^{-j\beta z} + e^{j\beta z}) = \frac{2|U_l^+|}{Z_c}e^{j\varphi_l}\cos(\beta z) \qquad (9 – 138b)$$

表示成瞬时值则为

$$u(z,t) = \text{Re}[U(z)e^{j\omega t}] = 2|U_l^+|\sin(\beta z)\cos\left(\omega t + \varphi_l - \frac{\pi}{2}\right) \qquad (9 – 139a)$$

$$i(z,t) = \text{Re}[I(z)e^{j\omega t}] = \frac{2|U_l^+|}{Z_c}\cos(\beta z)\cos(\omega t + \varphi_l) \qquad (9 – 139b)$$

根据以上分析可将短路状态下，传输线上电压和电流的瞬时分布情况画在图 9 – 17（a）中。

根据 $\Gamma_l = -1$ 条件下电压的表达式（9 – 138a），可以看出纯驻波是在全反射条件下，由两个相向传输的行波叠加而成的。由于所有能量全部反射，纯驻波状态不能形成能量传输，它不再具有行波的传输特性，而是在传输线上做简谐振荡。从图 9 – 17（a）中还可以进一步看出，终端接零负载时，无损耗传输线工作状态有如下特点：

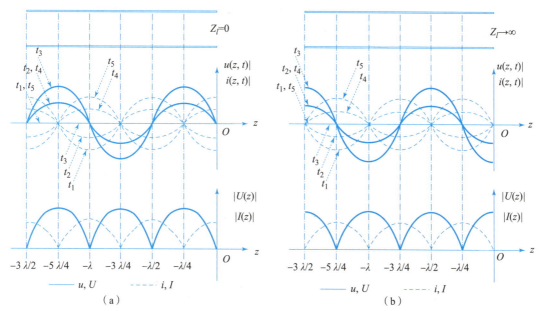

图 9-17　纯驻波状态传输线电流和电压分布图
(a) 终端短路；(b) 终端开路

i. 传输线上电压和电流的振幅是位置 z 的函数，出现最大值（波腹点）和零值（波节点）。具体而言，$z = -\dfrac{n\lambda}{2}(n = 0,1,2,\cdots)$ 处是电压振幅的零值点，同时是电流振幅的最大值点；$z = -\dfrac{(2n+1)\lambda}{4}(n = 0,1,2,\cdots)$ 处是电流振幅的零值点，也是电压振幅的最大值点。

ii. 相邻两波节之间的电压（或电流）随时间做同向振动，波节点两侧的电压（或电流）做反向振动。

iii. 在时间上传输线各点的电压和电流有 1/4 周期的相位差；空间上电压与电流的最大值（或最小值）点交替出现，位置有 $\lambda/4$ 的相移。

（2）开路状态。

若 $\Gamma_l = 1$，则 $Z_l \to \infty$，此时终端接无限大负载，称为开路状态。传输线上电压和电流为

$$U(z) = U_l^+ \left[\mathrm{e}^{-\gamma z} + \Gamma_l \mathrm{e}^{\gamma z} \right] = U_l^+ (\mathrm{e}^{-\mathrm{j}\beta z} + \mathrm{e}^{\mathrm{j}\beta z}) = 2\,|\,U_l^+\,|\,\mathrm{e}^{\mathrm{j}\varphi_l} \cos(\beta z) \quad (9\text{-}140\mathrm{a})$$

同理可得

$$I(z) = \frac{U_l^+}{Z_c} \left[\mathrm{e}^{-\gamma z} - \Gamma_l \mathrm{e}^{\gamma z} \right] = \frac{U_l^+}{Z_c}(\mathrm{e}^{-\mathrm{j}\beta z} - \mathrm{e}^{\mathrm{j}\beta z}) = -\frac{\mathrm{j}2\,|\,U_l^+\,|}{Z_c}\mathrm{e}^{\mathrm{j}\varphi_l}\sin(\beta z) \quad (9\text{-}140\mathrm{b})$$

表示成瞬时值则为

$$u(z,t) = \mathrm{Re}\left[U(z)\mathrm{e}^{\mathrm{j}\omega t} \right] = 2\,|\,U_l^+\,|\cos(\beta z)\cos(\omega t + \varphi_l) \quad (9\text{-}141\mathrm{a})$$

$$i(z,t) = \mathrm{Re}\left[I(z)\mathrm{e}^{\mathrm{j}\omega t} \right] = \frac{2\,|\,U_l^+\,|}{Z_c}\sin(\beta z)\cos\left(\omega t + \varphi_l - \frac{\pi}{2} \right) \quad (9\text{-}141\mathrm{b})$$

根据以上分析，可将开路状态下传输线上电压和电流的瞬时分布情况画在图 9-17（b）中。从图中可以看出，终端接无限大负载时，无损耗传输线工作状态与接零负载时情况类似，只是电压或电流的最大值和最小值点出现的位置正好相反，即 $z = -\dfrac{n\lambda}{2}(n = 0,1,2,\cdots)$

处是电流振幅的零值点，同时是电压振幅的最大值点；$z = -\dfrac{(2n+1)\lambda}{4}(n=0,1,2,\cdots)$ 处是电压振幅的零值点，也是电流振幅的最大值点。

（3）终端接纯电抗性负载状态。

若 Γ_l 为纯虚数，其模值也为 1，则需要负载阻抗值为纯虚数 $Z_l = jX_l$，此时终端接纯电抗性负载。传输线上电压和电流表达式也可以用相似的方法求得，由于纯电抗性负载引入了相移，电压和电流分布情况介于终端接零负载和无限大负载之间。

3. 行驻波（混合波）状态

当传输线终端所接的负载不等于特性阻抗，也不是短路、开路或接纯电抗性负载，而是接任意阻抗负载时，线上将同时存在入射波和反射波，并且两者振幅不等，叠加后形成行驻波（混合波）状态。对于无损耗传输线，线上的电压、电流表示为

$$
\begin{aligned}
U(z) &= U_l^+ e^{-j\beta z} + U_l^- e^{j\beta z} = U_l^+ e^{-j\beta z} + \Gamma_l U_l^+ e^{j\beta z} \\
&= U_l^+ (1 - \Gamma_l) e^{j\beta z} + 2\Gamma_l U_l^+ \cos(\beta z) \\
&= |U_l^+| e^{j\varphi_l} [(1 - \Gamma_l) e^{j\beta z} + 2\Gamma_l \cos(\beta z)]
\end{aligned} \tag{9-142a}
$$

$$
\begin{aligned}
I(z) &= \frac{U_l^+}{Z_c}(e^{-j\beta z} - \Gamma_l e^{j\beta z}) = \frac{U_l^+}{Z_c}[(1 - \Gamma_l) e^{-j\beta z} - j2\Gamma_l \sin(\beta z)] \\
&= \frac{|U_l^+| e^{j\varphi_l}}{Z_c}[(1 - \Gamma_l) e^{-j\beta z} - j2\Gamma_l \sin(\beta z)]
\end{aligned} \tag{9-142b}
$$

表示成瞬时值则为

$$
u(z,t) = |U_l^+|(1 - \Gamma_l)\cos(\omega t - \beta z + \varphi_l) + 2\Gamma_l |U_l^+|\cos(\beta z)\cos(\omega t + \varphi_l) \tag{9-143a}
$$

$$
i(z,t) = \frac{|U_l^+|}{Z_c}(1 - \Gamma_l)\cos(\omega t - \beta z + \varphi_l) + \frac{2|U_l^+|}{Z_c}\Gamma_l \sin(\beta z)\cos\left(\omega t + \varphi_l - \frac{\pi}{2}\right) \tag{9-143b}
$$

可见，传输线上的电压、电流由两部分组成：第一部分代表由电源向负载传输的单向行波；第二部分代表纯驻波。图 9-18 给出了行驻波状态下，电压和电流的振幅分布。

从图 9-18 可以看出，在传输线上各点处的电压振幅是不断变化的，因此引入电压驻波比（VSWR）对其进行表征。电压驻波比定义为电压最大值与最小值之比，简称驻波比（SWR），记为 ρ，且

$$
\rho = \frac{U_{\max}}{U_{\min}} \tag{9-144}
$$

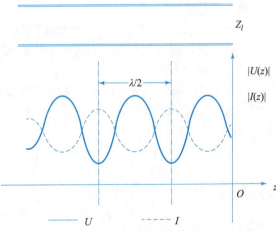

图 9-18　行驻波状态传输线电流和电压分布图

行驻波状态下，传输线上电压也可以表示为

$$
\begin{aligned}
U(z) &= U_l^+ e^{-j\beta z} + U_l^- e^{j\beta z} = U_l^+ e^{-j\beta z} + \Gamma_l U_l^+ e^{j\beta z} \\
&= |U_l^+| e^{j\varphi_l}(1 + \Gamma_l e^{j2\beta z}) e^{-j\beta z}
\end{aligned} \tag{9-145}
$$

这可以看作是一个向着 z 方向传播的行波，只是其振幅随着 z 周期性变化，任意两个相邻的

电压振幅节点之间的距离是 $\lambda/2$。

根据式（9-145）可进一步得到驻波比与反射系数的关系

$$\rho = \frac{U_{\max}}{U_{\min}} = \frac{1 + |\Gamma_l|}{1 - |\Gamma_l|}$$

可见，无损耗传输线上的驻波比 ρ 与位置无关，是一个常数。当传输线工作在行波状态时，$\rho = 1$；当传输线工作在驻波状态时，$\rho \to \infty$；当工作在行驻波（混合波）状态时，$1 < \rho < \infty$。

习题九

9.1 一空气填充的矩形波导尺寸为 $a \times b = 6 \text{ cm} \times 4 \text{ cm}$，信号频率为 5 GHz，试计算对于 TE_{10}、TE_{01}、TE_{11}、TM_{11} 四种模式的截止波长、导波波长、相位常数、群速度及波阻抗。

9.2 一矩形波导内填充空气，截面尺寸为 $a \times b = 7.2 \text{ cm} \times 3.4 \text{ cm}$。

（1）当工作波长为 16 cm、8 cm、6.5 cm 时，波导中可能传输哪些模式的波？

（2）若要求电磁波的最低频率比 TE_{10} 模的截止频率高 5%，最高频率比 TE_{10} 模邻近的高次模的截止频率低 5%，试求此频率范围。

9.3 一截面积为 2.286 cm × 1.016 cm 的矩形波导中，传播工作频率为 $f = 10$ GHz 的 TE_{10} 模，设空气的击穿强度为 30 kV/cm，试计算波导在行波状态下能够传输的最大功率。

9.4 一空气填充的矩形波导，尺寸为 $a = 2.286$ cm，$b = 1.016$ cm。若传输工作频率为 $f = 10$ GHz 的 TE_{10} 模，试求：

（1）相位常数 β 及阻抗 $\eta_{TE_{10}}$；

（2）若波导填充 $\mu_r = 1$、$\varepsilon_r = 4$ 的理想介质，重求 TE_{10} 模的 β 及 $\eta_{TE_{10}}$；

（3）若工作频率降到 5 GHz，试决定 TE_{10} 模的衰减常数 α 和阻抗 $\eta_{TE_{10}}$，并计算场幅度衰减到参考值的 e^{-1} 时的距离。

9.5 一矩形波导的宽边与窄边之比为 2:1，以 TE_{10} 模传输 1 kW 的平均功率。假设波导中填充空气，电磁波的群速度为 $0.6c$，要求磁场纵向分量的幅度不超过 100 A/m，试决定波导尺寸 a 和 b。

9.6 一空气填充的圆波导，半径 $a = 1.5$ cm，对于 $f = 10$ GHz 的电磁波，该波导中可能存在哪些传输模式？求对应的截止波长 λ_c 和导波波长 λ_g。

9.7 一空气填充的圆波导，半径 $a = 2$ cm，工作在 TE_{10} 模，试求该波导的截止频率。如果波导内填充 $\varepsilon_r = 2.25$ 的电介质，要保持原截止频率不变，波导的半径应改变多少？

9.8 假设一矩形谐振腔的尺寸为 $a = b = 3$ cm，$d = 4$ cm，内部填充空气。

（1）试求 TE_{101} 模的谐振频率；

（2）如果谐振腔内填充 $\mu_r = 1$、$\varepsilon_r = 4$ 的介质，那么谐振频率又是多少？

9.9 试决定一立方体谐振腔的尺寸，其内部为空气时，TE_{101} 模的谐振频率为 3 GHz；假设腔体材料为纯铜，求其品质因数。

9.10 已知矩形波导中 TM 模的纵向电场分量为

$$E_z(z,t) = E_m \sin\frac{\pi}{3}x \sin\frac{\pi}{3}y \cos\left(\omega t - \frac{\sqrt{2}\pi}{3}z\right) \text{ V/m}$$

式中 x、y、z 单位为厘米。

（1）求截止波长和导波波长；

（2）如果此模为 TM_{32}，求波导尺寸。

9.11　空气填充的矩形波导中，传输模的电场复矢量为

$$\vec{E} = \hat{y}40\sin\frac{\pi}{a}x e^{-j\beta z} \text{ V/m}$$

电磁波的频率为 $f = 3 \times 10^9$ Hz，相速度 $v_p = 1.25c$。

（1）求波导壁上纵向电流密度的最大值；

（2）若此波导不匹配，将有一个反射波，试确定电场的两个相邻最小点间距离；

（3）计算波导尺寸。

9.12　空气填充的矩形波导 $a = 2.3$ cm，$b = 1$ cm，若用探针在其中激励 TE_{10} 模，源的频率 $f = 9.375 \times 10^9$Hz。问距离探针多远处，波导中的电磁波可视为纯 TE_{10} 模。设高次模的振幅小于探针处的 10^{-3} 即可不计。

9.13　一矩形波导内传输 $\lambda = 10$ cm 的 TE_{10} 模，假设管壁可看作理想导体，内部充满空气，电磁波的频率比截止频率高 30%，同时比邻近高次模的截止频率低 30%。试决定波导管截面尺寸，以及邻近高次模传输功率每米下降的分贝数。

9.14　试推导矩形波导中 TE_{10} 模的磁力线方程。

9.15　证明：金属波导中 TE 模和 TM 模在传输方向上单位长度储存的电能和磁能的平均值相等。

9.16　一填充介质的铜制矩形波导传输工作频率为 $f = 10$ GHz 的 TE_{10} 模，波导尺寸为 $a = 1.5$ cm，$b = 0.6$ cm，铜的电导率 $\sigma = 1.57 \times 10^{-4}$ S/m，介质参量为 $\mu_r = 1$，$\varepsilon_r = 2.25$，损耗正切 $\tan\delta = 4 \times 10^{-4}$，求：

（1）相位常数 β、导波波长 λ_g、相速度 v_p 和模式阻抗 $\eta_{\text{TE}_{10}}$；

（2）对应于介质损耗和波导壁损耗的衰减常数 α。

9.17　设计一工作波长 $\lambda = 5$ cm 的圆形波导，材料用紫铜，内部充空气，并要求 TE_{11} 模的工作频率应有一定的安全系数。

9.18　已知圆波导中由于波导内壁不是理想导体，在传播 TM_{mn} 时衰减常数为

$$\alpha = \frac{R_S}{a\eta} \bigg/ \sqrt{1 - (f_c/f)^2}$$

求证：衰减的最小值出现在 $f - \sqrt{3}f_c$ 的频率点上。

9.19　一圆形波导的内直径为 5 cm，内部充空气，试求：

（1）TE_{11}、TM_{01}、TE_{01}、TM_{11} 模的截止波长；

（2）工作波长为 7 cm、6 cm、3 cm 时，分别可传输哪些模式？

（3）最低工作模的导波波长。

9.20　一空气填充的矩形谐振腔，尺寸为 $a \times b \times d$。

（1）试在①$a > b > d$；②$a > d > b$；③$a = b = d$ 三种情况下，确定谐振腔的主模及谐振频率；

（2）若 $a = 4$ cm，$b = 3$ cm，$d = 5$ cm，求谐振腔内储存的电磁场能量的时间平均值。

9.21　工作于 TE_{01} 模的圆形波导，$z = 0$ 和 $z = d$ 处用理想导体短路，试求：

（1）谐振时电磁场的分布状态及谐振频率；

（2）当半径 $a = 6$ cm，$d = 2$ cm 时，l 取什么值时方可使 TE_{01l} 模的谐振频率接近 37.5 GHz。

9.22　证明：内外半径分别为 a 和 b 的同轴线，在传输 TEM 模时，其单位长度的表面电阻为

$$R_S = \frac{1}{2\pi\sigma\delta}\left(\frac{1}{a} + \frac{1}{b}\right) \ \Omega$$

9.23　证明同轴线在传输 TEM 模时，行波状态下的极限功率为

$$P_{max} = 1.53 \times 10^{-3}(bE_{max})^2 \ W$$

9.24　无损耗传输线上某点处，终端短路时的输入阻抗为 Z_{in}^S，终端开路时输入阻抗为 Z_{in}^O，试证明传输线特性阻抗

$$Z_c = \sqrt{Z_{in}^S Z_{in}^O}$$

9.25　一空气填充的同轴线，长度为 2 m，特性阻抗为 50 Ω，工作频率为 200 MHz，其终端负载阻抗 $Z_l = 40 + j30 \ \Omega$，求输入阻抗。

9.26　特性阻抗为 300 Ω 的无损耗传输线，终端接未知负载 Z_l，传输线上驻波比为 2，距离负载 0.3λ 处为第一个电压最小点，求：

（1）负载端反射系数 Γ_l；

（2）负载阻抗 Z_l。

第 9 章习题答案

第 10 章　电磁波辐射

前面讨论了电磁波在各种条件下的传播问题，本章将讨论电磁波的产生条件及辐射波性质。按照麦克斯韦理论，导体上有随时间变化的电荷或电流时，它的周围就有随时间变化的电场和磁场，随时间变化的电磁场，在一定条件下离开导体向远处运动，形成向自由空间传播的电磁波。

天线辐射问题的严格求解方法，是找出满足天线边界条件的麦克斯韦方程的解析解，这种方法在数学上往往遇到很大困难，以至无法求解。因此，求解实际天线的辐射场都是采用近似方法，如变分法、微扰法、迭代法、几何光学法、几何绕射法等。对几何形状复杂的天线则用矩量法、有限元法等把微积分方程化为代数方程，从而利用计算机可求得数值解，并得到所要求的精确数值。本章只讨论几种元天线和最基本的实用线天线。

§10.1　滞后位

辐射的基本问题是由已知的时变电荷和时变电流计算任意点的电磁场。电场矢量 $\vec{E}$ 和磁通密度 $\vec{B}$ 可以由动态电位 U 和动态磁矢位 $\vec{A}$ 一起导出。动态位所满足的非齐次波动方程对于自由空间（指真空或空气，本章的内容只讨论自由空间的辐射问题）可写成

$$\nabla^2 U - \frac{1}{c^2}\frac{\partial^2 U}{\partial t^2} = -\frac{\rho}{\varepsilon_0} \tag{10-1}$$

$$\nabla^2 \vec{A} - \frac{1}{c^2}\frac{\partial^2 \vec{A}}{\partial t^2} = -\mu_0 \vec{J} \tag{10-2}$$

矢量位 $\vec{A}$ 和标量位 U 之间的关系由洛伦兹条件决定

$$\nabla \cdot \vec{A} + \frac{1}{c^2}\frac{\partial U}{\partial t} = 0 \tag{10-3}$$

其中 $c = 1/\sqrt{\mu_0 \varepsilon_0}$ 为真空中的光速。对应的矢量 $\vec{E}$ 和 $\vec{B}$ 由下式决定

$$\vec{B} = \nabla \times \vec{A} \tag{10-4}$$

$$\vec{E} = -\nabla U - \frac{\partial \vec{A}}{\partial t} \tag{10-5}$$

对于正弦电磁场，方程式（10-1）~式（10-5）的复数表示为如下形式：

$$\nabla^2 U + k^2 U = -\frac{\rho}{\varepsilon_0} \tag{10-6}$$

$$\nabla^2 \vec{A} + k^2 \vec{A} = -\mu_0 \vec{J} \tag{10-7}$$

$$\nabla \cdot \vec{A} + j\omega\mu_0\varepsilon_0 U = 0 \tag{10-8}$$

$$\vec{B} = \nabla \times \vec{A} \tag{10-9}$$

$$\vec{E} = -\nabla U - \mathrm{j}\omega\vec{A} \tag{10-10}$$

式中，$k^2 = \omega^2\mu_0\varepsilon_0$。

方程式（10-6）的解可以写成如下形式：

$$U(x,y,z) = \frac{1}{4\pi\varepsilon_0}\int_{\tau'}\frac{\rho(x',y',z')\,\mathrm{e}^{-\mathrm{j}kR}}{R}\mathrm{d}\tau' \tag{10-11}$$

上式表示体积 τ' 内的分布电荷在点 $P(x,y,z)$ 处产生的电位。R 是电荷元 $\rho\mathrm{d}\tau'$ 到 P 点的距离，$R = \sqrt{(x-x')+(y-y')+(z-z')}$。

下面来证明式（10-11）满足方程式（10-6）。将式（10-11）代入式（10-6）的左边，并注意到 ∇^2 是对场点坐标 x、y、z 作用，而积分是对源点坐标 x'、y'、z' 进行，故有

$$\nabla^2 U + k^2 U = \nabla^2\left(\frac{1}{4\pi\varepsilon_0}\int_{\tau'}\frac{\rho(x',y',z')\,\mathrm{e}^{-\mathrm{j}kR}}{R}\mathrm{d}\tau'\right) + k^2\left(\frac{1}{4\pi\varepsilon_0}\int_{\tau'}\frac{\rho(x',y',z')\,\mathrm{e}^{-\mathrm{j}kR}}{R}\mathrm{d}\tau'\right)$$

$$= \frac{1}{4\pi\varepsilon_0}\int_{\tau'}\rho(x',y',z')\left[\nabla^2\frac{\mathrm{e}^{-\mathrm{j}kR}}{R} + k^2\frac{\mathrm{e}^{-\mathrm{j}kR}}{R}\right]\mathrm{d}\tau' \tag{10-12}$$

由于

$$\nabla^2\frac{\mathrm{e}^{-\mathrm{j}kR}}{R} = \nabla\cdot\left(\nabla\frac{\mathrm{e}^{-\mathrm{j}kR}}{R}\right) = \nabla\cdot\left[\mathrm{e}^{-\mathrm{j}kR}\,\nabla\frac{1}{R} + \frac{1}{R}\,\nabla\mathrm{e}^{-\mathrm{j}kR}\right]$$

$$= \nabla\mathrm{e}^{-\mathrm{j}kR}\cdot\nabla\frac{1}{R} + \mathrm{e}^{-\mathrm{j}kR}\,\nabla^2\frac{1}{R} + \nabla\frac{1}{R}\cdot\nabla\mathrm{e}^{-\mathrm{j}kR} + \frac{1}{R}\,\nabla\cdot(-\mathrm{j}k\mathrm{e}^{-\mathrm{j}kR}\,\nabla R)$$

$$= -\mathrm{j}k\frac{\vec{R}}{R}\mathrm{e}^{-\mathrm{j}kR}\cdot\left(-\frac{\vec{R}}{R^3}\right) + \mathrm{e}^{-\mathrm{j}kR}\,\nabla^2\frac{1}{R} + \left(-\frac{\vec{R}}{R^3}\right)\cdot\left(-\mathrm{j}k\frac{\vec{R}}{R}\mathrm{e}^{-\mathrm{j}kR}\right) +$$

$$\frac{-\mathrm{j}k}{R}\left[-\mathrm{j}k\mathrm{e}^{-\mathrm{j}kR}\,\nabla R\cdot\nabla R + \mathrm{e}^{-\mathrm{j}kR}\,\nabla\cdot\hat{R}\right]$$

$$= \frac{\mathrm{j}2k}{R^2}\mathrm{e}^{-\mathrm{j}kR} - \frac{k^2}{R}\mathrm{e}^{-\mathrm{j}kR} + \mathrm{e}^{-\mathrm{j}kR}\,\nabla^2\frac{1}{R} - \mathrm{j}k\mathrm{e}^{-\mathrm{j}kR}\frac{2}{R}$$

$$= -k^2\frac{\mathrm{e}^{-\mathrm{j}kR}}{R} + \mathrm{e}^{-\mathrm{j}kR}\,\nabla^2\frac{1}{R}$$

将上式代入式（10-12），得

$$\nabla^2 U + k^2 U = \frac{1}{4\pi\varepsilon_0}\int_{\tau'}\rho(x',y',z')\left[\mathrm{e}^{-\mathrm{j}kR}\,\nabla^2\frac{1}{R}\right]\mathrm{d}\tau'$$

$$= \frac{1}{4\pi\varepsilon_0}\int_{\tau'}\rho(x',y',z')\mathrm{e}^{-\mathrm{j}kR}\left[-4\pi\delta(\vec{r}-\vec{r}')\right]\mathrm{d}\tau'$$

$$= -\frac{\rho(x,y,z)}{\varepsilon_0}$$

故得证。

对于式（10-7），在直角坐标系中可以分解成与式（10-6）形式相同的三个标量亥姆霍兹方程，每个方程的解都与式（10-12）形式相同，用 μ_0 代替 $1/\varepsilon_0$，分别用 J_x、J_y、J_z 代替 ρ，然后各自乘单位矢量 $\hat{x}$、$\hat{y}$、$\hat{z}$ 相加，就得到式（10-7）的解

$$\vec{A} = \frac{\mu_0}{4\pi}\int_{\tau'}\frac{\vec{J}(x',y',z')\,\mathrm{e}^{-\mathrm{j}kR}}{R}\mathrm{d}\tau' \tag{10-13}$$

现在来讨论式（10-11）和式（10-13）的物理意义。以式（10-11）为例，体元 $\mathrm{d}\tau'$

中电荷 $\rho(x',y',z')\mathrm{d}\tau'$ 在点 $P(x,y,z)$ 处产生的电位复振幅为

$$\mathrm{d}U(x,y,z) = \frac{1}{4\pi\varepsilon_0}\frac{\rho(x',y',z')\mathrm{d}\tau'}{R}\mathrm{e}^{-\mathrm{j}kR} \qquad (10-14)$$

若电荷密度的振幅为 $\rho_0(x',y',z')$，初相位为 ϕ，则点 $P(x,y,z)$ 处 t 时刻的电位为

$$\mathrm{d}U(\vec{r},t) = \mathrm{Re}\left[\frac{1}{4\pi\varepsilon_0}\frac{\rho_0(x',y',z')\mathrm{e}^{\mathrm{j}\phi}\mathrm{d}\tau'}{R}\mathrm{e}^{-\mathrm{j}kR}\mathrm{e}^{\mathrm{j}\omega t}\right]$$

$$= \frac{\rho_0(x',y',z')\mathrm{d}\tau'}{4\pi\varepsilon_0 R}\cos(\omega t - kR + \phi)$$

$$= \frac{\rho_0(x',y',z')\mathrm{d}\tau'}{4\pi\varepsilon_0 R}\cos\left[\omega\left(t - \frac{kR}{\omega}\right) + \phi\right] \qquad (10-15)$$

可见，P 点处电位的相位要滞后于 $\mathrm{d}\tau'$ 内电荷的相位，也就是说，P 点处 t 时刻的电位不是 t 时刻的源决定的，而是在此之前 $(t - kR/\omega)$ 时刻的源电荷所产生。或者说，$\mathrm{d}\tau'$ 内电荷产生的场要经过时间间隔 $kR/\omega = \sqrt{\mu_0\varepsilon_0}R = R/c$ 才能传播到 P 点。c 是光速。

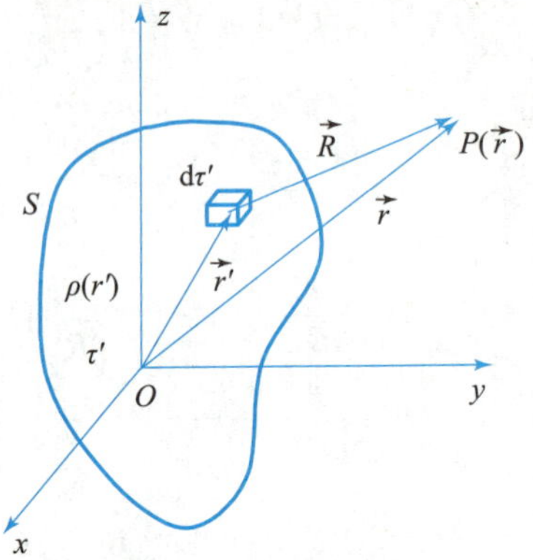

如果 $\mathrm{d}\tau'$ 内是电流 $\vec{J} = \vec{J}_0(x',y',z')\mathrm{e}^{\mathrm{j}\phi}$，同样可得它在 P 点产生的磁矢位为

$$\mathrm{d}\vec{A}(x,y,z,t) = \frac{\mu_0\vec{J}_0(x',y',z')\mathrm{d}\tau'}{4\pi R}\cos(\omega t - kR + \phi) \qquad (10-16)$$

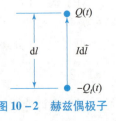

图 10-1 滞后位

场点的位函数相位滞后于场源的相位，因此式（10-11）和式（10-13）称为**滞后位**（见图 10-1）。因子 $\mathrm{e}^{-\mathrm{j}kR}$ 称为**相位因子**。

若分布电荷和电流已知，由式（10-11）和式（10-13）求出 U 和 $\vec{A}$，再由式（10-9）和式（10-10）求出电场 $\vec{E}$ 和磁场 $\vec{H}$。实际上，U 和 $\vec{A}$ 之间有洛伦兹关系式（10-8）的联系，所以，虽然 ρ 是 U 的独立源，$\vec{J}$ 是 $\vec{A}$ 的独立源，但只要求出 $\vec{A}$，即可得到电磁场的解

$$\vec{B} = \nabla \times \vec{A}$$

$$\vec{E} = \nabla\left(\frac{\nabla\cdot\vec{A}}{\mathrm{j}\omega\mu_0\varepsilon_0}\right) - \mathrm{j}\omega\vec{A} \qquad (10-17)$$

如果正弦电流在细导线 l' 上，则由式（10-13）可得出

$$\vec{A} = \frac{\mu_0 I}{4\pi}\oint_{l'}\frac{\mathrm{e}^{-\mathrm{j}kR}}{R}\mathrm{d}\vec{l}' \qquad (10-18)$$

§10.2　赫兹电偶极子辐射

一个很短的直线电流元构成最简单的辐射天线，称为**赫兹电偶极子**，它可以看作是线元 $\mathrm{d}\vec{l}$ 上有正弦电流的结构。当线元 $\mathrm{d}\vec{l}$ 上有正弦电流 $I(t) = \mathrm{Re}[I\mathrm{e}^{\mathrm{j}\omega t}]$ 时，根据电流连续方程，$\mathrm{d}\vec{l}$ 的两端将出现一对等值异号的正弦电荷 $Q(t) = \mathrm{Re}[Q\mathrm{e}^{\mathrm{j}\omega t}]$，其中 $Q = I/(\mathrm{j}\omega)$。这就构成了电矩矢量为 $\vec{P} = Q\mathrm{d}\vec{l} = (I/(\mathrm{j}\omega))\mathrm{d}\vec{l}$ 的赫兹电偶极子，如图 10-2 所示。

图 10-2　赫兹偶极子

按照式（10-18），正弦电流元 $Id\vec{l}$ 所产生的滞后磁矢位为

$$\vec{A} = \frac{\mu_0}{4\pi} Id\vec{l}\, \frac{e^{-jkR}}{R} \tag{10-19}$$

现在来求位于坐标原点且与 z 轴同方向的赫兹电偶极子在自由空间任意点产生的电磁场。这是 $d\vec{l} = \hat{z}dl$，$R = r$ 的特殊情况。图 10-3 所示为赫兹偶极子的磁矢位。空间任意点的磁矢位为

$$\vec{A} = \hat{z}A_z \tag{10-20a}$$

$$A_z = \frac{\mu_0}{4\pi} Idl\, \frac{e^{-jkr}}{r} \tag{10-20b}$$

矢量 $\vec{A}$ 在球坐标系里的各分量为

$$A_r = A_z\cos\theta \tag{10-21a}$$

$$A_\theta = -A_z\sin\theta \tag{10-21b}$$

$$A_\varphi = 0 \tag{10-21c}$$

于是得到对应的磁场矢量为

$$\vec{H} = \frac{1}{\mu_0}\nabla\times\vec{A} = \frac{1}{\mu_0}\frac{1}{r^2\sin\theta}\begin{vmatrix} \hat{r} & r\hat{\theta} & r\sin\theta\hat{\varphi} \\ \dfrac{\partial}{\partial r} & \dfrac{\partial}{\partial\theta} & \dfrac{\partial}{\partial\varphi} \\ A_r & rA_\theta & 0 \end{vmatrix}$$

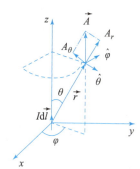

图 10-3　赫兹偶极子的磁矢位

$$= -\hat{\varphi}\frac{Idl}{4\pi}k^2\sin\theta\Big[\frac{1}{jkr} + \frac{1}{(jkr)^2}\Big]e^{-jkr} \tag{10-22}$$

电场矢量可由麦克斯韦第一方程得到

$$\vec{E} = \frac{1}{j\omega\varepsilon_0}\nabla\times\vec{H}$$

$$= \frac{1}{j\omega\varepsilon_0}\frac{1}{r^2\sin\theta}\begin{vmatrix} \hat{r} & r\hat{\theta} & r\sin\theta\hat{\varphi} \\ \dfrac{\partial}{\partial r} & \dfrac{\partial}{\partial\theta} & \dfrac{\partial}{\partial\varphi} \\ 0 & 0 & r\sin\theta H_\varphi \end{vmatrix}$$

$$= -\frac{Idl}{4\pi\varepsilon_0}\frac{k^2}{c}\Big\{\hat{r}2\cos\theta\Big[\frac{1}{(jkr)^2} + \frac{1}{(jkr)^3}\Big] + \hat{\theta}\sin\theta\Big[\frac{1}{jkr} + \frac{1}{(jkr)^2} + \frac{1}{(jkr)^3}\Big]\Big\}e^{-jkr} \tag{10-23}$$

式（10-22）和式（10-23）一起称为赫兹电偶极子的**辐射公式**。公式说明，电场和磁场矢量不仅与距离 r 有关，而且也是极角 θ 的函数。电磁场的表达式包括若干项，每项之间相差一个因子 $(1/(kr))$，因此，可以根据 $kr \gg 1$ 或 $kr \ll 1$ 来简化表达式，从而分析这些特殊情况下电磁场的特性。

一、赫兹电偶极子的近区场

在满足 $r \gg l$ 条件下，如果 $kr \ll 1$，即 $r \ll \lambda/(2\pi)$ 的区域，电磁场表达式中 $1/(kr)$ 的高次项起主要作用，而 $e^{-jkr} \approx 1$，故式（10-22）和式（10-23）简化为

$$\vec{H} = \hat{\varphi}\frac{1}{4\pi}\frac{Idl}{r^2}\sin\theta \tag{10-24}$$

$$\vec{E} = -\frac{j}{4\pi\varepsilon_0}\frac{Idl}{\omega r^3}(\hat{r}2\cos\theta + \hat{\theta}\sin\theta)$$

$$= \frac{1}{4\pi\varepsilon_0}\frac{p}{r^3}(\hat{r}2\cos\theta + \hat{\theta}\sin\theta) \tag{10-25}$$

式中，$p = Idl/(j\omega)$。式（10-25）与静电偶极子所产生的电场矢量公式形式相同，式（10-24）与恒定电流元产生的磁场形式相同。所以，时变偶极子的近区场称为准静态场或似稳场。另外，电场矢量与磁场矢量之间有 $\pi/2$ 的相位差，故坡印廷矢量的平均值 $<\vec{S}> = \mathrm{Re}[\vec{E} \times \vec{H}^*] = 0$，这说明近区电场和磁场的主要能量只是相互转换，而没有向外辐射。

二、赫兹电偶极子的远区场

$kr \gg 1$，即 $r \gg \lambda/(2\pi)$ 的区域称为远区。显然，远区电磁场的表达式中 $1/(kr)$ 的低次项起主要作用，结果只剩下 $1/r$ 的一次项

$$\vec{E} = \hat{\theta}\frac{j\omega\mu_0 Idl}{4\pi}\frac{\sin\theta}{r}e^{-jkr} \tag{10-26}$$

$$\vec{H} = \hat{\varphi}\frac{jkIdl}{4\pi}\frac{\sin\theta}{r}e^{-jkr} \tag{10-27}$$

远区场的表达式（10-26）、式（10-27）较为复杂，可以利用参数之间的关系，将其变换为

$$\vec{E} = j\eta_0\frac{Idl}{2\lambda}\frac{\sin\theta}{r}e^{-jkr}\hat{\theta} \tag{10-28}$$

$$\vec{H} = j\frac{Idl}{2\lambda}\frac{\sin\theta}{r}e^{-jkr}\hat{\varphi} \tag{10-29}$$

在有些应用场合，可以将远区场更简单地表示为

$$\vec{E} = E_0\frac{\sin\theta}{r}e^{-jkr}\hat{\theta}, \quad \vec{H} = \frac{E_0}{\eta_0}\frac{\sin\theta}{r}e^{-jkr}\hat{\varphi}$$

可见，远区场与近区场的性质完全不同，远区场只有两个相位相同的分量：E_θ 和 H_φ。远区场的坡印廷矢量平均值为

$$<\vec{S}> = \mathrm{Re}\left[\frac{1}{2}\vec{E} \times \vec{H}^*\right] = \mathrm{Re}\left[\frac{1}{2}E_\theta H_\varphi^*\right]\hat{r}$$

$$= \hat{r}\frac{\eta_0}{2}\left(\frac{Idl}{2\lambda}\right)^2\left(\frac{\sin\theta}{r}\right)^2 \tag{10-30}$$

能流密度平均值不为零，说明远区场形成电磁场能量沿 $\hat{r}$ 方向运动，所以赫兹电偶极子的远区场称为辐射场。

远区场有如下性质：

（1）远区电磁场的运动方向为 $\hat{r}$ 方向，在 $r =$ 常数的球面上各点的电磁场相位都相同，等相位面为球面，这样的电磁波称为**球面波**。同时 $\vec{E}$、$\vec{H}$、$<\vec{S}>$ 三者方向为右旋系统，且 $\hat{r}$ 方向上无电磁场分量，所以又称为**横电磁波**或 **TEM 波**。

（2）球面波在真空中的速度 $v_p = \omega/k = 1/\sqrt{\varepsilon_0\mu_0} = c$，也就是等于光波的传播速度。

（3）由式（10-26）和式（10-27）可看出，与平面电磁波类似，按照沿传播方向成右手螺旋关系的电场与磁场复振幅之比为一实数 η_0，即

$$\eta_0 = \frac{E_\theta}{H_\varphi} = -\frac{E_\varphi}{H_\theta} = \frac{\omega\mu_0}{k} = \sqrt{\frac{\mu_0}{\varepsilon_0}} = 120\pi\ (\Omega)$$

（4）电场和磁场的平均能量密度相等，且能速度等于相速度。

$$\langle w_e \rangle = \mathrm{Re}\left[\frac{\varepsilon_0}{4}\vec{E}\cdot\vec{E}^*\right] = \mathrm{Re}\left[\frac{\varepsilon_0}{4}E_\theta E_\theta^*\right]$$

$$= \mathrm{Re}\left[\frac{\varepsilon_0}{4}\eta H_\varphi\cdot\eta H_\varphi^*\right] = \mathrm{Re}\left[\frac{\mu_0}{4}H_\varphi H_\varphi^*\right]$$

$$= \mathrm{Re}\left[\frac{\mu_0}{4}\vec{H}\cdot\vec{H}^*\right] = \langle w_m \rangle$$

因此电磁场的平均能量密度为

$$\langle w \rangle = \langle w_e \rangle + \langle w_m \rangle = \mathrm{Re}\left[\frac{\varepsilon_0}{2}E_\theta E_\theta^*\right] \qquad (10-31)$$

假设电磁场能量以速度 v_e 运动，则 $\vec{v}_e\langle w \rangle = \langle \vec{S} \rangle$，所以

$$v_e = \frac{\langle S \rangle}{\langle w \rangle} = \frac{\mathrm{Re}\left[\frac{1}{2}E_\theta H_\varphi^*\right]}{\mathrm{Re}\left[\frac{\varepsilon_0}{2}E_\theta E_\theta^*\right]} = \frac{\mathrm{Re}\left[\frac{1}{2}E_\theta\frac{1}{\eta}E_\theta^*\right]}{\mathrm{Re}\left[\frac{\varepsilon_0}{2}E_\theta E_\theta^*\right]} = \frac{1}{\varepsilon_0\eta} = \frac{1}{\sqrt{\mu_0\varepsilon_0}} = v_p \qquad (10-32)$$

即球面波的能速度等于相速度，这是赫兹电偶极子在自由空间辐射电磁波的一个基本特性。

三、赫兹电偶极子远区场和近区场的能流

赫兹电偶极子在其周围产生时变电磁场，由电磁场的复矢量表达式（10-22）和式（10-23）可以求得空间任意点 $P(r,\theta,\varphi)$ 上的复坡印廷矢量为

$$\frac{1}{2}\vec{E}\times\vec{H}^* = \frac{1}{2}\left[\hat{r}E_\theta H_\varphi^* - \hat{\theta}E_r H_\varphi^*\right]$$

$$= \frac{1}{2}\left(\frac{I\mathrm{d}l}{4\pi}\right)^2\eta k^4\left\{\hat{r}\sin^2\theta\left[\frac{1}{(kr)^2} - \mathrm{j}\frac{1}{(kr)^5}\right] - \hat{\theta}2\cos\theta\sin\theta\left[-\mathrm{j}\frac{1}{(kr)^3} - \mathrm{j}\frac{1}{(kr)^5}\right]\right\}$$

$$(10-33)$$

坡印廷矢量平均值为

$$\langle \vec{S} \rangle = \mathrm{Re}\left[\frac{1}{2}\vec{E}\times\vec{H}^*\right] = \frac{1}{2}\left(\frac{I\mathrm{d}l}{4\pi}\right)^2 k^4\left[\hat{r}\sin^2\theta\frac{1}{(kr)^2}\right]$$

$$= \hat{r}\frac{1}{2}\eta\left(\frac{I\mathrm{d}l}{2\lambda}\right)^2\frac{\sin^2\theta}{r^2} \qquad (10-34)$$

上式指出，$\langle S \rangle$ 与 $1/r^2$ 成正比，它说明无论在远区或近区，有功能流密度是由辐射公式中电磁场分量的一阶项引起的，高阶项对此无贡献。有功能流密度的方向与 $\hat{r}$ 方向一致，说明电磁场能量脱离赫兹电偶极子的约束向远区运动，成为自由传播的电磁波。复坡印廷矢量的虚部分别是与 $1/r^3$ 和 $1/r^5$ 成正比的项，代表能流密度无功分量，是电磁场的高阶项引起的，在 $r\ll\lambda/(2\pi)$ 的近区，这部分能量占主要部分，随着与赫兹电偶极子距离的增大将迅速减小，到达远区时已微不足道了。无功分量是约束在偶极子周围的电磁振荡。

§10.3 赫兹磁偶极子天线和对偶原理

一、赫兹磁偶极子天线的辐射

一个半径无限小的时变电流环构成一个赫兹磁偶极子。实际的赫兹磁偶极子天线可以由一个半径 $a \ll \lambda$、上面有均匀电流 $I = I_0\cos\omega t$ 的小电流环构成。图 10 − 4 表示自由空间一个置于坐标原点上的小电流环，它在空间任意点产生的矢量磁位是

$$\vec{A} = \frac{\mu_0 I_0}{4\pi}\oint_{l'}\frac{e^{-jkR}}{R}d\vec{l}'$$

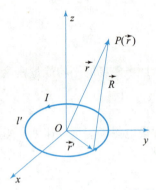

图 10 − 4　赫兹磁偶极子的辐射

式中，$R = |\vec{r} - \vec{r}'|$，为线元与场点间距离。上式的积分比较困难，但考虑到我们感兴趣的只是远区场，满足关系 $r' \leqslant a \ll R$，所以上式中指数因子可简化为

$$e^{-jkR} = e^{-jkr}e^{-jk(R-r)} \approx e^{-jkr}[1 - jk(R - r)]$$

将上式代入式（10 − 18），可得

$$\vec{A} = \frac{\mu_0 I_0}{4\pi}\oint_{l'}\frac{1}{R}(1 + jkr - jkR)e^{-jkr}d\vec{l}'$$

$$= (1 + jkr)e^{-jkr}\left[\frac{\mu_0 I_0}{4\pi}\oint_{l'}\frac{d\vec{l}'}{R}\right] - \frac{\mu_0 I}{4\pi}jke^{-jkr}\oint_{l'}d\vec{l}' \qquad (10 - 35)$$

上式第二项环路积分为零，而第一项方括号中的因子表示式与静磁偶极子的磁矢位表达式相同，故这一积分式可表示为

$$\frac{\mu_0 I_0}{4\pi}\oint_{l'}\frac{d\vec{l}'}{R} = \frac{\mu_0 \vec{m} \times \vec{r}}{4\pi r^3}$$

式中，$\vec{m} = \hat{n}IS = \hat{z}\pi a^2 I$，是赫兹磁偶极子的磁矩复矢量，将上式代入式（10 − 35），得到

$$\vec{A} = (1 + jkr)\frac{\mu_0 \vec{m} \times \vec{r}}{4\pi r^3}e^{-jkr}$$

$$= \hat{\varphi}\frac{\mu_0}{4\pi}m\frac{\sin\theta}{r^2}(1 + jkr)e^{-jkr} \quad (r \gg a)$$

因此，对应的电磁场复矢量为

$$\vec{H} = \frac{1}{\mu_0}\nabla \times \vec{A}$$

$$= -j\frac{1}{4\pi}mk^3 e^{-jkr}\left\{\hat{r}2\cos\theta\left[\frac{1}{(jkr)^2} + \frac{1}{(jkr)^3}\right] + \hat{\theta}\sin\theta\left[\frac{1}{jkr} + \frac{1}{(jkr)^2} + \frac{1}{(jkr)^3}\right]\right\} \quad (10 - 36)$$

$$\vec{E} = \frac{1}{j\omega\varepsilon_0}\nabla \times \vec{H}$$

$$= \hat{\varphi}\frac{\eta_0}{4\pi}mk^3 e^{-jkr}\sin\theta\left[\frac{1}{jkr} + \frac{1}{(jkr)^2}\right] \quad (10 - 37)$$

比较式（10 − 36）与式（10 − 23），式（10 − 37）与式（10 − 22），除了系数因子外，两种

偶极子的电场和磁场正好互换表达式。因此，赫兹磁偶极子天线辐射场的性质，可以用与电偶极子辐射场的对比关系得到。

赫兹磁偶极子的远区场为

$$\vec{H} = -\hat{\theta}\frac{1}{4\pi}mk^2\frac{\sin\theta}{r}e^{-jkr} \tag{10-38}$$

$$\vec{E} = \hat{\varphi}\frac{\eta_0}{4\pi}mk^2\frac{\sin\theta}{r}e^{-jkr} \tag{10-39}$$

二、对偶原理

从赫兹磁偶极子天线辐射的分析过程可以看出，对赫兹磁偶极子天线的处理是将小电流环分解成许多小的赫兹电偶极子，并按照叠加原理计算其远区辐射场的。这样的处理方式建立在自然界中不存在磁单极子（即磁荷）的理论基础上，如果假定存在着磁荷，磁荷有规则的定向运动形成磁流，并且磁荷激发磁场，磁流激发电场，则可以利用电荷和电流的已知结论简化电磁场问题的分析。假定存在着磁荷时，麦克斯韦方程需要改写为：

$$\nabla\times\vec{H} = \vec{J} + \frac{\partial\vec{D}}{\partial t} \tag{10-40a}$$

$$\nabla\times\vec{E} = -\vec{K} - \frac{\partial\vec{B}}{\partial t} \tag{10-40b}$$

$$\nabla\cdot\vec{D} = \rho \tag{10-40c}$$

$$\nabla\cdot\vec{B} = \rho_m \tag{10-40d}$$

式中，$\vec{K}$ 表示磁流密度，单位是 V/m^2；ρ_m 表示磁荷密度，单位是 Wb/m^3。在这里没有用 $\vec{J}_m$ 来表示磁流，是为了与第 4 章中磁化电流区别。$\vec{K}$、ρ_m 称为磁型源，$\vec{J}$、ρ 称为电型源。麦克斯韦方程组（10-40）中的电场和磁场是电型源和磁型源共同产生的，若将电型源产生的电场和磁场表示为 $\vec{E}^e$、$\vec{H}^e$，而将磁型源产生的电场和磁场表示为 $\vec{E}^m$、$\vec{H}^m$，则式中的场量可以表示成二者之和，即

$$\vec{E} = \vec{E}^e + \vec{E}^m \quad \vec{H} = \vec{H}^e + \vec{H}^m$$
$$\vec{D} = \vec{D}^e + \vec{D}^m \quad \vec{B} = \vec{B}^e + \vec{B}^m$$

当空间中只有电型源时，麦克斯韦方程表示为

$$\nabla\times\vec{H}^e = \vec{J} + \frac{\partial\vec{D}^e}{\partial t} \tag{10-41a}$$

$$\nabla\times\vec{E}^e = -\frac{\partial\vec{B}^e}{\partial t} \tag{10-41b}$$

$$\nabla\cdot\vec{D}^e = \rho \tag{10-41c}$$

$$\nabla\cdot\vec{B}^e = 0 \tag{10-41d}$$

若将式中的上标 e 去掉，则与我们在第 7 章中学到的麦克斯韦方程组具有完全相同的表示。

当空间中只有磁型源时，麦克斯韦方程表示为

$$\nabla\times\vec{H}^m = \frac{\partial\vec{D}^m}{\partial t} \tag{10-42a}$$

$$\nabla\times\vec{E}^m = -\vec{K} - \frac{\partial\vec{B}^m}{\partial t} \tag{10-42b}$$

$$\nabla\cdot\vec{D}^m = 0 \tag{10-42c}$$

$$\nabla \cdot \vec{B}^{\mathrm{m}} = \rho_{\mathrm{m}} \qquad (10-42\mathrm{d})$$

由此可以得到在空间中只有电型源或磁型源的麦克斯韦方程的限定形式。当空间中只有电型源时，麦克斯韦方程限定形式表示为

$$\nabla \times \vec{H}^{\mathrm{e}} = \vec{J} + \varepsilon \frac{\partial \vec{E}^{\mathrm{e}}}{\partial t}, \qquad \nabla \cdot (\varepsilon \vec{E}^{\mathrm{e}}) = \rho$$

$$\nabla \times \vec{E}^{\mathrm{e}} = -\mu \frac{\partial \vec{H}^{\mathrm{e}}}{\partial t}, \qquad \nabla \cdot (\mu \vec{H}^{\mathrm{e}}) = 0$$

当空间中只有磁型源时，麦克斯韦方程限定形式表示为

$$\nabla \times \vec{H}^{\mathrm{m}} = \varepsilon \frac{\partial \vec{E}^{\mathrm{m}}}{\partial t}, \qquad \nabla \cdot (\varepsilon \vec{E}^{\mathrm{m}}) = 0$$

$$\nabla \times \vec{E}^{\mathrm{m}} = -\vec{K} - \mu \frac{\partial \vec{H}^{\mathrm{m}}}{\partial t}, \qquad \nabla \cdot (\mu \vec{H}^{\mathrm{m}}) = \rho_{\mathrm{m}}$$

对比两种情况下的麦克斯韦方程的限定形式，可以得到下面的对偶关系：

$$\vec{E}^{\mathrm{e}} \leftrightarrow \vec{H}^{\mathrm{m}}, \ \vec{H}^{\mathrm{e}} \leftrightarrow -\vec{E}^{\mathrm{m}}, \ \vec{J} \leftrightarrow \vec{K}, \ \varepsilon \leftrightarrow \mu, \ \mu \leftrightarrow \varepsilon, \ \rho \leftrightarrow \rho_{\mathrm{m}}$$

由对偶关系 $\varepsilon \leftrightarrow \mu$, $\mu \leftrightarrow \varepsilon$ 及波阻抗的定义式 $\eta = \sqrt{\mu/\varepsilon}$，还可推得对偶关系 $\eta \leftrightarrow 1/\eta$。

利用第 7 章的分析方法，可以由麦克斯韦方程组（10-40）的积分形式得到两介质分界面上电磁场的边界条件

$$\hat{n} \times (\vec{E}_1 - \vec{E}_2) = -K_S \qquad (10-43\mathrm{a})$$

$$\hat{n} \cdot (\vec{D}_1 - \vec{D}_2) = \rho_S \qquad (10-43\mathrm{b})$$

$$\hat{n} \times (\vec{H}_1 - \vec{H}_2) = \vec{J}_S \qquad (10-43\mathrm{c})$$

$$\hat{n} \cdot (\vec{B}_1 - \vec{B}_2) = \rho_{\mathrm{m}S} \qquad (10-43\mathrm{d})$$

有了这样的对偶关系，就可将本节中的小电流环看作是沿着 z 轴放置的正弦变化的磁流元 $I^{\mathrm{m}}\mathrm{d}\vec{l}$。利用 §10.2 节中赫兹电偶极子远区辐射场的结论，和对偶关系 $\vec{H}^{\mathrm{e}} \to -\vec{E}^{\mathrm{m}}$, $\vec{E}^{\mathrm{e}} \to \vec{H}^{\mathrm{m}}$, $\eta \to 1/\eta$ 直接得到小电流环远区场的表达式：

$$\vec{E} = -\mathrm{j} \frac{I^{\mathrm{m}}\mathrm{d}l}{2\lambda} \frac{\sin\theta}{r} \mathrm{e}^{-\mathrm{j}kr} \hat{\varphi} \qquad (10-44\mathrm{a})$$

$$\vec{H} = \mathrm{j} \frac{I^{\mathrm{m}}\mathrm{d}l}{2\lambda\eta_0} \frac{\sin\theta}{r} \mathrm{e}^{-\mathrm{j}kr} \hat{\theta} \qquad (10-44\mathrm{b})$$

在这里省略了电磁场量符号的上标 m。

对小电流环激励的远区电场可以进一步变换为：

$$\vec{E} = \hat{\varphi} \frac{\eta}{4\pi} mk^2 \frac{\sin\theta}{r} \mathrm{e}^{-\mathrm{j}kr} = \hat{\varphi} \frac{1}{2} \sqrt{\frac{\mu}{\varepsilon}} mk \frac{k}{2\pi} \frac{\sin\theta}{r} \mathrm{e}^{-\mathrm{j}kr}$$

$$= \hat{\varphi} \frac{1}{2} \sqrt{\frac{\mu}{\varepsilon}} m(\omega\sqrt{\mu\varepsilon}) \frac{1}{\lambda} \frac{\sin\theta}{r} \mathrm{e}^{-\mathrm{j}kr}$$

$$= \hat{\varphi} \frac{\omega\mu m}{2\lambda} \frac{\sin\theta}{r} \mathrm{e}^{-\mathrm{j}kr}$$

对比矢量磁位求解的结果式（10-38）与对偶原理求解的结果式（10-44），可得小电流环对应的赫兹磁偶极子 $I^{\mathrm{m}}\mathrm{d}l = \mathrm{j}\omega\mu m = \mathrm{j}\omega\mu IS$。这样在处理小电流环的辐射问题时，就可以利用对偶关系方便地求解。

例 10.1 如图 10-5 所示，求理想电导体平面上方的小电流环的辐射场。

解： 将电流环用磁流元来代替，根据镜像法，问题（a）可以转换成（b）。如图 10-5

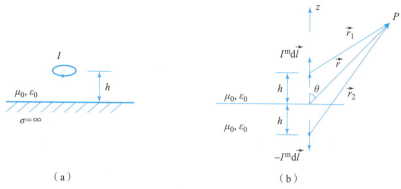

（a）　　　　　　　　　　　　　　（b）

图 10 – 5　理想电导体平面上方的小电流环

（b）所示，以磁流元方向为 z 轴正方向，z 轴与无限大理想导体平面的交点为坐标原点，建立坐标系。

根据磁流元辐射场表达式，可得所求的远区辐射电场为

$$\vec{E} = -\,\mathrm{j}\,\frac{I^{\mathrm{m}}\mathrm{d}l}{2\lambda}\,\frac{\sin\theta_1}{r_1}\,\mathrm{e}^{-\mathrm{j}kr_1}\hat{\varphi} + \mathrm{j}\,\frac{I^{\mathrm{m}}\mathrm{d}l}{2\lambda}\,\frac{\sin\theta_2}{r_2}\,\mathrm{e}^{-\mathrm{j}kr_2}\hat{\varphi}$$

对于远区场，可以取近似

$$\theta_1 \approx \theta_2 \approx \theta$$
$$r_1 \approx r - h\cos\theta,\quad r_2 \approx r + h\cos\theta$$
$$1/r_1 \approx 1/r_2 \approx 1/r$$

这样，总的远区电场可以表示为

$$\vec{E} = \mathrm{j}\,\frac{I^{\mathrm{m}}\mathrm{d}l}{2\lambda}\,\frac{\sin\theta}{r}\big[-\,\mathrm{e}^{-\mathrm{j}k(r-h\cos\theta)} + \mathrm{e}^{-\mathrm{j}k(r+h\cos\theta)}\big]\hat{\varphi}$$
$$= \frac{I^{\mathrm{m}}\mathrm{d}l}{\lambda r}\sin\theta\sin(kh\cos\theta)\,\mathrm{e}^{-\mathrm{j}kr}\hat{\varphi}$$
$$= \mathrm{j}\,\frac{\omega\mu_0 IS}{\lambda r}\sin\theta\sin(kh\cos\theta)\,\mathrm{e}^{-\mathrm{j}kr}\hat{\varphi}$$

§ 10. 4　线天线

一、线天线

偶极子天线的辐射能力甚弱，通常只作为实际天线的基本单元，由其辐射场来计算实用天线的辐射场。线状天线是常用的实用天线，比较简单的是中心馈电的对称振子天线，它是由终端开路的双线传输线逐步展开演变而成的。

假设对称振子天线（见图 10 – 6）由理想导体构成，两臂长均为 l，中心馈电，导体直径 $2a \ll \lambda$，略去由于辐射引起的分布电流畸变，高频电流沿导线的分布可近似表示为

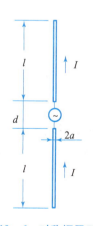

图 10 – 6　对称振子天线

$$I(z') = \begin{cases} I_0\sin[\,k(l-z')\,] & (z'>0) \\ I_0\sin[\,k(l+z')\,] & (z'<0) \end{cases}$$

振子上的正弦电流元 $I(z')\mathrm{d}z'$ 可以看作一个赫兹电偶极子。按照式（10-26），它所产生的远区电场复矢量为

$$\mathrm{d}\vec{E} = \hat{\theta}' \frac{\mathrm{j}\omega\mu_0 I(z')\,\mathrm{d}z'}{4\pi R}\sin\theta' \mathrm{e}^{-\mathrm{j}kR} \tag{10-45}$$

式中，R、θ' 及 $\hat{\theta}'$ 都是坐标 z' 的函数。考虑到远区场条件，用 r 代替 R 对于振幅影响可以略去不计，而对相位影响表现在相位因子中，不能忽略，作为近似

$$kR = k(r^2 + z'^2 - 2rz'\cos\theta)^{\frac{1}{2}} \approx k(r - z'\cos\theta)$$

对称振子上电流产生的远区电场是式（10-46）的积分

$$\vec{E} = \hat{\theta}\frac{\mathrm{j}\omega\mu_0\sin\theta}{4\pi r}\mathrm{e}^{-\mathrm{j}kr}\int_{-l}^{l} I(z')\,\mathrm{e}^{\mathrm{j}kz'\cos\theta}\,\mathrm{d}z' \tag{10-46}$$

由积分

$$\int \mathrm{e}^{ax}\sin(bx+c)\,\mathrm{d}x = \frac{\mathrm{e}^{ax}}{a^2+b^2}[\,a\sin(bx+c) - b\cos(bx+c)\,]$$

因此得

$$\begin{aligned} E_\theta &= \frac{\mathrm{j}\omega\mu_0 I_0}{4\pi r}\sin\theta\,\mathrm{e}^{-\mathrm{j}kr}\left[\int_{-l}^{0}\mathrm{e}^{\mathrm{j}kz'\cos\theta}\sin(kl+kz')\,\mathrm{d}z' + \int_{0}^{l}\mathrm{e}^{\mathrm{j}kz'\cos\theta}\sin(kl-kz')\,\mathrm{d}z'\right] \\ &= \mathrm{j}\frac{\eta_0 I_0}{2\pi r}\mathrm{e}^{-\mathrm{j}kr}\frac{\cos(kl\cos\theta) - \cos kl}{\sin\theta} \end{aligned} \tag{10-47}$$

图 10-7 所示为对称振子辐射场计算用图。

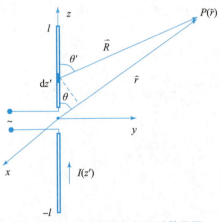

图 10-7 对称振子辐射场计算用图

当对称振子臂长 $l = \lambda/4$，即天线总长度为 $\lambda/2$ 时，称为半波天线。此时 $2l = \lambda/2$，$kl = \pi/2$，将其代入式（10-47），得到半波天线的辐射电场为

$$E_\theta = \mathrm{j}\frac{60 I_0}{r}\mathrm{e}^{-\mathrm{j}kr}\frac{\cos\left(\dfrac{\pi}{2}\cos\theta\right)}{\sin\theta} \tag{10-48}$$

对应的磁场矢量为

$$\vec{H} = \frac{1}{\eta_0}\hat{k} \times \vec{E} = \frac{E_\theta}{\eta_0}\hat{\varphi} \qquad (10-49)$$

二、计算远区场的一般步骤

考察赫兹电偶极子远区电场的表达式（10-26）

$$\vec{E} = \hat{\theta}\frac{\mathrm{j}\omega\mu_0 I\mathrm{d}l}{4\pi}\frac{\sin\theta}{r}\mathrm{e}^{-\mathrm{j}kr}$$

若将其改写为

$$\vec{E} = \mathrm{j}\omega\frac{\mu_0}{4\pi}I\mathrm{d}l\frac{\mathrm{e}^{-\mathrm{j}kr}}{r}\sin\theta\hat{\theta} = \mathrm{j}\omega A_z\sin\theta\hat{\theta}$$
$$= -\mathrm{j}\omega[\vec{A} - (\vec{A}\cdot\hat{r})\hat{r}] \qquad (10-50)$$

则从这个表达式看来，在求解赫兹电偶极子的远区场时，$\vec{E}$ 可以利用矢量磁位的横向分量 $[\vec{A} - (\vec{A}\cdot\hat{r})\hat{r}]$ 直接乘以 $-\mathrm{j}\omega$ 得到，对于辐射问题来说，这是个具有一般性的结论。而在求出了电场表达式后，可以利用远区电场、磁场和传播方向之间的关系求得磁场，即

$$\vec{H} = \frac{1}{\eta_0}\hat{k} \times \vec{E}$$

从这个过程来看，在求解只有电型源的辐射问题的远区场时，电型源对应的矢量磁位是求解问题的关键。

图 10-8 所示，讨论的是分布电流源产生的远区场。考察分布电流源产生的矢量磁位表达式（10-13）

$$\vec{A} = \frac{\mu_0}{4\pi}\int_{\tau'}\frac{\vec{J}(x',y',z')\mathrm{e}^{-\mathrm{j}kR}}{R}\mathrm{d}\tau'$$

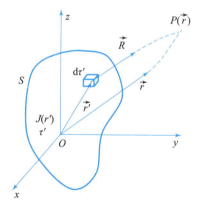

图 10-8　分布电流的辐射场

与本节中分析线天线的过程类似，考虑到远区场时，在振幅项中可以用 r 代替 R，而相位因子中的 R 可以参照图 10-8，根据图中关系可以得到 $R \approx kr - \hat{r}\cdot\vec{r}'$。所以，在分析远区场时，矢量磁位表示为

$$\vec{A} = \frac{\mu\mathrm{e}^{-\mathrm{j}kr}}{4\pi r}\int_{\tau'}\vec{J}(x',y',z')\mathrm{e}^{-\mathrm{j}k\hat{r}\cdot\vec{r}'}\mathrm{d}\tau'$$

这样，我们就可以得到求解远区场的一般步骤：

（1）利用电流分布求矢量磁位 $\vec{A}$：

$$\vec{A} = \frac{\mu\mathrm{e}^{-\mathrm{j}kr}}{4\pi r}\int_{\tau'}\vec{J}(x',y',z')\mathrm{e}^{-\mathrm{j}k\hat{r}\cdot\vec{r}'}\mathrm{d}\tau' \qquad (10-51)$$

（2）利用矢量磁位求远区电场 $\vec{E}$：

$$\vec{E} = -\mathrm{j}\omega[\vec{A} - (\vec{A}\cdot\hat{r})\hat{r}] \qquad (10-52)$$

（3）利用远区电场求磁场 $\vec{H}$：

$$\vec{H} = \frac{1}{\eta}\hat{k} \times \vec{E}$$

当空间中存在分布的磁型源时，可以先将其按照电型源远区场的求解步骤得到电型源产生的远区场，再根据对偶原理求得由磁型源产生的远区场。

§10.5　天线的基本参数

一、辐射功率和辐射电阻

天线的作用是把约束在导体周围的电磁能量转变为自由空间中传播的电磁波，天线辐射的总功率等于包围它的闭合面上坡印廷矢量平均值的面积分，即

$$P_a = \oint_S <\vec{S}> \cdot d\vec{S}$$

P_a 通常称为天线的**平均辐射功率**。

天线的辐射功率可以看作天线上的电流在某个电阻 R_a 上的损耗，即

$$P_a = \frac{1}{2}I^2 R_a \tag{10-53}$$

R_a 称为**辐射电阻**。辐射电阻是表征天线辐射本领的一个参数，R_a 越大，相同电流下辐射的功率越大。

例10.2　赫兹电偶极子构成一个基本辐射天线，通常称其为**元天线**。试求其辐射功率和辐射电阻。

解：为计算方便，在半径为 r 的球面上求积分

$$
\begin{aligned}
P_a &= \oint_S <\vec{S}> \cdot \hat{r}r^2\sin\theta d\theta d\varphi \\
&= \int_0^\pi \int_0^{2\pi} \left[\hat{r}\frac{1}{2}\eta_0\left(\frac{Idl}{2\lambda}\right)^2\frac{\sin^2\theta}{r^2}\right] \cdot \hat{r}r^2\sin\theta d\theta d\varphi \\
&= \frac{1}{2}\eta_0\left(\frac{Idl}{2\lambda}\right)^2 \cdot 2\pi\int_0^\pi \sin^3\theta d\theta \\
&= \frac{1}{2}\eta_0\frac{2\pi}{3}\left(\frac{Idl}{\lambda}\right)^2
\end{aligned} \tag{10-54}
$$

由上式可见，对于同样尺寸的赫兹电偶极子，波长越短辐射功率越大。利用辐射电阻定义式得赫兹电偶极子的辐射电阻为

$$R_a = \eta_0\frac{2\pi}{3}\left(\frac{dl}{\lambda}\right)^2 = 80\pi^2\left(\frac{dl}{\lambda}\right)^2$$

例10.3　已知赫兹电偶极子的辐射功率 $P_a = 100$ mW，假设与偶极子垂直平面内距离 $l = 100$ m 可视为远区场，求此处的电场强度。

解：当 $r = l = 100$ m 可视为远区时，电场矢量由式（10-26）决定。利用关系式

$$\omega\mu_0 = \omega\sqrt{\mu_0\varepsilon_0}\sqrt{\frac{\mu_0}{\varepsilon_0}} = k\eta = \frac{2\pi}{\lambda}\eta$$

电场矢量的振幅可写成

$$E_m = \frac{\omega\mu_0 Idl}{4\pi r}\sin\theta = \frac{Idl}{\lambda}\frac{\eta}{2r}\sin\theta \tag{10-55}$$

由式（10-54）可得

$$\frac{Idl}{\lambda} = \frac{\sqrt{P_a}}{\sqrt{\frac{1}{2}\eta\frac{2\pi}{3}}} = \sqrt{\frac{P_a}{40\pi^2}}$$

将上式代入式（10-55）可得

$$E_m = \sqrt{\frac{P_a}{40\pi^2}} \cdot \frac{\eta}{2r}\sin\theta = \frac{30}{\sqrt{10}}\sqrt{P_a}\frac{\sin\theta}{r}$$

将 $r = 100$ m，$\theta = \frac{\pi}{2}$，$P_a = 0.1$ W 代入上式得

$$E_m = \frac{30}{\sqrt{10}}\sqrt{0.1}\sin\frac{\pi}{2} \times \frac{1}{100} = 0.03 \ (\text{V/m})$$

例 10.4 计算赫兹磁偶极子的辐射功率和辐射电阻。

解： 根据赫兹磁偶极子天线的远区电磁场表达式，可以求得赫兹磁偶极子天线的辐射功率为

$$P_a = \frac{160\pi^4 m^2}{\lambda^4} = 160\pi^6 I^2 (a/\lambda)^4 \tag{10-56}$$

由上式可得辐射电阻为

$$R_a = 320\pi^6 (a/\lambda)^4 \tag{10-57}$$

例 10.5 计算半波振子的辐射功率和辐射电阻。

解： 由式（10-48）和式（10-49）得到辐射功率流密度为

$$<\vec{S}> = \text{Re}\left[\frac{1}{2}\vec{E} \times \vec{H}^*\right] = \text{Re}\left[\frac{1}{2}E_\theta H_\varphi^*\right] = \frac{1}{2}\frac{E_\theta^2}{\eta}$$

$$= \frac{1}{2}\frac{60^2}{\eta}\frac{I_0^2}{r^2}\frac{\cos^2\left(\frac{1}{2}\cos\theta\right)}{\sin^2\theta}$$

辐射功率为上式的球面积分

$$P_a = \frac{1}{2}\frac{60^2}{\eta}I_0^2\int_0^{2\pi}\text{d}\varphi\int_0^\pi\frac{\cos^2\left(\frac{1}{2}\cos\theta\right)}{r^2\sin^2\theta}r^2\sin\theta\text{d}\theta$$

$$= 30I_0^2\int_0^\pi\frac{\cos^2\left(\frac{\pi}{2}\cos\theta\right)}{\sin\theta}\text{d}\theta$$

为对上式积分，做变量变换，令

$$x = \pi(1 + \cos\theta), \text{d}x = -\pi\sin\theta\text{d}\theta$$

$$\cos x = \cos(\pi + \pi\cos\theta) = -\cos(\pi\cos\theta)$$

$$\cos^2\left(\frac{\pi}{2}\cos\theta\right) = \frac{1 + \cos(\pi\cos\theta)}{2} = \frac{1 - \cos x}{2}$$

$$\frac{\text{d}\theta}{\sin\theta} = \frac{-\pi\text{d}x}{\pi^2\sin^2\theta} = \frac{-\pi\text{d}x}{\pi(1+\cos\theta)\times\pi(1-\cos\theta)} = \frac{-\pi\text{d}x}{x(2\pi - x)}$$

将以上变换代入功率表达式中，得

$$P_a = 30I_0^2 \cdot \frac{\pi}{2}\int_0^{2\pi}\frac{1 - \cos x}{x(2\pi - x)}\text{d}x$$

$$= \frac{1}{2} \cdot 30\pi I_0^2 \cdot \frac{1}{2\pi} \left[\int_0^{2\pi} \frac{1-\cos x}{x} dx + \int_0^{2\pi} \frac{1-\cos x}{2\pi - x} dx \right]$$

令第二项中的 $x = 2\pi - x'$，则第二项变成与第一项相同的积分。因此，上式可写成

$$P_a = \frac{1}{2} \cdot 30 I_0^2 \int_0^{2\pi} \frac{1-\cos x}{x} dx$$

$$= \frac{1}{2} \cdot 30 I_0^2 \left[\ln 2\pi + \gamma + \mathrm{Ci}(2\pi) \right]$$

式中，γ 为欧拉常数，Ci 为余弦积分

$$\gamma = 0.577\ 2$$

$$\mathrm{Ci}(x) = -\int_0^{\infty} \frac{\cos t}{t} dt, \mathrm{Ci}(2\pi) = 0.022\ 8$$

代入前式，可得

$$P_a \approx \frac{1}{2} I_0^2 \times (73) = \frac{1}{2} I_0^2 R_a, R_a \approx 73\ (\Omega)$$

二、方向性函数

习惯上常把天线任意点电场的振幅与通过该点的球面上电场最大值之比，称为归一化**方向性函数**，简称方向性函数 $F(\theta,\varphi)$；而表示函数 $F(\theta,\varphi)$ 的图形称为天线方向图。

$$F(\theta,\varphi) = \frac{|E(\theta,\varphi)|}{E_{max}} \tag{10-58}$$

例 10.6 求赫兹电偶极子和半波天线的方向性函数，并画出天线方向图。

解：（1）根据赫兹电偶极子的辐射电场表达式，可得其方向性函数为 $\sin\theta$，其方向图如图 10-9 所示。

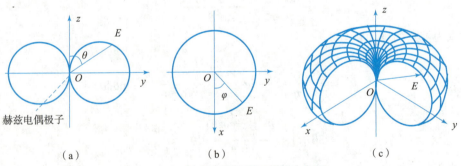

（a）　　　　　　　（b）　　　　　　　（c）

图 10-9　赫兹电偶极子天线的方向图

（2）根据半波天线的辐射电场表达式，可得其方向性函数为

$$F(\theta,\varphi) = \left| \frac{E(\theta,\varphi)}{E_{max}} \right| = \frac{\cos\left(\frac{\pi}{2}\cos\theta\right)}{\sin\theta} \tag{10-59}$$

根据上式绘出它的方向图，示于图 10-10 中。

实用天线的方向性函数描绘出的三维方向图一般都很复杂，通常只绘出 $\vec{E}$ 和 $\vec{H}$ 矢量所在的两个平面（分别称为 E 面或 H 面）内的方向图（见图 10-10），一般情况下可以表示出天线的方向性了。实用天线的方向图也称作**波瓣图**。一般天线的波瓣图都有多个波瓣，其

中与最大辐射方向相对应的波瓣称为**主瓣**，其余的称为旁瓣。在主瓣两侧方向上，辐射功率密度下降程度因天线不同而异，为此采用主瓣宽度这一概念。通常把主瓣两侧辐射功率密度下降到最大辐射功率密度一半的方向间夹角，称为**主波瓣宽度**，用 $2\theta_{0.5}$ 表示，习惯上也叫 3 dB 宽度。由于微波天线中常用 E 面和 H 面作为两个主平面，因此也可用符号 $2\theta_{0.5E}$ 和 $2\theta_{0.5H}$ 来分别表示 E 面和 H 面的波瓣宽度。

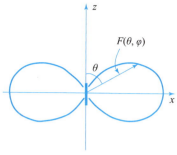

图 10 – 10 半波振子的方向图

例 10.7 求赫兹电偶极子天线的主波瓣宽度。

解：赫兹电偶极子天线的方向性函数为

$$F(\theta,\varphi) = \sin\theta$$

当功率密度下降到一半，即 $\sin^2\theta = 1/2$ 时，辐射方向对应的角度分别是

$$\theta_1 = 45°, \quad \theta_2 = 135°$$

故主波瓣宽度为

$$2\theta_{0.5} = 135° - 45° = 90°$$

三、方向性增益和方向性系数

1. 方向性增益

为了比较不同天线在某一方向上辐射能量的集中程度，常采用方向性增益这一概念。天线在某一方向上的**方向性增益** $D(\theta,\varphi)$ 的定义为：当天线与一无方向性天线具有相同辐射功率时，天线在该方向上的功率密度与无方向性天线在相同距离上任意方向的功率密度之比，也可以理解为与天线功率密度在全方向的平均值之比。

$$D(\theta,\varphi) = \frac{<S>}{\dfrac{1}{4\pi r^2}\oint_S <S> r^2\sin\theta d\theta d\varphi} = \frac{4\pi <S>}{\oint_S <S> d\Omega} \qquad (10-60)$$

根据式（10 –38），任意方向电场幅值为

$$|E(\theta,\varphi)| = E_{\max}F(\theta,\varphi)$$

坡印廷矢量的时间平均值为

$$<S> = \mathrm{Re}\left[\frac{1}{2}\vec{E} \times \vec{H}^*\right] \cdot \hat{r} = \frac{1}{2}\frac{E_{\max}^2}{\eta}F^2(\theta,\varphi)$$

将上式代入式（10 –60），得到用方向性函数表示的方向性增益为

$$D(\theta,\varphi) = \frac{4\pi F^2(\theta,\varphi)}{\oint_S F^2(\theta,\varphi)d\Omega} \qquad (10-61)$$

2. 方向性系数

习惯上，常把场强（或功率）为最大的方向上的方向性增益称为天线的**方向性系数**，它是天线的最大方向性增益。因此，天线的方向性系数可定义为：天线在最大辐射方向上的功率流密度与该天线在各辐射方向上功率密度的平均值之比。因为最大场强值方向上的方向性函数 $F_{\max}(\theta,\varphi) = 1$，所以，由式（10 –61）可求得方向性系数为

$$D = \frac{4\pi}{\oint F^2(\theta,\varphi)\mathrm{d}\Omega} \qquad (10-62)$$

例 10.8 试计算赫兹电偶极子和半波天线的方向性系数。

解：对赫兹电偶极子

$$\oint F^2(\theta,\varphi)\mathrm{d}\Omega = \int_0^\pi \int_0^{2\pi} \sin^2\theta \sin\theta \mathrm{d}\theta \mathrm{d}\varphi$$

$$= 2\pi \int_0^\pi \sin^3\theta \mathrm{d}\theta = 2\pi \cdot \frac{4}{3} = \frac{8\pi}{3}$$

所以方向性系数为

$$D = \frac{4\pi}{\oint F^2(\theta,\varphi)\mathrm{d}\Omega} = \frac{4\pi}{8\pi/3} = \frac{3}{2} = 1.5$$

对半波振子天线

$$\oint F^2(\theta,\varphi)\mathrm{d}\Omega = \int_0^\pi \int_0^{2\pi} \frac{\cos^2\left(\frac{1}{2}\cos\theta\right)}{\sin\theta}\mathrm{d}\theta \mathrm{d}\varphi$$

$$= 2\pi \times [\ln(2\pi) + \gamma + \mathrm{Ci}(2\pi)]/2 = 7.515\,56$$

$$D = \frac{4\pi}{7.515\,56} \approx 1.67$$

四、天线的效率和增益

天线在能量转换过程中，除了产生辐射功率 P_a 外，还引起热损耗、介质损耗及其他原因造成的损耗，总损耗功率为 P_d，如果天线的总输入功率为 P_{in}，则**天线效率**定义为

$$\eta_a = \frac{P_a}{P_{in}} = \frac{P_a}{P_a + P_d} \qquad (10-63)$$

为了更完善地说明天线的性能，常采用**天线增益**这一概念。天线增益定义为：天线最大辐射方向的能流密度与无损耗情况下各方向的平均能流密度之比。因而增益等于方向性系数与效率之积

$$G = \eta_a D \qquad (10-64)$$

方向性系数和增益都是功率与功率之比值，因此，工程上常用 dB 作为它们的计量单位，即

$$G_{\mathrm{dB}} = 10\lg G \quad \text{和} \quad D_{\mathrm{dB}} = 10\lg D \qquad (10-65)$$

功率与电场幅度的平方成正比，因此用 dB 为单位的功率方向图与用 dB 为单位的电场强度方向图是一致的。

因为波瓣宽度和方向性系数（或增益）都是用来描述天线辐射能量集中程度的，因而它们之间存在着密切关系。在天线的专门书籍中证明，主瓣宽度和增益之间有下列近似关系

$$G = \frac{26\,000 \sim 32\,000}{2\theta_{0.5E} \times 2\theta_{0.5H}} \qquad (10-66)$$

上式是工程上常用的近似计算公式。

§10.6　口径天线

§10.4 中讨论的线天线适用于频率较低的情况，当频率较高时，常常使用口径天线来完成电磁波的发射和接收。常见的口径天线包括喇叭天线、反射面天线等，如图 10–11 所示。这些天线的辐射场可以看作是从某一面积有限的口径上发射出来的。在§10.3 中分析线天线时，将其看作

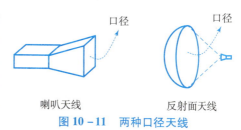

图 10–11　两种口径天线

是许多电偶极子辐射场的叠加；与此分析方法类似，对口径天线的分析时，可以将其看作是口径面上大量面元辐射场的叠加。这种处理方法的理论基础是等效原理，本节将在介绍等效原理之后，通过对面元辐射问题的分析得到口径天线的一般方法。

一、等效原理

电磁场的实际源可以用一组等效源代替，而实际源产生的场解可以用等效源的场解来代替，这就是电磁场的**等效原理**。等效原理是电磁场理论的一个重要原理，是分析口径天线的理论基础，可以由唯一性定理证明。

如图 10–12（a）所示，在自由空间中的任意闭合曲面 S 将空间分为面内区域 V_1 和面外区域 V_2，在区域 V_1 内存在电磁场源，源在 V_1、V_2 空间中产生的电磁场为 $\vec{E}$、$\vec{H}$。当求解 V_2 区域的电磁场问题时，可以将其转换成图 10–12（b）对应的等效问题进行处理。在等效问题（b）中，S 面内的区域中无源且电磁场为零，在 S 面外区域中电磁场仍然是原问题的场 $\vec{E}$、$\vec{H}$。根据边界条件式（10–43），为了保证这样的等效问题成立，必须在 S 面上外加面电流 $\vec{J}_S$ 和面磁流 $\vec{K}_S$，并且

$$\vec{J}_S = \hat{n} \times \vec{H} \tag{10-67}$$

$$\vec{K}_S = \vec{E} \times \hat{n} \tag{10-68}$$

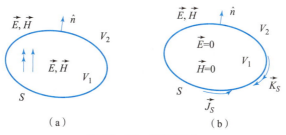

（a）　　　　　　　　　（b）

图 10–12　等效原理

其中，$\hat{n}$ 是 S 面的外法线单位矢量。这样 S 面上的外加面电流 $\vec{J}_S$ 和面磁流 $\vec{K}_S$ 在 V_2 中产生的场与原问题的场是相同的，这说明在求解区域 V_2 中的场时，等效问题给出的面电流 $\vec{J}_S$ 和面磁流 $\vec{K}_S$ 与原问题 V_1 中的场源是等效的，称为**等效源**。这种形式的等效原理称为**拉芙**（Love）**等效原理**。

二、面元的辐射

如图 10-13 所示，在原点处有一辐射面元 $\mathrm{d}\vec{S} = \mathrm{d}x\mathrm{d}y\hat{z}$，面元上的切向电场和切向磁场分别为 $\hat{y}E_y$、$\hat{x}H_x$，根据等效原理，面元的辐射场可以用等效的电流元 $\vec{J}_s\mathrm{d}S$ 和磁流元 $\vec{K}_s\mathrm{d}S$ 代替，其中

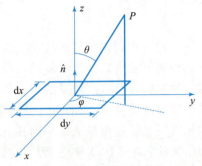

$$\vec{J}_s = \hat{n} \times \vec{H} = \hat{z} \times \hat{x}H_x = \hat{y}H_x$$

$$\vec{K}_s = -\hat{n} \times \vec{E} = -\hat{z} \times \hat{y}E_y = \hat{x}E_y$$

远区的辐射场应该由沿着 y 轴放置的电流元和沿着 x 轴放置的磁流元产生的电磁场叠加而成。

图 10-13　面元的辐射

（1）由电流元产生的场。

电流元 $\vec{J}_s\mathrm{d}S$ 对应的矢量磁位是

$$\mathrm{d}\vec{A} = \frac{\mu_0}{4\pi}\vec{J}_s\mathrm{d}S\frac{\mathrm{e}^{-\mathrm{j}kr}}{r} = J_s\mathrm{d}S\frac{\mu_0\mathrm{e}^{-\mathrm{j}kr}}{4\pi r}\hat{y}$$

根据 §10.3 中的公式，可得远区电场

$$\mathrm{d}\vec{E}^{\mathrm{e}} = -\mathrm{j}\omega[\mathrm{d}\vec{A} - (\mathrm{d}\vec{A} \cdot \hat{r})\hat{r}] = -\mathrm{j}\omega\frac{\mu_0\mathrm{e}^{-\mathrm{j}kr}}{4\pi r}J_s\mathrm{d}S(\hat{\theta}\cos\theta\sin\varphi + \hat{\varphi}\cos\varphi)$$

$$= -\mathrm{j}\frac{J_s\mathrm{d}S}{2\lambda r}\eta_0(\hat{\theta}\cos\theta\sin\varphi + \hat{\varphi}\cos\varphi)\mathrm{e}^{-\mathrm{j}kr}$$

远区磁场

$$\mathrm{d}\vec{H}^{\mathrm{e}} = \frac{1}{\eta_0}\hat{k} \times \mathrm{d}\vec{E}^{\mathrm{e}} = -\mathrm{j}\frac{J_s\mathrm{d}S}{2\lambda r}\hat{r} \times (\hat{\theta}\cos\theta\sin\varphi + \hat{\varphi}\cos\varphi)\mathrm{e}^{-\mathrm{j}kr}$$

$$= -\mathrm{j}\frac{J_s\mathrm{d}S}{2\lambda r}(-\hat{\theta}\cos\varphi + \hat{\varphi}\cos\theta\sin\varphi)\mathrm{e}^{-\mathrm{j}kr}$$

（2）由磁流元产生的场。

磁流元产生的场可利用对偶关系求得。首先，分析与磁流元同向的电流元 $\vec{J}_s'\mathrm{d}S = J_s'\mathrm{d}S\hat{x}$ 产生的远区电磁场。$J_s'\mathrm{d}S\hat{x}$ 对应的矢量磁位是

$$\mathrm{d}\vec{A}' = J_s'\mathrm{d}S\frac{\mu_0\mathrm{e}^{-\mathrm{j}kr}}{4\pi r}\hat{x}$$

由此可得远区电磁场

$$\mathrm{d}\vec{E}'^{\mathrm{e}} = -\mathrm{j}\omega[\mathrm{d}\vec{A}' - (\mathrm{d}\vec{A}' \cdot \hat{r})\hat{r}] = -\mathrm{j}\frac{J_s'\mathrm{d}S}{2\lambda r}\eta_0(\hat{\theta}\cos\theta\cos\varphi - \hat{\varphi}\sin\varphi)\mathrm{e}^{-\mathrm{j}kr}$$

$$\mathrm{d}\vec{H}'^{\mathrm{e}} = \frac{1}{\eta_0}\hat{k} \times \mathrm{d}\vec{E}'^{\mathrm{e}} = -\mathrm{j}\frac{J_s'\mathrm{d}S}{2\lambda r}(\hat{\theta}\sin\varphi + \hat{\varphi}\cos\theta\cos\varphi)\mathrm{e}^{-\mathrm{j}kr}$$

根据对偶关系 $\vec{H}^{\mathrm{e}} \to -\vec{E}^{\mathrm{m}}$，$\vec{E}^{\mathrm{e}} \to \vec{H}^{\mathrm{m}}$，$\vec{J} \to \vec{K}$，可得磁流元产生的远区电磁场为

$$\mathrm{d}\vec{E}^{\mathrm{m}} = \mathrm{j}\frac{K_s\mathrm{d}S}{2\lambda r}(\hat{\theta}\sin\varphi + \hat{\varphi}\cos\theta\cos\varphi)\mathrm{e}^{-\mathrm{j}kr}$$

$$\mathrm{d}\vec{H}^{\mathrm{m}} = -\mathrm{j}\frac{K_s\mathrm{d}S}{2\lambda r}\eta_0(\hat{\theta}\cos\theta\cos\varphi - \hat{\varphi}\sin\varphi)\mathrm{e}^{-\mathrm{j}kr}$$

（3）辐射面元的远区场。

辐射面元总的远区辐射场应该是电流元和磁流元产生电磁场的叠加，即

$$\mathrm{d}\vec{E} = \mathrm{d}\vec{E}^{\mathrm{e}} + \mathrm{d}\vec{E}^{\mathrm{m}}$$

$$= -\mathrm{j}\frac{J_s\mathrm{d}S}{2\lambda r}\eta_0(\hat{\theta}\cos\theta\sin\varphi + \hat{\varphi}\cos\varphi)\mathrm{e}^{-\mathrm{j}kr} + \mathrm{j}\frac{K_s\mathrm{d}S}{2\lambda r}(\hat{\theta}\sin\varphi + \hat{\varphi}\cos\theta\cos\varphi)\mathrm{e}^{-\mathrm{j}kr} \quad (10-69)$$

特别地，如果在此口径面上的电磁场恰好满足 $E_y/H_x = -\eta_0$ 关系（如 TEM 波），则

$$\mathrm{d}\vec{E} = \mathrm{j}\frac{E_y\mathrm{d}S}{2\lambda r}[\hat{\theta}\sin\varphi(1+\cos\theta) + \hat{\varphi}\cos\varphi(1+\cos\theta)]\mathrm{e}^{-\mathrm{j}kr}$$

$$= \mathrm{j}\frac{E_y\mathrm{d}S}{2\lambda r}(1+\cos\theta)(\hat{\theta}\sin\varphi + \hat{\varphi}\cos\varphi)\mathrm{e}^{-\mathrm{j}kr} \quad (10-70)$$

由此可以得到辐射场在 yOz 平面上（$\varphi=90°$）和 xOz 平面上（$\varphi=0°$）的归一化方向性函数

$$F(\theta) = (1+\cos\theta)/2$$

对于实际的口径天线，可以先利用等效原理求得口径面上的等效电磁流，再将这些分布的等效电磁流看作是大量的面辐射元，然后根据本节对面辐射元的分析结果，利用叠加原理求得口径天线的远区辐射场。

例 10.9 如图 10-14 所示，一个无限大理想导体板放置在 xOy 平面，在原点处理想导体板上有一个矩形孔，沿着 $\hat{z}$ 方向传播的平面电磁波 $\vec{E}^i = \hat{y}E_y\mathrm{e}^{-\mathrm{j}kz}$ 照射在导体板上，求矩形口径的远区辐射电场。

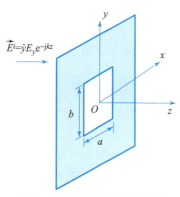

图 10-14　矩形口径的辐射场

解：由于平面电磁波是 TEM 波，根据式（10-70）的结论，可以得到矩形口径的远区场：

$$\vec{E} = \int_S \mathrm{d}\vec{E} = \int_{-b/2}^{b/2}\int_{-a/2}^{a/2}\mathrm{j}\frac{E_y\mathrm{d}x'\mathrm{d}y'}{2\lambda r'}(1+\cos\theta')(\hat{\theta}'\sin\varphi' + \hat{\varphi}'\cos\varphi')\mathrm{e}^{-\mathrm{j}kr'}$$

对于远区场，可以取近似

$$\hat{\theta}' = \hat{\theta}, \quad \theta' = \theta; \quad \hat{\varphi}' = \hat{\varphi}, \quad \varphi' = \varphi$$

$$r' = r - x'\sin\theta\cos\varphi - y'\sin\theta\sin\varphi \text{（相位项）}$$

$$r' = r \text{（幅度项）}$$

所以

$$\vec{E} = \frac{\mathrm{j}E_y\mathrm{e}^{-\mathrm{j}kr}}{2\lambda r}(1+\cos\theta)[\hat{\theta}\sin\varphi + \hat{\varphi}\cos\varphi]\int_{-b/2}^{b/2}\int_{-a/2}^{a/2}\mathrm{e}^{\mathrm{j}k(x'\sin\theta\cos\varphi + y'\sin\theta\sin\varphi)}\mathrm{d}x'\mathrm{d}y'$$

积分可得

$$\vec{E} = \frac{\mathrm{j}abE_y\mathrm{e}^{-\mathrm{j}kr}}{2\lambda r}(1+\cos\theta)[\hat{\theta}\sin\varphi + \hat{\varphi}\cos\varphi]\frac{\sin[(ka/2)u]}{(ka/2)u}\frac{\sin[(kb/2)v]}{(kb/2)v}$$

其中 $u = \sin\theta\cos\varphi, v = \sin\theta\sin\varphi$。

例 10.10 如图 10-15 所示，一矩形理想导体板放置在 xOy 平面，沿着 $-\hat{z}$ 方向传播的平面电磁波 $\vec{E}^i = \hat{y}E_y\mathrm{e}^{\mathrm{j}kz}$ 照射在导体板上，导体板的远区辐射电场。

解：根据理想导体边界条件，在理想导体表面上电场的切向方向分量等于 0；在边界上

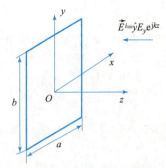

图 10-15　矩形导体板的辐射场

只有磁场的切向分量，所以只存在等效电流：

$$\vec{J}_s = \hat{n} \times \vec{H}$$

在这里 $\vec{H}$ 应是理想导体表面的总电场，利用第 8 章 §8.4 的结论——理想导体表面的总磁场近似等于入射波磁场的 2 倍，即

$$\vec{J}_s = 2\hat{n} \times \vec{H}^i = 2H^i\hat{y} = -\frac{2E_y}{\eta_0}\hat{y}$$

将其代入等式（10-69），可得远区场，

$$\vec{E} = \int_S \mathrm{d}\vec{E} = \int_S -\mathrm{j}\frac{J_s\eta_0\mathrm{d}S}{2\lambda r}(\hat{\theta}'\cos\theta'\sin\varphi' + \hat{\varphi}'\cos\varphi')\mathrm{e}^{-\mathrm{j}kr'}$$

$$= \int_{-b/2}^{b/2}\int_{-a/2}^{a/2}\mathrm{j}\frac{2E_y\mathrm{d}x'\mathrm{d}y'}{2\lambda r'}(\hat{\theta}'\cos\theta'\sin\varphi' + \hat{\varphi}'\cos\varphi')\mathrm{e}^{-\mathrm{j}kr'}$$

采用类似的近似方法可得

$$\vec{E} = \frac{\mathrm{j}E_y\mathrm{e}^{-\mathrm{j}kr}}{\lambda r}(\hat{\theta}\cos\theta\sin\varphi + \hat{\varphi}\cos\varphi)\int_{-b/2}^{b/2}\int_{-a/2}^{a/2}\mathrm{e}^{\mathrm{j}k(x'\sin\theta\cos\varphi + y'\sin\theta\sin\varphi)}\mathrm{d}x'\mathrm{d}y'$$

积分可得

$$\vec{E} = \frac{\mathrm{j}abE_y\mathrm{e}^{-\mathrm{j}kr}}{\lambda r}(\hat{\theta}\cos\theta\sin\varphi + \hat{\varphi}\cos\varphi)\frac{\sin[(ka/2)u]}{(ka/2)u}\frac{\sin[(kb/2)v]}{(kb/2)v}$$

其中 $u = \sin\theta\cos\varphi, v = \sin\theta\sin\varphi$。

§10.7　天线阵

在实用天线中，往往要求辐射能量尽可能集中在某个特定方向上，半波振子天线虽然比偶极子天线辐射能量集中程度相对高些，但改善不大。为了达到天线的定向辐射，甚至能够改变定向辐射的方向，需要利用两个或更多的基本天线（阵元）的干涉效应来实现这一要求。

将许多天线（阵元）有规则地排在一起就构成**天线阵**。这种天线阵的方向图可由各天线的方向图叠加求得。图 10-16 表示一个二元天线

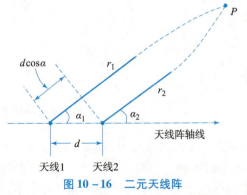

图 10-16　二元天线阵

阵。阵元为同一类天线，取向相同，阵元天线间距离为 d，它们与场点距离分别为 r_1 和 r_2。

由于 $r_1 \gg d, r_2 \gg d$，在幅度系数中可令 $r_2 \approx r_1$。由于相位对距离变化更灵敏，故相位系数中采用一级近似 $\alpha_2 \approx \alpha_1 \approx \alpha, r_2 \approx r_1 - d\cos\alpha$。当两天线上电流的大小和相位关系为 $I_2 = mI_1 e^{-j\zeta}$ 时，天线 2 的辐射波到达 P 点时，较天线 1 的辐射波超前相位 ψ：

$$\psi = kd\cos\alpha - \zeta$$

式中，α 为天线轴线连线与位置矢 $\vec{r}_1$ 间夹角。

如果天线 1 在 P 点产生的电场复振幅为 E_1，则由于辐射场正比于电流的一次方，天线 2 在 P 点产生的电场复振幅为 $E_2 = mE_1 e^{j\psi}$。于是，合成电场的复振幅为

$$E = E_1 + E_2 = E_1(1 + me^{j\psi}) \tag{10-71}$$

可见，二元天线阵产生的远区场等于单独一个天线产生的场 E_1 再乘以阵因子 $(1 + me^{j\psi})$。阵因子只决定于两天线之间的电流比 m 和它们之间的相对位置。因此，二元天线阵的合成方向图是一个阵元的方向图乘以阵因子。

对于 N 元天线阵，可以按照同样的方法进行分析，只是公式变得很复杂。下面我们讨论一种工程上常用的简单天线阵，即均匀直线天线阵。这种天线阵各阵元除了有相同的取向和等距离排成一条直线外，它们的电流大小相等，而相位则以均匀的比例递增或递减。

设 N 元均匀直线式天线阵阵元之间距离为 d，相位差为 ζ。令 $\psi = kd\cos\alpha - \zeta$，则合成电场复振幅为

$$
\begin{aligned}
E &= E_1 + E_2 + \cdots + E_N \\
&= E_1[1 + e^{j\psi} + e^{j2\psi} + \cdots + e^{j(N-1)\psi}]
\end{aligned} \tag{10-72}
$$

利用等比级数公式 $1 + x + x^2 + \cdots + x^{n-1} = \dfrac{1 - x^n}{1 - x}$，可将上式写成

$$E = E_1 \frac{1 - e^{jN\psi}}{1 - e^{j\psi}} = E_1 e^{j\frac{N-1}{2}\psi} \frac{\sin\dfrac{N\psi}{2}}{\sin\dfrac{\psi}{2}} \tag{10-73}$$

式中，$\dfrac{N-1}{2}\psi$ 正好是中心阵元与阵元 1 之间的相位差，故用中心阵元表示的合成电场为

$$E = E_0 \frac{\sin\dfrac{N\psi}{2}}{\sin\dfrac{\psi}{2}} \tag{10-74}$$

当相邻阵元在远区的电场复振幅相位差 $\psi = kd\cos\alpha - \zeta = 0$ 时，阵因子变成 $0/0$ 不定式，用罗毕达法则可求得

$$\lim_{\psi \to 0} \frac{\sin\dfrac{N\psi}{2}}{\sin\dfrac{\psi}{2}} = \frac{\left[\dfrac{d}{d\psi}\sin\dfrac{N\psi}{2}\right]_{\psi=0}}{\left[\dfrac{d}{d\psi}\sin\dfrac{\psi}{2}\right]_{\psi=0}} = \frac{\left[\dfrac{N}{2}\cos\dfrac{N\psi}{2}\right]_{\psi=0}}{\left[\dfrac{1}{2}\cos\dfrac{\psi}{2}\right]_{\psi=0}} = N \tag{10-75}$$

可见，$\psi = 0$ 时，阵因子达到它的最大值 N。线阵合成电场等于阵元电场的 N 倍。直线天线阵的归一化阵因子为

$$\frac{1}{N} \frac{\sin\dfrac{N\psi}{2}}{\sin\dfrac{\psi}{2}} \tag{10-76}$$

按照式 $\psi = kd\cos\alpha - \zeta = 0$ 阵因子达到最大，可知最大值对应的方向由下式决定

$$\cos\alpha_m = \frac{\zeta}{kd} \tag{10-77}$$

对于振子电流相位相同的线性直线天线阵，有 $\zeta = 0$，所以最大辐射方向为 $\cos\alpha_m = 0$，故

$$\alpha_m = (2n+1)\frac{\pi}{2}(n = 1,2,3,\cdots) \tag{10-78}$$

即在与天线阵轴线垂直的方向上，天线阵辐射最大，故称为**侧射式天线阵**。

由式（10-77）可见，改变馈电电流之间相位差 ζ，就可改变天线阵的最大辐射方向 α_m。若连续改变 ζ，就可以实现天线波束的空间扫描，这就是相控阵天线的工作原理。

例 10.11　假设由半波天线组成的二元天线阵阵元之间距离为 $d = \lambda/4$，阵元电流之间相位差 $\zeta = \pi/2$，两阵元在 x 轴上平行于 z 轴放置。试求该天线阵的方向性函数。

解：这种情况下

$$\psi = kd\cos\alpha - \zeta = \frac{\pi}{2}\cos\alpha - \frac{\pi}{2}$$

归一化因子变成

$$\frac{1}{N}\frac{\sin\frac{N\psi}{2}}{\sin\frac{\psi}{2}} = \frac{1}{2}\frac{\sin\psi}{\sin\frac{\psi}{2}} = \cos\frac{\psi}{2} = \cos\left(\frac{\pi}{4}\cos\alpha - \frac{\pi}{4}\right)$$

容易看出，$\alpha = 0$ 时，阵因子达到最大值 1，$\alpha = \pi$ 时阵因子等于零，其他方向在 $0 \sim 1$ 之间。

将半波阵子的方向性函数式（10-60）乘以阵因子，就得到二元半波天线阵的方向性函数为

$$F(\theta,\varphi) = \frac{\cos\left(\frac{\pi}{2}\cos\theta\right)}{\sin\theta}\cos\left(\frac{\pi}{4}\cos\alpha - \frac{\pi}{4}\right)$$

在 xy 平面里，$\theta = \pi/2$，其方向性函数为

$$F_{xy}(\theta,\varphi) = \cos\left(\frac{\pi}{4}\cos\alpha - \frac{\pi}{4}\right)$$

在 xz 平面里，$\theta = \pi/2 - \alpha$，其方向性函数为

$$F_{xz}(\theta,\varphi) = \frac{\cos\left(\frac{\pi}{2}\sin\alpha\right)}{\cos\alpha}\cos\left(\frac{\pi}{4}\cos\alpha - \frac{\pi}{4}\right)$$

图 10-17 中分别画出了阵因子方向图和 xy 平面及 xz 平面的方向图。

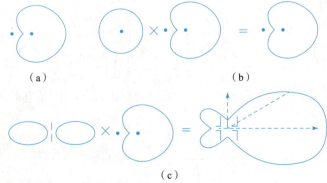

图 10-17　二元半波天线阵的方向图（$d \approx \lambda/4$，$\xi = \pi/2$）
（a）阵因子；（b）xy 平面；（c）xz 平面里

习题十

10.1　证明在赫兹电偶极子的远区场中，电场强度的振幅与总辐射功率的关系为

$$E_\theta = 9.49 \sqrt{P_a} \frac{\sin\theta}{r}$$

10.2　一电偶极子沿 z 轴置于坐标原点，设其长度 $l = 1$ m，波长 $\lambda = 150$ m，其上电流幅度 $I_m = 0.3$A，求下列各点的场强。

（1）$r = 1$ km，$\theta = 90°$；

（2）$r = 10$ km，$\theta = 60°$；

（3）$r = 90$ km，$\theta = 0°$。

10.3　在坐标原点上有两个相同的电偶极子（电流幅度和相位相同），它们彼此相互垂直，$\vec{p}_1$ 与 z 轴同方向，$\vec{p}_2$ 与 x 轴同方向。已知 z 轴上远离原点的 M_1 点处的平均能流密度为 1 μW/m^2，求 xy 平面上点 M_2 处的平均能流密度。已知 $OM_2 = OM_1$，$\overrightarrow{OM_2}$ 与 y 轴成 $45°$角。

10.4　一个电偶极子和一个电流环同时置于原点，方向都与 $\hat{z}$ 相同，若满足

$$I_1 l = \frac{2\pi}{\lambda} I_2 S$$

证明远区任意点的辐射场都是圆极化的。

10.5　在二元天线阵中，阵元间距离 $d = \lambda/4$，电流振幅相同，相位差 $\zeta = 0$，求阵函数。

10.6　一长度为 Δl 的电偶极子天线，其时谐电流的幅度为 I_0。水平放置在无限大导体平面上方 d 处，若导体平面为 xy 平面，电偶极子天线平行于 y 轴。

（1）求下列各平面上的方向性函数：（a）xy 平面；（b）xz 平面；（c）yz 平面；

（2）画出 $d = \lambda/4$ 时，以上各平面的方向图。

10.7　均匀直线式天线阵的阵元间距 $d = \lambda/2$，如果要求它的最大辐射方向在偏离天线阵轴线 $\pm 60°$ 的方向，求阵元之间的相位差。

10.8　电偶极子上的高频电流方向为 z 方向，证明在计算远区辐射场时，公式 $\vec{H} = \dfrac{1}{\mu_0} \nabla \times \vec{A}$ 可简化为 $H_\varphi = -\dfrac{1}{\mu_0} \sin\theta \dfrac{\partial A_z}{\partial r}$。

10.9　设电偶极子 $Id\vec{l}$ 置于原点，但取向任意，如周围媒质为空气，求此电偶极子产生的电磁场。

10.10　真空中的点电荷 Q 绕半径为 a 的圆以角速度 $\omega \ll c/a$ 匀速旋转，求辐射场及坡印廷矢量的平均值。

10.11　计算垂直于电偶极子的赤道面两侧 $\pm 45°$ 范围内辐射的功率占总辐射功率的百分比。

10.12　假设自由空间坐标原点上有一理想的点辐射源，它辐射的是无方向性均匀球面波，且电场矢量只有 φ 分量，

$$E_\varphi = \frac{E_0}{r} e^{-jkr}$$

式中 E_0 为复常数，$k = \omega\sqrt{\mu_0\varepsilon_0}$，试求：

（1）磁场复矢量 $\vec{H}$；

（2）任意点的平均辐射功率流密度；

（3）总辐射功率。

10.13　人们使用两个直径相同，馈源相位差为 90°，而且相互垂直放置的小电流环做成的全方位天线，如图 10–18 所示。试证明在垂直于它们的公共直径的平面内，方向图是一个圆。

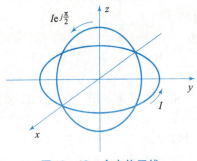

图 10–18　全方位天线

10.14　设半波天线的电流幅度为 1A，若离开天线 1 km 可视为远区，求此处的最大电场强度。

10.15　设两个相互垂直的半波天线的中心在坐标原点，其中天线 1 与 z 轴重合，天线 2 与 x 同重合。假设天线上的电流分别为

$$i_1 = I_0\cos kz\cos\omega t, \quad i_2 = I_0\cos kx\sin\omega t$$

讨论以下各点辐射电磁场的极化情况：

（1）x 轴上；

（2）y 轴上；

（3）z 轴上；

（4）$z = 0$，$x = y$ 的直线上。

第 10 章习题答案

附录 常用的矢量公式

$$\vec{A} \cdot \vec{B} = A_1 B_1 + A_2 B_2 + A_3 B_3 \tag{1}$$

$$\vec{A} \times \vec{B} = \vec{e}_1 (A_2 B_3 - A_3 B_2) + \vec{e}_2 (A_3 B_1 - A_1 B_3) + \vec{e}_3 (A_1 B_2 - A_2 B_1) \tag{2}$$

$$\vec{A} \cdot (\vec{B} \times \vec{C}) = \vec{C} \cdot (\vec{A} \times \vec{B}) = \vec{B} \cdot (\vec{C} \times \vec{A}) \tag{3}$$

$$\vec{A} \times (\vec{B} \times \vec{C}) = \vec{B}(\vec{A} \cdot \vec{C}) - \vec{C}(\vec{A} \cdot \vec{B}) \tag{4}$$

$$\nabla c = 0, \quad \nabla \cdot \vec{C} = 0, \nabla \times \vec{C} = 0, c \text{ 为常数}, \vec{C} \text{ 为常矢} \tag{5}$$

$$\nabla(\varphi\psi) = \varphi \nabla \psi + \psi \nabla \varphi \tag{6}$$

$$\nabla \cdot (\varphi\vec{A}) = \varphi \nabla \cdot \vec{A} + \vec{A} \cdot \nabla \varphi \tag{7}$$

$$\nabla \times (\varphi\vec{A}) = \varphi \nabla \times \vec{A} + \nabla \varphi \times \vec{A} \tag{8}$$

$$\nabla(\vec{A} \cdot \vec{B}) = (\vec{A} \cdot \nabla)\vec{B} + (\vec{B} \cdot \nabla)\vec{A} + \vec{A} \times \nabla \times \vec{B} + \vec{B} \times \nabla \times \vec{A} \tag{9}$$

$$\nabla \cdot (\vec{A} \times \vec{B}) = \vec{B} \cdot \nabla \times \vec{A} - \vec{A} \cdot \nabla \times \vec{B} \tag{10}$$

$$\nabla \times (\vec{A} \times \vec{B}) = \vec{A} \nabla \cdot \vec{B} - \vec{B} \nabla \cdot \vec{A} + (\vec{B} \cdot \nabla)\vec{A} - (\vec{A} \cdot \nabla)\vec{B} \tag{11}$$

$$\nabla \times \nabla \varphi = 0 \tag{12}$$

$$\nabla \cdot \nabla \times \vec{A} = 0 \tag{13}$$

$$\nabla \cdot \nabla \varphi = \nabla^2 \varphi \tag{14}$$

$$\nabla f(\varphi) = f'(\varphi) \nabla \varphi \tag{15}$$

$$\nabla \times \nabla \times \vec{A} = \nabla \nabla \cdot \vec{A} - \nabla^2 \vec{A} \tag{16}$$

$$\int_\tau \nabla \cdot \vec{A} \mathrm{d}\tau = \oint_S \vec{A} \cdot \mathrm{d}\vec{S} \tag{17}$$

$$\int_\tau \nabla \varphi \mathrm{d}\tau = \oint_S \varphi \mathrm{d}\vec{S} \tag{18}$$

$$\int_\tau \nabla \times \vec{A} \mathrm{d}\tau = -\oint_S \vec{A} \times \mathrm{d}\vec{S} \tag{19}$$

$$\int_S (\nabla \times \vec{A}) \cdot \mathrm{d}\vec{S} = \oint_l \vec{A} \cdot \mathrm{d}\vec{l} \tag{20}$$

$$\int_S \nabla \varphi \times \mathrm{d}\vec{S} = -\oint_l \varphi \mathrm{d}\vec{l} \tag{21}$$

$$\nabla f(R) = f'(R)\hat{R} = -\nabla'f(R) \left(\text{其中}, \vec{R} = \vec{r} - \vec{r}', R = |\vec{R}|, \hat{R} = \frac{\vec{R}}{R}, \text{下同}\right) \tag{22}$$

$$\nabla R^n = nR^{n-1}\hat{R} \tag{23}$$

$$\nabla \cdot [f(R)\hat{R}] = \frac{2}{R}f(R) + f'(R) = -\nabla' \cdot [f(R)\hat{R}] \tag{24}$$

$$\nabla \cdot (R^n \hat{R}) = (n+2)R^{n-1} \tag{25}$$

$$\nabla \times [f(R)\hat{R}] = 0 \tag{26}$$

$$\nabla^2 f(R) = \frac{2}{R}f'(R) + f''(R) = \nabla'^2 f(R) \tag{27}$$

$$\nabla^2 R^n = n(n+1)R^{n-2} \tag{28}$$

参 考 文 献

［1］卢荣章. 电磁场与电磁波基础［M］. 2 版. 北京：高等教育出版社，1990.

［2］谢处方，饶克谨. 电磁场与电磁波［M］. 5 版. 北京：高等教育出版社，2019.

［3］毕德显. 电磁场理论［M］. 北京：电子工业出版社，1985.

［4］谢树艺. 矢量分析与场论（工程数学）［M］. 2 版. 北京：高等教育出版社，1985.

［5］梁灿彬，秦光戎，梁竹健. 电磁学［M］. 北京：人民教育出版社，1980.

［6］楼仁海，符果行，袁敬闳. 电磁理论［M］. 成都：电子科技大学出版社，1996.

［7］PURCELL E M. 电磁学［M］. 南开大学物理系，译. 北京：科学出版社，1979.

［8］王先冲. 电磁理论及其应用［M］. 北京：科学出版社，1991.

［9］张三慧. 电磁学（大学物理学第三册）［M］. 北京：清华大学出版社，1991.

［10］MAGID L M. 电磁场　电磁能与电磁波［M］. 何国瑜，等译. 北京：高等教育出版社，
1983.

［11］HARRINGTON R F. 正弦电磁场［M］. 孟侃，译. 上海：上海科技出版社，1964.

［12］［美］J·D·克劳斯. 电磁学［M］. 安绍萱，译. 北京：人民邮电出版社，1979.

［13］陈孟尧. 电磁场与微波技术［M］. 北京：高等教育出版社，1989.

［14］赵家升. 电磁场　电磁能与电磁波［M］. 成都：电子科技大学出版社，1997.

［15］冯亚伯. 电磁场理论［M］. 北京：西安电子科技大学，1992.

［16］吴万春. 电磁场理论［M］. 北京：电子工业出版社，1985.

［17］杨弃疾. 电磁场理论［M］. 北京：高等教育出版社，1992.

［18］何启智. 电动力学［M］. 北京：高等教育出版社，1985.

［19］LORRAIN P，CORSON D R. 电磁场与电磁波［M］. 陈成钧，译. 北京：人民教育出版
社，1981.

［20］STRATTON J A. 电磁理论［M］. 何国瑜，译. 北京：北京航空学院出版社，1986.

［21］王家礼，朱满座，路宏敏. 电磁场与电磁波［M］. 4 版. 西安：西安电子科技大学出
版社，2016.

［22］杨儒贵. 电磁场与电磁波［M］. 北京：高等教育出版社，2007.

［23］冯恩信. 电磁场与电磁波［M］. 西安：西安交通大学出版社，2005.

［24］沈熙宁. 电磁场与电磁波［M］. 北京：科学出版社，2006

［25］冯慈璋，马西奎. 工程电磁场导论［M］. 北京：高等教育出版社，2000.